Alltagscoaching 360°

Anette Schunder-Hartung

Alltagscoaching 360°

Private und berufliche Selbststärkung von A – Z

 Springer

Anette Schunder-Hartung
aHa Strategische Geschäftsentwicklung
Neu-Isenburg, Deutschland

ISBN 978-3-658-42471-8   ISBN 978-3-658-42472-5 (eBook)
https://doi.org/10.1007/978-3-658-42472-5

Die Deutsche Nationalbibliothek verzeichnet diese Publikation in der Deutschen Nationalbibliografie; detaillierte bibliografische Daten sind im Internet über https://portal.dnb.de abrufbar.

Planung/Lektorat: Catarina Gomes de Almeida
Springer ist ein Imprint der eingetragenen Gesellschaft Springer Fachmedien Wiesbaden GmbH und ist ein Teil von Springer Nature.
Die Anschrift der Gesellschaft ist: Abraham-Lincoln-Str. 46, 65189 Wiesbaden, Germany

Das Papier dieses Produkts ist recyclebar.

Meinen Weggefährtinnen und Weggefährten, meiner Familie

Ich lebe mein Leben in wachsenden Ringen,
die sich über die Dinge ziehn.
Ich werde den letzten vielleicht nicht vollbringen,
aber versuchen will ich ihn.

(Rainer Maria Rilke)

Der Realität ins Gesicht zu sehen,
das ist eine Form von Kunst.

(Hanif Kureishi)

Vorwort

Alltagscoaching 360° stellt in Essayform 85 sorgfältig aufbereitete Lebensthemen zum Selbststudium zusammen: von A – Z, zum Lesen, Nachschlagen und zum praktischen Nachvollziehen. Dabei kommen Herausforderungen aus unserem persönlichen Umfeld ebenso zum Tragen wie besondere Aspekte unseres Arbeitslebens.

Um Ihnen einen raschen Überblick zu verschaffen, sind die einzelnen Abschnitte je nach Schwerpunkt als privat oder beruflich gekennzeichnet. Bestimmte Grundsatzfragen wie Liebe und Respekt, das männliche und weibliche Prinzip in Yin und Jang, der Umgang mit Krankheiten und schließlich das große Thema Zukunft werden besonders ausführlich erörtert. Für Motivationskrisen bekommen Sie eine leicht zu merkende Soforthilfe-Formel. Ein System von Verweispfeilen unterstützt Sie beim Vertiefen wiederkehrender Alltagsfragen. Innerhalb der Texte finden Sie wichtige Begriffe in Fettdruck gekennzeichnet, reale Namen und entsprechende Titel sind im Text kursiv hervorgehoben. Kurze, prägnante Leitsätze können Sie am Schluss des Buches mit eigenen Anmerkungen verbinden. Ein umfangreiches Literaturverzeichnis aus öffentlich zugänglichen Quellen rundet Ihre Lektüre ab.

Neu-Isenburg, Deutschland   Anette Schunder-Hartung

Inhaltsverzeichnis

Über die Autorin

 **Dr. Anette Schunder-Hartung** ist Rechtsanwältin, Strategieberaterin und von der IHK Würzburg zertifizierter Business Coach. Rund 35 Jahre nach ihrem Hochschulexamen hat die langjährige Redakteurin, Lehrbeauftragte und mehrfache Sachbuchautorin mit den unterschiedlichsten Menschen zusammengearbeitet. Mit ihrem zum FOCUS-Innovationschampion 2024 gekürten Unternehmen sind ihr immer wieder bestimmte Themen begegnet, die unser Alltagserleben prägen. Das vor Ihnen liegende Buch fasst die zentralen Aspekte in ebenso gründlich recherchierter wie übersichtlicher Form zusammen.Privat lebt die Mutter erwachsener Kinder mit Mann und Hund im Raum Frankfurt am Main. Näheres finden Sie unter aha-entwicklung.de.

1

Intro
„Be yourself – No one else wants the job!"

Sie haben etwas ganz Besonderes vor sich: Eine gemeinsame Tour, ein „Geh mit mir" oder **Vademecum für die unterschiedlichsten Lebenslagen**. Sie bekommen eine Rundumansicht zu den häufigsten Herausforderungen unseres Alltags, seien sie privat oder beruflich veranlasst. Dabei erfahren Sie mehr über das, was Sie heute als Mensch und Mitmensch ausmacht – sowohl in privater als auch in beruflicher Hinsicht. Denn von unseren Talenten, unseren Stärken und Energiespendern haben wir als Erwachsene meist zwar eine ungefähre Ahnung. Um gut durch unseren Alltag zu kommen, müssen wir aber auch wissen, welche Denkweisen und Handlungsmuster uns im Verhältnis zu anderen zueigen sind. Was finden wir, wenn es hart auf hart kommt, noch wichtiger als anderes? Wie gehen wir mit grundlegenden Themen wie Geld und Zeit, aber auch mit Furcht und Streit um? Was bedeutet uns ein gedeihliches Miteinander?

Auf unterhaltsame Weise möchte ich Sie hier als langjährig erfahrener Coach zum Weiterdenken und -handeln anregen.

Schauen wir uns dazu als erstes ein vermeintliches Paradies an. Die Kulisse gleicht dem Garten Eden. Sie leuchtet in Bonbonfarben. Mann und Frau bewegen sich in zwei gigantischen Seifenblasen aufeinander zu, sie küssen sich … aber die Kugeln platzen nicht. Selbst dort, auf der schönsten Blumenwiese bleiben beide Menschen in ihren Gehäusen. Im Videoclip des Musiktitels *I Like You (A Happier Song)*[1] von *Post Malone w. Doja Cat* scheint das jedoch keinen zu stören: Es wird einfach weiter gemalt, gesungen und getanzt.

---

[1] Siehe hierzu https://www.youtube.com/watch?v=7aekxC_monc – abgerufen am 01.06.2023.

© Der/die Autor(en), exklusiv lizenziert an Springer Fachmedien Wiesbaden GmbH, ein Teil von Springer Nature 2023
A. Schunder-Hartung, *Alltagscoaching 360°*, https://doi.org/10.1007/978-3-658-42472-5_1

Ganz anders im richtigen Leben – hier leiden wir immer wieder darunter, dass wir einander nicht noch unmittelbarer, wahrhaftiger, mit vollem Verstand und allen Sinnen begegnen können. „We are all just prisoners here of our own device" – wir sind alle Gefangene nach unserer eigenen Maßgabe. Das haben die *Eagles* in ihrer berühmten Ballade *Hotel California* über „den Weg von der Unschuld zur Erfahrung", so Leadsänger *Don Henley*,[2] schon 1976 gesungen.[3] Tatsächlich bestehen wir alle auf unseren individuellen Bedürfnissen, Vorlieben und Lebensweisen getreu dem Motto: „Jeder lebt so wie er will, alles andere ist ihm zu teuer!". **Wie schaffen wir es, im Soundtrack dieses Lebens ohne übermotiviertes Chaka-Gebrüll besser zurechtzukommen?**

In über 30 Berufsjahren als Rechtsanwältin und Redakteurin, als Strategische Geschäftsentwicklerin und Coach habe ich viele hoch interessante Menschen kennengelernt, mit ihnen gesprochen und entsprechende Erfahrungen gesammelt. Beruflich wie im privaten Bereich sind mir bestimmte **Lebensthemen und Spannungsverhältnisse** immer wieder begegnet – teilweise offen erkennbar, teilweise aber auch erst bei mehrfachem Hinsehen. **Nicht selten spielen dabei private Vorstellungen massiv in berufliche Zusammenhänge hinein.** Aus Perspektive der Unternehmensentwicklerin beschreiben das schon die ebenfalls bei Springer erschienenen *Strategien für Dienstleister*, die soeben als Buch bei Haufe veröffentlichte *Innovative Rechtsberatung*, das im Deutschen Fachverlag publizierte *Recht 2030* und meine aktuelle Legal Tech-Kommentierung bei Nomos zum *Customer Relationship –*, zu Deutsch: Kundenbeziehungs-*Management*.[4]

Im *Coaching*-Alltag lassen sich die Dinge oft anders an. Da meldet sich **beispielsweise** der Abteilungsleiter eines Unternehmens wegen eines von der Geschäftsleitung beanstandeten Umsatzknicks. Den möchte er mittels Coaching abfangen. Im Gespräch stellt sich dann aber heraus, dass er den Betrieb seit Monaten aus privaten Gründen pünktlich verlassen muss: Sein Vater ist dement, die Mutter wird trotz ambulanter Unterstützung mit der Pflege nicht mehr fertig. Da empfindet er es als seine moralische Pflicht, sich ebenfalls mit zu beteiligen. Wie soll er das mit seinem bisherigen Engagement vereinbaren?

---

[2] In https://www.arte.tv/de/videos/103014-000-A/history-of-the-eagles/ – abgerufen am 01.06.2023.

[3] Auf Youtube abrufbar unter https://www.youtube.com/watch?v=H5DBdMmW_W4 – abgerufen am 01.06.2023.

[4] Siehe hierzu die Fachbücher von *Anette Schunder-Hartung/Martin Kistermann/Dirk Rabis*, Strategien für Dienstleister, Springer Gabler, Wiesbaden 2021, *Martin Schulz/Anette Schunder-Hartung* (Hrsg.), Recht 2030, Deutscher Fachverlag, Frankfurt 2019, *Anette Schunder-Hartung* (Hrsg.), Innovative Rechtsberatung, Schäffer Poeschel, Stuttgart 2023, und *Anette Schunder-Hartung*, CRM (Customer Relationship Management oder Kundenpflege), in: *Martin Ebers*, StichwortKommentar Legal Tech, Nomos Verlag Baden-Baden 2023. Akademische Titel und Genderstemchen habe ich im gesamten Buch aus Gründen der besseren Lesbarkeit weggelassen und bitte bei allen Betroffenen dafür um Verständnis.

Die engagierte Anwältin kommt ins Coaching, weil sie sich bei der Partner-beförderung übergangen fühlt. In ihrem zweiten Jahr als angestellte Associate war sie vorübergehend an Brustkrebs erkrankt, die Krankheit ist aber aus-geheilt. Womöglich glauben ihr das die Anteilseigner der Sozietät aber nicht. Wie kommuniziert Sie diese Befürchtung angemessen, ohne noch mehr Por-zellan zu zerschlagen? Die Büroleiterin der mittelständischen Steuerberater-kanzlei wiederum ist privat alleinerziehende Mutter. Jetzt leidet der älteste Sohn unter einer mittelgradigen Depression. Soll sie beruflich kürzertreten, obwohl der Teenager medizinisch versorgt ist? Die Assistenzärztin wiederum hat mittlerweile fast täglich „einen dicken Kopf". Liegt das am Schichtdienst im Krankenhaus oder daran, dass sie insgeheim an ihrer Berufswahl zweifelt? Wie entkommt sie der misslichen Lage?

Der aufgeweckte, aber nach eigenen Angaben schon immer sehr hibbelige Gründer eines Start-Ups wiederum kann gefühlt gar nicht mehr zur Ruhe kom-men. Ist seine Nervosität strukturell bedingt, situationsgebunden, oder spielt hier womöglich eine nicht diagnostizierte ADHS-Erkrankung hinein, die sich nach dem Gang zur psychiatrischen Fachärztin womöglich auch medikamentös bes-sern ließe? – Die Liste der Beispiele, in denen berufliche und private Situationen, individuelle wie soziale und organisatorische Belange ineinandergreifen, ließe sich noch lange fortsetzen. Aufgabe des Coaches ist es, die betreffenden Nöte Stück für Stück zu entwirren, den Betroffenen neue Sichtweisen und Perspektiven zu er-öffnen und sie auf realistische Ziele zu heben.

Dabei geht es keineswegs nur darum, bewusste „Spielchen hinter den Spielchen" aufzudecken. Gerade meine besonders klugen Gesprächspartnerinnen und Ge-sprächspartner neigten und neigen unbewusst dazu, **sich selbst auszutricksen**. Je mehr Gedanken sie sich schon gemacht haben, desto stärker stecken sie oft in Überzeugungen fest, die ihrer Lebenssituation nicht oder nicht mehr angemessen sind. Ihre Vorstellungen sind widersprüchlich, zum Teil auch veraltet inmitten eines sich wandelnden Ichs. Das Ergebnis ist eine Gesamtsituation, in denen sie sich selbst und/oder ihrer Umwelt nicht mehr gerecht werden können.

Unter dem Strich setzt hier eine **Handwerkskunst** an, die juristisch Beratende, Redakteure und Coaches miteinander vereint: Sie alle unterstützen ihr Gegenüber darin, hilfreiche neue Erkenntnisse über sich und ihre Umwelt zu gewinnen und umzusetzen. Wir alle machen nicht nur Lebenserfahrungen. Wir haben auch eine bestimmte charakterliche Disposition, eine gewisse Mentalität, bestimmte Wahr-nehmungsmuster und Leitwerte. Dieses Set von Eigenschaften hilft uns, die Welt zu verstehen, es treibt uns an, und daraus resultieren unsere beruflichen und pri-vaten Lebensziele und Herausforderungen. Wie gelingt es uns möglichst gut, uns selbst und unsere Umgebung möglichst treffend einzuschätzen? Wie begegnen wir den eigenen Lebensthemen wirklich nachhaltig?

Sobald Leidensdruck besteht: Wie verarbeiten wir Misserfolge und Scheitern konstruktiv? Wie ertragen wir, wenn es hart auf hart kommt, Ohnmacht und Schuld? Wie überwinden wir unsere Scham? Wie gehen wir mit unserer Gesundheit um, wie mit Krankheiten? Wie trotzen wir generell den Ungewissheiten auf dem Weg in eine unsichere Zukunft? Wie gelingt es uns, künftig ein dankbarerer, glücklicherer, liebevollerer Mensch zu sein, der gut in seiner Umwelt beheimatet ist?

Irgendwann begann ich, mir die wichtigsten Stichworte dazu systematisch zu notieren. Das Ergebnis haben Sie in insgesamt **85 essayförmig aufbereiteten Abschnitten** vor sich. Dabei spielen einige wenige Themen wie das Ausstrahlen von Autorität, Druck aushalten und erfolgreich sein vor allem beruflich eine Rolle. Wieder andere Punkte wie Achtsamkeit oder der Umgang mit Eifersucht und Einsamkeit sind vorwiegend privater Natur. Die Mehrzahl aller Bereiche ist mir im Lauf der Jahre allerdings in beiden – beruflichen wie privaten – Zusammenhängen begegnet, wenngleich in unterschiedlichen Formen. Dass man Ärger verarbeiten, Botschaften entschlüsseln oder auch Dankbarkeit zeigen können sollte, gilt hier wie dort. Zur besseren Unterscheidung finden Sie gleichwohl **zu Beginn jedes Impulses einen Hinweis auf dessen besondere private und/oder berufliche Relevanz.**

Zentrale Bereiche unseres Kontrollerlebens wie beispielsweise Respektfragen, Weltanschauungen oder auch konstruktives Streiten mitsamt seiner Tücken werden besonders ausführlich erörtert. Dagegen finden sich andere Themen wie beispielsweise das Genießen von Kunst außerhalb von Musik und Poesie immer wieder in unterschiedlichen Ausführungen. „Kunst ist die Lüge, die es uns ermöglicht, die Wahrheit zu erkennen", wie es der geniale expressionistische Maler und Bildhauer *Pablo Picasso* schon im letzten Jahrhundert formulierte:[5] Diese Erkenntnis lässt sich nicht in ein einziges Kapitel packen. Auch andere weiterführende Aspekte – etwa zu Themen wie Loslassen können, Vertrauen zeigen oder Wut verarbeiten – ergeben sich abschnittsübergreifend aus einer Vielzahl verschiedener Anregungen. Im **Literaturverzeichnis** am Ende des Buches finden Sie zahlreiche Quellenhinweise zum weiteren Studium.

Um auch sonst möglichst anschaulich zu sein, habe ich **zu jedem Denkanstoß ein Eingangsbeispiel** gewählt. Zur Wahrung der Privatsphäre beruhen diese Beispiele jedoch nicht durchweg auf Fallschilderungen aus meiner eigenen Praxis. Verschwiegenheit gegenüber Gesprächspartnerinnen und Gesprächspartnern ist ein sehr hohes Gut – das weiß ich als Anwältin, Redakteurin und Coach gleichermaßen. Deshalb sind alle *nicht anonymisierten* Alltagsbeispiele im Buch fiktiv.

---

[5] Wiedergegeben nach https://beruhmte-zitate.de/zitate/1998000-pablo-picasso-kunst-ist-die-luge-die-es-uns-ermoglicht-die-wah/ – abgerufen am 01.07.2023.

Gleichzeitig sollen Sie sich das Gelesene möglichst gut merken können. Zu diesem Zweck finden Sie zum einen *kursiv* hervorgehobene *reale Namen und Werke* und **fett gedruckte zentrale Begriffe**. Zum anderen lesen Sie am Ende jedes Abschnitts **einen kurzen Leitsatz**, den Sie im letzten Kapitel selbst ergänzen können. Ein **Pfeilsystem** ermöglicht es Ihnen außerdem, bestimmte Punkte direkt zu vertiefen. Die einzelnen Impulse müssen Sie entsprechend auch nicht hintereinander weg lesen – die Pfeilverweise ermöglichen Ihnen das Abbiegen nach eigenen Vorlieben und Bedürfnissen. Zwischendurch wechseln **gut umsetzbare Tipps und griffige Zitate** einander ab, ergänzt um anschauliche Hinweise aus Kunst und Literatur. Denn Ihr Erkenntnisprozess soll ja auch Spaß machen … in einer Kombination aus Wissenserwerb und Unterhaltung bleiben wir alle einfach lieber am Ball.

Eine Soforthilfe für Motivationskrisen bietet Ihnen das in Kapitel III vorgestellte **LONDON-Prinzip**. Für Ihre **eigenen Anmerkungen und Folgerungen** finden Sie in Kapitel IV dann eine ergänzende Tabelle. Dort können Sie zusätzliche Ideen und Einsichten eintragen, was die Impulssammlung zu Ihrem ganz persönlichen Exemplar macht. Auf diesem Wege gelangen Sie nicht nur bis zum Sapere aude, dem Wissen Wagen. Sie sorgen für Selbststärkung oder neudeutsch Empowerment, getreu dem Motto: **Clarity is power!**.

Vier wichtige Hinweise dürfen nicht fehlen. Zum ersten haben Sie vor sich ein Buch liegen, dessen **Hinweise über den üblichen Coachingalltag hinausgehen**. Coaches sind Begleiter, und Coaching ist Wegbegleitung. Einen Coach können Sie sich wie eine Bergführerin vorstellen, die Sie auf Ihrer Wanderung begleitet, weil sie sich im Gebirge auskennt. Ob Sie sich lieber einen steilen Pfad oder eine gewundene Aussichtsstrecke auswählen, ist aber ganz allein Ihre Entscheidung. Ihre Bergführerin kann die Wetterverhältnisse deuten, und sie hat Erfahrung damit, wie viele Stunden Sie noch bis zu einem Unterstand brauchen, an dem die Aussicht besonders gut ist. Gehen müssen Sie diesen Weg aber selbst, auch wenn der Coach an Ihrer Seite mitmarschiert. Coaches sind keine Ratgeber im klassischen Sinne, während Sie selbst im Folgenden zahlreiche Ratschläge erwarten.

Zum Zweiten ist Ihr Vademecum **in einer sonst heute nur noch selten zu findenden Form als Rundumblick angelegt**. Im Rahmen der 360°-Sicht beschränke ich mich nicht auf die üblichen alltagspraktischen Erfahrungen. Stattdessen werden wir immer wieder Themen aus den unterschiedlichsten akademischen Fachrichtungen streifen.

Philosophische Gedanken finden Sie darin ebenso wie etwa psychologische oder soziologische, manchmal auch betriebswirtschaftliche Hinweise. Auch zahlreiche medizinische und ernährungswissenschaftliche Inhalte sowie Leitplanken des Rechts sind Bestandteile der Rundumschau. Alle Hintergrundinformationen dazu wurden sorgfältig von mir recherchiert und in einem

umfassenden Fußnoten-Katalog mit vielen ohne weiteres zugänglichen Quellen zusammengefasst. Dennoch bin ich als Coach von Haus aus weder Philosophin noch Psychologin, weder Psychiaterin oder Psychotherapeutin noch Seelsorgerin. Diejenigen, die an der einen oder anderen Stelle meine Ausführungen anders formuliert hätten, weil sie in einer dieser Disziplinen zuhause sind, bitte ich um Nachsicht.

Zum Dritten sind **Coachingprozesse ebenso wie alle anderen Formen der Hilfe zur Selbsthilfe nur etwas für Menschen, die sich psychisch einigermaßen gesund fühlen.** Coachings und Ratgeber eignen sich her für Leute, die grundsätzlich arbeits-, liebens- und leidensfähig sind. Dagegen sind die vor Ihnen liegenden Impulse *nicht zur Bewältigung neurologischer, psychotherapeutischer oder psychiatrischer Erkrankungen* gedacht. Deswegen kommen (abgesehen vom mit der Furcht verwandten Angstkomplex) psychotische Episoden, Borderline-, Suchtprobleme und andere Störungsbilder darin nicht ausführlicher vor. Wer in entsprechend beunruhigenden Krisensituationen steckt, sollte umgehend eine entsprechende geschulte Fachkraft um Hilfe bitten. Sprechen Sie in solchen Fällen bitte möglichst rasch bei einer Psychotherapeutin oder einem Neurologen bzw. Psychiater vor.

Notfalls werden Sie in einem **Krankenhaus** Ihrer Wahl vorstellig. Dort checkt ein Ärzteteam ab, ob eine körperliche Ursache und/oder eine Stoffwechselerkrankung des Gehirns vorliegt. Dabei geht es in weiten Bereichen auch in der *Psych*, der psychiatrischen Abteilung, nicht anders zu als in anderen Abteilungen. Krankenzimmer sind Schutzräume, egal, aus welchem Grund Sie ihrer bedürfen. Sie landen nicht in gruseligen alten Backsteinbauten voller unheimlicher Gestalten à la *Shutter Island*[6] – und niemand fliegt über das *Kuckucksnest* wie bei *Jack Nicholson*.[7] Stattdessen nimmt man sie in eine ganz normale Krankenstation für hilfsbedürftige Menschen auf oder trägt Sie – praktisch häufiger – in eine entsprechende Warteliste ein. (Allenfalls) wer akut bedroht – suizidal oder fremdgefährdend – ist, verbringt erst einmal einige Tage engmaschig betreut auf einer geschlossenen Station. Wie normal eine solche Einrichtung aussieht, sehen Sie heute beispielsweise auf Youtube.[8]

Steht eine **Suizidgefährdung** im Raum, sind dabei ein passiver Todeswunsch, nach dem man am liebsten gar nicht mehr aufwachen würde, oder unkonkrete Selbstmordgedanken noch nicht dasselbe wie präzise Vorstellungen oder gar ein Suizidplan, geschweige denn aktive Vorbereitungen oder ein Versuch. Wer beispielsweise ein glaubhaftes Versprechen abgibt, sich innerhalb eines freiwilligen stationären Aufenthalts nichts anzutun, kann durchaus auch in einer offenen Sta-

---

[6] https://www.youtube.com/watch?v=krZ4pS4yipA – abgerufen am 01.07.2023.

[7] https://www.youtube.com/watch?v=_8EKVLmNoS8 – abgerufen am 01.07.2023.

[8] Etwa unter https://www.youtube.com/watch?v=g8WACQMkAmU – abgerufen am 01.07.2023.

tion untergebracht werden.[9] Wie alle anderen Patientinnen und Patienten auch gilt er und gilt sie ganz normale Kranke, die jetzt behutsam medikamentös eingestellt werden und ihre Zimmer in der offenen Station durchaus verlassen dürfen. Sie treffen dort auch nicht auf schuldunfähige Kriminelle, denn die sind vor dem Hintergrund des § 63 des Strafgesetzbuchs (StGB)[10] in eigenen forensisch-psychiatrischen Einrichtungen untergebracht.

Gegen ihren Willen festgehalten und/oder zwangsbehandelt werden in deutschen Krankenhäusern Menschen heute vor allem nach den Unterbringungsgesetzen bzw. Psychisch-Kranken-Gesetzen der 16 Bundesländer. Deren Voraussetzungen sind eng. So soll die Unterbringung beispielsweise nach § 9 Abs. III Satz 2 des Ende 2021 in Kraft getretenen aktuellen Hessischen Gesetzes über Hilfen bei psychischen Krankheiten (Psychisch-Kranken-Hilfe-Gesetz – PsychKHG)[11] so weit wie möglich in offenen und freien Formen durchgeführt werden. Viele Maßnahmen stehen zudem unter Richtervorbehalt – das Ärzteteam kann also nicht im Verborgenen darüber entscheiden. Stattdessen bedarf es einer richterlichen Anordnung oder Genehmigung. Sollen Patienten gegen ihren Willen transportiert werden, ist schließlich eine Polizeibegleitung erforderlich. Rettungssanitäter besitzen hingegen nicht das Recht, die Betreffenden zurückzuhalten. Im Krankenhaus darf dann niemand anders als ein Facharzt (Oberarzt) die unfreiwillige Aufnahme anordnen.

Im heutigen Alltag ist das Problem wenn, dann nicht, dass Sie nicht mehr aus der Psychiatrie herauskommen. Schwieriger ist es, dort hineinzukommen. Die Personallage in vielen Kliniken ist prekär, Ärzte warnen vor einer weiteren Eskalation – **die Psychiatrie-Versorgung ist gefährdet.**[12] Zwei meiner Coachees, die ich im Zuge eines Burn-Outs und einer mittelgradigen Depression in ihrem Wunsch nach stationärer Behandlung bestärkt habe, berichteten von langen Wartelisten in der „Offenen". In einem Fall umfasste sie über 400 hilfesuchenden Menschen – bei einer durchschnittlichen Verweildauer von sechs Wochen. In einem anderen bekam der Patient, nachdem er aufgenommen worden war, innerhalb von sechs Wochen lediglich vier Therapiesitzungen – für mehr fehlten die Fachkräfte.

Psychiatrische Erkrankungen sind für alle Beteiligten mit hohem Aufwand verbunden: Sie lassen sich weder operieren wie ein Beinbruch noch so umstandslos medikamentös behandeln wie manche internistische Störung. Unter

---

[9] Siehe hierzu im Einzelnen *Klaus Lieb/Bernd Heßlinger/Nadine Dreimüller/Gitta Jacob*, 50 Fälle Psychiatrie und Psychotherapie – Typische Fallgeschichten aus der Praxis, Urban & Fischer, 6. Aufl. München 2020 (Fall 1).

[10] Im Wortlaut: https://www.gesetze-im-internet.de/stgb/__63.html – abgerufen am 01.07.2023.

[11] Nachzulesen unter https://www.rv.hessenrecht.hessen.de/bshe/document/jlr-PsychKGHEV1IVZ – abgerufen am 01.07.2023.

[12] Siehe hierzu auch FAZ Nr. 147 vom 28.06.2023, N2.

anderem sind viele Gehirnregionen nicht einzeln für die komplexen Aufgaben verantwortlich, die sie bewältigen. Das Gehirn ist ein äußerst komplexes System. Wer Medikamente gegen psychische Störungen erhält, ist auch deshalb länger stationär überwachungsbedürftig, weil er oder sie die Nebenwirkungen häufig schneller verspürt als die helfende Wirkung des Verabreichten.

Trotzdem gilt: Unser Gesundheitssystem wird aus Ihren Versicherungsbeiträgen finanziert, und die unter Fürsorgeaspekten so umstrittenen Fallpauschalen gibt es in der Krankenhaus-Psychiatrie auch nicht. Bitte nutzen Sie das, wann immer es Ihnen erforderlich erscheint.

Viertens ist es mir ein großes Anliegen, mich zu **bedanken:** Mein Respekt und meine Verbundenheit gelten *Ihnen allen*, die mir beruflich wie privat Augen, Ohren und Herz für die Herausforderungen des Lebensalltags geöffnet haben. Ohne Sie wäre dieses Buch niemals zustande gekommen! Gleichermaßen verbunden bin ich allen, die mich mit ihren kritischen Anregungen im Korrekturstadium unterstützt haben. Mein besonderer Dank für ihre klugen Hinweise geht dabei zunächst an *Janina Brandau* in Frankfurt, *Martin Brück von Oertzen* in Hamm, *Johanna Mathäser* in Rosenheim und *Jonas F. Hartung* in Leipzig. Danke, dass ihr meine juristischen Anmerkungen mit fachkundigem Blick überprüft habt! *Christa Leiendecker* in Frankfurt danke ich sodann herzlich für ihre psychotherapeutischen, *Nils K. Hartung* in Neu-Isenburg für seine psychiatrischen Hinweise sowie zahlreiche Medientipps aus Sicht der *Next Generation*. Ebenfalls in Neu-Isenburg hat sich schließlich der Musiker *Patrick Steinbach* um unser Buch verdient gemacht.

Meinem über viele Wochen hinweg behandelnden Unfallarzt *Dr. med. Bernd Sanner* und seinem Team in Langen danke ich dafür, dass sie meinen Knöchel wieder in Ordnung gebracht haben. Tatsächlich ist die Idee zu diesem Manuskript während eines längeren Krankenhausaufenthalts an der dortigen *Asklepios-Klinik* im Dezember 2022 entstanden. Es tut gut, wieder laufen zu können! Last but not least danke ich dir, *Catarina*, und deinen Copy Editors: Meine hervorragende Lektorin *Catarina Gomes de Almeida* hat auch dieses Buchmanuskript wieder zu einem guten Ende gebracht. Springer-Projektmanagerin *Merle Schäfer* danke ich für Ihre präzise sprachliche Nachbearbeitung überall dort, wo selbst mein geschultes Auge betriebsblind wurde.

Ihnen und euch allen wünsche ich viel Spaß und Erfolg beim Ausloten des „Be yourself – Noone else wants the job". Lassen Sie es sich die Zeit und Kraft wert sein, darin zu lesen – es lohnt sich! Und wenn Sie möchten, freue ich mich auf Ihre **Rückmeldungen** unter www.aha-entwicklung.de.

Herzlich,
Ihre
Anette Schunder
Frankfurt am Main, im Juli 2023

2

Ihre selbststärkenden Impulse von A–Z
Anregungen zu 85 zentralen Alltagsfragen

Im Folgenden lesen Sie Anregungen von A – Z zu 85 Themen, denen wir im Alltag immer wieder begegnen. Jedem dieser Unterkapitel sind eine **Vorabeinschätzung zum privaten (p) und/oder beruflichen (b) Schwerpunkt** sowie ein abschließender **Leitsatz** zugeordnet. Ein **Pfeilsystem** ermöglicht es Ihnen, an geeigneten Stellen zu einem anderen Stichwort zu springen. Ihre Soforthilfe für Motivationskrisen finden Sie in Kap. 3, und Kap. 4 bietet Ihnen zu allen Leitgedanken Raum für weitere Anmerkungen.

Achtsam sein (p)	Heimat erfahren (p)	Schönheit pflegen (p)
Ärger verarbeiten (p, b)	Intuition schärfen (p, b)	Schuld tragen (p, b)
Autorität ausstrahlen (b)	Jung bleiben (p)	Selbstmanagement lernen
Bewertungen entschärfen (p, b)	Kommunizieren üben (p, b)	Selbstständigkeit pflegen (p)
Botschaften entschlüsseln (p, b)	Krankheiten begegnen (p)	Sich abnabeln lernen (p)
Change Management praktizieren (p, b)	Lachen lernen (p)	Sinn finden (p, b)
Dankbarkeit zeigen (p, b)	Langeweile verstehen (p, b)	Storytelling erkennen (p, b)
Druck aushalten (b)	Lebensentscheidungen akzeptieren (p, b)	Streiten lernen (p, b)
Eifersucht ertragen (p)	Leitwerte erkennen	Streitfragen lösen (p, b)
Einsamkeit handhaben (p)	Liebe finden (p)	Stress managen (p, b)
Einwände entkräften (p, b)	Liebe leben (p)	Strukturen akzeptieren (p, b)

(Fortsetzung)

Engagement zeigen (p, b)	Lust ausleben (p)	Tapfer sein (p)
Entspannung üben (p)	Mentalitätsunterschiede sehen (p, b)	Tatsachenkerne herausschälen (p, b)
Erfolgreich sein (b)	Mindfucks vermeiden (p, b)	Toleranz üben (p, b)
Erwartungshaltungen anpassen (p, b)	Musizieren lernen (p, b)	Trauern können (p)
Familie leben (p)	Mutig sein (p, b)	Übergriffe abwehren (p, b)
Finanzen verwalten (p)	Nachbarschaft pflegen (p)	Umwege gehen (p, b)
Freiheit kosten (p, b)	Nein sagen (p, b)	Ungewissheiten trotzen (p, b)
Freizeit gestalten (p)	Offenbleiben (p, b)	Verantwortung übernehmen (p, b)
Freundschaft wertschätzen (p)	Partnerschaftlich sein (p, b)	Vergangenheit bewältigen (p)
Furcht einordnen (p)	Phantasie wagen (p, b)	Weltanschauungen hinterfragen (p)
Gatekeeping verhindern (p, b)	Poesie entdecken (p, b)	Xmas (Weihnachten) überstehen (p)
Genussgifte ausmachen (p)	Qualität einschätzen (p, b)	Yin und Yang ausgleichen (p, b)
Gerechtigkeit herstellen (p, b)	Respekt zeigen (p, b)	Zeit managen (p, b)
Gesundheit bewahren (p)	Rollen tragen (p, b)	Ziele fassen (p, b)
Glücklich sein (p, b)	Rücksicht nehmen (p, b)	Zukunft wagen (p, b)
Gründe durchschauen (p, b)	Scham aushalten (p, b)	Zusammenleben humorvoll nehmen (p, b)
Handeln wagen (p, b)	Schlaf finden (p)	→ Soforthilfe unter 3
Haustiere annehmen (p)	Schlagfertig sein (p)	→ Persönliche Anm. unter 4

Achtsam sein

Schwerpunkt: privat

Lhamo Döndrub ist das zweite von zahlreichen Kindern einer osttibetischen Bauernfamilie, als ihn mit knapp zwei Jahren das Schicksal ereilt: Vier Mönche erkennen in ihm die Wiedergeburt des 13. Dalai Lama. Als er 15 Jahre alt ist, überträgt man ihm 1950 als *Tenzin Gyatso* die weltliche Herrschaft über sein Land. Knapp 40 Jahre später bekommt der beherzte Mann den Friedensnobelpreis, zahllose weitere Ehrungen folgen bis heute. Der 14. Dalai Lama gilt als engagierter Friedensaktivist – ebenso gewaltfrei wie unerschütterlich. Bezeichnend für das Wirken des Mannes mit der markanten Brille ist sein Ausspruch, dass es **nur zwei Tage im Jahr** gibt, **an denen man nichts tun kann**: „Der eine ist Gestern, der andere Morgen. Dies bedeutet, dass heute der richtige Tag zum Lieben, Glauben und in erster Linie zum Leben ist".[1]

Schon der ein halbes Jahrtausend alte *Augenblick* von *Andreas Gryphius* zielt in dieselbe Richtung: „Mein sind die Jahre nicht,/die mir die Zeit genommen;/mein sind die Jahre nicht,/die etwa mögen kommen;/Der Augenblick ist mein,/und nehm ich den in acht,/so ist der mein,/der Zeit und Ewigkeit gemacht".[2] Um den Zugang zur Gegenwart zu finden, bedarf es danach in erster Linie der Aufmerksamkeit aktuellen Umgebungsgeschehnissen gegenüber. Das Heute sollte möglichst bewusst erlebt werden. Aber wie geht das hier und jetzt im westlichen Alltag?

Die **Ratschläge** dazu sind mannigfaltig: Sie reichen von mehr Spiritualität, von „Portalen und Zugängen zum Unmanifesten"[3] und dem Führen von Erlebnistagebüchern über körperliche Übungen bis hin zu → gesunder Ernährung. Um sich im Hier und jetzt zu spüren, genügt es manchmal tatsächlich schon, auf einem Bein zu stehen und/oder in die Hände zu klatschen – so weit, so unprätentiös. Was das Essen betrifft, ist das andererseits geradezu ein moderner Achtsamkeitsfetisch – und das nicht erst seit Aufkommen der Slow-Food-Bewegung. Der Superfood-Markt rund um Chiasamen, Acai-Beeren und Quinoa ist ein Milliardengeschäft. Lachs, Eier, Körner oder Spinat sollen für einen Anstieg des → **Glückshormons** Serotonin sorgen. Indes: Wer A wie → Achtsamkeit sagt, sollte weiterhin nicht nur B wie Bio sagen, sondern auch ansonsten Umsicht an den Tag legen.

Bei genauerem Hinsehen verschlingt beispielsweise der Anbau von Avocados in ohnehin hitzegeplagten Regionen enorme Wassermengen. Exotische Früchte wie Bananen, Orangen oder Kiwis haben lange Transportwege hinter sich, die Meere und Luft belasten. Dabei ist auch hierzulande für Abwechslung gesorgt: Wer möchte, kann auf Brombeeren, Walnüsse, Hafer, Hirse oder Linsen zurückgreifen. Gutes einheimisches Brot und Kartoffelgerichte sind allerdings nur in Maßen zu empfehlen – auch als nicht verarbeitete Lebensmittel. Die darin enthaltenen Kohlenhydrate verarbeitet der Körper zu Zucker, der sich unter anderem negativ auf den Hormonhaushalt und die Darmflora auswirkt. Zu zuckerhaltige Ernährung

---

[1] Zitiert nach https://www.brigitte.de/liebe/persoenlichkeit/weise-worte%2D%2Ddie-22-schoensten-zitate-des-dalai-lama-10473274.html – abgerufen am 01.07.2023.

[2] Nachzulesen unter https://gedichte.xbib.de/Gryphius%2C+Andreas_gedicht_Augenblick.htm – abgerufen am 01.07.2023.

[3] Siehe hierzu auch *Eckhart Tolle*, Jetzt! - Die Kraft der Gegenwart, Kamphausen Media GmbH, Bielefeld 2010.

ist aus ökotrophologischer Sicht mehr als eine im Englischen augenzwinkernd so bezeichnete „Guilty pleasure": Sie lässt den Insulinspiegel steigen und reduziert die Anzahl gesunder Darmbakterien. Dagegen beugt eine eher gemüsereiche Kost womöglich Alzheimer vor.[4]

Das alles klingt irgendwie → **lustfeindlich** bis anstrengend? Tatsächlich kann man es auch **übertreiben**. Gerade auf dem Lebensmittelsektor neigt die Anbietendeindustrie nicht selten zum Überzeichnen. Ein Dialog aus der auch sonst sehr sehenswerten Fernsehserie *Goliath*, in der *Billy Bob Thornton* einen Anwaltsaussteiger spielt, stellt das sehr deutlich dar. Auf die pathetische Äußerung, „Das ist mehr als mein Job, das ist mein Leben!", antwortet seine Figur Billy McBride lakonisch: „Mein Müsli heißt so".[5]

Im Übrigen kann das Befolgen komplexer Achtsamkeitsratschläge seinerseits in enormen → **Stress** ausarten. So scheint sich zwar beispielsweise durch Meditation die Cortisol-Ausschüttung im Blut zu verringern. Indem sich die Gefäße weiten, sinkt der Blutdruck. Ob Achtsamkeitsmeditationen gegen Angststörungen oder gar Depressionen helfen, ist aber bis heute nicht eindeutig geklärt. Wer sich psychisch → **erkrankt** fühlt, sollte Achtsamkeitsübungen allenfalls begleitend praktizieren[6] und eine Psychotherapeutin oder einen Arzt aufsuchen. → **Entspannung üben und** → **Lachen lernen** sind wichtige Bausteine der Seelenhygiene. Allerdings sollten Sie erst einmal auf einfache Methoden ausweichen, sobald Sie sich unwohl fühlen.

Leicht durchführbar ist beispielsweise eine **Denkaktivität namens „Rose, Knospe, Dorn"**: Was finden Sie gerade gut (Rose)? Was ist hier und jetzt vielversprechend (Knospe)? Und inwiefern erleben Sie gleichzeitig Störgefühle (Dorn)? Diese Differenzierung hilft Ihnen bei der Antwort auf die Frage, was Sie laufen lassen können, was Sie stärkt und welche Aspekte ein → **Change Management** erfordern dürften.

Abzuraten ist hingegen von **Patentrezepten und Kalenderweisheiten**, wie sie sich häufig hinter so schlauen Aphorismen wie dem von *Publilius Syrus* verbergen. „Verbringe jeden Tag so, als wäre es dein letzter".[7] Wie soll man da noch in den Flurspiegel schauen können, wenn die Einkaufstüten mal wieder aus dem nächsten Supermarkt stammen statt aus dem Bioladen? Und wenn die einzige Fitnessübung des verrinnenden Tages im morgendlichen Rennen zum Bus bestand? Zitieren Sie den Spruch deshalb wenn überhaupt, dann nach Boxchampions *Muhammad Ali*: „Lebe jeden Tag, als wäre es dein letzter.

---

[4] FR Nr. 80 vom 04.04.2023, 27.

[5] Goliath, Staffel 4, Folge 5. Der deutschsprachige Trailer ist abrufbar unter https://www.youtube.com/watch?v=NWczgUWmegk – abgerufen am 01.07.2023.

[6] Siehe hierzu auch FAZ Nr. 91 vom 19.04.2023, N1.

[7] https://www.aphorismen.de/zitat/152546 – abgerufen am 01.07.2023.

Irgendwann wirst du Recht behalten".[8] Und dann achten Sie auf die entscheidende Ergänzung: „irgendwann". *Niemand ist,* um es mit dem gleichnamigen Romantitel von *Simmel* zu sagen, *eine Insel.*[9] Wir alle sind irgendwo eingebunden und haben immer auch Verpflichtungen, die wir nichts links liegen lassen können.

Deswegen muss es oft schon genügen, **einfach innezuhalten.** „Ich habe viele lausige Inszenierungen erlebt, aber manche davon hatten großartige Pausen", lässt der britische Drehbuchschreiber und Autor *Hanif Kureishi* in *Das sag' ich dir* eine seiner Figuren formulieren.[10] „Immer mit Bedacht, hilft nicht nur in der Weihnachtsnacht", assistiert mit Blick auf das vielerorts eher unruhige → **Xmas** der Kabarettist *Bernd Gieseking.*[11] In diesem Sinne atmen Sie **beispielsweise** einmal schlicht bewusst ein und aus. Drücken Sie mit einem Finger abwechselnd auf beide beide Nasenflügel und variieren Sie die Anzahl der Atemstöße, bevor sie zur anderen Seite wechseln. Sodann: Konzentrieren Sie sich auf Ihre fünf Sinne und versuchen Sie, auf alle → Bewertungen zu verzichten.

Achten Sie auf Ihre Sinne: Was sehen Sie um sich herum? Welche fünf Farben dominieren, welche Bewegungen? Welche drei Geräusche hören Sie als erste? Welcher Klangteppich markiert den Hintergrund? Ist es Staßenlärm, sind es Stimmen, brummt irgendwo ein Laserdrucker? Und: Welche Gerüche hängen in der Luft? Riecht es frisch oder abgestanden, drängt sich ein Duft in besonderer Weise auf? Wie fühlt sich der Stoff Ihrer Bekleidung an, wie der Boden unter Ihren Füßen? Haben Sie noch den Geschmack Ihres letzten Getränks auf der Zunge? Was sendet Ihnen Ihr Körper gerade insgesamt für Signale? Fühlt er sich leicht oder schwer an? Zwickt es irgendwo? Wie hoch ist Ihre Körperspannung – beißen Sie unwillkürlich mit den Zähnen aufeinander, sitzen Sie aufrecht, oder hängen Sie eher auf dem Stuhl? Mit einem gedachten Silberstift können Sie Ihre Silhouette umrahmen: Das sind Sie und nur Sie.

Unterstützend können Sie, müssen Sie aber nicht zu Duftkerzen, Igelbällen und/oder Klangschalen greifen. Ebenso gut können Sie sich an einen gemütlichen realen oder vorgestellten Ort (ver)setzen und Ihre Aufmerksamkeit entsprechend fokussieren. Suchen Sie sich einen bequemen Sessel oder legen Sie sich auch aufs Bett. Wie fühlen sich dort Bezug und Laken an, aus was für einem Stoff sind sie: Baumwolle, Satin, Frottee?

Das ist nichts für Sie, weil Sie sich lieber **im Freien** aufhalten? Wenn Ihnen nach Gehmeditation, Waldbaden und/oder Bäume Umarmen ist, können Sie

---

[8] https://www.zitat-des-tages.de/zitate/lebe-jeden-tag-als-waere-es-dein-letzter-irgendwann-wirst-du-recht-behalten-muhammad-ali – abgerufen am 01.07.2023.
[9] *Johannes Mario Simmel,* Niemand ist eine Insel, Verlag Droemer Knaur, Locarno 1975.
[10] S. Fischer Verlag, Frankfurt 2008.
[11] In der Weihnachtsgeschichten-Sammlung namens Echte Kerzen wären schon schöner, Reclam Verlag, Dietzingen 2021.

das ebenso nach Lust und Laune tun. Aber auch ein bloßer Spaziergang kann aber genügen: Wie unterscheidet sich das Braungrau der Stämme voneinander? Wie die Blattform der anderen Gewächse? Was hören Sie: Vögel, Flugzeuge, knackendes Geäst, Traktoren oder Kraftfahrzeuge auf der nächsten Straße? Wie ändert sich, sobald es feucht ist, der Geruch Ihrer Umgebung?

Oder innerorts in überdachten Räumen: In den Großstädten gibt es -zig Ausstellungshäuser, durch die sich streifen lässt. Auch in kleineren Orten gibt es zudem Kaffeehäuser und/oder Eiscafés, und wenn Sie es sich leisten können, setzen Sie sich beim Bäcker Ihres Vertrauens mit einem Heißgetränk so hin, dass Sie Ihr Umfeld eine Weile lang beobachten können. Falls Sie lieber in Bewegung sind, aber das Pflastertreten satt haben: Zoos freuen sich ebenso wie botanische Gärten und Parks auf Ihren Besuch. In der Vorstadt tut es zwischendurch auch das Gartenbau-Center Ihres Vertrauens. Wenn Sie nun Ihre Umgebung einem Gast beschreiben sollten, was würden Sie hervorheben? Bei welchem Licht sieht was am interessantesten aus? Welche Wortfetzen hören Sie im Vorübergehen?

Um möglichst achtsam zu sein, greifen Sie auf das so genannte **VAKOG-System** zurück. Dieser der neurolinguistischen Programmierung (NLP) entstammende Begriff verweist auf visuelle und auditive Elemente ebenso wie auf kinästhetische, olfaktorische und gustatorische Wahrnehmungen.[12] Auf gut Deutsch: Auf das Sehen und Hören einerseits, Fühlen, Riechen und Schmecken andererseits. Zwar springen die meisten von uns auf jeweils zwei (unterschiedliche) dieser fünf Faktoren besser an als auf die drei anderen. Trotzdem kann sich gerade das als reizvoll erweisen, was den Betreffenden „noch nie so aufgefallen ist".

Das Ganze funktioniert auch auf dem Weg zum Bus und vor den Prachtauslagen unserer prall gefüllten heimischen Supermärkte: Welche Farben dominieren hier, woraus besteht die Geräuschkulisse? Wieviel wiegt die Tasche über Ihrer Schulter oder in Ihrer Hand? Wie werden sich die Gegenstände darin anfühlen? Einen gezielt „tollen Tag" müssen Sie sich nicht immer machen – oft tun es auch Mikroeindrücke, die Sie zu einem bewussten Mosaik zusammensetzen.

Leitsatz

„Es gibt nur zwei Tage im Jahr, an denen man nichts tun kann. Der eine ist Gestern, der andere Morgen!"

Das heißt, dass heute der richtige Tag zum Leben ist – um mit allen Sinnen in Ihrem eigenen Leben zu sein. Es bedeutet aber nicht, dass Sie ständig auf besondere Erlebnisse bedacht sein müssen.

---

[12] Siehe hierzu statt Vieler *Stephan Rietmann/Philipp Deing* (Herausgeber), Psychologie der Selbststeuerung, Verlag Springer VS, Wiesbaden 2019.

Ärger verarbeiten

„Wir kämpften mit der Kraft gesunder Wut, *Damals hinterm Mond!*".[13] Das haben sie schon klasse formuliert, die Jungs von *Element of Crime* in ihrem gleichnamigen Song von 1991. Aber was ist, wenn man das Rebellenalter längst hinter sich hat? Künstler aus dem Club 27 wie *Jimi Hendrix und Jim Morrison, Kurt Cobain, Janis Joplin oder Amy Winehouse* sind früh abgetreten. Aber wer soll uns heute noch den *„Rebel Without a Cause"* à la *James Dean*[14] abnehmen? Jenseits der 27 wirken wir damit meist alles andere als überzeugend. Hinzu kommt, was vor fast zweieinhalbtausend Jahren der griechische Philosoph *Aristoteles* so formuliert hat: „Jeder kann wütend werden, das ist einfach. Aber wütend auf den Richtigen zu sein, im richtigen Maß, zur richtigen Zeit, zum richtigen Zweck und auf die richtige Art, das ist schwer".[15]

In der Praxis müssen Sie sich deshalb erst einmal gut überlegen, **von wem** Sie sich da gerade ärgern lassen. „Es gibt 1000 Möglichkeiten, ein Arschloch zu sein", sagte *Cate Blanchett* am Rande der 2023er Berlinale mit Blick auf ihre Rolle der überheblichen Dirigentin Lydia *Tár*.[16] Nicht auf alles und jede können Sie reagieren. Dazu gibt es im Deutschen ein schönes altes Wort, das früher bei Ehrenhändeln verwendet wurde: Nicht alle Leute sind zu jedem Thema auch „satisfaktionsfähig", was so viel bedeutet wie, nicht jeder ist jeder Auseinandersetzung wert. Stellen Sie sich mal vor, jemand raunzt Sie auf der Straße als „Blöde Kuh!" an oder jemand anders zischt, Sie seien ein „Idiot!". Dann stammen diese Statements wahrscheinlich weder (im ersten Fall) von einem schlauen Kuhhirten noch (im zweiten Fall) von einem neuen Einstein.

Also: Wer ist derjenige, was versteht diejenige von dem, womit man Sie da gerade ärgert? „Was erlauben Strunz?!", formulierte das **beispielsweise** der seinerzeitige Bayern-Trainer *Giovanni Trapattoni*.[17] Wer eher theater- als fußballbegeistert und des Hessischen kundig ist, der kann an dieser Stelle auch

---

[13] So die Songzeile aus *Element of Crimes* Ballade Damals hinterm Mond, abrufbar unter https://www.youtube.com/watch?v=l77OtT0D-_g, abgerufen am 01.06.2023.

[14] Der gleichnamige Film aus dem Jahr 1955 kam hierzulande unter dem Titel „ *Denn sie wissen nicht, was sie tun* in die Kinos.

[15] Zitiert nach https://zitate.net/wut-zitate – abgerufen am 01.06.2023.

[16] Der Trailer zum Film ist abrufbar unter https://www.youtube.com/watch?v=bsZctVN5BZg – abgerufen am 01.07.2023.

[17] Anlässlich des Bayern München-Spiels gegen Herta BSC 1998.

Ernst Elias Niebergalls Dadderich zitieren: „So e Mensch is kah Gäjestand for mein Zorn!". Alternativ, in der weiblichen Variante einer oberbayerischen Freundin: „Naa, net von so a Trutschel!".

Sollten er oder sie es doch wert sein, stellen sich mit *Aristoteles* anschließend die Fragen nach dem richtigen Maß und Zweck sowie der richtigen Art und Weise des Ausdrucks. **Maßvoll wütend** sein, das heißt dem Anlass angemessen. Hierzu hilft eine im Buddhismus weit verbreitete Einsicht: „Lerne ruhig zu bleiben. Nicht alles verdient eine Reaktion von dir". → Handeln sollten Sie dann, wenn Ihre Verärgerung Ihnen selbst zu schaden beginnt. Ein deutliches Anzeichen dafür sind psychosomatische Reaktionen wie Kopf-, Rücken- oder Magenschmerzen oder vergleichbare → Krankheitssymptome.

Aber auch das Verhalten eigentlich wohlmeinender Dritte müssen Sie nicht ohne weiteres hinnehmen. Hier sollten Sie zunächst sicherstellen, dass Sie die ärgerlichen → Botschaften wirklich richtig verstanden haben. *Was* an dem erlebten Ärgernis ist wirklich Tatsache, *was* entspricht lediglich Ihrer ureigenen → **Bewertung**? Dass Sie ein Verhalten als besonders ärgerlich empfinden, hat immer auch mit Ihnen selbst zu tun. Es hängt mit Ihrer → Mentalität, Ihren ureigenen → Leitwerten und → Zielen zusammen, was Sie kalt lässt und worauf Sie „anspringen". Unter Umständen stehen Ihnen dabei regelrechte → Mindfucks im Wege. Erst sobald und soweit Sie sorgfältig geklärt haben, worin Ihr **Eigenanteil** besteht, entscheiden Sie bitte über Ihre Reaktion. Welchen Anspruch stellen Sie an sich selbst? Inwiefern wird das, wofür Sie stehen, durch den ärgerlichen Anlass beeinträchtigt?

Als **Maßnahme Ihrer Wahl** eignet sich ein gut geführter → Streit ebenso wie ein klug durchdachtes → Change Management. Ansonsten passen Sie Ihre → Erwartungshaltungen nach unten an und → grenzen Sie sich ab. Sie müssen nicht alles, was an Verärgerung an Sie herangetragen wird, annehmen und können das Ihrem Gegenüber im Alltag auch genau so sagen.

Dabei helfen Ihnen einige **Kniffe**. Zunächst einmal atmen Sie schlicht tief durch, bevor Sie reagieren. Anschließend bewegen Sie sich. Bewegung fördert den Stressabbau und macht den Kopf frei. Wenn Sie können, gehen Sie einmal das Treppenhaus hinauf und herunter und/oder laufen Sie um den Block. Falls Sie gerade festsitzen, aber → Entspannungsübungen beherrschen: Wenden Sie entsprechende Techniken an. Wenn nicht, versuchen Sie es mit einer **Reizüberlagerung**. Entspannen Sie Ihre Gesichtsmuskulatur, lächeln Sie, notfalls kneifen Sie sich kurz und/oder greifen Sie zu einer Lutschpastille. Auch eine kalte Unterarmdusche im nächsten Waschbecken kann Ihnen beim Herunterkühlen helfen.

Konzentrieren Sie sich dabei keinesfalls auf das, was hier dringend abgestellt werden muss. **Nichts ist schwieriger, als „einfach" nicht mehr an den**

rosa Elefanten im Zimmer zu denken! Stattdessen überlegen Sie sich schönere Gegenbilder. Legen Sie sich positive → Ziele zurecht. Beispielsweise können Sie sich ausmalen, wie der rosa Elefant aus dem Haus trampelte. Wie er aus Deutschland auswandert, quer über die Alpen nach Süden marschierteund dort auf einer LKW-Ladefläche im Bauch einer Mittelmeerfähre abtaucht. Und wie er schließlich im afrikanischen Busch verschwindet.

Ihrer → Phantasie sind keine Grenzen gesetzt. Die alte Redewendung, dass ein Glas immer gleichzeitig **halb voll und halb leer** ist, kennen Sie. Was ist in Ihrem Fall das Gute im Schlechten? Machen Sie sich das klar und freuen Sie sich wenigsten darüber. Versuchen Sie insgesamt, Abstand zwischen sich und Ihren Ärger zu bringen. Wie wird das elefantenfreie Zimmer in drei, fünf, zehn Jahren aussehen? Ist es das einzige Zimmer, das sie jemals besuchen werden? Oder ist der Raum mit dem Elefanten hier und heute nur einer von vielen?

Diese Überlegungen führen zum letzten von Aristoteles' Punkten: Der Frage nach der richtigen Zeit. Selbst dann, wenn Mensch und Sache Ihre Wut wirklich wert sind – Sie sollten sich nicht ununterbrochen darüber ärgern. Oder lassen Sie sich auch von anderen Bewusstseinszuständen jederzeit leiten? Wahrscheinlich nicht. Wenn Sie über Ihren Ärger nachdenken möchten, können Sie dieser Gefühlsregung ebenso bestimmte **Zeitblöcke** zuweisen wie anderen wichtigen Dingen, etwa Ihrer Bettruhe. Funktioniert das nicht, vereinbaren Sie mit sich selbst wenigstens eine Art Ärger-Feierabend oder eine Ärgerpause. Die halten Sie dann unbedingt ein.

Konsequent hüten sollten Sie sich vor impulsiven Reaktionen. Das gilt auch und gerade dann, wenn Sie von ernst zu nehmenden Kontrahenten herausgefordert werden. Im Idealfall trifft Sie der Ärger nicht unvorbereitet – dann rufen Sie das Verhalten ab, das Sie allein oder mit anderen schon vorher geübt haben. Manchmal hilft schon bloße → **Schlagfertigkeit**. Aber auch dann müssen Sie nie schneller Feedback geben, als Sie bis drei zählen können. Falls die Gegenseite sich von Ihnen überhaupt beeindrucken lassen will, dann strahlen Sie → **Autorität** nicht durch Tempo aus; sammeln Sie sich lieber erst einmal vernünftig. Dann können Sie immer noch mit der fälligen Auseinandersetzung beginnen.

Und wenn einfach etwas einfach „dumm gelaufen" ist? Dann akzeptieren Sie das ebenso, wie Sie es auch bei einer irreversiblen → Lebensentscheidung tun sollten. Ebenso wenig, wie Sie nach einem bekannten Sprichwort „gutes Geld schlechtem Geld hinterherwerfen" sollten, sollten Sie auch Ihre immateriellen Ressourcen, nämlich → Zeit und Kraft verschwendhalten. Wenn überhaupt, hilft Humor – ein Umstand, auf den wir noch mehrmals zurückkommen werden. Mir selbst tut in solchen Situationen ein altes Stück → Poesie von

Eugen Roth aus der *Ein Mensch*-Reihe gute Dienste, das *Immer falsch* heißt. Und wieso? „Ein Mensch – seht ihn die Stadt durchhasten! –/sucht dringend einen Postbriefkasten./Vor allem an den Straßenecken/vermeint er solche zu entdecken./Jedoch, er bleibt ein Nicht-Entdecker/dafür trifft fast auf jedem Fleck er/Hydranten, Feuermelder an,/die just er jetzt nicht brauchen kann./ Der Mensch, acht Tage später rennt/noch viel geschwinder, denn es brennt!/ Doch hält das Schicksal ihn zum besten:/An jedem Eck nur Postbriefkästen!".[18]

Leitsatz

„Seien Sie sauer auf die richtige Art!"
    Sich zu ärgern lohnt sich nur gegenüber den richtigen Menschen, in passender Hinsicht, im richtigen Maß, zur rechten Zeit und zum richtigen Zweck.

Autorität ausstrahlen

Schwerpunkt: beruflich

Eine hohe Freiheitsstrafe hatte die → junge Staatsanwältin da gerade für den schweren Jungen gefordert. Jetzt nahm der Angeklagte sein Recht des letzten Wortes in Anspruch. Er nickte bedächtig mit dem Kopf und wandte sich dann direkt an den Vorsitzenden Richter: „Das mit die fünf Jahre geht in Ordnung, euer Ehren", beschied er dem Mann mit der schwarzen Samtrobe nachdrücklich. „Aber nich' von die Puppe da!" Autorität, das zeigt dieser Fall, muss man nicht nur besitzen. Man sollte sie auch ausstrahlen können, wenn man damit durchdringen will.

Nun gibt es durchaus Führungsweisen, die auf Akzeptanz nicht angewiesen sind. Zu allen Zeiten und allerorten gab und gibt es despotische und hierarchische Herrschaftsmodelle. Entscheidungen lassen sich auch **patriarchalisch, autokratisch und bürokratisch** durchsetzen, ohne **charismatisch** zu sein und zu überzeugen.[19] Entsprechend schlechte Karten dürfte auch unser

---

[18] Zitiert nach https://katharina-wien.at/heiteres/ein-mensch-gedichte-von-eugen-roth/ – abgerufen am 01.07.2023. *Eugen Roths* Ein Mensch – Heitere Verse ist erhältlich im Hanser Verlag, München 2022.

[19] Siehe dazu statt vieler vertiefend https://360kompakt.de/management/uebersicht-fuehrungsstile/ – abgerufen am 01.07.2023.

Angeklagter gehabt haben. Sollten Sie sich allerdings nicht in der komfortablen Lage befinden, auf die Zustimmung anderer verzichten zu können, sollten Sie ein paar Leitlinien beherzigen.

Das beginnt mit einer sorgfältigen Überprüfung dessen, **wem gegenüber** Sie Ihre Autorität eigentlich überhaupt in welcher Weise ausspielen sollten. Welche Menschen in Ihrer Gruppe werden sich Ihnen vermutlich auch von sich heraus anschließen? Wo sind die Oppositionellen, die Sie auch mit viel Liebesmüh' im Guten nicht werden überzeugen können? Nach meiner eigenen langjährigen Erfahrung als Beraterin und Coach gibt es in den verschiedensten Gruppenkonstellationen eine vergleichbare statistische Verteilung: die von mir so bezeichnete **20-70-10-Regel**.

Nach dieser Faustformel müssen Sie sich über das obere Fünftel der Betroffenen kaum kümmern: Diese Teilgruppe ist aus sich selbst heraus motiviert, Ihnen keine unnötigen Steine in den Weg zu legen, die Dinge am Laufen zu halten usw. Das untere Zehntel wiederum wird Ihnen auch bei gutem Auftreten Schwierigkeiten bereiten. Ob es Ihnen wirklich gelingt, mit Ihrer Autorität anzukommen, zeigt sich bei den 70 % in der Mitte. Ganz gleich, ob Sie eine Kindergartengruppe oder einen Betrieb leiten, Bürgermeisterin sind oder Vereinsvorstand[20] – auf die 70 % in der Mitte sollten Sie → zielen.

Um auf die damit verbundenen Herausforderungen möglichst gut reagieren zu können, sollten Sie im Alltag möglichst → **Bewertungen entschärfen**, → **Botschaften dechiffrieren**, → **Streiten können und dabei Ihre** → **Ziele stets im Auge behalten**. Bei alldem strahlen Sie im besten Sinne Selbstbewusstsein aus. Das heißt nicht, dass Sie laut werden oder stets präsent sein müssten. Es bedeutet aber, dass Sie sich über Ihre → **Rolle** und deren Wirkung im konkreten Fall im Klaren sind. Machen Sie die mentale Gegenprobe: Wie würden die Dinge laufen, wenn Sie sich völlig herausnehmen würden? Ihre ordnende Hand würde fehlen. Machen Sie sich klar, inwiefern.

In der Praxis halten Sie sich bei Präsenzterminen auch **körperlich** entsprechend gerade. Atmen Sie ausreichend tief aus dem Bauch heraus. Sprechen

---

[20] Deutlich wird das anhand des bundesweiten **Ausmaßes an Straftaten und Ordnungswidrigkeiten**, obgleich die Zahlen nur eine ungefähre Schätzung zulassen. So wurden 2021 in Deutschland rund 5,05 Mio. Straftaten polizeilich registriert, hinzu kamen allein im Straßenverkehr nach Auskunft des Kraftfahrtbundesamts ca. 4,15 Mio. Ordnungswidrigkeiten – und das bei gut 66,5 Mio. Volljährigen und gut 7 Mio. jungen Menschen ab 15. Daraus resultiert eine Quote von rund einem Achtel, die trotz weiterer, nicht erfasster Delikte durch Mehrfachtäter auf rund ein Zehntel absinken dürfte.

Einschlägiges statistisches Material ist zu finden unter https://de.statista.com/statistik/daten/studie/197/umfrage/straftaten-in-deutschland-seit-1997/ und unter https://www.destatis.de/DE/Themen/Gesellschaft-Umwelt/Bevoelkerung/Bevoelkerungsstand/Tabellen/bevoelkerung-altersgruppen-deutschland.html – jeweils abgerufen am 01.07.2023.

Sie nicht zu schnell, nicht zu leise, nicht zu hoch. Artikulieren Sie sich klar und verständlich. Gleichzeitig erden Sie sich bitte fest mit beiden Beinen auf dem Boden. Im Sitzen gestatten Sie anderen Teilnehmenden nicht, Ihnen mit Ordnern, Laptops usw. auf den Pelz zu rücken. Lassen Sie sich Ihre Redezeit nicht nehmen.

Dabei vermeiden Sie Weichspüler-Vokabeln wie „eigentlich", „vielleicht", „könnte", „sollte", „würde" usw. Stattdessen bringen Sie die Dinge immer wieder auf den Punkt. Sobald Sie etwas erreicht haben: Formulieren Sie **Zwischenergebnisse** und halten Sie sie für alle Betroffenen so klar wie möglich fest. Gleichzeitig signalisieren Sie, dass Sie weiterführende Pläne haben und → Verantwortung für den weiteren Verlauf der Sache übernehmen.

Das bedeutet nicht, dass Sie sich nicht um Verträglichkeit bemühen und wenn, dann fair mit anderen streiten sollten. Im Rahmen von → Mentalitätsunterschieden und im Abschnitt über das → Streitfragen-Lösen finden Sie Näheres dazu. Ebenso wenig spricht etwas dagegen, dass Sie auch als optisch ansprechender Typ mit weiblichem Charme auftreten. Allerdings hieß ein flotter Spruch aus meiner Studierendenzeit nicht umsonst: „Nett iss nix fürs Bett!". Um als Autorität anerkannt zu werden, müssen Sie dementsprechend **nicht reizend, sondern vernünftig und → respektabel** erscheinen. Das ist nicht dasselbe. Notfalls stellen Sie sich vor, Sie sind wieder zwölf Jahre alt und müssten in der Schule ein Referat halten. Da kam es doch auch nicht in erster Linie auf ihr Aussehen an, oder?

Gute Trainerinnen und Trainer für entsprechende Trockenübungen sind übrigens Hunde als → Haustiere. Knurren- und Schnappenlassen einerseits, ängstliches Hochnehmen andererseits zeigen in solchen Fällen deutlich, wieviel Luft noch nach oben besteht. Um gegenzusteuern, empfehlen sich beim Umgang mit Menschen wie Tieren **die magischen „3K".** Das erste K steht für Klarheit. „Wer bin ich, was kann ich in dieser Situation leisten?". Zweites K: Konzentration: „Bin ich bei der Sache?". Drittes und vielleicht wichtigstes K: Konsequenz. „Nehme ich wirklich alle Lebenslektionen mit in den Alltag? Oder falle ich gerade hinter meine selbstgesetzten Standards zurück?" In diesem Fall kann mein Gegenüber meine Ansage nämlich womöglich gar nicht verstehen. Und auf die von mir erhoffte Reaktion warte ich dann bei meinen Kolleginnen, bei meinen Kindern, bei anderen Vereinsmitgliedern ebenso vergebens wie bei meinem Hund.

Leitsatz

„Nett ist nix fürs Bett!"
    Treten Sie sicher auf, wenn Sie etwas umzusetzen haben.

Bewertungen entschärfen

Schwerpunkt: privat + beruflich

Wir befinden uns auf einem mehrtägigen Workshop im Taunus. Das Programm ist sehr ambitioniert, die Nächte entsprechend kurz. Einige der Teilnehmenden sind schon am zweiten Tag übermüdet, niemand in der Runde macht aus der morgendlichen Gefühlslage einen Hehl. Allerdings beginnt mich eine bestimmte Aussage am dritten und vierten Morgen sehr zu stören: „Ich hab' gut geschlafen. Aber jetzt geht's mir schlecht". Was ist mit mir los? Warum irritiert mich diese Formulierung so sehr? Beide Aussagen sind doch völlig verständlich, und immerhin hat die Kollegin doch eine gute Nacht gehabt! Ich komme nicht drauf, will das Thema in der Gruppe auch nicht ansprechen, ärgere mich über mich selbst.

Erst im Nachhinein fällt es mir wie Schuppen von den Augen: **Das „Aber"** ist schuld! Durch diese Konjunktion hat die Teilnehmerin ihren guten → Schlaf völlig entwertet. Das Gesamtergebnis von Nacht plus Morgen lag gewissermaßen nicht bei 50 von 100 Punkten, sondern gefühlt bei Null. Wenn Ihnen das zu abstrakt erscheint, lesen Sie alternativ bitte folgende Aussage: „Ich hab' gut geschlafen. Und jetzt geht's mir schlecht." Klingt besser, oder? Das funktioniert auch in anderen Zusammenhängen: Im Urlaub war das Wetter schlecht und das Essen gut. Der Sohn ist schlecht in Mathe und gut in Deutsch. Die Tochter ist stur und liebevoll. Der Chef bekommt den Mund nicht auf und ist ein fairer Vorgesetzter.

Wir alle neigen dazu, die Geschehnisse in unserer Umgebung nicht einfach → achtsam wahrzunehmen, sondern jede Tatsache bewertend einzusortieren. Bildlich gesprochen, fügen wir einem → **Tatsachenkern** einen **Bewertungshof** hinzu. Das ist nicht von vornherein schlecht, denn ohne solche Leitplanken können wir nicht navigieren. Allerdings ist ein ständiges Bewerten dessen, was Sie wahrnehmen, sowohl selbst- als auch sozialschädlich. „Richtet nicht, damit ihr nicht gerichtet werdet!", heißt es im Evangelium nach Matthäus des Neuen Testaments (Mt 7,1).[21]

---

[21] Nachzulesen unter anderem in https://www.bibelwissenschaft.de/online-bibeln/luther-bibel-1984/lesen-im-bibeltext/bibelstelle/Mt%207.1/bibel/text/lesen/ch/7a1c7b1fe6f05a8c4469a50444c14c9a/ – abgerufen am 01.07.2023.

Selbstverständlich gibt es Fälle, in denen → Streit zu schlichten ist, dabei gilt es zuweilen auch, → Schuld von Staats wegen verbindlich zuzuweisen, damit die Betroffenen nicht selbst losziehen, um ein Geschehnis zu ahnden. Gleichzeitig mahne ich hier als Coach trotz eigener Befähigung zum Richteramt und Promotion mit Mediationsaspekten zur Vorsicht. **Wer bewertet, der belastet** – entweder sich selbst (beispielsweise durch → Scham), oder andere. Geistige (Selbst-)sabotage führt zu → **Mindfucks**, die (selbst-)schädigend sind. Dagegen vorzugehen, ist zwar herausfordernd. Aussichtslos ist es aber, solange wir leben und denken können, nicht. In der Praxis können Sie damit, **Aber-Sätze zu Und-Sätzen** zu machen, ohne weiteres beginnen. Dazu noch ein kleiner Praxistipp die schönere → Botschaft gehört an die zweite Stelle, auch wenn sich Dinge womöglich andersherum ereignet haben. Das ist gut für die Stimmungskurve.

Das gilt jedoch nur, solange und soweit keine gesundheitlichen Störungen vorliegen. Leute, die Umweltinformationen nicht gut beurteilen können, deren **Wahrnehmungsverarbeitung** erheblich gestört ist, entwickeln (Selbst-)behinderungen im autistischen Spektrum. Psychisch gesunde Menschen, die unter mangelnder Reizverarbeitung leiden, bekommen Kopfschmerzen, häufig in Form von Migräne. Sie tun sich schwer mit der Eigenabschottung gegenüber Personen und Sachen, was sie einerseits zu besonders empathischen, andererseits aber auch verletzlichen Zeitgenossen macht. Da genügen Manchem schon grelles Licht, Lärm oder wechselnde Wettereinflüsse, und der Körper spielt verrückt. Andere wiederum leiden, weil sie hoch sensibel sind. Dieses Persönlichkeitsmerkmal wird seit einiger Zeit zunehmend stark erforscht. Nach aktuellen Angaben sollen 30 % der Menschen **Hochsensible** sein, gegenüber 40 % normal und 30 % vermindert sensiblen Menschen am anderen Ende des Spektrums.[22]

Da hilft nur bewusste Reizabschottung – und/oder der Trost, der darin liegt, sich in guter Gesellschaft zu befinden. Sind Sie beispielsweise von einer **Migräneerkrankung** betroffen, trösten Sie sich mit so hoch geschätzten Leidensgenossinnen und -genossen wie *Salvatore Dalí, Vincent van Gogh* oder *Claude Monet*, wie *Gustav Mahler, Frédéric Chopin* oder *Richard Wagner*. Ob *Charles Darwin, Alfred Nobel* oder *Marie Curie*, ob *Heinrich Heine, Wilhelm Busch* oder *Karl Marx*: Sie alle waren Migränepatienten.[23] In *Also sprach Zarathustra* hat niemand Geringeres als der ebenfalls betroffene *Friedrich*

---

[22] Ausführlich und mit Testfragen dazu: https://www.tagesschau.de/wissen/gesundheit/hochsensibilitaet-101.html – abgerufen am 01.07.2023.

[23] Siehe hierzu https://www.migraineaction.ch/media/attachments/2019/01/08/persoenlichkeiten.pdf – abgerufen am 01.07.2023.

Wilhelm Nietzsche einen berühmten Ausruf geprägt, der dem Wohl und Wehe unzulänglicher Abschirmung einen unverhofften Sinn verleiht: „Man muss noch Chaos in sich haben", heißt es in Zarathustras Vorrede, „um einen tanzenden Stern gebären zu können".[24]

Leitsatz

„Aber zu Und macht Sachen rund!"
Versuchen Sie, die Dinge nebeneinander stehen zu lassen.

Botschaften entschlüsseln

Schwerpunkt: privat + beruflich

Zwei Menschen fahren im Auto auf eine Kreuzung zu. Die Ampelanlage signalisiert freie Fahrt, da meldet sich der Beifahrer zu Wort: „Die Ampel ist grün!". „Fährst du", gibt die Fahrerin zurück, „oder fahre ich?". Dieser kurze Schlagabtausch nach *Friedemann Schulz von Thun*[25] ist eines der bekanntesten → Kommunikationsbeispiele unserer Zeit. Dabei ergibt eine solche Frage als Antwort auf diese Aussage erst einmal gar keinen → Sinn: Das Lichtsignal zeigt eine bestimmte Farbe. Darauf hingewiesen, erkundigt sich die Fahrerin, wer am Lenkrad sitzt. Trotzdem leuchtet uns dieser verbale Austausch ohne weiteres ein. Haben Sie einmal darüber nachgedacht, warum das so ist?

Ursächlich dafür ist ein ebenso selbstverständlicher wie praktisch schwieriger Umstand: Das Senden und Empfangen von Botschaften ist ein komplexer Vorgang, bei dem eine Menge schiefgehen kann.

Es fängt schon damit an, dass man nicht *nicht* kommunizieren kann. Dazu hat der Philosoph *Paul Watzlawick* **fünf Grundregeln oder „pragmatische Axiome"** aufgestellt, die die menschliche Kommunikation erklären und ihre Paradoxie zeigen: Erstens kann man nämlich nicht nicht kommunizieren. Eine Botschaft senden Sie auch damit, dass Sie ein Gespräch vermeiden. Zweitens hat jede Kommunikation einen Inhalts- und einen Beziehungsaspekt.

---

[24] https://blog-archiv.klassik-stiftung.de/man-muss-noch-chaos-in-sich-haben-um-einen-tanzenden-stern-gebaeren-zu-koennen/ – abgerufen am 01.07.2023.
[25] Im Einzelnen beschrieben unter https://www.schulz-von-thun.de/die-modelle/das-kommunikations-quadrat – abgerufen am 01.07.2023.

Zum einen transportiert sie Informationen, zum anderen zeugt sie aber immer auch davon, in welchem Verhältnis Absender und Empfänger zu einander stehen und wer was von wem hält.

Drittens ist Kommunikation immer **Ursache und Wirkung**. Sie löst etwas aus und verändert damit die Situation – im ungünstigsten Fall im Sinne einer sich selbst erfüllenden Prophezeiung. So kann der Vorwurf an die Partnerin, abends zu lange wegzubleiben, durchaus ein noch längeres Fortbleiben bewirken, damit man sich den ständigen Vorwürfen nicht aussetzen muss. Viertens bedient sich menschliche Kommunikation immer analoger und digitaler Modalitäten. Dabei stehen diese vor dem Computerzeitalter entwickelten Begriffe schlicht für Darstellungen mittels einfacher Entsprechungen oder komplexer Syntax. Gesten oder auch Zeichnungen stehen als analoge Formen logischen Verknüpfungen gegenüber, die auch komplizierte Inhalte vermitteln können. Dass Kommunikation schließlich fünftens entweder symmetrisch oder komplementär ist, zielt ab auf die Frage eines Gleichgewichts oder Ungleichgewichts zwischen den Betroffenen.[26]

Selbst wenn in *Schulz von Thuns* **Beispiel** die Fahrerin geschwiegen hätte, wäre ihre tatsächliche Reaktion vor diesem Hintergrund eine Botschaft gewesen. Ihr beredtes Schweigen hätte sich beispielsweise als Gleichgültigkeit interpretieren lassen. In unserem Fall lagen die Dinge aber noch deutlicher: Die Fahrerin hat sich eine Einmischung ausdrücklich verbeten. Nach *Schulz von Thuns* „Vier-Ohren-Modell" liegen darin vier verschiedene Ausdrucksebenen, die auf vierfache Weise ankommen und, das hatten wir schon im vorigen Abschnitt über → Bewertungen gesehen, auf vier verschiedenen Wegen interpretiert werden. Die Übermittlung eines → Tatsachenkerns ist dabei gewissermaßen nur eine Wahrheit von vieren.

Betrachtet man die maßgeblichen **Ebenen** näher, so ist die Sachinformation in unserem Beispiel leicht zu entschlüsseln: Vor uns steht ein Lichtzeichen, und das gewährt freie Fahrt, punkt. Insoweit hat unser Beifahrer schlicht einen wahren und interessanten Fakt mitgeteilt. Allerdings hat er damit auch etwas über sich selbst kundgetan. Seine **Ich-Kundgabe** lautet in etwa: „Schau mal, liebe Fahrerin, ich habe gesehen, dass die Ampel grün ist!" – das lässt sich übersetzen mit „Ich bin beim Autofahren aufmerksam".

Und schon wird es brenzlig: Was, wenn die Wagenlenkerin nun nicht den Sachhinweis heraushört, sondern die Belehrung? Wenn sie weniger das „Ampel grün" als das *„ich* habe gesehen" verstanden hat? Dann überwiegt auf

---

[26] Dazu lesen Sie Näheres mit praktischen Beispielen unter https://www.paulwatzlawick.de/axiome. html – abgerufen am 01.07.2023.

Ihrer Seite der **Beziehungsaspekt** der Aussage. Sie bewertet das Geschehen als → Übergriff, den sie abwehren möchte. Zumal sie womöglich auch einen, und das ist die vierte Seite: **Appell** wahrgenommen hat. Was ihr Begleiter geäußert hat, hört sich dann an wie: „Jetzt fahr doch mal schneller, damit wir noch bei Grün über die Ampel kommen".

Zahllose Missverständnisse könnten vermieden werden, wenn wir alle uns öfter klarmachen würden, worum es bei entsprechenden Botschaften in welchem Maße geht. Und wenn wir bei unserem Gegenüber besser einschätzen könnten, So, er sich mimisch, gestisch, in Tonfall und Formulierungen benimmt: Was kommt da gerade zu mir herüber? Bei Unklarheiten gilt: **Nachfragen!** „Der, die, das, Wer, wie, was, Wieso, weshalb, warum, Wer nicht fragt, bleibt dumm! 1000 tolle Sachen, Die gibt es überall zu sehen. Manchmal muss man fragen, um sie zu verstehen". Das lehrt uns seit einem halben Jahrhundert schon das Intro der *Sesamstraße*.[27]

Wenn es Ihnen den → Ärger wert ist, können Sie natürlich auch mit einer → schlagfertigen Antwort gegenhalten oder einen ordentlichen → Streit riskieren. Dabei ist nicht zuletzt der Umstand zu beherzigen, dass es **keine geschlechtsneutrale Wirklichkeitswahrnehmung** gibt. Seit der UN-Weltfrauenkonferenz 1995 hat sich der Begriff des Gender Mainstreaming etabliert, der auf politischer Basis wie gesellschaftlicher Ebene auf Geschlechtergerechtigkeit zielt.[28] Frauen leiden aber nicht nur unter spezifischen sozialen → Rollenzuweisungen. Auch in biologischer Hinsicht gilt, um einen alten *John Gray*-Titel zu zitieren: „Männer sind anders. Frauen auch".[29] Entsprechend entschlüsseln Frauen auch Botschaften anders als Männer.

Ein praktisch wichtiger Sonderfall zum Thema Botschaften ist im Übrigen das Einordnen von **Werbeversprechen.** Die meisten von uns wissen, dass sie in 14 Tagen keine 10 kg verlieren werden, jedenfalls nicht auf Dauer – da mögen Vorher-Nachher-Models auch noch so demonstrativ ihre zu weiten Hosen von sich weghalten. Aber ist Ihnen wirklich auch klar, dass Sie die dargebotene Kosmetik noch lange nicht so frisch aussehen lassen wird wie das Anzeigengesicht, das Sie gerade betrachten? Und, in der Praxis weitaus prekärer: Ist die Schule, ist der Arbeitsplatz, der mit seinen hervorragenden Referenzen wirbt, tatsächlich die beste Wahl für Sie?

---

[27] Nachzuhören in https://www.youtube.com/watch?v=uPHi5xn_q5c – abgerufen am 01.07.2023.
[28] Siehe ausführlich https://www.bmfsfj.de/bmfsfj/themen/gleichstellung/gleichstellung-und-teilhabe/strategie-gender-mainstreaming – abgerufen am 01.07.2023.
[29] Goldmann Verlag, München 2009.

Hier empfiehlt es sich dringend, erst einmal innezuhalten und nachzudenken: Renommierte Arbeitgeber bekommen **beispielsweise** viel mehr Angebote, das kann Ihre Position als Bewerberin um eine Stelle deutlich verschlechtern. Und die teure Privatschule, von der andere schwärmen, besitzt womöglich gar nicht die besten Lehrmethoden für Ihren Nachwuchs. Vielleicht glänzt sie einfach deshalb mit dem besten Notendurchschnitt, weil sie von vornherein die besten Schüler anzieht … und es mittelmäßige Klassenkameradinnen und -kameraden daneben nicht lange aushalten. Ich selbst war einmal Schulelternbeirätin an einer hoch renommierten öffentlichen Lehranstalt, deswegen zitiere ich dieses Beispiel aus eigener schlechter Erfahrung.

Des Weiteren wimmelt es in unserer konsumorientierten Welt von Schnäppchen. Im virtuellen Bereich locken große Mengen an kostenfreien Apps. Aber gerade die konsumverliebten US-Amerikaner haben zu diesem Thema zwei wundervolle Sprichwörter parat: „**There's no such thing as a free lunch**". Will heißen: Irgendeinen versteckten Preis zahlen Sie immer – machen Sie sich bitte klar, welcher das ist.

Wer Ihnen etwas schenkt, will etwas von Ihnen. Seien es Ihre Daten, Ihre Aufmerksamkeit, Ihre → Dankbarkeit und/oder Ihr Vertrauen. Haben Sie das wirklich übrig für ihn? Zumal die Wahrscheinlichkeit, dass Sie in Ihrer → Freizeit einem *professionellen* Schnäppchenverkäufer das Wasser reichen können, eher gering ist. Stattdessen zahlt sich im Mittel das aus, was Sie an Geld, Zeit und Wissen in den Handel **investieren**, den Sie da gerade tätigen. Was Sie bekommen, ist das, wofür Sie bezahlen. „What you get is what you pay for", kommentiert man das im angelsächsischen Raum.

Schließlich hat auch die Gegenseite nichts zu verschenken. Das gilt sogar in den berühmt-berüchtigten Alles-muss-raus-Fällen einer Geschäftsaufgabe: Im Insolvenzumfeld greifen zahlreiche besondere Rechtsregeln, die allzu große Schnäppchen auf Kosten anderer Gläubiger verhindern. Was schließlich das **Zahlen mit Daten** betrifft, gibt es hier wiederum zwar seit einiger Zeit Verbesserungen im Verbraucherschutz. Regelungen in der Datenschutz-Grundverordnung und im Bundesdatenschutzgesetz haben der Datengier Grenzen gesetzt. Allerdings handelt es sich bei den entsprechenden Schutzvorrichtungen eher um Jäger- als um Stacheldrahtzäune. In der Praxis öffnen Sie selbst fremden Werbern mit der Zustimmung zu deren Cookies Tür und Tor. Damit steigt die Wahrscheinlichkeit für unnötige Gelegenheitskäufe – zu Lasten Ihrer → Finanzen.

Leitsatz

„Die Ampel ist grün!"
    Denken Sie daran, was das alles bedeuten kann. Bei Werbeversprechen machen Sie sich alle Auswirkungen klar.

Change Management praktizieren

Schwerpunkt: privat + beruflich

„Isch bin ene Vampir!", hallt es von der Bühne, während sich auf dem Parkett ein ganz wilder Bube mit „I am a Woiperdinger" vorstellt. Alternativ gibt es in *Gerhard Polts* erstem Kinofilm *Kehraus* von 1983[30] Cowboys, Ölscheichs und Versicherungsvertreter mit lustigen Hüten. Mal etwas ändern: Karneval, Fastnacht und Fasching sind die perfekte Gelegenheit für einen kurzzeitigen Stilwechsel. Wer darauf keine Lust hat, der kann sich daheim vergraben, in den Urlaub fahren … oder er bestellt sich als Variante ein Shirt mit der Aufschrift „Mein Kostüm ist nicht in der Wäsche – Ich hasse nur Fasching", erhältlich bis in 4XL. Ein harmloses Vergnügen, zumal es nicht von Dauer ist.

Schwieriger wird es, sobald Sie auf eine Situation reagieren müssen, die womöglich einer längerfristigen Veränderung bedarf. Als erwachsener Mensch haben Sie hier grundsätzlich **drei ganz unterschiedliche Möglichkeiten** – ganz gleich, ob es um den Kauf eines Autos zum Pendeln oder eine schwierige Beziehung geht, Sie ständig unter Zeitdruck stehen oder ein neuer Arbeitsplatz winkt.

Option eins lautet im Fachjargon **Love it**: Sie freunden sich mit dem entsprechenden Zustand an und lassen die Dinge laufen. Das Ganze ist vielleicht objektiv gar nicht im *Merkel*schen Sinne alternativlos. Mit dieser Totschlagvokabel hat es die seinerzeitige Bundeskanzlerin 2011 zum Unwort des Jahres gebracht. Aber für Sie und Ihre Umgebung passt es eigentlich noch. So, wie es ist, ist es noch immer am einfachsten, es ist das kleinste Übel, und/oder so wichtig ist das Ganze auch wieder nicht. → Lebensentscheidung akzeptiert, Thema erledigt, Haken dran und zurück in den weiteren Alltag.

In manchem Fall empfehlenswerter ist allerdings ein zweiter, mittlerer Weg, im Coaching **Change it** genannt. Damit ist der Versuch gemeint, **Stellschrauben** zu ändern, ohne entweder alles oder nichts beim Alten zu lassen.

Um das hinzubekommen, hilft Ihnen im Alltag vor allem Folgendes: Sie sollten (1) Analysieren, festlegen und formulieren, worum es Ihnen wirklich geht und sich dann (2) wie bei allen anderen → Zielvorgaben auch → Zeitlimits zur Umsetzung setzen. Dabei müssen Sie sich darüber klar werden, welche Faktoren Ihres Vorhabens die wichtigsten und welche die

---

[30] Siehe hierzu https://www.youtube.com/watch?v=dJolngEBM7s – abgerufen am 01.07.2023.

dringendsten sind. Häufig hat man zwar in etwa im Gefühl, wo der Schuh am ehesten drückt und was schnell passieren sollte. Die dringendsten Anliegen sind aber nicht unbedingt diejenigen, die für Ihren Änderungs→ Erfolg am bedeutendsten sind. Dringendes und Wichtiges sind nicht immer dasselbe. Darauf müssen Sie konsequent achten.

Umgekehrt bringt es Ihnen wenig, die Gedanken dazu andauernd kreisen zu lassen: Widmen Sie Ihrem Änderungsvorhaben einen bestimmten Zeitraum, beispielsweise bestimmte Tagesstunden. Außerhalb dessen dürfen Sie entsprechende Sorgen und Nöte aber wie eine kreischende Affenhorde an sich vorüberziehen lassen, das schützt ihre inneren und äußeren Ressourcen.

Gleichzeitig denken Sie an das von dem US-amerikanischen Theologen *Reinhold Niebuhr* verfasste **Gelassenheitsgebet**: „Gott, gib uns die Gnade, mit Gelassenheit Dinge hinzunehmen, die ich nicht ändern kann, den → Mut, Dinge zu ändern, die ich ändern kann, und die Weisheit, das eine vom anderen zu unterscheiden". An Umständen, von denen Sie erkennen, dass Sie sie vernünftigerweise nicht ändern können, dürfen Sie sich nicht aufreiben. Hier bewährt es sich, die eigene → Erwartungshaltung anzupassen und an der persönlichen → Stressresilienz zu arbeiten.

Ihre radikale Alternative besteht im **Leave it**, dem kompletten Verlassen der Bühne: Sie kündigen den Job, beenden die Mitgliedschaft im Verein, reichen die Scheidung ein, ziehen weg usw. Das ist mal ein echtes Statement! Allerdings ist es auch mit gravierenden Folgen verbunden, die Sie entsprechend sorgfältig beurteilen müssen. Ihr → Freiheitsgewinn hat einen Preis, den Sie vorher abschätzensollten. Wer anderen nur einen Denkzettel verpassen will, darf das Kind nicht, um ein bekanntes Sprichwort zu bemühen, mit dem Bade ausschütten. Wenn Sie wirklich gehen wollen, dann tun Sie es erhobenen Hauptes.

In diesem Fall halten Sie es mit dem chinesischen Philosophen und Staatsmann *Konfuzius*: „Wer kann schon ein Haus verlassen, wenn nicht durch die Tür? Warum nur will denn keiner auf dem rechten Weg den Ausweg suchen?".[31] Das bedeutet: Verlassen Sie den Schauplatz ordentlich durch die Vordertür und lavieren Sie dann nicht mehr lange herum. Für die Babyboomer und 80er-Jahre-Film-Fans gibt es dazu eine wunderbare Szene in dem Streifen *Indiana Jones und der Tempel des Todes*.[32] Dort wird Indi auf einem Bazar von einem aggressiven Säbelträger mit roter Schärpe aufgehalten, der vor ihm herumtanzt. Der Protagonist schaut sich das einen Moment lang an. Dann zieht er seinen Revolver und legt ihn um.

---

[31] Zitiert nach https://www.gutzitiert.de/zitat_autor_konfuzius_thema_ausweg_zitat_29497.html – abgerufen am 01.07.2023.

[32] https://www.indianajones.de/der-tempel-des-todes/ – abgerufen am 01.07.2023.

Ganz gleich, wie Sie sich entscheiden: **Sich alle Türen offen zu lassen, wird auf Dauer nicht funktionieren.** Um es mit *Marc-Uwe Klings Känguru* zu sagen: „Weißt du, was passiert, wenn man sich immer alle Türen offenhält? Dann zieht's, mein Freund!"[33]. In der Folge wird mindestens eine der Türen von selbst zufallen. Welche das ist, darauf sollten Sie es nicht ankommen lassen.

Leitsatz

„Love it, Change it or leave it!"
    Soweit Sie einen Zustand ändern können und wollen, gehen Sie systematisch vor und klären Sie sorgfältig, was wann wirklich Not tut.

Dankbarkeit zeigen

Schwerpunkt: privat + beruflich

Mark Twain war sich sicher: Sein Leben sei zwar voller Katastrophen gewesen. Die meisten hätten allerdings niemals stattgefunden.[34] Dabei wusste der Erschaffer von *Tom Sawyer* und vielen anderen Abenteurern durchaus, wovon er sprach: Als Frühchen in eine Familie mit fünf älteren Geschwistern hineingeboren, wurde er als Elfjähriger Halbwaise und schlug sich als Mississippi-Lotse ebenso durch wie als Goldgräber. Später blieb er von finanziellen Schicksalsschlägen genauso wenig verschont wie vom Tod seiner Frau und zweier seiner Töchter. Darauf soll er mit Ironie und Sarkasmus reagiert haben, aber auch mit großer Würde.

So unterschiedlich diese Reaktionsweisen sind, haben Sie doch eines gemeinsam: Sie spielen sich alle nicht auf der Ebene dessen ab, was objektiv passiert ist. Stattdessen spiegeln sie **Haltungen** wider angesichts von Ereignissen. Was passiert und wie wir in der Folge damit umgehen, sind nämlich zwei verschiedene Dinge. Sachlogisch sind sie nicht miteinander verknüpft. Umgangssprachlich gesehen, kann man sich beispielsweise „seinem Schicksal ergeben". Oder aber man begehrt dagegen auf. Je nach → Mentalität

---

[33] https://www.kino.de/artikel/die-kaenguru-chroniken-zitate%2D%2D5mx7hvpr8 – abgerufen am 01.07.2023.

[34] Im Original: „I've suffered a great many catastrophes in my life. Most of them never happened". Zitiert nach: https://www.goodreads.com/quotes/8921906-i-ve-suffered-a-great-many-catastrophes-in-my-life-most – abgerufen am 01.07.2023.

freut man sich über das, was man hat und/oder man ärgert sich als so genannter Mismatcher über das, was fehlt. Auf einer Skala von 0–10 ist das Ganze kein binäres Entweder – Oder. Abstufungen sind der Regelfall.

Ein wichtigstes **Hilfsmittel** dafür, mit sich ins Reine zu kommen, ist in jedem Fall schon bei *Mark Twain* selbst herauszuhören: Er ist dankbar dafür, in mancherlei Hinsicht von Katastrophen verschont worden zu sein. Bei Ihnen ist das anders? Dann fragen Sie sich doch gerade einmal selbst: Wie gerne hätten Sie 1665 in London gelebt? Dort herrschte zu dieser Zeit gerade eine große Pestepidemie. Oder 1943–45 in einer deutschen Großstadt, als die aliierten Bomber kamen? 2023 im Donbass, im Sudan oder in einem der vielen anderen, oft vergessenen Kriegsgebiete und Krisenherde dieser Erde?[35]

2021 fanden in den rund 200 Ländern dieser Erde insgesamt 28 Kriege und bewaffnete Konflikte statt.[36] Stellen Sie sich vor, Sie säßen in einem dieser Länder fest. Sie könnten sich nicht nur kaum über Wasser halten, sondern wären an Leib und Leben bedroht. Sie können auch keinen anderen Menschen, den Sie lieben, wirklich beschützen. Sie hätten zu wenig zu essen und kein sauberes Trinkwasser. Diese Reihe bedrückender fremder Beispiele ließe sich endlos fortsetzen. Wenn das kein → Grund dafür ist, das Glas selbst einmal von der halb vollen Seite aus zu betrachten!

Damit soll ein relativer Kummer ebenso wenig kleingeredet werden wie relative Armut. Wer im sozialen Umfeld ungleich schlechter dasteht als andere, wer Hab und Gut oder gar einen geliebten Menschen eingebüßt hat, hat insoweit natürlich Grund zu → Trauer und Klage. Allerdings schließt das die Dankbarkeit für das, was man hat, nicht aus. Machen Sie doch einmal die Probe aufs Exempel: Möchten Sie wirklich lieber in der Haut eines anderen stecken und dafür den Preis bezahlen, dass Sie alles, aber auch alles, das Ihnen eigen ist, verloren geht? Wenn Sie jetzt nicht mit Ja antworten, dann im Zweifel „aus guten Gründen" – auf die Sie sich ebenso konzentrieren können und sollten wie auf jedweden → Ärger. Und die Sie zur Dankbarkeit animieren sollten.

Praktisch gesehen, ist insoweit → Achtsamkeit hilfreich. Versuchen Sie, alles um Sie herum bewusst wahrzunehmen – und zwar mit allen Ihren Sinnen. Sehen Sie sich Gegenstände an, die Sie schätzen, und die es früher nicht gab. Hören Sie Musik unkompliziert auf Knopfdruck. Gleiten Sie durch keimfreies Schwimmbadwasser. Schnuppern Sie den Duft von frischem Kaffee, der zudem gut schmeckt. Wenn Sie keinen Kaffee trinken, brühen Sie sich

---

[35] Siehe hierzu https://www.faz.net/aktuell/wirtschaft/ukraine-krieg-laesst-andere-krisen-vergessen-die-dramatischen-folgen-18262181.html – abgerufen am 01.07.2023.

[36] So unter Verweis auf die Arbeitsgemeinschaft Kriegsursachenforschung https://www.frieden-fragen.de/entdecken/weltkarten/kriege-weltweit-2021.html – abgerufen am 01.07.2023.

einen Tee auf, kochen oder backen Sie etwas. Gerne dürfen Sie auch Ihre
Umwelt darauf aufmerksam machen, dass es da gerade Grund zur Freude gibt.

Eine Dankbarkeitskladde können, müssen Sie aber nicht führen. „Das hat
etwas Verzweifeltes an sich", hat sich vor einiger Zeit eine Coachingkundin
gewehrt, „und so schlecht geht es mir auch wieder nicht". Wenn das kein
Grund zur Dankbarkeit ist! Unter dem Strich ist unsere Fähigkeit, Dankbarkeit
zu empfinden, ein elementarer Faktor für ein zufriedenes Leben. Deswegen
finden Sie diesen Aspekt auch in unserer **Erste-Hilfe-Formel in → Kapitel
III** wieder.

Leitsatz

„Mein Leben war voller Katastrophen, die meistens nicht eingetreten sind!"
    Machen Sie sich klar, inwieweit das auch auf Sie zutrifft. Dabei hilft achtsames
Beobachten.

Druck aushalten

Schwerpunkt: beruflich

„Fuck! Müssen muss ich nur aufs Klo!". In roter Edding-Schrift prangt der
Spruch auf der Innenseite der Unitoilette, und ich kann mich kaum davon
losreißen. „Kann das weg, oder ist das Kunst?" – in Umkehrung der berühmten *Joseph Beuys*-Episode ärgere ich mich später tagelang, dass ich von diesem
Satz kein Foto gemacht habe. Denn eigentlich hat die unbekannte Wall-Art-
Künstlerin da eine große Wahrheit formuliert: Was elementare körperliche
Abläufe wie Atmung, Herzschlag, Verdauung und Stoffwechsel angeht, ist
unser Spielraum tatsächlich ziemlich begrenzt. Und ja, grob gesagt, bereiten
die Nervenbahnen des Sympathikus den Boden für Kämpfen und Flüchten,
die des Parasympathikus den Weg für die Regeneration. Aber schon, ob wir
mit der Keule zuschlagen müssen, wenn uns danach ist, ist keine vegetative
Frage mehr. Das ist eine individuell und kulturell determinierte Entscheidung.
Hier endet mit anderen Worten der biologische Zwang. Die Grenze zur
Entscheidungsfreiheit ist erreicht.

Auf der gemeinsamen Verständigung darauf, nicht jeden alle von ihm selbst
gewählten Wege gehen zu lassen, beruht hier und heute unser gesamtes
Sozialsystem. Verstöße gegen soziale Normen und Erwartungen werden

sanktioniert. Das heißt aber nicht, dass man sich dem nicht widersetzen kann – man muss nur einen Preis dafür bezahlen. Wäre es anders, wäre unser → Handeln nur so und nicht anders möglich, verlören umgekehrt alle Bestrafungen ihren → Sinn. Wir bräuchten dann weder moralische noch gar juristische Regeln, um von der Norm abweichendes Verhalten zu regulieren.

„Müssen" ist mit anderen Worten oft schlicht eine Frage der **Prioritäten**, die ihrerseits sowohl mit der persönlichen Ausrichtung in Form von → Mentalität, → Leitwerten und → Zielen als auch mit der sozialen Bindung zusammenhängen. Gegenüber entsprechenden Erwartungen Widerstand zu leisten, Druck auszuhalten und auf etwas zu beharren, ist nicht gerade angenehm. Es grenzt aus, und damit ist Verunsicherung verbunden. Es kann allerdings auch sein Gutes haben: Nur wer sich dem Mainstream widersetzt, kann überhaupt Veränderungen herbeiführen. Auf diese Weise lässt sich → Change Management bewirken, lassen sich → Rollenerwartungen verändern und Zustände neu austarieren.

Eine hilfreiche Überlegung in Situationen, in denen Sie sich selbst von anderen unter Druck gesetzt fühlen, zielt auf den so genannten „**Worst Case**": Was ist die schlimmstmögliche Wendung für den Fall, dass Sie dem auf Sie ausgeübten Druck standhalten? Was droht Ihnen umgekehrt, wenn Sie in einer Drucksituation nachgeben? Wie hoch ist die Wahrscheinlichkeit, dass dieses Szenario eintritt? Beide Fragen – die nach **Art und Ausmaß des drohenden Schadens einerseits und die nach der Schadenswahrscheinlichkeit andererseits** – müssen Sie ihrerseits sorgfältig trennen.

So haben **beispielsweise** die Befürworter einer zivilen Nutzung der **Atomenergie** jahrelang darauf verwiesen, dass ein entsprechender Unfall zwar verheerende Folgen haben könne. Eine Atomkatastrophe sei aber äußerst unwahrscheinlich. Lobbyisten haben die bundesdeutsche Politik über Jahrzehnte hinweg pro Atomkraft unter Druck gesetzt, während alternative Energieerzeugungsformen in den Kinderschuhen steckenblieben und nur langsam laufen lernten. Gleichzeitig hat sich aber gerade aus der Anti-Atomkraft-Bewegung heraus eine ganze Partei etabliert, die heute aus dem Politgeschehen nicht mehr wegzudenken ist, nämlich Die Grünen. In vielen Parlamenten und Gemeindevertretungen ist diese Partei mittlerweile stärker vertreten als es die alterwürdigen Sozialdemokraten sind. Dazu beigetragen hat unter anderem, dass sich die Wahrscheinlichkeitsprognosen zum Unfallrisiko nicht bewahrheitet haben. Der fast 45 Jahre zurückliegende Atomunfall in Three Mile Island bei Harrisburg im US-Bundesstaat Pennsylvania 1979 war nur der Anfang. Sieben Jahre später kam es zum Reaktorunfall im ukrainischen Tschernobyl, 2011 dann zur Kernschmelze im japanischen Fukushima, die zur deutschen Politikwende führte.

Zur Frage des Druckausübens oder -aushaltens sollten Sie zudem **Risiken von Nebenwirkungen unterscheiden**: Letztere treten ganz bestimmt ein, und zwar oft auch in Form von Opportunitätskosten. Damit bezeichnet man den entgangenen Nutzen beim Nichtwahrnehmen einer Alternative. Erstere können, müssen sich dem aber nicht hinzugesellen. Bitte fragen Sie sich: Was riskieren Sie, wenn Sie nicht nachgeben? Welchen Preis zahlen Sie umgekehrt womöglich dafür, dass Sie zurückgesteckt haben? Machen Sie sich das selbst oder mit Hilfe von interessenfreien Dritten klar.

Gleichzeitig sollten Sie sich fragen, **über welche Ressourcen** Sie von Fall zu Fall verfügen. Das können **äußere Hilfsmittel** wie beispielsweise → finanzielle oder Lebensmittel-Reserven sein. Es geht aber nicht nur um Trinkwasservorräte, auf die Sie zurückgreifen können, sondern auch um mentale so genannte Soft Skills. Wie geschickt sind Sie beispielsweise darin, Gleichgesinnte zu finden? Wie flexibel sind Sie? Darauf kommen wir auch beim → Kommunizieren üben noch einmal zu sprechen. Hilfreich ist es zudem, sich an Situationen zu erinnern, in denen Sie sich den Schneid letztlich auch nicht abkaufen ließen. Welche waren das, und was hat Ihnen in dieser Drucklage geholfen?

Entsprechende innere Ressourcen, die Sie wieder aufstehen lassen, erwerben Sie mit jedem seelischen Tief, das Sie überwinden. Unter dem **Stichwort Resilienz** erlebt die Frage nach der Fähigkeit zur individuellen Selbststärkung seit einigen Jahren einen Boom. Im Wortsinn meint Resilienz die Fähigkeit, nach äußeren Einwirkungen wieder auf den Ursprungszustand zurückzugehen. Im übertragenen Sinne steht sie für den bewussten Rückgriff auf persönliche und sozial vermittelte Kompetenzen. Machen Sie sich bewusst, wie Ihre inneren Ressourcen aussehen und wie Sie sie stärken können.

Hilfreich ist in der Praxis schließlich die Frage, wie sich eine Drucksituation **aus einigem zeitlichen Abstand heraus darstellt**. Wie werden Sie wohl in einem Monat, einem Jahr, in drei und zehn Jahren auf das druckauslösende Ereignis und seine Begleitumstände zurückschauen? Manchmal kann man sich diese Fragen übrigens am besten hinter verriegelter Tür beantworten – auf dem berühmten stillen Örtchen.

Leitsatz

„Müssen muss ich nur aufs Klo!"
  Soziales Müssen ist eine Frage der Prioritäten.

Eifersucht ertragen

Saskia und Thomas sind seit zwei Jahren verheiratet. Das junge Ehepaar versteht sich trotz aller → Mentalitätsunterschiede eigentlich recht gut – bis zu einem bestimmten Mittwochmorgen. Da packt Thomas nach einem lautstarken → Streit zwei Koffer und zieht zu seinem Freund Lars. Was ist passiert?

Thomas und Lars waren montags wie so oft spätabends Squash spielen gegangen. Saskia, deren voriger Freund sie mit einer anderen Frau betrogen hatte, traute dem Frieden aber nicht. Ging es hier wirklich um die halbierten Platzgebühren in der Black Hour? Oder ging Thomas in Wirklichkeit fremd? Thomas wiederum war zwar eine treue Seele. Allerdings hatte er Saskia schon mehrmals in Verdacht, nach dem Squashabend seine Sportsachen zu durchwühlen, was er zu Recht als groben → Übergriff empfand. Schließlich hatte Lars die Idee, dann doch einmal die Probe aufs Exempel zu machen: Die beiden deponierten die Visitenkarte eines stadtbekannten Bordells in Thomas' Seitentasche. Am nächsten Tag machte Saskia Thomas eine große Szene, in der sie ihm vorwarf, → Familie, → Partnerschaft und → Finanzen als Freier zu ruinieren.

Das Ergebnis: 1:0 für Saskia, die in der Karte das endgültige Beweisstück für ihren Verdacht erblickte. 1:1 für Thomas, der nun den Beleg für den unerwünschten Eingriff in seine Privatsphäre hatte. Mit dem darauffolgenden Auszug haben zum Schluss allerdings beide verloren. Was Saskia mit dem Ausleben ihrer Eifersucht erzielt hat, nennt man einen Pyrrhussieg: Der → Erfolg, dass Thomas jetzt endlich reagiert, ist gar zu teuer erkauft. Und tatsächlich überführt hat sie ihn ja auch nicht. Die → „Schuld" der beiden bestand allenfalls darin, dass sie einander nicht trauten.

Dieser Fall lässt sich noch weiterspinnen: Selbst wenn Saskia Thomas wirklich überführt hätte, hätte er womöglich Rechtfertigungsgründe ins Feld geführt, die Saskias Erregungszustand sogar noch verschlimmert hätten. Hätte sie sich daraufhin von ihm getrennt und nach dem Trennungsjahr die Scheidung eingereicht, hätte spätestens dann die Richterin sie eines desillusionierenden Umstands belehrt: Ein Schuldprinzip, das Trennungen auf die Verfehlung durch eine der beiden Seiten zurückführt, gibt es seit über 40 Jahren nicht mehr. An die Stelle von → Schuld ist schlichtes Scheitern nach dem so genannten **Zerrüttungsprinzip** getreten. Das ist der Fall, wenn die Lebensgemeinschaft der Ehegatten nicht mehr besteht und nicht erwartet werden kann, dass die Ehegatten sie wiederherstellen, nicht mehr und nicht weniger.

Vor diesem Hintergrund hat Saskias Eifersuchtsszene allenfalls ein Gutes: Sie ist ein **Warnsignal** für ihre eigene Gekränktheit, Unsicherheit und → Furcht davor, über die Situation und ihre Beteiligten die Kontrolle zu verlieren. Ein entsprechendes → Gatekeeping ist allerdings kein → partnerschaftliches Thema, es ist der Beziehung vorgelagert. Auch wenn Eifersucht in Partnerschaften gesellschaftlich toleriert, oft sogar damit kokettiert wird: Mit Eifer zu suchen, was Leiden schafft, ist eine **persönliche Haltung, die in erster Linie mit dem eifersüchtigen Menschen selbst zu tun hat.**

Trägt er, trägt sie diese Haltung in eine Beziehung hinein, ist das kein Beharren auf → Respekt – es ist schlicht ein → übergriffiges Missachten der Privatsphäre des anderen. Hier ist persönliches → Change Management geboten. **Konzentrieren Sie sich auf Ihr eigenes Verhalten.** Das gilt im Übrigen nicht nur für Paarbeziehungen: Wir alle kennen jemanden, um dessen → Finanzen es besser bestellt ist, der mit mehr → Schönheit punktet, der → gesünder und beliebter ist als wir selbst. Irgendjemand anders hat bestimmt auch unseren Traumjob ergattert und ist darin sogar sehr → erfolgreich. Allerdings treffen diese Umstände in der Regel nicht in ein und derselbe Person zu.

In der Praxis sollte vor diesem Hintergrund jeder, den die Eifersucht packt, einen **Tauschtest** machen: „**The grass is always greener on the other side of the fence**" sagt ein bekanntes angelsächsisches Sprichwort – auf der anderen Seite des Zaunes erscheint uns das Gras immer grüner und saftiger. Nun wechseln Sie einmal (vergleichbar dem zur → Dankbarkeit Gesagten) wirklich vollständig Ihr inneres Grundstück. Möchten Sie alles, wirklich alles, was Sie haben, was Sie sind, Sie ausmacht, wofür Sie stehen, aufgeben, um lieber in jemand anderes Haut zu schlüpfen?

Wenn Sie jetzt wieder mit → Nein antworten, gilt: **Rosinen picken ist unfair!** Dabei hätte auch Saskia in unserem Beispielsfall nicht mit einer anderen Frau tauschen wollen. Was sie wollte, war etwas vollkommen anderes: Offenbar wünschte sie sich einen stärker auf sie bezogenen, hinwendungsvolleren Partner … den man sich aber nicht backen kann. Dass ihr Mann ihre → Furcht vor einer Außenbeziehung nicht liebevoll aufgefangen, sondern ihr stattdessen eine Falle gestellt hat, war natürlich nicht schön.

Zum Erwachsenwerden gehört jedoch gerade an diesem Punkt die Einsicht, dass andere Menschen nicht immer → **gerecht** mit uns umgehen. Sie sind auch nicht dazu da, unsere Erwartungen zu erfüllen. Der Eigenständigkeit des anderen gebührt genau so viel Respekt wie der eigenen Sichtweise. Um uns vor den Zumutungen durch andere zu bewahren, müssen wir uns entsprechend selbst kennen und passende Strategien entwickeln.

Sie leiden selbst unter Eifersucht? **Dann reduzieren Sie Ihre Kontrollaktivitäten!** So paradox das klingt – das sollten Sie auch und erst recht dann tun, wenn Ihnen das Nachforschen kurzfristig Erleichterung verschafft.[37] Andernfalls geraten Sie nämlich schnell in einen Teufelskreis. Das Ergebnis ist eine **Endlosschleife**, in der Sie Ihre Ängste nicht anders in Schach halten können, als indem Sie immer weiter nachhaken. Stattdessen müssen Sie lernen, dass jedem Beziehungsleben → Ungewissheit und Verletzungsrisiken innewohnen. Andere lebendige Wesen können Sie auf Dauer nie unter Kontrolle halten.

Unter dem Strich gilt: Passen Sie Ihre → Erwartungshaltung an. Akzeptieren Sie fremde → Leitwerte und Interessen und begegnen Sie → Mentalitätsunterschieden mit → offenen Augen. Konzentrieren Sie sich auf Ihre eigenen → Ziele und Pläne. Pflegen Sie → Freundschaften zu Dritten ebenso, wie Sie sich eigene → Freiheiten (zurück-)erobern. Mit anderen Worten: Es muss nicht immer die Paartherapie sein, nicht nur die Aussprache über den Auslöser der privaten Eifersucht oder beruflichen Rivalität. Sie sind ein erwachsener, für sich selbst verantwortlicher Mensch. Wenn Sie weiterkommen wollen, schaffen Sie sich und anderen entsprechende Räume.

Eine strikte rote Linie sollten Sie allerdings immer dann ziehen, wenn fremde Eifersucht in **Straftatbestände** mündet. Eifersucht rechtfertigt weder Verfolgungsaktionen noch gar körperliche Übergriffe. Es entschuldigt weder Verunglimpfungen unter vier Augen noch gar gegenüber Dritten. So macht sich **beispielsweise** nach § 238 StGB strafbar, wer einer anderen Person unbefugt nicht unerheblich nachstellt. Sollte Sie jemand aus Eifersucht zu irgendetwas nötigen oder das auch nur versuchen, greift § 240 StGB. Auch Beleidigungen, üble Nachrede und Verleumdung duldet das Strafrecht grundsätzlich nicht.[38] Entsprechend können Sie bei der Polizei oder der Staatsanwaltschaft Ihres zuständigen (Land-)gerichts Anzeige erstatten.

Zum Schutz vor gewalttätiger Eifersucht und entsprechenden Nachstellungen dienen schließlich auch zivilrechtliche Anordnungen. Dazu zählen beispielsweise **Annäherungs- und Betretungsverbote**. Konkrete Hilfestellungen hierzu finden Sie genau wie Gerichtsübersichten unter anderem in den Serviceportalen Ihres Bundeslandes.[39]

---

[37] So auch die Empfehlung von *Johan Åhlén* vom schwedischen Karolinska-Institutet, Exploring the feeling of jealousy, https://ki.se/en/research/exploring-the-feeling-of-jealousy – abgerufen am 01.07.2023.

[38] Beide Normen finden Sie im Internet unter https://www.gesetze-im-internet.de/stgb/ – abgerufen am 01.07.2023.

[39] Für Baden-Württemberg z. B. unter https://www.service-bw.de/zufi/leistungen/926 – abgerufen am 01.07.2023.

Leitsatz

„Eifersucht ist eine Leidenschaft, die mit Eifer sucht, was Leiden schafft!"
Betrachten Sie sie als Warnsignal, aber lassen Sie Ihre Handlungen nicht von ihr leiten. Ebenso wenig gestatten Sie anderen, Ihnen mit ihrer Eifersucht zu schaden.

Einsamkeit handhaben

Schwerpunkt: privat

Wie sie so vor mir sitzt, tut Kathrin mir aufrichtig leid. Vor Einsamkeit wisse sie nicht mehr ein noch aus, bekennt die Enddreißigerin. Und dabei sei sie doch anders als viele andere Frauen ihres Alters verheiratet, sie habe einen guten Beruf, zwei gesunde, nette Kinder, und das Paar habe wirklich nette → Nachbarn und → Freunde. Das Paar? Ich horche auf. Wie steht es denn um ihre eigenen Kontakte? Irritiert sieht Katharina mich an. Doch, die Kolleginnen seien ebenfalls in Ordnung. Zur Freundschaftspflege nach Dienstschluss, höre ich auf Nachfrage, fehle ihr allerdings die Zeit.

Insgesamt sei die → Familie am Wochenende meistens unterwegs, ergänzt Kathrin. Dabei sei das gemeinsame Programm durchaus interessant und anspruchsvoll. Kathrins Mann ist leidenschaftlicher Tennisspieler, auch der Nachwuchs spiele schon im Verein. Als sich unser Gesprächstermin dem Ende zuneigt, habe ich allerdings noch immer nichts Konkretes über Kathrins **ureigene Interessen, Bedürfnisse und Träume** gehört. Sie ist sich selbst inmitten seines prall gefüllten familiären Terminkalenders offenkundig verloren gegangen. Kathrin ist einsam, ohne zu verstehen warum.

Einsamkeit ist ein negatives **Gefühlserlebnis**. Es handelt sich dabei nicht um einen objektiven, sondern einen subjektiven Zustand. Das hat gravierende Konsequenzen dafür, wann und unter welchen Umständen wir sie erfahren. Man kann inmitten anderer Menschen einsam sein. Umgekehrt muss auch das tatsächliche Alleinsein keine Einsamkeit nach sich ziehen. Vor allem Menschen, die eher introvertiert ist, die sich selbst genügen, geht es nicht unbedingt schlecht nicht schlecht. Im Gegenteil: Nach dem englischen Psychoanalytiker *Donald W. Winnicott* ist die Fähigkeit zum Alleinsein eines der wichtigsten → Ziele emotionaler Reifung.

Analytiker gehen insoweit vom Ideal einer unaufdringlich präsenten Mutter aus, die verinnerlicht wird. Die daraus resultierende Unterstützung lässt unser sogenanntes Anfangs-Ich zu einer psychisch → gesunden erwachsenen Persönlichkeit heranreifen.[40] Dabei sind helfende Gegenstände durchaus erlaubt. Das können kindliche Kuscheltiere ebenso sein wie LED-Bilderrahmen mit Fotos der Liebsten für Erwachsene. In der Fachsprache gesagt, vertreten diese Dinge **das gute, schützende Objekt** in seiner Abwesenheit.

Wem dieser Schutzmantel fehlt, wer hier auch nicht nachträglich an sich arbeiten konnte, der wird sich dagegen hinter den dicksten Mauern unbehaust fühlen. Insoweit erweist sich Einsamkeit auch subjektiv als Meisterin der Täuschung. Wer sich selbst nicht kennt, wer seine eigenen Bedürfnisse nicht hinreichend schützen kann, der wird sich in Gegenwart der nettesten Menschen verloren vorkommen. Sogar im Kreis von → Familie und → Freunden, weit weg von objektiver sozialer Isolation, tritt in solchen Fällen das Gefühl Einsamkeit auf. Es geht einher mit der Erfahrung des sich Getrenntfühlens.

Dafür ist Kathrin ein bezeichnendes Beispiel: Ihr fehlt der subjektive Anker, das Bewusstsein für ihre eigene Persönlichkeit, ihre → Mentalität, für ihre → Leitwerte und → Ziele. Solange sie sich diese **Fixpunkte** nicht erarbeitet, solange sie nicht lernt, für ihre subjektiven Räume zu → streiten und ein entsprechendes → Change Management zu betreiben, wird sie dem auch nicht entkommen.

Dass Einsamkeit die Betroffenen bedrückt, ist entsprechend unangenehm, aber ähnlich wie körperlicher Schmerz kein von vorneherein sinnloser Zustand: Entwicklungsbiologisch gesehen sanken ohne den Kontakt zur Horde die Überlebenschancen unserer Vorfahren beträchtlich. Allerdings galt das vor allem, wenn sich dieser Zustand verstetigte – ein kurzfristig auf sich selbst zurückgeworfener Zustand konnte und kann die eigene Entwicklung auch ganz erheblich fördern.[41]

Länger empfundene Einsamkeit hingegen wirkt sich negativ auf die Psyche aus und kann ernsthafte **somatische Symptome** hervorrufen. Mit anderen Worten: Sie macht die Betroffenen → krank. Das gilt nicht nur, weil entsprechende Isolationsgefühle schon für sich genommen → Stress auslösen und depressiv machen können. Sie gehen auch mit anderen → gesundheitsschädlichen Verhaltensweisen wie beispielsweise schlechter Ernährung einher.[42]

---

[40] Siehe hierzu als instruktives Tutorial https://www.youtube.com/watch?v=8_EHtHOjMt8 – abgerufen am 01.07.2023.

[41] In diesem Sinne auch https://lexikon.stangl.eu/17319/einsamkeit – abgerufen am 01.07.2023.

[42] Bestätigend https://www.quarks.de/gesellschaft/psychologie/so-sehr-kann-uns-einsamkeit-krank-machen/ – abgerufen am 01.07.2023.

Was ist zu tun? Social Media wird immer wieder vorgeworfen, ein Ich-AG-Denken zu befördern. Allerdings können für eine Übergangszeit gerade auch virtuelle **Schutzräume** helfen, in denen sich das Alleinsein in Gegenwart anderer inszenieren lässt. Webcam-Chats und vergleichbare Aktivitäten können dazu beitragen, Beziehungsphantasien neu zu entfalten.[43] Entscheidend dafür, um aus gefühlter Einsamkeit zu entkommen, ist jedoch das Erkennen und Beherzigen dessen, wer Sie sind, welche → Leitwerte Ihnen am meisten bedeuten und welche → Ziele Ihnen wirklich guttun. Sich den Freiraum für Selbstfürsorge zu nehmen, ist dafür unerlässlich.

Gleichzeitig ist es sinnvoll, die eigenen sozialen Kontakte, die Sie noch haben, fortwährend zu pflegen. Um es mit dem französischen Chansonnier und Schauspieler *Maurice Chevalier* zu formulieren: „Viele Menschen sind nur deshalb einsam, weil sie Dämme bauen statt Brücken". Das gilt für die eigenen inneren → Mindfucks ebenso wie im Verhältnis zu Dritten.

Leitsatz

„Einsamkeit ist eine Meisterin der Täuschung!"
Es handelt sich um einen subjektiven, gefühlten Zustand des Unbehaustseins, der mit den objektiven Verhältnissen nicht unbedingt deckungsgleich ist. Nehmen Sie sich als Subjekt mit Ihrer Wesensart ernst und bauen Sie nach innen wie außen Brücken statt Dämme.

Einwände entkräften

Schwerpunkt: privat + beruflich

Warum lieben Meckerfritzen Friseure? Weil sie nirgendwo sonst so viele schöne Haare für die Suppe bekommen!

Das kennen wir alle: Da haben wir wirklich eine gute Idee, wünschen uns nichts sehnlicher als die Zustimmung, die Mitwirkung oder doch wenigstens Anerkennung der Umstehenden. Aber diese haben nichts Besseres zu tun, als ein Haar in der Suppe zu suchen und auf Schwachstellen hinzuweisen. Jetzt gilt es gegenzuhalten. Nur wie? Unsachliche Angriffe können Sie ignorieren.

---

[43] *Karsten Münch/Dietrich Munz, Anne Springer (Hrsg.),*: Die Fähigkeit, allein zu sein, Zwischen psychoanalytischem Ideal und gesellschaftlicher Realität, 2. Aufl. Psychosozial-Verlag Gießen 2011. Es handelt sich um einen Beitrag zur Jahrestagung der DGPT 2008.

Alternativ kontern Sie mit einer humorvollen oder → schlagfertigen Bemerkung. Wenn ein Einwand tatsächlich sachlich nachvollziehbar ist und auch nicht böse gemeint war, sollten Sie jedoch darauf eingehen. Denn: Nicht darauf einzugehen stiftet womöglich mehr Schaden als Nutzen.

In dieser Situation vergegenwärtigen Sie sich zunächst Folgendes: Mit Ihrem Plan, Ihrem Anliegen, Ihrer Forderung fordern Sie fremde Ressourcen an. Sie beanspruchen **Zeit, Geld und Kraft**, die dann anderen Menschen fehlen. Welche Reaktionen würde das umgekehrt bei Ihnen heraufbeschwören? Das müssen Sie sich rechtzeitig klarmachen und dann formulieren können. Zudem sollten Sie in der Lage sein, die eine oder andere Alternative zu präsentieren. Niemand lässt sich gerne etwas vorschlagen, ohne Reaktionsmöglichkeiten zu haben. Lassen Sie Ihrem Gegenüber eine **Wahl.**

Inhaltlich gibt es dabei immer wieder **Standardsituationen und -argumente**, denen Sie begegnen müssen. Allen voran diskutieren wir über → finanzielle und → zeitliche Ressourcen. Entsprechende Klassiker sind: „Das ist schön, aber zu teuer", „Das ist interessant, aber dafür habe ich keine Zeit", und „Das brauchen wir nicht". Nun möchten Sie einen teuren Kauf durchsetzen. Dann können Sie im ersten Beispiel das Preisargument schon vorweg entkräften: „Das hört sich erst einmal nach viel Geld an. Allerdings …". Im Erwiderungsfall sagen Sie: „Ja das stimmt. Das ist teuer. Und es lohnt sich: …".

Eine beliebte Taktik ist daneben der **Zahlenanker**. Bevor Sie das, was Sie gerne hätten, wirklich beziffern, nennen Sie eine höhere Zahl. Sie möchten, dass Ihr Gegenüber 3000 € akzeptiert? Dann sorgen Sie dafür, dass ihm, wenn Sie das erwähnen, noch die Zahl 4000 in den Ohren klingt. Falls Sie nicht sicher sind, ob das Preisargument nur vorgeschoben ist, fragen Sie nach: „Wenn wir uns beim Preis einigen, kommen wir dann zusammen?"

Im Zeitbeispiel wiederum ist die passende Gegenfrage: „Wird sich das in einigen Tagen besser machen lassen, sollen wir es dann wieder angehen?". Bestärkend wirkt der Hinweis, dass Ihr Gegenüber die Zeit an anderer Stelle wieder hereinholen wird. Nicht selten ist aufgewendete Zeit eine Investition in Vorgänge, die sich später umso mehr beschleunigen lassen. Das verschafft dem Angesprochenen längerfristig sogar mehr Zeit als bisher. **Geht es um fehlenden Bedarf**, können Sie schließlich mit einer hypothetischen Frage reagieren: „Unter welchen Umständen würde sich das denn ändern?". Auf diese Weise fordern Sie den anderen zum Mitdenken auf. Selbst wenn Sie damit nicht unmittelbar zum → Ziel kommen, können Sie aus den Antworten etwas lernen.

Bei alldem treten Sie **ruhig und sicher** auf: Wer ein Austauschangebot macht, ist deshalb noch lange kein Bittsteller! In körperlicher Hinsicht sollten Sie Ihre Haltung dadurch unterstreichen, dass Sie mit beiden Beinen fest auf dem Boden stehen, auch wenn Sie gerade sitzen. Dabei atmen Sie möglichst tief aus dem Bauch heraus. Ihre Blase sollte geleert sein, für die Stimmbänder ein Getränk bereitstehen. Falls Sie es sich zutrauen, versuchen Sie, Ihr Gegenüber auch mimisch und gestisch zu spiegeln: Berühren Sie sich ebenfalls im Gesicht, schlagen Sie im Sitzen wie der andere die Beine übereinander, arbeiten Sie synchron mit den Händen, wählen Sie die gleiche Tonlage usw. Unter Coaches ist dieses **adaptierende „Pacing" als Ergänzung zum anführenden „Leading"** eine unverzichtbare Angleichungstechnik.[44]

Dabei denken Sie bitte immer daran: „Ein gutes Gespräch ist ein Kompromiss zwischen Reden und Zuhören!"[45] Nichts anderes gilt für die zu erzielende Lösung: Kompromisse sind keine Niederlagen.

Leitsatz

„Tadel verpflichtet!"
 Einwände weisen auf Verteilungskonflikte hin. Deshalb sollten Sie frühzeitig Gegenargumente bereithalten. Dabei treten Sie ruhig und sicher auf: Sie schlagen einen Tausch von Ressourcen vor, sind aber kein Bittsteller.

Engagement zeigen

Schwerpunkt: privat + beruflich

Als er starb, war er 90 Jahre alt, und zwischen seinem elsässischen Geburtsort und seiner zentralafrikanischen Wah→ Heimat lagen Welten. Als Arzt, Philosoph, evangelischer Theologe, Organist und Musikwissenschaftler hatte *Albert Schweitzer* sie durchschritten. Kurz vor Ausbruch des Ersten Weltkriegs gründete er im heutigen Gabun das Urwaldhospital Lambaréné. Dort ruht er auf einem kleinen Friedhof in der Nähe des Flusses Ogooué. Die „Ehrfucht vor dem Leben", die ihm eine 25-Pfennig-Sondermarke der DDR-Post 1965 attestierte, hat er in Werk und Vita umgesetzt. Seine Vorstellung von Engagement beschrieb er wie folgt: „Wer glaubt, ein Christ zu sein, nur weil er die Kirche besucht, irrt sich. Man wird ja auch kein Auto, wenn man in eine Garage geht".[46]

---

[44] Siehe hierzu statt vieler https://karrierebibel.de/chamaleon-effekt/ – abgerufen am 01.07.2023.

[45] *Ernst Jünger*, zitiert nach https://www.zitate.eu/autor/ernst-juenger-zitate/38575 – abgerufen am 01.07.2023.

[46] Zitiert nach https://zitate.woxikon.de/religion/638-albert-schweitzer-wer-glaubt-ein-christ-zu-sein-nur-weil-er-die-kirche-besucht-irrt-sich-man-wird-ja-auch-kein-auto – abgerufen am 01.07.2023.

Hinter Engagement steckt eine Mischung aus Neugier (dazu Näheres unter III) und der Bereitschaft, sinnvoll zu → handeln und → Verantwortung zu übernehmen. Dazu muss man kein zweiter Urwaldarzt werden. Allerdings sollte man sich auch vergegenwärtigen, dass es immer und überall → Gründe zum → Neinsagen gibt. Einfach nein zu sagen und auf allgemeine Umstände hinzuweisen, zählt also nicht. Das gilt vor allem in der → zeitlichen Perspektive mit Blick auf unsere unterschiedlichen Lebensphasen.

Denn eigentlich ist ja immer gerade **der falsche Zeitpunkt:** Entweder sind wir nämlich so → jung, dass wir uns in den Kernbereichen des Lebens wie der Ausbildung und beruflichen Integration „zu sehr nach der Decke strecken müssen". Oder wir sind mittleren Alters und befinden uns entsprechend auf der „Überholspur des Lebens". Das bedeutet, wir sind berufstätig, schultern Hausarbeit, ziehen Kinder groß und/oder betreuen etwas später alternde Eltern. Oder wir sind endlich verrentet, das aber aus gutem → gesundheitlichen → Grund, nämlich bei nachlassenden Kräften.

Deswegen ist die eigene Lebensphase, in der Sie sich gerade befinden, kein Grund, um sich nicht *wenigstens irgendwo* mit einzubringen. Nach Angaben der Deutschen Stiftung für Engagement und Ehrenamt beträgt die **Quote der Ehrenamtlichen** zwar schon rund 40 %. Da ist allerdings immer noch reichlich Luft nach oben – je nachdem, wofür man ein besonders Händchen hat. In Deutschland sind allein über 600.000 Vereine aktiv, in die Sie eintreten können – und das sind keineswegs nur Sportclubs. In unterschiedlichsten Organisationen und bei meist individuell bestimmbarem Zeitaufwand kümmern sich Freiwillige um Themen wie berufliche Entfaltung, → Finanzsicherung, → Freizeitgestaltung, → Gesundheitsförderung, kreatives Wachstum, Persönlichkeitsentwicklung, soziales Umfeld und zwischenmenschliche Beziehungen sowie den spirituell-religiösen Bereich.

Nichtregierungsorganisationen aller Art freuen sich über Mitstreiterinnen und Mitstreiter – von Amnesty International und Ärzte ohne Grenzen über Greenpeace und den Naturschutzbund NaBu bis zur Kindernothilfe und Terre des Hommes. Vor Ort können Sie der Freiwilligen Feuerwehr beitreten oder dem Technischen Hilfswerk THW. Sie können als Grüne Damen oder Herren – wie Ehrenamtliche in der → Gesundheits- und → Krankenpflege genannt werden – psychosoziale Unterstützung in Krankenhäusern leisten, Sie können in Altenheimen Märchen vorlesen oder Flüchtlingskinder bei gelegentlichen Ausflügen begleiten. Gemeinden sind dankbar für freiwillige Bewegungs-Coaches.

Erkundigen Sie sich doch einmal bei Ihrer Kommune oder im Kreishaus, welche Initiativen es bereits gibt. Dort sind entsprechende **Verzeichnisse** hinterlegt. Welche Vereine in Ihrer Umgebung existieren, entnehmen Sie dem

Register des nächsten Amtsgerichts. Gerade was die Übernahme von Vorstands-Ehrenämtern angeht, werden immer wieder Freiwillige gesucht. Jeder Verein braucht zwei Vorsitzende, jemand muss Öffentlichkeitsarbeit machen, die Kasse muss betreut und geprüft werden. Vieles davon funktioniert vom heimischen Schreibtisch aus.

Eine besonders herausfordernde Form des Engagements ist sodann die **Kommunalpolitik**. Marco Pagano, langjähriger ehrenamtlicher Bürgermeister in Köln-Kalk, bringt es in seinem Buch *Kleine Helden*[47] auf den Punkt: Für manch einen liegt das Ansehen eines ehrenamtlichen Politikers irgendwo zwischen Drogenboss und Bankräuber. In seinem lebensnahen Alltagsbericht ist von viel Fleiß einerseits, einer gerade durch virtuelle Medien befeuerten Misstrauenskultur andererseits die Rede – eine anstrengende Konstellation, die durch die nicht immer so zugänglichen hauptberuflich tätigen Kolleginnen und Kollegen in Bund und Land[48] weiter befeuert wird.

Gleichzeitig ist diese Art des Engagements **besonders verdienstvoll**: Unsere Zivilgesellschaft wurzelt in Gemeinden und Landkreisen. Deren Arbeit können Sie im Rahmen der kommunalen Versammlungen auch live beobachten. Dort trifft man auf politische Parteien ebenso wie auf lokale Wählervereinigungen. Die Fraktionen versammeln sich zwar zu internen Vorgesprächen, wenn man die Betreffenden anspricht, folgt die Besucher-Einladung zum nächsten internen Treffen aber oft auf dem Fuße. Dort werden dann mit verteilten Rollen alle Angelegenheiten erörtert, die Sie bisher immer nur aus zweiter Hand erfahren haben.

Zum Beispiel: Wie hoch ist das frei verfügbare Budget Ihrer Kommune wirklich? Wie groß werden die Lärmbeeinträchtigungen durch die nächste Bahntrasse sein, und was lässt sich dagegen tun? Was ist aus der Idee geworden, Windräder auf den Höhenzug bauen zu lassen? Bekommen wir einen Hundespielplatz? Was spricht gegen einen grünen Pfeil an der ewig roten Kreuzung, an der Sie immer rechts abbiegen müssen? Hier sind Sie mitten im Geschehen, auf das Sie selbst einwirken können. Zum Thema → Handeln kommen wir darauf auch noch einmal zurück.

Falls Sie stattdessen sogar den Weg in die Berufspolitik wählen möchten: **Hauptberufliches politisches Engagement** ist noch interessanter, aber auch sehr aufwändig. Der Gang in die Bundes- und Landesparlamente ist eine Ochsentour. Haben Sie den Sprung erst einmal geschafft, müssen Sie (gefühlt) erst recht rund um die Uhr präsent sein. Dabei müssen Sie sich sowohl

---

[47] Erschienen im Verlag J.H.W. Dietz Nachf., Bonn 2023.

[48] Ein beeindruckendes Gegenbeispiel ist die stets um Austausch bemühte, überaus kluge und aktive Vizepräsidentin des Hessischen Landtags, *Heike Hofmann*, MdL.

innerpolitisch als auch Ihren Wählerinnen und Wählern gegenüber behaupten, gleichermaßen reden wie zuhören können.

Schließlich verlangt es Einiges an Charakterstärke, sich gegenüber Tausenden von **Lobbyverbänden** zu behaupten. Ein Gutteil dieser Verbände verfolgt keine Allgemeininteressen, sondern dient kommerziellen Sonderinteressen – sei es freie Fahrt für freie Bürger auf Autobahnen, seien es enorme berufliche Freiheiten für niedergelassene Ärzte (siehe → Krankheiten erkennen) oder auch Lehrkräfte. Rund ein Drittel der Interessenvertretungen hat sich dabei wissenschaftlichen Interessen verschrieben, weitere etwa 30 % der Wirtschaft. Auf die Zivilgesellschaft als solche entfallen nur 14 % – da ist knapp jeder Siebte.[49]

Und gerade **diejenigen, die nicht von Verbandsgeldern leben**, sondern auf Beiträge und Spenden von Unterstützern zurückgreifen müssen, haben weniger Mittel, um Sie und andere Abgeordnete mit Informationen zu versorgen. Die Folge ist, dass es anders als in anderen Ländern bei uns derzeit weder Lebensmittelampeln noch ein Tempolimit auf Autobahnen gibt – obwohl Die Grünen auf Bundesebene mitregieren. Da liegt das Wort vom *Lobbyland*, das der langjährige SPD-Bundestagsabgeordnete *Marco Bülow* geprägt hat, nicht ganz fern.[50]

Trotzdem gibt es keinen einflussreicheren Weg zur Gestaltung unseres Zusammenlebens als diesen. Art. 20 unseres Grundgesetzes besagt nämlich, dass in unserem demokratischen und sozialen Bundesstaat alle Staatsgewalt vom Volke ausgeht. Zu diesem Zweck greifen wir Deutschen zu Wahlen und Abstimmungen und unterhalten besondere Organe der Gesetzgebung, der vollziehenden Gewalt und der Rechtsprechung. Dabei sind die Exekutive und die Rechtsprechung an Gesetz und Recht gebunden, während die gesetzgebende Gewalt nur der verfassungsmäßigen Ordnung unterliegt. Das heißt, die Parlamente und ihre Abgeordneten stehen an der Spitze derjenigen, die über unser Zusammenleben bestimmen. **Im Vergleich haben Bundes- und Landtagsabgeordnete die größte Gestaltungsmacht von uns allen.**

Sollte es Ihre Wunschorganisation insgesamt noch nicht geben: **Selbst Organisationen zu gründen** ist kein Hexenwerk – gerade viele Vereine haben klein angefangen.[51] Ein bisschen aufwändig ist es zwar schon, aber es macht gleichzeitig Spaß. Was Sie für einen e.V. brauchen, sind schlicht

---

[49] Der Spiegel Nr. 11 vom 11.07.2023, 19.

[50] *Marco Bülow*, Lobbyland – Wie die Wirtschaft unsere Demokratie kauft, Verlag Das Neue Berlin, Berlin 2023.

[51] Siehe hierzu beispielsweise https://gruenderplattform.de/rechtsformen/verein-gruenden – abgerufen am 01.07.2023.

sieben Gründungsmitglieder und eine Satzung, dann halten Sie die Gründungsversammlung ab und wählen einen Vorstand. Das Finanzamt prüft die Gemeinnützigkeit, der Verein wird eingetragen und Sie eröffnen ein Geschäftskonto. Los geht's – Hauptsache, Sie → handeln.

Dabei gehen Sie in jedem Fall konzentriert und pragmatisch vor. Dass Sie das nicht halbherzig tun sollten, wissen Sie. Gleichermaßen hüten müssen Sie sich allerdings vor dem Gegenteil dessen: Verhalten Sie sich auch um Ihrer selbst willen nicht übermotiviert. Letzteres ist nicht bewundernswert, sondern ein → Mindfuck. Sie sind ein Mensch, keine Film-, Roman- oder Comicfigur. Ihre **inneren Räume** dürfen Sie sich deshalb **nicht** so **vollstellen**, dass Sie trotz aller Aufgeräumtheit kaum noch durchkommen und Ihre Fenster darin nicht mehr öffnen können darin. Raum für → Entspannung ist ebenfalls wichtig: Beide Zustände, **Engagement und Entspannung, sind wichtige Pole Ihrer seelischen Gesundheit.** Behalten Sie sie gleichermaßen im Auge.

Leitsatz

„Man wird kein Auto, nur weil man in die Garage geht!"
Finden Sie Ihr Gleichgewicht zwischen Engagement und Entspannung.

Entspannung üben

Schwerpunkt: privat

„Ich bin kein Star – Holt mich hier raus!" – Selma ist schlicht genervt von ihrer ersten und einzigen Feldenkrais-Stunde. Dabei ist Feldenkrais eine hoch angesehene körperbezogene Bewegungsmethode. Voller Neugier und guter Vorsätze hatte sie sich im gleichnamigen Volkshochschulkurs ihrer → Heimatstadt eingeschrieben – und umgehend Schiffbruch erlitten. Im Kern trägt Feldenkrais nämlich zu → Stressabbau und Verfeinerung des Körpergefühls über **gezielt langsame Abläufe** bei; man arbeitet mit → achtsamen kleinen Bewegungen. Gerade das hat sie nervös gemacht – aber wieso?

„Was stimmt nicht mit mir", fragt mich Selma verärgert, „dass ich solche achtsamen Abläufe als Quälerei empfinde?". „Alles gut", ist meine Antwort, „das ist nur keine artgerechte Entspannung für Sie!". Ähnliches gilt für das durch ebenso viel → Achtsamkeit gekennzeichnete Qi Gong. Auch Pilates lebt von sanften Bewegungen, die im Einklang mit der Atmung ausgeführt werden. Dabei werden alle Muskelpartien gedehnt und gekräftigt. Das alles kann entspannend sein, aber nur, solange es einigermaßen mit der eigenen Verfasstheit vereinbar ist.

Ganz auf Entspannungstechniken zu verzichten, ist allerdings auch für die „lebhafteren Pferdchen auf der Weide" keine Lösung. Auch sie sind, um ein englischsprachiges Sprichwort zu zitieren, **human beings, not human doings.** → Engagement und → Handlungsorientierung einerseits, Entspannung andererseits sind ebenbürtige zentrale Pole der seelischen Gesundheit. Wer gar zu wenig tut, um sich herunterzupegeln, den zwingt irgendwann der eigene Körper **mit Macht zur Ruhe.**

In der Praxis bedeutet das **beispielsweise**, dass Sie Kopf- oder Rückenschmerzattacken erleiden. Auch das Verletzungsrisiko steigt. Manche Fraktur, die im Krankenhausbett endet, hat in übereilten Aktionen auf Treppen und Wegen ihren Anfang genommen. Soweit, dass Sie → gesundheitlich beeinträchtigt und → krank werden oder sich Verletzungen zuziehen, sollten Sie es nicht kommen lassen. Wie im wörtlichen sollten Sie auch im übertragenen Sinne abwechselnd kalt und warm duschen.

Einen Mittelweg für die mehr Aktivitätslebenden unter uns bietet die PMR, die **progressive Muskelrelaxation** oder -entspannung. Dieses Verfahren ist von dem US-amerikanischen Physiologen *Edmund Jacobson* eingeführt und unter anderem weiterentwickelt worden von *Adalbert Olschewski*. Es lebt von der bewussten Anspannung verschiedener Muskelpartien. Hintereinander werden von Fuß bis Kopf bestimmte Muskelgruppen angespannt, die Spannung wird gehalten, dann wieder gelockert. Das erzeugt ein Gefühl der Wärme und Lösung.

Ein verwandtes Verfahren ist das **Autogene Training**, ein auf Autosuggestion beruhendes Entspannungsverfahren. Es wurde vom Berliner Psychiater *Johannes Heinrich Schultz* aus der Hypnose heraus entwickelt und bewährt sich seit rund hundert Jahren. Wie bei der PMR konzentriert man sich auf bestimmte Körperpartien, sagt sich nun aber z. B. mehrfach, sie seien ganz schwer. Entsprechende Schwere- und Wärmeübungen sind praktisch weit verbreitet.[52]

Eine weitere Entspannungsmethode bezeichnet sich selbst gerne als „energetisches Heilen" entlang der sieben Energiezentren oder Chakren des Körpers. Der Begriff **Chakra** stammt aus dem Sanskrit und bedeutet Kreis oder Rad. Von unten nach oben werden jedem Chakra an einem bestimmten Punkt des Körpers bestimmte Eigenschaften zugeordnet. So steht das

---

[52] Etwa unter https://www.aok.de/pk/magazin/wohlbefinden/achtsamkeit/autogenes-training-wie-es-wirkt-und-wie-man-es-erlernt/#:~:text=Konzentrieren%20Sie%20sich%20auf%20Ihren,Wiederholen%20Sie%20dies%20mehrere%20Male – abgerufen am 01.07.2023.

Wurzelchakra am unteren Ende der Wirbelsäule für Urvertrauen und Instinkte, das Sakralchakra für Sexualität und Gefühle. Die Persönlichkeitswerdung ist dem Solarplexus- und die Beziehungsfähigkeit dem Herzchakra zugeordnet. Das Halschakra wird verbunden mit → Kommunikation und Ausdruck, das Stirnchakra steht für die „höhere" intuitive Wahrnehmung. Spiritualität und transzendentes Bewusstsein befinden sich im Kronenchakra über dem Scheitel. Beim **Meditieren** werden die Chakren geöffnet und Blockaden gelöst.

Vergleichsweise aktiveres Entspannen versprechen neben Aerobic & Co unterschiedlichste **Yoga**-Techniken. Hier gibt es von Anusara über Kundalini bis zu Yin Yoga eine Vielzahl unterschiedlicher Varianten zum Stressabbau, unter ihnen das körperbetonte Hatha Yoga als die im Westen bekannteste Form. Zahlreiche Krankenkassen fördern die Teilnahme an Kursen, sodass sich eine entsprechende Nachfrage durchaus lohnt. Je nachdem, wo Sie leben und arbeiten, können Sie das Ganze dann auch noch mit den zauberhaftesten Örtlichkeiten kombinieren.

In Frankfurt beispielsweise finden Yogastunden in den Sommermonaten auch draußen statt – etwa im Garten des Liebighauses am südlichen Mainufer. Wer lieber auf statt am Fluss aktiv ist, kann beim Main Sup-Yoga auf dem Paddling-Board praktizieren. Und auf der Dachterrasse des Skyline Plaza an der Frankfurter Messe gibt es English Yoga Meetups, während unten auf den Straßen der Stadt das traditionelle Tuesday Night (Inline-)Skating TNS stattfindet.

Einfacher abzurufen, deshalb aber nicht weniger entspannend sind **Erinnerungsbilder**. Das müssen keine realen Fotoaufnahmen sein, im Gegenteil: Je eher Sie auf solche optischen Verkürzungen verzichten und sich einen friedlichen Platz, eine wunderbar eintönige Straße, ein stilles Zimmer in einem warmen Haus unmittelbar ins Gedächtnis rufen, desto mehr sinnliche Mosaiksteinchen kommen Ihnen wieder in den Kopf.

Ich selbst habe **beispielsweise** eine Zeitlang im kalifornischen Berkeley in einer Straße mit dem klangvollen Namen Summer Street gewohnt. Bis heute erfrischt mich die Vorstellung, aus dem Haus mit dem gewachsten dunklen Holzfußboden zu treten, von dessen Küche aus man beim Geschirrspülen manchmal Rehe sieht. Ich denke daran, mein hellblaues Fahrrad aus der Garage zu holen und im Duft der Azaleen nach rechts abzubiegen, den Rose Garden knapp über mir. Der Straßenverkehr brummt in der nahen Spruce Street, der Fichtenstraße, die bis hinauf zum Grizzly Peak und zum Tilden Park führt. Dort warten riesige Eukalyptusbäume. Jetzt streicht im Bergabsausen der Fahrtwind über meine Haut. Und wenn ich gleich den Blick hebe, glitzert mir von ferne die San Francisco Bay mit der rostroten Golden Gate Bridge entgegen.

Tatsächlich funktioniert dieses Vorgehen sogar dann, wenn Sie sich an **Orte** versetzen, an denen Sie selbst niemals waren. Es sollte Sie nur eine besondere Beziehung damit verbinden. Beispielsweise denke ich gerne an die ostafrikanische Gegend um Arusha zwischen Kilimanjaro und Serengeti. Dorthin ist eines meiner Kinder vor vielen Jahren als Austauschschüler gereist, mit einem jungen Tansanier als Gegengast. Für das Geld, das mich ein eigener Urlaub im Land gekostet hätte, hat der Junge daheim später ein Tierarzt-Studium absolviert. Kürzlich haben wir gemeinsam das Kapital für ein kleines Stück Land zusammenbekommen. Damit habe auch ich einen Fußabdruck zwischen Elefanten, Antilopen und Löwen, aber auch zwischen Hausschweinen und Ziegen hinterlassen, die mir live nie begegnet sind.

Alternativ können Sie sich mit → **poetischer (vertonter) Lektüre** entspannen. Beispielsweise hat *Johann Wolfgang Goethe* vor fast 250 Jahren an die Wand eines Jagdhäuschens ein unvergessenes Gedicht geschrieben: „Über allen Gipfeln/Ist Ruh',/In allen Wipfeln/Spürest Du/Kaum einen Hauch;/Die Vögelein schweigen im Walde./Warte nur! Balde/Ruhest du auch".[53] Musikalisch umgesetzt hat *Wanderers Nachtlied II „Über allen Gipfeln"* niemand Geringeres als *Franz Schubert*.[54] Obwohl die beiden einander nie kennengelernt haben, verdanken wir dem berühmten Komponisten zahlreiche Lieder nach *Goethes* Gedichten, deren Anhören uns in tiefe Entspannung versetzen kann.[55] *Schubert* hat auch sonst viele zauberhafte Gedichte vertont, beispielsweise *Die Forelle* von *Christian F. D. Schubart*.[56] Heute gilt er als wichtigster Komponist der Deutschen Romantik.

Wer sich lieber **ins reale Außen** begibt, den unterstützt eine Vielzahl von Geräten der Freizeitindustrie. Viele Menschen schätzen beispielsweise Fitnessstudios. Dort finden Sie alles vom Stepper und Trimmrad bis hin zum Rudergerät. Und neben den echten Pferden für den Outdoor-Sport und Stahlrössern aller Art gibt es schließlich auch noch Schusters Rappen. Mit oder ohne andere Zwei- und Vierbeiner: Ab ins Freie, gleich ob zu Fuß in den Wald, ins Feld, ins Gebirge, an den oder die See! Alternativ können Sie natürlich auch Tanzen gehen, allein, zu zweit oder in Chorus Lines. Daneben warten wunderbare Mannschaftssportarten aller Art, in denen Sie sich auspowern

---

[53] Siehe dazu eingehend https://blog-archiv.klassik-stiftung.de/ueber-allen-gipfeln-ist-ruh-goethes-bekanntestes-gedicht-wird-240-jahre-alt/ – abgerufen am 01.07.2023.

[54] In der Version von *Dietrich Fischer-Diesjkau* und *Gerald Moore* zu hören unter https://www.youtube.com/watch?v=ZkcUlvP5KXE – abgerufen am 01.07.2023.

[55] Beispielsweise in der Pianoforte-Version von *Christoph Prégardien* als Tenor und *Andreas Staier* am Hammerflügel, in der Aufnahme des WDR Köln 1994, Katalognummer: 05472 77342 2.

[56] In einer Version von *Jonas Kaufmann* und *Helmut Deutsch* zu hören unter https://www.youtube.com/watch?v=XNnOaKTK0dE – abgerufen am 01.07.2023.

und herunterpegeln können. Allerdings sind Sie dort zwingend auf andere Menschen angewiesen, während es in diesen Impulsen möglichst um das gehen soll, was Sie auf eigene Faust für sich tun können.

Eine **Mischform aus Drinnen und Draußen** bietet schließlich der wochenweise Rückzug in ein **Kloster.** Unabhängig davon, ob Sie dafür ein buddhistisches Retreat in Nepal wählen oder eine Benediktinerabtei in der Eifel – hier haben Sie die Möglichkeit, allein unter Menschen zu sein. Das Gleiche gilt für den Gang über den spanischen Jakobsweg oder das geführte Waldbaden in der Schweiz. „Ziehe dich", bekräftigte insoweit schon im 12. Jahrhundert der Zisterzienser-Abt *Bernhard von Clairvaux*, „ab und an von dem zurück, womit du dich beschäftigst".

Wenn Sie sich nicht nur, aber auch zuhause entspannen möchten, Ihnen jedoch die angesprochenen Techniken so gar nicht zusagen, können Sie auch **malen, kochen und backen, handarbeiten, töpfern, Kunst schmieden, Holz schnitzen, Weidenzweige flechten oder einfach nur lesen.** Unterstützend wirken **warmes Licht und entsprechende Temperaturen sowie meditative Klänge.** Zum Hören gibt es dabei nicht nur Entspannungsmusik aller Art, Sie können beispielsweise auch auf Windspiele oder Klangschalenvertonungen zurückgreifen.

Zudem können Sie **Duftstoffe** einsetzen, sowohl im Parfumbereich als auch in Form von Raumdüften. Dabei muss es nicht immer das fertige Duftstäbchen sein: Sie können auch selbst ätherische Öle verbrennen oder in Cremes mischen. Gern gesehene Wellnessdüfte sind Jasmin und Rose, ebenso Myrrhe. Sie alle fördern das Wohlbefinden, während Lavendel entspannt. Nelken, Sandelholz, Weihrauch oder Patschuli eignen sich als Meditationsbegleiter, weil sie die Konzentration unterstützen. Aus einer Paste von 100 g Sheabutter, 70 ml Mandelöl und 10 ml Avocadoöl beispielsweise können Sie unter Hinzugabe von je fünf Tropfen eine edle Rosen-Vanille-Creme machen.

Wem das zu aufwändig ist, der kann auch auf Produkte wie die des italienischen Naturkosmetik-Herstellers *l'Erbolario* zurückgreifen. Passionsfruchtcreme findet sich dort ebenso wie Minz- oder Absinth-Rasiergel. Mit anderen Worten: Wenn es um Entspannung geht, sind der → Phantasie kaum Grenzen gesetzt, Sie müssen nur das wählen, was zu Ihnen passt.

Leitsatz

„Ich bin kein Star – Holt mich hier raus!"
   Suchen Sie nach Ihrer Befindlichkeit entsprechenden Entspannungsmöglichkeiten. Die eine beste Methode gibt es nicht.

Erfolgreich sein

Schwerpunkt: beruflich

Ralph Waldo Emerson war einer der bekanntesten US-Philosophen des 19. Jahrhunderts. In Harvard graduiert, hielt er dort 1837 seine berühmte Ansprache *The American Scholar*, die als intellektuelle Unabhängigkeitserklärung gefeiert wurde.[57] Trotzdem hat *Emersons* bekanntes Erfolgszitat nichts Großspuriges an sich. Auch um politischen Status, → Finanzvermögen oder andere klassische → Leitwerte einer gesellschaftlichen Elite geht es dabei nicht. Geld kostet oft zuviel, findet er.[58] Stattdessen beantwortet Emerson in seinem gleichnamigen Gedicht die Frage *Was ist Erfolg?* unter anderem so: „Oft und viel lachen; die Achtung intelligenter Menschen und die Zuneigung von Kindern gewinnen; die Anerkennung aufrichtiger Kritiker verdienen, (…) die Welt ein wenig besser verlassen, ob durch ein glückliches Kind, ein Stückchen Garten oder einen kleinen Beitrag zur Verbesserung der Gesellschaft".[59]

Auch hier und heute gilt, dass Erfolg ein **positives Ergebnis** ist. Um es zu erzielen, muss zunächst „die Begeisterung da sein, dann muss man lange daran arbeiten", wie das der verstorbene Düsseldorfer Modezar *Albert Eickhoff* formuliert hat.[60] In der Sache kann Erfolg dann ein gewonnenes Spiel ebenso sein wie eine Ertragssteigerung im Unternehmen.

Kaum eine Coachingsitzung vergeht, ohne dass dieser Begriff eine Rolle spielt. Allerdings ist das, was wir für Erfolg halten, noch immer so unterschiedlich wie die Begegnungen selbst, in denen das Thema anklingt. Der → Grund ist einfach: Soweit es nicht um abstrakte → Machtbestrebungen geht, hängt der **Gegenstand des Erfolgs** vom → Grund des Sich Bemühens ab. Je nach → Mentalität der Betreffenden, je nach → Leitwerten und → Zielen muss ein Erfolg nicht einmal das Ergebnis eines → Handelns sein. Erfolg kann sich auch in einem Unterlassen oder Unterbleiben zeigen. Einen per se erfolgreichen Menschen gibt es dementsprechend nicht.

---

[57] Das ist unter anderem nachzulesen bei https://www.grin.com/document/109502 – abgerufen am 01.07.2023.

[58] Zitiert nach https://gutezitate.com/zitat/176375 – abgerufen am 01.07.2023.

[59] Hier in http://www.pilger-weg.de/zitate/washeiterfolgralphwaldoemerson.html – abgerufen am 01.07.2023.

[60] Zitiert nach FAZ Nr. 263 v. 11.11.2022, 8.

Das gilt umso mehr angesichts der Vielzahl von Lebensbereichen, in denen wir uns bewegen. Dass es auf einem Gebiet rund läuft, bedeutet noch keinen Erfolg in einer anderen Hinsicht. Im Gegenteil: Unsere Ressourcen sind begrenzt, deshalb stehen beruflich besonders erfolgreiche Menschen in privaten Belangen oft schlechter da als andere. Coaches arbeiten insoweit mit dem **Modell des Lebensrads**, das allerdings nicht mit dem buddhistischen Lebensrad mit seinen Ringen und der Nabe aus Gier, Hass und Verblendung zu verwechseln ist.[61]

Das von hiesigen Coaches verwendete Instrument ist ein Visualisierungsmittel, bei dem von innen heraus **Speichen auf unterschiedliche Punkte zulaufen**. Einer dieser Punkte steht dann für Beruf und Karriere, einer für Beziehungen, ein weiterer für Familie. Gesundheit und Wohlergehen werden ebenso visualisiert wie persönliche Weiterentwicklung und spirituelle Erfüllung. Jeweils von 0–10 oder 0–100 wird markiert, wo sich ein Coachee befindet.[62]

Nach meiner eigenen Coaching-Erfahrung Erfolg in beruflicher und – damit einhergehend: – finanzieller Hinsicht immer dort erhebliche Unwuchten oder Dellen, wo man sich Leistungen nicht kaufen kann. Da kommen → Partner, → Freunde und → Freizeit zu kurz, nicht selten leidet auch die → Gesundheit. Unter Umständen verzögert sich sogar die allgemeine persönliche Reifung. Wie schon gesagt: Alles hat seinen Preis; → Eifersucht wäre ganz und gar fehl am Platz. Statt damit sich und anderen durch Missgunst in gleich welcher Form zu schaden, sollten Sie als Erwachsene Ihre Prioritäten und dazu stehen.

Noch einmal: Was haben Sie für → Leitwerte? Welche → Ziele verfolgen Sie? Inwieweit sind Sie willens und in der Lage, den Preis für die Vernachlässigung anderer Teilbereiche zu zahlen? Von der Größe des Unwucht Ihres Lebensrads und Ihrer Einstellung dazu hängt es ab, ob Sie → Change Management betreiben sollten oder nicht.

Leitsatz

„Den Respekt intelligenter Menschen gewinnen …!"
Der Erfolgsbegriff ist mannigfaltig. Es ist nicht einmal eine Frage Ihrer Talente: Was Erfolg ist, hängt von Ihrer Mentalität, Ihren Leitwerten und Ihren Lebenszielen ab.

---

[61] Siehe zu Letzterem ausführlich https://www.dhamma-dana.de/files/Dhamma%20Dana/Buecher/meier/Das_buddhistische_Lebensrad.pdf – abgerufen am 01.07.2023.

[62] Eine ausführlichere Erklärung finden Sie beispielsweise bei *Johann Stöger*, Lebensrad, https://www.coaching-magazin.de/_Resources/Persistent/9/c/8/c/9c8cb70b522737ad1ae602ae52f79bc140fa37a9/coaching-tools-1-leseprobe-lebensrad.pdf – abgerufen am 01.07.2023.

Erwartungshaltungen anpassen

Er war einer der bekanntesten antiken Philosophen der römischen Kaiserzeit. Als Sklave in die Hauptstadt gelangt, begann er noch vor Ort Unterricht zu nehmen: *Epiktet*, der große Stoiker. In geradezu idealtypischer Weise stellte er die Konzentration auf das Innere des Menschen in den Vordergrund. Zu seinen zentralen Aussagen gehört die, dass es nur einen Weg zum → Glück gebe. Der bedeute, aufzuhören mit der Sorge um Dinge, die jenseits der Grenzen unseres Einflussvermögens liegen.[63] „Erwarte nichts und warte nicht!",[64] das zählte zu seinen zentralen Maximen.

Der österreichische Arzt und Psychotherapeut *Alfred Adler,* der als Begründer der Individual-Psychologie gilt, sieht das ganz ähnlich: Er geht ebenfalls von der Prämisse aus, dass wir zwar keine Tatsachen, aber den Blick auf sie ändern können: „Nicht die Tatsachen bestimmen unser Leben, sondern wie wir sie deuten". Auch unsere moderne Art und Weise, in der wir vernünftige → Ziele formulieren, beherzigt diese Weisheit. Sinnvoll vornehmen kann man sich nämlich nur Dinge, die nach der dort näher beschriebenen „SMART"-Formel „R" wie „reachable" sind. Im Deutschen steht das für eine Realisierbarkeit aus eigener Kraft.

Überall dort, wo der eigene → Erfolg vom Zutun anderer abhängt, sind uns entsprechend enge Grenzen gesetzt. Solange Sie keine Gewalt anwenden, können Sie auf fremde Reaktionen allenfalls hinwirken, wirklich im Griff haben Sie sie nicht. Andere Menschen segeln stets unter ihrem eigenen Horizont, oder, in Anlehnung an eine alttestamentarische Wendung: Deren Gedanken sind nicht Ihre Gedanken, und deren Wege nicht Ihre.[65] Außer **anderen Einsichten** haben andere Leute zudem eigene **abweichende Interessen.**

Das gilt **beispielsweise** für bockige Teenager, aber auch für renitente ältere Menschen. Knurrige Ehepartner betrifft es genauso wie unfreundliche

---

[63] Hier zitiert nach https://1000-zitate.de/7430/Der-Weg-zum-Glueck-besteht-darin.html – abgerufen am 01.07.2023.

[64] *Georg Wilhelm Exler,* zitiert nach: https://www.zitate.de/kategorie/erwartung?page=2 – abgerufen am 01.07.2023.

[65] Jesaja 55, 8.

Kundinnen und laute → Nachbarn. Sture Bürokraten reihen sich ebenso ein wie Kolleginnen, denen der Feierabend einfach wichtiger ist als der gemeinsame Geschäftserfolg, für den Sie selbst so viel Kraft aufwenden. Das heißt noch lange nicht, dass Sie derlei Verhalten hinnehmen müssen. Es bedeutet aber, dass Ihr Schlüssel zum Seelenfrieden in Ihrer eigenen Reaktionsweise liegt.

Es gibt Situationen, in denen es sich schlicht empfiehlt, sich → achtsam in sich selbst zurückzuziehen und den → Druck, der von außen kommt, zu ignorieren. In anderen Fällen ist nachzugeben das kleinere Übel. Jedes → Change Management hat neben einer äußeren eben auch eine innere Komponente, die Sie im Auge behalten müssen.

Was hingegen nicht weiterhilft, ist eine narzisstisch gekränkte Reaktion. Andere herabzuwürdigen, weil man selbst beleidigt ist, führt nicht weiter und entzieht einem womöglich sinnvollen → **Streit** den Boden unter den Füßen. Bitte bedenken Sie: **Andere Menschen sind nicht dazu da, Ihre Interessen und Bedürfnisse zu deren eigenem Nachteil zu verfolgen.** Wenn möglich, bemühen Sie sich um einen entsprechenden Interessenausgleich. Wie beim Thema → Freiheit näher erläutert, sollten Sie dabei darauf achten, dass es auch Übereinstimmungen zwischen Ihrem und dem Urteil Ihres Gegenübers gibt.

→ Achtsamkeit und → Entspannungstechniken helfen Ihnen dabei, mit sich selbst wieder ins Reine zu kommen. Konzentrieren Sie sich auf sich selbst, statt von anderen (zu) viel zu erwarten. Welche → Leitwerte und → Ziele können Sie aus eigener Kraft verwirklichen? Hat der Umstand, dass andere Ihre Erwartungen nicht erfüllen können oder wollen, womöglich auch Vorteile für Sie? Welche sind das, und wie können Sie Ihre entsprechenden PS auf die Straße bringen?

„There's a crack, a crack in everything, That's how the light gets in", heißt es in *Leonard Cohens* berühmtem *Anthem*.[66] **In allem gibt es einen Riss, durch ihn kommt das Licht in ihr Leben.** Und wenn es der Riss im Dach ist … dann sehen Sie mit ein wenig Glück durch die Spalte die Sterne.

Leitsatz

„Erwarte nichts und warte nicht!"
Konzentrieren Sie sich auf Ihren eigenen Bereich. Trösten Sie sich damit, dass mit jedem Riss Licht in Ihre inneren Räume hereinströmt.

---

[66] Der gesamte Text des Songs von 1992 findet sich unter https://www.azlyrics.com/lyrics/leonardcohen/anthem.html – abgerufen am 01.07.2023.

Familie leben

„Was ist das. – Was – ist das." „Je, den Düwel ook, c'est la question, ma tres chère demoiselle!!" Anfangs ist im Leben der Lübecker Großfamilie die Welt noch in Ordnung: Die Konsulin sitzt neben ihrer Schwiegermutter auf dem Sofa, der Gatte im Armsessel, der Opa hält am Fenster die neugierige Enkelin auf den Knien. Dann aber nimmt über viele Jahre und Seiten hinweg das seinen Lauf, was *Thomas Manns* berühmten *Buddenbrooks* den Untertitel beschert hat: *Der Verfall einer Familie.*[67] Die männlichen Nachkommen haben nicht mehr das Format des Stammhalters, während die Frauen ebenso ruhe- wie sinnlos dem bürgerlichen Familienideal hinterherjagen. Schließlich stirbt die Namenslinie aus.

Ganz anders läuft das bei *Mario Puzos Pate*:[68] Im Unterschied zu *Manns* Hanno entkommt der kleine Vito den heimischen Verhältnissen. Aus seinem sizilianischen Heimatdorf flieht er nach New York, wo er sich zum ebenso gefürchteten wie rachsüchtigen Patriarchen entwickelt. Don Vito Corleone wird selbst unter den anderen Mafiabossen zum Schrecken. Eines eint seine Sippe allerdings durchaus mit den Buddenbrooks: Beide Familien sind hoch- gradig **dysfunktional** – sie zeichnen sich aus durch permanente Konflikte, gestörtes (Sozial-)verhalten und die Schädigung anderer. Ohne ein radikales → Change Management sind alle Betroffenen für ein gedeihliches Leben verloren.

Allerdings ist Familienleben auch außerhalb toxischer – unangenehmer, gefährlicher – Konstellationen nicht immer einfach. Familien sind komplexe Systeme,[69] sie sind Arbeitsstellen, die niemals schließen. Die die abgegrenzte und doch verbundene Beziehung zu den realen und verinnerlichten Eltern spielt darin eine ebenso große Rolle wie die zu Kindern, Geschwistern und anderen Verwandten aller Art. Patchwork-Konstellationen inklusive. Gegenseitige Bezogenheit – in der Fachsprache: Interdependenz – spielt nicht nur auf sozialer, sondern auch auf biologischer Ebene eine Rolle, bis hin zu

---

[67] *Thomas Mann*, Buddenbrooks. Verfall einer Familie, beispielsweise erhältlich im Fischer Verlag, Frankfurt 2008.

[68] *Mario Puzo*, Der Pate, beispielsweise erhältlich als Rowohlt E-Book, Hamburg 2012.

[69] Siehe hierzu für ein sachverständiges Allgemeinpublikum grundlegend psychologie heute compact Nr. 71, Familienbande – Eltern, Großeltern, Geschwister – und wir. Über alte Rollen und neue Wege, Beltz Verlag, Weinheim (Bergstraße) 2023.

epigenetischen Prägungen (→ Vergangenheit bewältigen). Familie will in all ihren of widersprüchlichen Facetten gelebt sein, und das ist oft mit Anstrengung verbunden.

Im günstigen Fall sind Familien dann **Lebensadern** und vergleichsweise starke soziale Netzwerke. Sie vermitteln Halt, Geborgenheit und bieten eine große Übungsfläche für das Leben in der Gesellschaft. Gleichzeitig ist das Familienleben aber eine permanente **Herausforderung.** Hier prallen unterschiedliche → Mentalitäten und → Weltanschauungen, Bedürfnisse → Leitwerte und → Ziele geradezu brennglasartig zusammen.

In der Praxis fehlen auch in funktionierenden Familienverbänden für irgendwen oder irgendetwas → Zeit, → Finanzmittel oder auch nur Geduld und Verständnis. Oft fühlt sich jemand zurückgesetzt. Kaum sind die Kinder groß und → selbstständig, werden die Eltern alt und betreuungsbedürftig. → Gesund und munter sind ohnehin nie alle Familienmitglieder gleichzeitig. All das verlangt von Ihnen nicht nur Gelassenheit, sondern auch **Kompromissfähigkeit und einen reflektierten Abstand zu sich selbst.**

Das gilt umso mehr angesichts allfälliger Erziehungsfehler. Entsprechende Versäumnisse waren und sind an der Tagesordnung, und das aus mehreren Gründen. Erziehung ist häufig das Produkt veralteter Herkunftserfahrungen der Erziehenden. Zudem zielen Erziehungsmaßnahmen nicht nur auf die betreffenden Persönlichkeiten, sondern immer auch auf eine widersprüchliche Außenwelt hin. Der → Druck, sich an fremde Interessen anpassen zu müssen, läuft den eigenen Entfaltungsmöglichkeiten andauernd zuwider. Außerdem sind Elternteile auch nur Menschen, die gleichzeitig ihr eigenes Leben führen wollen und müssen. Hier gilt es, spätestens mit dem Eintritt der Volljährigkeit eine gewisse Nachsicht zu entwickeln. Die Welt dreht sich nicht mehr um Sie als um andere, das müssen wir alle lernen.

Umgekehrt heißt das aber auch, dass Sie nicht die **ungelösten Lebensthemen** Ihrer Eltern und Großeltern bearbeiten müssen. Wenn Sie Ihre Altvorderen ernstnehmen, verlangen Sie in dieser Beziehung von Ihnen nicht weniger als von sich selbst.

Natürlich ist das leichter gesagt als getan: Um das Ganze mit *Eric Berne* zu formulieren, haben wir alle unsere Skripte mit auf den Lebensweg bekommen. Damit schaffen wir uns ein Bild von uns selbst und einem Platz in der Welt, und Glaubenssätze sind damit ebenso verbunden wie innere Antreiber. „Streng dich an!", und: „Sei vorsichtig!" zählen dazu ebenso wie „Sei stark!" und „Halt dich ran!".[70] Entsprechende Forderungen müssen gar nicht laut ausgesprochen werden, um nachhaltig in uns zu wirken.

---

[70] Siehe hierzu anschaulich *Almut Schmale-Riedel,* Zum Konzept des Lebensskripts in der Transaktionsanalyse, https://uploads-ssl.webflow.com/5ce50fd11731ca54d3aeec79/5d153269e07f6ca-c1aaec5aa_Almut-Schmale-Riedel_Das-Konzept-des-Lebensskripts.pdf – abgerufen am 01.07.2023.

An einem bestimmten Punkt werden solche Imperative jedoch zu problematischen → Mindfucks. Wer das Gefühl hat, „im falschen Leben zu stecken", wessen familiäre Bande enger sind, als ihm „lieb ist", durch wessen
Familie sich bestimmte Verhaltensweisen oder Lebensthemen „wie ein roter
Faden ziehen", der steht wahrscheinlich unter einem problematischen familiären Erwartungsdruck.[71] Diesem → Druck müssen Sie sich entgegenstellen,
um als Persönlichkeit innerhalb der Familie nicht unterzugehen.

Unter dem Strich **sollten sich Solidarität und Selbstfürsorge die Waage
halten.** Gerade wer Angehörige mitversorgt, muss auch seine eigenen
Ressourcen im Blick behalten. Das gilt nicht nur in materieller, sondern auch
in emotionaler Hinsicht: Achten Sie darauf, dass es auch jetzt noch auf Ihre
Wünsche und Träume ankommt. **Wie beim Druckabfall in der
Flugzeugkabine** werden Sie anderen ohne eine ausreichende Selbstversorgung
nicht viel helfen können. Zuerst ziehen Sie Ihre eigene Sauerstoffmaske auf,
danach geht es weiter. Missachten Sie diesen Umstand, drohen Sie zu guter
Letzt zu ersticken. Übertragen auf unseren Fall, riskieren Sie die
Selbstentfremdung. Das wiederum kann Sie inmitten der Sie umgebenden
Personen sehr → einsam machen.

Selbstbefähigung und Selbstermächtigung, sich zuzugestehen, eigene, auto-
nome Entscheidungen zu treffen, sind in dieser Konstellation wichtiger denn
je. Zudem bedeutet gelebte **Solidarität** wie in jeder anderen wechselseitigen
→ Partnerschaft nicht, dass immer Sie es sind, die „den Laden am Laufen
halten" müssen. Ein zentraler Vorteil des Familienlebens ist doch gerade, dass
auch Sie selbst einmal schwach sein können: Öfters als man denkt genügt es,
wenn eines von mehreren Familienmitgliedern den Kopf über Wasser hält.
Gesunde Erwachsene sollten sich in dieser Rolle abwechseln können.

Ein anerkanntes Mittel zur Klärung der eigenen Verortung im Gefüge ist
die so genannte **Familienaufstellung.**[72] Dieses systemische Element folgt der
Vorstellung, dass – teilweise über viele Generationen hinweg – alle Beteiligten
einer Familie emotional miteinander verstrickt sind. Welche Verwicklungen,
Nähe- und Distanzverhältnisse, welche Bündnisse und Emotionen herrschen,
wird dabei räumlich ebenso dargestellt wie verbal. Alle Rollen übernehmen
Stellvertreter, ähnlich wie auf einer Theaterbühne. Aus ihrer Position heraus
entwickeln sie möglichst passende Gedanken und Gefühle zum Familienthema,
der oder die Betroffenen schauen zu und greifen gegebenenfalls ein.

---

[71] Hierzu gibt es eine anschauliche Checkliste von *Anne-Ev Ustorf,* Familienmuster erkennen, Psychologie
Heute compact Nr. 71, 83.

[72] Siehe hierzu statt vieler *Renate Wirth,* Im Herzen frei: Wie Familienaufstellungen helfen, Probleme und
Blockaden zu lösen, Akkadeus Verlag, Berlin 2020.

Allerdings sollte man eine Familienaufstellung nicht auf eigene Faust durchführen. Idealerweise wenden Sie sich an entsprechend geschulte Experten, die das Geschehen überwachen und Sie vor gefühlten wie tatsächlichen Irrwegen schützen können. Wie in jeder anderen Form des → Zusammenlebens gilt im Übrigen auch hier: Nehmen Sie Ihre Familienverhältnisse, so gut es geht, mit Humor. **Eitel Sonnenschein ist ein Klischee** aus der Rama-Werbung. Die Butter müssen Sie sich nicht vom Brot nehmen lassen.

Leitsatz

„Familien sind Arbeitsstellen, die niemals schließen!"
   Ein funktionierendes Familienleben entsteht durch gelebte Solidarität. Gleichzeitig ist Selbstfürsorge bezüglich der eigenen Ressourcen geboten. Bei ungeklärter Positionierung hilft eine Familienaufstellung. Dysfunktionale familiäre Beziehungen müssen Sie ändern – bis hin zum physischen Verlassen des Schauplatzes.

Finanzen verwalten

Schwerpunkt: privat

„13 Trillionen, 224 Billionen, 567 Mrd., 778 Mio. Taler und 16 Kreuzer!". Mit verzückt geschlossenen Augen hüpft *Dagobert Duck* in seinen Geldspeicher. Zwar ist Bertelchen die reichste Ente der Welt, trotzdem hat er den ständigen Überblick. Von beidem können die Deutschen nur träumen: Einerseits besitzen sie weniger, andererseits lassen sie ihr Geld vergleichsweise unbeachtet herumliegen. In Zahlen verdienten Arbeitnehmende 2021 im Schnitt 49.200 € brutto, wenngleich stark schwankend nach Branche, Region und Geschlecht. Damit kommt man beispielsweise als Lediger oder Geschiedene in Baden-Württemberg auf ein Monatsnetto von knapp 2600 €.[73]

   Als **Durchschnittstyp** gibt man den größten Teil davon (2020: 37 %) für Wohnen und Energie wieder aus, außerdem (2020:) 15 % für Nahrung und Genussmittel.[74] Die Sparquote wiederum liegt bei etwa 10 %, das heißt, je

---

[73] So mit weiteren Einzelheiten das Handelsblatt am 12.05.2022, https://www.handelsblatt.com/unternehmen/loehne-und-gehaelter-so-hoch-ist-das-durchschnittseinkommen-in-deutschland/26628226.html – abgerufen am 01.07.2023.

[74] Im Einzelnen: https://www.destatis.de/DE/Themen/Gesellschaft-Umwelt/Einkommen-Konsum-Lebensbedingungen/Konsumausgaben-Lebenshaltungskosten/_inhalt.html – abgerufen am 01.07.2023. Übersichtliche Graphiken über die Referenzbudgets typischer Haushalte liefert außerdem die in Spiegel Geld 1/2023 auf S. 27 zu findende Übersicht.

100 € verfügbarem Einkommen legen die privaten Haushalte 10 € auf die hohe Kante. Dabei horten die deutschen Haushalte das Geld: Mit 7,7 Billionen Euro Geldvermögen waren private Haushalte im Frühsommer 2022 in Deutschland so reich wie nie.[75]

Dabei parken die meisten Menschen ihr Geld auf Girokonten, in Sparbüchern oder Spareinlagen. Maximal drei von zehn bauen überhaupt nur auf (Renten- und Kapital-)Lebensversicherungen, haben Bausparverträge abgeschlossen oder in Immobilien investiert. Zu Investmentfonds, Riester-Renten, kurzfristige Geldanlagen oder gar Wertpapieren greift nicht einmal jeder vierte Anleger, zu Aktien nur rund jeder sechste.[76] Unter dem Strich bedeutet das, dass die Deutschen ihr Geld weit **überwiegend in konservative Anlageformen** stecken. Das hat den Vorteil, dass es dort relativ sicher ist. Allerdings bekommt man in diesem Fall kaum Zinsen, das Geld „arbeitet nicht".

Gleichzeitig ist Geld – vielmehr: **„Finanzkummer" – eine zentrale Ursache für → Stress**. Viele von uns → fürchten sich völlig zu Recht davor, im Alter keine ihren heutigen Ansprüchen genügende Rente zu beziehen – wie im Abschnitt zu Thema Furcht näher beschrieben. Dennoch ist der Anteil der Deutschen, die *nicht* privat für das Alter vorsorgen, gerade bei jungen Erwachsenen besonders hoch: In der Altersgruppe bis 29 Jahre beträgt er mit 66 % fast zwei Drittel der Betroffenen. Aber auch der Blick auf die 40 – 49-jährigen offenbart Erschreckendes: Hier kümmert sich mit fast 34 % ein Drittel nicht privat um ihre Alterseinkünfte. Offenbar gehen andere Ausgaben vor. „Sehenden Auges in die Altersarmut" betitelte diese Haltung unlängst die renommierte Frankfurter Allgemeine Zeitung im Finanzteil.[77]

Aber selbst da, wo überdurchschnittlich viel Geld vorhanden ist, ist es Anlass zur Sorge: Man bangt um die Aufrechterhaltung des Lebensstils und um die eigene Sicherheit. Dort, wo Geld geerbt wurde, fühlt man sich überfordert, ergeht sich in → familiären → Streitereien oder hat ein schlechtes Gewissen.

---

[75] Angaben des manager magazin vom 22.05.2022, https://www.manager-magazin.de/finanzen/geldanlage/sparquote-sinkt-private-geldvermoegen-steigen-2022-weniger-schnell-a-8a9716e1-b49e-4251-abe4-665106dc26b3. Eine Billion entspricht 1000 Mrd. oder einer Zahl mit zwölf Nullen.

[76] Die genauen Zahlen lauten ausweislich einer Erhebung vom Frühjahr 2021 47 % bzw. 43 % für Girokonten bzw. Sparbücher/Spareinlagen, 30 % und 28 % für Renten-/Kapital-Lebensversicherungen und Bausparverträge, 23 % und weniger für Investmentfonds & Co sowie 17 % für Aktien, https://de.statista.com/statistik/daten/studie/13314/umfrage/aktuell-genutzte-geldanlagen-der-deutschen/   – abgerufen am 01.07.2023.

[77] FAZ Nr. 153 vom 05.07.2023, 23.

Umso lohnender ist es hier wie dort, regelmäßig Buch zu führen. Wem Heftkladden zu altmodisch sind, für den gibt es von *Bluecoins* über *Finanzguru* bis hin zu *Monefy* unterschiedlichste **Haushalts-Apps** für die Kosten des täglichen Lebens. Zudem sollten Sie fortwährend über die beste Streuung Ihres Vermögens nachdenken. Je nach Lebenslage und Anlageziel sind unterschiedliche Produktklassen und Laufzeiten besser oder schlechter für Sie. Wie viele Zinsen bringen die Einlagen auf Ihren Konten? Hier lohnt sich womöglich ein Wechsel.

Auch eine Investition in **Aktien** ist nicht von Vorneherein der Einstieg ins Zockertum. Aktien sind nichts anderes als verbriefte Unternehmensanteile. Durch den Aktienerwerb beteiligen Sie sich daher am Produktivkapital unserer Volkswirtschaft. Dabei können Sie auch nach dem Motto „Don't put all eggs in one basket" verfahren – legen Sie nicht alle Ihre Eier in einen Korb. Alternativ können Sie auch in Töpfe oder fachsprachlich: Fonds unterschiedlicher Aktien investieren. Beliebt sind in diesem Fall Fonds, die die Kursentwicklung ganzer Börsenindizes nachzeichnen – etwa des DAX. Zahlreiche Unternehmen wie Bayer, BASF und BMW sind darin seit Jahrzehnten konstant vertreten, andere wie die Vonovia, Zalando oder kürzlich Porsche kamen im Lauf der Jahre hinzu. Ein alternativer, US-amerikanischer Index ist der Dow Jones.[78] Ihr Anlagevermögen entwickelt sich dann entlang dem entsprechenden Kurstrend. Das zugehörige Stichwort lautet Exchange (börsen-) Traded (-gehandelte) Funds (Fonds) oder kurz: ETFs.

Entsprechend ihren persönlichen → Leitwerten können Sie dabei durchaus **Sindustry-Aktien** (kombiniert aus *sin* für Sünde und *industry*) ausschließen – etwa, soweit diese die Alkohol- oder Tabakherstellung, die Waffenproduktion oder die Glücksspielbranche betreffen.[79] Darüber hinaus können Sie sich aktiv für solche Aktien(fonds) entscheiden, die sich an **ESG-Nachhaltigkeitskriterien** orientieren. Diese hoch moderne Buchstabenkombination steht für die drei englischsprachigen Begriffe „Environmental – Social – Governance", also Umwelt, Soziales und gute Unternehmensführung. In allen drei Bereichen soll ethisch besonders → verantwortungsvoll gehandelt werden.

---

[78] Einen Überblick über die verschiedenen Indizes liefert https://www.finanzen.net/indizes – abgerufen am 01.07.2023.

[79] Näheres zu dieser Gewissensentscheidung lesen Sie bereits bei https://www.sueddeutsche.de/wirtschaft/geldwerkstatt-sind-aktien-von-ethisch-fragwuerdigen-unternehmen-wirklich-lukrativer-1.3060961#:~:text=Die%20Aktien%20unethischer%20Firmen%20sind,s%C3%BCndhafte%20Unternehmen%20etwa%20h%C3%B6here%20Dividenden – abgerufen am 01.07.2023.

Während sich der Umweltaspekt eher leicht erschließt, empfiehlt sich dabei unter Sozial-Gesichtspunkten („S") ein näherer Blick auf die **Produktionsbedingungen**. Bestimmte Mindestanforderungen an Unternehmen regelt seit Mitte 2021 das Lieferkettengesetz.[80] Allerdings gibt es hier noch viel Luft nach oben, Stichwort: mittelbare Zulieferer. Mit Blick auf die Art der Unternehmensführung („G") wiederum stellen sich unter anderem Mitbestimmungsfragen. Bei Tesla beispielsweise, einem Vorreiter in Sachen „E" wie Environmental oder umweltbezogen, ist *Elon Musk* zum Thema „G" eher für das Verhindern als für das Fördern von Gewerkschaftsimpulsen bekannt.

Mit Blick auf die digitale Transformation können Sie als → zukunftsinteressierter Mensch auch einen KI-Index ins Auge fassen. Der umfasst dann u. a. Cloud-Plattformen für effizientes Arbeiten. Beispiel für ein entsprechendes Börsenbarometer ist der KI-Index 15.[81]

Eine verbreitete Anlagemöglichkeit sind sodann **Kapitallebensversicherungen**. Dabei geht es anders als bei Risikolebensversicherung weniger um den Ablebensschutz als um das Akkumulieren von Kapital. Beispielsweise können nach entsprechender Einzahlung mit der schließlich fälligen Summe Kredite getilgt werden, auf die man bis dahin nur Zinsen zahlt. Soweit es um Altersversorgung geht, eröffnet zudem das das **Betriebsrentengesetz**, formell: Gesetz zur Verbesserung der betrieblichen Altersversorgung (BetrAVG) weitere Spielräume. Nach § 1a dieses Gesetzes haben Arbeitnehmer Anspruch auf eine entsprechende Entgeltumwandlung.[82]

Problematisch ist hingegen der Wunsch nach einem passiven, nicht mit eigenem Aufwand verbundenen Einkommen aus der Vermietung von **Immobilien**. Zwar verliefen Immobilien längst nicht überall an Wert. Besonders in den Metropolregionen der deutschen **Big 7** – in und um München, Frankfurt, Köln, Berlin, Stuttgart, Düsseldorf und Hamburg – sind (in dieser Reihenfolge) immer noch Wertzuwächse zu beobachten. Aber gerade dort, wo aus finanziellen Gründen fremdvermietet wird, wir es kompliziert.

Insoweit beklagen Finanzierungsexperten immer wieder die **Kundenerwartung, fremd vermieteter Wohnraum zahle sich gleichsam von selbst ab.** Wer vermieten will, muss aber nicht nur einmal in finanzielle Vorlage treten. Schon das wird, wenn Sie den Erwerb nicht (steuerlich fragwürdig) zu 100 % aus Eigenmitteln stemmen, durch steigende Leitzinsen

---

[80] Mit richtigem Namen: Gesetz über die unternehmerischen Sorgfaltspflichten in Lieferketten vom 16. Juli 2021, https://www.bgbl.de/xaver/bgbl/start.xav?startbk=Bundesanzeiger_BGBl&jumpTo=bgbl121s2959.pdf#__bgbl__%2F%2F*%5B%40attr_id%3D%27bgbl121s2959.pdf%27%5D__1662988717929 – abgerufen am 01.07.2023.

[81] https://ki-index.info/ – abgerufen am 01.07.2023.

[82] Siehe hierzu https://www.gesetze-im-internet.de/betravg/__1a.html – abgerufen am 01.07.2023.

zunehmend schwieriger. Auch nach dem Erwerb, nach Notarkosten und Grundsteuern können Sie sich als Vermieter nicht einfach zurückzulehnen. Stattdessen kommt eine Vielzahl neuer Verpflichtungen auf Sie zu, die Sie nicht völlig delegieren können.

Da sind **beispielsweise** Abrechnungen vorzunehmen. Es entsteht Instandsetzungs- und Reparaturbedarf. Mieterinnen und Mieter erkundigen sich nach Nebenkosten, melden defekte Rollläden, wollen Satellitenschüsseln anbringen, verlangen nach weiteren Schlüsseln und/oder hüten wochenlang den lautstark bellenden Hund eines Freundes. Wenn Sie eine Hausverwaltung hinzuholen, meldet die sich mit Fragen zum Hausmeisterdienst von der Thermostatwartung über die Parkplatzgestaltung bis zum Heckenschnitt. Bei Mieterwechseln kommt es zu Mietausfällen, die überbrückt werden müssen. Entsteht Streit zwischen Mietern, sind Sie nicht selten der erste Ansprechpartner.

Dann entdecken Sie bei eigenen Auseinandersetzungen mit Schrecken, dass Sie ein Mietverhältnis für Wohnraum nur unter nur weit strengeren Voraussetzungen kündigen können als die andere Seite. Geraten Sie an Mietnomaden, bleiben Sie neben allem anderen auf Mietzins und Instandsetzung sitzen. Vor diesem Hintergrund ist die Investition in Immobilien zwar eine sichere Sache. Ein „Geld-für-sich-arbeiten-lassen" ist das Vermietungsgeschäft allerdings nicht.

Falls Sie nach alldem Entscheidungshilfe benötigen, aber misstrauisch gegenüber den Empfehlungen von Filialbanken, Finanzvertrieben und Versicherungen sind, stehen Ihnen unterschiedliche Alternativen offen. In diesem Fall können Sie sich an die **Verbraucherzentralen**[83] oder an andere unabhängige Portale wenden. Auch Fachzeitschriften wie Finanztest[84] informieren regelmäßig zum Thema. Zudem können Sie sich von unabhängigen **Finanz-Coaches** unterstützen lassen. Dort werden Sie ganzheitlich und ohne jedes Eigeninteresse betreut.

Schließlich können Sie auch auf eine digitale Finanzberatung zurückgreifen. So genannte **Robo-Advisors** finden Sie im Internet ebenso wie in App Stores. Dort machen Sie Angaben zu Eckdaten wie Anlagehöhe und -dauer und ihrer eigenen Risikobereitschaft. Auf deren Grundlage kommt ein auf Rechenregeln, im Fachjargon: Algorithmen beruhendes System zum Einsatz, das Ihre Informationen zu automatischen Anlageempfehlungen verarbeitet

---

[83] Siehe hier auch mit einer guten Einführung ins Thema https://www.verbraucherzentrale.de/wissen/geld-versicherungen/sparen-und-anlegen/niedrigzinsen-wie-soll-man-sein-geld-heute-noch-anlegen-11534. Ergänzendes zu Geldanlage und Altersvorsorge lesen Sie unter https://www.verbraucherzentrale.de/wissen/geld-versicherungen/sparen-und-anlegen/geldanlage-und-altersvorsorge-so-legen-sie-ihr-erspartes-am-besten-an-43767 – jeweils abgerufen am 01.07.2023.

[84] Beispielsweise mit dem Jahresaufmacher für 2022, https://www.test.de/shop/finanztest-hefte/finanztest_01_2022/, – abgerufen am 01.07.2023.

und sie auch ausführen kann. Oft verwalten auch Finanzdienstleister kleinere Depots mittels Robo-Advisory. Das wiederum geschieht unter den Augen der Bundesanstalt für Finanzdienstleistungsaufsicht, kurz: BaFin als Aufsichtsbehörde.[85]

Was Sie allerdings weder hier noch dort bekommen werden, ist eine Finanzanlage, die gleichzeitig risikolos, flexibel abrufbar und hoch rentabel ist. Wer Ihnen tolle Gewinne verspricht, wer nach kostenloser telefonischer Erstberatung Interessenten direkt durch das Onlineformular seines Zahlungsentwicklers lotst, wer Ihnen einen Verzicht auf das Widerrufsrecht vorschlägt, ist mit einiger Wahrscheinlichkeit ein Betrüger oder ein Hochstapler, wie Sie ihn im → Storytelling näher beschrieben finden.

Einen Sonderfall stellt im Übrigen das Thema **Geld in der Partnerschaft** dar. Die Wahrscheinlichkeit, dass einer oder eine von beiden Beteiligten sparsamer ist, ist in der Praxis relativ groß. Soweit daraus Verteilungskonflikte entstehen, müssen Sie → streiten und → Streitfragen lösen lernen – wie in den dortigen Abschnitten beschrieben. Ansonsten helfen (teilweise) getrennte Konten. Was spricht dagegen, dass Sie neben einem gemeinsamen Konto, auf das Sie regelmäßig einen vorher festgelegten Betrag zu einem genau beschriebenen Zweck einzahlen, auch eigene Konten enthalten?

Sollten Sie heiraten und keinen besonderen Güterstand wählen, haften Sie im Übrigen auch grundsätzlich nicht für die Altschulden Ihrer besseren Hälfte. Eine Vermögensvermischung zwischen den beiden Ehegatten findet während der laufenden Ehe nicht statt. Dazu müssen Sie schon einen gemeinsamen Kredit aufnehmen oder füreinander bürgen – was aber nichts mit Ihrer Eheschließung zu tun hat. Einstehen müssen Sie normalerweise wenn überhaupt, dann nur für Geschäfte zur angemessenen Deckung des Lebensbedarfs der Familie. Je nach Umständen verpflichten entsprechende Einkäufe auch Sie, das ergibt sich juristisch aus § 1357 des Bürgerlichen Gesetzbuchs (BGB).[86] Es entsteht ein althergebracht als **Schlüsselgewalt** bezeichnetes Gesamtschuldverhältnis nach § 426 BGB, innerhalb dessen sich auf Sie zurückgreifen lässt.[87]

Alltagsfälle sind der Einkauf von Nahrungsmitteln oder etwa das Legenlassen eines Telefonanschlusses, das meiste andere ist eine Frage des Lebenszuschnitts. In der deutschen Rechtsprechung finden sich zur Abgrenzung zahllose Beispiele.[88]

---

[85] Siehe hierzu ausführlicher *Andreas Mitschele*, https://wirtschaftslexikon.gabler.de/definition/robo-advisor-54214 – abgerufen am 01.07.2023.

[86] Abrufbar unter https://dejure.org/gesetze/BGB/1357.html – abgerufen am 01.07.2023.

[87] Siehe hierzu https://dejure.org/gesetze/BGB/426.html – abgerufen am 01.07.2023.

[88] https://dejure.org/dienste/vernetzung/rechtsprechung?Text=NJW%202004,%201593 – abgerufen unter 01.07.2023.

Leitsatz

„Geld ist nicht alles, aber ohne Geld ist alles nichts!"
Kümmern Sie sich systematisch um Ihre Finanzen einschließlich entsprechender Reserven.

Freiheit kosten

Schwerpunkt: privat + beruflich

Wie er da so im Wirtshaus sitzt, ist er umgeben von Freigeistern, der Karl. Allerdings hat er zu Recht den Verdacht, dass die feudale Enge seiner Zeit für seine bürgerlichen Ideale nicht geschaffen ist. Sein Geist dürstet nach Taten, sein Atem nach Freiheit. Nach seiner Verbannung lässt *Friedrich Schiller* seinen Karl Moor im gleichnamigen Drama unter *Die Räuber* gehen. In der Theorie ist das romantisch, in der Praxis endet die Geschichte von Missgunst, Bruderhass und Verrat allerdings im Terror. Karl Moor reißt nicht nur andere mit, er ist selbst in seiner Suche nach Freiheit gefangen.[89]

Szenenwechsel im Kosmos der Justiz. Wir schreiben das Jahr 2023, und der Verkündungstermin einer Gerichtsentscheidung wird abgesagt. Die Papierakte ist nämlich gerade nicht mehr auffindbar. Sie ist im Verlauf der Bearbeitung irgendwo verschwunden. „Weißt du, wie das bei uns heißt?", fragt die Richterin den Anwalt. „**Die Akte ist außer Kontrolle**!". Willkommen in der deutschen Wirklichkeit. Wenn hier der Bär der Freiheit steppt, dann vor allem als Papiertiger.

Auch wenn wir existenzielle → Ungewissheiten nicht besonders schätzen: Freiheit ist seit Jahrhunderten ein zentraler Wert des westlichen Weltverständnisses. Seit *Martin Luther* seine Abhandlung *Von der Freyheith eines Christenmenschen* geschrieben hat,[90] begegnet uns der Begriff in den unterschiedlichsten **Dimensionen**. Sie reichen vom politischen und rechtlichen über den religiösen und wissenschaftlichen bis hin zum sozialen und kulturellen Bereich. Eine der großen italienischen Opern, Nabucco von Guiseppe Verdi, besingt die Sehnsucht nach Freiheit seit Mitte des 19.

---

[89] Den Text von *Schillers* erstem großem Drama finden Sie über https://www.friedrich-schiller-archiv.de/dramen/die-raeuber/ – abgerufen am 01.07.2023.

[90] Siehe hierzu https://www.luther2017.de/martin-luther/texte-quellen/lutherschrift-von-der-freiheit-eines-christenmenschen/index.html – abgerufen am 01.07.2023.

Jahrhunderts. Im dritten Akt schmettern die in Babylonien gefangenen Hebräer ihr berühmtes „Va, pensiero, sull'ali dorate" – Flieg, Gedanke auf goldenen Schwingen. Bezeichnenderweise gab es im Dritten Reich dazu eine arisierte Fassung, während heute die Rechtsseparatisten der italienischen Lega Nord zur Nationalhymne ihres ersehnten norditalienischen Staates Padania (oder Padanien) auserkoren haben.

Auf Ebene des Einzelnen kann Freiheit im heutigen Alltag beispielsweise die Loslösung von → Furcht sein: „Freiheit, *Wecker*", zitiert der gleichnamige Liedermacher 1977 in seiner legendären Ballade *Willy* das spätere Neonazi-Opfer, „Freiheit hoaßt koa Angst habn, vor neamands".[91] Oder aber man reitet als Cowboy durch den Wilden Westen wie der *Marlboro* Man, eine der bekanntesten Werbe-Ikonen der Nachkriegszeit. Die Konkurrenz geht meilenweit für *Camel Filter* und schnuppert im Glimmstengel frei nach *Peter Stuyvesant* den Duft der großen weiten Welt.

Mögen dabei die Gedanken auch noch so frei sein:[92] Unsere Handlungsfreiheit ist nach wie vor reglementiert. Ihre Grenzen muss sie immer dort finden, wo die **Freiheit anders → Handelnder** beeinträchtigt wird. Entsprechende Pflöcke zieht auch unsere seit 1949 geltende freiheitlich-demokratische Grundordnung ein: In Artikel 2, Absatz I gewährt das Grundgesetz oder kurz: GG dem Einzelnen das Recht auf die freie Entfaltung seiner Persönlichkeit nur in dem Maße, in dem er (vor allem) nicht die Rechte anderer verletzt.

Der Verfassungsrechtler *Konrad Hesse* hat für entsprechende Zusammenstöße eine juristische Formel entwickelt, mit der sich auch im Alltagsleben schöne Kompromisse erzielen lassen. Danach müssen divergierende Freiheitsinteressen in der Problemlösung möglichst schonend aufeinander zugeschoben werden. Einerseits sollen sie alle zum Tragen kommen, andererseits müssen aber auch überall Abstriche gemacht werden. Der dafür maßgebliche Begriff lautet „**praktische Konkordanz**".[93] Wie die im Einzelnen aussieht, darüber kann, darf und muss man sich → streiten.

---

[91] *Konstantin Wecker*, zitiert nach https://musikguru.de/konstantin-wecker/songtext-willy-280804.html – abgerufen am 01.07.2023.

[92] Das berühmte *Rosa Luxemburg*-Zitat zur Freiheit des Andersdenkenden zielt auf diesen Umstand ab, wurde aber oft aus dem Zusammenhang gerissen. Kritisch hat sich damit der leitende Geschichtsredakteur der Zeitung Die Welt, *Sven Felix Kellerhoff*, in: https://www.welt.de/geschichte/article187671614/Rosa-Luxemburg-Was-Freiheit-der-Andersdenkenden-wirklich-meint.html auseinandergesetzt – abgerufen am 01.07.2023.

[93] *Konrad Hesse*, Grundzüge des Verfassungsrechts der Bundesrepublik Deutschland, 20. Auflage, C. F. Müller, Heidelberg 1999, Rn. 72. Im Original: „Verfassungsrechtlich geschützte Rechtsgüter müssen in der Problemlösung einander so zugeordnet werden, dass jedes von ihnen Wirklichkeit gewinnt. (…) beiden Gütern müssen Grenzen gesetzt werden, damit beide zu optimaler Wirksamkeit gelangen können."

Ein **Beispiel** dafür, wie heikel entsprechende Auseinandersetzungen werden können, waren die Vorkommnisse rund um die internationale Kunstausstellung Documenta 15 im nordhessischen Kassel. Dort wollte 2022 ein indonesisches Künstlerkollektiv „ein Zeichen setzen für Gemeinschaft und Toleranz", ihr Eröffnungsbanner war aber ebenso wie weitere Bilder und Filme mit antisemitischen Inhalten gespickt.[94]

Nun ist die **Kunstfreiheit** nach Art. 5 Abs. III S. 1 GG ein schrankenlos gewährtes Grundrecht. Allerdings gilt das nach Art. 4 Abs. I auch für die Freiheit des Glaubens, des Gewissens und die Freiheit des religiösen und weltanschaulichen Bekenntnisses – vom Ehrschutz als Teil des Allgemeinen Persönlichkeitsrechts einmal ganz abgesehen. Die Künstler hatten den Bogen überspannt, die Presse hatte ihren Skandal und das Image der prominentesten deutschen Kunstschau erlitt unabsehbaren Schaden. Die Generaldirektorin der Documenta, *Sabine Schormann*, trat zurück.

Vorsicht ist allerdings auch dort geboten, wo keine fremden Rechte verletzt werden: Zwischen Freiheit einerseits, → Einsamkeit und Leere andererseits liegt ein schmaler Grat. Schon 1971, in der Hochzeit der Flower Power-Bewegung, hat *Janis Joplin* das in *Me and Bobby McGee* besungen: „Freedom's just another word for nothin' left to lose!" – Freiheit ist nur ein anderes Wort dafür, dass man nichts zu verlieren hat.[95]

Ähnlich klingt das Ganze zwei Jahre später bei den *Eagles* mit Blick auf ihren *Desperado* :[96] „Now it seems to me some fine things have been laid upon your table … but you only want the ones that you can't get. Desperado, well you ain't getting no younger. You're pain and your hunger, they're driving you home. And freedom – well that's just some people talking. You're prison is walking through this world all alone". Freiheit: Das könnte im Einzelfall auch nur Gerede sein … und → Einsamkeit ihr Preis. Das wäre dann **das wahre innere Gefängnis für einen nur äußerlich freien Zustand.**

---

[94] Siehe hierzu im Einzelnen den Bericht der Deutschen Welle, https://www.dw.com/de/antisemitismus-wie-es-zum-gr%C3%B6%C3%9Ften-skandal-der-documenta-kam/a-63137650 – abgerufen am 01.07.2023.

[95] Nach der gleichnamigen Songzeile von *Janis Joplins* legendärem *Me and Bobby McGee*, geschrieben 1969 von *Kris Kristofferson*.

[96] https://www.youtube.com/watch?v=hhe0ULrAHIw, mit wundervoller Cover-Version des Folk-Duos *Inker & Hamilton*, https://music.youtube.com/watch?v=xcE3Drac9IU&list=PLu6KH40fpcoeyQg7HX-BPwsvpPiFndbYQz – abgerufen am 01.07.2023. In der deutschsprachigen Übersetzung lautet der Textauszug sinngemäß: „Nun, es scheint mir, dass einige feine Dinge vor dir ausgebreitet worden sind … aber du möchtest nur das, was du nicht kriegen kannst. Desperado, also, du Galgenvogel wirst auch nicht jünger. Dein Schmerz und dein Hunger, die ziehen dich in Richtung Heimat. Und Freiheit, ach, das ist auch nur das Geschwätz einiger Leute. Dein Gefängnis ist es, ganz allein durch diese Welt zu wandern".

Dabei klingt noch ein weiterer Aspekt an: Gar nicht so selten ist das, was uns als moderner Wunsch nach Unabhängigkeit und Freiheitsliebe serviert wird, in Wirklichkeit eine Form von **Flucht**. Stellen Sie sich vor, jemand kommt aus einer → Familie, in der mindestens ein Elternteil sehr konfliktscheu war. Direkt aggressives Verhalten, das lernt der Nachwuchs über Jahre, ist unerwünscht. Die Folge sind Reaktionsmuster passiv-aggressiver Art. Vordergründig passt man sich an, geht tatsächlich aber in eine Art (Teil-)Emigration, innerlich … oder eben äußerlich in alle großen Weiten, die einem real oder virtuell so offenstehen.

Wer dann nicht allein mit dem Rucksack losziehen kann wie *Alexander Supertramp* alias *Chris McCandless*[97], flüchtet sich oft in die **Arbeit**. Denn manches heroisch anmutende Arbeitsverhalten beruht nicht wirklich auf einer Hinzu-Entscheidung. Maßgeblich ist nach diesem Ausrichtungsbegriff aus dem Coaching nicht, was positiv erreicht werden soll. Im konkreten Fall geht es nicht darum, dass die zu erledigende Arbeit so sehr geliebt wird. Stattdessen liegt der Schwerpunkt auf dem Wegkommen von etwas anderem – auf dem **Weg von anstelle eines Hin zu**. Die Zahl der Menschen, die sich hinter ihrer Arbeit vor anderen Herausforderungen des Alltags verstecken, ist größer als man denkt.

Das ist jedoch nicht immer leicht zu erkennen, zumal es sich bei harter Arbeit um eine sozial akzeptierte Vorgehensweise handelt. Selbst dann, wenn vor Überlastung die Erschöpfungsdepression droht, ist noch euphemistisch vom **Burn out** die Rede. Diese Bezeichnung erweckt den irreführenden Eindruck, es habe sich bei den Betroffenen um die hellsten Kerzen im Leuchter gehandelt und nicht um Menschen, die ihre innere Balance in krankmachendem Maße verloren haben.

Um aus entsprechenden Mustern auszubrechen, braucht es viel Einfühlungsvermögen, Geduld und – wenn die Betroffenen es zulassen – fachliche Hilfe. Denn in Wirklichkeit ist man ja nicht auf einem Egotrip. Vielmehr kämpfen **workaholic-artig arbeitende Menschen** nicht selten mit Engeproblemen. Sie müssen im Interesse ihrer Selbsterhaltung neu lernen, gesund durchs Leben zu gehen. Die gute Nachricht ist: Es geht immer auch anders. Jedoch muss nachhaltig geprobt werden, auf welche Weise.

Wer nach einer gesünderen Definition von Freiheit sucht, für den hat der DDR-Schauspieler *Rudolf Seiß* eine Alternative parat: Danach ist „Freiheit … die **Möglichkeit, auf Möglichkeiten zu verzichten**". Oder, um es mit *Henry David Thoreau* zu sagen, dem großen Philosophen der Wälder: „Der Mensch ist umso reicher, je mehr Dinge er lassen kann". Anders formuliert: Er ist umso freier, je weniger er sich in Zwangslagen begibt, aus denen er dann nicht mehr herauskommt.

---

[97] Siehe https://www.spiegel.de/geschichte/into-the-wild-christopher-mccandless-tod-in-alaska-a-947683.html – abgerufen am 1.7.2023.

Ein beredtes Werk ist passend zum letzten Satz die Autobiografie der Journalistin *Bettina Röhl*. Darin geht es um eine **Kindheit**, die **mit unendlich vielen Zwängen** behaftet ist. Die Autorin hatte nämlich eine Mutter, die einerseits überaus freiheitsliebend war. Andererseits muss sie Freiheit und Unfreiheit auf radikalste Weise miteinander vermischt haben. *Röhl* erinnert sich an „unregelmäßiges Essen, totale Übermüdung, ständige Rotznase, immer ungemütlich und kalt, und meine Mutter war zu einer wahren Diskutiermaschine geworden, ohne die realen Bedürfnisse der Menschen um sie herum auch nur wahrzunehmen". Ihr Buch heißt *Die RAF hat euch lieb* – *Röhl* ist die Tochter der 1976 im Gefängnis verstorbenen Terroristin *Ulrike Meinhof.*

Leitsatz

„Freiheit heißt, nichts verlieren zu haben!"
    Ganz frei ist man nur dann, wenn man nichts besitzt, dass zu haben sich lohnt. Der Grat zwischen Freiheit und Verlorensein ist schmal. Seien Sie entsprechend achtsam.

Freizeit gestalten

Schwerpunkt: privat

„Gonna have fun in the city": So haben die *Easybirds* in *„Friday on my mind"* ihre Vorstellung von Freizeitvergnügen besungen.[98] Das war, bevor am 29. Oktober 1969 über eine Telefonleitung zwei Computer miteinander verbunden wurden. In den Jahrzehnten danach hat das daraus entwickelte Internet unser Freizeitverhalten enorm verändert.

Tatsächlich waren **die beliebtesten Freizeitaktivitäten der Deutschen** nach einer Statista-Erhebung vom August 2021 mediendominiert. Die Top Ten belegten in dieser Reihenfolge Internetnutzung, Fernsehen, PC-Nutzung, im Musikhören, Mailen, Smartphone nutzen, Radio hören, Gedanken nachgehen (auf Platz 8), über wichtige Dinge reden (auf Platz 9) und im heimischen Telefonieren.[99] Wer sich vom Stuhl erhebt, der frönt in Deutschland am liebsten der Garten*arbeit*. Wenn sie oder er es noch bis in die City schafft,

---

[98] Nach dem gleichnamigen Songtitel der *Easybeats* von 1966, heute zu hören und zu sehen auf Youtube unter https://www.youtube.com/watch?v=NSowZcvoqr4 – abgerufen am 01.07.2023.
[99] Zwei Drittel oder mehr Befragte taten das mindestens wöchentlich, besagt https://de.statista.com/statistik/daten/studie/200166/umfrage/beliebteste-freizeitaktivitaeten-der-deutschen/ – abgerufen am 01.07.2023.

dann wird geshoppt, sprich: konsumiert. Während sich dazu 2022 fast jeder Vierte bekannte, gab sich der beliebtesten sportlichen Aktivität nur jeder Neunte hin. Und wo? Im Fitness-Studio.[100]

Nach wirklicher Erholung klingt das nicht: Die meisten der genannten Aktivitäten sind mit erheblichem Aufwand verbunden. Sie erfordern Planung und Koordination. Tatsächlich hat seit den 90er-Jahren immer mehr das Wort vom **Freizeit→ Stress** die große Runde gemacht.[101] Dabei fehlt es nicht an objektiven Verbesserungen. In deutschen Haushalten sind Kühlschränke und Waschmaschinen, mancherorts auch Spülmaschinen heute eine Selbstverständlichkeit. Zum so genannten Katalog der unpfändbaren Sachen nach § 811 der Zivilprozessordnung (ZPO) gehören heute Wäscheschleudern ebenso wie Fernsehgeräte, während sich die Menschen in den 50er-Jahren noch vor Schaufenstern versammelten, um Krönungszeremonien und Fußballspiele zu verfolgen. In Schwarz-Weiß natürlich.

Wer unterwegs ist, dem steht eine nie dagewesene Anzahl an Privat-Kraftfahrzeugen zur Verfügung, die berufliche und private Erledigungen erleichtern. Wem es hier zu nass ist, der fliegt für den Preis von zwei vollen Einkaufswagen schon mal in die Karibik. Das geht umso besser, als sich die Arbeitszeiten immer weiter verkürzt haben. In einigen Berufen ist heute nicht einmal mehr die Fünf-Tage-Woche „gesetzt", während Mitte der 50iger-Jahre die Sechstagewoche mit 48 h der Normalfall gewesen ist. „Samstags gehört Vati mir" lautete eine populäre Gewerkschaftsforderung von 1956. Aber ausgerechnet jetzt, mit mehr freier Zeit und viel mehr Optionen als früher scheinen immer mehr Menschen unter → Druck zu geraten. Woran liegt das?

Eine zentrale Ursache scheint das **Dabeisein Wollen in einer beschleunigten Welt** zu sein. Anstatt Freizeitangebote wie ein Weihnachtsbuffet zu genießen, in dem zwar alles für alle zur Verfügung steht, aber nicht alles von jedem konsumiert werden kann, regiert die → Furcht, etwas zu verpassen. Tatsächlich ist dieses Phänomen unter dem Begriff *Fear of missing out* salonfähig geworden. Dessen Abkürzung **FOMO** hat es bis ins *Cambridge Dictionary* geschafft und ist zum Gegenstand von Ratschlägen führender Krankenkassen wie der *AOK* oder der *Techniker KK* geworden.[102] Anstatt einfach nur Zeit zu

---

[100] So https://de.statista.com/statistik/daten/studie/171168/umfrage/haeufig-betriebene-freizeitaktivitaeten/ – abgerufen am 01.07.2023.

[101] Das Wort stammt vom Hamburger Freizeitforscher *Horst Opaschowski* und wurde im Zuge der Anfang 1992 vorgestellten Studie *Freizeit 2001* bekannt. Siehe hierzu auch https://www1.wdr.de/stichtag/stichtag6316.html – abgerufen am 01.07.2023.

[102] Etwa ausweislich der Seiten https://www.aok.de/pk/magazin/koerper-psyche/psychologie/jomo-gegen-fomo-tipps-gegen-die-fear-of-missing-out/#:~:text=F%C3%BCr%20die%20Angst%2C%20etwas%20zu,Social%2DMedia%2DKan%C3%A4len%E2%80%9C und https://www.tk.de/techniker/magazin/digitale-gesundheit/fomo-2048966 – jeweils abgerufen am 01.07.2023.

genießen, strengt man sich an, konsumiert – und optimiert. Das betrifft das digitale Profil ebenso wie den fitnessgestählten Körper. Gar nichts tun ist allenfalls im Urlaubsliegestuhl erlaubt, den man allerdings schon frühmorgens reservieren muss.

Beim Hinterfragen Ihres eigenen Freizeitverhaltens gilt: Solange Sie mit Ihren Aktivitäten wirklich zufrieden sind, gibt es dazu nichts weiter zu sagen. Fahren Sie einfach fort wie bisher. Sobald allerdings ein Störgefühl eintritt, fragen Sie sich nach der Ursache. Womöglich zahlen Sie nur den Tribut für ein fremdgeleitetes Selbstbild? Innerhalb dessen sich Ihr Wohlfühl-→ Glück nicht einmal jetzt, in Ihrer freien Zeit entfalten kann? Womöglich gehen Sie in Ihrer Regenerationszeit weniger eigenen Interessen nach, als sich fremden → Erwartungen und → Rollenbildern zu beugen. In diesem Fall sollten Sie sich neue → Ziele setzen. **Freizeit muss Spaß machen, sonst erholen Sie sich nicht.** Ihren Pflichten können Sie zu anderen Zeiten wieder nachkommen.

Leitsatz

„Die Pflicht ruft. Rufen Sie zurück!"
Freizeit dient der Regeneration, nicht einer erweiterten Demonstration Ihrer Leistungsfähigkeit und -bereitschaft.

Freundschaft wertschätzen

Schwerpunkt: privat

Damiel und Cassiel sind seit Ewigkeiten miteinander befreundet. Gemeinsam wandern *Wim Wenders'* Filmengel in *Der Himmel über Berlin* durch die noch geteilte deutsche Hauptstadt. Dabei beobachten sie die Passanten, lauschen ihren Gedanken und tauschen sich darüber aus. Aber auch, als sich einer der beiden in eine Artistin verliebt und ihr zuliebe ins Menschenlager überwechselt, bleiben sie einander in Freundschaft verbunden.[103] Auch wenn sie jetzt die Welt in unterschiedlichen Farben sehen, auch wenn Damiel jetzt ganz andere Flügel wachsen werden, bleiben sie einander trotzdem nahe: Sie halten zusammen in Kenntnis all ihrer Unterschiede, frei nach *Marie von Ebner-Eschenbach*: „Wirklich gute Freunde sind Menschen, die uns **ganz genau**

---

[103] Sie unter https://www.youtube.com/watch?v=_Zih4o6NLCc – abgerufen am 01.07.2023.

kennen und trotzdem zu uns halten".[104] „Wahrer Freund: kennt, hält", um es auf den kürzesten Nenner zu bringen.

Ganz anders geht es in den Social Media oder auf Deutsch: **sozialen Netzwerken** zu. *Freunde* sind nach dortigem Verständnis Menschen, die unsere Freundschaftsanfragen bestätigen. Das bringt regen Netzwerkern manchmal täglich mehr Freunde ein, als die eigenen Vorfahren im gesamten Leben hatten. Aber auch in der realen Welt haben sich die Gepflogenheiten stark verändert. Da wird sich unter Wildfremden geduzt, was das Zeug hält, während man noch vor einem halben Jahrhundert die eigenen Kommilitonen gesiezt hat. Welch ein Nähesprung! Intimste Probleme werden am Handy ebenso lauthals ausgebreitet wie in unzähligen Talkshows. „Wollen Sie nicht noch unter'm Bett nachschauen?", zetert passend dazu das Beuteltier aus *Marc-Uwe Klings Känguru-Chroniken*. „Vielleicht finden Sie da ja meine Privatsphäre, weil, die vermisse ich seit ein paar Minuten".[105]

Sind wir jetzt alle näher zusammengerückt? Dagegen sprechen ein paar unerfreuliche → Tatsachen. So hat beispielsweise nach dem maßgeblichen **Gini-Gleichheitsindex** die soziale → Gerechtigkeit nicht zu- sondern abgenommen.[106] Auch die **hohe Zahl an juristischen Auseinandersetzungen**, die unsere Justiz lahmzulegen droht,[107] spricht eine ganz andere Sprache. Danach ist die Anzahl der Menschen, zu denen wir eine ernsthafte freundschaftliche Bindung eingehen wollen oder können, doch eher begrenzt.

Und wie werden Freundschaften im Alltag gepflegt? Dort, wo sie über gemeinsame sportliche oder kulturelle Unternehmungen hinausgehen, in Fällen, in denen kein Vereins- → Engagement das Skript schreibt, treffen sich Freunde gerne zum Essen. Vielleicht suchen sie sich beim Italiener ihrer Wahl auf einen Wein an einem Tisch nahe der Straße, lauschen und tauschen alte Geschichten und neuen Tratsch aus: „Erinnerst du dich an diese Tage draußen in der Pampa? Mit Boots, Lederjacken und engen Jeans?" Oder: „Eine Weile lang haben die echt stilvoll gelebt. Aber es ist doch immer dasselbe – zum Schluss haben sie sich scheiden lassen. Wobei sie jetzt einen auf engste Freunde machen". Genau so beschreibt das *Billy Joel* in seiner zeitlosen Ballade *Scenes*

---

[104] Zitiert nach: https://chargelife.de/sprueche/freundschaft-zitate-zum-nachdenken/ – abgerufen am 01.07.2023.

[105] https://www.kino.de/artikel/die-kaenguru-chroniken-zitate%2D%2Dx5mx7hvpr8 – abgerufen am 01.07.2023.

[106] Einzelheiten zum Gini-Koeffizienten erfahren Sie beim Deutschen Institut für Wirtschaftsförderung unter https://www.diw.de/de/diw_01.c.413334.de/gini-koeffizient.de – abgerufen am 01.07.2023.

[107] Dazu statt vieler https://rsw.beck.de/aktuell/daily/meldung/detail/umfrage-deutsche-justiz-an-der-belastungsgrenze – abgerufen am 01.07.2023.

From an Italian Restaurant.[108] Zwischendurch telefoniert oder chattet man miteinander über die sozialen Medien.

Allerdings umfasst der **soziale Bereich**, in dem man sich wirklich kennt und gleichzeitig vertraut, tatsächlich nur überschaubare Gruppen, keine Gesamtheiten von Menschen – Social Media-Anfragen hin oder her. Zwar sind die meisten von uns Deutschen Staat und Gesellschaft gegenüber wirklich loyal. Wir zahlen Abgaben, ohne uns – wie es US-Amerikaner gerne tun – bei jedem Einkauf über die separat erhobene (geringere) Mehrwertsteuer aufzuregen. Wir stecken anderen, auch Unbekannten, zuliebe zurück, ohne angesichts einer hohen Regulierungsdichte den Aufstand zu proben. Das ist allerdings etwas anderes als ein Freundschaftsbeweis im oben genannten Sinne.

Um freundschaftliche Bande zu knüpfen und zu stärken, bedarf es letztlich nämlich mehr als einer gemeinsamen Interessensebene. Maßgebliche → Leitwerte, die vom Gegenüber geteilt werden, sind ebenso wichtig wie → Respekt und das gegenseitige Vertrauen darauf, mit eigenen Schwächen weder abgelehnt noch gar vorgeführt zu werden. Oft verbindet Freundinnen und Freunde auch eine gemeinsame **Geschichte** – sie sind im wahrsten Sinne des Wortes „lang erprobt".

Entsprechende Sitcoms wie die US-amerikanische Seifenoper *Friends* belegen nicht zufällig Spitzenplätze im Filmgenre.[109] Auch andere populäre TV-Serien zielen auf diesen Effekt, beispielsweise *In aller Freundschaft – Die jungen Ärzte*[110] oder die in zwölf Staffeln weltweit ausgestrahlte Physiker-Sitcom *The Big Bang Theory*.[111]

Das heißt nicht, dass virtuelle Freundschaften aller Art nicht ihren eigenen Wert hätten. Auch hier finden Gleichgesinnte zueinander. In Gaming-Communities und über Fanseiten schwärmen Sie für die gleichen Interessen. Dabei spiegelt der Umstand, Freunde vorweisen zu können, das Selbsterleben auf angenehme Weise, und das nicht erst seit gestern. Bezeichnend hierzu ist eine Szene aus dem 80er-Jahre Film *Scrooged – Die Geister, die ich rief ….*[112] Darin streitet sich *Bill Murrays* jüngeres Alter Ego mit dem Geist der

---

[108] Im Original: „Do you remember those days hanging out/At the village green/Engineer boots, leather jackets/And tight blue jeans", und: „They lived for a while in a/Very nice style/But it's always the same in the end/They got a divorce as a matter/Of course/ And they parted the closest/Of friends". Der Song ist abrufbar unter https://www.youtube.com/watch?v=JUz48xw_OiM – abgerufen am 01.07.2023.

[109] Siehe hierzu https://www.tvmovie.de/news/platz-1-friends-85388 – abgerufen am 01.07.2023.

[110] Näheres unter https://www.daserste.de/unterhaltung/serie/in-aller-freundschaft-die-jungen-aerzte/index.html – abgerufen am 01.07.2023.

[111] Mehr zu The Big Bang Theory finden Sie unter https://www.moviepilot.de/serie/the-big-bang-theory/besetzung – abgerufen am 01.07.2023.

[112] Der Original-Trailer dazu ist abrufbar unter https://www.youtube.com/watch?v=3YjrsSEEreY – abgerufen am 01.07.2023.

vergangenen Weihnacht darum, ob seine Heile Welt-Erinnerungen authentisch sind oder aus einer weiteren Serie stammen.

Im weitesten Sinne könnte man schließlich auch Chats als moderne Freundschaftszeichen ansehen. Anders als vielen Brieffreundschaften → vergangener Tage liegt Plattform-Freundschaften allerdings kein persönlicher Kontakt zugrunde, den man zwischenzeitlich über → Umwege aufrechterhält. Will man sich sozial nicht isolieren, sollten entsprechende Kontakte das **tatsächliche Miteinander** vor diesem Hintergrund nur ergänzen, nicht ersetzen. Das gilt umso mehr, als sich umstandslos geknüpfte Bande auch eher schnell wieder lösen lassen. Man kennt sich nicht wirklich und hält auch nicht wirklich zusammen. Dieser Zustand entspricht nicht dem, was einen echten Freund, eine echte Freundin ausmacht.

Leitsatz

„Wahrer Freund: kennt, hält!"
Miteinander befreundet zu sein heißt einander zu kennen und zueinanderzuhalten. Virtuelle Freundschaften erfüllen diese Kriterien nur bedingt.

Furcht einordnen

Schwerpunkt: privat

Es war einmal ein Junge, der vorhatte, das Gruseln zu lernen. Wie sich zeigte, fürchtete er sich aber weder vor einem vermeintlichen Gespenst noch vor dem nächtlichen Galgen. Auch ein Spukschloss mit Schauergestalten machte ihm keine Bange. Für metaphysische Schrecken aller Art fehlte ihm einfach die Phantasie. Erst als eine Kammerzofe ihn im Schlaf mit einem Eimer kleiner Fische überschüttete, erschrak er ganz fürchterlich. Furcht hatte für den Burschen nämlich eine ganz besondere Bedeutung: Nur was ihn im wahrsten Sinne des Wortes kalt erwischte, erschütterte ihn. Ganz nach dem *Grimm'schen Märchen von einem, der auszog, das Fürchten zu lernen*,[113] ist das, was uns zurückschrecken lässt, individuell ganz verschieden.

---

[113] *Brüder Grimm*, KMH 4.

Dabei gilt es grundsätzlich zwischen Furcht und Angst zu differenzieren: Nach heutigem Sprachgebrauch stehen beide nicht für dasselbe. **Wer sich fürchtet, der weiß wovor** – er hat einen erkennbaren Gegner, dem sich mit → Mut begegnen lässt. **Angst bezeichnet hingegen ein unbestimmtes Gefühl** der Beklemmung oder Besorgnis.[114] Nun ist es eine Binsenweisheit, dass auch solche Zustände allgemein menschlich sind. Sie sind Teil der Conditio Humana. Allerdings nährt Angst die Furcht, anstatt sie zu bekämpfen. Dabei kann das Angsterleben ein Ausmaß annehmen, das behandlungsbedürftig ist.

Generalisierte Angststörungen beispielsweise sind ein Millionenphänomen: Im Laufe seines Lebens betreffen sie nach Fachschätzungen jeden zwanzigsten Menschen, und unbehandelt verlaufen sie häufig chronisch.[115] Alltagspraktisch stehen sie für ein Setting, in dem wir uns bildlich gesprochen den Kopf über eine Tigerattacke zerbrechen, während wir im Frankfurter Palmengarten unterwegs sind.

Wer unter einer **Phobie** leidet, der agiert seine Angststörung hingegen objektbezogen aus. Dergleichen passiert beispielsweise, wenn wir übertriebene Angst vor Spinnen (Arachnophobie) oder engen Räumen haben, also unter einer (vergleichsweise häufigen) **klaustrophobischen Störung leiden.** Mindestens ebenso bekannt ist die unangemessene Angst vor offenen Räumen oder gar großen Plätzen, die **Agoraphobie.** Menschen mit einer **Sozialen Phobie** wiederum können schlecht mit bestimmten gesellschaftlichen Situationen umgehen und neigen zu übertriebenen → Schamgefühlen, wenn Sie vor anderen nur den Mund aufmachen müssen zum Essen oder Reden.

Eine dritte, äußerst unangenehme Angsterfahrung ist die ohne besonderen Auslöser plötzlich auftretende **Panikattacke.** Das dabei erlebte Gefühl gleicht dem Überfall durch einen Grizzly aus dem Nichts. Körper und Geist verfallen unversehens in einen Fight-or-Flight-Modus, für den es objektiv keine Rechtfertigung gibt. Die Betroffenen spüren einen umfassenden Kontrollverlust, der auf physiologischer Ebene mit Herzklopfen und Hitzewallungen bis hin zu infarktartigen Erstickungsgefühlen, mit Schwitzen, Zittern und Übelkeit verbunden ist. Tritt dergleichen häufiger auf, spricht man von einer Panikstörung.

---

[114] Siehe hierzu instruktiv *Reneau Z.Peurifoy*, Angst, Panik und Phobien – Ein Selbsthilfe-Programm, 3. Aufl. Huber Verlag, Bern 2006.

[115] Dazu *Klaus Lieb/Bernd Heßlinger/Nadine Dreimüller/Gitta Jacob*, 50 Fälle Psychiatrie und Psychotherapie – Typische Fallgeschichten aus der Praxis, Urban & Fischer, 6. Aufl. München 2020 (Fall 16).

Eine besondere Form der Angst- ist letztlich auch die **Zwangsstörung**. Dabei handelt es sich **nicht** um ein **wahnhaft**es Erleben, bei dem die Betroffenen normalerweise kein Bedürfnis haben, ihre Fehlbeurteilung der Realität zu begründen. Typische Beispiele dafür sind der → finanzielle Verarmungs- oder der Versündigungswahn (→ Schuld, → Scham). Auch sind Zwänge von **Süchten** abzugrenzen, bei denen es sich durchaus auch um Verhaltenssüchte handeln kann. Ein bedrückend aktuelles Beispiel dafür ist der pathologische Internetgebrauch. Sehr bekannt ist außerdem das pathologische → Glücksspiel, weitere Fälle sind Kauf- und Sexsucht.[116]

Zwangsgedanken und -handlungen drängen sich den Betroffenen dagegen immer wieder auf – auch gegen innere Widerstände und bei fast jedem Dritten bis hin zur Depression.[117] Typische Beispiele sind *objektiv* völlig unsinnige Maßnahmen wie ein ständiges Händewaschen oder das andauernde nachschauen, ob der Herd wirklich aus ist. Allerdings ergibt das Ganze aus der Perspektive des betroffenen *Subjekts* durchaus einen Sinn. Es schützt die Betreffenden vor dem Erleben eines bedrohlichen Kontrollverlusts. Hier geht es um einen existenziellen Schrecken vor Krankheit oder aber auch dem Abbrennen der Wohnung, der irgendwie gebunden werden muss.

Ein ähnlicher Effekt kann bei **Traumata** dazu führen, das Menschen Erinnerungslücken aufweisen. Kurz dauernde Ereignisse wie eine Vergewaltigung oder ein Unfall, erst recht länger andauernde und wiederholt auftretende biografische Katastrophen wie Kriegserlebnisse, Foltererfahrungen von Geflüchteten, wie Kindesmissbrauch oder Geiselhaft können **posttraumatische Belastungsstörungen (PTBS)** auslösen. → Schuldgefühle, → Schamgefühle, Todeswünsche und andere bedrohliche Folgen machen eine behutsame, sachkundige Aufarbeitung unumgänglich.[118]

Verständlicher werden aus diesem Blickwinkel aber auch scheinbar gegenteilige Phänomene – gemeint sind **hypochondrische Störungen**. Ihren liegen aus objektiver Sicht übertriebene Befürchtungen zu Grunde. Sie leiden an einem Hirntumor, den nur noch niemand entdeckt hat? Das ist eine menschliche Katastrophe, aber damit geben Sie Ihrer Angst wenigstens eine Richtung! Dabei gibt es für hypochondrische Störungen, die durch permanentes

---

[116] Dazu *Klaus Lieb/Bernd Heßlinger/Nadine Dreimüller/Gitta Jacob*, 50 Fälle Psychiatrie und Psychotherapie – Typische Fallgeschichten aus der Praxis, Urban & Fischer, 6. Aufl. München 2020 (Fall 18).

[117] Anschaulich *Klaus Lieb/Bernd Heßlinger/Nadine Dreimüller/Gitta Jacob*, 50 Fälle Psychiatrie und Psychotherapie – Typische Fallgeschichten aus der Praxis, Urban & Fischer, 6. Aufl. München 2020 (Fall 17).

[118] Siehe dazu *Klaus Lieb/Bernd Heßlinger/Nadine Dreimüller/Gitta Jacob*, 50 Fälle Psychiatrie und Psychotherapie – Typische Fallgeschichten aus der Praxis, Urban & Fischer, 6. Aufl. München 2020 (Fall 39).

Googeln nach Krankheiten ausgelöst wurden, mittlerweile sogar schon eigene Fachbegriffe. Man nennt sie „Cyberchondrie" oder auch „Morbus Google".[119] Zwar existieren zu diesem Themenkomplex hervorragende Fachbücher[120] und eingängige Podcasts.[121] Dass Sie sich damit selbst an den Haaren aus dem Sumpf ziehen können, ist allerdings unwahrscheinlich.

Hier wie in anderen Fällen ist das ängstliche Klammern, die **Angstbindung** an ein bestimmtes Objekt eine schwere, gleichzeitig gar nicht so seltene Erscheinung. Die Betroffenen genügen sich nicht selbst, das Sicherheit verheißende Objekt liegt irgendwo außerhalb ihrer selbst und wird beispielsweise vom Arzt verkörpert. Auch Menschen, die ohne Partnerin oder Partner „nicht sein können", können davon durchaus betroffen sein. Letzteres hat nichts mit → Liebe zu tun; es ist eher eine angstbesetzte Form des Missbrauchs einer anderen Person. So richtig und wichtig außerdem zum Ausagieren verstörender Umwelteinflüsse das kindliche Kuscheltier ist, so gefährlich kann die übertriebene Fokussierung im Erwachsenenalter werden.

Gegenüber den Mitmenschen führt ein derartiges Anklammern in die Projektion – in der Therapie: nennt man das: „in die Übertragung". Sie verstellt den Betroffenen den Blick darauf, wer Ihr Gegenüber wirklich ist. Selbst wenn Sie beispielsweise nach einer Trennung übereilt eine neue → **Partnerschaft** eingehen, um nicht allein zu bleiben, ist das Risiko des Scheiterns hoch: Der Täuschung darüber, wie der oder die andere wirklich ist, was ihn oder sie umtreibt, folgt geradezu zwangsläufig die Ent-Täuschung.

Generell sind Selbsthilferezepte gegen Angststörungen nur mit äußerster Vorsicht zu genießen. Wer an daran erkrankt ist, dem helfen in der Regel nur eine medizinische Abklärung und, wenn sich keine körperlichen Ursachen ergeben, eine Psychotherapie und/oder dem Gang zu einem Facharzt für Psychiatrie. Dort verhilft man Ihnen behutsam – und in psychiatrischen Praxen ggf. unter (vorübergehendem) Einsatz von Medikamenten zur Habituation oder Gewöhnung. Durch vorsichtiges, sachkundiges Herantasten an entsprechende Ängste verlieren sie allmählich an Schrecken.

---

[119] Dazu   https://www.panikattacken-loswerden.de/hypochondrie-die-angst-vor-krankheiten-und-was-wirklich-dahintersteckt/?gclid=EAIaIQobChMI8-2etdTs_gIVEy0GAB1HLwm-EAAYByAAEgKPf_D_BwE – abgerufen am 01.07.2023.

[120] Statt vieler etwa Hypochondrie und Krankheitsangst von *Gaby Bleichhardt* und *Alexandra Martin*, erschienen im Hogrefe Verlag, Göttingen ua. 2010. Dort werden Störungsmodelle und Therapieformen mit Fallbeispielen aufgeschlüsselt und nicht zuletzt (als Band 41 der gleichnamigen Reihe) *Fortschritte der Psychotherapie* beschrieben.

[121] Sehr zu empfehlen ist die Reihe Rätsel des Unbewussten. Podcast zu Psychoanalyse und Psychotherapie. Hier: Folge 11 – Angst und Angsterkrankungen, abrufbar etwa bei Spotify unter https://open.spotify.com/episode/6i0Oh9Y8lWl23ni5PVGS0p?si=BKeFYmLxQe6QSO9ntm9Ytw&nd=1.

Eine andere Form des Zurückschreckens ist hingegen geradezu ein Marker für psychische Gesundheit: die schon angesprochene anlassbezogene Furcht. Sie bezieht sich **auf bestimmte Situationen**, auf konkrete Menschen, Dinge oder Reize. Dass wir uns fürchten, sichert uns entwicklungsbiologisch gesehen unser Überleben in einer gefährlichen Umwelt. Entsprechend ist Furcht ein Lebensthema, mit dem wir uns seit Jahrtausenden auseinandersetzen. Schon beim *alttestamentarischen Propheten Jesaja* heißt es:[122] „Stärkt die schlaffen Hände und festigt die wankenden Knie. Sagt den Verzagten: Seid stark, fürchtet euch nicht!".

Wer sich richtig zu fürchten gelernt hat, hat das Höchste gelernt, meint dazu der dänische Philosoph *Sören Kierkegaard*. Sich richtig zu fürchten bedeutet danach, die **Rangordnung** des Furchtbaren zu kennen.[123] Das weist auf einen weiteren Aspekt hin, der auch schon im oben skizzierten Märchen zum Tragen kommt: Wovor wie uns fürchten, in welchen Situationen unsere Atemfrequenz und unser Blutdruck steigen, wann wir durch → Stresshormone dazu getrieben werden, zu fliehen, anzugreifen oder uns wie ein Kaninchen vor der Schlange totzustellen, ist individuell sehr verschieden. Es hängt eng mit unserer → Mentalität und unseren → Leitwerten[124] zusammen, auch wenn es bestimmte gesellschaftliche Verbindungslinien gibt.

Grundlegend dazu geäußert hat sich der Psychoanalytiker *Fritz Riemann* in seiner Anfang der 60er-Jahre erschienenen tiefenpsychologischen Studie *Grundformen der Angst*.[125] Darin beschreibt er terminologisch sperrig, sachlich aber sehr aufschlussreich vier **Modellcharaktere**. Ohne damit gleichnamige Erkrankungen anzusprechen, unterscheidet er zum einen schizoide und depressive Persönlichkeiten. Während erstere vor Hingabe zurückschrecken, weichen letztere dem Gang in die Selbstständigkeit aus.

Zum anderen trennt er zwanghafte und hysterische Persönlichkeitstypen. Wo den einen die Sehnsucht nach Dauer immanent ist, erfreuen sich ihre Gegenspieler besonders am Zauber des Neuen. So sehr wir alle beim Herausschälen des ureigenen Ichs – der sogenannten Individuation – unter Verlustängsten leiden, so schreckt doch den schizoiden Typus das Gefangensein mehr als den depressiven, beunruhigt den zwanghaften Menschen ein fehlender Stundenplan eher als den hysterischen. Umgekehrt leidet der *Riemann*sche *Depressive* eher unter Vereinsamung, der *Hysterische* eher unter der Gleichförmigkeit des Alltags.

---

[122] Unter Jes 35, 3,4.

[123] https://anbruch-magazin.de/die-kardinaltugenden-iii-tapferkeit/ – abgerufen am 01.07.2023.

[124] Dort finden Sie übrigens eine weitere Anekdote zum Thema Furcht.

[125] Grundformen der Angst von *Fritz Riemann* ist in der 39. Auflage erschienen im Ernst Reinhardt Verlag, München 2009.

Um es mit dem von *Christoph Thomann* vor diesem Hintergrund entwickelten **Riemann-Thomann-Modell** zu formulieren: Wir alle sind in unterschiedlichem Maße entweder Nähe- oder Distanztypen, entweder Dauer- oder Wechseltypen – mit entsprechend voneinander verschiedenen Leitmotiven und Befürchtungen.[126] Das heißt allerdings nicht, dass es auf gesamtgesellschaftlicher Ebene nicht doch einige typische kollektive Besorgnisse gäbe.

Die größten Sorgen der Deutschen beleuchtet heute die seit 30 Jahren laufende **Langzeitstudie** der Versicherung R+V.[127] Danach beunruhigten uns vor etwa 20 Jahren vor allem Insolvenzen und der Reformstau in den Sozialsystemen mit zahlreichen Arbeitslosen, flankiert von der Terrorgefahr im Zuge der Anschläge auf das World Trade Center. 2010 war es dann die Währungskrise, fünf Jahre später die Immigration von Geflüchteten, deren Bewältigung die Deutschen verunsicherte. **In 2021 dominierte mit der Furcht vor Steuererhöhungen und Leistungskürzungen die Auseinandersetzung mit den Folgen der Covid 19-Politik.**

Unbegründet ist diese Furcht ganz und gar nicht, auch jenseits von Covid und Rentenlücke (siehe dazu bereits → Finanzen). Schon jetzt fällt Deutschland im Standortwettbewerb zurück – mit der Folge sinkender Steuereinnahmen. Vor allem ein relativ hohes Steueraufkommen und Bürokratie scheinen abschreckend zu wirken; das hebt das IMD World Competitiveness Center (WCC) in der jüngsten seiner seit 35 Jahren veröffentlichten Ranglisten aus 64 Indikatoren hervor. Hatte Deutschland hier im Jahre 2014 weltweit noch auf Platz 6 gelegen, im Vorjahr immerhin noch auf Platz 15, wurde für 2023 nur noch ein 22. Platz ermittelt.[128] Gleichzeitig fließt jetzt schon rund ein Viertel unseres Bundeshaushalts als staatlicher Zuschuss in die Rentenkassen. Wenn die Babyboomer-Generation in Rente geht, könnte sich diese Quote nach Schätzungen verdoppeln. Dann sind drastische **Sparmaßnahmen und Verteilungskämpfe** nur eine Frage der Zeit, ähnlich wie sich das jetzt schon im → Gesundheitswesen andeutet.

2022 stieg der so genannte Angstindex dann noch einmal deutlich an: Er kletterte von 36 % auf 42 %. Eine zentrale Rolle spielten dabei **Kriegsängste** seit dem seit 24. Februar 2022 andauernden Angriff Russlands auf die Ukraine. Dominant war allerdings nach der am 13. Oktober erschienenen neuesten Untersuchung auch Deutschlands Sorge um die → Finanzen. So fürchteten sich über zwei Drittel der Befragten vor steigenden

---

[126] Siehe hierzu anschaulich https://www.schulz-von-thun.de/die-modelle/das-riemann-thomann-mo-dell – abgerufen am 01.07.2023.

[127] Die Statistik ist einsehbar unter https://www.ruv.de/newsroom/themenspezial-die-aengste-der-deut-schen/langzeitvergleich – abgerufen am 01.07.2023.

[128] FAZ Nr. 141 vom 21.07.2023, 16.

Lebenshaltungskosten. Tatsächlich lag im Mai 2023 die Inflationsrate in Deutschland bei 6,1 %. Dazu passen zentrale Ergebnisse einer im Juli 2023 erschienenen Studie des Forschungsinstituts für Nachhaltigkeit – Helmholtz-Zentrum Potsdam (RIFS). In ihrem *Sozialen Nachhaltigkeitsbarometer der Energie- und Verkehrswende 2023* benennt das Autorenteam den Ukraine-Krieg, Klima- und Umweltschutz sowie Inflation als die drei wichtigsten politischen Themen.[129]

Dass wir derzeit ein gewaltiges **Klimaproblem** haben, ist nicht von der Hand zu weisen und wird mittlerweile auch für unsere Breiten in Romanform verarbeitet. Aus „Was wäre, wenn?"-Szenarien ist Gegenwartsprosa geworden, etwa mit Blick auf Waldbrände.[130] 2023 haben wir weltweit den heißesten Juni seit Beginn der Wetteraufzeichnungen hinter uns gebracht.[131] Andererseits liegt zum Thema **Inflation** das Gefühlte weit über dem Tatsächlichen: Insoweit ermittelte der Kreditversicherer Allianz Trade nicht die tatsächlichen gut sechs, sondern „gefühlte 18 %"[132] – mit Faktor 3 ein enormer Unterschied.

Hingegen dominiert im Deutschland des Jahres 2023 neben der Angst vor persönlichen Verlusten (→ Trauer) vor allem die → Furcht um die eigenen → Finanzen. Dass der Staat sich immer weiter verschuldet, beunruhigte in einer Allensbach-Untersuchung 42 % der Befragten sehr stark oder stark, während sich allerdings eine etwas größere Gruppe von 47 % weniger stark, kaum oder gar nicht betroffen zeigte. In der gleichen Untersuchung des als eher konservativ bekannten Umfragehauses antworteten vor allem mit 82 % viele Menschen, der Staat solle bei Beamten und Pensionen sparen. Für ein Sparen bei der Unterstützung von Flüchtlingen sprachen sich 62 % aus.[133]

Andere Themen wie die tatsächlich immer weiterreichende Zerstörung unserer natürlichen Lebensgrundlagen oder der drohende Kollaps des stationären → Gesundheitswesens, die wirklich an Leib und Leben gehen, bleiben dahinter offensichtlich zurück. Dasselbe gilt für die Transformation der Arbeitswelt nicht nur in der Industrie, sondern auch und gerade im Bereich der qualifizierten Dienstleistungen. Dort gibt es schon heute einen bedenklich

---

[129] Kopernikus-Projekt Ariadne, Potsdam-Institut für Klimafolgenforschung (PIK), Telegrafenberg A 31, 14473 Potsdam (Hrsg.), Soziales Nachhaltigkeitsbarometer der Energie- und Verkehrswende 2023. Was die Menschen in Deutschland bewegt – Ergebnisse einer Panelstudie zu den Themen Energie und Verkehr, Potsdam 2023.

[130] So bei *Franziska Gänsler*, Ewig Sommer, Kein und Aber Verlag, Zürich 2022.

[131] FAZ Nr. 155 vom 07.07.2023, 8.

[132] FAZ Nr. 140 vom 20.06.2023, 17.

[133] FAZ Nr. 97 vom 26.04.2023, 8 – abgerufen am 01.07.2023.

großen Niedriglohnsektor, flankiert von einem (schein-)selbstständigen Prekariat.[134] **Insofern stehen wir am Beginn eines Wandlungsprozesses, dessen Ende noch gar nicht abzusehen ist.**

Beispielsweise werden Volljuristen bis heute vor allem in der Zusammenstellung und Kombination von Sachverhaltselementen mit Regeln ausgebildet. Wie gut sie dieses Kunsthandwerk beherrschen, ist noch immer von zentraler Bedeutung für den Examenserfolg künftiger Richterinnen und Anwälte.[135] Spätestens mit dem Marktgang von ChatGPT Ende November 2022 ist aber offenkundig geworden, dass das herkömmliche juristische Arbeiten nicht so originell ist, wie seine Protagonisten lange Zeit dachten. Zu sehr ähneln das Sammeln und Strukturieren juristischer Daten und seine Verarbeitung zu Entscheidungen und Prognosen dem Vorgehen automatisierter Systeme. Um hier ins Geschäft zu kommen und darin langfristig erfolgreich zu sein, taugen weder die bisherigen Examensanforderungen noch viele herkömmliche Geschäftsmodelle.

Zwar wird, um im Beispiel zu bleiben, der juristische Berufsstand ebenso wenig als solcher verschwinden wie andere Beratungsberufe. Allerdings dürften verkürzte Wertschöpfungsketen – Stichwort: Prüfen statt Erstellen – auf Kosten des Auftragsvolumens gehen. Was, wenn weniger abgerechnet werden kann, gravierende Folgen für das Rentensystem befürchten lässt, das in einigen Jahren zahllose Vertreterinnen und Vertreter der Generation Bravo-Starschnitt versorgen soll.

Neben dieser ökonomischen Frage blitzt schließlich die Herausforderung der Ernährung und sonstigen Versorgung einer **Weltbevölkerung**, die bei Manuskriptschluss die Acht-Milliarden-Grenze deutlich überschritten hatte[136] im Diskurs nur erstaunlich sporadisch auf.[137] Deren Basisversorgung ist eine Frage der Menschenrechte und damit nicht nur die innere Angelegenheit ausländischer Staaten, in denen die Betroffenen zur Welt gekommen sind. Dazu bedarf es nicht einmal dramatisch wachsender Migrationsbewegungen, wie sie im Zuge des sich weiter verändernden Klimas zu befürchten sind.

---

[134] Siehe zu den gesellschaftlichen Folgen der Covid-19 Pandemie im Bereich Arbeit und Erwerbsarbeit den ausmultidisziplinärer sozial- und wirtschaftswissenschaftlicher Perspektive zusammengestellten Sammelband von *Christine Pichler* und *Carla Küffner* (Herausgeberinnen), Arbeit, Prekariat und Covid-19, Springer Media, Wiesbaden 2022.

[135] Siehe hierzu im Einzelnen *Anette Schunder-Hartung* (Hrsg.), Innovative Rechtsberatung, Schäffer Poeschel, Stuttgart 2023.

[136] Die genaue Zahl finden Sie in Echtzeit unter https://populationmatters.org/the-facts-numbers/? gclid=Cj0KCQjwtamlBhD3ARIsAARoaEx17pcAjo81WF7RAbBzRTnQGBA1D2YVeTyQT3Grl3 knIE5D7ePhVu8aAmNeEALw_wcB– abgerufen am 01.07.2023.

[137] Beispielsweise bei *Erik Fyrwald*, Die Ernährung der Weltbevölkerung braucht Gentechnologie, FAZ Nr. 155 vom 07.07.2023, 22.

Nun verschwindet Furcht nicht dadurch, dass Sie den Kopf in den Sand stecken und entsprechenden Herausforderungen aus dem Weg gehen. Im Gegenteil: Sie können sie nur schwerer fassen. Sicherer werden Sie vor allem dadurch, dass Sie die Herausforderung mit **passenden Fragen** einhegen: Welche Anlässe fürchten Sie wieso? Auf welcher Ebene lässt sich wie etwas dagegen tun – nur im Rahmen der staatlichen Gesamtorganisation, auch auf sozialer (Gruppen-)ebene und/oder durch Sie selbst als Einzelperson? Was ist es, das erfahrungsgemäß hilft? Vergegenwärtigen Sie sich das in möglichst kleiner Münze, in immer weiter heruntergebrochenen Einheiten. Sobald Sie das tun, können Sie neben allem anderen auch Ihre Furcht besser kanalisieren. Soweit **Abhilfemaßnahmen (auch) in Ihrer Hand** liegen, setzen Sie sich entsprechende → Ziele – selbst wenn es unbequem ist.

Hilfreich ist in jedem Fall eine strikte Konzentration auf → Tatsachenkerne. Befinden Sie sich wirklich auf einem unabwendbaren Weg in den Abgrund? Hüten Sie sich unbedingt vor entsprechenden → Mindfucks, besonders vor dem Katastrophisieren! Viel wahrscheinlicher ist es, dass Gefahrensituationen zur berühmten *Hölderlin*schen **„Patmos"-Erfahrung** führen. Ein Kernsatz aus der 1803 vollendeten gleichnamigen Hymne besagt: „Wo aber Gefahr ist, wächst das Rettende auch".[138] Fragen Sie sich: Wie gefährlich ist die gefürchtete Situation objektiv? Wie wahrscheinlich ist es, dass sie zu Ihrem Unglück eintritt?

Angesichts von Furcht sollten Sie in jeder Beziehung → **achtsam bleiben** – auch Ihren Ängsten gegenüber.

Zwar gibt es in Deutschland eine verbreitete Neigung zu Schreckens- und **Worst-Case-Szenarien.** Das besagt aber noch nichts darüber, dass Sie ihnen trauen dürfen. Sie können einerseits durchaus berechtigt sein. Andererseits sind Sie nichts anderes als Drehbücher für Fälle, die vielleicht eintreten, vielleicht aber auch nicht. Manchmal sind sie einer falschen Vorstellung von **Selbstermächtigung** und → Selbstmanagement geschuldet: Sie möchten alles im Blick haben und verrennen sich dabei.

Zuweilen haben bedrohliche Aussagen auch schlicht **juristischen Absicherungscharakter.** Beispielsweise werden Sie im → Krankheitsfall auf Beipackzetteln, erst recht im Krankenhaus vor Operationen über alle möglichen, deswegen aber noch lange nicht zwangsläufigen Folgen aufgeklärt. Wenn beispielsweise die Deutsche Herzstiftung warnt, dass zu den häufigsten Nebenwirkungen eines bestimmten Medikaments

---

[138] *Friedrich Höderlins* Zeilen finden sich unter anderem in https://universal_lexikon.de-academic. com/320443/Wo_aber_Gefahr_ist%2C_w%C3%A4chst_das_Rettende_auch – abgerufen am 01.07.2023.

„Magen-Darm-Beschwerden wie Sodbrennen, Übelkeit oder Durchfall" gehören und ein Wirkstoff „zu leichten (z. B. Nasenbluten) bis schwerwiegenden Blutungen führen" kann,[139] dann handelt es sich dabei keineswegs um ein Mittel gegen Herzinfarkt. Gemeint ist vielmehr ASS, weltweit bekannt und beliebt unter dem Markennamen Aspirin.

Deshalb: Lassen Sie sich nicht verrückt machen. Wie Sie schon zum Thema → Druck aushalten gelesen haben, sind selbst gravierende Folgen deswegen noch lange keine wahrscheinlichen. Beides müssen Sie strikt auseinanderhalten. Stattdessen denken Sie jetzt an Ihre → Entspannungs- und → Stressbewältigungsfähigkeiten. Bleiben Sie im Hier und Jetzt. Falls Sie ein Mantra brauchen, das Sie ähnlich wie den Rosenkranz vor sich aufsagen können, nehmen Sie beispielsweise: **„Es atmet mich"**. Was sehen, hören, fühlen, riechen und/oder schmecken Sie währenddessen? Schon allein, dass Sie sich darauf konzentrieren, trägt zu Ihrer Beruhigung bei.

Soweit Sie sich dazu gedanklich in der Lage fühlen, können Sie den Spieß auch einfach einmal umdrehen: Philosophisch betrachtet, ist **die Kehrseite jeder Verlustangst ist der Besitz**. Offenbar sind Sie gerade mit → Zeit gesegnet, sind womöglich außerdem reich an sozialen Beziehungen. In vielerlei Hinsicht mögen Sie auch noch gesund sein und stehen vielleicht auch noch nicht mit einem Bein in der Privatinsolvenz.

Seien Sie → achtsam. Würdigen Sie alles, was gut ist. Was morgen sein wird, davon sollten Sie sich hier und jetzt erst einmal → abgrenzen. Alles zu seiner → Zeit. „You cross the bridge when you come to it", heißt das im Englischen: Gehen Sie erst über die Brücke, sobald Sie vor ihr stehen, nicht früher. Ohnehin können und sollten Sie sich Ihren Herausforderungen nur Stück für Stück stellen. Das erfordert → Mut und → Tapferkeit, aber die bringen Sie als Erwachsene auf.

Das gilt allerdings, um den Bogen zurück zum Beginn dieses Abschnitts zu schlagen, nur innerhalb der Grenzen Ihrer psychischen Gesundheit. Soweit Ihr Alltagserleben dauerhaft beeinträchtigt ist, suchen Sie sich fachkundige Hilfe. Wenn Sie sich über Wochen, gar Monate hinweg seelisch krank fühlen, hilft nur der Gang zum Arzt bzw. einer psychologisch und/oder psychiatrisch geschulten Fachkraft. Mit guten → Gesundungsprognosen übrigens.

---

[139] https://herzstiftung.de/infos-zu-herzerkrankungen/gerinnungshemmung-und-medikamente/ass-aspirin#:~:text=in%20der%20Packungsbeilage.-,Welche%20Nebenwirkungen%20von%20ASS%20sind%20bekannt%3F,Nasenbluten)%20bis%20schwerwiegenden%20Blutungen%20f%C3%BChren. – abgerufen am 01.07.2023.

> **Leitsatz**
>
> „Mut besiegt die Furcht, Angst nährt sie!"
>   Situationsgebundener Furcht kann man entgegentreten. Sie ist ein Teil der
> Conditio Humana und lediglich eine Kehrseite von Besitz. Angstzustände, die
> sich verselbstständigen, rufen hingegen nach ärztlicher bzw. psychotherapeuti-
> scher Behandlung. Das gilt für generalisierte Ängste und Panikstörungen ebenso
> wie für Phobien und Zwangsgedanken oder -handlungen.

Gatekeeping (Abschottung) verhindern

Schwerpunkt: privat + beruflich

Thorben hat → Stress. Der junge Mann ist Key Accounter, arbeitet also im Vertrieb – keine einfache Aufgabe auf dem Höhepunkt der dritten Corona-Welle. Immerhin kann er jetzt einiges mehr als vorher von zuhause aus erledigen. Zudem hatte er sich sehr darauf gefreut, sich intensiver um die kleine Tochter Maya zu kümmern. Tatsächlich hat er aber Schwierigkeiten, zu Maya durchzudringen. Auch wenn er da ist, ruft das Kind im Alltag eher nach Birgit, der Mutter. Die ist schon immer vom heimischen Arbeitszimmer aus tätig und reagiert in solchen Fällen sofort.

Anschließend beschwert sie sich aber bei Thorben, dass er sich um Mayas Anliegen nicht genug kümmere. So nachsichtig sie Maya gegenüber auftritt, so unduldsam reagiert sie auf ihn. Dabei versucht er immer wieder einmal, zu helfen. Und wenn Birgit „Komm, lass mal" sagte, war er anfangs auch durchaus erleichtert, dass er seine Tätigkeit nicht unterbrechen musste. Mittlerweile ist dieser Satz für Thorben allerdings ein rotes Tuch. Mir gegenüber spielt er im Coaching mit dem Gedanken, einfach wieder ins Büro zu verschwinden. Was ich davon halte? Nichts. Thorben muss offensiver werden, nicht defensiver. Statt des zweiten sollte er eher auf den ersten Satzteil hören: „Komm und nicht lass mal".

Szenenwechsel: eine gescheiterte Beziehung. Die Mutter des Kindes zieht mit dem Nachwuchs von Frankfurt nach München. Der Vater kommt – unentschuldbar, aber von erschütternder Häufigkeit – mit den Unterhaltszahlungen in Verzug. Der Großvater versucht, den Kontakt zum Enkel aufrecht zu erhalten, wird aber in Sippenhaft genommen: Er fährt mehrmals mit dem Zug durch die Republik, die Schwiegertochter lässt ihn dann jedoch mit kurzfristig vorgeschobenen Begründungen nicht in die Wohnung. Eine weitere Konstellation handelt von einem Elternteil, das den Nachwuchs „pünktlich um 17 Uhr" abholen soll. Deshalb bleibt die Tür um 16:55 Uhr ebenso verschlossen wie um 17:05 Uhr.

Was Thorben hier ebenso wie dem Großvater und anderen widerfährt, ist eine äußerst unangenehme, nach meiner Wahrnehmung aber durchaus verbreitete Form des Abschottens, das so genannte (Maternal) Gatekeeping. Eine solche „Türwache" steht für das **Bestreben, (einem) anderen einen Zugang zu einem oder etwas Dritten zu verwehren.** Das kann Menschen betreffen, die vor Ihnen abgeschottet werden, aber auch Dinge und schließlich Fähigkeiten und Fertigkeiten. Da lassen Frauen Männer **beispielsweise** nicht an den Herd und erzählen dann beim Stammtisch grinsend von Anrufen wegen der Frage, wie lange der Auflauf im Ofen braucht, obwohl man dafür doch nur nur hinsehen müsse. Männer verstecken sich auch im Jahr 2023 noch hinter PC-Anwendungen, die „frau ja doch nicht kapiert".

Tatsächlich halten Männer Frauen auch im Jahr 2023 noch von technischen Geräten fern. Dabei wollen die Betreffenden vordergründig nur „das Beste" füreinander – es funktioniert ja auch am einfachsten, wenn jeder das tut, was er am besten kann. Auf den zweiten Blick eignen sich Gatekeeper aber eine aus egal welchem → Grund → ärgerliche Machtposition an: Andere werden am Zugang zu Dritten, an Ressourcen und Lernerfahrungen ohne oder gegen deren Willen behindert.

Und während es sich auch ohne Kuchen und PC-Kniff noch gut leben lässt, trifft das auf den erschwerten Umgang oft nicht mehr zu. Jede Familienrechtsanwältin, jeder zuständige Amtsrichter kennt den Fall: Das **gemeinsame elterliche Sorgerecht** ist der gesetzliche Regelfall, und zwar sowohl hinsichtlich der Personen- als auch der Vermögenssorge, geregelt in §§ 1626 ff. des Bürgerlichen Gesetzbuchs,[140] Trotzdem wird in gescheiterten Beziehungen der Umgang mit dem Nachwuchs ohne triftigen Grund unterbunden. Umgangsvereitelung ist ein Fall für das Amtsgericht, aber auch ein gravierendes psychosoziales Problem. In der Praxis straft sie nicht nur den anderen Elternteil ab. Zusätzlich dazu geraten auch die Kinder in eine Art Geiselhaft. Dem Nachwuchs, der zwischen die Fronten gerät, laden Gatekeeper einen unlösbarer Loyalitätskonflikt auf. Dem Kindeswohl, der Förderung der geistigen und seelischen Entwicklung, dient dieses Vorgehen bestimmt nicht.

Aber auch in weniger heiklen Fällen wird das Gegenüber wie ein Pferd im Zaum gehalten – es soll **kontrollierbar** bleiben. Dabei geht es zuweilen auch um den Versuch, ein so gefühltes Ungleichgewicht wieder herzustellen. Der Mann noch immer attraktiv? Dann trifft die → Partnerin ihren Freundinnenkreis lieber mal ohne ihn. Die Frau ist beruflich → erfolgreicher? Dann soll sie nicht auch noch in der Küche die Hosen anhaben. Die Mutter wacht am Krankenbett, weil das Kind die Woche über bei ihr lebt? Dann soll für den Vater nicht auch noch der Freizeitspaß am Wochenende reserviert sein.

---

[140] Abrufbar unter https://www.gesetze-im-internet.de/bgb/__1626.html – abgerufen am 01.07.2023.

Der **Preis** für diese → eifersüchtige Wachsamkeit ist hoch – nicht nur dort, wo es um Kinder geht. Das Gegenüber, mit dem Sie ja immerhin eine wie auch immer geartete → Partnerschaft verbindet, wird leiden. Und sich in → Zukunft weiter von Ihnen und Ihren Belangen entfernen. Aber auch Sie selbst kommen nicht ungeschoren davon: Gatekeeping ist ein enorm → stressiges Unterfangen. Schon jetzt bleiben Dinge an Ihnen hängen, die Sie Kraft, Zeit und Geld (→ Finanzen) kosten. Zudem besteht die nicht ganz unbegründete → Furcht vor weitergehenden negativen Reaktionen des anderen.

Selbst wenn sich wie im praktisch häufigen Ausgangsfall ein Kind lieber von der Mama beruhigen lässt als vom Papa: Dem sollten Sie als Mutter **nicht ohne weiteres nachgeben**. Würde der Nachwuchs sich am liebsten nur noch von Pommes ernähren, würden Sie es ihm oder ihr doch genauso wenig durchgehen lassen. Sind Sie selbst für Gatekeeping-Maßnahmen anfällig, **prüfen Sie bitte sorgfältig**, welche Hintergründe das womöglich hat. Ist Ihr Verhalten wirklich im Sinne der goldenen Regel → gerecht? Worum sollte es Ihnen und anderen zum größten Wohl aller, sich selbst engeschlossen, stattdessen gehen?

Um das herauszufinden, gilt es, → Botschaften zu **entschlüsseln:** Was passiert hier gerade wirklich, wie sieht der → Tatsachenkern aus? Und wie kommt das, was Sie tun, beim anderen an? Will mein Gegenüber mir wirklich etwas wegnehmen, oder interpretiere ich das nur so? Wenn Sie sich tatsächlich über ein von Ihnen so empfundenes Machtgefälle ärgern, ersetzen Sie Gatekeeping lieber durch → Change Management und/oder auf dem Weg dorthin: durch einen sachlich geführten → Streit. Soweit → Eifersucht im Spiel ist, müssen Sie sie womöglich einfach ertragen. Konzentrieren Sie sich lieber auf Ihre eigenen Belange – pflegen Sie Ihre → Selbstständigkeit.

Was den geschilderten Fall des mütterlichen Abschottens oder **Maternal Gatekeepings** betrifft, hilft Ihnen vielleicht auch ein wunderbares altes Gedicht des 1931 verstorbenen Philosophen *Khalil Gibran*. In seinem Flowerpower-Klassiker **Der Prophet** schreibt er: „Eure Kinder sind nicht eure Kinder. Sie sind die Söhne und die Töchter der Sehnsucht des Lebens nach sich selbst. Sie kommen durch euch, aber nicht von euch. Und obwohl sie mit euch sind, gehören sie euch doch nicht. Ihr dürft ihnen eure Liebe geben, aber nicht eure Gedanken. Denn sie haben ihre eigenen Gedanken. Ihr dürft ihren Körpern ein Haus geben, aber nicht ihren Seelen. Ihre Seelen wohnen im Haus von morgen, das ihr nicht besuchen könnt, nicht einmal in euren Träumen".[141]

---

[141] The Prophet ist u. a. erschienen im Reclam-Verlag, Ditzingen 2010. Darin wartet der Prophet Almustafa, nachdem er zwölf Jahre in der Stadt Orphalese verbracht hat, auf sein Schiff Richtung Heimat. Vor der Abreise verkündet er in kurzen, prägnanten und poetischen Sätzen seine philosophischen Lehren über die Liebe, die Ehe, über Kinder, Freundschaft, Freiheit und über den Tod. Die vollständige deutsche Fassung des Kinder-Abschnitts ist nachlesbar unter https://www.zgedichte.de/gedichte/khalil-gibran/eure-kinder.html – abgerufen am 01.07.2023.

Leitsatz

„Komm heißt nicht Lass mal!"
  Von „Komm, lass' mal" sollten Sie möglichst nur den ersten Satzteil hören – und sich von Wächtern, die Sie von anderen Menschen oder Dingen weghalten möchten, möglichst nicht beeindrucken lassen. Bleiben Sie ruhig und sachlich. Lassen Sie sich dabei den Schneid nicht abkaufen.

Genussgifte ausmachen

Schwerpunkt: privat

Come to where the flavour is – kommen Sie dorthin, wo die Welt noch authentisch ist. *Don't be a Maybe* – seien Sie kein Warmduscher: Marlboro und der Marlboro Man gehören zu den bekanntesten Werbefiguren der deutschen Nachkriegsgeschichte. Seit über zwanzig Jahren gibt es die romantischen Raucherclips rund um den Marlboro Man und die strubbelig-lasziven Gauloises-Mädchen nicht einmal mehr im Vorabendkino. Mittlerweile ist auch die Außenwerbung an Haltestellen oder auf Plakatwänden tabu.[142] Trotzdem sind sie Ikonen der Werbewirtschaft geblieben.

Aktuell beziffert das Bundesgesundheitsministerium die Zahl der erwachsenen Menschen, die **rauchen**, auf 23,8 % – das ist fast jeder Vierte. Suchtforscher *Daniel Kotz* spricht gar von einem Raucheranteil von 30 %.[143] 127.000 Menschen sterben deutschlandweit jährlich an den Folgen des Tabakkonsums.[144] Zum Vergleich betrug die medial so präsente Schar der Verkehrstoten im Jahr 2022 rund 2800 – das sind gerade einmal 2,2 % davon![145] Die Hintergründe sind als solche lange bekannt, werden aber gerne verdrängt: Jede angezündete Zigarette setzt Tausende von Chemikalien frei, von denen mindestens 250 als giftig und **krebserregend** gelten.

---

[142] Eingehender https://www.tagesschau.de/wirtschaft/unternehmen/tabaklobby-werbeverbot-101.html – abgerufen am 01.07.2023.

[143] In FAZ Nr. 128 vom 05.06.2023, 7.

[144] Siehe https://www.dnn.de/gesundheit/mit-dem-rauchen-aufhoeren-tipps-und-hilfsangebote-im-ueberblick-ODEPQMIZMZGELFSXWURKQDYYVQ.html – abgerufen am 01.07.2023.

[145] Nach einer Schätzung des Allgemeiner Deutscher Automobil-Clubs e. V. oder ADAC, https://www.adac.de/news/bilanz-verkehrstote/#:~:text=Mehr%20Verkehrstote%202022%3A%20Pandemie%2DEffekt,Statistik%20(1950)%20erreicht%20worden – abgerufen am 15.12.2022.

Rauchen geht auf die Lunge ebenso wie auf die Knochen, es beeinträchtigt die Venenfunktion genauso wie die Fruchtbarkeit[146] – von den → finanziellen Folgen einmal ganz abgesehen. Und nur weil Langzeitraucher *Helmut Schmidt* fast hundert Jahre alt geworden ist, muss das für Sie nicht ebenso gelten. „Eine Zigarette – zehn Minuten Lebenszeit" hieß das in früheren Jahrzehnten.[147] Auch der → Schönheit tut das Rauchen einigen Abbruch: Es geht auf die Haut. Tabakkonsum beeinträchtigt die Versorgung dieses riesigen Sinnesorgans mit Sauerstoff und Nährstoffen und beschleunigt die **Hautalterung** entsprechend schnell. Selbst das Dampfen von E-Zigaretten birgt Gesundheitsrisiken – und scheint sogar zum Tabakrauchen zu verleiten. Dazu konstatierte die FAZ, dass der Anteil der Raucherinnen und E-Zigaretten-Nutzer unter Jugendlichen und jungen Erwachsenen 2022 wieder stark gestiegen ist.[148]

Hingegen funkeln uns beim Thema **Alkoholkonsum** Wein & Co noch immer als Kulturgut im Glase entgegen. Was die Promillefrage betrifft, geistern seit vielen Jahren Studien herum, die von den positiven Effekten mäßigen Alkoholkonsums für die Herzgesundheit künden. Danach soll ein abendliches Gläschen nachweislich das Risiko für Herz-Kreislauf-Erkrankungen senken. Um es ganz deutlich zu sagen: Unter dem Strich ist diese Behauptung schlicht falsch. *Von Unschuld keine Rede*, titelte dazu die FAZ im November 2022.[149] Fachleute schätzen, dass rund drei von hundert Menschen in Deutschland alkoholerkrankt sind – mit häufig chronischem Verlauf.[150]

Aber auch für alle anderen gilt: Alkohol mag die Stimmung heben. Längerfristig ist er aber in jeder Beziehung ein Lösungsmittel: Er löst Beziehungen, privat wie beruflich. Er geht auf die → Finanzen. Und vor allem ist er in jeder Dosis ein **Zellgift**. Eine medizinisch unbedenkliche Menge gibt es nicht, Punkt. Neben entsprechenden Warnungen der Gesundheitsorganisation WHO ist dazu auch der Alkoholatlas des Deutschen Krebsforschungszentrum DKFZ wirklich aufschlussreich.[151]

Zu den über 200 Erkrankungen, an deren Entstehung Alkohol beteiligt ist, zählen neben den allseits bekannten Leberschäden sowie Schädigungen von Hirn und Nervensystem unter anderem Typ 2-Diabetes, Magen- und Bauchspeicheldrüsenentzündungen. Trotzdem geben die deutschen Haushalte

---

[146] Mehr dazu unter https://www.rauch-frei.info – abgerufen am 01.07.2023.

[147] Siehe zum Ganzen eingehend die TAZ: https://taz.de/!749192/ – abgerufen am 01.07.2023.

[148] FAZ Nr. 97 vom 26.04.2023, N1 – abgerufen am 01.07.2023.

[149] FAZ Nr. 265 v. 14.11.2022, B1 – abgerufen am 01.07.2023.

[150] *Klaus Lieb/Bernd Heßlinger/Nadine Dreimüller/Gitta Jacob*, 50 Fälle Psychiatrie und Psychotherapie – Typische Fallgeschichten aus der Praxis, Urban & Fischer, 6. Aufl. München 2020 (Fall 2).

[151] Siehe hierzu aktuell https://www.dkfz.de/de/nationale-krebspraeventionswoche/alkoholatlas-2022. html – abgerufen am 01.07.2023.

rund jeden zwölften Euro (8,5 %) ihres Nahrungs- und Genussmittelbudgets für alkoholische Getränke aus … mit Folgekosten im oberen zweistelligen Milliardenbereich für unser Gesundheitswesen, von alkoholbedingter Fremdschädigung durch Gewaltakte einmal ganz abgesehen. Dem österreichische Psychoanalytiker *Otto Fenichel* wird das Bonmot zugeschrieben, **das Über-Ich sei im Alkohol löslich.** Das scheint ein zentraler Faktor zu sein – anstrengende gesellschaftliche Anforderungen verschwimmen.

Ein verbreiteter Schädigungsfaktor ist daneben der noch immer hohe deutsche **Fleischkonsum.** Die ethischen und Umweltschäden, die er anrichtet, sind allenthalben bekannt:[152] Nutztiere sind zum einen Lebewesen mit Gefühlen wie wir auch. Zum anderen benötigen sie ebenso wie wir Ressourcen, etwa Wasser, außerdem Futteranbau- und Weideflächen. Deren Schaffung geht mit einer Zerstörung natürlicher Lebensräume einher – nicht nur in tropischen Regenwäldern. Schließlich emittieren sie Treibhausgase, unter anderem Kohlendioxid und Methan.

Aber auch wir selbst schaden uns: Hoher Fleischkonsum wird mit einem steigendem Herzinfarktrisiko in Verbindung gebracht. Fleisch scheint Blutdruck und Cholesterinspiegel in die Höhe zu treiben, bis hin zu Diabetes 2 und einem erhöhten Darmkrebsrisiko.[153] Stark verarbeitete Fleisch- und Wurstwaren wie Salami, Leberwurst, Speck oder geräuchertes Fleisch wirken entzündungsfördernd. Sie enthalten nicht nur viele schädliche Omega-6-Fettsäuren, sondern werden zudem oft mit Nitritpökelsalz angereichert, um ihre Haltbarkeit zu erhöhen. Besonders die in Schweinefleisch enthaltene Arachidonsäure begünstigt Entzündungen.[154]

Selbst wenn die Älteren unter uns noch mit dem 1967er-Slogan aufgewachsen sind, nach dem *Fleisch ein Stück Lebenskraft* ist – es ist fremde Kraft, die man sich einverleibt. Wenn man es schon tut, sollte man im eigenen Interesse damit maßhalten. Die Deutsche Gesellschaft für Ernährung DGE empfiehlt nicht mehr als 300 bis 600 g Fleisch pro Woche. Tatsächlich konsumieren wir mehr als doppelt so viel.[155]

---

[152] Siehe https://www.umwelt-im-unterricht.de/hintergrund/fleischkonsum-umwelt-und-klima – abgerufen am 01.07.2023.

[153] https://www.medisana.de/healthblog/fleischkonsum/#:~:text=Viele%20Studien%20deuten%20darauf%20hin,h%C3%A4ufigem%20Fleischkonsum%20in%20Verbindung%20gebracht – abgerufen am 01.07.2023.

[154] https://www.geo.de/wissen/ernaehrung/entzuendungsfoerdernde-lebensmittel%2D%2Ddas-soll-ten-sie-meiden-31630226.html#:~:text=Zu%20viel%20Fleisch,um%20die%20Haltbarkeit%20zu%20erh%C3%B6hen – abgerufen am 01.07.2023.

[155] https://www.wwf.de/aktiv-werden/tipps-fuer-den-alltag/vernuenftig-einkaufen/fleisch-ein-kauf#:~:text=Die%20Deutsche%20Gesellschaft%20f%C3%BCr%20Ern%C3%A4hrung,der%20heute%20durchschnittlich%20konsumierten%20Menge. Weitere Hinweise finden Sie unter https://www.dge.de/ – jeweils abgerufen am 01.07.2023.

Zusätzlich sollte man auch mit **Zucker und Weißmehl** nicht nur aus Kaloriengründen haushalten: Die Deutsche Gesellschaft für Ernährung (DGE) rät zu einem maximalen Zuckerkonsum von weniger als zehn Prozent der gesamten Nahrungsmittelaufnahme. Bei einer Gesamtzufuhr von 2000 Tageskalorien (oder ernährungsphysiologisch korrekt: 4,187mal so viel Kilojoule) sollte eine erwachsene Person im Schnitt nicht mehr als 50 g Zucker zu sich nehmen. Viele Fertigprodukte und Getränke sabotieren dieses Ideal mit verstecktem und raffiniertem Zucker. Der Grund ist leicht zu verstehen: Zucker ist eine vergleichsweise preiswerte Zutat, die angenehm für den Gaumen ist.

Der Preis sind Blutzuckerspitzen im Körper, die neben allem anderen auch die Talgbildung in der Haut begünstigen, was Bakterien einen idealen Nährboden bietet. Weißmehl in Baguettes, Kartoffeln und Nudeln wiederum ist eine Art wohlschmeckender Unterlassungssünde: Bei seiner Verarbeitung werden bis auf den Mehlkörper zahlreiche nützliche Inhaltsstoffe entfernt.[156] Heraus kommt ein Kohlenhydrat-Konzentrat, das der Körper einmal mehr zu Zucker verarbeitet.

Besser als ihr Name suggeriert, ist **hingegen eine ballaststofffreie Ernährung**: Ballaststoffe binden das bis zu Hundertfache ihres Gewichts an Wasser an sich. Das dehnt den Magen, in dem die Nahrung dann länger verbleibt. Auf diese Weise stellt sich ein Sättigungsgefühl ein, das ein Zuviel an weiterer Nahrungsaufnahme verhindert. Viele Ballaststoffe stecken nachweislich im Gemüse, auch in eher süßem Gemüse wie Möhren und Kartoffeln. Aber auch Obst wie Äpfel, Beeren und Birnen sind in täglichen Maßen zu empfehlen (Achtung, Fruchtzucker). Ballaststoffreich sind im Übrigen Nüsse und Samen sowie Hülsenfrüchte wie Bohnen und Linsen, außerdem Vollkornprodukte wie -brot oder -nudeln.[157] Die Mehrzahl der Menschen sollte nach Ansicht von Ernährungsphysiologen mehr Ballaststoffe zu sich nehmen, als sie das gegenwärtig tut.

Sind Genussgifte und falsche Ernährung schon für sich genommen → gesundheitsschädlich, ist ihre **Kombination fatal**. Auch wenn selbstschädigendes Verhalten nicht verboten ist: Sie müssen ja nicht alles Erlaubte auch tun. Es geht um Ihre körperlichen Ressourcen. Schonen Sie sie nach Möglichkeit, um sich und ihre Umwelt vor bitteren Folgen zu bewahren.

---

[156] Anschaulich hierzu https://www.geo.de/wissen/ernaehrung/entzuendungsfoerdernde-lebensmittel%2D%2Ddas-sollten-sie-meiden-31630226.html#:~:text=Zu%20viel%20Fleisch,um%20die%20Haltbarkeit%20zu%20erh%C3%B6hen – abgerufen am 01.07.2023.

[157] Siehe https://utopia.de/ratgeber/ballaststoffe-lebensmittel-die-besonders-viel-enthalten/ – abgerufen am 01.07.2023.

Leitsatz

„Genussgifte sind verlockend süß, aber mit bitteren Folgen!"
Mit Rauchen, Alkohol- und übermäßigem Fleischkonsum schädigen Sie sich
ebenso selbst wie mit zu zuckerhaltiger Ernährung. Halten Sie um Ihrer selbst
willen Maß.

Gerechtigkeit herstellen

Schwerpunkt: privat + beruflich

Azdak ist ein einfacher Dorfschreiber und Armeleuterichter, als ihm ein komplizierter Fall vorgetragen wird. Zwei Frauen streiten sich um die Mutterschaft
für ein Kind. Der Richter ordnet ein Experiment an: Er lässt das Kind in
einen Kreis stellen und verlangt von den Kontrahentinnen, es aus dem Kreis
zu reißen. Als eine der beiden Frauen loslässt, identifiziert er sie als die wahre
Mutter: Sie würde ihrem Nachwuchs auf keinen Fall wehtun wollen. *Bertolt
Brecht* war es, der diese Wanderlegende mit einem gen Kriegsende geschriebenen Theaterstück berühmt gemacht hat – *Der kaukasische Kreidekreis.*[158] Ihre
Wurzeln reichen zurück bis ins Alte Testament, eine vergleichbare Geschichte
findet sich schon im Buch der Könige.[159]

Salomonische Gerechtigkeit beschäftigt die Menschheit seit Jahrtausenden,
sie ist ein Idealzustand. Allerdings ist die Sache nicht immer so einfach wie
dann, wenn eine der Streitparteien mit Gewalt zu versuchen bekommt, was
ihr nicht zusteht. Was tun, wenn mehrere Parteien gute Argumente für etwas
vorbringen, das so nicht jedem zugesprochen werden kann? „Wählen Sie die
1 – blitzschnelle Gerechtigkeit für Sie!"? Das klappt nur bei *Bob Odenkirks*
Fernsehanwalt „t's all good, man"-Saul Goodman aus *Better Call Saul*, dem
Spin Off des Megaerfolgs *Breaking Bad* um den zum Drogenbaron mutierten
krebskranken Chemielehrer Walter White. Und nicht einmal der selbst
ernannte Good man kann sein Versprechen halten und entwickelt sich immer
weiter vom Paulus zum Saulus zurück.[160]

---

[158] Unter anderem ist Der kaukasische Kreidekreis erhältlich bei Suhrkamp, Frankfurt 2003.

[159] Unter 1 Kön 3,16–28.

[160] Der Trailer zu der einschlägigen fünften Staffel ist abrufbar unter https://www.youtube.com/
watch?v=g1wIG4TLPFw – abgerufen am 01.07.2023.

Was also ist wirklich gerechtes Verhalten? Einen grundlegenden Ansatz liefert die so genannte Regula aurea oder **Goldene Regel**. In den großen Weltreligionen findet sich diese Maxime ebenso wie beispielsweise im *Kant*'schen kategorischen Imperativ von 1785. Danach sollte man die eigenen Bedürfnisse und Interessen, → Ziele und → Handlungen von außen betrachten und andere nach den gleichen Maßstäben bewerten wie sich selbst. So heißt es schon im Neuen Testament *bei Matthäus 7,12*, und fast wortgleich bei *Lukas 6,31*: „Alles, was ihr also von anderen erwartet, das tut auch ihnen!". Nach *Immanuel Kant*s berühmtem **kategorischen Imperativ** handelt man am besten „nur nach derjenigen Maxime, durch die du zugleich wollen kannst, dass sie ein allgemeines Gesetz werde".[161]

Bei näherem Hinsehen bestehen zum Gerechtigkeitsbegriff allerdings mindestens zwei **unterschiedliche Grundkonzepte**. Da gibt es zum einen die auf die griechische Antike zurückgehende Version der *Politeia Platons*. Danach besteht Gerechtigkeit, wenn man *das Seine tut*. *Suum cuique*, auch auszulegen im Sinne von „Jedem nach seinem Verdienst". Als Bonmot ist das seit der gleichnamigen Inschrift am Tor des KZ Buchenwald so nicht mehr zitierfähig – im Nationalsozialismus wurde der Wortlaut auf zynischste Weise missbraucht. Ein Leitbild liberal-konservativen Politikverständnisses ist die dahinterliegende Idee der Leistungsgerechtigkeit dennoch geblieben.

Ihren linksgerichteten Spiegel findet diese → Weltanschauung im *Idem in omnibus*, Jedem das Gleiche. Gerechtigkeit herstellen heißt an diesem Ende des Spektrums dass man dort, wo Ungleichheit besteht, umverteilen muss. Damit wird Verteilungsgerechtigkeit hergestellt.

Allerdings haben beide Maximen, sowohl **Leistungs- als auch Verteilungsgerechtigkeit, im Alltag ihre Tücken**. So muten neoliberale Modelle häufig so an, als wollte man einem Affen, einem Vogel und einem Pferd gleichermaßen die Aufgabe stellen, auf einen Baum zu klettern. Chancengleichheit, auf die unsere Erwerbsgesellschaft schon um qualifizierter Arbeitskräfte willen nicht verzichten kann, sieht anders aus. Andererseits ist das Erwirtschaften von Wohlstand kein Nullsummenspiel. Wenn die Anreize zum Geldverdienen sinken, nimmt er ab. Viele Menschen legen sich eben nicht intrinsisch motiviert krumm, um im Großen eine bessere Gesellschaft zu schaffen – auch wenn ihnen auf Fabrikmauern und Bannern noch so viele Parolen entgegenleuchten. Stattdessen wollen Sie sich und/oder gerade

---

[161] Grundlegung zur Metaphysik der Sitten, Akademieausgabe S. 421 (BA S. 52, Weischedel-Ausgabe S. 51, Meiner Philosophische Bibliothek Bd. 519, S. 45), zitiert nach http://www.ethikseite.de/prinzipien/zkatimp.html – abgerufen am 01.07.2023.

solchen Menschen, die ihnen nahestehen, ein besseres Leben verschaffen. Wo das aussichtslos erscheint, setzt sich die Mehrheit lieber in den Schrebergarten.

Allen kann man es vor diesem Hintergrund nie recht machen – das käme einer Quadratur des Kreises gleich. „Allen Menschen recht getan, ist eine Kunst, die niemand kann", lautet vor diesem Hintergrund ein altes deutsches Sprichwort.[162] Die Wahrheit scheint hier wie so oft zwischen den Polen zu liegen – aber wie lässt sich das konkretisieren?

Als Diskussionsgrundlage dafür, wie gleich oder ungleich Einkommen, Konsum und Lebensbedingungen verteilt sind, gibt es seit vielen Jahren den schon zum → Freundschaftsthema zitierten Gini-Index. Er liefert eine Maßzahl zwischen 0 und 1 zur Beschreibung der Ungleichheit einer Verteilung. Je ungleicher die Verteilung ist, desto näher liegt der Wert bei 1.[163] Weltweit betrachtet ist beispielsweise der Gini-Index in Südafrika mehr als doppelt so hoch wie bei uns. Innerhalb Deutschlands schwanken Faktoren wie die Einkommensgleichheit auf der Zeitachse. In Prozenten ausgedrückt, gab es im Januar 2022 einen **Ungleichheits-Sprung** von knapp 30 (29,7) in 2019 auf fast 35 (34,4) Punkte in 2020. Das ist eine Steigerung um über 15 %.[164]

Konsequenzen aus diesem Umstand zu ziehen, ist zu allererst eine **politische Aufgabe**. Das deutsche Volk ist im Bundestag, über seine Landesregierungen zudem im Bundesrat vertreten. Hier gilt es für rechts- wie linksgerichtete Parteien, konstruktiv zu → streiten. Tatsächlich wird aber immer wieder die so genannte dritte Gewalt bemüht, die **Judikative** oder Rechtsprechung. Die ist eigentlich als letzter Ausweg dort gedacht, wo nichts mehr friedlich verhandelt, nicht mehr anwaltlich gestaltet werden kann. Tatsächlich kommt ihr aber im Lande enorme praktische Bedeutung zu: Mitte 2020 gab es in Deutschland allein 638 Amtsgerichte, 115 Landgerichte, 108 Arbeitsgerichte, 68 Sozialgerichte und 51 Verwaltungsgerichte, um nur die gängigsten Zweige zu bemühen.[165]

Dabei haben 2021 allein die Amtsgerichte neben allem anderen fast 125.000 Verkehrsunfallsachen erledigt und deutlich über 100.000 Kaufstreitigkeiten vom Tisch geräumt. Hinzu kamen fast 60.000

---

[162] Zitiert nach https://www.aphorismen.de/zitat/9401 – abgerufen am 01.07.2023.

[163] Vgl. hierzu https://www.destatis.de/DE/Themen/Gesellschaft-Umwelt/Einkommen-Konsum-Lebens-bedingungen/Glossar/gini-koeffizient.html#:~:text=Der%20Gini%2DKoeffizient%20ist%20eine,Gini%2DKoeffizient%20den%20Wert%200 – abgerufen am 01.07.2023. Namensgeber ist der Entwickler dieses statistischen Maßes, der Italiener Corrado Gini.

[164] Die Statistik ist abrufbar unter https://de.statista.com/statistik/daten/studie/1184266/umfrage/ein-kommensungleichheit-in-deutschland-nach-dem-gini-index/ – abgerufen am 01.07.2023.

[165] Näheres dazu finden Sie unter https://de.statista.com/statistik/daten/studie/37313/umfrage/anzahl-der-gerichte-in-deutschland-nach-gerichtsart/ – abgerufen am 01.07.2023.

Reisevertragssachen – von den ca. 175.000 Wohnungsmietsachen und dem gesamten Rest ganz zu schweigen. Fast 800.000 Fälle hatten Amtsrichterinnen und -richter auf dem Tisch, eine riesige Summe Materials, die es nicht immer erlaubt, im Einzelfall ein großes Fass aufzumachen. An den Eingangsgerichten der ordentlichen Gerichtsbarkeit ist ein **Rückgang von Streitigkeiten nicht abzusehen.**[166]

Für den **einzelnen Rechtssuchenden** ist es daher zuweilen so unsicher wie auf Hoher See, ob er seine Vorstellung von Gerechtigkeit durchsetzen kann. Das gilt umso mehr, als die **Rechtsordnung Dienerin zweier Herren** ist. Dass sie Recht im Einzelfall herstellen soll, ist nur die halbe Miete. Um nicht in eine völlig undurchschaubare, willfährige und/oder korrupte Kadi-Justiz zu verfallen, gibt es einen zweiten Pol: die Rechtssicherheit. Dabei können Einzelfallgerechtigkeit und Rechtssicherheit einander zuweilen diametral entgegenstehen.

Beispielsweise kann jemand Ihnen Geld schulden, das aber schon ziemlich lange. In solchen Fällen sieht das Bürgerliche Gesetzbuch in §§ 194 ff. BGB[167] sogenannte Verjährungsfristen vor – nach deren Ablauf Sie den Betrag von Rechts wegen nicht wiedersehen. Oder Sie haben etwas gekauft, das der Verkäufer hinterher noch ein zweites Mal verkauft und dem ahnungslosen Neukäufer auch gleich in die Hand gedrückt hat. Dann wird der Neukäufer Eigentümer, nicht Sie. Er hat die Sache nach § 932 BGB in gutem Glauben erworben, jetzt verhindert der Schutz des Rechtsverkehrs eine Rückabwicklung der Transaktion. Sie haben das Nachsehen und können sich nach dem Motto *Dulde und Liquidiere* nur Ihr Geld zurückholen.

Im Familienrecht gelten sodann außerehelich gezeugte Kinder erst einmal als ehelich. Im Vertragsrecht stuft man von Ihnen verkaufte Sachen, die innerhalb eines halben Jahres kaputt gehen, als von Anfang an schadhaft ein. Immerhin: In diesen Fällen können Sie können korrigierend eingreifen und das Gegenteil beweisen, um Ihr Blatt zu wenden. Bei so genannten unwiderleglichen Vermutungen dürfen Sie das nicht – beispielsweise, wenn Sie an das schon beim Thema → Eifersucht erwähnte Zerrüttungsprinzip geraten: Wenn ihr Ehegatte von Ihnen drei Jahre lang getrennt gelebt hat, wird das Scheitern Ihrer Ehe unwiderleglich vermutet.

---

[166] Anders ist das an mehreren – obersten – Bundesgerichten. Zudem scheint im Arbeitsrecht die Zahl der Klagen zu sinken. Siehe zum Ganzen unter Berufung auf die entsprechenden Geschäftsberichte FAZ Nr. 74 v. 28.03.2023, 15.

[167] Diese und die nachfolgend genannten Normen finden Sie unter https://www.gesetze-im-internet.de/bgb/ – abgerufen am 01.07.2023.

Ein großes Thema wurde das Thema Rechtssicherheit vs. Gerechtigkeit im Übrigen nach dem Ende des **Drittes Reichs**. Wie *Manfred Görtemaker und Christoph Safferling* in *Die Akte Rosenburg* zum Thema → Vergangenheitsbewältigung eindrücklich belegt haben,[168] war das Bundesjustizministerium noch lange nach dem Krieg zum großen Teil mit vorbelasteten NS-Juristen besetzt. Das hatte erheblichen Einfluss auf die Rechtspraxis, nicht nur mit Blick auf die Strafverfolgung nationalsozialistischer Täter. Das Land Baden-Württemberg leistete sich gar von 1966 bis 1978 einen Ministerpräsidenten, der als Richter noch am Ende des Krieges Deserteure zum Tode verurteilt hatte, was das Zeug hielt. Was damals rechtens war, könne heute nicht Unrecht sein, rechtfertigte sich *Carl Filbinger*. Erst dem Dramatiker *Rolf Hochhuth* gelang es, diesen *furchtbaren Juristen* auszubremsen.

Mit Entsetzen erfüllte die Nachlässigkeit gegenüber den vormaligen Tätern zudem den Weimarer Justizminister und Hochschullehrer *Gustav Radbruch*. Als so genannter Positivist hatte *Radbruch* ursprünglich die These vertreten, dass moralische (Gerechtigkeits-)Erwägungen in Position gesetztes Recht niemals korrigieren dürften. Einen höherrangigen naturrechtlichen Maßstab lehnte er ab. Nach dem Krieg änderte *Radbruch* dann aber seine Haltung.

Seine noch heute einflussreiche **Radbruch'sche Formel** besagt: „Der Konflikt zwischen der Gerechtigkeit und der Rechtssicherheit dürfte dahin zu lösen sein, dass das positive, durch Satzung und Macht gesicherte Recht auch dann den Vorrang hat, wenn es inhaltlich ungerecht und unzweckmäßig ist, es sei denn, dass der Widerspruch des positiven Gesetzes zur Gerechtigkeit ein so unerträgliches Maß erreicht, dass das Gesetz als unrichtiges Recht der Gerechtigkeit zu weichen hat". Wo Gleichheit an menschlicher Würde nicht einmal angestrebt werde, könne man nicht mehr von Recht und Gerechtigkeit sprechen.[169] Verkürzt gesagt, ist danach extremes Unrecht kein Recht.

Unter dem Strich dürfen Sie sich daher auf der Suche nach Gerechtigkeit auch auf das Recht nicht zu sehr verlassen. Das Recht ist ein sehr wirkungsvolles Instrument, schützt Sie vor Ungerechtigkeit aber nur in Maßen.

---

[168] *Manfred Görtemaker/Christoph Safferling*, Die Akte Rosenburg – Das Bundesministerium der Justiz und die NS-Zeit, Verlag C.H. Beck, München 2016.

[169] Siehe zum Ganzen *Alexy Lennart/Andreas Fisahn/Susanne Hähnchen/Tobias Mushoff/Uwe Trepte*. Das Rechtslexikon. Begriffe, Grundlagen, Zusammenhänge. Verlag J.H.W. Dietz Nachf., Bonn 2019, zitiert nach https://www.bpb.de/kurz-knapp/lexika/recht-a-z/323884/radbruchformel/ – abgerufen am 01.07.2023.

Leitsatz

„Allen Menschen recht getan, ist eine Kunst, die niemand kann!".
    Jedem das Seine bedeutet nicht allen das Gleiche – und umgekehrt. Zwischen
diesen beiden Polen kann Gerechtigkeit kann alles Mögliche heißen. Im Streitfall
unterstützt Sie die Rechtsordnung, tut das aber nur bis zu einem gewissen Punkt.

Gesundheit bewahren

Schwerpunkt: privat

Friedrich ist gelernter Militärarzt. Aber auch privat werden für den temperamentvollen Rotschopf Gesundheitsfragen zum Lebensthema. Mit gerade einmal 24 Jahren streckt ihn die Malaria nieder, ein paar Jahre später holt er sich eine schwere Lungenentzündung. Eine eitrige Rippenfellentzündung macht ihn chronisch krank. Gleichzeitig hat er eine große Familie zu ernähren und ist finanziell nicht auf Rosen gebettet. Er kuriert sich nicht aus und arbeitet weiter. Als er mit nicht einmal 50 Jahren stirbt, wundert sich sein Arzt *Dr. Wilhelm Huschke*, „wie der arme Mann so lange hat leben können".[170] „Sorgt für eure Gesundheit, ohne diese kann man nie gut seyn"[171] – während einer seiner lebensgefährlichen Erkrankungen 1791 hat *Friedrich Schiller* das selbst gesagt, ohne sich daran zu halten. Nicht auszudenken, welche Werke uns durch seinen frühen Tod 1805 entgangen sind.

Seitdem ist viel passiert: 1883 hat der Reichstag des zwölf Jahre vorher gegründeten Deutschen Kaiserreichs auf *Otto von Bismarcks* Betreiben hin ein Gesetz über die **Krankenversicherung** für Arbeiter verabschiedet, und seit 2009 muss grundsätzlich jeder, der in Deutschland wohnt, eine Krankenversicherung haben.[172] Für das heutige Bildungsbürgertum ist Gesundheit fast schon so etwas wie eine **Ersatzreligion** geworden – ähnlich wie Ernährung und Bewegung. Noch vor rund 100 Jahren war dagegen selbst für eine tüchtige norddeutsche Müllersfamilie „das Alltagsessen (…)

---

[170] Zitiert nach https://www.br.de/radio/bayern2/sendungen/radiowissen/deutsch-und-literatur/friedrich-schiller-thema100.html#:~:text=Schillers%20Leben%20war%20von%20Krankheit,ihm%20mehr%20geschadet%20als%20gen%C3%BCtzt – abgerufen am 01.07.2023.

[171] Nach https://beruhmte-zitate.de/zitate/2010576-friedrich-schiller-sorgt-fur-eure-gesundheit-ohne-diese-kann-man-nie/ – abgerufen am 01.07.2023.

[172] Grundlage dessen ist § 193 des Gesetzes über den Versicherungsvertrag oder Versicherungsvertragsgesetz (VVG), nachzulesen unter https://www.gesetze-im-internet.de/vvg_2008/__193.html – abgerufen am 01.07.2023.

Bohnensuppe mit einem Stück Speck, Puhlbohnensuppe und Feldbohnensuppe gab's noch und die Pferdebohnensuppe. Sonnabends gab's Graupensuppe, mittwochs meistens was Besseres – ein Stück Fleisch, Kartoffeln und Soße oder dicken Reis. Im Frühjahr gab's Kohlrabi und den Gemüsekram".[173]

Hier und heute manifestiert sich die Überzeugung, um von → Krankheiten verschont zu bleiben, müsse man nicht nur sattwerden, sondern das Richtige essen und → Genussgifte meiden. Nicht rauchen, Sport treiben, genügend Obst und Gemüse zu sich nehmen, wenig Alkohol trinken, optimistisch sein, in einem wohlhabenden Land zu Hause sein – das gilt als „Das Geheimnis eines langen Lebens".[174] So verheißungsvoll das klingt, so wichtig ein achtsamer Umgang mit der eigenen körperlichen Verfassung ist – **in dieser Allgemeinheit ist die Gleichung „Gesund leben = Gesund bleiben" ein Mythos**.

War diese Kombination seinerzeit noch aus der Not geboren, greift heute rund jeder Elfte freiwillig auf vegetarische oder vegane Alternativen zurück. Hingegen isst jeder Vierte täglich Fleisch bzw. Wurst. Milchprodukte – wie beispielsweise Käse – stehen bei rund sechs von zehn Deutschen täglich auf dem Speiseplan. Die tägliche Obst-Ration wird von 63 % der Männer und 81 % der Frauen konsumiert. Auf den alltäglichen Genuss von Süßem und Knabbereien verzichten dagegen angeblich über sieben von zehn Menschen. Vollmilchschokolade, Vanilleeis und Kartoffelchips, der Deutschen „liebste Sünden", lässt die Mehrheit links liegen.[175]

Da ist zum einen die Sache mit der → **Zeit- und Ressourcenverschwendung**. Just in der soeben zitierten FAZ-Wirtschaftskolumne wird anderen Datums darauf hingewiesen „Wie wir unsere Lebenszeit (…) verschwenden".[176] Nicht nur Putzen und Arztbesuche gelten einer Mehrheit der Befragten als die Zeitfresser schlechthin, auch Einkaufen und Kochen von Lebensmitteln stehen weit oben auf der Liste. Von denen dann wiederum jährlich rund 11 Mio. Tonnen weggeworfen werden, und zwar zum überwiegenden Teil (59 %) in Privathaushalten.[177] Wer weder selbst kochen noch übermäßige Vorräte anhäufen will, dem bleibt keineswegs nur der Griff zu Tiefkühlpizza und Burger. Viele Restaurants unterhalten Take-Aways, Lieferdienste versorgen Haushalte mit Menü- ebenso wie mit Zutatenboxen zum Kochen. In

---

[173] So der seinerzeitige Eigentümer der in der Wesermarsch liegenden Moorseer Mühle, *Heinrich Reinken*, im dortigen Museum.

[174] So wörtlich die FAZ Nr. 61 vom 13.03.2023, 22.

[175] FAZ Nr. 98 vom 27.04.2023, 10.

[176] FAZ Nr. 49 vom 27.02.2023, 22.

[177] Siehe dazu anlässlich der anhaltenden Debatte über die Strafbarkeit des Containerns die Anmerkungen in Neue Justiz, Baden Baden 2023, 205. **Containern** bezeichnet das Retten noch verwertbarer Lebensmittel aus dem Abfall.

Deutschlands Kantinen werden neben einer vegetarischen Pestopfanne noch immer am liebsten Spaghetti Bolognese und Currywurst genommen – das muss nicht sein.[178]

Zum anderen sind auch biologische Umstände in Betracht zu ziehen. So haben britische Forscherinnen und Forscher für das Auftreten altersbedingter Erkrankungen bei Männern unlängst einen **Biomarker** entdeckt, INSL3. Dieses insulinähnliche Peptidhormon macht bei niedriger Konzentration schon in → jungen Jahren anfälliger für Beeinträchtigungen.[179] Auch verschiedene Krebsarten können weitgehend erblich bedingt sein. Das gilt für zahlreiche Formen von Brust-, Eierstock- und Prostatakrebs ebenso wie für Dickdarm- oder Enddarmkrebs bis hin zum schwarzen Hautkrebs. Vergleichbare Erfahrungen bestehen für neurologische ebenso wie für psychiatrisch bedeutsame Leiden, beispielsweise für Migräne und Depressionen. Ein risikoarmer Lebensstil hilft, ist aber für die Frage mangelnder Gesundheit nicht Ausschlag gebend.

Dabei ist **Gesundheit kein eindeutig definierter Zustand.** Sie wird individuell *und sozial* produziert, konstruiert und organisiert, wie die Bundeszentrale für gesundheitliche Aufklärung feststellt.Sie macht sich das Konzept des sozial verhandelten Konstrukts zueigen, das vom jeweiligen kulturellen, gesellschaftspolitischen und ökologischen Kontext beeinflusst wird und sich dabei beständig erneuert. Als Funktionsaussage stehe Gesundheit für Leistungs- und Arbeitsfähigkeit in körperlicher und sozialer Hinsicht bzw. als → Rollenerfüllung, zudem unter anderem für ein körperlich- seelisches Gleichgewicht.[180]

Gleichzeitig ist die **Vorstellung, dass man seine Gesundheit weitgehend selbst in der Hand hat, unter psychosozialen Gesichtspunkten nicht ungefährlich.** Einerseits vergrößert diese Haltung natürlich das angenehme Gefühl, alles im Griff zu haben. Andererseits erhöht sie dann, wenn es schiefgeht, die Gefahr von → Schuldzuweisungen. Mitschuld-Theorien sind → Mindfucks, wie sie einem Betroffenen kein deutsches Strafgericht zumuten würde; entsprechendes so genanntes **Victim Blaming** gehört vor allem ins Reich US-amerikanischer Spielfilme. Warum also sollten Sie es sich selbst zumuten, auf Ihre Erkrankung eine Schuldzuweisung zu packen … oder auch packen zu lassen?

Die Realität sieht anders aus. Da leiden **beispielsweise** Diabetiker nicht nur unter der komplizierteren Alltagsorganisation, sondern verspüren

---

[178] FAZ Nr. 119 vom 24.05.2023, 19.
[179] Siehe hierzu FR Nr. 272 vom 22.22.2022, 9.
[180] https://leitbegriffe.bzga.de/alphabetisches-verzeichnis/gesundheit/ – abgerufen am 01.07.2023.

geradezu moralischen → Druck zur Mäßigung bei Essgenüssen.[181] Übergewicht wird nach einem Body-Mass-Index, kurz: **BMI** aus dem 19. Jahrhundert mit der schlichten Kombination aus Körpergewicht (in Kilogramm) geteilt durch Körpergröße (in Metern) errechnet, mit einer roten Linie bei 25. Alter? Geschlecht? Muskelmasse? – Fehlanzeige.[182] Das ist umso bedenklicher, als auch schon mäßiges Übergewicht ebenso wie zahlreiche → Erkrankungen tendenziell → schambesetzt ist.

Aber auch viele Gesunde haben ein schlechtes Gewissen, wenn sie nicht auf die berühmten 10.000 Schritte am Tag kommen. Im Oktober 2020 war in der ÄrzteZeitung von 20 Mio. Menschen die Rede, die ohne **E-Health-Anwendungen** nicht mehr sein wollen. Das ist fast ein Viertel der deutschen Bevölkerung, Kinder und Hochbetagte noch nicht einmal ausgenommen. Einen → achtsamen Umgang mit dem eigenen Körper auch dann durch Selbstkontrolle von der Wiege bis zur Waage zu ersetzen, wenn man allenfalls vollschlank ist, ist nichts anderes als selbsterzeugter → Stress.

Bei entsprechenden Anwendungen bleibt es auch meistens nicht.

Ein weiteres, gerade im beruflichen Kontext verbreitetes Phänomen stellt die zusätzliche Einnahme **frei zugänglicher Neuro-Enhancer**, auf Deutsch: Hirndoper dar. Um die Hirnleistung zu steigern, wach und leistungsfähig zu sein und zu bleiben, wird ohne die gebotene → Achtsamkeit vor allem zu viel **Zucker** konsumiert. Zucker aktiviert unser hirneigenes Belohnungssystem – es führt zur Ausschüttung des umgangssprachlich als Glückshormon bekannten Neurotransmitters Dopamin. Allerdings gibt es Hinweise darauf, dass Menschen, die viel Zucker zu sich nehmen, im Laufe der Zeit immer mehr Zucker benötigen, um den gleichen Effekt zu erleben. Entsprechend bezeichnet die bundesweit größte gesetzliche Krankenkasse AOK Zucker als „suchtmittelähnlich".[183]

Ein übermäßiger **Zuckerkonsum** steigert das Risiko für Übergewicht und Fettleibigkeit sowie einer Fettleber, kann die Entwicklung von Stoffwechselerkrankungen wie Typ-2-Diabetes fördern, erhöht indirekt das Risiko für die Entstehung verschiedener Krebsarten und fördert die Bildung von Zahnkaries.[184] Entsprechend mit Vorsicht zu genießen sind auch Trauben- und

---

[181] So auch https://www.sueddeutsche.de/wissen/selbstoptimierung-darf-s-ein-bisschen-mehr-sein-1.3340810 – abgerufen am 01.07.2023.

[182] Einen BMI-Rechner, der immerhin das Alter berücksichtigt, finden Sie bei https://www.barmer.de/gesundheit-verstehen/leben/abnehmen-diaet/bmi-rechner-1004244 – abgerufen am 01.07.2023.

[183] https://www.aok.de/pk/magazin/ernaehrung/lebensmittel/gibt-es-eine-zuckersucht/#:~:text=und%20sexuelle%20Erregung.-,Zucker%20aktiviert%20unser%20Belohnungssystem,Dopamin%20im%20Gehirn%20ausgesch%C3%BCttet%20werden – abgerufen am 01.07.2023.

[184] https://gesund.bund.de/zucker#zuckerbedarf-des-koerpers – abgerufen am 01.07.2023.

Fruchtzucker. Zuckeraustauschstoffe wie das Maisprodukt Erythrit wiederum stehen in Verdacht, die Gesundheit auf andere Weise zu gefährden[185] -ganz abgesehen davon, dass sie den Appetit nicht stillen. Süßstoffkonsum führt nämlich nicht zur Freisetzung von Sättigungshormonen.[186]

Ebenso wie **Kaffee und Koffeintabletten** erfreuen sich bei Traditionalisten **Tee** und bei (Berufs)jugendlichen **Energy Drinks** großer Beliebtheit. Sie gelten als harmlose Muntermacher; gerade das Teetrinken umgibt eine → entspannende Aura. Dabei enthält auch echter Tee Koffein – und ist in größeren Mengen mit Vorsicht zu genießen. Wer zu viel Koffein zu sich nimmt, kann Herz-Kreislauf-Probleme, Herzrasen oder Herzrhythmusstörungen bekommen.[187] Eine berühmte Schauergeschichte von *Joseph Sheridan le Fanu* zum Thema *Grüner Tee* aus dem Jahr 1942 schildert das eindrücklich. Dort wird der englische Geistliche Jennings von einem Affendämon verfolgt. Dessen Zudringlichkeit treibt ihn zunehmend in den Wahnsinn. Als Ursache des Wahns erweist sich schließlich der übermäßige Konsum grünen Tees.[188]

Ein besonderes Problem sind ferner **rezeptpflichtige Mittel**, die gerne über das Internet, manchmal auch über Dritte bezogen werden. Besonders gefragt sind beispielsweise die für ADHS-Patienten gedachten Amphetamine, vor allem in Form des Derivats Methylphenidat. Auch Antidepressiva, Antidementiva und Blutdruckmittel werden Berichten zufolge als Leistungsdrogen missbraucht. Die Nebenwirkungen sind vielfältig: Sie reichen von Kopfschmerzen und Schwindelgefühlen über Herzrhythmusstörungen bis hin zu einem erhöhten Schlaganfallrisiko. Stimmungsschwankungen sind die augenfälligsten Anzeichen.

An **harten leistungssteigernden Drogen** wird schließlich neben Kokain in den letzten Jahren zunehmend Methamphetamin, umgangssprachlich: Crystal Meth durch die Nase gezogen oder geraucht. Beide Produkte sind nicht nur juristisch illegal – die medizinischen Folgen sind besonders verheerend.[189] Nichts desto trotz sind beispielsweise in Berlin unzählige Kokstaxis

---

[185] Siehe hierzu https://www.br.de/nachrichten/wissen/erhoehte-gesundheitsgefahr-durch-zuckeraustauschst-off-erythrit,TXAIvay – abgerufen am 01.07.2023.

[186] https://www.ndr.de/ratgeber/gesundheit/Zuckerersatz-Helfen-Xylit-Erythrit-Co-beim-Abnehmen,suessungsmittel102.html#:~:text=Die%20Magenbewegungen%20verlangsamen%20sich.,nach%20dem%20Verzehr%20von%20Zucker – abgerufen am 01.07.2023.

[187] Statt vieler https://www.zentrum-der-gesundheit.de/ernaehrung/lebensmittel/kaffee-uebersicht/kaf-fee-herz – abgerufen am 01.07.2023.

[188] Die Erzählung ist u. a. Bestandteil des Bands Der besessene Baronet und andere Geistergeschichten, Suhrkamp, Frankfurt 1980.

[189] Eine Auflistung findet sich bei https://www.drugcom.de/drogenlexikon/buchstabe-m/methampheta-min/ – abgerufen am 01.07.2023.

unterwegs. Nach einer Abwasseranalyse ist der Kokainkonsum innerhalb von fünf Jahren um 58 % gestiegen, hat sich also mehr als veranderthalbfacht.[190] Mit Blick auf Christal Meth haben Abwasseruntersuchungen ihrerseits eine deutsche Stadt als europäische Spitzenreiterin identifiziert. Interessanterweise liegt sie im Osten Deutschlands und heißt Chemnitz.[191]

Am anderen Ende des Spektrums ist wiederum vor der regelmäßigen Einnahme von **Benzodiazepinen** wie Valium oder Tavor zu warnen. Diese angstlösenden Sedativa führen zu Sinnes- und Bewegungsstörungen und haben ein großes Abhängigkeitspotenzial. Bereits bestehende depressive Erkrankungen können sogar verstärkt werden. Das ist umso problematischer angesichts zuweilen erschreckend laxer Verkaufspraxen im Ausland. Mir selbst wurden in einer italienischen Apotheke auf die Bitte nach *Baldrian*-Tropfen zum Beispiel *Valium*-Tabletten verkauft. In Deutschland sprangen dann die beiden Ärzte der Familie, denen ich das erzählte, im Dreieck.

Aber auch der Konsum des an der Schwelle zur Legalisierung befindlichen **Cannabis** ist „nicht ohne". Cannabis-Konsum wirkt meist entspannend und schmerzlindernd. Entsprechend haben schon seit 2017 Patienten mit schwerwiegenden Erkrankungen unter bestimmten Voraussetzungen Anspruch auf entsprechende Betäubungsmittelrezepte. Sie dienen vor allem der Behandlung von chronischen Schmerzen, von Spastiken und schmerzhaften Muskel- und Blasenkrämpfen im Rahmen von Multipler Sklerose oder MS. Auch Aids- und Krebspatienten kommen in diesen Genuss.[192] Zudem ist Cannabis ein fester Bestandteil der kreativen Pop-Kultur.

Cannabis wirkt allerdings auch appetitsteigernd, was nicht jedermanns Sache ist. Außerdem kann es zu Panikgefühlen, Orientierungslosigkeit, Herzrasen, Übelkeit oder Schwindel führen. Bei regelmäßigem Konsum drohen Angststörungen, Depression oder bipolare Episoden. Weiterhin erhöht Cannabis das Risiko, an einer Psychose zu erkranken.[193] Ist diese Psychose vom schizophrenen Typ, kann es nicht nur zu katatonen Symptomen wie Erregung oder umgekehrt Stupor kommen. Es ist auch mit inhaltlichen und/oder formalen Denkstörungen zu rechnen. Ein Beispiel für erstere ist der Kontrollwahn, ein Fall der letzteren ein völlig zerfaserter Gedankenfluss.

---

[190] Siehe hierzu im Einzelnen FAZ Nr. 125 vom 01.07.2023, 9.

[191] Siehe dazu https://www.sueddeutsche.de/wissen/drogenanalyse-koks-im-kanal-1.4088503 vom 12.08.2018 – abgerufen am 01.07.2023.

[192] Hierzu näher https://www.barmer.de/gesundheit-verstehen/cannabis/cannabis-faq-1124854#:~:text=Cannabis%20wird%20vor%20allem%20zur,appetitsteigernde%20Wirkung%20von%20Cannabis%20wirksam – abgerufen am 01.07.2023.

[193] Siehe im Einzelnen https://www.tk.de/techniker/gesundheit-und-medizin/behandlungen-und-medizin/sucht/probleme-2015710?tkcm=aaus – abgerufen am 01.07.2023.

Nach Abklingen der akuten Symptome kann es zu Konzentrations- und Antriebsmängeln kommen.[194] Mitverantwortlich dafür ist ein hoher Anteil des Bestandteils Tetrahydrocannabinol oder **THC.** Der Anteil dieser für die psychoaktive Wirkung verantwortlichen Substanz ist über die Jahrzehnte immer weiter gestiegen; offenbar soll er in legalisiertem Cannabis maximal 15 % betragen dürfen.[195]

Andererseits leben wir natürlich in einer **Kultur, die selbstschädigendes Verhalten grundsätzlich nicht verbietet**. Dass jeder nach Artikel 2 Abs. I Satz 1 des Grundgesetzes das Recht auf körperliche Unversehrtheit hat, heißt nicht, dass er sich für die Gemeinschaft gesundhalten muss. Auch wer sich bei populären Sportarten wie dem Skifahren verletzt, dessen Heilungskosten werden von der Solidargemeinschaft aufgefangen. 2019 profitierten von Letzterem weit über 40.000 Deutsche. Schon ein einfacher Kreuzbandriss kostete seinerzeit rund 3500 €, von Transportkosten zwischen Piste und Krankenhaus ganz zu schweigen.[196]

Im Übrigen darf Sie in Deutschland Ihre Krankenkasse nicht in die Versicherungslosigkeit hinein kündigen. Im internationalen Vergleich gesehen ist das alles andere als selbstverständlich. Betrachtet man die weltweit größten Länder, so herrscht beispielsweise in den **USA** ein ganz anderes Verständnis vor, als wir es von Deutschland her kennen. An der Frage eines einheitlichen staatlichen Gesundheitssystems beißt man sich dort traditionell die Zähne aus. *Obama*care, vielen von uns noch als Schlagwort in den Ohren, hatte die *Trump*-Regierung spätestens 2019 teilsabotiert. Stattdessen regiert ein Flickenteppich aus privaten Anbietern und staatlichen Teilprogrammen. Sie verlieren Ihren Arbeitsplatz, fallen aber nicht unter bestimmte (enge) Sozialfürsorgekategorien? Dann ist fehlender Versicherungsschutz in Gods Own Country ein realistisches Szenario.

In **China** wiederum gibt es ein Sozialkreditsystem mit digitalem Punktekonto, auf dem Sie bei *schlechtem Verhalten* Minuspunkte einfahren und dann beispielsweise logistisch oder karrieretechnisch eingeschränkt werden.[197] Wer eine hohe Bewertung hat, wird unter anderem bei sozialen

---

[194] Eingehender *Klaus Lieb/Bernd Heßlinger/Nadine Dreimüller/Gitta Jacob*, 50 Fälle Psychiatrie und Psychotherapie – Typische Fallgeschichten aus der Praxis, Urban & Fischer, 6. Aufl. München 2020 (Fall 3).

[195] Siehe hierzu eingehender https://www.rbb24.de/politik/beitrag/2022/10/berlin-brandenburg-cannabis-legal-bundesgesundheitsministerium.html#:~:text=Die%20Menge%20des%20berauschenden%20 Wirkstoffs,h%C3%B6chstens%2010%20Prozent%20verkauft%20werden – abgerufen am 01.07.2023.

[196] Zitiert nach https://www.welt.de/wirtschaft/article186726598/Ski-alpin-Das-Millionengeschaeft-mit-den-Unfaellen.html – abgerufen am 01.07.2023.

[197] Näheres dazu lesen Sie in https://www.quarks.de/gesellschaft/wie-china-seine-buerger-mit-einem-punktesystem-kontrollieren-will/ – abgerufen am 01.07.2023.

Leistungen bevorzugt behandelt. Wer in der schlechtesten Klasse D auftaucht, bekommt Leistungen gestrichen.[198] Angesichts dessen geht es uns trotz allem noch gut.

Unter dem Strich können wir trotz zunehmender **Engpässe**, trotz teilweise alarmierender Zustände in deutschen → Krankenhäusern und im psychotherapeutischen Bereich noch dankbar sein für den Zustand unseres Gesundheitswesens. Andernorts, beispielsweise in der Schweiz, ist gerade die stationäre Versorgung deutlich besser, aber auch hier ist es nicht überlebenswichtig, ganz gesund zu bleiben – noch. Ein → achtsamer Umgang mit sich selbst ist immer gut. Spielt die Gesundheit trotzdem nicht mit, trösten Sie sich mit einem 2017 vergebenen Platz 20/195 für das deutsche Gesundheitswesen.[199] Im weltweiten Vergleich sind wir damit noch einigermaßen gut dran.

Leitsatz

„Ohne Gesundheit kann man nie gut seyn!"
Gesundheit ist auch eine Frage der achtsamen alltäglichen Selbstfürsorge. Trotzdem haben Sie sie nur bis zu einem gewissen Punkt in der Hand.

Glücklich sein

Schwerpunkt: privat+ beruflich

Heinrich ist ein hoch gebildeter Mann. Er ist promoviert, wohlhabend und angesehen. Trotzdem ist er das, was man neudeutsch „gefrustet" nennt. Was er erreicht hat, genügt seinen Ansprüchen so wenig, dass er sich am liebsten umbringen würde. Dabei weiß er umgekehrt gar nicht so recht, wonach er eigentlich sucht. Von höherer Warte aus strebt er nach dem Wissen, das die Welt im Innersten zusammenhält. Für weniger will er nicht zu haben sein. Ganz konkret verkauft Heinrich seine Seele dann aber für die Befriedigung seiner Lebensgier – und zwar ohne Rücksicht auf fremde Verluste.

---

[198] https://www.deutschlandfunk.de/china-guter-buerger-schlechter-buerger-102.html – abgerufen am 01.07.2023.

[199] Angaben nach Der Spiegel, https://www.spiegel.de/gesundheit/diagnose/gesundheitsversorgung-deutschland-belegt-weltweit-platz-20-a-1148313.html – abgerufen am 01.07.2023.

Der Ausspruch, mit dem er das tut, zählt zu den bekanntesten Zitaten der Literaturgeschichte: „Werd' ich zum Augenblicke sagen: Verweile doch! Du bist so schön! Dann magst du mich in Fesseln schlagen, Dann will ich gern zu Grunde gehen!".[200] Das **Bonmot, dass die Welt zwar nur durch das Extreme ihren Wert hat, aber nur durch das Normale ihren Bestand**, war *Johann Wolfgang Goethes* Heinrich *Faust* offenkundig fremd – oder es war ihm egal. In der Folge verwandelte sich die Topfigur des deutschen Bildungsbürgertums jedenfalls zu einem narzisstisch gestörten Verbrecher.

Szenenwechsel, wir gehen weit zurück ins 2. Jahrhundert vor Christus. Einem **chinesischen Bauern** entläuft das Pferd, er beklagt sich bei seinem Vater über das Unglück. Der alte Mann kontert: „Wer weiß, ob das nicht Glück bringt?". Tatsächlich taucht das Pferd zusammen mit anderen Pferden wieder auf. Indes: „Wer weiß, ob das nicht Unglück bringt?". Prompt verletzt sich der Bauer beim Zureiten. „Wer weiß, ob das nicht Glück bringt?". Tatsächlich hält ihn seine Verletzung davon ab, in den lebensgefährlichen Kampf zu ziehen.[201] Sie entpuppt sich als blessing in disguise oder „good loss", als verkappter Segen oder guter Verlust, wie es im angelsächsischen Sprachraum heißt. Diese berühmte chinesische Parabel aus dem 淮南子, dem Huainanzi, zeigt, wie dicht Glück und Unglück nebeneinanderliegen – und dass man nie weiß, wie schnell das eine zum anderen führt … und umgekehrt.

Im Übrigen verhält es sich mit dem Glück offenbar ähnlich wie mit der → Gerechtigkeit: Jeder wünscht sich davon so viel wie möglich, aber schon seit *Senecas* Zeiten besteht keine Einigkeit darüber, was das in der Praxis heißt. **Immer Glück ist Können**, um eine Fußballerweisheit zu zitieren.[202] Ansonsten aber gilt: Nicht einmal **Glück haben** bedeutet automatisch **glücklich sein** – beides kann tatsächlich weit auseinanderklaffen. Heinrich Faust durfte studieren, was das Zeug hielt, und hatte einen Diener, glücklich gemacht hat ihn das aber nicht. Den Grund dafür haben wir schon im → Bewertungsabschnitt gestreift: Glücklichsein ist eine Frage der eigenen → Bewertung. Anders als das Glückhaben geht es hier nicht um einen → Tatsachenkern.

Aber auch sonst steckt der Teufel im Detail.

---

[200] *Johann Wolfgang von Goethe*: Faust – Der Tragödie erster Teil. Tübingen: Cotta. 1808, Seite 106 [1699 ff.], zitiert nach https://de.wikisource.org/wiki/Seite:Faust_I_(Goethe)_0106.jpg – abgerufen am 01.07.2023. Vgl. daneben mit gleichem Abrufdatum https://de.wikisource.org/wiki/Seite:Faust_I_(Goethe)_034.jpg.

[201] Erzählt nach https://www.evang-tg.ch/fileadmin/user_upload/downloads/Kirche__Kind_und_Jugend/Lehrplan7.3.M1.Glueck.Geschichte_von_einem_Bauern.pdf – abgerufen am 01.07.2023.

[202] Das Zitat stammt vom Co-Trainer der Deutschen Fußball-Nationalmannschaft, *Hermann Gerland*, https://www.zitate.eu/autor/hermann-gerland-zitate/283037 – abgerufen am 01.07.2023.

So ist in den **USA** das Streben nach Glück als *The persuit of happiness* zwar ein großes Ideal. Schon in der Unabhängigkeitserklärung[203] wird es als ebenso unveräußerliches Recht bezeichnet wie das Recht auf Leben. Allerdings sprechen wir hier von einem Land, in dem es vor Menschen aus problematischen Hoods oder Vierteln bis heute nur so wimmelt und in dem mit einem Gini-Koeffizienten von 0,39 die Einkommen deutlich ungleicher verteilt als in Deutschland und den meisten europäischen Ländern.[204] Die Chancengleichheit ist dort insgesamt weitaus geringer als bei uns – von der auf bundesstaatlicher Ebene nach wie vor verbreiteten Todesstrafe gar nicht zu reden.[205]

Indien wiederum, eines der größten Länder der Welt, bietet Glück seit einiger Zeit ausdrücklich als Hauptstadt-Schulfach an.[206] Unter Aspekten wie → Achtsamkeit und kritischem Denken ist das eine hoch interessante Idee. Allerdings ist dieses Vorhaben auch aus der Not heraus geboren: Es versteht sich als Reaktion auf zunehmende, immer größer werdende soziale und emotionale Probleme unter indischen Kindern.

Tatsächlich sind es die **nordischen Länder**, die nach dem **UN-World Happiness Report 2023**[207] wie in den Vorjahren besonders gut abschneiden. Der Index gründet sowohl auf objektiven als auch subjektiven Faktoren: Einkommen, Gesundheit, eine verlässliche Bezugsperson, Freiheit, ein Leben in großzügigen Verhältnissen und die Abwesenheit von Korruption sind zentrale Bezugsgrößen.[208] Vor deren Hintergrund liegen Finnland, Dänemark und Island auf den Plätzen 1–3, während Deutschland einen 16. Platz belegt.

---

[203] In der US-amerikanischen Declaration of Independence heißt es wörtlich: „We hold these truths to be self-evident, that all men are created equal, that they are endowed, by their Creator, with certain unalienable Rights, that among these are Life, Liberty, and the Pursuit of Happiness". Siehe insgesamt https://www.archives.gov/founding-docs/declaration-transcript – abgerufen am 01.07.2023.

[204] Siehe hierzu https://www.iwkoeln.de/studien/judith-niehues-die-einkommens-und-vermoegensungleichheit-deutschlands-im-internationalen-vergleich-387559.html#:~:text=Auch%20im%20internationalen%20Vergleich%20liegt,USA%20(0%2C86) – abgerufen am 01.07.2023.

[205] https://amnesty-todesstrafe.de/wp-content/uploads/325/reader_todesstrafe-in-den-usa.pdf – abgerufen am 01.07.2023.

[206] Siehe hierzu beispielsweise den Bericht in https://www.tagesschau.de/ausland/asien/indien-schule-gluecksunterricht-101.html – abgerufen am 01.07.2023.

[207] https://worldhappiness.report/ed/2023/ – abgerufen am 01.07.2023.

[208] Im Original: Income, health, having someone to count on, having a sense of freedom to make key life decisions, generosity, and the absence of corruption all play strong roles in supporting life evaluations. Im Einzelnen werden Pro-Kopf-Einkommen, soziale Unterstützung, die Lebenserwartung in gesundem Zustand, die Freiheit, Lebensentscheidungen zu fällen, Spendenbereitschaft und anderes erörtert. Siehe https://worldhappiness.report/ed/2022/happiness-benevolence-and-trust-during-covid-19-and-beyond/ – abgerufen am 01.07.2023.

Betrachtet man das persönliche Empfinden hierzulande, so sind es üblicherweise etwa drei Viertel der Befragten, die sich glücklich schätzen.[209] Seit längerem bekannt ist die so genannte **U-Kurve** beim Glücksempfinden, wie es sie auch in anderen Ländern gibt – mit einer **Tiefphase in der unsicheren, → stressigen Lebensmitte und einem Wiederansteigen in den Fünfzigern**, wobei die Einschränkungen jenseits der 80 das Leben dann aus körperlichen Gründen zunehmend beschwerlich machen. Insgesamt sind es jedoch eher die fitten Dreißiger, die sich unglücklich fühlen, als ihre doppelt so alten Mitbürgerinnen und Mitbürger.

Dass dafür auch der über das **Smartphone** dauergesenkte Kopf mit verantwortlich ist, kann nicht ausgeschlossen werden. Tatsächlich geht es dabei nicht nur um Vereinsamung. Es gibt auch Anhaltspunkte dafür, dass unser Hirn eine Körperhaltung mit gesenktem Blick neuronal als schlechte Stimmung bewertet. „Smartphone-Buckel macht depressiv" titelte dazu schon 2015 der Deutschlandfunk.[210]

Dass **biochemische Prozesse** als solche unser Glücksempfinden beeinflussen, steht jedenfalls fest. Hauptakteure in dieser Hinsicht sind zum einen das Belohnungshormon Dopamin sowie das Serotonin, das eine Reihe unterschiedlicher Gefühlszustände wie etwa Angst und Kummer dämpft. Nicht umsonst setzt man in der Depressionsbehandlung häufig auf selektive Serotonin-Wiederaufnahmehemmer, so genannte **SSRI**. SSRI blockieren – untechnisch gesprochen – das Versickern des Botenstoffs Serotonin in den Nervenzellen. Hierdurch steigt dessen Konzentration in den Nervenbrücken oder Synapsen an. Das wiederum sättigt die Fühlstellen oder Rezeptoren der Nachbarzellen.[211]

Dieser Mechanismus schließt allerdings die Erlernbarkeit von Glücksempfindungen nicht aus. Nach aktuellen Schätzungen liegt der Effekt der Gene bei 30–40 %.[212] So weiß man beispielsweise seit längerem, dass die Zufuhr von Kohlenhydraten die Serotoninbildung im Gehirn stimulieren kann. Dasselbe gilt für Bewegung.

Darüber hinaus tragen auch Cortisol, Adrenalin und Noradrenalin zur → Stressregulierung bei. Körpereigene Opioide wirken wiederum schmerzlindernd, stressreduzierend und interagieren unter anderem auch mit unseren

---

[209] https://de.statista.com/statistik/daten/studie/1064566/umfrage/persoenliches-gluecksempfinden-in-deutschland/ – abgerufen am 01.07.2023.

[210] Nachzulesen unter https://www.deutschlandfunknova.de/beitrag/smartphones-nach-unten-gucken-macht-depressiv – abgerufen am 01.07.2023.

[211] Eine anschauliche Erklärung finden Sie bei https://tagesklinik-friesenplatz.de/antidepressiva/#:~:text=Der%20SSRI%20f%C3%BChrt%20dazu%2C%20dass,sind%20dadurch%20mit%20Botenstoff%20ges%C3%A4ttigt – abgerufen am 01.07.2023.

[212] FAZ Nr. 67 v. 20.3.2023, 27.

Sexualhormonen. Weniger bekannt, aber ebenfalls einflussreich ist schließlich der **Wachstumsfaktor BDNF**. Ein Mangel oder Überschuss dieses *Brain Derived Neurotrophic Factor*-Proteins führt wahrscheinlich seinerseits zu Depressionen, Zwangsstörungen und anderen schweren Beeinträchtigungen.

Sobald hier die Schwelle zur seelischen Erkrankung überschritten ist, hilft nur eins: Nutzen Sie den Umstand, dass wir in Deutschland anders als in den USA oder in Indien ein noch einigermaßen funktionierendes → **Gesundheitssystem** haben. Stellen Sie sich in einer therapeutischen oder psychiatrischen Praxis vor! Dort verdienen ausgebildete Fachkräfte ihr Geld damit, anderen mit Rat und Tat zur Seite zu stehen … genau wie Sie es in Ihrem Alltag sicher ebenfalls tun. Erste Anhaltspunkte dafür, dass Sie es mit einer (vorübergehenden) Störung der psychischen Gesundheit zu tun haben, liefert der entsprechende Katalog der Diagnosekriterien nach ICD 11 (dazu Näheres unter → Krankheiten).

Solange Sie sich seelisch gesund fühlen, gilt dagegen der Spruch: Das Leben ist kein Ponyhof! Dass es **nicht dem ständigen Vergnügen** dient, sollten Sie als erwachsener Mensch wissen. Sie sind ein biologisches Wesen – also sind Sie nicht immer ganz gesund. Sie sind nicht Krösus oder Dagobert Duck – also können Sie sich nicht ständig leisten, was Ihr Herz begehrt. Wahrscheinlich sehen Sie und Ihre Liebespartner auch nicht aus wie Barbie oder Ken – das sowieso ziemlich spaßfreie Model- oder Influencerinnen-Dasein[213] können Sie unbesorgt anderen überlassen. Sich deswegen in ständigem Bewerten, → Druckmachen und Selbstverleugnen zu ergehen, ist vor allem eines, nämlich → Mindfucking.

Machen Sie stattdessen doch einmal die **Gegenprobe**: Wären Sie dauerhaft glücklich mit einem Herzblatt an der Seite, das Sie nur als Ken oder Barbie erobern konnten? Welchen Wert hätten all Ihre schönen Reisen und Errungenschaften noch, wenn Sie alles Geld und alle Zeit der Welt hätten? Wie wohl würden Sie sich in der Schlossallee noch fühlen, wenn Sie und Ihr Besitz dort ständig bewacht werden müssten? Und was bedeutet ein sich Wohlfühlen schließlich für einen künstlichen Menschen, der niemals erkranken oder sich verletzen kann, und der niemals „schlecht drauf" ist? Solche Überlegungen fördern die → Dankbarkeit.

Außerdem bedenken Sie bitte, dass **unser eigenes Glück nicht das Einzige ist, was für ein gelungenes Leben zählt**. Die Zahl der Menschen, die auf Glücksmaximierung zu Gunsten anderer → Leitwerte verzichten, ist gar nicht so klein. So gehen viele andere Leute ebenfalls Aufgaben nach, die sie als

---

[213] Siehe hierzu eindrucksvoll den Ende 2021 erschienenen deutschen Sechsteiler *Kitz*, abrufbar bei Netflix unter https://www.netflix.com/watch/81220927?trackId=14277281 – abgerufen am 01.07.2023.

anstrengend, aber besonders sinnstiftend erachten. Wie oft haben Sie selbst schon aus reinem Pflichtbewusstsein auf Glückserlebnisse verzichtet? Und: War das so verkehrt?

Um hier Ihren Blick zu weiten, bedenken Sie bitte: Außer Ihnen als Einzelwesen gibt es auch noch **soziale Gruppen**, in denen Sie sich bewegen. Das gilt für → Familien ebenso wie für → Partnerschaften, für das → Engagement in Vereinen genauso wie am Arbeitsplatz. In all diesen Fällen ist Ihr Einsatz entsprechend → sinnvoll. Das ist schließlich auch auf der ganz großen **organisatorischen Ebene** von Bedeutung: Statt mit ihrem Geld die Auslands-Biege in den sonnigen Süden zu machen, bleiben die meisten von uns im Lande und nähren sich redlich. Sie zahlen Steuern für ihnen völlig unbekannte Mitbürgerinnen und Mitbürger, was sich dann aber auch wieder auszahlt.

Insoweit spielt auch eine Rolle, dass es nicht nur **das Zufallsglück** gibt, das auf die Begeisterung des Augenblicks abzielt. Der Philosoph *Wilhelm Schmid* [214] unterscheidet von dieser Art Glücks unter anderem das **Wohlfühlglück und das Glück der Fülle**. Beide beschreiben das Wohlgefühl, das daraus entsteht, zur richtigen Zeit am richtigen Ort zu sein. Dabei gilt das Glück der empfundenen Fülle als das eigentliche philosophische Glück, weil es nicht von Zufällen und momentanen Schwankungen abhängt.

Die berühmte **Grant-Studie der US-amerikanischen Harvard-Universität**[215] hält den damit verbundenen sozialen Einbettungsaspekt für ausschlaggebend. Seit über 75 Jahren untersucht man dort, was Menschen als Glück empfinden. Unter dem Strich steht die Qualität guter Beziehungen an erster Stelle. Was im Übrigen auch zur oben erwähnten U-Kurve passt – die 50+-Generation hat schlicht die meisten Ressourcen, um diese Beziehungen zu pflegen. Wer und was ihr guttut, weiß sie in ihrem Alter ebenfalls besser als früher. Dem entspricht das Sprichwort, dass dem Glücklichen keine Stunde schlägt: Er oder Sie können die Dinge einfach besser laufenlassen.

Wissen sollten Sie zudem mit *Schmid*, dass es nicht nur kein Glück ohne Unglück gibt. Man kennt sogar das **Glück des Unglücklichseins.** Diese Variante zielt offenbar auf Daseinserhebung. Sie zieht uns aus der Masse heraus und verleiht unserer Existenz dadurch mehr Größe. Das gilt umso mehr, als Menschen grundsätzlich nach **Konsistenz** streben: Wir alle verhalten uns gerne widerspruchsfrei. Mit Blick auf das eigene Spiegelbild möchte man sich gerne treu bleiben, gleich in welcher Situation man gerade steckt. Mit einem pessimistischen Weltbild ist ein ungetrübt sonniger Zustand da nur schwer zu vereinbaren.

---

[214] In seinem Buch Glück: Alles, was Sie darüber wissen müssen, und warum es nicht das Wichtigste im Leben ist, Insel, Frankfurt und Leipzig 2007.
[215] Siehe hierzu den bereits 2012 erschienenen Spiegel-Artikel https://www.spiegel.de/gesundheit/psychologie/grant-studie-wie-ein-zufriedenes-leben-gelingt-a-851729.html – abgerufen am 01.07.2023.

Und manchmal behalten die Skeptiker unter uns sogar recht: Wer das Glück sucht, wird auch immer wieder enttäuscht werden. Da geht man nach guter **deutscher romantischer Tradition** doch lieber gleich nicht am hellichten spazieren, sondern nachts und bei Halbmond. Damit bleibt man eher auf der sicheren Seite. Der eigenen Melancholie steht kein störender Sonnenstrahl im Wege. Allerdings hat diese Haltung einen ziemlichen Preis: Man bringt sich und die Seinen um die Freude des Daseins. Sollte es das wirklich wert sein?

Den Hebeldruck fürs Glück gibt es nicht – ebenso wenig wie den Chip für das Perfect Match in der → Liebe. Um das zu verstehen, müssen Sie nicht einmal – wie dort beschrieben – in die nahe Zukunft gehen, um ein entsprechendes Szenario zu finden. Schon vor rund siebzig Jahren haben die US-Forscher *James Olds* und *Peter Milner* vom California Institute of Technology Laborratten Elektroden ins Gehirn gepflanzt und ihnen die Möglichkeit gegeben, einen **Hebeldruck fürs Glück** zu betätigen, Diese intrakraniale Selbstreizung oder im Original: Intracranial self-stimulation bzw. **ICSS** genannte Möglichkeit nutzten die Tiere auch – und zwar bis zur völligen Erschöpfung. Einige Ratten brachen zusammen, weil sie lieber den Glückshebel drückten als zu fressen oder zu trinken.[216]

> **Leitsatz**
> „… Dann will ich gern zu Grunde gehen!"
> Individuelles Glück hat sehr mannigfaltige Ausprägungen. Es ist ein zentrales Ideal der Moderne, allerdings nicht das einzig Wichtige im Leben.

Gründe durchschauen

Schwerpunkt: privat+ beruflich

Alina ist sauer: Da hat die sympathische Mitt-Dreißigerin endlich die ideale Wohnung für sich und ihren Sohn Maxi gefunden. Das Vorstellungsgespräch bei den Vermietern der kleinen Einliegerwohnung im Münchener Süden verlief reibungslos, Max verstand sich sofort mit dem Nachwuchs des Vermieters im Erdgeschoss. Zwar würde er deren Garten nicht immer mitbenutzen

---

[216] https://www.dasgehirn.info/denken/motivation/schaltkreise-der-motivation?gclid=EAIaIQobChMI1O-b_rr34QIVRofVCh0WpgbPEAAYASAAEgIZyvD_BwE – abgerufen am 01.07.2023.

dürfen. Aber bestimmt würden sich doch dafür Lösungen finden, meint Alina. Man verabschiedete sich „auf bald". Danach plötzlich: Funkstille. Als Alina sich nach einigen Tagen nach dem Mietvertrag erkundigt, haben die Vermieter die Wohnung kurzfristig anderweitig vergeben. Ein Neffe werde zum Studium in die Stadt ziehen, leider.

Dass das nur eine Schutzbehauptung ist, höre ich wenig später von Andrea, der Eigentümerin. Sie und ihr Mann bekamen Bedenken wegen des zusätzlichen Lärms, wenn mehrere Kinder im Haus herumtoben würden. Und das mit dem eigenen Garten würde mit Maxe nicht mehr klappen. Aber das habe sie Alina von Mutter zu Mutter natürlich nicht sagen wollen. Vielleicht wäre man sonst ja sogar in die Diskriminierungsfalle nach dem Allgemeinen Gleichbehandlungsgesetz oder AGG[217] gelaufen, vor der sich so viele Vermieter fürchten?

Tatsächlich ist das Ganze kein Fall für Justitia. Wenn nicht gerade eine **Diskriminierung** wegen der Rasse oder der ethnischen Herkunft des Mietinteressenten zur Debatte steht, greift dieses Gesetz nur für Massengeschäfte. Das betrifft die großen Gesellschaften mit über 50 Wohnungen. Allein denen ist wäre (allenfalls) eine Absage wegen Geschlecht, Religion, Behinderung, Alter oder sexueller Identität nach § 19 Abs. V Satz 3 AGG juristisch verwehrt.[218] Was bleibt, ist ein ungutes Gefühl auf der einen Seite, Unsicherheit und Frust auf der anderen.

Dabei war die Ausgangslage eigentlich nicht so vertrackt. Alina hätte bemerken können, wie Andrea auf die Frage nach der Gartenmitbenutzung zurückzuckte. Und die Grünfläche für Maxe gedanklich und verbal umgehend streichen müssen. Nach der Lärmempfindlichkeit der Vermieter hätte sie sich erkundigen können, gerade mit der Aussicht auf ein weiteres Kind. Ist die Gegenseite vielleicht nur zu höflich, um gleich → Nein zu sagen? Ist sie vielleicht nur nicht → mutig genug, um Ihnen die Wahrheit ins Gesicht zu sagen? Oder hat sie schlicht keine Lust, sich mit Ihrer Reaktion auseinanderzusetzen? Das alles hätte Alina vor Ort ausloten können.

Wie Sie mittlerweile wissen, senden wir einander bei jedwedem → Kommunizieren → Botschaften, offen oder verdeckt. Deshalb sollte man die eigenen **Sinne** einschalten. So verrät sich, wer schwindelt, nicht nur durch Widersprüche. Er offenbart sich auch oft durch Anzeichen von → Stress.

---

[217] Auffindbar wie stets unter https://www.gesetze-im-internet.de, hier unter https://www.gesetze-im-internet.de/agg/ – abgerufen am 01.07.2023.

[218] Siehe zum https://www.mietrechtslexikon.de/a1lexikon2/d1/diskriminierung.htm – abgerufen am 01.07.2023.

Klassische Symptome sind verstärktes Blinzeln, Erröten und Schwitzen. Auch ein plötzlich verstärkter Bewegungsdrang, Abwehr- und Ordnungsbewegungen mit den Händen deuten darauf hin, dass gerade etwas nicht stimmt.

Sie haben Ihr Gegenüber wie so oft nur am **Telefon**? Unrichtige Aussagen müssen konstruiert werden. Wer zu dieser Maßnahme greift (und das nicht gewohnheitsmäßig tut), hebt oder senkt eher als sonst die Stimme. Er oder sie neigt zu schnellerem Sprechen und/oder umgekehrt häufigeren Denkpausen als sonst. Zudem greift, wer schwindelt, nicht selten zu Wiederholungen. Ein Klassiker ist die entsprechende Beteuerung in → Partnerschaften: „Nein, es liegt nicht an dir. Natürlich nicht. Es hat nichts mit dir zu tun."

Schwieriger ist das Durchschauen möglicher Ausreden in **Schriftform**. Aber auch dann gibt es Indizien: Hat sich der oder die Betreffende ungewöhnlich viel oder wenig Zeit genommen, um mit Ihnen in Kontakt zu treten? Und, wenn es sich nicht gerade um eine berufliche Absage handelt, deren geringe Aussagekraft der Regelfall ist: Sind die Gründe, die Ihr Gegenüber nennt, auffällig knapp oder besonders ausschweifend formuliert? Auch letzteres kann ein Anzeichen dafür sein, dass sie vorgeschoben sind – weil sie Sie nämlich ablenken sollen. Eine gar nicht so seltene, recht clevere Methode ist es, daran zu erinnern, dass man schon früher etwas gesagt habe. Ihre Entgegnung liegt auf der Hand: „Das Ganze wird dadurch nicht richtiger!".

Dass Sie überhaupt etwas erwidern sollten, ist damit allerdings noch nicht gesagt – immerhin hat sich Ihr Gegenüber etwas dabei gedacht, sich Ihnen nicht zu offenbaren. Er oder sie haben **andere Interessen und → Ziele.** Und sie haben sich entschieden, darüber nicht konstruktiv mit Ihnen zu → streiten. Deswegen müssen Sie sich entscheiden: Wie wichtig ist es Ihnen, Ihr Gegenüber trotzdem aus der Reserve zu holen? Welcher → Leitwert steht von Ihrer Seite dahinter? Sollte es beispielsweise die Wahrheitssuche in einer kriselnden → Liebesbeziehung sein, bedenken Sie bitte, dass Sie die Lufthoheit nicht alleine besitzen. „Die Wahrheit", sagt *Möller*, „beginnt zu zweit".[219]

Das gilt selbst dann, wenn man Ihnen ganz übel mitspielt – jemand hat Gründe gefunden, um Ihnen das Leben schwer zu machen, und Sie verstehen einfach nicht warum. Wenn es Ihnen die Sache wirklich wert ist, können Sie natürlich auch hier auf **Indiziensuche** gehen. So lebt ein ganzer Berufsstand davon herauszufinden, was unterbeschäftigte Ehepartner und krankgeschriebene Kolleginnen wirklich so treiben. Um hier die Spreu vom Weizen zu

---

[219] *Michael Lukas Moeller*, Die Wahrheit beginnt zu zweit: Das Paar im Gespräch, Rowohlt Verlag, Hamburg 2011.

trennen, gibt es einen Bundesverband Deutscher und einen Bund Internationaler Detektive, die jeweils ein entsprechendes Mitgliedsverzeichnis bereithalten.[220]

Allerdings ist es ein gewaltiger Unterschied, ob Sie Ihrem vermeintlich untreuen Liebsten oder einem krankgeschriebenen, aber womöglich schwarzarbeitenden Mitarbeiter nachstellen (lassen). Untreue, die sich nicht auf → finanzielles Vermögen bezieht, ist nicht nach § 266 StGB strafbar.[221] Hier ist im Gegenteil der Grat zur eigenen **Strafbarkeit** schmal. Unbefugtes Nachstellen erfüllt schnell den Tatbestand des § 238 StGB[222] – das ist Stalking! Wer krankgeschrieben anderweitig arbeitet, riskiert hingegen die fristlose Kündigung nach § 626 BGB.[223] Wenn es jetzt zum Rechtsstreit kommt, sind detektivische Beweise ein probates Mittel.

Ein weiterer Sonderfall, der in Richtung **Psychoanalyse** zielt, ist das **Verdrängen** von Gründen für Ansichten und → Handlungen. Dem als Laie auf die Spur zu kommen, ist schwierig. Zuweilen hilft die Kenntnis der Vorgeschichte des Betroffenen. Stellen Sie sich beispielsweise vor, einer Ihrer Lehrer, der Sie besonders auf dem Kieker hatte, sprach einen besonders starken niederbayerischen Dialekt. Fünfzehn Jahre später reagieren Sie, mittlerweile selbst Abteilungsleiterin, besonders ungehalten auf Bemerkungen eines Mitarbeiters aus Niederbayern, wissen aber selbst nicht warum. Erst als die Schulfreundin Sie an die damalige Lehrkraft erinnert, werden Sie sich der Wurzeln ihrer Unduldsamkeit bewusst und können an die Sache fortan anders herangehen. Falls Sie in der Rolle des Mitarbeiters stecken, haben Sie allerdings nur begrenzte Möglichkeiten, etwas dagegen zu tun.

Anders als beim gewöhnlichen Vergessen ist **ein verdrängter Sachverhalt** nicht aus dem Gedächtnis verschwunden. Er ist lediglich ins Unterbewusstsein abgesackt, und es gibt gute Gründe, ihn dort auch zu lassen: Zu unangenehm ist die Erinnerung, als Schüler gepiesackt worden zu sein usw. Allerdings ist die Leuchtspur des Erfahrenen noch vorhanden, sodass Sie aktiv die Blenden dicht halten müssen – ein Abwehraufwand, der Ihnen scheinbar unwillkürlich Energie und Nerven raubt. In ungünstigen Fällen können Sie sogar psychisch daran erkranken.

Beispielsweise besteht bei Opfern schwerer Straftaten die Gefahr einer **dissoziativen Störung**: Sie stehen neben sich, denn nur so können sie sich von dem Erlittenen lösen. Auch **posttraumatische Belastungsstörungen (PTBS)** gehören in diese Kategorie. Besonders Überlebende von Naturkatastrophen,

---

[220] https://www.bid-detektive.de/mitgliedersuche/ – abgerufen am 01.07.2023.

[221] Den Gesetzestext finden Sie unter https://www.gesetze-im-internet.de/stgb/__266.html – abgerufen am 01.07.2023.

[222] Siehe https://www.gesetze-im-internet.de/stgb/__238.html – abgerufen am 01.07.2023.

[223] https://www.gesetze-im-internet.de/bgb/__626.html – abgerufen am 01.07.2023.

die direkt mit Feuer, Sturm oder Wasser konfrontiert werden, zeigen zuweilen ausgeprägte Symptome.[224] So wurde nach dem Tsunami an Weihnachten 2004 in Südostasien von Touristen berichtet, die längst in den Alltag zurückgekehrt waren, dann aber plötzlich begannen, eine ihnen selbst völlig unverständliche → Furcht vor den zuhause laufenden Wasserhähnen zu entwickeln. Eine derartige Psychodynamik bekommt man meist nur mit ausgebildeten Fachleuten in den Griff.

In weniger dramatischen Fällen kann es andererseits für Ihre eigene seelische Gesundheit durchaus besser sein, die Sache auf sich beruhen zu lassen. Lernen Sie → **sich abzunabeln!** Wenn Sie vertrauenswürdige Begründungen mit geeigneten, erforderlichen und angemessenen Mitteln nicht bekommen können, handeln Sie lieber nach dem Motto: Es flieht nicht jeder, der den Rücken wendet.

Leitsatz

„Wer will, findet Wege, wer nicht will, Gründe!"
 Es gibt verschiedene Möglichkeiten, vorgeschobene Gründe zu erkennen, aber nicht alles ist der Nachforschung wert.

Handeln wagen

Schwerpunkt: privat+ beruflich

„Mach langsam, und denk'immer dran, welche Konsequenzen dein Tun hat". Der Rat, den sich Aussteiger *Guy Grieve*[225] im Landesinneren von Alaska von seinem Mentor *Don* einfängt, ist für ein Land der tiefen Winterfröste, aggressiver Bären und schlecht gelaunter Elche genau der richtige. Allerdings leben die meisten von uns nicht in einer Umgebung, in der das tägliche Überleben nicht einigermaßen gesichert wäre. Zivilisationsnäher drückt das *Hanif Kureishis* Londoner Psychiater Jamal aus:[226] „Nach alldem, was mir in meinem Behandlungszimmer zu Ohren kommt, wünschen sich die meisten, sie hätten mehr gesündigt".

---

[224] Siehe hierzu den Artikel auf https://www.aerzteblatt.de/archiv/62682/Naturkatastrophen-Gefahr-lang-anhaltender-psychischer-Folgen – abgerufen am 01.07.2023.
[225] In: Eine Büroklammer in Alaska, Ankerherz-Verlag, Hollenstedt 2016.
[226] In: Das sag' ich dir, S. Fischer Verlag, Frankfurt 2008.

„Ich wünschte, ich hätte den **Mut** gehabt, **mein eigenes Leben zu leben**" und „… meine Gefühle auszudrücken". Das sind denn auch hierzulande typische Aussagen von Menschen auf dem Sterbebett. Wenn Menschen in diesem Stadium etwas bereuen, dann offenbar vor allem **Unterlassungssünden**. Auch „Ich wünschte, ich hätte mir erlaubt, → glücklicher zu sein", flankiert von „Ich wünschte mir, ich hätte den Kontakt zu meinen → Freunden aufrechterhalten" zählen zu dieser Kategorie. Einzig die Klage darüber, zu viel gearbeitet zu haben, sticht als Aktivposten aus diesem Kanon der meistgenannten Wünsche heraus.[227] Organisatorisch gesehen, ist keiner dieser Wünsche ein Ding der Unmöglichkeit – in jedem handlungsfähigen Erwachsenen liegt das Potenzial, sie zu verwirklichen. Man muss sich nur rechtzeitig darum kümmern. Aber wie geht das?

Was man selbst tun könnte, inwieweit man selbst aktiv werden sollte, dafür finden sich in der Ratgeberliteratur zahlreiche so genannte **Bucket Lists**. Allerdings bestechen die Top 10 dieser To Do-Listen eher durch exotische Fernreisen und Ideen wie Surfen lernen auf Hawaii[228] oder Bungee-Jumping,[229] als sich um Alltagsänderungen zu kümmern. Letzteres ist allerdings auch weniger → freizeit-, geschweige denn, → lustbetont.

Stattdessen müssen Sie Ihre eigene → Mentalität, Ihre → Leitwerte und → Ziele ernsthaft auszuloten beginnen. Daran schließt sich ein nachhaltiges → Change Management an. Das wiederum kann verbunden sein mit dem Ertragen von ernsthaften Interessenkonflikten, nicht nur, aber auch im Verhältnis zu anderen Menschen – selbst zu solchen, für die Sie sich mit verantwortlich fühlen. Immerhin haben Sie ja schon zum Thema → Gründe durchschauen gelernt, dass, wer will, Wege findet. Ich selbst stelle, wenn ich Podiumsdiskussionen moderiere, am Schluss gerne die so genannte **Feenfrage:** Wenn jetzt eine gute Fee käme, und Sie hätten einmal im Leben drei Wünsche frei – wie würden die lauten?

In der Umsetzung müssen Sie nicht so weit gehen wie in dem Bibelwort nach *Jakobus* 4, 17: „Wer nun weiß, Gutes zu tun, und tut's nicht, dem ist's Sünde".[230] Im Alltag ist es nicht selten eine **Sperre im Kopf**, die das größte Hindernis darstellt. Krimis und Western aller Art, in denen jeder genau weiß, was gut und böse, was zu tun und zu unterlassen ist, sind nicht umsonst so beliebte Fernsehformate: Richtig und falsch sind dort klar definiert – eine echte Sehnsuchtsvorstellung. „Manchmal ist es genau das, was du dort

---

[227] Nachzulesen in https://www.welt.de/vermischtes/article13851651/Fuenf-Dinge-die-Sterbende-am-meisten-bedauern.html – abgerufen am 01.07.2023.

[228] Siehe beispielsweise https://karrierebibel.de/bucket-list/ – abgerufen am 01.07.2023.

[229] https://studyflix.de/allgemeinwissen/bucket-list-ideen-5508 – abgerufen am 01.07.2023.

[230] Siehe dazu auch die Anmerkung von Pfarrer *Christian Schwark* in https://www.erf.de/hoeren-sehen/erf-plus/audiothek/wort-zum-tag/jakobus-4-17/73-3917 – abgerufen am 01.07.2023.

draußen brauchst", belehrt Mentor *Don* den Alaska-Aussteiger *Guy Grieves*, „keine andere Wahl zu haben".[231] Im bundesdeutschen Alltag ist das allerdings eher selten der Fall.

Da fehlt oft für spannende Dinge die → Zeit, weil man in Wirklichkeit lieber auf dem Sofa liegt (oft zu Recht, aber das will man nicht sagen). Da lassen die → Finanzen die Erfüllung eines Lebenstraums nicht zu, vor dem man sich insgeheim fürchtet. Man wäre nur gerne jemand, der man irgendwie womöglich doch nicht ist. Dritte stehen uns im Wege, das aber nur deshalb, weil wir Positionskämpfe führen, anstatt um einen guten Ausgleich zu → streiten. Und **Alltagsargumente** dafür, alles beim Alten zu lassen, sind ohnehin schnell gefunden. Dass es Ihnen besser täte, anders zu handeln, ist nicht so gut fassbar. Es liegt im Dunkel der Möglichkeiten und nicht in freier Landschaft wie im Wilden Westen (der nicht zuletzt deshalb ein so beliebter Schauplatz ist, weil er Freiheit und klare Überzeugungen miteinander kombiniert). Das ist → Grund genug, um sich erste einmal davor zu → fürchten.

Soweit wir uns nicht nur für uns selbst engagieren müssen, verspüren wir noch dazu schnell ein unangenehmes **Ohnmachtsgefühl**. In *David Mitchells* Zeitenepos *Cloud Atlas* gibt es dazu einen erschöpfenden Dialog zwischen Haskell Moore und seinem Schwiegersohn Adam Ewing: „Ganz gleich, was du auch ausrichtest – es wird nie mehr sein als ein einzelner Tropfen in einem unendlichen Ozean". Andererseits: „Was ist ein Ozean, wenn nicht eine Vielzahl von Tropfen?".[232]

Ich selbst erinnere mich bis heute an den Spruch in einem 80er-Jahre-Taschenkalender von Amnesty International: Anstatt über die Dunkelheit zu jammern, sollten wir lieber eine **Kerze anzünden**. Bei einem politischen Engagement für Terre des Hommes, Greenpeace und andere weiß man in der Tat nie, ob es die eigene Postkarte an seine Exzellenz irgendeines Schurkenstaats gewesen ist, wegen derer ein politischer Gefangener Wochen später freikommt oder der Nachwelt ein Stück Amazonas erhalten bleibt. Mit dieser Ungewissheit gilt es zu leben.

Das ist allerdings keine Rechtfertigung dafür, es gar nicht erst mit → Engagement zu versuchen. Erst recht nicht akzeptabel ist eine kollektives Untätigkeit aus Gehorsam heraus: Zu viele Menschen haben im Dritten Reich nicht gehandelt, als es nach innen wie außen eine humanitäre Katastrophe zu verhindern galt. **Kein Mensch hat das Recht zu gehorchen**, formulierte das – in Anlehnung an *Kant* – sehr prägnant *Hanna Arendt*.[233]

---

[231] *Guy Grieves*, Eine Büroklammer in Alaska, Ankerherz Verlag, Hollenstedt 2016.

[232] *David Mitchell*, Der Wolkenatlas, rororo Verlag, Frankfurt 2007.

[233] Das ist auch der Titel des Buches von *Florian Salzberger*, Kein Mensch hat das Recht zu gehorchen: Hannah Arendts Philosophie des Umgangs im Anschluss an die Narrativitätskonzeption ihres Spätwerkes. Verlag Karl Albert, Freiburg und München, 2016.

Dabei geht es allerdings nicht nur um mangelnde Feigheit. Ein weiterer nicht zu unterschätzender Hemmschuh ist unser **Streben danach, nichts falsch zu machen**: Im Großen wie im Kleinen legen wir die Latte so hoch, dass unser Vorhaben doch keinen Zweck hat, und deshalb lassen wir es ganz. Dergleichen beobachten wir heute im Umweltschutz ebenso wie dann, wenn wir „endlich mal abnehmen" müssten.

Tatsächlich kosten uns die letzten 20 % zum Erfolg erfahrungsgemäß besonders viel Kraft. Das nach dem italienischen Ökonom *Vilfredo Pareto* benannte **Pareto-Prinzip**[234] **setzt just an diesem Punkt an**: 80 % der Ergebnisse für das Gelingen eines Vorhabens können nach dieser Faustformel mit nur 20 % des Aufwands erzielt werden. Die übrigen 20 % erfordern hingegen 80 % der Arbeit. Die Folge: Perfektionismus in einem Lebensbereich erweist sich in anderen Sphären als Belastung.

Wer das schon früh erkannt hat, war der spätmittelalterliche flämische Maler *Jan van Eyck*. Auf einem Rundgang durch Frankfurts bekanntes Museum Städel entdecken Sie auf seinen Kunstwerken eine pseudogriechische Signatur. „ΑΛΣ · ΙΧΗ · ΧΑΝ" – „**(So gut,) als ich (nun einmal) kann**", ist darauf zu lesen. Und wenn schon dieser berühmte Künstler seine Werke nur so gut geschaffen hat, wie er es nun einmal vermochte – warum sollte Ihnen das nicht auch gestattet sein?

In der Praxis steht Ihnen hier und heute damit eine Vielzahl von Möglichkeiten offen. Sie haben anders als Menschen zu anderen Zeiten und in anderen Ländern die Option, zu erkunden, was Ihren eigenen Wesenskern ausmacht. Sie können sich auf vielfältige Weise für Dritte → engagieren – und sei es auch nur, dass Sie jemandem eine Tasche die Treppe hochtragen oder einen Kuchen beim Kirchenoder Eine-Welt-Bazar spenden. Wenn Sie gleichermaßen beschäftigt wie selbstlos sind, spenden Sie Blut beim Deutschen Roten Kreuz (DRK) oder lassen Sie sich in die Knochenmarkdatei bei der DKMS eintragen.[235]

Sie können **beispielsweise** im Chor singen, als Märchenerzählerin in Hort oder Altenheim volontieren, Weihnachtsbriefe nach 97267 Himmelstadt beantworten oder freiwillige Krankenhausbesuche absolvieren. Sie können Hunde im örtlichen Tierheim ausführen. Sie können Hausaufgabenpaten für Kinder mit Migrationshintergrund oder Fahrrad-Reparaturengel für Geflüchtete werden. Sie können sozial schwachen Menschen Hilfe bei Behördengängen anbieten, im Jugendzentrum einspringen und vieles mehr tun.

---

[234] Siehe hierzu https://der-prozessmanager.de/aktuell/wissensdatenbank/pareto-prinzip, abgerufen am 01.07.2023.

[235] Die DKMS, ehemals Deutsche Knochenmarkspenderdatei, ist eine deutsche gemeinnützige GmbH mit Sitz in Tübingen, https://www.dkms.de/informieren/ueber-die-dkms – abgerufen am 01.07.2023.

Wie schon unter → Engagement erwähnt, suchen auch die meisten **kommunalpolitisch** aktiven Menschen händeringend nach Verstärkung. Anders als ihre Kolleginnen und Kollegen in Bund und Ländern haben sie nämlich ein gewaltiges Strukturproblem: In den Gemeindeversammlungen vor Ort sitzen keine echten Parlamentarier. Juristisch gesehen, sind Gemeinden und Landkreise Teil der vollziehenden oder Exekutivgewalt des Staates, deswegen genießen auch ihre Vertreter keine legislativen Weihen. Sie sind weder frei von strafrechtlicher Verfolgung (Immunität), noch werden ihre Äußerungen vor gerichtlichen oder dienstlichen Konsequenzen geschützt (Indemnität). Vor allem sind Kommunalparlamentarier eines nicht – sie sind weit überwiegend keine Berufspolitiker. Deshalb fehlt es ausgerechnet vor Ort permanent an Freiwilligen, die mitten im Gemeindeleben stehen.

Im Regelfall ist ein kommunalpolitisches Mandat unbestreitbar mit erheblichem Aufwand verbunden: Es bedeutet (1) Parteiarbeit plus (2) Fraktionsarbeit plus (3) Arbeit in der Gemeindesversammlung sowie (4) deren Ausschüssen, flankiert von (5) externer Vereinsarbeit und (6) weiteren Terminen und Honneurs Schließlich müssen Sie ja auch außerhalb Ihrer eigenen Blase wissen, was vor sich geht, und wen Sie darüber ignorieren, der fühlt sich leicht vor den Kopf gestoßen. Der (die Aufwandsentschädigung übersteigende immaterielle) Lohn ist andererseits hoch: Die Arbeit in der Gemeinde ist *die* politische Basisarbeit. Erinnern Sie sich noch an den Sprechchor der DDR-Montagsdemonstrationen 1989/1990? **Wir sind das Volk!** An keiner anderen weltlichen Stelle können Sie das besser zeigen als in einer Partei, einer Wählergemeinschaft oder auch einer anderen lokalen Initiative.

Ansonsten kann Ihr Handeln natürlich auch schlicht darin bestehen, dass Sie sich → entspannende **Rückzugsinseln erobern – und sie verteidigen.** Einen Mindestbeitrag leisten Sie auch als Steuerzahlender … oder einfach nur dadurch, dass Sie Ihre Umgebung als zufriedenerer Mitmensch bereichern. Entscheidend ist, dass Sie auf eigener wie gesellschaftlicher Ebene **überhaupt umsetzen, was zu Ihnen passt.** Hier gilt das alte *Erich Kästner*-Motto: „Es gibt nichts Gutes, außer man tut es!"[236]

Leitsatz

„Es gibt nichts Gutes, außer man tut es!"
Perfekt muss das Ganze nicht sein.

---

[236] *Erich Kästner*, zitiert nach: https://www.rhetorik-netz.de/es-gibt-nichts-gutes-ausser-man-tut-es – abgerufen am 01.07.2023.

Haustiere annehmen

Eines schönen Tages zieht in die Wohnung der 12-jährigen Vanessa ein fehlfarbener Chinchilla ein. Nessies Vater hat ihn von der Arbeit mitgebracht. Der Nager ist hinreißend, viel leiser und viel flauschiger als die ewig quiekenden Glatthaar-Meerschweinchen ihrer Freundin Jenni. Allerdings ist das Tier auch deutlich wendiger. Das stellt es am liebsten unter Beweis, wenn es von Nessis Streicheleinheiten die Schnauze voll hat: Das Tier rennt weg und quetscht sich hinter die Sofalehne. Wenn es nicht sofort gelingt, den kleinen Chichi da wieder herauszuholen, ist am nächsten Tag immer irgendetwas angenagt. Wenn es dumm läuft, hat Chichi ein T-Shirt oder eine Schulbuchecke erwischt, und es gibt entsprechenden Ärger. Irgendwann ist der dann aber auch wieder verraucht, und die beiden Mädchen lassen sich umso → glücklicher von Nessies Chinchilla weiter bezaubern.

Szenenwechsel. Bastian ist 24 und gerade nach Würzburg gezogen. Er ahnt, wie sehr ihn seine Eltern vermissen werden, auch wenn er ihnen seinen Hirtenhund Inouk dagelassen hat. Jetzt sucht er nach einer Möglichkeit, ohne langatmiges Telefonieren mit der → Familie in Kontakt zu bleiben. Da erinnert ihn ein Freund an eine Serie von Reels – kurzen Filmchen – auf Instagram. Nachdem Mom and Dad die entsprechende Social Media-App installiert haben, legt Bastian los: Alle zwei, drei Tage bekommen die Eltern Szenen von Hundekanälen, denen der junge Mann folgt. Jetzt amüsieren sie sich über Kapriolen von Vierbeinern aus aller Welt und bedenken die besonders schönen Einträge mit Herzen. Wenn man nichts anderes voneinander hört, ist damit gleichzeitig klar, dass alles in Ordnung ist.

Im Allgemeinen hat das Annehmen und Halten von Haustieren **zwei Seiten**: Tiere wollen artgerecht gehalten, wollen gefüttert und geimpft werden, kosten Zeit und Geld (→ Finanzen) – und dann sterben sie vielleicht auch noch vor uns und lösen damit eine → Trauer aus, die sich tierlose Zeitgenossen gar nicht vorstellen können. Wenn sie umgekehrt nach uns sterben, wohin mit ihnen? Das alles ist aber nur eine Seite der Medaille. Die andere Seite besteht in einer enormen psychosozialen Bereicherung. Haustiere fördern, sofern man nicht gerade unter einer Tierhaarallergie leidet, die Gesundheit.[237]

---

[237] https://www.schlaf.de/haustiere-und-psychische-gesundheit/#:~:text=Bei%20einem%20Hund%20verbringen%20sie,aktiver%2C%20verantwortungsvoller%20und%20auch%20leistungsf%C3%A4higer – abgerufen am 01.07.2023.

Entsprechend viele Deutsche sind Haustierhalter: Stand 2021 lebten **in Deutschlands gut 40 Mio. Haushalten**[238] **fast 35 Mio. Haustiere.** Das sind rund anderthalbmal so viele wie noch vor 15 Jahren.[239] Spitzenreiter unter den vierpfotigen Gefährten, unter den Nagern, Vögeln und Fischen sind dabei mit Abstand die **Katzen**. Ihre Zahl beläuft sich auf über 16,5 Mio., mehrheitlich vertreten im Doppelpack.[240] Außerdem leben in Deutschland über 12 Mio. **Hunde**, vornehmlich als Einzeltiere.[241] Die wiederum trifft man meist nicht etwa im ländlichen Raum an. Der Hofhund mit Kette und Außenhütte oder Tonne unter der Treppe ist weitgehend im 20. Jahrhundert geblieben. Stattdessen liegen die Top-Hundehaushalte in zwei der drei deutschen Stadtstaaten: Hamburg und Bremen haben die höchsten Hundehalterquoten überhaupt. Auch Berlin bewegt sich noch in der oberen Hälfte. Im Verhältnis dazu liegt die Zahl von Hunden pro Haushalt im Agrarstaat Bayern im unteren Drittel.[242]

Der moderne Alltagshund erweist sich damit eher als Gesellschafter und Begleiter, als dass er wirklich → Familie und → Heimat bewacht. Entsprechend heißt er übrigens auch nicht mehr Bello, Quastl, Rolf oder Rex. Stattdessen dominieren Namen wie Bruno, Oskar oder Sam. Hundedamen hören auf so klangvolle Namen wie Luna, Nahla und Amy.[243] Oder, um weiteren Bekannten unserer eigenen Vierbeiner die Ehre zu geben: Bruno, Carlo, Elmo, Fillou, Heinrich, Jack, Kuno, Leroy, Nick, Sesto, Stitch und Toni einerseits, Coco, Edda, Emma, Hilde, Lotta, Nanali, Pepper, Solvi, Rosi und Josie andererseits. „Mighty" Quinn hat sogar einen eigenen Instagram-Kanal – mancher Zweibeiner, der zuhause überwiegend auf Schatzi, Mausi, Hase oder Bärchen hört, würde sich über eine so feine Ansprache freuen.

---

[238] Die genaue Zahl betrug nach https://www.statistikportal.de/de/bevoelkerung/haushalte 40,683 Mio. Privathaushalte, darunter 16,619 Mio. Einpersonenhaushalte – abgerufen am 01.07.2023.

[239] Genauer gesagt, waren es 23,2 Mio. im Jahr 2007, https://de.statista.com/statistik/daten/studie/156836/umfrage/anzahl-der-haushalte-mit-haustieren-in-deutschland-2010/#:~:text=Anzahl%20der%20Haustiere%20in%20Haushalten%20in%20Deutschland%202021&text=In%20den%20deutschen%20Haushalten%20lebten,11%2C5%20Millionen%20Tiere%20an, die exakte Zahl betrug 34,7 Mio. – abgerufen am 01.07.2023.

[240] https://de.statista.com/statistik/daten/studie/181168/umfrage/haustier-anzahl-katzen-im-haushalt/ – abgerufen am 01.07.2023.

[241] https://de.statista.com/statistik/daten/studie/181167/umfrage/haustier-anzahl-hunde-im-haushalt/ – abgerufen am 01.07.2023.

[242] Nach Angaben des Industrieverbands Heimtierbedarf 2022 betragen die exakten Zahlen für Hamburg und Bremen 16,2 und 14,7 %, für Berlin 13,65 % und für Bayern 11,42 %, zitiert nach FR vom 28.08.2022.

[243] Eine Top-Ten-Liste finden Sie unter https://www.check24.de/hundehaftpflicht/die-beliebtesten-hundenamen/#top-ten – abgerufen am 01.07.2023.

Bei näherer Betrachtung von Katz' und Hund, die zusammen über 80 % des Gesamtbestands ausmachen, zeigen sich deutliche **Imageunterschiede**. Katzen stehen in dem Ruf, ebenso selbstständig wie kapriziös zu sein nach dem Motto: Danke mir, dass du mich füttern darfst! Dagegen ist ein braver Hund Ihnen angeblich dankbar, dass Sie ihn Ihrerseits füttern. Jenseits solcher Klischees[244] sind bei der Haltung vor allem handfeste organisatorische Unterschied zu bedenken. Gerade wer sich eine Katze wünscht, steht beispielsweise vor der Entscheidung zwischen Stubentigern und Freigängern, zwischen einem oder mehreren Exemplaren. Bei Hunden sind es dagegen Größe und Wohnungstauglichkeit, die eine wichtige Rolle spielen. Weitere Besonderheiten beider Tierarten kommen hinzu.

So werden **Katzen** älter als Hunde, man bindet sie bis zu 20 Jahre lang an sich. Weil sie zudem geborene Kletterer sind, müssen Katzenhalterinnen und -halter gerade bei Wohnungshaltung besondere Vorkehrungen treffen: Mia, Missa, Simba, Don Carlos und Herr Linus, Findus und Felix kommen mühelos auf Tische und Schränke. Reine Wohnungskatzen, die sich unterfordert fühlen, gestalten ihre Wohnung entsprechend gerne mal um. Das kann zwar recht praktisch sein für den Fall, dass Sie zu viel Hausrat besitzen, ist es sonst aber eher weniger.

Freigänger wiederum langweilen sich zwar nicht, haben ausreichend Bewegung und bleiben im Regelfall schlanker. Sie selbst haben dann jedoch weniger von Ihrem Tier, weil es schlicht seine eigenen Wege geht. Zudem drohen unruhige Stunden für den Fall, dass der modernerweise gechipte und mit einem Tracker versehene Schnurrian gerade kein Funksignal sendet. Das Ganze spielt sich auch noch gerne in der Dunkelheit ab, denn anders als Hunde sind Katzen nachtaktiv. Sollten Sie schließlich an entsprechenden vierbeinigen Nachwuchs denken, müssen Sie die entsprechenden Bestimmungen Ihrer Kommune zu Kastrations- und Registrierungspflichten prüfen.

Hunde hingegen brauchen normalerweise mehr Platz und Futter. Als gut angepasste **Rudeltiere** benötigen mehr menschliche Aufmerksamkeit. Sie müssen ausgeführt werden, und das manches Mal auf die Gefahr hin, dass man über ihre Leine stürzt. Sie machen sich zuweilen lautstark bemerkbar und beschwören dadurch womöglich → Streit mit den → Nachbarn herauf. Entsprechend ist ihre Haltung in Mietwohnungen nicht ohne weiteres erlaubt. Im Übrigen kann Ihre Einrichtung in ähnlicher Weise leiden wie bei Katzen und Chinchillas – vor einem experimentierfreudigen Hund und seinen scharfen Milchzähnen schützen nur Tischbeine aus Metall. Sollten Sie

---

[244] Siehe hierzu beispielsweise auch https://www.tierchenwelt.de/specials/tierisch-komisch/2885-unterschied-zwischen-hund-und-katze.html?start=1 – abgerufen am 01.07.2023.

einen Garten haben, riskieren Sie, dass Hunde wie Timber, Anouk & Co ihn kurzerhand nach Maulwurfart umgraben. Und/oder den Zaun als Hürde für ein Agility-Training missbrauchen. In allen größeren Städten gibt es Hundeschulen,[245] in denen „Sitz, Platz, Bleib" und mehr gelehrt wird. Die Belohnung für diese Mühen sind treue Gefährtinnen und Gefährten, die mit Ihren Menschen zehn bis fünfzehn Jahre lang durch Dick und Dünn gehen.

Das Tierheim Ihres Vertrauens weiß mehr, dort dürfen Sie normalerweise auch öfters hingehen, bevor Sie sich endgültig entscheiden. **Vorsicht** geboten ist hingegen bei Tierkäufen **im Internet**: Tiere, die auf dem grauen Markt ohne Papiere verkauft werden, sind nicht selten entwicklungsgestört und/oder mit überzüchtungsbedingten Beeinträchtigungen belastet. So treten beispielsweise bei Hunden immer mehr Hüftgelenksdysplasien (HD) auf. Das sind genetisch bedingte Fehlbildungen der Hüftgelenke. In letzter Zeit nehmen zudem epileptische Anfälle von Hunden zu, die ihrerseits in Zuchtfehlern wurzeln. Deren oft lebenslange Behandlung ist in jeder Hinsicht belastend. Bei Katzen wiederum kann es zu FORLkommen, einer häufig auftretenden, äußerst schmerzhafte Zahnkrankheit.[246]

Sie tendieren zu einem reinrassigen **Zuchttier**? Liebhaber edler Katzen können sich in diesem Fall an den 1. DEKZV wenden, den ältesten deutschen Katzenzuchtverband.[247] Für Hundefreunde ist der Verband für das deutsche Hundewesen VDH[248] eine geeignete Anlaufstelle.

Gerade bei **Rassehunde**n sollten Sie zudem genau überlegen: Sie wünschen sich einen besonders klugen Belgischen Schäferhund? Für dessen Beschäftigung benötigen Sie zusätzlich Zeit und Kraft – auch ganz wörtlich. Sie suchen nach einem anhänglichen Hütehund für sich und die → Familie? Die sind groß und bellen, anders würde keine Schafherde sie ernstnehmen. Die besonders hübschen Aussies, Collies oder Briards, die als Arbeitshunde ohne Schäfer hüten, sind zudem auftragsgemäß Herdenanbeller *und* eigensinnig. Werden diese und andere clevere Rassen nicht ausgelastet, kommen sie schnell auf dumme Gedanken. Die wegen ihrer Leichtführigkeit so beliebten Retriever wiederum neigen zum Haaren und Dickwerden. Eine befreundete Tierärztin hat sie einmal liebevoll als Staubsauger bezeichnet, die alles Essbare wegputzen, dessen sie habhaft werden.

---

[245] Einschließlich eines entsprechenden Rankings nachzulesen bei https://www.santevet.de/artikel/rangliste-hundeschulen-deutschland – abgerufen am 01.07.2023.

[246] Die Abkürzung steht für Feline (Familie der Katzen), odontoklastische (Zellen, die die Zahnsubstanz angreifen), resorptive (lateinisch für absaugen), Läsion (Schädigung von Strukturen), siehe dazu auch https://www.zooplus.de/magazin/katze/katzengesundheit-pflege/forl-bei-katzen – abgerufen am 01.07.2023.

[247] https://www.dekzv.de/ – abgerufen am 01.07.2023.

[248] https://www.vdh.de/home/ – abgerufen am 01.07.2023. https://www.allianz.de/gesundheit/katzenversicherung/katzenkrankheiten/forl-katze/#:~:text=FORL%20ist%20eine%20h%C3%A4ufig%20auftretende,L%C3%A4sion%20(Sch%C3%A4digung%20von%20Strukturen). – abgerufen am 01.07.2023.

Schließlich die schnuckeligen weißen Westis (kurz für Westhighland-Terrier) oder die herrlichen Dackel, die man eben mal hochheben kann: Die haben deswegen so eine praktisch kleine Größe, weil sie so besser jagen können. Wenn Sie sie von der Leine lassen, darf Sie ein Sprint weg ins Unterholz deshalb nicht wundern. Vielleicht hat sich der große deutsche Humorist *Loriot* alias *Vicco von Bülow* auch deshalb lieber für einen Hund entschieden, der keine schnellen Sportarten mag. Jedenfalls prägte er einen Ausspruch, der mittlerweile als Klassiker gilt: „Ein Leben ohne Mops ist möglich, aber sinnlos".[249]

Leitsatz

„Ein Leben ohne Mops ist möglich, aber sinnlos!"
   Haustiere sind organisatorisch anstrengende, psychosozial aber sehr nützliche Gefährten: Sie tun uns gut und bereichern unser Leben. Bei der so häufigen Katzen- und Hundehaltung sind jedoch einige Besonderheiten zu beachten.

Heimat erfahren

Schwerpunkt: privat

„Denk ich an Deutschland in der Nacht, Dann bin ich um den Schlaf gebracht, Ich kann nicht mehr die Augen schließen, Und meine heißen Tränen fließen". *Heinrich Heine*, dem wir nicht nur Die *Loreley*[250] *und Deutschland, ein Wintermärchen*[251] verdanken, hat es zeitlebens schwer gehabt mit seiner konservativen Heimat. Als er 1843 seine gerade zitierten *Nachtgedanken*[252] schreibt, lebt er seit Jahren im Pariser Exil. Innerlich kann und will er von seinem Vaterland nicht lassen, der Zensur und allen anderen Repressalien zum Trotz. Dabei gibt es den deutschen Nationalstaat späterer Prägung zu *Heines* Zeiten noch gar nicht. Allein das heutige Bundesland Hessen bestand 1866 noch aus dem gleichnamigen Großherzogtum, Kurfürstentum, Teilen des Königreichs Preußen, der Freien Stadt Frankfurt und vier weiteren Gebieten.

---

[249] *Loriot,* zitiert nach https://falschzitate.blogspot.com/2018/02/ein-leben-ohne-mops-ist-moglich-aber. html – abgerufen am 01.07.2023.

[250] In einer wunderschön von *Aljoscha Blau* illustrierten Fassung erhältlich im Kindermann Verlag, Berlin 2006.

[251] Kostenfrei abrufbar im Rahmen des Projekts Gutenberg, https://www.projekt-gutenberg.org/heine/ wintmrch/wintmr01.html – abgerufen am 01.07.2023.

[252] Ebenfalls gemeinfrei nachzulesen im Rahmen des Projekts Gutenberg, https://www.projekt-gutenberg.org/heine/gedichte/chap500.html – abgerufen am 01.07.2023.

Als der Nationalstaat im Januar 1871 dann endlich geschaffen worden war, folgten ab 1914 zwei Weltkriege mit unvorstellbaren Gräueltaten. Diese Zeit wurde unterbrochen von einer Weimarer Republik, gefolgt von der NS-Diktatur ab 1933. Aber auch die Weimarer waren keine goldenen Zeiten: Die Republik konnte ihren ausgezehrten Bürgern kaum Raum zum Verschnaufen geben. Der noch junge Staat stand wirtschaftlich mit dem Rücken zur Wand: Er musste das kriegsgeschüttelte Land wieder aufrichten, Kriegsanleihen an die eigene Bevölkerung zurückzahlen und eine enorme Geldsumme für Reparationsleistungen aufbringen. In der Folge wurde im *Babylon Berlin*[253] weniger getanzt denn gehungert und gefroren: Die Republik gab mehr und mehr Scheine in Umlauf, sodass es 1923 zu einer Hyperinflation kam. Ein einzelnes Ei kostete in der Hauptstadt am 9. Juni 800 Mark und zum Jahresende dann 320 Mrd. Mark.[254]

In den USA ging es trotz Korea- und Vietnamkrieg gefühlt entspannter zu – jedenfalls der eigene Boden war sicher. Die vom Westrand des Kontinents ausgehende Flower-Power-Bewegung[255] war in weiten Teilen des Landes weit weg. Wie nonchalant formulierte da Mitte der 1970er-Jahre selbst der politisch wache Singer-Songwriter *Billy Joel*: „Home could be the Pennsylvania turnpike, Indiana's early morning dew. High up in the hills of California home is just another word for you".[256] Gleichzeitig war gerade der Metropol-New Yorker Joel zeitlebens sehr heimatverbunden. Auch die Romane des großen John Irving, allen voran *(A Prayer for) Owen Meany* und *The Cyder House Rules (Gottes Werk & Teufels Beitrag)* verbinden auf meisterhafte Weise Zeitgeschichte und Heimatgefühl.[257]

Im Englischen hat das Word *home* mit dem dunklen, gerne lang ausgesprochenen Vokal schon für sich etwas Schützendes, Bergendes. Home, betont wie hoom, klingt (sic:) *cozy and warm,* gesprochen coosi end woorm. Gleichzeitig wird an *Joels* Beispiel deutlich, dass es neben der realen immer

---

[253] So der Titel einer viel gesehenen Serie in Anlehnung an die Bestseller-Reihe von *Volker Kutscher* um Kommissar Gereon Rath, https://www.daserste.de/unterhaltung/serie/babylon-berlin/index.html – abgerufen vom 01.07.2023.

[254] Anschaulich dazu: https://www.planet-wissen.de/geschichte/deutsche_geschichte/weimarer_republik/pwiediehyperinflationvon100.html – abgerufen am 01.07.2023.

[255] Anschaulich dazu ist https://www.focus.de/wissen/videos/flower-power-hippies-flower-power-und-new-age-in-kalifornien-usa_id_5836316.html – abgerufen am 01.07.2023.

[256] In seinem Song You're my Home, 1975, zitiert nach https://www.songfacts.com/lyrics/billy-joel/you-re-my-home – abgerufen am 01.07.2023. Übersetzt lauten seine Zeilen in etwa: „Heimat könnte in der Mautautobahn (im Süden) Pennsylvanias liegen, im Morgentau Indianas. Hoch oben in den Hügen Kaliforniens ist Heimat nur ein anderes Wort für Dich".

[257] Beide Werke sind u. a. 1990 im Züricher Diogenes Verlag erschienen, Gottes Werk und Teufels Beitrag dabei als Taschenbuch in der 32. Aufl.

auch eine **gedachte Heimat** gibt. Das mag eine geliebte Person sein, kann aber auch mit *Christian Buder*[258] ein Ort sein, an dem ein Teil unserer Kindheit oder Jugend zuhause war.

Heimat als Gemeinde, als Region, als Bundesland oder State, schließlich auf nationaler und internationaler Ebene – wo kein Krieg herrscht, beginnt sich der Heimatbegriff in all seiner Vielschichtigkeit zu entfalten. Wer ohne eigenen, festen Wohnsitz lebt – in Deutschland mit 263.000 Betroffenen[259] über eine Viertelmillion Menschen – den wollen wir hierzulande denn auch nicht *heimatlos* nennen, anders als beispielsweise die US-Amerikaner. Ihn oder sie bezeichnen wir Deutsche als lediglich *Obdach*lose, mehrheitlich untergebracht in sozialen Einrichtungen.

Womöglich wird das angelsächsische Sprichwort **My home is my castle** – mein Heim ist meine Burg – in der deutschen Heimat in einem erweiterten Sinne verstanden. Als *Heimatlose* kennt man im deutschen Sprachgebrauch entweder Menschen, die sich emotional dem Land völlig unverbunden fühlen. Oder aber es handelt sich um staatenlose *ausländische* Mitbürger, wie sie nach dem Zweiten Weltkrieg als *Displaced Persons* bekannt waren. Für sie gilt rechtlich Artikel 25 Abs. V des Aufenthaltsgesetzes (AufenthG), der den Aufenthalt aus humanitären Gründen regelt.[260]

Im Alltag verbinden die meisten Menschen heute Heimat mit einem Ort, an dem sie im Umfeld von → Familie und → Freunden leben und sich **geborgen** fühlen. Bau- und Bodendenkmäler, regionale Sitten und Gebräuche, Lokalzeitungen und Aushänge tragen dazu ebenso das Ihre bei wie Speisen und Getränke. Wer in Südhessen lebt, für den ist die *Grie Sooß*, die gleichnamige grüne Sieben-Kräuter-Zubereitung, das, was dem Nordhessen seine Ahle Wurscht darstellt. Die EU flankiert entsprechende Speisen denn auch mit *Geschützte geographische Angabe*-Zeichen. Fast 4000 für ihre Gegend typische Lebensmittel sind derart vor Nachahmung geschützt.[261]

Auch **Sprachfärbung** erzeugt Heimat. Das geht bis hin zu Dialektausdrücken, die für „Aageplackte" – Neubürger – oft gar nicht so leicht zu verstehen sind. Wenn in meinem eigenen Heimatort beispielsweise „die Botschehaaner Bagaasch aagesch … kommt" und mal wieder „Babbelewasser getrunke" hat, wird sie auf ein „Schawellsche" gesetzt und „krischt alls Kranewasser". „Unserm Schnuggelsche saan guude Schoppe petze? Pfeiffedeckel!" Da mache

---

[258] *Christian Buder*, Das Gedächtnis der Insel, Karl Blessing Verlag, München 2017.
[259] Nach einer aktuellen Studie der Bundesregierung, zitiert in FR7 Magazin vom 29./30.04.2023,9.
[260] Nachzulesen im Wortlaut unter https://www.gesetze-im-internet.de/aufenthg_2004/__25.html.- abgerufen am 01.07.2023.
[261] FAZ v. 21.07.2023.

mer „keine Fissematenten". Wer da auf Anhieb versteht, dass man die Sprendlinger Verwandtschaft kurzerhand mit Leitungswasser auf dem Schemel kaltstellt, damit Sie unserer besseren Hälfte nicht – von wegen! – den Apfelwein wegtrinkt, der kommt mit hoher Wahrscheinlichkeit aus dem Süden Frankfurts.

Dabei kann man durchaus auch **mehrere Heimaten** in sich tragen.[262] In einem weiteren Sinne ist Heimat dort, wo man auf Gleichgesinnte trifft – beispielsweise bei *Heim*spielen im Fußballstadion. Wer je erlebt hat, wie zehntausende Eintracht Frankfurt-Fans im voll besetzten Deutsche Bank-Park (bei Einheimischen auch bekannt als Waldstadion) ihre schwarzweißen Schals schwingen und dazu *Im Herzen von Europa* „Eintracht vom Main" singen,[263] versteht ihr **Gefühl der regionalen Zusammengehörigkeit** sofort.

Auch **im Ausland** ist dergleichen populär: Ein „typisch deutsches" Oktoberfest können Sie nicht nur auf der Münchener Wiesn erleben, sondern auch in China, Japan, Australien oder Namibia – eben überall dort, wo es größere deutsch(stämmige) Gemeinden gibt. Im US-amerikanischen Cincinnati, Ohio, gibt es gleich zehn Oktoberfeste, flankiert von Grützwurst und kredenzt von *Zimmermanns, Kepplers, Hubers oder Haucks* in Vierteln wie Over-the-Rhine.[264] In Miami sind deutsche Freunde einmal quer durch die riesige Stadt mit uns gefahren, um gutes deutsches Brot für uns zu kaufen. Von Cologne in Minnesota über Hamburg im State New York und Munich in North Dakota bis hin nach Stuttgart in Arkansas – die alte Heimat hinterlässt Spuren in der neuen Welt.

Wer **im Inland** bleibt, trifft die heimische Gemeinschaft (und ihre Gäste) beim Sitzen vor regionalen Gerichten und Getränken wieder, in Frankfurt begegnet man sich da beim Schobbe Äppler – einem gerippten (Achtung: im Original) 0,3 l-Glas Apfelwein – zum Handkäs mit Musik, einem mit rohen Zwiebeln angemachtem Harzer Käse. Wer den Dialekt oder auch die kulinarischen Feinheiten der Küche (Äppler trinkt man niemals süß gespritzt, und den Handkäs' ißt man nur mit dem Messer) nicht kennt und respektiert, outet sich sofort als Fremder oder Banause. Im nahen hessisch-bayerischen Spessart gibt es sogar einen sogenannten *Äppeläquator*. Entlang einer Linie von Wertheim nach Schollbrunn handelt es sich dabei um eine bekannte

---

[262] Entsprechend https://www.deutschland.de/de/topic/leben/was-heimat-fuer-menschen-in-deutschland-bedeutet – abgerufen am 01.07.2023. Stärker territorial-nationalistische Konzepte zielen dagegen auf eigenen Grund und Boden. Zuweilen geht es auch um die gemeinsame Kultur oder Religion.

[263] Letzteres ist eine Songzeile der Eintracht-Hymne Im Herzen von Europa, abrufbar unter https://www.festgestaltung.de/fangesaenge/eintracht_frankfurt1/#im_herzen_von_europa – abgerufen am 01.07.2023.

[264] FAZ Nr. 148 vom 29.06.2023, R 3.

Sprachgrenze. Die Inschrift auf einem Gedenkstein westlich der Hochstraße bringt es auf den Punkt: „Hier löscht der Oepfelmoust Dein Durscht, den Hunger Grumbiernbrei un Wurscht./Degeche:/Worscht un Äppelwoi, muss uff de annern Seide soi". Dort innezuhalten ist gelebte Heimatkultur.

Dagegen muten die im Nachkriegsdeutschland so beliebten **Heimatschlager** zwischen altem Försterhaus[265] und blau blühendem Enzian[266] heute vielerorts kitschig an. Man amüsiert sich darüber. Allerdings überbietet sich bis heute jeder bessere Tankstellenshop mit ähnlichen Idyllen: Während Großstädter, wenn überhaupt, dann zu 95 % jedenfalls nicht in den ländlichen Raum wechseln,[267] während in Metropolen wie Hamburg oder Stuttgart die Immobilienpreise für Bestandswohnungen wie -häuser weiter steigen[268] und draußen Kommunalpolitiker mit aller Kraft um Gewerbeansiedlungen werben, stapeln sich drinnen regalmeterlang Zeitschriften wie „Landlust", „Landidee", „Landleben", „Landliebe" und „Landhaus".

Das weist auf eine weitere Eigenschaft hin, die wir Heimat gerne zuschreiben möchten: die einer **Idylle**. Ebenso wie beim Kauf einer Geschichtszeitschrift geht es auch beim Flanieren durchs Heimatmuseum nicht nur um die Aufarbeitung unserer Geschichte. Beides ist auch mit dem beruhigenden Gefühl verbunden, dass alle Kämpfe → vergangener Zeiten ausgefochten sind. Hat sich der Schlüssel dann erst einmal wieder in der eigenen durch Pflanzen, Bilder und Kissen angereicherten Wohnstatt gedreht, ist für einen Moment alles gut.

Wie wenig nachhaltig diese Vorstellung ist, hat schon *Juli Zeh* in ihrem unbedingt lesenswerten Gesellschaftsroman *Unterleuten* beschrieben.[269] Nicht nur in *Zehs* fiktivem brandenburgischem Dorf schwelen die Konflikte, prallen ökonomische und ökologische Interessen, Restaurierungsträume und Veränderungswünsche aufeinander. Idylle trügt.[270] Auch pflegt nicht jeder, der Dialekt spricht, deshalb eine besondere Gemütlichkeit.

---

[265] Gemeint ist Das alte Försterhaus von *Friedel Hensch* und *Die Cyprys* von 1954, siehe beispielsweise unter https://www.jiosaavn.com/lyrics/das-alte-forsterhaus-lyrics/FgsfAR1eY0s – abgerufen am 01.07.2023.

[266] Blau blüht der Enzian, siehe https://www.youtube.com/watch?v=8-2asjlBFIs – abgerufen am 01.07.2023.

[267] **Über zwei Drittel** der Betroffenen ziehen nach Angaben der FAZ Nr. 41 vom 17.02.2023, 29 oder **kleinere Großstädte**, jeder 11. in eine Kleinstadt und nur jeder Zwanzigste aufs Land. In FAS Nr. 15 vom 16.04.2023 ist von *Suburbanisierung* die Rede.

[268] Siehe mit einer Übersicht über die sieben Kernmetropolen Berlin, Düsseldorf, Frankfurt, Hamburg, München und Stuttgart FAZ Nr. 88 vom 01.04.2023, 25.

[269] *Juli Zeh*, Unterleuten, Luchterhand, München 2016.

[270] Siehe hierzu eindringlich *Dietmar Jacobsen* in https://literaturkritik.de/id/21873 – abgerufen am 01.07.2023.

Trotzdem ist und bleibt Heimat ein **zentrales Element unseres täglichen Erlebens**. Allein zum Zweiten Weltkrieg haben zahlreiche **Bücher** in über 75 Jahren „Geschichte geschrieben", wie die Neue Zürcher Zeitung vermerkt.[271] *Walter Kempowski* hat in seinem Mammutprojekt *Das Echolot* auf überwältigende Weise **Kriegstagebücher**, Briefe und Alltagszeugnisse zusammengestellt, später schrieb er den Roman *Tadellöser & Wolff*.[272] *Horst Krüger* hat in seiner Erzählung *Das zerbrochene Haus* eine bedrückende Bilanz seiner Berliner Jugend als Sohn „harmloser Deutscher" im Dritten Reich gezogen.[273]

In *Slaughterhouse Five – Schlachthof 5 oder Der Kinderkreuzzug' –* hat der US-Schriftsteller *Kurt Vonnegut* die traumatisierenden Luftangriffe auf Dresden im Februar 1945 beschrieben, mitsamt ihren dissoziativen Folgen. *Vonnegut* hat sie als Kriegsgefangener miterlebt.[274] Aus der Perspektive des jüdischen Kindes, das fliehen konnte, hat die Tochter des berühmten Weimarer Republik-Theaterkritikers Alfred Kerr, *Judith Kerr*, eine Romantrilogie verfasst. Ihr berühmter Auftakt ist *Als Hitler das rosa Kaninchen stahl*.[275] Weniger Glück hatte der beste Freund des Ich-Erzählers *Damals war es Friedrich* von *Hans Peter Richter*.[276] Das jüdische Kind stirbt bei einem Bombenangriff, weil der Blockwart ihm den Zutritt zum Luftschutzkeller verweigert hat. „Damals waren es die Juden./Heute sind es dort die Schwarzen, hier die Studenten./ Morgen werden es vielleicht die Weißen, die Christen oder die Beamten sein", mahnt der Autor und schlägt damit die Brücke zu → Vergangenheitsbewältigung und → Weltanschauung.

Heinrich Böll hat mit Romanen und Erzählungen aus der Kriegs- und westdeutschen Nachkriegszeit unser zeitgeschichtliches Verständnis geprägt wie kaum ein anderer. *Ansichten eines Clowns*[277] und *Du fährst zu oft nach Heidelberg*[278] sind auf erschütternde Weise bis in die Gegenwart hinein aktuell. *Jurek Becker* hat nicht nur den fulminanten KZ-Roman *Jakob der*

---

[271] Siehe ausführlich https://www.nzz.ch/feuilleton/zweiter-weltkrieg-diese-fuenfzehn-buecher-sollten-sie-kennen-ld.1555667 – abgerufen am 01.07.2023.

[272] *Walter Kempowski*, Tadellöser & Wolff, btb Verlag, München 1996.

[273] Das zerbrochene Haus ist nach vergriffener 2. Auflage als Taschenbuch neu erschienen im Verlag Schöffling & Co, Frankfurt a. M. 2023.

[274] *Kurt Vonnegut*, Schlachthof 5 oder Der Kinderkreuzzug, Rowohlt Taschenbuch Verlag, Reinbek bei Hamburg, 1972.

[275] *Judith Kerr*, Als Hitler das rosa Kaninchen stahl (Rosa Kaninchen-Trilogie, 1) Taschenbuch), Ravensburger Verlag, Ravensburg 1997.

[276] Damals war es Friedrich, dtv Verlag, 71. Aufl. München 1979.

[277] Erstmals erschienen bei Kiepenheuer & Witsch, Köln und Berlin 1963.

[278] Du fährst zu oft nach Heidelberg und andere Erzählungen von *Heinrich Böll* ist erschienen im Lamuv Verlag, Bornheim-Merten 1979.

Lügner[279] verfasst. Mit *Amanda herzlos*[280] hat er auch einen Entwicklungsroman vor dem Hintergrund der späten DDR geschrieben. Eine wunderbare Abrechnung aus Sicht ihrer 1986 dort geborenen Protagonistin Stine hat *Anne Rabe* in *Die Möglichkeit des Glücks* vorgenommen.[281] Selbst gut gemeint ist nicht dasselbe wie gut gemacht – das lässt sich ihren Überlegungen an zahllosen Stellen entnehmen.

Hinzu kommen Werke wie die ab 1983 erschienene Trilogie *Der Laden* von *Erwin Strittmatter*, die uns das vorige deutsche Jahrhundert in einem großen Bogen vor Augen führen. *Strittmatters* Lausitzer Dorfleben erstreckt sich von der **Zeit nach dem Ersten Weltkrieg bis hinein in die frühe DDR**.[282] Auch *Sansibar oder der letzte Grund*[283] ist auf seine Weise ein Heimatroman. *Alfred Anderschs Roman* handelt von der Sehnsucht nach dem Entkommen aus einem öden Ostseehafen im Herbst 1937. *Nirgendwo ist Poenichen* von *Christine Brückner*[284] ist in dieser Hinsicht ebenso ein Muss: „Wer kein Zuhause mehr hat, kann überallhin', erklärt Maximiliane von Quindt aus Poeninchen in Hinterpommern und macht sich mit ihren viereinhalb Kindern auf den Weg in den Westen, eine unter Millionen Vertriebenen" – so der Teaser.[285]

Um die für unser Land so wichtige **68er-Bewegung** geht es sodann in *Eva Demskis* Roman *Scheintod*.[286] Ihr Roman entführt uns in eine Reihe von Tagen rund um Ostern 1974. Ein linker Anwalt ist in seiner Kanzlei im Frankfurter Bahnhofsviertel tot aufgefunden worden. Seine von ihm seit Jahren getrennte Frau findet sich in einem Netz von Halbweltfiguren, ehemaligen Revolutionären und der Polizei wieder, die sie der Mitwisserschaft an ungeklärten politischen Aktivitäten verdächtigt. Stille Trauer ist ihr nicht vergönnt – das Private ist politisch.

---

[279] Jakob der Lügner ist erschienen im Suhrkamp Verlag, Frankfurt 1982. Passend dazu ist im Übrigen der *Roberto Benigni*-Film Das Leben ist schön (La vita è bella) zu empfehlen. In der Tragikomödie von 1997 erzählt Guido seinem Sohn Giosuè, der Aufenthalt im Lager sei ein kompliziertes Spiel, dessen Regeln sie genau einhalten müssten, um am Ende als Sieger einen echten Panzer zu gewinnen. Einen DEFA-Filmausschnitt dazu finden Sie unter https://www.youtube.com/watch?v=q6rvRvpm5ps – abgerufen am 01.07.2023.

[280] *Beckers* Amanda herzlos ist erschienen im Suhrkamp Verlag, Frankfurt 1994.

[281] *Anne Rabe*, Die Möglichkeit des Glücks, Verlag Klett-Cotta, Stuttgart 2023.

[282] *Strittmatters* Der Laden-Bände sind erschienen beim Aufbau Verlag, Berlin 1983, 1987 und 1992.

[283] *Alfred Andersch*, Sansibar oder der letzte Grund, Diogenes Verlag, Zürich 2006.

[284] Die gesamte Poenichen-Trilogie ist als Taschenbuch erhältlich beim Ullstein Verlag, (dann:) München 2003.

[285] Unter https://www.buecher.de/shop/pommern/nirgendwo-ist-poenichen/brueckner-christine/products_products/detail/prod_id/01899405/ – abgerufen am 01.07.2023.

[286] *Eva Demski*, Scheintod, Droemersche Verlagsanstalt Knaur, München 1986.

Im gleichen Jahr – 1974 – ist im Übrigen auch *Heinrich Bölls* Erzählung *Die verlorene Ehre der Katharina Blum oder: Wie Gewalt entstehen und wohin sie führen kann* erschienen. Darin setzt sich *Böll* mit einer weiteren deutschen Facette auseinander, nämlich den Praktiken der Boulevard-Presse. Die Vorbemerkung hat ihrerseits deutsche Geschichte geschrieben: „Personen und Handlung dieser Erzählung sind frei erfunden. Sollten sich bei der Schilderung gewisser journalistischer Praktiken Ähnlichkeiten mit den Praktiken der **Bild-Zeitung** ergeben haben, so sind diese Ähnlichkeiten weder beabsichtigt noch zufällig, sondern unvermeidlich".[287]

Eine weitere Auseinandersetzung mit deren Vorgehensweise stammt von *Günter Wallraff*. Sein *Der Aufmacher: der Mann der bei Bild Hans Esser war* erschien 1977, ist aber auch heute noch unbedingt lesenswert.[288] Das Gleiche gilt für *Stefan Austs* Standardwerk zum Thema Rote Armeefraktion oder **RAF**: *Der Baader-Meinhof-Komplex*,[289] der 2008 mit *Martina Gedeck* und anderen auch verfilmt worden ist.[290] Was aus der Terrorismusfrage als Gewaltfrage in stark abgeschwächter Form geworden ist, beleuchtet in sehr beeindruckender Weise der 2020 erschienene deutsch-französische Spielfilm *Und morgen die ganze Welt* mit *Mala Emde* in der Hauptrolle. Angelehnt an Zeile aus dem nationalsozialistischen Propagandalied *Es zittern die morschen Knochen* verfolgt die Handlung die Radikalisierung der Mannheimer Jurastudentin Luisa, die sich einer linken **Antifa**-Gruppe anschließt.[291]

Ein großes **Filmerlebnis** ist schließlich *Heimat* von *Edgar Reitz*. Besonders der erste Teil seiner Trilogie trägt den Beinamen *Eine deutsche Chronik* völlig zu Recht. In elf unterschiedlich langen Teilen erzählt er das Leben von Maria Simon, der Tochter des Bürgermeisters der fiktiven Gemeinde Schabbach im Hunsrück. *Heimat* begleitet Marias Leben in Schabbach von 1919 bis zu ihrem Tod 1982.[292]

---

[287] *Heinrich Böll*, Die verlorene Ehre der Katharina Blum oder: Wie Gewalt entstehen und wohin sie führen kann, dtv, München 1976. Der Trailer zu der sehr sehenswerten Verfilmung des Romans ist abrufbar unter https://www.youtube.com/watch?v=nc9-DtkVsrM – abgerufen am 01.07.2023.

[288] *Günter Wallraff*, Der Aufmacher: Der Mann, der bei Bild Hans Esser war, KiWi Verlag, Köln 1977.

[289] *Stefan Aust*, Der Baader-Meinhof-Komplex, Goldmann Verlag, München 2008.

[290] Einen Filmausschnitt dazu finden Sie unter anderem unter https://www.youtube.com/watch?v=8FSM9wAbxbM – abgerufen am 01.07.2023.

[291] Der Trailer dazu ist abrufbar unter https://www.youtube.com/watch?v=ajN8FZ9hnMk – abgerufen am 01.07.2023.

[292] Einen sehr stimmungsvollen Trailer finden Sie mit niederländischen Untertiteln unter https://www.youtube.com/watch?v=2lrgkB22nqE – abgerufen am 15.06.2023.

Dabei wird eines mehr als deutlich: Gesellschaften sind räumliche Einheiten. Erst in ihren abgegrenzten Räumen wird Zeit, wird Geschichte erfahrbar. **Raum gestaltet Zeit,**[293] und heimatlicher Raum, so kompliziert und konfliktbeladen er jenseits von Kitschformaten auch sein mag – eine solche Heimat ist unser historischer Anker.

Leitsatz

„Im Raume lesen wir die Zeit!"
Mit Idylle hat das entsprechende beheimatet Sein allerdings wenig zu tun.

Intuition schärfen

Schwerpunkt: privat+ beruflich

Bitte beantworten Sie drei Fragen: 1. Ein Schläger und ein Ball kosten zusammen 1,10 Dollar. Der Schläger kostet einen Dollar mehr als der Ball. Wie viel kostet der Ball? 2. Wenn fünf Maschinen fünf Minuten für fünf Produkte brauchen, wie lange benötigen dann 100 Maschinen, um 100 Produkte zu erstellen? 3. In einem See wachsen Seerosen. Jeden Tag verdoppelt sich die Menge der Seerosen. Die Seerosen brauchen 48 Tage, um den gesamten See zu bedecken. Nach wie vielen Tagen haben sie den halben See überwuchert? Wenn Sie auf diesen so genannten **Cognitive Reflection Test** des Yale-Professors *Shane Frederick* mit 10, 100 und 24 antworten, befinden Sie sich in guter Gesellschaft. Trotzdem ist keine der vorgeschlagenen Lösungen richtig.

In der Bat-and-Ball-Aufgabe liegen nur 90 ct zwischen den beiden Gegenständen. Die korrekte Antwort lautet entsprechend: 0,05. Die Maschinen wiederum brauchen doch immer nur gleich lang, also auch im zweiten Fall nur fünf Minuten. Und die Seerosen-Tageszahl müssen Sie bei täglicher Verdopplung für den Vortag umgekehrt halbieren, sodass 47

---

[293] Erhellend dazu *Karl Schlögel,* Im Raume lesen wir die Zeit. Über Zivilisationsgeschichte und Geopolitik, Carl Hanser Verlag, München 2003.

herauskommt.[294] Das zeigt, dass unser **weitgehend unwillkürlich gesteuertes intuitives Denk- „System 1" nicht immer überlegen** ist.[295]

Nicht lineare Steigerungen beispielsweise unterschätzen wir gerne, wie auch die berühmte **Legende vom Korn und dem Schachbrett** zeigt. Danach wünschte sich der Brahmane Sissa von seinem indischen Herrscher als Belohnung für eine gute Tat nichts weiter als Weizenkörner. Von Schachfeld zu Schachfeld sollte es jeweils die doppelte Anzahl sein. Dieses vermeintlich bescheidene Ansinnen kam sein Gegenüber teuer zu stehen: 1 + 2 + 4 + 8 Körner usw. auf 64 Felder zu häufen, addierte sich am Ende auf die zwanzigstellige Zahl von fast 18,5 Trillionen.

Bei konzentrierten geistigen Aktivitäten fährt man anders gesagt mit dem so bezeichneten „System 2" deutlich besser als mit dem berühmten „7. Sinn". Das gilt auch und erst recht dort, wo keine Zahlen und Daten vorrätig sind. Drei weitere, geradezu klassische Phänomene sind dabei die „**Sunk Cost Fallacy**", der „**Confirmation Bias**" und der „**Halo Effect**".[296] Hinter diesen Anglizismen verbergen sich weit verbreitete intuitive Denkfehler.

Da ist zunächst der **Trugschluss mit den versunkenen Kosten**: Man verfolgt etwas weiter, weil man in der → Vergangenheit schon so viel darin investiert hat. Die Vergangenheit trifft aber keine zwingende Aussage über den Nutzwert in der Gegenwart oder gar → Zukunft. Egal, ob das Ihre Fremdsprachenkenntnisse oder Ihre Briefmarkensammlung betrifft, das turnusmäßig Klassentreffen oder das hart erarbeitete Examen: Was Sie heute schon eher belastet als schön zu sein, daran sollten Sie nicht länger kleben. Wenn doch, verschwenden Sie gute Ressourcen. Das gilt auch und erst recht im → Finanzbereich: Dass man gutes Geld nicht schlechtem hinterherwirft, ist dort ein geflügeltes Wort.

Der **Confirmation Bias oder Bestätigungsfehler** wiederum weist auf die Tendenz hin, neue Erkenntnisse nur dann ernst zu nehmen, wenn sie sich in die eigene → Weltanschauung einfügen. Was nicht hineinpasst, wird im Zuge selektiver Wahrnehmung ausgeblendet. Das betrifft gesellschaftspolitische

---

[294] Siehe dazu *Annette Dönisch*, Ein Yale-Professor hat einen Intelligenztest entwickelt (…), https://www.businessinsider.de/wissenschaft/yale-professor-hat-intelligenztest-entwickelt-mit-drei-fragen-r/#:~:text=Nach%2048%20Tagen%20ist%20der,Antwort%20lautet%20deshalb%2047%20Tage, sowie ergänzend *Daniel Kahneman*, Thinking, Fast and Slow, zitiert nach https://www.spiegel.de/panorama/elitestudenten-scheitern-an-diesem-einfachen-raetsel-kannst-du-es-besser-a-00000000-0003-0001-0000-000000453279 – jeweils abgerufen am 01.07.2023.

[295] Siehe hierzu anschaulich https://strukturierte-analyse.de/wie-wir-denken-system-1-und-system-2/ – abgerufen am 01.07.2023.

[296] Sehr lehrreich zum Ganzen ist *Rolf Dobelli*, Die Kunst des klaren Denkens, Piper Verlag, München 2020.

Themen ebenso wie das persönliche Bild, das wir uns von anderen Menschen machen. Oder es werden Fragen so gestellt, dass kaum etwas anderes als das Erwartete dabei herauskommen kann. Da werden im Zuge medial gut verwendbaren Filmmaterials immer wieder Kriegsbilder aus der Ukraine gezeigt – und schon vergisst man, dass in weiten Teilen des Landes nicht die Raketeneinschläge selbst, sondern die daraufhin zerstörten Krankenhäuser zu einer humanitären Katastrophe führen.

Für eine ähnliche Verzerrung, nur in eine andere Richtung, steht der der **Halo- oder Heiligenschein- bzw. Strahlen-Effekt.** Er lässt uns vorschnell von einer guten Eigenschaft auf die andere schließen. Schöne Influencerinnen vermarkten bestimmt tolle Produkte. Ein cooler Lehrer ist garantiert auch ein lässiger Vater. Und eine eloquente AfD-Politikerin hat bestimmt auch viel zu sagen, oder?

Vorsicht ist in allen Fällen geboten. Hier sind → **Achtsamkeit, methodisches Denken und** → **Gründe ermitteln** angesagt. Oft helfen auch statistische Erwägungen weiter: Wie wahrscheinlich ist es, dass jemand alles weiß und alles kann? Wie wahrscheinlich ist es, dass Ihnen jemand, der vor allem mit seinem Aussehen punktet, gleichzeitig Kompetenz und selbstlose Empfehlungen entgegenbringt? Mit welcher Wahrscheinlichkeit haben hoch engagierte Lehrer abends noch Kraft für den eigenen Nachwuchs?

Am besten sammeln Sie **zur Ausbildung Ihres Bauchgefühls Hintergrundwissen.** Dann – allerdings oft auch erst dann –, wenn man ein entsprechendes Fundament besitzt, profitiert man von einer Art geleiteter Intuition. Wir alle kennen das aus beruflichen Situationen. Dann ahnen wir schon, dass es einer neuen PR-Kampagne bedarf. Dass der Kollege aus dem Vertrieb vorschnell handelt, ist uns irgendwie klar, ohne dass wir sagen könnten warum. Auch beim Autofahren spüren wir oft instinktiv, wie schnell wir auf der Autobahn wirklich fahren sollten. Das alles gilt allerdings erst, wenn wir keine (Fahr-)anfänger mehr sind.

Mit gut fundierter Intuition können Sie notfalls sogar auf eine Art Autopilot schalten – selbst wenn Sie nicht hinter dem Steuer sitzen. Zu diesem Angebot sollten Sie beispielsweise nicht → Nein sagen, jenen Anruf trotz Ruf-Unterdrückung entgegennehmen. Heute Abend sollten Sie eher nicht aus dem Haus gehen, und eines Ihrer Buchregale droht zu brechen … die Zahl der **Beispiele für intuitiv veranlasste gute Entscheidungen** lässt sich beliebig verlängern. Greifen Sie auf eine stichhaltige Wissensbasis zurück, dann weist Ihnen das Gespür den richtigen Weg. Unter dem Strich profitieren Sie von der Summe vorhandener Erfahrungen, selbst wenn Sie sie nur halb bewusst im Kopf haben.

Tatsächlich ist es selbst bei wissenschaftlichen Erkenntnissen oft so, dass sie aus einem **Heureka-Moment** heraus entstehen. Der entsprechende griechische Ausruf, „Ich habe (es) gefunden!", wird *Archimedes von Syrakus* zugeschrieben. Dem soll das nach ihm benannte Archimedische Prinzip nämlich unversehens in der Badewanne eingefallen sein.[297] Allerdings war Archimedes auch außerhalb des Bades einer der bedeutendsten Mathematiker der Antike.[298] Entsprechend wird ihm der entscheidende Gedanke nicht aus dem blauen Himmel heraus gekommen sein.

Für die Naturwissenschaften formulierte *Albert Einstein* das so: Der Intellekt habe wenig auf der Straße zur Entdeckung verloren. Da komme es „zu einem Quantensprung im Bewusstsein, nennen Sie es Intuition oder wie Sie wollen, die Lösung kommt zu Ihnen und Sie wissen nicht wie oder warum“.[299] Im psychoanalytischen Bereich entspricht dem ein Zitat von *Alfred Adler*: „Folge deinem Herzen. Aber vergiss dabei nicht, dein Hirn mitzunehmen.“[300]

Unter dem Strich: Ein Hoch auf das intuitive Denken, aber erst nach solider Vorarbeit.

Leitsatz

„Ein Heureka fällt nicht vom Himmel!“
   Durch Hintergrundwissen abgesicherte Intuition ist sehr nützlich. Allerdings darf man seinem Bauchgefühl nicht automatisch trauen.

Jung bleiben

Schwerpunkt: privat

Martin wird an einem kalten Spätwintertag beerdigt, eine kleine Gruppe von Menschen steht schweigend um das offene Grab. Da tritt Martins Jugendfreundin nach vorne, einen großen, eddingbeschrifteten Kieselstein in der Hand. Darauf zu lesen ist der Refrain eines Songs von *James Blunt, 1973*:

---

[297] Eine witzige Schilderung liefert https://physikforkids.de/geschichte/archimedes/die-loesung-in-der-badewanne – abgerufen am 01.07.2023.

[298] Der griechische Mathematiker, Physiker und Mechaniker *Archimedes* erfand unter anderem die Bestimmung des Kreisumfangs und formulierte die Gesetze des Schwerpunkts, der schiefen Ebene, des Hebels und des Auftriebs. Seine Biografie finden Sie unter https://whoswho.de/bio/archimedes.html – abgerufen am 01.07.2023.

[299] *Albert Einstein* sagte im Original wörtlich: „The intellect has little to do on the road to discovery. There comes a leap in consciousness, call it Intuition or what you will, the solution comes to you and you don't know how or why“, zitiert nach https://quotepark.com/quotes/1426771-albert-einstein-the-intellect-has-little-to-do-on-the-road-to-disc/ – abgerufen am 01.07.2023.

[300] Zitiert nach *Christiane Schönemann*, Alfred Adler – Du bist genug, happy•soul Nr. 2/2022, 89.

„And though time goes by/I will always be/In a club with you/in 1973".[301]
Der Stein stammt von einem See, an dem die beiden viel Zeit miteinander
verbracht hatten. In ihrem Herzen werden Freund und Zeit nun nicht weiter
altern, das ahnen alle Beteiligten.

Szenenwechsel: ein schwüler Sommertag in der Großstadt. An ihrem
Schreibtisch sitzt stirnrunzelnd die 40-jährige Anna. Vor ihr auf dem
Bildschirm ploppt die Erinnerung an einen bevorstehenden Firmen-
Straßenlauf auf. Es handelt sich um den alljährlichen Corporate Challenge-
Lauf, ein Mega-Fitnessevent mit über fünfzigtausend Teilnehmenden. Anna
möchte nicht mitlaufen und sucht nach einem plausiblen → Grund für ihr
Unbehagen. Schließlich fragt sie einen ihrer Söhne um Rat. „Natürlich musst
du das nicht", tönt es daraufhin aus dem Telefon. „Du musst dir deine Jugend
doch nicht mehr beweisen!".

Mit dem Altern ist das bekanntlich eine seltsame Sache: Alt werden wollen
wir alle, und tatsächlich sind wir nach Japan ja auch schon das **Industrieland
mit der zweitältesten Bevölkerung** weltweit. Die Hälfte unserer Bevölkerung
gehört bei weiträumiger Betrachtung zur Generation 50+.[302] Gleichzeitig
möchten wir jung bleiben. Jugend ist zu allen Zeiten gefeiert worden, Bildnisse
wie *Sandro Botticellis Geburt der Venus und Primavera (Frühling)* locken bis
heute große Pilgerscharen in die Florentiner Uffizien.[303] Jugendlichkeit entspricht im Alltag einem weit verbreiteten → Schönheitsideal. Wohl dem, dessen Bildnis weniger streng zu ihm ist als das von Schneewittchens Stiefmutter.
Oder der gar ein Portrait besitzt, das wie *Das Bildnis des Dorian Gray*[304] an
seiner Stelle altert. Andererseits lässt gerade dieser Umstand *Oscar Wildes*
Protagonisten nicht glücklich werden. Es macht ihn maßlos, dekadent und
grausam.

Da erscheint es geradezu als Ironie des Schicksals, dass **junge Menschen
nicht automatisch zufriedener mit sich und der Welt sind als ältere.** Auch
wenn sie den Älteren gegenüber in beneidenswert voller Blüte zu stehen scheinen: Bis weit in ihre Dreißiger hinein[305] scheinen sie unglücklicher zu sein als

---

[301] *James Blunt*, 1973, abrufbar unter https://www.youtube.com/watch?v=uWeqeQkjLto – abgerufen am
01.07.2023.

[302] Siehe hierzu im Einzelnen https://de.statista.com/statistik/daten/studie/37220/umfrage/altersmedi-
an-der-bevoelkerung-in-ausgewaehlten-laendern/ – abgerufen am 01.07.2023.

[303] Eine dreidimensionale Saalansicht finden Sie unter https://www.virtualuffizi.com/de/botticelli-raum.
html – abgerufen am 01.07.2023.

[304] *Oscar Wilde*, Das Bildnis des Dorian Grey, u. a. Diogenes Verlag, Zürich 1996.

[305] Laut https://www.petra.de/lifestyle/psychologie/diesem-alter-sind-wir-am-ungluecklichsten-laut-studie-
5295.html – abgerufen am 01.07.2023.

die meisten anderen Erwachsenen.[306] Junge Leute müssen, um es in ihrer Sprache zu formulieren, noch „'n Shot machen auf 'n besseres Leben". Und das in einem Umfeld zunehmend weniger sicherer Arbeitsplätze, die sie zu ihrer Existenzgrundlage machen sollen.

Zudem sind sie wie kaum zuvor umzingelt von älteren Möchtegernjungen, die ihnen die Abgrenzung erschweren. Während sie selbst vor einer als ökologisch und → finanziell als höchst unsicher wahrgenommenen → Zukunft stehen, haben Babyboomer und Golf-Generationenvertreter ihre eigenen Schäflein ins Trockene gebracht. Währenddessen scheinen Sie munter mit allen irdischen **Ressourcen** zu aasen.[307]

Schließlich weiß man ja selbst kaum mehr, wo man angesichts einer anstehenden → Familiengründung und/oder in → Liebesdingen steht. Jedenfalls kennen die Mittzwanziger nicht nur wie wir Älteren **Relationships** in Form fester Beziehungen. Ein immer beliebterer Dating-Trend sind **Situationships** – ein Begriff, den wir früher so noch nicht kannten. Das bedeutet, man trifft sich über einen längeren Zeitraum, ist mehr als nur befreundet, sogar mehr als Friends with Benefits (die sich gelegentliche romantische Einschübe leisten). In einer Beziehung ist man aber eigentlich auch nicht, insbesondere, weil man eigentlich gar keine führen will.[308] Da hat man noch mit ganz anderen Herausforderungen zu kämpfen als mit den tatsächlichen oder vermeintlichen Zeichen körperlichen Verfalls.

Womöglich liegt hier auch ähnlich wie im → Krankheitsfall der Kern unserer Angst vor dem Altern: Darin steckt die **elementare → Furcht vor dem Loslassen und der eigenen Vergänglichkeit.** Tatsächlich geistert unter dem Stichwort **Kryonik**[309] ja sogar die Idee herum, ganze menschliche Organismen einzufrieren und später wieder aufzutauen. Dabei werden Gehirn bzw. Körper in flüssigem Stickstoff auf -196 Grad Celsius heruntergekühlt, das stoppt den Verfall der Zellen. Selbst wenn so etwas technisch möglich wird, ist damit allerdings nicht über die Befindlichkeit der Betreffenden gesagt: Wie lebt es sich als ein aus allem herausgefallener Mensch? Manch eine(r) mag mit den Schultern zucken. Für den, der sich selbst für das Zentrum des Universums hält, ist die eigene Sterblichkeit jedoch die ultimative Katastrophe.

---

[306] Statistik zitiert nach https://www.instyle.de/lifestyle/studie-diesem-alter-am-gluecklichsten – abgerufen am 01.07.2023.

[307] Eine Frage des Alters? Was die Generationen trennt und was sie verbindet beschreibt *Dagmar Gaßdorf* im gleichnamigen Sachbuch des Verlags Frankfurter Allgemeine Buch, Frankfurt a. M. 2023.

[308] https://www.glamour.de/liebe/artikel/situationship-besser-als-einsam – abgerufen am 01.07.2023.

[309] Siehe hierzu https://www.galileo.tv/gesundheit/kryonik-kann-man-einen-menschen-wirklich-einfrieren-und-wieder-auftauen/ – abgerufen am 01.07.2023.

Letztlich ist das der Preis für den scheinbar so lohnenden Egoismus eines Menschen: Er macht **die eigene Sterblichkeit zum Weltuntergang**.

Entsprechend lohnend ist es bei näherem Hinsehen, von einem egozentrischen Weltbild Abstand zu nehmen. Schließlich gibt es auch noch acht Milliarden anderer Menschen. Zugegeben – das ist ein unbequemes Ansinnen. Umgekehrt ist es beruhigend zu wissen, dass man mit den Fragen von Alter und Tod auch nicht allein ist. Wie die → Furcht im Allgemeinen gehören auch sie zur Conditio Humana.

Macht man sich klar, wie eng wir alle biologisch miteinander verwandt sind, braucht es zudem nicht einmal den Glauben an die eigene Wiedergeburt, um die Erde in Ruhe verlassen zu können. Das heißt nicht, dass es einfach wäre, am Ende des Lebens seine alte Hülle zu verlassen. Aber, um es mit Jazzpianistin *Nina Simone* zu sagen: You've got to learn to leave the table,[310] wir alle müssen lernen, den irdischen Gabentisch auch wieder zu verlassen. **Wenn wir gehen, schaffen wir Platz für unsere nachrückenden Generationen.** Das ist nichts anderes als das, was die uns vorangegangenen Menschen zu unseren Gunsten getan haben. Wir alle benötigen Raum und entsprechende Ressourcen – die aber *endlich* sind.

Diesen Umstand im Alltag zu ignorieren, mag nun ebenfalls menschlich sein. Allerdings ist es unfair – es verstößt gegen den Grundgedanken der → Gerechtigkeit, die Goldene Regel. Schlimm genug, dass manchen Menschen weniger → Zeit vergönnt ist als anderen. Da müssen wir nicht auch noch über unsere Verhältnisse leben. Immerhin heißt Tod ja nicht „Aus den Augen, aus dem Sinn". Der Tod ist der Grenzstein des Lebens, nicht aber der Liebe und des Gedenkens. Wir können Geburtstage und Feiertage im Gedanken an unsere Verstorbenen begehen, Gräber schmücken oder auch einfach einmal einen Friedwald besuchen und auf das Rauschen der Bäume hören.

Einstweilen tröstet Sie vielleicht ein altes Gedicht der Lyrikerin *Hilde Domin:* „Wie oft wirst du gesehen,/aus fremden Fenstern,/von denen du nichts weißt./Durch wieviel Menschengeist/magst du gespenstern,/nur so im Geh'n". Alle Erinnerung ist Gegenwart, schrieb passend dazu schon der große romantische Dichter *Novalis* alias Georg Philipp Friedrich Leopold Freiherr von Hardenberg.[311] Ich finde, das ist ein beruhigender Gedanke.

Ich persönlich antworte auf die Frage nach meinem Alter ohnehin nicht mit einer einfachen Zahl. Entscheidender prägt mich das Geburtsjahr, das mich in eine bestimmte Alterskohorte mit all ihren Welterfahrungen einsortiert. Ich bin Jahrgang 1964. Und das werde ich inmitten aller anderen Babyboomer auch lebenslang bleiben.

---

[310] Siehe hierzu https://www.youtube.com/watch?v=LTaBAwMX5SI – abgerufen am 01.07.2023.

[311] https://www.aphorismen.de/zitat/62417 – abgerufen am 01.07.2023.

> **Leitsatz**
>
> „Ich bleibe immer derselbe Jahrgang!"
>   Diese Betrachtungsweise bettet Sie in Ihr soziales Umfeld ein und schützt Sie vor Ihrer Vergänglichkeitsfurcht.

Kommunizieren üben

Schwerpunkt: privat+ beruflich

„Ihr Schutzblech klappert." „Wie bitte?" „Ihr Schu-hutz-blech klap-pert!" „Sorry, ich kann Sie nicht verstehen, mein Schutzblech klappert". Dass Kommunikation eine herausforderungsvolle Tätigkeit ist, hat sich schon beim → Botschaften entschlüsseln gezeigt. Danach ist jede Interaktion auf unterschiedlichen Ebenen zu sehen – neben der übermittelten Sachbotschaft enthält sie regelmäßig auch einen Appell an den Empfänger. Zudem beinhaltet sie eine Statusaussage des Absenders und sagt etwas aus über die Beziehung, in der ihr Absender zu dem Angesprochenen steht. Viele Missverständnisse erwachsen zudem daraus, dass Absender und Empfänger die jeweiligen Elemente zwar irgendwie wahrnehmen. Sie interpretieren und gewichten sie aber unterschiedlich. Da es sich um einen mehrstufigen Prozess handelt, gilt: **Gesagt ist nicht gehört, und gehört ist nicht verstanden. Verstanden wiederum ist nicht gleich einverstanden und schon gar nicht befolgt**; auf diesem Wege laufen viele Ansagen ins Leere.

„Wer nicht kommuniziert, verliert" – Kommunikationsfähigkeit ist eine **Kernkompetenz** unseres Zusammenlebens.

Lange als **Soft Skill** belächelt, wird sie in der → **Zukunft** vermutlich wichtiger werden denn je: Wir leben in einer Dienstleistungsgesellschaft, in der Menschen einander zuarbeiten. Beispielsweise lassen sich Anwältinnen von ihren Mandanten einen Sachverhalt schildern, auf den sie dann als Tatbestand juristische Regeln anwenden. Was Algorithmen aus Daten machen, ist aber nichts grundlegend anderes: Über einen bestimmten Satz von Informationen werden automatische Verarbeitungsregeln gelegt. Das funktioniert so auch in anderen Dienstleistungsberufen und ist in Zeiten von Big Data nichts besonders Originelles mehr. Wer hier nicht um Lohn und Brot → fürchten will, muss mehr als nur sein Fach beherrschen, um die Bande zwischen sich und dem Gegenüber zu stärken.

Entsprechende Fortschritte stellen mit anderen Worten menschliche Arbeitskraft auch dort infrage, wo keine Maschinen stehen. Wer nichts anderes kann, keine (Dienst-)leistung besser zu beherrschen verspricht als intelligent automatisierte Systeme, dessen Marktwert wird schon bald ins Wanken geraten. Umso wichtiger ist es, dass wir uns alle gezielter den Fähigkeiten und Techniken zuwenden, die besonders **nachahmungsfest** sind. Mittels Kommunikation mehr als nur Sachaussagen und Arbeitsanweisungen zu transportieren, ist eine davon.

Weitere Sozialkompetenzen, die damit zusammenhängen, sind beispielsweise Einfühlungsvermögen und Kritikfähigkeit.[312] Um sich hier nicht „aus den Ohren zu verlieren", ist allerdings Aufmerksamkeit geboten – und ein fundiertes Verständnis dafür, mit wem man da spricht. Ebenso wie es unterschiedliche → Mentalitäten gibt, gibt es auch unterschiedliche **Kommunikationstypen. Je besser man sie identifizieren kann, umso zuverlässiger funktioniert die Kommunikation.** Wie aber erkennt man verlässlich, wen man da vor sich hat?

Schon vor rund 100 Jahren hat der US-Psychologe *Dr. William Moulton Marston* zu dieser Frage ein anschauliches Modell entwickelt. Die auf ihn zurückgehende **DISG-Typenlehre** arbeitet mit einer Matrix aus verschiedenfarbigen Quadranten. Wir alle befinden uns dabei irgendwo auf einem Tableau von vier verschiedenfarbigen Feldern. Dabei steht das rote Teilquadrat für extrovertierte, sachbezogene Zeitgenossen, die sich gerne dominant (D) geben. Ihre → Kommunikations→ Erwartungen entsprechen dem „ZDF"-Schema: Sie wollen Zahlen, Daten, Fakten hören. Zuviel schmückendes Beiwerk geht ihnen auf die Nerven. Ganz anders der benachbarte gelbe Typ: Zwar ist er ebenso extrovertiert; rot und gelb gehen beide gerne aus sich heraus. Allerdings sind initiative (I) Zeitgenossen eher menschen- als sachbezogen. In der Folge finden sie genau die ZDF-Ansagen leicht unhöflich, die die roten Typen so schätzen. Man erreicht sie besser mit gut erzählten Geschichten, die man mit Ihnen teilen kann.

Ebenso wie die gelben sind auch die grünen Vertreter eher menschenorientiert. Ansonsten sind sie jedoch eher introvertierte Gesprächspartner. Sie erlangen ihre besondere Aufmerksamkeit mit stetigen (S), geduldigen, nachvollziehbaren Aussagen. Gewissenhafte (G) Menschen des blauen Spektrums drängen sich ebenso wenig in den Vordergrund. Allerdings schätzen sie mehr die sachorientierte Ansprache. Daran sind Sie mit dem roten Typus verwandt.

---

[312] Siehe zum Ganzen *Anette Schunder-Hartung/Martin Kistermann/Dirk Rabis*, Strategien für Dienstleister, Springer Verlag, Wiesbaden 2021.

Mit ruhiger, gewissenhafter, faktenbasierter Kommunikation erreichen Sie den sachorientierten blauen Typen am besten.

Eine weitere bekannte Typenlehre ist das seit den 50er-Jahren weiterentwickelte Modell nach *Clare W. Graves*. Das **Graves-Modell** unterscheidet im Wesentlichen acht Ebenen oder Kulturstufen. Nach *Graves* gibt es unter anderem Bürokraten und Materialisten. Zudem sind Einzelkämpfer und Beziehungsmenschen voneinander zu trennen. Erreichen Sie erstere beispielsweise durch ihren Wahrheitsglauben und ihre Regeltreue, punkten Sie bei den Zweitgenannten mit Pragmatismus. Gerade diese beiden Gruppen sollen sehr verbreitet sein.

Gleich, welches dieser im Einzelnen sehr komplexen Bilder[313] Sie sich zueigen machen – fabulieren Sie nicht gleichsam ins Blaue hinein, wenn Sie bei anderen etwas bewirken wollen. Gute Kommunikation will auch heute schon geübt sein, ein aufmerksames Sondieren des Feldes erleichtert sie. Ausgebildete Kommunikationsexpertinnen und -experten stehen Ihnen dabei ebenso zur Seite wie entsprechende Literatur.[314]

Leitsatz

„Wer nicht kommuniziert, verliert!"
   Vielschichtig kommunizieren zu können, ist eine ganz besondere menschliche Stärke. Um sich damit angesichts lernfähiger KI zu behaupten, sollte sie heute eine größere Rolle spielen dann je. Wir müssen mehr denn je verstehen lernen, mit wem wir es inwiefern zu tun haben.

Krankheiten begegnen

Schwerpunkt: privat

Die 1. Staffel der ARD-Serie rund um die Berliner *Charité*[315] hat es deutlich gezeigt: Noch vor 135 Jahren wurde rund ein Viertel der Hauptstadtbevölkerung von der Tuberkulose dahingerafft. Erst ganz allmählich führten die

---

[313] Siehe hierzu ausführlich und unter Beschreibung weiterer Modelle *Anette Schunder-Hartung*, Erfolgsfaktor Kanzleiidentität, Springer Verlag, Wiesbaden, 2020.
[314] Etwa das Buch von *Jessica Röhner/Astrid Schütz*, Psychologie der Kommunikation, Springer Verlag, Wiesbaden 2016. Zahlreiche weiterführende Literaturhinweise dazu finden Sie unter https://link.springer.com/book/10.1007/978-3-658-10024-7 – abgerufen am 01.07.2023.
[315] Der Trailer ist abrufbar unter https://www.youtube.com/watch?v=c9hPCPq9OzQ – abgerufen am 01.07.2023.

Forschungsergebnisse eines *Rudolf (von) Virchow* und eines *Robert Koch*, eines *Emil (von) Behring* und eines *Paul Ehrlich* zu modernen Hygienestandards, Impfungen oder chemotherapeutischen Krebsbekämpfungsverfahren, wie sie uns heute selbstverständlich erscheinen.

Allerdings hat auch der sehr viel später geborene Vincent Freeman keine berauschende → Gesundheits-Prognose: Neben einer niedrigen Lebenserwartung wird er voraussichtlich mit einem schwachen Herzen zu kämpfen haben. Für ihn ist das ganz besonders misslich, denn Vincent möchte unbedingt Raumfahrer werden. Das aber ist der Raumfahrtbehörde *GATTACA* im gleichnamigen Streifen aus dem Jahre 1997 zu riskant. Vincents Eltern haben nämlich seinen Gen-Cocktail nicht optimiert. Die vier Aminosäuren Guanin, Adenin, Thymin und Cytosin (aus denen sich das Erbgut ebenso wie der Behördenname zusammensetzt) sind wie unsere zufällig zusammengewürfelt.

Der Grund: „Ich war ein Riviera-Baby. Ich wurde nicht an der französischen Riviera gezeugt, sondern in dem Modell aus Detroit. Früher sagte man, ein Kind, das mit Liebe gezeugt wird, hat eine größere Chance, → glücklich zu werden. Das sagt man heute nicht mehr. Ich werde nie verstehen, weshalb meine Mutter ihr Schicksal lieber in Gottes Hände als in die ihres **Hausgenetiker**s legte. Zehn Finger, zehn Zehen, das war alles, worauf es damals ankam. Jetzt nicht mehr."[316] Ein uneinholbarer Nachteil? Nicht für Vincent. Die Unvollkommenheit seines Körpers ist ihm Ansporn für Perspektiven und Wege, die anderen verschlossen bleiben. Mit Unterstützung wohlmeinender Zeitgenossen lässt er seine perfektionierten Weggefährten weit hinter sich.

Noch ist Vincents Schicksal Science Fiction. Soweit Sie auf der Straße tatsächlich **Cyborgs** begegnen, handelt es sich im Zweifelsfall nicht um Dopppelgänger von *Arnold Schwarzeneggers Terminator*. Vielmehr treffen Sie auf eine Mitbürgerin mit Herzschrittmacher oder einen Mitbürger mit Chip-Implantat. In Schweden und den USA sind entsprechende Microchips in Teilen schon gelebte Realität. So machte vor einiger Zeit der amerikanische „Micro market"-Hersteller Three Square Market (32M) mit dem Chippen einiger Beschäftigter von sich reden. Mit Hilfe entsprechender Implantate lässt sich nicht nur im Unternehmen bargeldlos zahlen. Man kann auch Türen öffnen, Kopierer bedienen und sich nach dem Vorhalten der Hand vor ein Lesegerät in Computer einloggen.[317]

---

[316] Zitiert nach: http://www.filmzitate.info/suche/film-zitate.php?film_id=553 – abgerufen am 01.07.2023.

[317] Siehe im Einzelnen https://www.also.com/ec/cms5/de_1010/1010_point/artikel/index-8198.jsp – abgerufen am 01.07.2023.

Selbst dann, wenn es ein Mitmensch zu einem Mischwesen zwischen lebendigem Organismus und Maschine gebracht hat, ist aber noch lange nicht „alles gut". Wer sagt Ihnen denn, dass die Betreffenden nicht trotz allem unter Magenschmerzen oder Migräne leiden? **Solange wir alle mehr oder weniger biologische Wesen sind, ist niemand immer völlig → gesund.** Allerdings steigen mit jedem technischen Fortschritt die Ansprüche. So wären Sie im Mittelalter schon froh gewesen, wenn Ihnen ein kariöser Zahn vom Bader oder Zahnbrecher gezogen worden wäre. In den USA haben noch immer viele Menschen keine Dental-Krankenversicherung. Hier und heute können wir uns eine sehr viel anspruchsvollere Haltung zu diesem Thema leisten.

Was wir überhaupt unter einer Krankheit verstehen, erschließt sich aus der Internationalen statistischen Klassifikation der Krankheiten und verwandter Gesundheitsprobleme, kurz: **ICD-11-WHO** der Weltgesundheitsorganisation. Dort werden bestimmte infektiöse Erkrankungen ebenso aufgelistet wie angeborene Fehlbildungen, Verletzungen ebenso wie psychische Beeinträchtigungen und Verhaltensstörungen. Das Bundesinstitut für Arzneimittel und Medizinprodukte führt die aktuelle Version im Internet.[318] Soweit es sich um psychiatrische und psychotherapeutische Fälle handelt, gibt es auch für den fachlichen Laien hervorragende Praxisliteratur.[319]

Soweit die objektive Lage.

Subjektiv ist es komplizierter: **Am oberen Ende** des Spektrums kann man durchaus körperliche Beschwerden haben, ohne deshalb gleich krank zu sein. Alles andere ist nicht mehr als ein überzogenes Anspruchsdenken – wir sind alle nur biologische Wesen. So zitiert mein 85-jähriger Vater bis heute mit schelmischem Grinsen den Satz: „Wenn du mit 50 aufwachst und spürst nix, bist du tot".

Am unteren Ende, dort wo der Einzelne wirklich nicht mehr in einem Zustand des körperlichen, geistigen und sozialen Wohlbefindens ist, ist das Problem ein anderes. Hier werden dauerhafte Beeinträchtigungen einer steten (Selbst-)kommentierung unterzogen. Dabei schädigen sich Betroffene oft über die Maßen durch falsche → Bewertungen, → Mindfucks, durch → Furcht und → Scham. Anstatt den → Tatsachenkern einer Erkrankung einfach hinzunehmen, geraten wir in eine verzerrte Perspektive. Die Krankheit ist uns als mutmaßliche Ansehensminderung peinlich und macht uns

---

[318] Nachzulesen etwa unter https://www.bfarm.de/DE/Kodiersysteme/Klassifikationen/ICD/ICD-11/uebersetzung/_node.html – abgerufen am 01.07.2023.

[319] Sehr zu empfehlen sind 50 Fälle Psychiatrie und Psychotherapie – Typische Fallgeschichten aus der Praxis von *Klaus Lieb/Bernd Heßlinger/Nadine Dreimüller/Gitta Jacob*, Urban & Fischer, 6. Aufl. München 2020.

womöglich zu vorübergehenden Außenseitern. Bis heute heißt es im Dialekt meiner Heimatstadt von erkrankten Menschen abschätzig, sie seien „nett in de' Reih'" – also nicht in der Reihe.

Zudem glauben wir zu wissen, wie es weitergeht, fallen dabei im Alltag aber regelmäßig falschen **Hochrechnungen** und/oder Projektionen zum Opfer. Wir potenzieren Beeinträchtigungen und Gefahren und gehen vom Schlimmsten aus. Gehörtes und Gelesenes lässt uns böse Dinge ahnen, aber das nicht unbedingt zu Recht. Gleich, wie schlimm es uns diesmal getroffen hat: Im Akutstadium sind wir geschwächt, und unsere Lieben sind befangen – das vernebelt unseren Blick.

Was wir als Fenster in Richtung Krankheit wahrnehmen, erweist sich allzu leicht als Trugbild, als Zerrspiegel. **Fallen Sie nicht auf ein Spiegelkabinett herein, das die Dinge hässlicher aussehen lässt, als sie sind!**[320]

Krankheiten gehören zu Ihnen, sie sind Teil Ihrer ganzheitlichen Existenz. Wenn Sie sich **in der akuten Phase überhaupt Fragen stellen** möchten, dann bitte die richtigen: Haben Ihr Körper, Ihr Geist und Ihre Seele mit dieser Krankheit bereits Erfahrungen gemacht? Wenn ja, welche waren das genau? Ist alles tatsächlich immer schlimmer geworden, oder gab es vielleicht doch ein Ab und Auf? Wenn eine gute Fee käme: Würden Sie Ihre gesamte Existenz, all Ihre sozialen Beziehungen, alles, was Sie zu dem gemacht hat, was Sie heute sind, gegen das Leben eines anderen biologischen Wesens eintauschen? Wenn nicht, warum nicht?

Solche Erwägungen entschleunigen das Gedankenkarussell, das Sie jetzt nicht noch zusätzlich zu den objektiven Beeinträchtigungen belasten sollte. Krankheitsbedingte Schmerzen sind an sich schon schlimm genug; gegebenenfalls müssen Sie sich ergänzend schmerztherapeutisch behandeln lassen. → Achtsam dürfen Sie sein und bleiben. Allerdings sollten Sie sich auf keinen Fall weiterführende negative Gedanken machen. **Adding insult to injury, jede überschießene Selbstverletzung, sollten Sie sich verbieten.**

Das gilt umso mehr im Fall von Erkrankungen mit erkennbar **psychischem Anteil.** Nach einer Statista-Erhebung von 2022 geht fast ein Fünftel aller Arbeitsausfälle in Deutschland auf psychische Erkrankungen zurück, und das bei einem überproportional hohen Anstieg der Ausfalldauer. Das ist volkswirtschaftlich problematisch und schlimm für jeden Einzelnen. In **Zahlen** geht die Bundesarbeitsgemeinschaft für Rehabilitation BAR davon aus, dass schon in Vor-Covid-Zeiten rund 28 % der erwachsenen Bevölkerung von

---

[320] Das wunderbar anschauliche Bild stammt von dem mit dem Pulitzer-Preis 2011 ausgezeichneten Buch von *Siddhartha Mukherjee*, Der König aller Krankheiten: Krebs – eine Biografie, Dumont Buchverlag, Köln 2012.

einer psychischen Erkrankung betroffen waren.[321] Diese Zahl bestätigt das Mannheimer Zentralinstitut für seelische Gesundheit: Danach leiden **rund 30 % aller Erwachsenen in Deutschland** unter einer psychischen Erkrankung.[322] Besonders die unter → Furcht behandelten Angststörungen waren und sind weit verbreitet.

Psychosozial gesehen, betreffen entsprechende Erkrankungen das Individuum in seinem Selbst, das westliche Gesellschaften als das Wesen des Menschen betrachten. Entsprechend gelten sie als wichtige Bezugsgröße für unsere Persönlichkeitsentwicklung.[323] Parallel dazu stehen sie immer in einem sozialen Zusammenhang, denn „niemand ist eine Insel". Tatsächlich werden seelische Beeinträchtigungen wie Depression, Angst- und Zwangserkrankungen mittlerweile von Laien so überzeugt kombiniert wie Sportereignisse. Da meint jeder, dass er oder sie mitreden kann und spart nicht mit wohlfeilen Ratschlägen. Das ist nicht hilfreich, sondern → **übergriffig**.

Sachlich ist es zudem manches Mal **falsch**. Wenn Sie sich das nur schwer vorstellen können, halten Sie sich beispielhaft den Klischeefall der psychiatrischen Erkrankung schlechthin vor Augen: Die paranoide Schizophrenie. Was schizophren ist, weiß fast jeder zu wissen – auf Nachfrage hören Sie dann aber etwas von gespaltenen Persönlichkeiten. Tatsächlich hat das eine mit dem anderen wenig zu tun: Zwar handelt es sich in beiden Fällen um Wahrnehmungsverschiebungen.

Im Mittelpunkt einer paranoiden **Schizophrenie** stehen aber Wahnvorstellungen, Störungen des Ich-Bewusstseins und (meist akustische) Halluzinationen.[324] Stimmenhören wiederum ist nicht dasselbe wie mehrere innere Handelnde aufzuweisen, die für sich genommen durchaus geistig klar sein können, aber kaum etwas voneinander wissen. Auch eine derartige früher auch als multiple Persönlichkeit(sstörung) bezeichnete Erkrankung gibt es durchaus, sie gilt als besonders komplexe Traumabewältigungsstrategie und ist gar nicht so selten – mindestens einer von hundert Menschen erkrankt im Laufe seines Lebens daran. Es handelt sich aber nicht um eine Schizophrenie, sondern um eine dissoziative Identitätsstörung, kurz DIS.[325]

---

[321] Siehe https://www.bar-frankfurt.de/service/reha-info/reha-info-2020/reha-info-022020/reha-statisti-ken-zu-psychischen-stoerungen-spiegeln-trends-wider.html – abgerufen am 01.07.2023.

[322] https://www.zi-mannheim.de/ mit weiterführenden Hinweisen zu neuen Therapieformen – abgerufen am 01.07.2023.

[323] *Alain Ehrenberg,* Psychische Gesundheit und das Dilemma der Autonomie, in: *Karsten Münch/Dietrich Munz/Anne Springer,* Die Fähigkeit, allein zu sein, Psychosozial-Verlag, Gießen 2009.

[324] Siehe im Einzelnen https://flexikon.doccheck.com/de/Paranoide_Schizophrenie – abgerufen am 01.07.2023.

[325] Eingehender https://flexikon.doccheck.com/de/Dissoziative_Identit%C3%A4tsst%C3%B6rung – abgerufen am 01.07.2023.

Vollends absurd wird es im Bereich der Depressionen. Diese Erkrankung beschreibt keine Traurigkeit, sondern einen Zustand, in dem die Empfindung aller Gefühle reduziert ist. Betroffene beschreiben das auch mit einem „Gefühl der Gefühllosigkeit".[326] Hingegen hört man in Laienkreisen, Heavy Metal-Fans hätten keine Depressionen oder gegen Depressionen helfe (→ gesundheitsschädliche) Schokolade.[327]

Aber auch **Migräne, Tinnitus, anhaltende Rücken-, Magen- bzw. Bauchschmerzen und schwache Harnblasen** rufen regelmäßig wohlmeinende Ratschläge auf den Plan, die sich eher auf die Lebensführung der Betroffenen als auf deren körperliche Symptomatik beziehen. Hier ist vor allem eines geboten: → Sich abzunabeln, gleich wie gut es die → Familie, der → Freundes-, Bekannten- oder Kolleginnenkreis mit Ihnen meint! **Hören sie → achtsam auf sich selbst und auf Fachleute**, die sich mit der Wechselwirkung von Psyche und Körper auskennen. Psychotherapeuten und Psychiaterinnen, betreuen Sie unter Einbeziehung psychoanalytischer, verhaltenstherapeutischer und anderer Konzepte und geeigneter Heilmittel.

Vertrauen Sie Ihre Heilung daher am besten ausgebildeten Expertinnen und Experten an. Sie helfen Ihnen beispielsweise mittels der sogenannten kognitiven Umstrukturierung. Dahinter verbirgt sich eine schon im Rahmen der → Mindfucks angesprochene Änderung automatischer Gedanken. Anstatt beispielsweise weiter zu katastrophisieren, werden aufbauende Aktivitäten eingeübt. Erwünscht ist alles, was den → Leitwerten und → Zielen der Betroffenen entgegenkommt.

Sollte es tatsächlich keine Heilung geben, → respektieren Sie das umgekehrt bitte bei sich und bei anderen. **Unsterblichkeitsphantasien sind ebenso unreif wie der Traum von der ewigen → Jugend; es gilt das dort Gesagte.** Diese Welt hat nur einen süßen Moment für uns beiseitegesetzt – „This world has only one sweet moment set aside for us" heißt das in der Powerballade *Who Wants to Live Forever* von Queen.[328] Was Sie stattdessen um Ihres Seelenfriedens willen lernen müssen, ist zu → trauern und schließlich loszulassen. Das ist nicht schön, aber das Wahre, das Schöne und das Gute sind bekanntlich nicht immer dasselbe.

---

[326] https://flexikon.doccheck.com/de/Depression – abgerufen am 01.07.2023.

[327] Siehe hierzu FR Nr. 275 v. 25.11.2022, 28.

[328] Der Song ist auch Titelthema des Unsterblichkeits-Drama Highlander – Es kann nur einen geben mit *Christopher Lambert* und *Sean Connery* in zwei der Hauptrollen. Entsprechend unterlegt finden Sie den Song unter https://www.google.de/search?q=who+wants+to+live+forever+youtube&sxsrf=AB5stB-j9g1dbXc4iwk5Wav3NhbmlBLY7nA:1688911958513&ei=VsCqZPDuHtHV-kwWGt4f4Ag&start=10&sa=N&ved=2ahUKEwjw8d-q54GAAxR6qQKHYbbAS8Q8tMDegQID-xAE&biw=1803&bih=977&dpr=1#fpstate=ive&vld=cid:44060efa,vid:k0-EMJj0wUE – abgerufen am 01.07.2023.

Hüten sollten Sie sich als erwachsener Mensch schließlich in allen Fällen vor dem Phänomen des **sekundären Krankheitsgewinns**. Dabei handelt es sich um äußere Vorteile, die mit einer Krankheitssymptomatik verbunden sind. Gemeint ist nicht nur die Möglichkeit, sich von anderen stärker bedienen zu lassen – das macht Sie selbst kleiner, als Sie sind. Sie riskieren, dass man Sie weniger ernst nimmt, als Sie es als erwachsener Mensch verdienen. Schließlich geraten Sie in eine Negativspirale, in der Sie es sich kaum mehr leisten können, von Ihren Leiden Abstand zu nehmen.

Dass man Sie mit Samthandschuhen anfasst, Sie von Konflikten entlastet, Sie finanziell und vor Konflikten verschont, mag kurzfristig angebracht sein. Allerdings dient dieses Verhalten ja nur Ihrer gesundheitlichen Situation. Entsprechende Unterstützung ist eine **emotionale Krücke, von der Sie sich irgendwann befreien sollten, falls Sie nicht dauerhaft durch Ihr Leben stolpern möchten.** Gleich, ob es Sie oder andere betrifft: Anstrengung, → Stress und → Streit gehören zum Erwachsenenleben. Wer mit anderen auf Augenhöhe leben möchte, muss sich diesen Faktoren irgendwann wieder stellen. Das gilt auch für unsere elementare Furcht vor → Einsamkeit durch mangelnde Zuwendung. Wie schon beschrieben, entsteht erstere ohnehin nicht durch äußere Umstände. Einsam wird und bleibt man vor allem dadurch, dass man sich von sich selbst entfremdet.

Gefragt ist schließlich auch die Politik: Dass das Geld im System endlich ist, ist kein Geheimnis. Damit die Versorgung auch in Zukunft noch gewährleistet ist, werden alle Beteiligten zurückstecken müssen.[329] Allerdings ist es nicht nur naturgegeben, dass das deutsche Gesundheitswesen nicht rund läuft. Auch der demografische Wandel ist nicht allein für entsprechende Versorgungsengpässe verantwortlich. Dass in einer alternden Gesellschaft immer weniger arbeitsfähige Menschen immer mehr kranke Mitbürgerinnen und Mitbürger versorgen müssen, ist bedrückend genug. Allerdings verbietet es sich deshalb erst recht, die Lage durch Unterlassungssünden weiter zu verschärfen.

Die Vorschläge liegen auf dem Tisch. So kritisiert eine Studie der Akademie für Technikwissenschaften das Modell der der Mitversicherung der gesetzlichen Krankenkassen. Wegen der bisher beitragsfreien Mitversicherung bestimmter Familienangehöriger werde beispielsweise der Anreiz nicht berufstätiger Ehegatten gesenkt, einer sozialversicherungspflichtigen Tätigkeit nachzugehen. Womöglich empfiehlt sich eine Abkehr von diesem Modell.[330] Auch der Fortbestand der Zweiteilung zwischen Kassen- und Privatpatienten ist

---

[329] So an prominenter Stelle eindrücklich FAS Nr. 22 v. 04.06.2023, 1.
[330] FAZ Nr. 141 v. 21.07.2023, 17.

kritisch zu hinterfragen. Dass sie für Mehreinnahmen auf ärztlicher Seite sorgt, macht deren heftigen Widerstand verständlich, ist aber aus gesellschaftspolitischer Sicht kein überzeugendes Argument.[331] Auch der Einwand, dass Privatpatienten mehr zahlen, zieht nicht. Wer als Selbstständige freiwillig gesetzlich versichert ist, zahlt mit Blick auf die derzeitigen Beitragsbemessungsgrenzen Monatsbeiträge von deutlich über EUR 900 und damit deutlich mehr als viele Privatpatientinnen.

Hinzu kommt, dass sich **niedergelassene Ärztinnen und Ärzte** anders als andere Selbstständige weitgehend aussuchen können, wann sie ihren Patienten zur Verfügung stehen. Soweit sie eine Kassenzulassung der kassenärztlichen Bundesvereinigung (KBV) besitzen, ist auch das ein fragwürdiges Privileg. Während nämlich Anwälte oder Architektinnen viel Zeit mit unbezahlter Kundengewinnung verbringen, bekommen Kassenärzte ihre Kundschaft „frei Haus" geliefert. Zwar erhalten sie dabei pro Patienten nur eine relativ niedrige Pauschale. Allerdings können sie zusätzliche Leistungen abrechnen, die der Kassenpatient gar nicht erst zu Gesicht bekommt.

Die **alltägliche Folge** ist ein im Vergleich zu anderen Akademikern stabil hohes Einkommen, und das bei sehr überschaubaren Öffnungszeiten. Auch die Servicequalität liegt weit unter der anderer Dienstleister. Hier denke man an die langen Wartezeiten in lieblos eingerichtete Wartebereichen. Die Vorstellung, dass man in der Zwischenzeit wenigstens mit einer Entschuldigung und einem Getränk bedacht wird, ist nachgerade lächerlich. Gleichwohl: Wer in Deutschland das für den Steuerzahler teuerste Fach Medizin studiert hat und sich als Arzt mit Kassenzulassung niederlässt, verdient im statistischen Mittel knapp 90.000 € pro Jahr.[332] Das Durchschnitts-Jahresgehalt eines Rechtsanwalts liegt hingegen nur bei 56.500 €,[333] und das trotz ebenso aufwändiger, für den Steuerzahler hingegen viel preiswerterer Ausbildung.

Angesichts dessen erscheint eine aktuelle Forderung des **Virchowbund**s geradezu absurd: Der Verband der niedergelassenen Ärztinnen und Ärzte Deutschlands rief Anfang Januar 2023 seine Mitglieder dazu auf, den Praxisbetrieb auf eine Viertagewoche umzustellen. Begründet wurde das unter anderem mit „zu viel Bürokratie"[334] – von der die betroffenen Ärzte im

---

[331] Siehe zu diesem Fragekomplex bereits 2012 https://www.deutschlandfunk.de/private-kassen-in-der-kritik-100.html – abgerufen am 01.07.2023.

[332] https://jobs.springermedizin.de/arzt-karriere/gehalt/arzt-gehalt#:~:text=%C3%84rzte%20 z%C3%A4hlen%20nach%20wie%20vor,das%20Einstiegsgehalt%20zwar%20deutlich%20niedriger – abgerufen am 01.07.2023.

[333] https://www.stepstone.de/gehalt/Rechtsanwalt-anwaeltin.html#:~:text=Das%20Durchschnittsgehalt%20 befindet%20sich%20bei,den%20Beruf%20als%20Rechtsanwalt%2Fanw%C3%A4ltin – abgerufen am 01.07.2023.

[334] FAZ Nr. 4 vom 05.01.2023, 15.

Übrigen aber nicht nur durch die Versichertenkarten, sondern auch durch einen faktischen Gebietsschutz profitieren – und das, nachdem sie auf Kosten der Steuerzahlenden das teuerste Studium im Lande absolviert haben.

Hier tut trotz des zu erwartenden Widerstands ein **Abbau überkommener Privilegien** not, sowohl zu Gunsten der Patienten als auch im Sinne der stationär tätigen Kolleginnen und Kollegen. Das KBV-(Un-)wesen sollte abgeschafft werden. Solange und soweit das politisch nicht machbar ist, sollten Hilfesuchende wenigstens auf patientenseitig ausreichende, verbindliche Öffnungszeiten treffen.

Stattdessen passiert im bundesdeutschen Alltag Folgendes: Mittwochsnachmittags, freitagsnachmittags, abends, am Wochenende und an Feiertagen ist die Praxis vor Ort geschlossen, der ärztliche Notdienst ist nicht hinreichend spezialisiert und/oder mit der Vorgeschichte des Patienten vertraut. In dieser Situation greifen viele Menschen aus verständlichen Gründen auf die **Zentralen Notaufnahmen (ZNA) der Krankenhäuser** zurück. Dort laufen die Wartezimmer dann in einem Maße voll, das in jeder anderen Branche völlig unzumutbar wäre. Menschen mit akuten Beschwerden warten durchaus einmal fünf, sechs Stunden lang.

Das gilt selbst dann, wenn sie von **Rettungskräften** eingeliefert werden, die ihrerseits hart am Limit arbeiten.[335] Die in das stationäre Versorgungssystem eingebundenen Kräfte, die anders als die Kollegen „draußen" durch lange Schichten belastet sind, geraten dadurch unter zusätzlichen Druck. Das ist nicht nur → stressig für Ärzte und Pflegepersonal selbst, sondern auch gefährlich für die Patienten, denn unter Druck passieren Fehler.

Immerhin: Was eine moderne und bedarfsgerechte **Krankenhausversorgung** betrifft, hat haben sich Bund und Länder jetzt auf die Eckpunkte einer Reform geeinigt. Danach sollen 2024 die bisherigen Fallpauschalen durch ein anderes Vergütungssystem abgelöst werden. 60 % der Honorare will man künftig dafür zahlen, dass Kliniken Leistungen in überprüfbarer Qualität vorhalten.[336] Weitere grundlegende Verbesserungs**vorschläge** reichen insgesamt von einer dreistufigen Spezialisierung der Krankenhäuser und die Stärkung Medizinischer Versorgungszentren (MVZ) über weniger stationäre Operationen bis hin zur überfälligen digitalisierten Patientenakte.

---

[335] Siehe hierzu eindrucksvoll die Reportage von *Marie Lisa Kehler*, Am Limit, FAZ Nr. 9 v. 11.07.2023, 31.

[336] Siehe hierzu FAZ Nr. 158 vom 11.07.2023, 15, und ergänzend https://www.bundesgesundheitsministerium.de/themen/gesundheitswesen/krankenhausreform.html – abgerufen am 11.07.2023. Den Sachstand vor der Einigung beschreibt eindrucksvoll der Leitartikel von *Cordula Tutt u. a.*, Klinisch scheintot, in der WirtschaftsWoche Nr. 8 vom 17.02.2023, 14 ff.

Wer nachhaltig etwas ändern möchte, muss allerdings auch für diesen Zweck mehr **Geld in die Hand nehmen**, auch kurzfristig. Nichtsdestotrotz wurden im Bundeshaushalt 2022 erst einmal drei Milliarden Euro für einen zeitlich befristeten Tankrabatt bereitgestellt, anstatt hier Nägel mit Köpfen zu machen. Eine weitere knappe Viertelmilliarde – 243 Mio. € – stehen für die seinerzeit von der CSU gegen juristische Bedenken durchgedrückte PKW-Maut zur Verfügung. Anstatt keinen Cent für die Maut zu zahlen, die nur ausländische PKWs abverlangt werden würde, werden die deutschen Autofahrer nun, nachdem man sich im Juli 2023 auf entsprechende Schadensersatzleistungen geeinigt hat, als Steuerzahler zur Kasse gebeten.[337]

Hält man sich den Gesamtbetrag einmal näher vor Augen, so übersteigt er nicht nur die Hilfen des Bundes für Länder und Kommunen zur Flüchtlingsbetreuung, die auf etwa 2,75 Mrd. € beziffert wurden. Man hätte allein mit den **Ausgaben für den Tankrabatt rund 35.000 in Deutschland fehlende Pflegefachkräfte bis zu zwei Jahre lang bezahlen** können. Die Pflege, auch das weiß man, ist mittlerweile am Limit. Unter Pflegekräften treten schon jetzt besonders häufig psychische Erkrankungen auf. Wer betroffen ist, fällt damit überproportional lange aus – im Schnitt an bis zu 34 Tagen und damit fast dreimal so lange, wie das bei anderen Erkrankungen der Fall ist.[338]

Wie überall gibt es unter dem Strich zwar auch in Deutschland eine Reihe von heiligen Kühen. Die Interessen niedergelassener Ärzte zählen ebenso dazu wie die der Automobilindustrie und ihrer Big 3 Volkswagen, Mercedes-Benz und BMW, die deutschlandweit zu den fünf (und weltweit zu den 50) umsatzstärksten Unternehmen zählen.[339] **Aufgabe der Politik ist es aber nicht, die Forderungen entsprechender Lobbyisten noch weiter zu bedienen.** Vielmehr gilt es auch und gerade unter → Druck, entsprechende Missstände → engagiert zu beseitigen.

Leitsatz

„Wir sind alle nur biologische Wesen!"
    Wenn Sie krank sind, muten Sie sich nicht auch noch den Blick in einen Angst einflößenden Zerrspiegel zu. Hüten Sie sich andererseits vor sekundären Krankheitsgewinnen, bei denen Sie von Ihrem angeschlagenen Zustand profitieren. Auf sozialer Ebene tun Reformen not. Dabei darf die Politik auch nicht vor mächtigen Lobbyverbänden zurückschrecken.

---

[337] FAZ Nr. 155 vom 07.07.2023, 17.
[338] FAZ Nr. 277 vom 28.11.2022, 22.
[339] Einzelheiten bieten die aktuellen Statistiken in FAZ Nr. 152 vom 04.07.2023, Seiten 19 und 21.

Lachen lernen

Der 12-jährige Timm ist sich sicher: Nach dem Tod seines Vaters wird der →
trauernde Junge nie wieder lachen können. Das wiederum freut den Baron
Lefuet, denn der hatte bisher ein ernstes Problem: Der Geschäftsmann kann
nicht lachen, das kostet ihn Sympathien. Deswegen kauft er Timm sein wun-
derschönes Lachen ab. *Timm Thaler oder das verkaufte Lachen* heißt denn
auch der 1962 erschienene Roman von Urmel-Schöpfer *James Krüss*. Die älteren unter uns erinnern sich vielleicht noch an die Verfilmung des Stoffs von
1979. Darin jagt Timm alias *Tommy Ohrner,* zur Besinnung gekommen, dem
Baron und seinem Gehilfen Anatol quer durch die Welt hinterher. Er möchte
sein Lachen wieder zurückhaben, und dabei setzt er schließlich seine Bezahlung
ein: Lefuet ist rückwärts gelesen der Teufel, und der hat Timm garantiert, dass
er künftig jede Wette gewinnt. Timm wettet entsprechend und besiegt so das
Böse, denn: Wer zuletzt lacht, lacht am besten.[340]

Nicht ganz so gut ergeht es dem etwa gleichaltrigen Adson von Melk, nach-
dem er den Franziskaner William von Baskerville in ein abgelegenes
Benediktinerkloster begleitet hat. Er trifft auf eine Mordserie, hinter der die
Inquisition das Werk des Teufels vermutet. Der wahre Täter ist aber ein religiös verbohrter Mönch, der mit Gift und Feuer ein Buch verbergen will.
Dieses Buch verharmlost für ihn in ketzerischer Weise das Lachen in einer
ernsthaften Welt. *Der Name der Rose*, 1327 im Appenin angesiedelt, 1980 von
Umberto Eco geschrieben und 1986 mit *Sean Connery* verfilmt, ist heute einer
der bekanntesten Romane über das Mittelalter.[341]

Lachen als Ketzerei – auch wenn wir so weit nicht mehr gehen, ist **unser
Verhältnis zum Lachen nicht ungetrübt.** Immer wieder gibt es Umstände
und Situationen, in denen Lachen unschicklich erscheint. Schadenfreudiges
Lachen gestatten wir allenfalls Kindern, bei ernsten, gar traurigen Anlässen
gilt es insgesamt als verpönt. So sorgte *Armin Laschets* lachendes Gesicht im
Erftstädter Flutgebiet im letzten Bundestagswahlkampf 2021 für heftige

---

[340] Näheres über die genannte Fernsehserie lesen Sie unter https://www.fernsehserien.de/timm-tha-
ler-1979 – abgerufen am 01.07.2023.
[341] Das Buch Der Name der Rose ist beispielsweise erschienen beim dtv, München 1986.

Empörung. Seriöse Zeitungen wie die Frankfurter Rundschau[342] und die Süddeutsche Zeitung[343] echauffierten sich über Tage hinweg. Sein Verhalten sei eines Kanzlerkandidaten nicht würdig. Möglicherweise kostete das seine CDU wenig später die entscheidenden Stimmen und war mit ursächlich für deren Gang in die Opposition auf Bundesebene.

Einen gesellschaftspolitischen Konsens darüber, dass nicht immer und überall gelacht werden darf, gibt es also bis heute. Dabei ist Lachen wirklich → **gesund** – nicht nur, wenn es darum geht, das → Familienleben mit Humor zu nehmen. Schon im 18. Jahrhundert hat der große Aufklärer *Immanuel Kant* das Lachen sogar als eines der drei Gegengewichte gegen die Last des Lebens bezeichnet: „Der Himmel hat den Menschen als Gegengewicht zu den vielen Mühseligkeiten des Lebens drei Dinge gegeben: Die Hoffnung, den Schlaf und das Lachen".[344] Entsprechend sagt auch der Volksmund, dass Lachen die beste Medizin ist.

Physiologisch gesehen, befördert Lachen Sauerstoff in die Lunge und reduziert die Anspannung. Die Produktion von Stresshormonen wird gedrosselt, die Ausschüttung des → „Glücks"-Hormons Serotonin verstärkt. Durch die Freisetzung von Endorphinen bei gleichzeitig unterdrückter Adrenalin-Ausschüttung können sogar → krankheitsbedingte Schmerzen gelindert werden. Schon springen Krankenkassen auf den Zug mit der Überschrift „Lachen ist die beste Medizin"[345] auf. Zudem gibt es im → Entspannungssektor eine Yoga-Lachbewegung und seit 1998 an jedem 6. Mai einen Weltlachtag.

Auf psychosozialer Ebene schafft Lachen zudem eine erfrischende Distanz zu den Unzuträglichkeiten unseres Daseins. Lachen ist eine anerkannte Methode zur Abwendung drohender Konflikte und zur Festigung sozialer Bindungen. *Simplicissimus* alias *Julius Bierbaum* schreibt man in diesem Zusammenhang die Wendung zu: **Humor ist, wenn man trotzdem lacht.** Zahllose tollpatschige Clowns unserer Kindheit erinnern uns an diesen Umstand. Auch manche bekannte Ballade dieser Popkultur widmet sich den Spaßmachern.

---

[342] https://www.fr.de/politik/armin-laschet-lacht-lacher-lachen-cdu-flut-hochwasser-wahlkampf-bundes-tagswahl-2021-91421231.html – abgerufen am 01.07.2023.

[343] https://www.sueddeutsche.de/politik/laschet-flutkatastrophe-lacht-steinmeier-1.5354969 – abgerufen am 01.07.2023.

[344] Zitiert nach https://www.gutzitiert.de/zitat_autor_immanuel_kant_thema_trost_zitat_20441.html – abgerufen am 01.07.2023.

[345] Siehe beispielsweise https://www.aok.de/pk/magazin/familie/beziehung/warum-lachen-gesund-ist/ – abgerufen am 01.07.2023.

Ein **Beispiel** liefert *Manfred Mann: „Ha! Ha! Said the clown,* has the king lost his crown, is the night being tight on romance (…)"[346]. Der schon zum Thema → Heimat zitierte *Billy Joel* wiederum hat dem Clownsdasein in schwierigen Zeiten eine hinreißende Freundeshommage gewidmet. In *Leningrad* (dem heutigen St. Petersburg) beschreibt er seine Freundschaft zu dem russischen Clown *Victor Razinov,* den er 1987 auf seiner Tournee in der Sowjetunion traf.[347] „Victor", heißt es darin, „was sent/to some red army town./Served out his time,/became a circus clown./The greatest happiness/ he'd ever found/Was making Russian children glad –/And children lived in Leningrad".[348] Solange Sankt Petersburg für meinen Mann und mich noch alljährlich erreichbar war, schien die Melodie über den bunten Kuppeln des Цирк Чинизелли oder Circus Ciniselli an der Fontanka zu schweben.

Weil Humor zu unverhofften Perspektivwechseln führt, besitzt sein lachender Ausdruck gleichzeitig eine anarchistische Komponente. Dass das nicht jedermann recht ist, liegt seinerseits auf der Hand. Lachen ist eben neben allem anderen auch **autoritätsgefährdend.**

Nicht selten resultiert die Verärgerung über fremdes Lachen aber auch aus einer falschen → **Bewertung.** Im Beisein eines anderen lacht man beispielsweise nicht unbedingt *über* ihn. Im → Tatsachenkern kann sich der Heiterkeitsausbruch ebenso gut auf eine andere Sache beziehen. Manche Menschen lachen außerdem einfach gerne. Und überhaupt: Wer sagt, dass Sie alles und jeden bierernst nehmen müssen? Schon im → Ärger-Abschnitt haben Sie gesehen, dass nicht jeder zu allen Themen satisfaktionsfähig ist.

Möchte Sie jemand dagegen wirklich *lächerlich* machen, dann können Sie den Ball auch zurückspielen – etwa mit einer → schlagfertigen Bemerkung. **„Was andere uns zutrauen, ist meist bezeichnender für sie als für uns"**.[349] Dieser Satz der großen mährisch-österreichische Schriftstellerin des 19. Jahrhunderts, *Marie von Ebner-Eschenbach,* hat mir selbst schon öfters geholfen. Er lässt sich in aller Bedächtigkeit so zitieren, dass man damit dem anderen den Wind aus den Segeln nimmt. Entsprechende Retourkutschen können und sollten Sie üben.

---

[346] Eine 1967er Beat Club-Version des Songs *Ha! Ha! said the clown* finden Sie unter https://www.youtube.com/watch?v=EYnJIosxvvo – abgerufen am 01.07.2023.

[347] Überaus sehenswert ist die Youtube-Version https://www.youtube.com/watch?v=LgD_-dRZPgs – abgerufen am 01.07.2023.

[348] Frei übersetzt, wurde *Victor* in irgendein Kaff der Roten Armee geschickt. Er diente seine Zeit ab, wurde Zirkusclown. Das schönste Glück, das er jemals fand, war es, russische Kinder fröhlich zu machen. Und Kinder, ja, Kinder lebten in Leningrad.

[349] Zitiert nach https://www.aphorismen.de/zitat/1713 – abgerufen am 01.07.2023.

Im Übrigen können Sie auch selbst dazu beitragen, dass Sie mehr zu lachen haben. Machen Sie sich doch einfach einmal bewusst, was Sie lustig finden und **suchen Sie nach entsprechenden Verstärkern**. Umgeben Sie sich mit humorvollen Menschen, fahnden Sie nach entsprechenden realen und medialen Ereignissen. Mehr dazu lesen Sie im → **Erste Hilfe-Kap. 3.** Ansonsten ist gerade das Internet voll von witzigen Anekdoten.[350] Dort finden Sie sogar „technische Hinweise" für ein **schönes Lachen**, und das aus so seriösen Publikationen wie dem Wirtschaftsmagazin Focus.[351] Da geht der Ernst des Lebens im Nu zum Teufel.

Leitsatz

„Lachen ist die beste Medizin!"
   Auch wenn Lachen nicht die einzige Medizin ist – Lachen befreit und ist gesund. Es ist eine wirkmächtige Verhaltensweise – biochemisch wie psychosozial.

Langeweile verstehen

Schwerpunkt: privat + beruflich

Mein Gesprächspartner Tom ist frustriert. Als moderner junger Vater hat er Elternzeit genommen, um sich stärker um seinen zweijährigen Sohn Ben kümmern zu können, als sein Vater das bei ihm getan hat. Tim ist klar, dass seine Frau Tini – eine viel beschäftigte Krankenhausärztin – das zu schätzen weiß. Darüber, dass er sowohl für sich als auch für das Kind, für die Familie ebenso wie für die Gesellschaft einen ungemein wertvollen Beitrag leistet, brauche ich Tom gar nicht aufzuklären. Tini und der Rest der Verwandtschaft sind entsprechend → dankbar und erfreut, dass er den Erziehungspart ein Jahr lang übernimmt. „Wahrscheinlich dankbarer, als ich im umgekehrten Fall gewesen wäre", seufzt Tom resigniert.

---

[350] Beispielsweise unter https://www.witze-platz.de/der-ernst-des-lebens-18779.html – abgerufen am 01.07.2023.
[351] https://praxistipps.focus.de/laecheln-lernen-die-besten-tipps-fuer-ein-authentisches-la-chen_116331 – abgerufen am 01.07.2023.

Was er sich anders vorgestellt habe, merkt er an, sei vor allem der viele Kleinkram, der mit dem aktuellen Zustand verbunden sei. Den habe er, selbst Akademiker, unterschätzt: „Ich bin von früh bis spät auf den Beinen, und dabei nicht weniger gestresst als vorher, und gleichzeitig …". Aufmunternd sehe ich ihn an, Tom hebt scheinbar ratlos die Arme. Nach längerem Nachdenken fügt er hinzu: „Ich habe nach nicht mal einem Vierteljahr schon das Gefühl, ich versaure allmählich. Dabei ist Ben so süß. Wie das sein kann, kapiere ich nicht". „Dann sage ich jetzt mal das Zauberwort", erwidere ich, „ihr Sohn wird es nämlich auch bald beherrschen: Ihnen ist langweilig, oder?" Der Blick, der mich daraufhin trifft, ist entgeistert: Offenkundig habe ich ein Tabu gebrochen, dabei aber bei Tom auch einen Nerv getroffen.

Wenn Tom sich nicht – wie viele Mütter und neuerdings mancher Vater – anders organisiert, stolpert er womöglich geradewegs in eine Existenzkrise. **Bildlich gesprochen, sitzt er vor einem vollen Teller, aber mit teilweise unverträglichen Speisen**: Er wird → zeitlich und organisatorisch ausreichend gefordert. Sein Tun entspricht auch seinen und den → Wertvorstellungen seiner Umgebung. Mehr noch: Mit der Elternzeit verwirklicht er ganz konkret ein eigenes Lebens-→ Ziel. Allerdings entspricht der Alltag, der damit verbunden ist, nicht seiner → Mentalität.

Diese Einsicht ist umso wichtiger, als unter Erwachsenen das Eingestehen von Langeweile noch immer **ein Tabu** ist. Das gilt in erheblichem Maße für den Umgang mit Kindern. Aber auch sonst offenbaren Leute, die über Langeweile klagen, für viele Mitmenschen ein Scheitern: Man selbst und/oder die Umgebung haben es nicht geschafft, ein Projekt oder eine → Zeitspanne → sinnvoll zu gestalten.

Schon wird dem neuzeitlich-westlichen Megabegriff des Burnouts der **Boreout** gegenübergestellt. Niemand Geringeres als die größte gesetzliche Krankenkasse titelt unter der Rubrik gesund arbeiten: „Boreout – Wenn Langeweile zur Belastung wird". Im schlimmsten Fall drohten gesundheitliche Folgen, und zwar durch „ständige Unterforderung im Job: die quantitative und die qualitative. Im ersten Fall hat man einfach zu wenig zu tun. Bei der zweiten Variante erledigt man Arbeiten, bei denen man sein Wissen oder seine Fähigkeiten nicht einbringen kann".[352]

Dabei weist gerade die zweite Alternative auf eine verbreitete Fehleinschätzung hin: Langeweile ist bei weitem nicht nur eine Folge von Unterforderung – sie weist schlicht auf ein Anforderungsprofil hin, das denjenigen, dem es abverlangt wird, nicht ausfüllt. **Langeweile entsteht nicht**

---

[352] https://www.tk.de/firmenkunden/service/gesund-arbeiten/betriebliche-gesundheitsfoerderung/boreout-2047504, abgerufen am 01.07.2023.

durch Unterforderung, sondern durch Falschforderung. Dabei mag Tom, um noch einmal das Eingangsbeispiel zu zitieren, das Projekt Elternzeit zwar als solches gutheißen. Um wieder zufriedener zu werden, muss er es aber anders ausgestalten und auch wieder anderen, eigenen Interessen nachgehen. Falls er und Tini dafür externe Betreuung einkaufen müssen, müssen sie gegebenenfalls ihr → familiäres → Finanzkonzept ändern. Dass Ben durch einen nicht mehr ständig anwesenden, aber zufriedeneren Tom emotional beschädigt wird? Das ist ein typisch deutsches Vorurteil. Zweijährige Kinder brauchen einen festen Bezugsrahmen. Nicht weniger – aber auch nicht mehr.

Das zeigt der Blick über die Grenze: Soweit es bei globaler Betrachtung **Elternzeitregelungen** gibt, erstrecken sie sich mehrheitlich nur auf ein knappes *halbes* Jahr.[353] Mindestens ein Jahr bezahlte Elternzeit gibt es überhaupt nur in 36 unserer 195 Staaten. Sie ist ein vornehmlich europäisches und zentralasiatisches Konzept der Gegenwart, das rund 85 % der anderen Länder gar nicht kennen. Trotzdem scheint auch deren Nachwuchs weitgehend psychisch gesund zu sein. Auch unsere eigenen Vorfahren hätten Jahrtausende lang nur den Kopf geschüttelt. Hätten sie diese Vokabeln gekannt, hätten sie eher von → Gatekeeping und → Übergriffen gesprochen als sich um Bens Wohl zu sorgen.

Dass Langeweile eine **gesamtgesellschaftliche Dimension hat,** betont die Soziologin *Silke Ohlmeier. Langeweile ist politisch*, wie sie in ihrem gleichnamigen Buch[354] ausführt. Darin beschreibt die Autorin, *Was* – so der Untertitel – *ein verkanntes Gefühl über unsere Gesellschaft verrät*. In einem Interview bezeichnet sie → Stress, viel Arbeit und beschäftigt sein als Statussymbole. Das entspricht dem schon zu → Freiheit Gesagten. Allerdings könne auch Langeweile stressen, sie sei keine Trivialität. Für einen Faktor, der Langeweile mitbedingen kann, hält sie soziale Ungleichheit: Wenn man Macht und Geld habe, sei es einfacher, im Einklang mit den eigenen Interessen zu leben. Schließlich hänge Langeweile mit der Konzentrationsfähigkeit zusammen und variiere im Alter.[355]

Langeweile als Fehlforderung drückt schließlich auch die Volksweisheit aus, nach der Müßigkeit aller Laster Anfang ist. Dieses Sprichwort drückt aus, dass Langeweile und Untätigkeit zur Verstrickung in unzuträgliche, zuweilen ungesunde Verhaltensweisen führen können. Das lenkt den Blick zurück auf

---

[353] Die Zeit spricht davon, dass es in 53 Ländern der Welt zwischen 14 und 25 Wochen bezahlte Elternzeit gibt. 83 weitere Staaten bieten bis zu 14 Wochen bezahlten Mutterschutz an, https://blog.zeit.de/teilchen/2016/08/18/mutterschutz-elternzeit-international-vergleich-washington-post-infografik/?wt_ref=https%3A%2F%2Fwww.google.de%2F&wt_t=1679925563873 – abgerufen am 01.07.2023.

[354] Erschienen im österreichischen leykam: Verlag, Graz 2023.

[355] FAS Nr. 12 vom 26.03.2023, 16.

den **Faktor** → **Freizeitgestaltung.** Um angesichts vieler → zukünftig noch mehr virtueller Angebote nicht wie *Buridans Esel*[356] zwischen den Heuhaufen zu verhungern, müssen Sie auch einmal mehr wissen, was Sie wirklich antreibt. Auch an diesem Punkt führt an dem schon im Intro zitierten „Sapere aude", an → Mentalitätserkenntnis, → Leitwertefindung und → Zielgestaltung kein Weg vorbei.

Leitsatz

„Langeweile ist Fehlforderung!"
Um hier Verbesserungen herbeizuführen, müssen Sie sich über Ihre Mentalität ebenso im Klaren sein wie über Ihre Leitwerte und Ziele.

Lebensentscheidungen akzeptieren

Schwerpunkt: privat + beruflich

„Auf Dinge die nicht mehr zu ändern sind, muss auch kein Blick zurück mehr fallen! Was getan ist, ist getan und bleibt's", das wusste schon William Shakespeare.[357] Denn: „Jeden Quatsch, den man sich ausdenkt, kann man nicht machen. Man muss Entscheidungen treffen und versuchen, mit ihnen glücklich zu sein". Raymond „Red" Reddington, der Protagonist der NBC-Erfolgsserie *Blacklist,* denkt eigentlich eher über kriminelle Geniestreiche nach. Diesen Punkt hat er allerdings klar erkannt.[358] Das eint ihn mit meinem lange verstorbenen Großvater, der gerne zu sagen pflegte: „Wenn das Wörtchen ‚Wenn' nicht wär', wär mein Vater Millionär!". *Opa Ernst,* der den Ersten Weltkrieg als Kleinkind durchlitten hatte und dann als junger Mann vom ersten bis zum letzten Kriegstag im Osten stationiert, zudem in Kriegsgefangenschaft gewesen war, sagte diesen Satz zu uns Enkeln heiter und ohne Bitterkeit. Es kam so und nicht anders, an → Change Management war nicht zu denken, fremde Lebensentscheidungen hatten sein Leben unwiderruflich verändert.

---

[356] Nach dem gleichnamigen Gleichnis des mittelalterlichen persischen Philosophen *Al-Ghazālī* verhungert ein Esel zwischen gleich großen, gleich weit entfernten Heuhaufen, weil er sich für keinen von beiden entscheiden kann.

[357] Wiedergegeben nach https://gutezitate.com/zitat/273029 – abgerufen am 01.07.2023.

[358] In der der seinem (natürlich ebenfalls fiktiven) Anwalt Marvin Gerard gewidmeten Blacklist-Folge in Staffel 3, Episode 2.

Dergleichen passiert uns in den unterschiedlichsten **Konstellationen** immer wieder: Einer unserer engsten Weggefährten entscheidet sich gegen die lebensrettende Chemo, die Ex-Schwiegertochter zieht mitsamt dem Nachwuchs ins Ausland. Der offenkundig unzufriedene Partner verweigert die → Kommunikation, von der wir uns den Durchbruch erhoffen. Die geliebte Freundin versinkt mehr und mehr in Verschwörungstheorien.

Manchmal geht es auch um unsere eigenen, nun nicht mehr verrückbaren Beschlüsse: Den Job, der eigentlich unser Traumjob war, haben wir vor Jahren gekündigt. Die hohen Ausgaben für den Urlaub waren die Sache nicht wert. Wir haben Menschen, die uns nahestehen, Dinge an den Kopf geworfen, die unser Verhältnis zu ihnen unwiderruflich verändert haben. Wir haben Milch verschüttet, die uns jetzt beim Backen eines neuen Beziehungskuchens fehlt. Aber gerade dafür haben die Briten ein schönes Sprichwort: „**Don't cry about spoiled milk**". Was geschehen ist, ist geschehen, und über verkleckerte Milch sollte man nicht weinen. Der Markt, um ein heimisches Bonmot zu zitieren, ist verlaufen. Sie stehen mit leeren Händen da.

In dieser Situation können Sie zweierlei machen: Entweder Sie hadern mit Ihrem Schicksal. Immerhin hat ja schon *William Faulkner* gesagt: Das Vergangene ist nicht tot; es ist nicht einmal vergangen.[359] Und der war immerhin 1949 Nobelpreisträger für Literatur. Soweit Sie das auf der individuellen und nicht auf der gesamtgesellschaftlichen Seite tun, schaden Sie sich allerdings unnötig. Sie werfen nämlich unzuträglichen Lebensentscheidungen aktuelle → Zeit und Energie hinterher. Diesen → **Effekt der versunkenen Kosten** hatten wir uns schon zum Thema Intuition angesehen. Sie können hier eine Portion Mitleid abstauben, dort ein wenig → Storytelling üben… was aber auch keine entscheidende Änderung bewirkt.

Oder Sie gehen **produktiv** mit dem Unabänderlichen um. Fragen Sie sich bitte: Wie kam es so weit? Was sagt meine Einordnung des Geschehenen über mich heute aus? Die Biegungen und Windungen unseres Lebens haben mich zu der gemacht, die ich bin. Was hat das betreffende Ereignis dazu beigetragen? (Erst) entsprechende Einsichten ermöglichen es uns, für Gegenwart und Zukunft die richtigen → Erwartungshaltungen zu entwickeln.

Wenn Sie das nicht glauben, wenn Sie der Überzeugung sind, Sie hätten alles miteinander haben und halten können, empfehle ich Ihnen eine anschauliche **Fingerübung**. Legen Sie doch einmal Ihre Handflächen aneinander wie zum katholischen Gebet, allerding horizontal statt hochkant und mit den Fingerspitzen nach draußen zum nächsten Fenster. Ihre Fingerspitzen stehen

---

[359] Zitiert nach https://www.br.de/mediathek/podcast/radiowissen/das-vergangene-ist-nicht-tot-william-faulkner/1868271 – abgerufen am 01.07.2023.

für die Gegenwart, das Außen für Ihre → Zukunft. Jetzt formen Sie Ihre Hände langsam zu einer Kugel. So voluminös, wie deren Innenraum ist, so groß war in der Rückschau die Fülle vergangener Möglichkeiten. Denken Sie über diese Optionen nach. Und nun schauen Sie erneut auf Ihre Fingerspitzen. Die Kugel hat ihren Preis: Sie haben Ihre Fingerspitzen weiter vom Fenster entfernt. Wenn Sie da wieder hinkommen wollen, wo Sie vorher waren, müssen Sie sie wieder ausstrecken und damit den Hohlraum einmal mehr verflachen. Denn: Mehr als zwei Hände haben Sie nun einmal nicht.

Eine etwas schwierige, aber umso lohnendere Coaching-Technik ist das **Reframing.** Dabei werden – kurz gesagt – vergangene Geschehnisse gedanklich neu umrahmt. Von *Virginia Satir* und später *Milton H. Erickson* entwickelt, findet ein entsprechendes Vorgehen häufig in der Systemischen → Familientherapie Anwendung. Ein einfaches Beispiel dafür sind liebevolle Schilderungen über das Durcheinander, das → Haustiere anrichten: „Die Katze hat heute Nacht wieder mal aufgeräumt“. Das klingt doch schon besser als: „Mein erster Schritt in den Tag führte direkt ins Chaos“. Einer der tröstlichen Sprüche eines nahen Verwandten betrifft sodann ausgerechnet den Sterbefall: „Der hat's hinter sich“, pflegt mein Vater zu sagen.

Auch zu anderen folgenreichen Ereignissen empfiehlt sich ein entsprechender **Perspektivwechsel**. Was für ein Glück beispielsweise, dass Sie seinerzeit Ihre Stelle gekündigt haben – sonst würden Sie immer noch in diesem → übergriffigen Laden festhängen. Und wenn Sie Ihre Partnerin nicht verlassen hätte, hätten Sie niemals jene Afrikareise unternommen, von der Sie heute noch zehren. Ohne den Krankenhausaufenthalt im letzten Jahr wären Sie keine Talkshow-Expertin geworden, weil Sie zuhause immer nur Zeitung lesen. Und ohne Krisenintervention in der Psychiatrie, um einen ganz ernsten Fall zu zitieren, hätten Sie niemals gelernt, wie normal Sie in Wirklichkeit sind.

Ihre Vergangenheit hat Sie mit anderen Worten geformt. Falls Sie nach dem Gelesenen noch immer damit hadern sollten, empfehle ich ein Gedicht des berühmten amerikanischen Poeten *Robert Frost*: „I shall be telling this with a sigh/Somewhere ages and ages hence:/Two roads diverged in a wood, and I -/I took the one less traveled by,/And that has made all the difference“.[360] Zwei Wege laufen auseinander, man nimmt den weniger begangenen – und das hat den ganzen Unterschied ausgemacht. Oder, um es musikalisch mit *Frank Sinatra* auszudrücken: „The record shows/I took the blows/And did it my way“.[361]

---

[360] The road not taken, zitiert nach https://www.poetryfoundation.org/poems/44272/the-road-not-taken – abgerufen am 01.07.2023.

[361] Auf Deutsch: Die Geschichte zeigt, ich hab' die Schläge eingesteckt. Und es auf meine Weise getan. Das Original finden Sie unter https://www.youtube.com/watch?v=QWr_or9WKZk – abgerufen am 01.07.2023.

> **Leitsatz**
>
> „Wenn das Wörtchen ‚Wenn' nicht wär', wär mein Vater Millionär!"
>   Söhnen Sie sich mit unabänderlichen Lebensentscheidungen aus. Fragen Sie sich, welche neuen Möglichkeiten sie Ihnen beschert haben – alle Wege gehen kann niemand.

Leitwerte erkennen

Schwerpunkt: privat + beruflich

Bildung ist schädlich und macht unzufrieden. Deswegen ist ihr Besitz streng verboten. Wer Bücher kennt, memoriert sie im Untergrund. Wer welche besitzt, dessen Haus zündet die Feuerwehr an. Bei 233 Grad Celsius fängt das Buchpapier an zu brennen, oder, um es in amerikanischen Maßen zu fassen: bei *Fahrenheit 451*.[362] In der 1953 erschienenen gleichnamigen Dystopie von *Ray Bradbury* kommt Feuerwehrmann Guy Montag allerdings vom rechten Weg ab. Er wird zum Bücherliebhaber, und zwar auf Kosten seiner bürgerlichen Existenz. Neugier, Respekt, Loyalität, Freiheitsliebe: Als guter Science Fiction-Autor lässt uns *Bradbury* in einer fremden Umgebung moderne Wertekonflikte durchleben, die wir noch immer als unsere eigenen wiedererkennen.

Bei genauerer Betrachtung gibt es solche handlungsleitenden Motivatoren in beträchtlicher Zahl. Zwar lässt *Bert Brecht* seine *Mutter Courage* deklamieren, „In einem guten Land brauchts keine Tugenden, alle können ganz gewöhnlich sein, mittelgscheit und meinetwegen Feiglinge".[363] Aber mit diesen Worten wehrt sie sich vor allem gegen den kriegerischen Missbrauch von Idealen, während sie sich selbst in dem Theaterstück als humanistische Idealistin outet.

Schon bei *Platon*[364] findet sich in vorchristlicher Zeit ein **Kanon von Haupttugenden**: Besonnenheit, → Tapferkeit, Weisheit und → Gerechtigkeit sowie Klugheit. Im 6. Jahrhundert n. C. ist es dann Papst *Gregor der Große*, der der Temperantia (Mäßigung), dem Fortitudo (Mut), der weisen Prudentia und der gerechten Iustitia drei weitere Kardinaltugenden hinzufügt. Das sind

---

[362] Unter anderem erschienen bei Heyne, München 2018.

[363] *Bertolt Brecht*, Mutter Courage und ihre Kinder. Eine Chronik aus dem Dreißigjährigen Krieg, ist u. a. erschienen bei Suhrkamp, Frankfurt a. M. 2018 (2. Szene).

[364] Instruktiv zur platonischen Tugendethik das Video https://www.youtube.com/watch?v=sc7SyKI_6ls – abgerufen am 01.07.2023.

Fides, Caritas und Spes, also Glaube, Liebe und Hoffnung – wie im Hohelied der Liebe nach dem biblischen *1. Korintherbrief 13*. Eine erweiterte Aufzählung aus dem 14. Jahrhundert[365] führt zwölf Tugenden auf, modern übersetzt mit Weisheit, Wahrheit, Gerechtigkeit, Barmherzigkeit, Friedfertigkeit, Standhaftigkeit, Glaube, Mäßigung, Güte, Demut, Hoffnung und Liebe.

Entsprechende Ideale haben besonders die verschiedenen **christlichen Ordensgemeinschaften** zu Sollenssätzen vorangetrieben. So heißt es etwa bei den Benediktinern: „Ora et labora et lege, Deus adest sine mora": „Bete und arbeite und lies, so ist Gott unverzüglich bei dir". Weit ausgelegt, fordert dieser Wahlspruch auf zu kontemplativer, → achtsamer Hinwendung und Betrachtung, zum → sinnvollen physischen → Handeln und dazu, die eigene → Weltanschauung klug zu hinterfragen. Gerade Lesen bedeutet nämlich immer auch das Eintauchen in fremde Denkwelten. Dergleichen Forderungen sind bis heute aktuell, so etwa am Tag der deutschen Einheit 2022, an dem sich Bundestagspräsidentin *Bärbel Bas* mehr Respekt, Neugier und Empathie von uns gewünscht hat.[366]

Zu unseren **Standard-Leitwerten zählen** hier und heute Faktoren wie → Erfolg, → Familiensinn, → Freiheit, → Freundschaft, → Finanzen, → Gerechtigkeit → Offenheit, → Respekt, → Selbstmanagement, → Sinnfindung, → Streitlust, → partnerschaftliche Treue, → Verantwortung und → Zeitsouveränität. Mit diesen Motivatoren gehen verwandte Ideale einher wie Abenteuerlust, Abwechslung, Anerkennung, Beständigkeit, Ehrlichkeit, Eigenständigkeit, Einfluss, Entwicklung, Geborgenheit, Harmonie, Herausforderung, Kollegialität, Macht, Muße, Ruhm, sexuelle Erfüllung, Sicherheit, Sinnlichkeit, Solidarität, Spannung, Spaß, Status, Treue, Unabhängigkeit, Unterschiedlichkeit, Verständnis, Wertschätzung und Zärtlichkeit.[367]

Im Zuge des in den letzten Jahren viel beschriebenen **New Work** sind insoweit auch in der Arbeitswelt deutliche Balance-Verschiebungen zu beobachten. Etwa seit dem Ende der Finanzkrise 2010 beobachte ich in Gesprächen mit Arbeitgebern immer wieder, dass Bewerberinnen und Bewerber Forderungen stellen, von denen die Generation vor ihnen nur träumen konnte. Da fragen auch potenzielle Führungskräfte schon im Einstellungsgespräch nach der ersten Auszeit, und junge Talente haken die Nebenleistungen potenzieller Arbeitgeber auf Klemmbrettlisten ab. Statt ihrer kommen diejenigen ins Coaching, die Arbeitskräfte suchen und im Vorstellungsgespräch keine Fehler begehen wollen. Einen Tesla, Edelverpflegung mit kostenloser Kantine über

---

[365] Nach *Heinrich von Mügelns* um 1355 erschienenem Der meide kranz.

[366] Eingehender dazu FAZ Nr. 230 v. 04.10.2022, 1.

[367] Instruktiv hierzu ist auch *Sabine Asgodoms* Buch So coache ich, Kösel-Verlag München 2012.

den Dächern der Metropole, freie Wochenenden und Home Offices bei sechs-
stelligem Gehalt kann nicht jeder bieten – im Hochleistungssegment werden
diese Attribute aber zunehmend abgerufen.

Dabei hatte *Frithjof Bergmann*, der Vater des New Work, die Grundidee,
„Neue Arbeit" sei das zu tun, was man am besten kann und auch am liebsten
tun möchte. **Was man „wirklich, wirklich will"** hat er dabei aber vermutlich
im Sinne *Theodor Adornos* gemeint. Von dem Protagonisten der Frankfurter
Schule stammt der viel zitierte Satz: „Es gibt kein richtiges Leben im falschen".[368] Kinder- und Jugendbuchautoren wie *Paul Maar* und *Michael Ende*
haben das in ihren zu → Phantasie wagen beschriebenen Romanen schon
deutlich beschrieben. Gefragt ist nicht die Kombination von allem, was einem
gerade als wünschenswert erscheint. Stattdessen heißt es: Nimm dich ernst.
Leb dein Leben. Allerdings heißt das nicht: Leb deinen *Traum.*[369]

Gleichzeitig treiben uns all diese Dinge an – je nach Lebensabschnitt in
unterschiedlichem Maße. *I contain multitudes*, wie es bei *Bob Dylan* so schön
heißt.[370] Genau das wiederum deutet auf ein zentrales Problem hin: Wie
gehen wir damit um, dass wir nicht all diese wunderbaren Werte in einem
Rutsch leben können?

Gerne wird in diesem Zusammenhang *Aristoteles* zitiert, der im
4. Jahrhundert postuliert haben soll, dass das Glück das höchste Ziel des
menschlichen Lebens sei. Nach seiner **Nikomachischen Ethik** erwählen wir
uns das Glück stets um seiner selbst willen und niemals zu einem darüber
hinausliegenden Zweck. Bei näherem Hinsehen steckt allerdings der Teufel
im Detail: So müsse man sich, um glücklich zu leben, fragen, was das Wesen
des Menschen ausmache. Bei *Aristoteles* geht es hierbei um die bestmögliche
Ausbildung und Beherzigung der Vernunft in Form von tugendhaften
Handlungen.[371]

Den Versuch einer allgemeinen Hierarchisierung unternimmt das bekannte
sozialpsychologische Modell des US-amerikanischen Psychologen *Abraham
Maslow*. Die nach ihm benannte **Maslowsche Bedürfnispyramide** geht
davon aus, dass körperliche und Sicherheitsbedürfnisse das Fundament

---

[368] Siehe hierzu eingehend https://www.youtube.com/watch?v=z77CNWOS7Hw – abgerufen am
01.07.2023.

[369] Siehe in diesem Sinne auch die WiWo-Widerworte von *Wolf Lotter*, https://nachrichten.wiwo.de/143a81b-
ac34908461febcac473657110539443d1643ec5e29033625a888d43a2f78a76794275645f02582b2818f
89853129224500?utm_source=web-frontend&xing_share=news – abgerufen am 16.06.2023.

[370] Der Song ist abrufbar unter https://www.youtube.com/watch?v=pgEP8teNXwY – abgerufen am
01.07.2023.

[371] Siehe hierzu weiterführend *Eva Schmidt*, Wie wichtig ist Glück, philosophie Magazin Nr. 43 vom
Januar 2019, zitiert nach https://www.philomag.de/artikel/wie-wichtig-ist-glueck#:~:text=Aristoteles%20
(384%E2%80%93322%20v.&text=Gl%C3%BCckseligkeit%20(Eudaimonie)%20ist%20
f%C3%BCr%20Aristoteles,moralische%20Tugend%20nicht%20zu%20erlangen – abgerufen am
01.07.2023.

unseres Strebens bilden. Sie werden gefolgt von sozialen und daran anschlie-
ßend von individuellen Bestrebungen mit Selbstverwirklichung an der Spitze.
Allerdings unterscheidet sich unsere eigene Kultur seit Jahrtausenden grund-
legend von der der *Blackfoot*-Indigenen, die *Marslow* inspiriert haben sollen.
Spätestens seit der europäischen Aufklärung haben sich unsere Ansichten zum
Primat des Sozialen vor dem Individuellen grundlegend geändert, und über
den Vorrang körperlicher Sicherheit hätte schon vorher jeder Kreuzritter den
Kopf geschüttelt.

Was stattdessen erkennbar ist, sind **Querverbindungen wie Bruchstellen
gleichermaßen.** Hier hemmt zu viel Zufriedenheit zu guter Letzt unseren
Wunsch nach persönlicher Entwicklung. Und da kommt unsere persönliche
Wahrheitsliebe einer rücksichtsvollen Umschreibung in die Quere, weil wir
das Gegenüber nicht enttäuschen wollen. Da werden wir auf eine tolle
Reisegelegenheit aufmerksam, aber eigentlich brauchen wir vor allem Zeit
und Geld für die Bewältigung des Alltags. Da kann sich ein ganzes Staatsvolk
angesichts fremder Zerstörungswut auf einmal *Frieden schaffen ohne Waffen*[372]
nicht mehr leisten.

Ob wir es uns eingestehen oder nicht: **Sowohl im beruflichen als auch im
privaten Bereich haben wir individuell, als soziale Gruppe und auf der
großen organisatorischen Ebene immer wieder abzuwägen. Dabei orientieren wir uns allerdings an bestimmten Motivatoren mehr als an anderen.** Unser Werteverständnis ist selbst dann, wenn wir vielem gerecht werden
wollen, eine wechselnde Tugenden- oder Wertehierarchie.

Betrachtet man beispielsweise die **berufliche Motivation** von Menschen,
so schätzen viele von ihnen sowohl Geld als auch Anerkennung, sowohl
Sicherheit als auch Herausforderung, sowohl → Sinn als auch Status. Ein
guter Coach macht in dieser Lage die Probe auf Exempel: Würden Sie einen
besser dotierten Job annehmen, der Sie von der umworbenen Einkäuferin
zum abschätzig behandelten Vertriebler macht? Wie entscheiden Sie sich,
wenn man Ihnen ein niedrigeres Festgehalt gegen höhere Boni anbietet?
Würden Sie eine prestigeträchtige Stelle im Großkonzern an den Nagel hängen, um Ihren Jugendtraum in einem Start-Up zu verwirklichen?

Und, **im Privatleben:** Wieviel → Freiheit geben Sie um der → Liebe willen
auf? Sind Sie auch dann noch solidarisch, wenn Ihre → Freunde gerade gewal-
tigen Mist gebaut haben? Wenn die Zeit knapp ist: Lassen Sie den Sport ausfallen, um sich auf dem Sofa zu erholen? Verzichten Sie auf Ihren →
Gesundheitsschlaf für die Familie? Um hier nicht immer wieder ins Stolpern

---

[372] Der gleichnamige Berliner Appell aus 1982 stammt von *Robert Havemann* und *Rainer Eppelmann*.
Siehe zu den Kompromissmöglichkeiten zwischen absoluter Gewaltlosigkeit und Waffenlieferungen auch
https://www.sueddeutsche.de/kolumne/pazifismus-frieden-schaffen-ohne-waffen-1.5598838 – abgerufen am 01.07.2023.

zu geraten, müssen Sie wissen, wo (1) Sie und (2) die anderen Menschen in Ihrer Umgebung stehen. Nur so haben Sie echte Chancen, für sich selbst und in → Partnerschaften aller Art Ihre Vorstellungen miteinander zu verbinden.

Mit anderen Worten: Versuchen Sie unbedingt zu verstehen, worum es Ihnen und anderen im Zweifelsfall wirklich geht. Wenn es sein muss, ringen Sie darum miteinander in konstruktivem → Streit. Wenn Sie sich nicht klarmachen, was Sie antreibt, können Sie das, was Sie wollen, auch nicht bekommen: „*You Can't Get What You Want (Till You Know What you want)*" heißt es dazu im gleichnamigen Song des großen Liedermachers *Joe Jackson*. „This might sound obvious", hat Jackson den Titel in einem seiner Konzerte angekündigt,[373] vielleicht meint man, es liegt auf der Hand. Im Alltag sind die Dinge aber meist komplizierter.

Eine weitere Herausforderung kommt hinzu: Sie sollten auf keinen Fall der Versuchung nachgeben, Ihre eigene **Wertehierarche** ohne weiteres auf andere Menschen **zu übertragen**.

Ein schönes Beispiel hierfür ist für die **Arbeitswelt** die rund 60 Jahre alte *Anekdote zur Senkung der Arbeitsmoral* des großen Deutschen *Heinrich Böll*. Die heute auch in Comicform erhältliche Geschichte[374] handelt von einem Touristen, der an einem westeuropäischen Hafen einen dösenden Fischer antrifft. Dem erklärt er, dass er mit mehr Ausfahrten finanziell aufsteigen und schließlich ein erfolgreiches Fangunternehmen gründen könne. Dann könne er sich zur Ruhe setzen und endlich in aller Muße – heute würde man sagen: – chillen. Das versteht der Fischer nicht: Das kann er doch auch jetzt schon!

Auch im **Privatleben** ist Vorsicht geboten. Wir sind umgeben von trauten Paaren, und in der Kunst wimmelt es nur so von Liebesliedern und -filmen. Deshalb stehen aber noch lange nicht für alle Menschen → Liebe und → Glück an erster Stelle – das ist ein ebenso weit verbreiteter wie folgenschwerer Irrtum. So gehen nicht wenige Menschen aus purer → Lust fremd, ohne dabei ernsthaft an eine andere Beziehung zu denken. Falls Status, Sicherheit und Ordnung den Betreffenden vergleichsweise wichtiger sind, gehen Sie selbst als hoffnungsfrohe Außenbeziehung leer aus.

Eine wichtige Rolle spielt dabei auch die schon zur Glücksfrage erwähnte Sehnsucht nach **Konsistenz**: Die Puzzlesteine der eigenen → Weltanschauung sollen bitte schön zusammenpassen[375] – notfalls biegt man sich entsprechende → Tatsachenkerne halt entsprechend zurecht. Wer die Welt für einen

---

[373] https://www.youtube.com/watch?v=Bo759np9-nM – abgerufen am 01.07.2023.
[374] *Heinrich Böll/Emile Bravo*, Der kluge Fischer, Carl Hanser Verlag, München 2014.
[375] Eine ausführliche Definition des Konsistenzbegriffs liefert https://lexikon.stangl.eu/20428/konsistenz – abgerufen am 01.07.2023.

schwierigen Ort hält, ist danach beispielsweise kein guter Kandidat für ein harmonisches Beisammenbleiben. Er oder sie mögen andere Qualitäten haben, aber ein nettes, einfaches Zusammensein passt nicht ins Weltbild. Da können zuwendungshungrige Menschen noch so verständnislos den Kopf schütteln: Dass der sonntagabendlichen ZDF-Romanze in der ARD ein Tatort (oder Polizeiruf 110) gegenübersteht, ist kein Zufall! Manch einer → entspannt sich eben lieber bei der erfolgreichen Mördersuche als in der romantischen Welt. Es gibt, mit anderen Worten, sehr unterschiedliche Formate, mit denen die Welt zum guten Wochenschluss wieder in Ordnung kommt.

Entsprechende Leitwerte können Sie mit Hilfe → **qualitätsgeprüfter Coaches** näher erkunden. Geeignete Expertinnen und Experten helfen Ihnen zu erkennen, was Sie im Spannungsfeld zwischen Leben und Tod, Liebe und Hass, Körper und Geist, Träumen und Wachen, Erinnern und Vergessen, Wollen und Können, Sein und Sollen[376] aktuell ausmacht. Wenn Sie möchten, sondieren sie gemeinsam mit Ihnen, wie Sie darauf reagieren können. Anschließend unterstützen sie Sie darin, mit Hilfe dieser Einsichten besser voranzukommen. Gute Coaches entwickeln tragfähige → Ziele aus dem, was Ihnen im Kopf herumgeht. Sie dokumentieren sie und halten sie nach.

Problematisch ist hingegen die **semiprofessionelle Spiegelung** durch Menschen, die darin nicht geschult sind und/oder Ihnen gegenüber persönliche Interessen verfolgen, die weder eigene Lehranalysen noch die überwachende Supervision kennen. Das gilt umso mehr dann, wenn Sie jemand mit wohlfeilen Worten von Ihren Idealen entfernt. Um zu erkennen, was Sache ist, dürfen Sie sich von dem, was Sie hören wollen, nicht einwickeln lassen. Schauen Sie sich lieber an, wie die Betreffenden → handeln! Um an dieser Stelle an die Studierzimmer-Szene der → Glücksritter-Saga in *Goethes Faust I* zu erinnern: „Grau, teurer Freund, ist alle Theorie,/Und grün des Lebens goldner Baum".[377] Oder, um es bodenständiger mit dem damaligen Hertha-Trainer *Otto Rehhagel* zu sagen: „Die Wahrheit liegt auf dem Platz".[378]

Dabei ist gegen die Unterstützung durch → Freundinnen oder → Partner als solche erst einmal gar nichts einzuwenden. Wohlmeinende Gefährten sind ein echter Segen. Allerdings werden Sie damit in der Selbstfindung über einen gewissen Punkt nicht hinausgelangen. So bedarf es bei Ihrem Gegenüber beispielsweise einiger Schulung, um seine eigenen Reaktionen im Zaum zu halten. Er oder sie müssen in der Lage sein, einerseits ihr Gegenüber aufmerksam

---

[376] Aufzählung nach *Rolf Haubl*, Allein bei sich, außer sich: einsam – Lebenskunst in Zeiten des Massenindividualismus, in: *Karsten Münch/Dietrich Munz/Anne Springer* (Hrsg.), Die Fähigkeit, allein zu sein, Zwischen psychoanalytischem Ideal und gesellschaftlicher Realität, 2. Aufl. Psychosozial-Verlag Gießen 2011. Es handelt sich um einen Beitrag zur Jahrestagung der DGPT 2008.

[377] https://www.projekt-gutenberg.org/goethe/faust1/chap007.html – abgerufen am 01.07.2023.

[378] https://gutezitate.com/zitat/274824 – abgerufen am 01.07.2023.

wahrzunehmen und einen Resonanzboden zu bilden. Andererseits müssen sie sich aber auch sehr zurückhalten können. Ihre eigenen Wünsche dürfen mit Blick auf den Coachee oder die zu bewältigende Aufgabe keinerlei Rolle spielen. Ebenso wie Therapeutinnen müssen auch Coaches in der Lage sein, Ihre Aussagen erst einmal in sich aufzunehmen, ohne sie gleich zu → bewerten. Das gilt gerade auch dann, wenn Sie Ihr Gegenüber erst einmal mit **Projektionen** bewerfen.

In der Therapie psychisch erkrankter Menschen nennt man das wertungsfreie, aber behütende Empfangen der Patienten-Äußerungen nach *Wilfred Bion* **Containing**.[379] Das Gesagte und Gehörte wird von der Expertin oder dem Experten in seiner ganzen Bandbreite so angenommen, wie es ist. Therapeut wie Coach nehmen das Konflikthafte des Coachees gewissermaßen in sich auf und verdauen es psychisch vor, bevor sie es an ihr Gegenüber zurückgeben. So kann dieser das ihm Konflikthafte dann besser bewältigen. Beim geschulten Helfer entsteht – in der 60er-Jahre-Diktion *Bions* – eine Art *träumerisches Ahnungsvermögen*. Das unterstützt ihn darin, das Gesagte für die Betroffenen emotional nachvollziehbar aufzubereiten. Auf diese Weise lässt es sich vom Ratsuchenden mit Kopf und Herz besser bewältigen.

Was Sie dem Coach sagen, kommt mit anderen Worten an – und zwar ohne dass es dabei zu einer bloßen Spiegelung, zu einer **Übertragung und/oder Gegenübertragung** kommt. Weder darf sich Ihr Coach zur „blanken Fläche" machen, auf der Sie Ihre Hoffnungen und → Befürchtungen lediglich abladen (Übertragung). Noch dürfen er oder sie das Empfangene einfach auf Sie zurückübertragen (Gegenübertragung). Um es klischeehaft zu formulieren: Auch wenn einem Coach das Herz des Coachees noch so zufliegt, darf er nicht dem Drang erliegen, seinen eigenen Liebeswunsch daran anzuknüpfen. Zwar ist Ihr Coach auch nur ein Mensch – aber einer, um den es hier und jetzt nicht gehen darf.[380] Im therapeutischen Bereich ist das mittlerweile selbstverständlich, im berufsständisch nicht geschützten Coaching aber nicht.

---

[379] Siehe zum Thema Containing die gleichnamige Publikation von Gianluca Crepaldi, Psychosozial-Verlag, 2. Aufl. Gießen 2022.

[380] Zum Ganzen eingehend *Hans-Peter Hartmann* und *Wolfgang E. Milch* (Hrsg.), Übertragung und Gegenübertragung – Weiterentwicklungen der psychoanalytischen Selbstpsychologie, Psychosozial-Verlag, Gießen 2001. Wissenschaftlich betrachtet, kann „die Wahrnehmung von Selbstobjektübertragungen der Patienten durch den Analytiker … durch seine eigenen Selbstobjektbedürfnisse verzerrt werden. Hilfreich für das Erkennen der eigenen Gegenübertragung kann die Akzeptanz der Wahrnehmungen des Patienten hinsichtlich des Verhaltens des Analytikers sein. Durch die vom Analytiker erzeugte Atmosphäre trägt er wesentlich zu der sich entwickelnden Übertragung bei", https://www.psychosozial-verlag.de/6684 – abgerufen am 01.07.2023.

Auch ein guter Coach wird Sie allerdings nicht zu einer Lichtgestalt machen. **So verführerisch entsprechende Schneller-höher-weiter-Parolen sind:** Derjenige, der letztlich → handeln muss, sind immer noch Sie. Und soweit Sie zu diesem Zweck → Zielsetzungen entwickeln, die mehr Nach- als Vorteile bergen, werden Sie daran scheitern. Um es mit dem Schweizer Analytiker *Carl Gustav Jung* zu sagen: **Ihr Schatten muss immer dabei sein dürfen.**[381] Danach tragen wir alle Dinge mit uns herum, die wir uns nicht eingestehen mögen, die uns aber nicht weniger als unsere Stärken prägen. Nachdem wir im Laufe unserer Kindheit gelernt haben, dass verschiedene Eigenschaften abzulegen oder zu verbergen sind, belastet uns diese Unvollkommenheit. Allerdings ist eine Aussöhnung damit durchaus möglich. Um es in *Jungs* eigenen Worten zu sagen, sollte man **lieber ganz sein wollen als gut.** Wo Schatten ist, ist auch Licht. Deshalb gibt es keinen Grund sich zu → fürchten.

Leitsatz

„You Can't Get What You Want (Till You Know What You Want)!".
Wir leben nach unterschiedlichen Leitwerten. Machen Sie sich Ihre eigene Wertehierarchie klar.

Liebe finden

Schwerpunkt: privat

„Dr. Manfred, 76 Jahre jung und den Genüssen des Lebens noch immer nicht abgeneigt, sucht attraktive, unabhängige Dame in den 50ern zum Verwöhnen und Verwöhntwerden. Bitte mit Bild". „Was glaubt der eigentlich, wozu Frauen da sind? Ich bin Ärztin, nicht Altenpflegerin!". Lydia, eine gut ausse-hende Mittfünfzigerin, ist empört. „So ähnlich hab' ich das wirklich letzte Woche gelesen. Und das Schlimmste ist, dass der garantiert auch noch eine Dumme findet!". Nur mit viel Mühe schaffe ich es, sie wieder zu beruhigen: „Wenn zwei Menschen einander auf die passende Weise ergänzen, ist das doch völlig in Ordnung, oder? Das ist nicht Ihre Welt, aber das heißt doch nicht,

---

[381] Siehe zum Jungschen Konzept der Schattenarbeit eingehender https://www.schattenarbeit.de/schattenarbeit.html – abgerufen am 01.07.2023.

dass es nicht legitim ist. Sie selbst müssen doch auf eine solche Anzeige nicht antworten". „Das war eine von drei ganzen Annoncen, und die anderen beiden waren noch schlimmer. Meine Zeitung erscheint bundesweit. Und ich geh' doch nicht auf Tinder oder Bumble".

Tatsächlich ist Tinder eine Online-Plattform, deren Kernzielgruppe höchstens halb so alt wie Lydia ist. Schätzungen zufolge bewegt sie sich zwischen 18 und 25 Jahren (mit einem nur unwesentlich höheren Durchschnittsalter bei Bumble[382]). Es muss aber nicht immer das dort angesagte Swipen sein: Wen ein Profil interessiert, der wischt dort nach rechts. Gerade im Netz boomen Partnerbörsen aller Art, auch für die Generation 50+, Vergleichsportale inklusive. Aufschluss über *Tinder, Parship & Co. – Warum es mit der Liebe über 50 so schwierig ist,* gibt ein *Podcast für Deutschland* der FAZ.[383] Mehr Beziehungen bedeuten mehr Verlusterfahrungen, heißt es darin unter anderem, und es wird angemahnt, **Unterschiede nicht als Bedrohung, sondern als Ergänzung** zu verstehen. Echos aus der → Vergangenheit verhinderten neues Erleben, und Dates seien keine Vorstellungsgespräche.

Umgekehrt sind die **Vorstellungsseiten potenzieller neuer Bekanntschaften in Suchportalen auch keine Schaufenster.** Dahinter verbergen sich ganz normale Menschen, die eben den ersten Schritt gemacht haben. Nicht umsonst sagt man: „Der Schein trügt, die Seele bleibt!". Dieses Sprichwort verdeutlicht, dass hinter äußerlicher Perfektion und einem glanzvollen Erscheinungsbild immer echte Menschen mit ihrer individuellen → Mentalität, mit ihren ganz eigenen → Leitwerten und → Zielen stecken. Es erinnert uns daran, dass es wichtig ist, hinter die Oberfläche zu schauen und die wahre Natur eines Menschen zu erkennen. Es betont die Bedeutung von Empathie, Verständnis und Echtheit in unseren Beziehungen und den Umstand, dass man sich von äußerlichen Fassaden blenden zu lassen sollte.

Dass tolle → Partnerschaft nicht „toller Partner schafft" heißt, ist nur eine der Konsequenzen, die man daraus auch in der virtuellen Welt ziehen sollte. Grundsätzlich zu warten, bis andere die Initiative ergreifen, wird dieser Lage nicht → gerecht. Zudem gibt es Anzeichen dafür, dass die (geheimen) Algorithmen einschlägiger Suchmaschinen aktive Nutzerinnen und Nutzer nach oben ziehen. Inaktive lassen sie dagegen eher hängen.

Auch oberhalb der eigenen „Preisklasse" zu fahnden, ist kein → Erfolg versprechendes Konzept. Wer **idealisiert statt passgenau** sucht, landet spätestens beim ersten realen Treffen auf dem harten Boden der Tatsachen – eine

---

[382] Vgl. dazu https://themoney.co/de/what-is-the-average-age-on-bumble/ – abgerufen am 01.07.2023.

[383] https://www.faz.net/podcasts/f-a-z-podcast-fuer-deutschland/tinder-parship-co-warum-es-mit-der-liebe-ueber-50-so-schwierig-ist-18652882.html?GEPC=s9 vom 03.02.2023 – abgerufen am 01.07.2023.

der beiden Seiten ist enttäuscht, die andere überfordert. Um der darauf folgenden Zurückweisung zu entgehen, sollten Sie sich nicht nur des schon zum Thema → Intuition beschriebenen Halo-Effekts bewusst sein. Selbst wenn ihr Gegenüber in Wirklichkeit nicht weniger attraktiv ist als auf den Bildern: Wer sagt, dass er oder sie dann auch so nett ist, wie Sie hoffen? Weichen Sie nicht davor zurück, die zentralen → Gründe zu durchschauen, aus denen Ihr Gegenüber sich mit Ihnen getroffen hat. Verfolgt die andere Seite wirklich ähnliche Interessen wie Sie oder setzt sie womöglich vollkommen andere Prioritäten?

Gleichzeitig sollten Sie Ihre eigenen Stärken und Schwächen ebenso kennen wie in anderen Lebensbereichen auch. Welche Herangehensweise an eine mögliche Liebesbeziehung entspricht Ihrer → Mentalität? Welches Verhalten geht konform mit Ihren → Leitwerten? Welcher Typ Mensch passt zu Ihren Lebens-→ Zielen? Wer die Antwort auf diese Fragen nicht kennt, kann nur auf Zufallstreffer hoffen.

Das heißt nicht, dass Sie sich zu sehr festlegen sollten – nicht alle Überraschungen, die man im Laufe der Zeit erlebt, sind unangenehm. Die **Vorfreude** darauf, dass sich gerade auch ein anderer Mensch ihretwegen auf den Weg macht und gespannt darauf ist, Sie kennenzulernen, ist ein prickelndes Gefühl. Während des ersten virtuellen oder gar: Live-Treffen ohne vorherigen Screen-Probelaufs sind es dann allerdings weniger die altbekannten Dos und Don'ts, die über den Erfolg entscheiden.

Dass Sie sich, wie es bei einem der Dating-Anbieter heißt,[384] weder in Ihrer Stammkneipe, noch im Kino oder gar in der Sauna gut austauschen können, versteht sich von selbst. Auch dass ein eingeschaltetes Handy sich als Stimmungskiller erweisen kann, ist den meisten Menschen klar. Lügen und Lästern sind ebenso tabu wie Alkoholorgien und Aufdringlichkeit. Umgekehrt müssen Sie sich aber auch nicht stundenlang höflich miteinander langweilen. Die Leitlinie heißt: **Gehen Sie respektvoll miteinander um** – und lassen Sie die andere Person nicht völlig im Unklaren über die Spannweite dessen, was für Sie eine gelingende Liebesbeziehung bedeutet.

Insgesamt gilt: **What you get is what you pay for** – das, worin Sie investieren, fällt auf Sie zurück. Wenn Sie im Vorfeld also besonders auf Ihre Kleiderwahl achten, ziehen Sie damit einen Menschen an, der vor allem Wert auf ein schönes Äußeres legt. Auch wenn Sie mit der Kleiderwahl durchaus zeigen können, dass Ihnen an dem Treffen etwas liegt: Ihr Schwerpunkt sollte darauf liegen, Ihr Anliegen angemessen auszudrücken. Ein Verhalten, dass Sie

---

[384] Siehe hierzu https://www.edarling.de/single-news/dos-und-donts-beim-ersten-date – abgerufen am 01.07.2023.

selbst als grobe Regelverletzung erachten, sollten Sie im Übrigen „reporten": Allein durch entsprechende Plattform-Rückmeldungen bewahren Sie Ihre möglichen Nachfolgerinnen und Nachfolger davor, ähnlich schlechte Erfahrungen zu machen. Ergibt ein Gegencheck auf anderen Internetseiten, dass ein Chatpartner dort anders auftritt als hier, ist große Vorsicht geboten.

Besonders auf der Hut sein sollten Sie dabei vor einer neumodischen Variante des Heiratsschwindels. So genannte **Love & Romance Scammer** beiderlei Geschlechts erstellen aus verfälschten oder gestohlenen Identitäten falsche oder Fake-Profile, um ihre Opfer an sich zu binden und sie schließlich finanziell auszunehmen. Wenn Ihre → Intuition Ihnen sagt, ihr neuer Kontakt sei zu schön, um wahr zu sein, dann schauen Sie doch einfach einmal nach, wo und mit welcher Beschreibung die Ihnen dargebotenen Bilder sonst noch zu finden sind. Dazu können Sie beispielsweise auf die Webseite der Google-Bildersuche gehen und dort in der Suchleiste auf das Kamerasymbol klicken.[385] Auf diese Weise entlarven Sie auch professionelles → Storytelling.

Welch unschöne Überraschungen selbst das geniale Hightech-Implantat einer nahen Zukunft bereithalten kann, sehen Sie in der Kunst im Übrigen in der französischen Netflix-Serie *Osmosis* von 2019.[386] Dort ist ein Chipimplantat im Betatest, dass für jeden die wahre Liebe ermitteln kann, aber vor allem eines anrichtet: nämlich Unheil bei allen Beteiligten.

Da scheint es zu guter Letzt doch einer vertieften Überlegung wert zu sein, einander **ganz analog** zu begegnen. Wo zieht es Sie hin? Fühlen Sie sich in Ihrer Arbeitsumgebung oder bei bestimmten Fortbildungsveranstaltungen besonders wohl? Welche → Freizeitbeschäftigungen füllen Sie aus? Treiben Sie Sport? Hängen Sie an einem ehrenamtlichen → Engagement? Wollten Sie sich schon immer in einem bestimmten Verein umsehen? Lesen Sie gerne Zeitung in einem Café? Tanzen Sie gerne im Mondschein? Wollten Sie schon immer eines der mehr als 7000 deutschen Ausstellungshäuser oder Museen besuchen, oder gehen Sie gerne zu Sportveranstaltungen? Besuchen Sie Automobil- oder Buchmessen? Haben Sie Bekannte, deren Vierbeiner sich auch von Ihnen auf die Hundewiese bringen lässt? Die Möglichkeiten, im bloßen Alltag Gleichgesinnten zu begegnen, sind mannigfaltig. Und ähnlich gelebte Interessen sind auf jeden Fall ein guter Anfang.

Nicht zuletzt beschützen sie Sie vor der Gefahr, sich von Anfang an in wohlklingende Worthülsen einwickeln zu lassen. Denn davon kann fast jeder Nutzer virtueller Partnerschaftsbörsen ein Lied singen: „Du bist so gut mit

---

[385] Näheres finden Sie unter https://www.swr.de/swr1/bw/programm/love-romance-scamming-online-dating-betrueger-erkennen-100.html – abgerufen am 01.07.2023.

[386] Abzurufen unter https://www.netflix.com/de/title/80189898 – abgerufen am 01.07.2023.

Worten und damit, Dinge in der Schwebe zu halten". Im Original mit *Joan Baez' Diamonds and Rust*: You who are so good with words/And at keeping things vague.[387]

Leitsatz

„Der Schein trügt, die Seele bleibt!"
    Hinter Hochglanzbildern verbergen sich reale Menschen – ob sie zu Ihnen passen, finden Sie nur mit Selbsterkenntnis und Nachhaken beim anderen heraus. Wenn Sie sich nicht wirklich klarmachen, was Sie suchen, landen Sie allenfalls Zufallstreffer.

Liebe leben

Schwerpunkt: privat

Karoline ist tot. Sie hat sich am Rheinufer das Leben genommen, nachdem *GFC* sich von ihr getrennt hat. Und das hat er, feige wie er ist, noch nicht einmal persönlich fertiggebracht – nur schriftlich, der *Creuzer*. Wir schreiben den 26. Juli 1806. Und ja, der Heidelberger Universitätsgelehrte hat sie geliebt. Und ja, die beiden haben es miteinander versucht – sie hatten sich im verfallenen Kettenhof vor den Toren Frankfurts getroffen, haben sogar wohl mal von einer gemeinsamen Flucht nach Russland geträumt. Aber zur Wahrheit gehört auch: *Georg Friedrich Creuzer* war anderweitig vergeben. Und genauso wie *Karolines* erste große Liebe *Friedrich Carl von Savigny*, der spätere preußische Justizminister, hatte er auch noch andere, weniger anstrengende Lebensvorstellungen und → Ziele als die Liebe.

Während sie, die „Sappho der Romantik", von ihren Lebensumständen als Stiftsfräulein sozial schwer behindert wurde, hatten ihre Geliebten die Wahl – und entschieden sich gegen die seelisch ohnehin Angespannte. Für die erträumte Form des gemeinsamen Miteinanders gab es letztlich keinen Ort, er erwies sich als „u topos", als Utopie. 1979 hat *Christa Wolf* mit *Kein Ort. Nirgends* aus dem Schicksal der *von Günderrode* eine viel gelesene Erzählung gemacht.[388]

---

[387] Eine textunterlegte Fassung mit Bildern von *Joan Baez* und *Bob Dylan* finden Sie unter https://www.youtube.com/watch?v=1ST9TZBb9v8 – abgerufen am 01.07.2023.

[388] *Christa Wolf,* Kein Ort. Nirgends, hier zitiert in der 7. Aufl., Aufbau Verlag Berlin und Weimar 1988. Die 1979 gleichzeitig in Ost- und Westdeutschland erschienene Erzählung handelt von einer fiktiven Begegnung der *Günderrode* mit dem Dichter *Heinrich von Kleist* – einem wie sie an seinen Lebens- und Liebensansprüchen zerbrochenen Romantiker. *Heinrich von Kleist,* Autor so großer Werke wie Michael Kohlhaas und Der zerbrochne Krug, hat sich im November 1811 seinerseits das Leben genommen.

Eine andere Liebesgeschichte: Es ist Sommer in Norditalien. Die beiden jungen Leute, die einander hier begegnen, sind noch frei, sie sind voller Träume und Gefühle, auch füreinander. Aber diesmal sind es die → Familien, die nicht mitspielen. Weil ihre Elternhäuser seit Langem heftig im Clinch miteinander liegen, heiraten die beiden heimlich. Aber auch dadurch kommen sie nicht zur Ruhe. Eine List wird angewandt, dann nimmt ein tragisches Missverständnis seinen Lauf. Zum Schluss überlebt keiner der beiden, weder Romeo noch Julia. Das berühmteste Liebespaar der Literaturgeschichte[389] ist gescheitert, als Ende des 16. Jahrhunderts *Shakespeares* Vorhang fällt.

Wie diese beiden droht auch *Lucio Dallas* modernes italienisches Liebespaar *Anna e Marco* aus der gleichnamigen Ballade zu scheitern.[390] Die Provinzschönheit, die jeden Tag etwas mehr dahinwelkt, und ihr Vorstadtwolf mit seinem Rudel blicken auf denselben Mond. Ihre Verheißung – hier: Amerika – liegt aber unerreichbar auf dessen anderer Seite. Schließlich will Anna am liebsten sterben, Marco weit weggehen. Immerhin: „Qualcuno li ha visti tornare/Tenendosi per mano": Jemand hat sie sich herumdrehen gesehen, während sie sich an die Hand nahmen.

Erst einmal geschafft hat es hingegen das namenlose Paar bei *Mary Chapin Carpenter*: Mit 29 und im Hochzeitskleid ihrer Mutter hat „sie" „ihn" mit einem Lächeln im Gesicht geheiratet. Jetzt macht sie seinen Kaffee, sein Bett, die Wäsche, sorgt für sein Essen. Für den Nachwuchs organisiert sie Fahrgemeinschaften, sie sitzt im Elternbeirat. Ärzte und Zahnärzte, den ganzen Tag fährt sie herum. Und jede Weihnachtskarte zeigt die perfekte Familie. Alles wird auf Hochglanz getrimmt – und er denkt, bei diesem Setting wird es auch bleiben. Alles ist so nett, der sicherste Platz, den sie je finden wird. Aber dann packt sie mit 36 seinen Koffer. Sie sitzt da und wartet, ohne einen Ausdruck im Gesicht. Sie sagt, „Es tut mir leid, ich liebe dich nicht mehr". „Everything is so benign/Safest place you'll ever find/God forbid you change your mind", resümiert die Singer-Songwriterin – der sicherste Platz der Welt, aber Gott behüte, dass du deine Meinung änderst. Nach zahlreichen Familienjahren ohne eine einzige Gehaltserhöhung arbeitet ihre Protagonistin jetzt im Typing Pool, im Schreibbüro für den Mindestlohn. Aber der Preis, den sie in der laufenden Liebesbeziehung, ihrer → Partnerschaft, gezahlt hat, war eben noch höher. *He Thinks He'll Keep Her*[391] … eine verbreitete männliche Fehleinschätzung.

---

[389] *William Shakespeare,* The Most Excellent and Lamentable Tragedy of Romeo and Juliet, dt.: Romeo und Julia, u. a. erschienen im Reclam Verlag Stuttgart und Leipzig 1986.

[390] Eine sehr stimmungsvolle Aufnahme ist abzurufen unter https://www.youtube.com/watch?v=Jvc11ghI05g – abgerufen am 01.07.2023.

[391] Den gleichnamigen Song finden Sie unter https://www.youtube.com/watch?v=eSb-vpVycJg – abgerufen am 01.07.2023.

„There he goes gone again/Same old story's gotta come to an end/Lovin' him was a one way street/But I'm gettin' off where the crossroads meet", heißt es bei einer anderen großen Country-Ikone, bei *Emmylou Harris:* Und schon ist er wieder weg, die immer gleiche alte Geschichte muss zu einem Ende kommen. Ihn zu lieben war eine Einbahnstraße – aber ich steige an der nächsten Kreuzung aus. Zeit, den Herzschmerz niederzulegen, so schwer es auch ist, einen nichtsnutzigen Mann nicht mehr im eigenen Kopf herumgeistern zu lassen.[392] „It's gonna be *Easy from Now On*", nimmt sie sich vor. Andererseits: „Well it's Father's Day and everybody's wounded", heißt es in *Leonard Cohens* ungemein kraftvollem Song *First We Take Manhattan*[393] – Also, es ist Vatertag und alle sind verletzt. Und das, obwohl der Ich-Erzähler wirklich gerne an „ihrer" Seite leben würde. Er liebt ihren Körper, ihren Geist, ihre Kleidung. Aber eine bestimmte Grenze zu überschreiten, bringt er nicht fertig. Und mit „I told you, I told you, I was one of those", mit der ach so bekannten Entschuldigung: „Ich habe es dir ja gleich gesagt", ist es auch nicht getan.

Wenn **erfüllende Liebe** all das nicht ist – was ist sie dann, und wofür steht sie stattdessen? *Niente paura*, keine Angst, würde ihnen Singer Songwriter *Ligabue* womöglich zugerufen haben: Das Leben wird sich schon darum kümmern, und man kann den Mond ja auch von hier aus sehen – „Niente paura,/ci pensa la vita, mi han detto così./Niente paura, niente paura/Niente paura, si vede la luna perfino da qui".[394] Die Liebe ist so vielfältig wie das Leben selbst. *Com'è profondo il mare*[395]– das Meer ist tief.

So ist es in *Schillers* berühmter *Bürgschaft*[396] von 1798 beispielsweise der **Freund**, der bereit ist, aus Liebe mit in den Tod zu gehen: „Des rühme der blut'ge Tyrann sich nicht,/Dass der Freund dem Freunde gebrochen die Pflicht./Er schlachte der Opfer zweie,/Und glaube an Liebe und Treue". Diesmal nimmt die Sache ein gutes Ende: Der König ist von dieser engen Verbundenheit derart beeindruckt, dass er darum bittet, als Dritter in den Freundesbund aufgenommen zu werden.

In seinem Milleniums-Beitrag zu einem internationalen Filmfestival wiederum lässt US-Regisseur *Hal Hartley* an Silvester 1999 **Jesus** zur Erde zurückkehren. Im Auftrag seines → gerechtigkeitsliebenden Vaters soll er die letzten

---

[392] Die Fortsetzung im Original lautet: „It's time for me to lay my heartaches down/(…) Harder to kill the gost of a no good man". Der Song ist abrufbar unter https://www.youtube.com/watch?v=wTf9D_nJigw – abgerufen am 01.07.2023.

[393] https://www.youtube.com/watch?v=JTTC_fD598A – abgerufen am 01.07.2023.

[394] Abrufbar unter https://www.youtube.com/watch?v=7NGwKbr5Oz4 – abgerufen am 01.07.2023.

[395] Der Youtube-Clip zu dem gleichnamigen *Lucio Dalla*-Song ist abrufbar unter https://www.youtube.com/watch?v=50yPrYJX_WU – abgerufen am 01.07.2023.

[396] Beispielsweise abrufbar unter https://www.deutschelyrik.de/die-buergschaft.html – abgerufen am 01.07.2023.

der sieben Siegel aus der neutestamentarischen *Johannes-Offenbarung*[397] öffnen. Der Schöpfer hat nämlich die Nase voll von den Verfehlungen der
Menschheit und will sie jetzt der Apokalypse überlassen. Begleitet von Maria
Magdalena und gespiegelt vom Teufel, der ebenso wie der Heiland seinen Part
spielen soll, zieht Gottes Sohn daraufhin durch New York. Allerdings lässt ihn
sein Streifzug unter den Menschen zunehmend zögerlich werden – gerade
ihre mangelnde Perfektion macht sie für ihn liebenswert. Zu guter Letzt gibt
Jesus Gottes Vorhaben auf. Das namensgebende *Book of Life*, das Buch des
Lebens mit den Namen aller überlebenswerten Gott gefälligen Menschen,
fliegt von der Staten Island Ferry aus ins Meer. Alle Menschen, gleich ob verdient oder nicht, ziehen hinüber ins nächste Jahrtausend.

Tatsächlich kann Liebe Eigenliebe, Nächsten- oder Übernächstenliebe gleichermaßen bedeuten. Auch umfasst sie in all ihren Ausprägungen **Éros,
Philía und Agápe:** Leidenschaftliche sinnliche Zuneigung ebenso wie die
tiefe Verbundenheit zwischen → Freundinnen und Freunden und schließlich
Nächstenliebe. Jeder Papst-Enzyklika zum Trotz[398] – zum modernen Fetisch
geworden ist sie vor allem in ihrer ersten Spielart: als emotional-sinnliche
Konstruktion. Zwar empfindet sich die deutsche Nachkriegsgesellschaft als
friedliebender denn je. Aber gerade sie kann gar nicht genug bekommen von
diesem überwältigenden **Gefühl, das uns zu Heldentaten ebenso motiviert
wie zu schlimmsten → Übergriffen und Verletzungen.** In der Populärkultur
pfeffert die Liebe manch faden Songtext und zahllose mittelmäßige
Drehbücher. In der Praxis dient sie als Basta-Argument für → Übergriffe und
Verfehlungen ebenso wie als Vorhalt in zahllosen Beziehungsdiskussionen.

Dabei sind Liebe und Liebesbeziehungen schon konzeptionell weiter voneinander entfernt, als es die Wortwahl vermuten lässt: **Liebe ist ein subjekti-
ver, ein gefühlter Zustand, eine Beziehung ein darauf aufbauender
objektiver, strukturierter Umstand.** Zustand und Umstand können, müssen aber nicht zusammentreffen. Vor allem ist das nicht immer auf Dauer der
Fall. Entgegen einem der Bild-Zeitungs-Cartoons zum Thema *liebe ist ...* ist
Liebe ganz bestimmt *nicht*, „... mir ein Leben ohne dich nicht vorstellen zu
können". Das ist schlichte Abhängigkeit, womöglich → furchtgetrieben und
im ungünstigen Fall auch noch kombiniert mit → Eifersuchtsanfällen. So
teuer, wie beim Scheitern guter Rat ist, lohnt es sich aber in jedem Fall, an

---

[397] Siehe hierzu statt vieler https://www.die-bibel.de/bibeln/online-bibeln/lesen/LU17/REV.6/Offen-
barung-6 – abgerufen am 01.07.2023.
[398] Beispielsweise der Enzyklika des seinerzeitigen Papstes *Benedikt XVI*, bürgerlich *Joseph Ratzinger*, von
2005: Deus caritas est.

Liebesbeziehungen zu arbeiten. „Liebe ist kein Zustand, sondern eine Aufgabe", titelte der Spiegel zu einem Interview mit Bachmann-Preisträgerin *Helga Schubert*.[399]

Am wichtigsten ist die **fortwährende gegenseitige Hinwendung zum anderen.** Das deutsche Sprichwort „Wer liebt, hat recht", ist vor diesem Hintergrund nicht nur egoistisch und in der Praxis meist → übergriffig. Der Zweck heiligt eben nicht alle Mittel – wäre das anders, könnten wir gleich wieder wie die Höhlenmenschen mit Keulen losziehen. Die Wahrheit beginnt, wie schon im Abschnitt über das → Gründe durchschauen dargelegt, immer zu zweit.[400] Genau wie in jeder anderen → Partnerschaft müssen beide Seiten sich nach der ersten Phase der Verliebtheit permanent Mühe geben, wenn die Liebesbeziehung nicht scheitern soll.

Eine KI-gestützte amerikanische **Großstudie**[401] kam diesbezüglich 2020 zu einem eindeutigen Ergebnis. Danach geht es weniger um die Frage der großen Gefühle. Stattdessen ist für das Gelingen einer Liebes- → Partnerschaft der Eindruck ganz wichtig, dass sich auch das Gegenüber in der und für die Beziehung engagiert. Gegenseitiger → Respekt, Wertschätzung und eine auch beim Partner erlebte Zufriedenheit spielen eine zentrale Rolle, flankiert von sexueller Erfüllung und konstruktivem → Streiten können. Der oder die andere muss erkennbar hinter Ihnen und der Beziehung stehen, das ist entscheidend.

Im **Ringen um eine gute Liebesbeziehung** sollten Sie entsprechenden großen Wert darauf legen, diesen Faktor zu leben und zu betonen. Das heißt mit anderen Worten: Der Beziehungsacker will gehegt und gepflegt werden, und zwar langfristig auf die richtige Art und Weise. Das bedeutet gemeinsames → Engagement, gegenseitige Fürsorge und eine gute, die Beziehung erfüllende → Kommunikation. Da heißt die richtige Antwort auf „Ich liebe dich jeden Tag mehr" dann nicht „Aha, du liebst mich heute weniger als morgen. Was habe ich dir denn getan" – um ein beliebtes Argumentationsmuster auf die Spitze zu treiben. Die ideale Replik lautet – wie *Reinhard Mey* schon vor rund einem halben Jahrhundert wusste: „Nein, keine Stunde gibt's, die ich bereute/Und mir bleibt nur als Trost dafür, dass keine wiederkehrt:/Viel mehr als gestern liebe ich dich heute/Doch weniger, als ich dich morgen lieben werd'".[402]

---

[399] Der Spiegel Nr. 11 vom 11.07.2023, 105.

[400] *Michael Lukas Moeller*, Die Wahrheit beginnt zu zweit: Das Paar im Gespräch, Rowohlt Verlag, Hamburg 2011.

[401] https://www.pnas.org/doi/full/10.1073/pnas.1917036117 – abgerufen am 01.07.2023.

[402] Der Youtube-Clip zum Song finden Sie unter https://www.youtube.com/watch?v=-M4DGlHRik8 – abgerufen am 01.07.2023.

Dass Sie sich entsprechende Mühe geben, ist umso wichtiger angesichts ständig wachsender Verfügbarkeitsversprechen, wie sie mit einschlägigen Social Media-Portalen einhergehen. Tinder & Co verstellen zuweilen den Blick dafür, dass es das perfekte Gegenüber nicht gibt. **Nicht einmal wir selbst haben eine feststehende Identität und müssen entsprechend →** **offen bleiben. Woran sollte dann ein wie auch immer gearteter „Perfect match" andocken?**

Zudem ist uns zwar allen klar, dass **Social Media** nach Selbstinszenierung gerade zu ruft. Entscheidend ist aber nicht dass, sondern *welches Spiel* mein Gegenüber auf der anderen Seite da gerade spielt. Passt sein oder ihr Vorhaben wirklich zu meinem Liebeswunsch? Oder will ich mir das Ganze entsprechend schönreden auf die Gefahr hin, dass man mich irgendwann ghosted[403] oder live aufs Kreuz legt? Um hier böse Überraschungen zu verhindern, sollten Sie vielversprechende Kontakte gegenprüfen – wie schon im vorigen Abschnitt gelesen. Wie präsentieren sich der oder die Kandidatin in anderen Netzwerken? Welchen Beziehungsstatus gibt er oder sie an? Ist dieser „Status: kompliziert", ist das für Sie kein gutes Zeichen.

Schreibt die neue Flamme Gute-Nacht-SMS ohne persönliche Anrede? Dann haben er oder sie womöglich mehrere Eisen im Feuer. Auch dann, wenn die Liebesbeziehung schon läuft, seien Sie **vorsichtig mit dem Versenden freizügiger Fotos**. Man sollte es nicht extra sagen müssen – aber solche Bilder haben nicht nur den Status fragwürdiger Trophäen. Sie können auch gehackt werden und bergen dann enormes Missbrauchspotenzial.[404] Liebe leben und Liebe inszenieren sind definitiv zwei verschiedene Dinge – wenn es Ihnen um mehr als eine Inszenierung geht, seinen Sie nicht nur → achtsam, sondern auch wachsam.

Eine besondere Herausforderung der sinnlichen Liebe ist schließlich die Frage der **Sexualität**. Juristisch ist sie unter Erwachsenen nicht mehr stark reglementiert. Homosexualität ist anders als bis 1994 nicht mehr strafbar – der **LGBTQ-Bewegung** sei Dank. Der Sex mit Jugendlichen unter 18 Jahren ist für Jugendliche und Erwachsene nur dann verboten, wenn dabei eine Zwangslage ausgenutzt wird, während freiwilliger Sex unter Minderjährigen ab 14 Jahren straffrei ist. Kinder sind dagegen tabu: Bereits der Versuch des sexuellen Missbrauches von Kindern ist strafbar. Wer die gesetzlichen

---

[403] Ghosting ist das vorwarnungslose Abtauchen des anderen aus einer virtuellen Beziehung. Siehe dazu vertiefend https://www.myself.de/aktuelles/leben/ghosting-gruende/ – abgerufen am 01.07.2023.

[404] Siehe dazu auch die Netflix-Serie Clickbait aus dem Jahr 2021, als Trailer abrufbar unter https://www.youtube.com/watch?v=c6-Ljdg-gJ4 – abgerufen am 01.07.2023.

Vorschriften im Netz nachlesen möchte, beginnt am besten bei § 173 StGB[405] und klickt sich von dort aus Paragraf für Paragraf weiter.

In der Praxis geht es vor allem um unterschiedliche Vorstellungen über das Wie und Wie oft. Die einfachste, gleichzeitig beziehungsschädlichste Lösung für den Fall, dass man sich hier nicht einig wird, sind **Außenbeziehungen**: Knapp ein Drittel der Frauen in Deutschland ist schon mindestens einmal fremdgegangen, unter den befragten Männern war es über ein Viertel. Weitere 13 bzw. 16 % sind „Mehrfachtäter(innen)". Und immerhin rund 12 % der Frauen sowie rund 18 % der Männer waren wenigstens schon einmal versucht, Partnerin und Partner sexuell zu hintergehen. In einer entsprechenden Befragung[406] kam das Meinungsforschungsinstitut Statista 2020 damit auf nicht einmal 60 % durchweg treue Seelen.

Wer zu den anderen über 40 % gehört, für den stellt sich die **Frage nach den → Gründen** für die bisherige sexuelle Frustration: War das Interesse an Sexualität von Anfang an verschieden groß, und beide haben nur großzügig darüber hinweggesehen? Hatten Sie von Anfang an oder haben Sie mittlerweile **Vorlieben**, die Sie in Ihrer Hauptbeziehung nicht ausleben können? Wenn ja, warum nicht? Hat Sie Ihr Gegenüber wirklich klipp und klar in die Schranken gewiesen, als Sie wegen der Erfüllung Ihrer Wünsche zuletzt angeklopft haben? Oder haben Sie das womöglich nur so → bewertet und wollen aus → Scham nicht mehr nachfragen? Wenn einer von beiden tatsächlich die Lust verloren hat, dann vielleicht deshalb, weil er oder Sie anderweitig zu sehr unter → Druck steht? Was ließe sich dagegen unternehmen? Wie wäre es damit, einfach einmal *miteinander* aus allem auszubrechen, das Sie belastet?

Sodann: Sind **körperliche Veränderungen** eingetreten, die nach neuen sexuellen Praktiken rufen? Diese Frage stellt sich nicht nur nach Schwangerschaften – wir alle werden auch älter. → Gesundheitliche Beeinträchtigungen und veritable → Krankheiten häufen sich. Zudem kommen Frauen in die Wechseljahre, und mit dem Absinken des Östrogenspiegels stellt oft sich eine genitale Trockenheit, manchmal auch eine generelle Unlust ein. Männer über 50 verlieren signifikant an Potenz. Vielleicht lässt sich das Gegenüber außerdem in einer Weise körperlich gehen, die einen unangenehm berührt. Man muss ja nicht so weit wie *Karl Lagerfeld* gehen, der – als

---

[405] https://www.gesetze-im-internet.de/stgb/__173.html – abgerufen am 01.07.2023.

[406] Nachzulesen unter https://de.statista.com/statistik/daten/studie/1174757/umfrage/umfrage-in-deutschland-zu-untreue-in-der-partnerschaft-nach-geschlecht/#:~:text=Laut%20der%20 ElitePartner%2DStudie%202020,Partner%2F%20ihre%20Partnerin%20zu%20betr%C3%BCgen. – abgerufen am 01.07.2023.

Modeschöpfer nicht ganz uneigennützig – einmal behauptet hat: Wer eine **Jogginghose** trägt, hat die Kontrolle über sein Leben verloren.[407] Tatsächlich wirkt ein im Schlabberlook durchs Haus trabender Partner nicht allzu verführerisch.

Manche Partnerin und mancher Partner leidet außerdem an den Folgen von → Streitereien und nicht auskurierten **seelischer Verletzungen**. Das können frühere Missbrauchserfahrungen ebenso sein wie aktueller Betrug(sverdacht). Beide Konstellationen sind regelmäßig so gravierend, dass sie einer sorgfältigen, am besten therapeutischen Aufarbeitung bedürfen.

Und schließlich ist da noch der Fall, in dem ein Partner seine **sexuelle Zugänglichkeit als Druckmittel** einsetzt. Es gibt nicht nur den Belohnungs- und den Sex zum allgemeinen Gefügighalten des oder der Liebsten. Bedrückend häufig wird mit sexueller Zurückweisung gestraft, wer sich anderweitigen Beziehungsärger zuzieht. Das wiederum löst ein **Henne-Ei-Problem** aus: Die gegenseitige Entfremdung verschärft sich in einem Wechselspiel aus Ursache und Wirkung. Um dem zu entgehen, denken Sie an das alte Coaching-Motto Clarity is power: Allseitige Aufklärung tut not. Nur ein An- und Aussprechen der eigenen Nöte, Bedürfnisse und Träume wird Ihnen weiterhelfen.

Was das gelungene Ausleben von Liebesbeziehungen im Übrigen betrifft, so ist auch die → Rolle der anderen → **Familienmitglieder** wichtig. Das gilt zum einen hinsichtlich unserer Herkunftsfamilien. Waren Sie ein sicher gebundenes, womöglich aber emotional überfordertes Einzelkind, das seine Beziehungen asymmetrisch zu leben gelernt hat und entsprechend größeren Abstand braucht? Hat Ihre Partnerin die Rolle der großen Schwester oder die des bezaubernden Nesthäkchens jemals abgelegt? War Ihr Partner der Star oder das schwarze Schaf der Herkunfts-→ Familie? Was haben Sie aus Ihrem Elternhaus noch im Hinterkopf? Hier sitzen gedanklich immer mehr als zwei Leute am Tisch, die Ihre Liebesbeziehung beeinflussen!

Zum anderen ist da die heutige Situation: Eltern, Geschwister, Nachwuchs – räumen Sie beide **Dritten** eine ähnlich große Rolle in Ihrem Leben ein? Kein Anlass ohne Feier und kein Fest ohne Großfamilie oder nur Ausbüxen und Aussitzen im möglichst kleinen Kreis? Wie sehr sollten sich Partner in die Erziehung von Stief- oder moderner: Patchwork-Kindern einmischen? Ferner der Umgang mit → **Finanzen** und Einkommen: Wer von uns kommt wofür auf? Trennen wir unsere Kassen auf die Gefahr eines permanenten

---

[407] Dazu https://www.wn.de/welt/leute/lagerfeld-und-der-jogginghosenspruch-zeit-fuer-spurensuche-2540363#:~:text=Zu%20den%20bekanntesten%20Lagerfeld%2DZitaten,April%202012 – abgerufen am 01.07.2023.

Machtgefälles hin? Oder richten wir gemeinsame Konten ein und laufen dabei Angst, übervorteilt zu werden? Zumal sich der charakterfeste Partner als Sparbrötchen erweist, die großzügige Partnerin aber auch beim Geld alle fünfe gerade sein lässt?

Dann unsere Ansichten zum Thema → **Gesundheit, Aktivitätsverhalten und Sauberkeit**: Habe ich eine Krankheit, über die ich reden oder nicht reden möchte? Lebt meine Partnerin nach dem Motto: „Bei uns kann man vom Boden essen, da findet man immer etwas?", während mein eigener Lieblings-Hochprozenter der Desinfektionsalkohol ist? Bin ich nach dem ersten halben Beziehungsjahr immer noch gerne unterwegs, oder sitze ich lieber schnell wieder auf meiner Couch? Bevorzuge ich grünen Salat ohne Dressing, aber als Augenweide angerichtet mit Musik im Hintergrund, während mein Herzblatt ohne Karton-Pizza nicht leben kann?

Sollten wir unsere → **Freizeit** eher im trauten Gespräch oder auf dem Bolzplatz, lieber vor der Spielkonsole oder vor dem Klavier verbringen? Und dann bis spät in die Nacht feiern oder um 22 Uhr mit Gesichtsmaske im Schlafzimmer verschwinden? Das gut geheizt ist oder dessen Fenster gekippt bleiben soll? Duschen wir täglich zuhause oder genügt das Einseifen zweimal in der Woche mit Badehose unter der Schwimmbaddusche? In all diesen Dingen gibt es kein → Streitverbot. Ansonsten helfen ein kluges → Erwartungsmanagement und die Fähigkeit, das für einen selbst Wichtige von Unwichtigerem zu trennen. Das Trennende nehmen Sie dann am besten mit Humor.[408]

Nicht umsonst stammen ein paar wundervolle **Zitate zum Thema gelebte Liebe** nicht aus dem dramatischen Fach, sondern aus romantischen Komödien. Zu den bekanntesten Vertretern diese Genres zählt seit 1989 *Rob Reiners „When Harry met Sally".*[409] Nach jahrelangem Hin und Herr bekennt dort Harry:[410] „Ich liebe Dich dafür, dass Dir kalt ist, wenn es draußen 25 Grad warm ist. Ich liebe Dich dafür, dass Du anderthalb Stunden brauchst, um ein Sandwich zu bestellen. Ich liebe Dich dafür, dass Du eine Falte über der Nase kriegst, wenn Du mich so ansiehst. Ich liebe Dich dafür, dass ich nach einem Tag mit Dir Dein Parfum immer noch an meinen Sachen riechen kann. Und

---

[408] Siehe dazu auch unser Kap. 3.

[409] Näheres finden Sie unter https://www.kino.de/film/harry-und-sally-1989/stream/ – abgerufen am 01.07.2023.

[410] Siehe https://www.brigitte.de/liebe/beziehung/zitate-aus-filmen%2D%2D22-saetze%2D%2Ddie-ans-herz-gehen_10386920-10386872.html#:~:text=Harry%20und%20Sally&text=Ich%20liebe%20dich%20daf%C3%BCr%2C%20dass%20du%20anderthalb%20Stunden%20brauchst%2C%20um,an%20meinen%20Sachen%20riechen%20kann – abgerufen am 01.07.2023.

ich liebe Dich auch dafür, dass Du der letzte Mensch bist, mit dem ich reden will, bevor ich abends einschlafe. Und das liegt nicht daran, dass ich einsam bin und das liegt auch nicht daran, dass Silvester ist".

Auf gut Deutsch: Harry liebt Sally für Ihr einmaliges So-Sein. Was ihn und Sally trennt, ist weniger wichtig als das, was die beiden verbindet. Wäre es anders, ginge es ihm vielleicht wie Baxter aus *Woody Allens* Film *The Purple Rose of Cairo*:[411] Nach einem leidenschaftlichen Kuss ist der Fleisch gewordene Leinwandheld vollkommen ratlos. Er hat auf die gewohnte Abblende gewartet, die im wirklichen Leben aber nicht kommt. Und ist nun entsprechend frustriert.

Gelingende Liebesbeziehungen sind hingegen etwas Wunderbares. Um es mit *Laotse* zu sagen: „Geliebt zu werden macht uns stark. Zu lieben macht uns mutig".[412] „Die Liebe ist langmütig, die Liebe ist gütig", führt der *Apostel Paulus* in seinem *Ersten Brief an die Korinther in 1 Kor 13,4* aus. Das Hohelied der Liebe schließt in *1 Kor 13,13* mit den berühmten Worten: „Nun aber bleiben Glaube, Hoffnung, Liebe, diese drei; aber die Liebe ist die größte unter ihnen". Liebe ist mit anderen Worten ein mächtiges Gefühl.

Das erklärt schließlich auch, warum das **Gegenteil von Liebe nicht Hass** ist: Auch wer jemand anderen hasst, hegt große Gefühle für ihn. Keine Gefühle zu hegen, bedeutet Gleichgültigkeit – nicht Hass. Sollten Sie selbst oder ein Mensch, der sich Ihnen anvertraut, frei nach *Udo Lindenberg Ich lieb dich überhaupt nicht mehr*[413] behaupten, sehen sie deshalb ganz genau hin! Eine Ablösung nach allen Phasen der → Trauer hat erst dann stattgefunden, wenn der Betreffende aufrichtig sagen kann, der, die oder das sei ihm ziemlich egal.

Leitsatz

„Liebe ist … ein Beziehungsacker, den man pflegen muss!"
Echte Liebesbeziehungen erfordern das konstante Engagement aller Partner. Dass Sie perfekt zueinander passen, ist allerdings illusorisch – stattdessen muss nur das Passende wichtiger sein als das, was Sie trennt. Dabei spielt auch die Herkunftsumgebung eine Rolle.

---

[411] Mehr zum Film finden Sie unter https://www.prisma.de/filme/The-Purple-Rose-of-Cairo,286916 – abgerufen am 01.07.2023.

[412] *Laotse*, oder *Laozi*, im Original 老子, war ein berühmter chinesischer Philosoph des 6. Jahrhunderts vor Christus. Er wird hier zitiert nach: https://www.aphorismen.de/zitat/14088 – abgerufen am 01.07.2023.

[413] Der 1987er-Song ist abrufbar unter https://www.youtube.com/watch?v=0rE_Hp3HLF4 – abgerufen am 01.07.2023.

Lust ausleben

Das waren noch Zeiten, als James Bond alias *Sean Connery* 1967 in *You only live twice – Man lebt nur zweimal* durch Asien ziehen und nur so zum Schein heiraten durfte, ein fabelhaftes Vulkandomizil kennenlernen und schließlich die Welt retten konnte, mit viel Feuerwerk und der Lizenz der 00-Agenten seiner Majestät zum Töten! Den Martini trank er so, wie er auch selbst war: geschüttelt, aber nicht gerührt, und das Ganze ohne große Rücksicht auf Verluste. Das will heutzutage noch nicht mal mehr bei 007 so recht klappen. *Daniel Craigs Bond* jedenfalls galt zuletzt als eher dunkel, komplex und sensibel. Anstatt Affairen zu pflegen, verliebte er sich, ließ sich gar das Herz brechen, und das unvermeidliche Töten empfand er als peinigend.[414] Was alles weniger unterhaltsam klingt, auch wenn es politisch korrekter ist.

Wer Lust nicht nur empfindet, sondern auch auslebt, schlägt leicht über die Stränge: Lust ist **eine intensiv angenehme Art und Weise des Erlebens** – und da kommt man fremden Interessen, Bedürfnissen und Besitztümern schnell in die Quere.

Einen gravierenden Fehler begeht allerdings, wer die Lust in einen Topf mit der (erotischen) → Liebe oder gar → partnerschaftlicher Verbindung wirft. Nicht immer ist das Ergebnis so amüsant wie in der Anekdote, die einst einer meiner akademischen Lehrer bei einem Ausflug der UC Cal zum nordkalifornischen Leuchtturm Point Reyes erzählt hat. Als wir mit dem (schrecklich unbequemen) Bus zunehmend müde ein ausgetrocknetes Flussbett überquerten, heiterte er uns mit der Geschichte auf, dass dort unten gerne gezeltet werde. Eines Tages kündigte nach einem überraschenden Gewitter ein tiefes Grollen an, dass der Geröllstreifen bald von Wassermassen überflutet werden würde. Also rannten alle aus ihren Zelten und schauten sich nach den anderen um. Die zwischenmenschliche Komponente entdeckten sie stehenden Fußes: „And they all were married", sie waren alle verheiratete Paare, schloss *Richard Buxbaum* süffisant. „But not necessarily to each other" – aber nicht unbedingt miteinander.

---

[414] So die von Blogger *Elad Simchayoff* zutreffend (auf Englisch) geschilderte Beobachtung unter https://aninjusticemag.com/politically-correct-james-bond-is-actually-a-better-james-bond-b68d3ffd2152 – abgerufen am 01.07.2023.

Dass Lust und Liebe in jeder Beziehung auseinanderfallen können, ist im Gegenteil gerade der Anlass für unzählige menschliche Dramen. (Gelebte) Liebe bedeute Sicherheit, legt *Hanif Kureishi* einer seiner Figuren[415] in den Mund, aber die Lust ist riskant. Lust hat mit **Genuss** zu tun. Nach einem Seitenhieb auf die tragische Figur des Schuhfetischisten, der statt der Fußbekleidung die ganze Frau bekommt, feiern *Kureishis* Helden die Erotik des Hinschauens.

Mit Lust eng verbunden ist mit anderen Worten eine **sinnliche Komponente**. Wirft man einen Blick auf unsere fünf Sinne, lenkt das einmal mehr den Blick auf unsere VAKOG-Kanäle. Die ersten zwei dieser fünf Buchstaben bezeichnen – wie schon beim Thema → Achtsamkeit angesprochen – zunächst das Visuelle und das Auditive System, bei denen es um **Sehen** einerseits, Hören andererseits geht. Was schauen Sie sich besonders gerne an, was erregt Sie? Das kann, muss aber nichts mit Erotik Verbundenes sein. Manch einer ist völlig geblendet vom Glanz eines schönen Schmuckstücks: *Diamonds are a girls best friend,* wie das *Marilyn Monroe* 1953 so schön besang.[416] (Illegale) Drogen bestechen mit psychedelischen Farbexplosionen.

In akustischer Hinsicht ist es dann oft die → Musik, die uns in höhere Sphären entführt. Als Musterbeispiel für ein lustbetontes Musikstück in der Vor-*Elvis*- und Beatlemania-Ära gilt *Maurice Ravels* 1928 erschienener *Bolero*.[417] Im 19. Jahrhundert wiederum waren es die Opern *Richard Wagners*, die die Leute in ihren Lustbann zogen. Es können aber auch bloße Texte sein, bei denen man verzückt die Augen schließt. Deutschland liebt seine Romantiker – von *Novalis'* alias *Georg Philipp Friedrich von Hardenbergs Blaue Blume* über *Achim von Arnims* und *Clemens Brentanos Wunderhorn*[418] bis hin zu den Schauermärchen *E.T.A. Hoffmanns*.

Mit K, O und G wird es dann höchstpersönlich: Sie stehen für die kinästhetische oder berührungsempfindliche, die olfaktorische oder geruchsbezogene und die gustatorische, geschmacksbezogene Komponente.

Lustbetonte Berührung: Das kennen schon Kinder, wenn sie mit unterschiedlichen Materialien herumexperimentieren. Als Erwachsene legen wir nicht nur aus optischen und praktischen Gründen Wert auf Dinge aus Holz oder Chrom – sie fühlen sich einfach gut an. Wir spielen Brettspiele und

---

[415] In: Das sag' ich dir, S. Fischer Verlag, Frankfurt 2008.

[416] In dem Streifen Blondes have more Fun – Blondinen bevorzugt, https://www.youtube.com/watch?v=bfsnebJd-BI – abgerufen am 01.07.2023.

[417] Siehe https://www.youtube.com/watch?v=r30D3SW4OVw – abgerufen am 01.07.2023.

[418] Des Knaben Wunderhorn ist als Nachdruck der 1923er-Ausgabe 1974 im Insel Verlag, Frankfurt a.M. erschienen. Es handelt sich um die 1805-1808 erschienene erste umfassende Sammlung deutscher lyrischer Volksdichtung der letzten drei Jahrhunderte.

umgeben uns mit Kieferschränken und Eichenholzdielen, mit Ahorn-Sideboards und Kirschholzregalen. Auch bestimmte Sportarten wie Tanzen oder Reiten, Schwimmen und Tauchen haben eine deutlich lustbetonte Seite. In all diesen Fällen bewegt sich unsere Haut als größtes Sinnesorgan nämlich verstärkt gegen Widerstände, dadurch spüren wir Sie stärker als bei kontaktärmeren Bewegungsabläufen. Um den Bogen zurück zur → Liebe zu schlagen: Die haptisch-sinnliche Seite ist natürlich auch eine Domäne der gelebten Sexualität.

Lange Zeit ist nicht nur dort die zentrale Rolle des olfaktorischen oder **Geruchsempfindens** für das Lustgefühl unterschätzt worden. Tatsächlich gibt es Anzeichen dafür, dass Geruchsverluste zu sexueller Lustlosigkeit führen.[419] Wen man „nicht riechen" kann, der wird als Sexualpartner bei uns nicht den gewünschten Erfolg haben. Daher wurde im Zuge der Covid 19-Pandemie einmal mehr deutlich, wie sehr Menschen ihrerseits leiden, wenn Ihnen beim Essen oder Blumenhegen dieses Sinneserlebnis fehlt. Wessen Geruchssinn intakt ist, der profitiert andererseits von zahlreichen Duftnoten, denen eine erregende Wirkung zugeschrieben wird. Dazu zählen beispielsweise Jasmin, Vanille, Zimt oder Moschus. Ergänzend dazu stehen Thymian, Wacholder oder Zeder in dem Ruf, für einen wachen Geist zu sorgen.

Es bleibt das lustvolle **Schmecken** in allen Geschmacksrichtungen von süß und sauer über salzig und bitter bis hin zum „fleischigen" umami. Wobei es ebenso wie im Geruchssektor zahlreiche aphrodisierende Lebensmittel gibt. Dazu zählen Chili und Schokolade ebenso wie Zimt und Champagner, Austern ebenso wie Avocado.[420] *Goethes* Ginkgo biloba wiederum enthält viele Flavonoide und wirkt entsprechend gefäßerweiternd. Die bessere Durchblutung der Geschlechtsorgane wiederum steigert die sexuelle Lust.

Allerdings gibt es in all diesen Fällen mehr Hypothesen als wissenschaftlich gesichertes Wissen. Bei gebärfähigen Frauen sind Vorlieben zudem offenbar zyklusabhängig.[421] In jedem Fall ist auch deshalb **Vorsicht** geboten, weil allenthalben auch die Konsumgüterindustrie im Spiel ist. Sex sells, das weiß jeder Marketingstratege: Wer mit Marketingbudgets und Absatzstrategien arbeitet, tut gut daran, die lustbetonte Komponente von Produkten und Dienstleistungen hervorzuheben.

---

[419] Bestätigend https://kurier.at/freizeit/leben-liebe-sex/kein-sex-coronabedingter-geruchsverlust-fuehrt-zu-flaute-im-bett/401463916 – abgerufen am 01.07.2023.

[420] Eine Auflistung lesen Sie bei https://www.infranken.de/ratgeber/gesundheit/ernaehrung/keine-lust-auf-sex-diese-10-lebensmittel-steigern-deine-libido-ernaehrung-fuer-spass-im-bett-art-5468921 – abgerufen am 01.07.2023.

[421] Siehe hierzu im Einzelnen https://www.spiegel.de/gesundheit/sex/sex-welche-duftstoffe-und-geruche-erregen-uns-wenn-wir-sie-riechen-a-00000000-0003-0001-0000-000001949872 – abgerufen am 01.07.2023.

Befindet man sich hier noch in einer Art Grenzbereich, führt das Ausleben von Lust in anderen Konstellationen geradewegs in die **Kriminalität**. Da artet lustvolles Hinsehen in Stalking-Aktionen und/oder das Ausspionieren persönlicher Daten aus. Private Daten zu missbrauchen ist rechtswidrig, Stalking ist strafbar, ebenso die Verletzung des Intimbereichs durch nicht autorisierte Bildaufnahmen. Anfassen kann zu sexueller Belästigung führen, aber auch das Verbreiten pornografischer Inhalte ist verboten. Jugendpornografische Inhalte dürfen Sie als Privatperson noch nicht einmal abrufen. Das Verwenden von Sexpuppen mit kindlichem Erscheinungsbild kann Sie ins Gefängnis bringen. Prostitution ist in Deutschland für Freier nur dann straflos, wenn die betreffenden Prostituierten nicht Opfer von Menschenhandel und/oder Zwangsprostitution wurden und sich in der Fremde entweder in einer persönlichen oder wirtschaftlichen Zwangslage oder einer Situation der Hilflosigkeit befunden haben.[422] In Schweden (und anderen Ländern) unterliegen Freier von vorneherein der Strafverfolgung.

Auch **in vermeintlich harmloseren Fällen** kann es leicht Ärger geben – gerade bei „echt geiler" Mucke und/oder lauten Auspuffgeräuschen im Straßenverkehr. Lärm hatte zu allen Zeiten und hat bis heute auch etwas mit der **Demonstration von Macht** zu tun, sei es mit Salutschüssen, militärischem Getrommel oder aufheulenden Motoren. Technisch gesehen ist auch lustbetonter Lärm allerdings eine Immission, und dafür gibt es Genehmigungspflichten, Grenzwerte und Bußgelder.[423] Kochorgien im Haus wiederum können ebenso eine Geruchsbelästigung darstellen wie Räucherstäbchen, ganz zu schweigen vom Genuss-Qualmen in öffentlichen Räumen und Kneipen. Entsprechende Unterlassungsklagen haben es bis vor den Bundesgerichtshof geschafft, und das teilweise sogar mit → Erfolg.[424]

Bevor Sie an die „harten" Grenzen des Rechts stoßen, denken Sie deshalb lieber an die → Leitwerte des weisen *Platon*: Mäßigung ist eine der vier Kardinaltugenden. Das gilt selbst dort, wo es ausschließlich Sie selbst betrifft – Leber und Lunge, Trommelfell und Waage lassen grüßen. Und nein, ein gewisses Herunterkommen muss nicht langweilig sein. Nicht umsonst ist im bekanntesten aller Tarot-Kartensets, dem *Waite*-Tarot, **die Mäßigkeit ein strahlender Blondschopf,** um dessen Haupt es hell leuchtet, der mit dem

---

[422] Eine Kurzinformation dazu finden Sie im Netz unter https://www.bundestag.de/resource/blob/58369 2/4e72aa1b1c7f4cbe62b1657e2b57d171/wd-7-234-18-pdf-data.pdf – abgerufen am 01.07.2023. Siehe zum Ganzen außerdem §§ 184 ff. StGB.

[423] Im Einzelnen nachzulesen bei https://www.bussgeld-info.de/laermbelaestigung/ – abgerufen am 01.07.2023.

[424] Näheres hierzu führt das oberste ordentliche Gericht aus im *BGH*-Urteil vom 16. Januar 2015 unter dem Aktenzeichen V ZR 110/14, http://juris.bundesgerichtshof.de/cgi-bin/rechtsprechung/document. py?Gericht=bgh&Art=en&nr=71044&pos=0&anz=1 – abgerufen am 01.07.2023.

Fuß in frischem Wasser steht, gleichzeitig mit vollen Kelchen hantiert und neben sich (duftende?) Blüten hat. Gleichzeitig kann er fliegen.[425] Das passt: Die Gedanken sind frei; in der Praxis müssen wir uns und unsere Gelüste im Zaum halten.

Leitsatz

„You only live twice – das gibt es nur auf der Leinwand!"
   Im wirklichen Leben ist es zu schön, um wahr zu sein. Die Gedanken sind frei, aber ausleben dürfen Sie Ihre Lust nur in Grenzen.

Mentalitätsunterschiede sehen

Schwerpunkt: privat + beruflich

So kann man sich täuschen: *Die kleine Hexe* darf mit ihren einhundertsiebenundzwanzig Jahren noch nicht am Walpurgisnachttanz auf dem Blocksberg teilnehmen. Nach einem entsprechenden Verstoß muss sie versprechen, in einem Jahr eine *gute Hexe* zu werden. Daraufhin bemüht sie sich, so viele gute Hexereien wie möglich zu vollbringen. Dabei verkennt sie allerdings die Mentalität ihrer Hexenschwestern! Für die muss eine gute Hexe *möglichst gut Böses* tun können.[426]

   Auch wenn *Otfried Preußlers* kleine Heldin ihren Fehler mehr als ausbügelt – hier ist sie einem verbreiteten Fehlschluss erlegen: **Nur, weil andere zur gleichen sozialen Gruppe gehören, haben sie noch lange nicht die gleiche Geisteshaltung**, Denkweise oder Sinnesempfindung[427] wie wir – und nicht jeder würde dem Bonmot des der ukrainischen Präsidenten *Wolodimir Selenskij* zustimmen: „Wer den Weg des Bösen geht, zerstört sich selbst", soll der angesichts des Umsturzversuchs von *Jewgeni Prigoschins* Söldertruppe Wagner im Juni 2023 gesagt haben.[428] Es gibt ganz unterschiedliche Persönlichkeitstypen und Wahrnehmungsmuster. Selbst dann, wenn

---

[425] Eine Abbildung finden Sie unter https://www.brigitte.de/horoskop/tarot/die-maessigkeit%2D%2D-deine-tarotkarte-10890774.html – abgerufen am 01.07.2023.

[426] *Otfried Preußler*, Die kleine Hexe, erstmals erschienen im Thienemann Verlag, Stuttgart 1957.

[427] So die Definition von Mentalität bei https://www.spektrum.de/lexikon/psychologie/mentalitaet/9573 – abgerufen am 01.07.2023.

[428] https://www.ndr.de/nachrichten/info/Selenskyi-Wer-Weg-des-Boesen-waehlt-der-zerstoert-sich-selbst,audio1409258.html – abgerufen am 01.07.2023.

Menschen die gleichen als positiv empfundenen → Leitwerte wie Kollegialität, → Freiheit, → Liebe oder → Respekt teilen, können siedarin stark von unseren Interpretationen abweichen.

In der Praxis unterscheidet man verschiedene **Persönlichkeitsmuster**. „Some dance to remember, some dance to forget", haben das die *Eagles* in ihrer schon im Vorwort zitierten Ballade über das *Hotel California* beschrieben – manche Menschen tanzen, um sich zu erinnern, manche, um zu vergessen. *Florence + the Machine* besingen in *King* einen gravierenden Fall, wenn es heißt: „But you need your rotten heart/Your dazzling pain like diamond rings/You need to go to war to find material to sing".[429] Auf Deutsch: „Aber du brauchst dein morsches Herz, deinen schillernden Schmerz wie diamantene Ringe. Du musst in den Krieg ziehen, um Material zum Singen zu finden". Auch in dem von *Jennifer Warnes* vertonten *Leonard Cohen-*„Liebeslied" wird, geleitet von der Schönheit ihrer Waffen, alles andere als Frieden beschworen: *First we take Manhattan/-*Then we take Berlin".[430]

Wissenschaftlich gesehen, zählt zu den so genannten **Big Five**[431] unser Maß an (1) → Offenheit. Hier steht sie für die Lust auf Neues, aber auch für Einfühlungsvermögen und Einfallsreichtum sowie breit gestreute Interessen. Der Fähigkeit, lebenslang → offen zu bleiben, kommt auch die zweite Neigung der Big Five entgegen. Denn ob Sie eher zu Geselligkeit neigen oder zu Zurückhaltung, ob Sie Kraft aus dem Zusammensein mit anderen oder eher aus sich selbst heraus schöpfen, beschreibt der Grad Ihrer (2) Extraversion. Extrovertierte Menschen erlebt man häufig nicht nur als gesprächig, sondern ebenso als durchsetzungsstark.

Das sagt allerdings noch nichts über ihre Kooperationsfähigkeit, sprich: (3) Verträglichkeit aus. Verträgliche Menschen sind freundlich und hilfsbereit, unabhängig davon, ob sie eher → offen oder verschlossen, eher nach außen orientiert oder innengeleitet sind. Auch die emotionale Stabilität der Betreffenden steht auf einem anderen Blatt – labile Menschen gibt es überall auf der Verträglichkeitsskala. Die zugehörige Maßeinheit heißt (4) Neurotizismus; je höher der Wert, desto größer die Pendelausschläge in Richtung Anspannung und launischer Anfälle. Bleibt noch die Neigung zur (5) Gewissenhaftigkeit, zur Zuverlässigkeit, Sorgfalt und Disziplin. Gewissenhafte Menschen sind sehr leistungsbereit. Unabhängig davon können sie sehr nett oder ziemliche Kotzbrocken sein.

---

[429] Der Youtube-Clip dazu ist mit Untertiteln abrufbar unter https://www.youtube.com/watch?v=L62LtChAwww – abgerufen am 01.07.2023.

[430] Eine untertitelte Version finden Sie unter https://www.youtube.com/watch?v=JTTC_fD598A – abgerufen am 01.07.2023.

[431] Nach https://www.spektrum.de/lexikon/psychologie/big-five-persoenlichkeitsfaktoren/2360 – abgerufen am 01.07.2023.

Nach einem anderen, aber ähnlich bekannten Betrachtungsschema von *Fritz Riemann und Christoph Thomann* ist der eine ein Nähetyp, während die andere sich eher in einer etwas größeren Distanz zu anderen Leuten wohlfühlt. Zudem gibt es nach dem schon zum Thema → Furcht vorgestellten **Riemann-Thomann-Modell** Menschen, die eher sprunghaft – also wechselhaft – sind und sich schnell langweilen, andere dagegen lieben verlässliche – dauerhafte – → Strukturen.[432] Entsprechend kann es Ihnen passieren, dass mehrere Ansprechpartner auf die gleiche Ansage völlig unterschiedlich reagieren.

Sie halten eine aufrüttelnde Brandrede dazu, dass jetzt alle im Verein die Ärmel hochkrempeln müssen? Und machen auch gleich ein paar passende Vorschläge dazu, wie das geht? Dann riskieren Sie Widerstand beim Nähe-Wechsel-Typ, weil er keinen bürokratischen Anweisungston mag, und Festlegungen in seiner → Freizeit schätzt er schon gar nicht. Der Nähe-Dauer-Typ wiederum hätte sich eher lieber eine längerfristige gerade auf ihn gemünzte Strategie gewünscht statt Ihrer Ad-hoc-Aufforderung. Den Distanz-Wechsel-Typ können Sie von vornherein abhaken: Er reagiert grundsätzlich allergisch auf alles, was bevormundend klingt. Bleibt noch der Distanz-Dauer-Typ. Der hätte ja Verständnis für Sie gehabt … aber doch nicht für so eine emotionale Nummer.

Was tun Sie, wenn die einen sich dann noch über ein zu ausführliches → Storytelling beschweren, weil sie lieber Zahlen, Daten und Fakten gehabt hätten? Während andere sich ohnehin lieber einigeln? Wie reagieren Sie, wenn andere Menschen eine ganz andere **Chunk-Größe**[433] haben als Sie? Dieser Begriff aus dem Bereich des Neurolinguistischen Programmierens oder NLP beschreibt die Informationsmenge und den Abstraktionsgrad übermittelter Information. Danach werden Ihnen detailverliebte Menschen, so genannte Small Chunkers, den Weg von zuhause zum nächsten Supermarkt Meter für Meter, Kreuzung für Kreuzung beschreiben. Die Alternative lautet: „Immer Richtung Hauptstraße".

Neben vielem anderen gibt es dann auch noch **Weg-von- und Hin-zu-Typen,** die ganz unterschiedliche Blickrichtungen an den Tag legen. Beispielsweise schreiben die einen Bewerbungen überall hin, um endlich heraus aus dem alten Büro zu kommen. Die anderen hingegen sind zwar ganz zufrieden. Aber auch sie wechseln den Arbeitsplatz, wenn eine noch bessere Alternative winkt. Schließlich haben sie es mit **Matchern und Mismatchern** zu tun. Während ersteren die Suppe trotz eines Haars darin schmeckt, sehen letztere vor allem das Haar in der Suppe. Der dauerhafte Umgang eines

---

[432] Die Begriffe entstammen dem von *Fritz Riemann* geschaffenen und von *Christoph Thomann* weiterentwickelten Modell zur Ermittlung von Teampersönlichkeiten. Dazu lesen Sie beispielsweise mehr bei https://karrierebibel.de/riemann-thomann-modell/ – abgerufen am 01.07.2023.

[433] https://nlp-zentrum-berlin.de/infothek/nlp-glossar/chunk-groesse – abgerufen am 01.07.2023.

Matchers mit einem Mismatcher ist nervtötend, während der Mismatcher den Matcher für „ein blindes Huhn" hält.

Angesichts dessen bleibt Ihnen nur Folgendes: **Machen Sie sich wie schon beim → Kommunizieren beschrieben rechtzeitig und sorgfältig klar, mit wem Sie es zu tun bekommen.** Wenn Sie in ein berufliches Gruppenmeeting gehen, führen Sie möglichst entsprechende Vorgespräche. Dabei stellen Sie eine gemeinsame Ebene auf Basis dessen her, was Sie von den anderen Impulsen gelernt haben. Im privaten Bereich überlegen Sie sich, ob Menschen mit völlig anderer innerer Ausrichtung wirklich Ihre → Zeit und Kraft wert sind.

Leitsatz

„Nur eine böse Hexe ist eine gute Hexe!"
   Mentalitätsunterschiede sind Teil unserer Persönlichkeitsmuster. Ob und wieweit Sie sich mit ihnen auseinandersetzen müssen, ist situationsabhängig.

Mindfucks vermeiden

Schwerpunkt: privat + beruflich

Deutschland ist ein Land voller Rabenmütter und Bausünden! Die gibt es in anderen Ländern auch? Dann versuchen Sie doch mal, in den gängigsten Fremdsprachen für diese Begriffe eine vergleichbar elegante Entsprechung zu finden. Freude – ja, dafür gibt es im Englischen *joy* und *enjoyment* ebenso wie *pleasure* und *delight*. Was Moral betrifft, sind wir unsererseits sprachlich stärker ausdifferenziert.

Das Heikle ist: **Dort, wo es viele moralische Kategorien gibt, da ist die geistig-emotionale Selbstbehinderung nicht weit**, sei es in → Familie und → Freundschaft, sei es in → Partnerschaft oder Beruf. Es droht die Gefahr einer Fehlanpassung mit Hilfe unzuträglicher Gedanken und Gefühle. **Maladaptive Schemata** hat der US-amerikanische Psychotherapeut und Columbia-Professor *Jeffrey E. Young* entsprechende Störfaktoren genannt.[434] Solche verhaltenssteuernden Strukturen bilden sich im Laufe der Kindheit

---

[434] Siehe hierzu *Jeffrey E. Young/Janet S. Klosko/Marjorie E. Weishaar*, Schematherapie – Ein praxisorientiertes Handbuch, Junfermann-Verlag 2. Aufl. Paderborn 2005. Eine übersichtliche Darstellung liefert *Anne-Ev Ustorf*, Die 18 Schemata, psychologie heute compact Nr. 71, 76.

heraus und beziehen sich auf Abgetrenntsein und Ablehnung ebenso wie auf die Beeinträchtigung von Autonomie und Leistung. Dasselbe gilt für den Umgang mit Grenzen, für Fremdbezogenheit bzw. für übertriebene Wachsamkeit und Gehemmtheit.

Haben Eltern **beispielsweise** ein Kind versorgt, ihm aber kaum Nähe und liebevolle Ansprache zukommen lassen, entsteht ein Schema der emotionalen Entbehrung. Gedemütigte Kinder verinnerlichen Unzulänglichkeit und → Scham, stark verhaltensregulierte Kinder werden sich auch später eher unterordnen und aufopfern. Behindert uns das innere, gefühlte Kind weiter, geraten wir auch als Erwachsene in Erlebens- und Verhaltensmuster, die uns nicht guttun. Entsprechende so genannte Modi gilt es auszumachen und zu überwinden.

Vergleichsweise drastischer, aber dafür sehr anschaulich brandmarkt *Petra Bock* Selbstsabotagen aller Art als Mindfucks.[435] Dabei geht es nicht um ein nur zeitweiliges „schlechtes Gewissen“. → Schuldgefühle sind unangenehm, aber nichts Besonderes. Zuweilen sind sie durchaus berechtigte Anzeichen dafür, dass wir unseren eigenen → Leitwerten und Ansprüchen nicht gerecht werden. Demgegenüber sind Mindfucks wie die *Young*schen Schemata **weitergehende selbstschädigende Gedanken- und Gefühlsmuster, die unsere Selbstzuschreibungen ebenso betreffen können wie unsere Beziehungen.**

Entsprechende Beispiele sind so erschütternd wie verbreitet: Im Fall einer Selbstzuschreibung sind wir beispielsweise unattraktiv, unsportlich und bringen anderen nur Unglück. Im **Beziehungsmodus** sind wir unfähig zu Langzeit- → Partnerschaften. Allerdings liegt der Schlüssel dafür in der problematischen Ehe unserer Eltern. Leider haben wir schon der eigenen Mutter kein schöneres Leben bereiten können, als sie es sich von uns als ihrem Augenstern erhofft hatte. Beziehungsweise nicht ausgerechnet von uns erhofft hatte, denn in Wirklichkeit hat sie unsere Geschwister immer sehr viel mehr geliebt als uns. Was wiederum kein Wunder war, siehe oben. Woraus wir für unsere weiteren Beziehungen schließen können, dass die uns ebenfalls nur unglücklich machen werden. Besser, wir vertrauen nur uns selbst. Immerhin werden wir angesichts dieser Misere nicht auch noch seelisch erkranken, denn das wäre nur ein Zeichen von Charakterschwäche.

Tatsächlich erinnert diese Kette aneinandergereihter Mutmaßungen an die **Geschichte mit dem Hammer** von *Paul Watzlawick*. In seiner berühmten *Anleitung zum Unglücklichsein* beschreibt der Philosoph darin einen Mann,

---

[435] Siehe zur Buchreihe im Einzelnen https://www.mindfuck-coaching.com/buecher/ – abgerufen am 01.07.2023.

der sich beim Nachbarn einen Hammer ausleihen will. Auf dem Weg dorthin beschleichen ihn immer mehr Zweifel: Vielleicht wollte dieser Nachbar ihm gestern mit seinem eiligen Gruß aus dem Weg gehen? Wie unhöflich und eingebildet wäre das! Solche Leute vermiesen einem das Leben. Aber nicht mit ihm! Solchermaßen mental gewappnet, stürmt unser Mann in die geöffnete Nachbarswohnung. Ohne den anderen auch nur zu Wort kommen zu lassen, brüllt er ihn an: „Behalten Sie Ihren Hammer, Sie Rüpel".[436] Hier begegnen wir nicht nur eine falsch dechiffrierten → Botschaft. Die Situation zeigt, wie leicht daraus Mindfucks werden können.

Dabei sind unterschiedliche Konstellationen zu differenzieren: Im **Katastrophen-Mindfuck** wimmelt es von Horrorszenarien. Anstatt dafür → dankbar zu sein, dass die meisten davon nicht eintreffen werden, leben wir einen Alltag voller → Furcht. Uns fehlt das Grundvertrauen in unsere Existenz, das uns in ungünstigen Fällen in Angststörungen, in Panikattacken, Zwangshandlungen und andere Krankheitszustände treiben kann.

Damit verwandt ist der **Misstrauens-Mindfuck**, in dem wir uns auf andere Menschen lieber nicht verlassen. Misstrauen schützt uns vor Ärger – und es verhindert Bereicherungen aller Art. Das wäre doch zu schön, um wahr zu sein, heißt es im Deutschen sprichwörtlich. Dieser tolle Typ lässt sich nie auf mich ein. Diese Prüfung würde ich niemals bestehen. Wenn Sie es gar nicht erst versuchen, werden Sie Recht behalten. Aber dafür zahlen Sie einen hohen Preis.

Der **Druckmacher-Mindfuck** erpresst uns sodann zu mehr Leistung, oft über unsere Grenzen hinweg. Zwar ist → Druck auszuhalten eigentlich nichts Schlechtes. Nicht selten entpuppt sich aber der gerne geschmähte innere Schweinehund als gute Fee, die uns vor Selbstüberlastung bewahrt. In meinem eigenen Arbeitszimmer hängt dazu eine einprägsame Postkarte: „Ich kenne meine Grenzen, ich überschreite sie ja häufig genug". Damit verwandt ist der **Selbstverleugnungsmodus**: Wir nehmen wir uns und unsere Bedürfnisse und Träume nicht ernst. Klar sind wir kurz vor dem → gesundheitlichen Zusammenbruch. Aber wir dürfen uns darüber nicht beschweren, immerhin haben wir uns unser Los ja selbst ausgesucht. Und es gibt in dieser Situation wirklich Wichtigeres als unser Wohlbefinden.

Zustände nicht → achtsam und → offen wahrnehmen zu können, kennzeichnet auch einen weiteren, sehr verbreiteten Mechanismus: den → **Bewertungs-Mindfuck**. Er zeichnet sich durch die Unfähigkeit aus, einen

---

[436] Textauszug nachzulesen in https://spz-kummenberg.vobs.at/fileadmin/user_upload/Texte/Elternbriefe/ Watzlawick_Paul_-_Die_Geschichte_mit_dem_Hammer.pdf – abgerufen am 01.07.2023.

→ Tatsachenkern einfach einmal so stehenzulassen. Schubladendenken würden wir weit von uns weisen, gleichwohl beugen wir uns einem Alltag voller demonstrativer Gesten. Nach oben hin wollen wir geistige, körperliche und materielle Überlegenheit zeigen und sehen auf andere Menschen, die uns scheinbar unterlegen sind, herab. Am unteren Ende des Spektrums jammern wir herum, weil die Dinge nicht so sind, wie sie uns entgegenstrahlen sollen.

Doch niemand heilt durch Jammern seinen Harm,[437] das wusste schon *Shakespeares Richard III.* Stattdessen verweist diese Vorgehensweise auf eine weitere Form der Selbstsabotage, den → **Regel-Mindfuck.** Er lebt von Wenn-Dann-Konstruktionen nach dem Motto: „Wenn du keine Familie mit mir gründen willst, liebst du mich nicht richtig", oder: „Wenn der Chef mir keine Gehaltserhöhung zubilligt, weiß er mich nicht zu schätzen". In der Sache ist beides durchaus möglich. Es ist aber keineswegs zwingend, dass dem so ist. Vielleicht kommt Ihre Partnerin ja aus → Familienverhältnissen, die viel schwieriger waren als Ihre eigenen, vielleicht gerade weil alle Konflikte unter den Tisch gekehrt wurden (was Sie selbst aus der Ferne aber nicht sehen). Und der Chef erhöht keine Gehälter, weil gerade ein Auftrag geplatzt ist. Sowohl Liebe als auch Wertschätzung können sich in diesen Fällen in ganz unterschiedlicher Art und Weise zeigen.

Auf den ersten Blick überraschend, gibt es schließlich auch den Mindfuck der **Übermotivation. Ist doch klasse, wenn Sie als Superman und Wonder Woman immer gut drauf sind, oder?** Und, à propos: Warum sollen es nicht auch gleich all Ihre Social Media-→ Freunde erfahren, wenn Sie eine geile Zeit haben? Allerdings hat es gerade diese Mindfuck-Spielart wirklich in sich. Um im Beispiel zu bleiben: Es ist ja echt beeindruckend, wie toll Sie und Ihre Erlebnisse sind. Der Haken daran ist: Es ist un-menschlich! Ihre tolle Welt aufrecht zu erhalten, erfordert ein dem menschlichen Empfinden unzuträgliches Maß an Anspannung und Aufwand.

Bei näherem Hinsehen versteckt sich hinter einer solchen Übermotivations-Haltung gleich die ganze Palette von Selbstsabotagen: Wer es einfach nicht gut sein lassen kann, ist entweder eine Comicfigur. Oder er unterwirft sich einer Mischung aus Druckmachen, Selbstverleugnen, Bewerten, Regelnanwenden, Misstrauen … und Katastrophendenken für den Fall, dass das nicht alles klappt.

---

[437] Zweiter Akt, zweite Szene. Im Original: But none can cure their harms by wailing them. Der Gesamttext findet sich in https://www.google.de/books/edition/C_M_Wielands_S%C3%A4mmtliche_ Werke/NfLDnJpBSA0C?hl=de&gbpv=1&printsec=frontcover – abgerufen am 01.07.2023.

Vermeintlich harmlos, bei näherem Hinsehen aber ihrerseits ein Mindfuck ist die Variante des **magischen Denkens**. Zwar hat es sich mittlerweile herumgesprochen, dass man am Freitag, den 13., nicht unbedingt im Bett bleiben muss, um Unglücksfälle zu vermeiden.[438] Ansonsten aber sollte man den Glauben, dass die eigenen Gedanken, Worte oder Handlungen Einfluss auf ursächlich nicht verbundene Ereignisse nehmen, aber da lassen, wo er hingehört: bei zwei- bis fünfjährigen Kindern, die magisches Denken als Entwicklungsphase durchlaufen.[439] Schwarze Katzen, die den eigenen Weg von links nach rechts kreuzen, sind ebenso wenig ein schlechtes Omen wie das Durchlaufen unter einer Leiter.

Um sich von entsprechenden Mustern zu lösen, sind → Achtsamkeit und das → Entschärfen von Bewertungen, sind **Einsicht, Mut und Vertrauen** erforderlich. Insoweit warnt *Bock* zurecht davor, dass unser Denken über die Grundregeln des Lebens überholt sein könnte: In jeder Generation ist es um etwa 30 Jahre veraltet. Wer heute → jung ist, wurde von vergleichsweise medienarm aufgewachsenen Eltern erzogen, die ihrerseits die Kinder einer Kriegsgeneration waren. Deren Mütter und Väter wiederum tragen die Kaiserzeit noch in sich.

Aus all diesen Prägungen wiederum resultiert mit großen 68er-Philosophen und Soziologen *Jürgen Habermas* ein schwer entwirrbares Geflecht aus → familiären, → heimatbezogenen und politischen Überlieferungen. Aus entsprechend althergebrachten Mustern müssen wir uns lösen, um selbstbewusste, → glückliche, → liebes- und → partnerschaftsfähige Menschen werden zu können.

Hier gilt es für uns alle, neue Blickwinkel und Verhaltensweisen einzunehmen. Positive Glaubenssätze, nach denen Sie liebenswert sind und sich abgrenzen können, nach denen andere (Erwachsene) selbst für Ihre Lebensgestaltung verantwortlich sind usw. wollen nicht nur vage angedacht sein! Sie müssen Sie, um es mit einem eigenen Coachingwort zu sagen, „pra-xisAFFIN" ausarbeiten. Das bedeutet: „A"nalysieren Sie, was los ist, treffen Sie „F"estlegungen dazu, was Ihnen besonders wichtig und/oder dringend erscheint (und was nicht). „F"ormulieren Sie entsprechende → Ziele, die Sie dann auch „i"mplementieren, sprich: umsetzen, nach denen Sie zu → handeln beginnen können. Und vor allem: Denken Sie ans „N"achhalten Ihrer Vorhaben. Nur so stellen Sie sicher, dass sich überwundene Mindfucks nicht wieder einschleichen.

---

[438] Dazu auch FR Nr. 11 vom 13.01.2023, 36.

[439] Siehe hierzu Näheres unter https://www.familie.de/kleinkind/entwicklung-erziehung/magisches-denken/ – abgerufen am 01.07.2023.

> **Leitsatz**
>
> „Doch niemand heilt durch Jammern seinen Harm!"
> Entlarven und unterlassen Sie mentale Selbstsabotage. Ersetzen Sie Mindfucks
> aller Art praxisAFFIN durch positive Glaubenssätze und neue Verhaltensweisen.

Musizieren lernen

Schwerpunkt: privat + beruflich

Es war einmal ein kleines Mädchen, das Blockflöte lernen sollte. Das Instrument lag ihm aber nicht sonderlich, und seine Flötenlehrerin war auch nur aus materieller Not heraus dazu übergegangen, mäßig begabten Kindern das Spielen beizubringen. Die Übungen waren langweilig, einzig für jedes gut getroffene tiefe C gab es ein Gummibärchen. Eines Tages verschwand das Instrument spurlos, nachdem das Mädchen auf dem Heimweg an einer großen Mülltonne vorbeigekommen war. Die Eltern kommentierten den Verlust nicht, konnten es aber auch in guter bildungsbürgerlicher Tradition auch nicht beim Flöten Aus bewenden lassen.

Deshalb meldeten sie das Kind jetzt zum Klavierunterricht an. Der Klavierlehrer wiederum war ein alter Kantor, ein netter älterer Herr, der aber seinerseits andere Dinge im Kopf hatte als mittelmäßige Schülerinnen. Das Mädchen war Linkshänderin, die mit rechts dahingestotterten Klavierläufe versanken im nachmittäglichen Zigarrenqualm. Nach vielen mehr oder weniger frustrierenden Jahren gaben alle Beteiligten auf, bis heute steht das Instrument unbenutzt in der Wohnung.

Ganz anders erging es einem Schulkameraden des Mädchens. Für ihn wurde ein anderes Instrument – eine Gitarre – zur **positiven Grenzerfahrung**. „Selbstverständlich hatte ich keinen blassen Schimmer", erzählte er viele Jahrzehnte später, „wohin die Reise denn gehen würde, als ich im zarten Alter von zehn Jahren zum ersten Mal eine Gitarre in der Hand hielt. Es war auf der Rückreise einer Klassenfahrt hinten im Bus, als ich einen Schulfreund fragte, ob er mir nicht etwas auf dem Instrument zeigen könne. Am Vorabend gab es Lagerfeuer, Stockbrot und Gitarrenmusik. Ein schön-schaurig kribbelndes Gefühl der Orientierungslosigkeit beim Schauen der Flammen. Die glühenden, knisternden und in sich zusammenfallenden Scheite als Vorankündigung der über uns alle bald hereinfallenden Pubertät. Und dazu diese Klänge.

Im Bus nun lernte ich die ersten Töne. Sofort war ich gefangen. Immer und immer wieder versuchte ich mir die Tonfolge zu merken, flog aber wegen meiner Hektik und Ungeduld schon nach drei Tönen aus der Kurve. Und dann, nach ziemlich langem Kampf: Auf einmal schaffte ich es, die Melodie ohne Fehler zu spielen. Ja, es war das Gitarrenintro von *Smoke on the Water* von *Deep Purple*[440], welches mir den Einstieg in die wunderbare Welt der Musik öffnete. Das Gefühl danach war unbeschreiblich, ganz einfach, weil man es mit zehn Jahren auch nicht gut beschreiben kann".

Tatsächlich wurde der Junge, *Patrick Steinbach,* später Berufsmusiker. Zu dem **Repertoire** des Komponisten und Musikpädagogen zählen heute mehrere Instrumente.[441] Unter seinen Werken finden sich die Vertonung zahlreicher Klänge des irischen Hafenspielers *Turlough O'Carolan* ebenso wie Gitarren-Workshops. Unterrichtsstunden gibt er mit der gleichen Begeisterung, mit der er Songbooks und Bücher wie das autobiografische irische Motorad-Tagebuch *Fahrtwind*[442] geschrieben hat. Dabei erblickt er im Spielen eines Musikinstruments immer eine „Gratwanderung, einen Grenzbesuch in der kreativen Sperrzone". Es gelte, das Unbekannte zu erobern und dabei das Bekannte zu festigen. Selbst einmal Gelerntes könne in Vergessenheit geraten, wenn man es nicht liebevoll pflege.

So bewege sich der Musizierende immer entlang des schmalen Grenzzauns. „Auf der einen Seite wohlbekannte Heimat, auf der anderen Seite Terra Incognita. Und beim Erlernen eines neuen Musikstücks überschreiten wir jedes Mal diese Linie. In diesem Moment begegnet die Freude am neuen Stück dem Stress der Versagensangst. Es ist keineswegs garantiert, ein bestimmtes Stück in einer vorher bemessenen Zeit zu lernen. Halten wir bis zum Ende durch, verliert sich irgendwann das Interesse? Ist es vielleicht zu schwer? Oder gibt uns das Stück so viel zurück, dass es mühelos zum eigenen Repertoire wird?" Dieser Kampf am Instrument, die positive Unterstellung, es schon zu schaffen, verbunden mit der Erfahrung, dass es wahrscheinlich nicht ganz leicht wird, diese wunderbare **Lust-Frust-Lust-Kombination** habe ihn seit der legendären Rückfahrt im Bus nicht mehr losgelassen.

Gerade das **Klavier** hält *Steinbach* für ein geeignetes Probeinstrument, und zwar wegen der einfach zu bewerkstelligenden Tonbildung: „Man setze sich einmal an ein Klavier (vielleicht bei Freunden, bestimmt in der nächsten Musikschule) und lasse sich von den Hundert Tasten erst einmal nicht abschrecken. Dann beginne man behutsam mit einer schwarzen Taste. Völlig

---

[440] Abrufbar unter https://www.youtube.com/watch?v=eu5lv2Umn3M – abgerufen am 01.07.2023.

[441] Siehe http://patrick-steinbach.de/ – abgerufen am 01.07.2023.

[442] Erschienen unter anderem bei Acoustic Music Books, Wilhelmshaven, 2010.

egal, welche schwarze Taste. Dann die schwarze Nachbartaste und dann noch eine. Dann wieder in die andere Richtung, aber immer nur schwarze Tasten.

Das simple Geheimnis dahinter ist, wir reduzieren die Gesamtwahl der möglichen Tasten auf ein Minimum und entstressen somit unser Unterfangen. Zufällig bilden nun die schwarzen Tasten auch eine sehr harmonische Tonleiter, bekannt als Pentatonik. Die Pentatonik kennt keine Halbtonschritte, welche Dissonanzen erzeugen würden. Sie klingt immer schön und harmonisch. Nach kurzer Zeit ist man von dem archaisch wirkenden Klang umhüllt. Niemals hätte man es für möglich gehalten, dass die eigenen Finger etwas solch Schönes zum Klingen bringen können".

Tatsächlich gleicht sich in physiologischer Hinsicht die **Gehirnaktivität** schon beim bloßen Musikhören den Rhythmen an. Es entsteht eine **Synchronisierung**, ähnlich wie beim Reiten einer Welle auf der Meeresbrandung. Wer auf einer solchen Welle surft, hält sich mit den Bewegungen seines Körpers auf dem Brett. Die Kraft der Welle wird genutzt, um Schwung aufzunehmen. Dass sich die Aktivität des Gehirns zu einander rhythmisch abwechselnden, sich dabei aber wiederholenden Mustern fügt, ist seit Längerem bekannt. Einschlägige Entdeckungen dazu machten vor rund hundert Jahren den deutschen Psychiater *Hans Berger* zum Vater der Elektroenzephalografie. Entsprechend lässt sich eine Angleichung an den Duktus der Musik im EEG beobachten. Eine solche raum-→ zeitliche Angleichung bezeichnet die Fachwelt als „spatio-temporal alignment".[443]

Musizieren ist damit in jeder Beziehung eine, um es mit *Steinbach* zu sagen, Grenzerfahrung hin zu dem, was wir noch nicht können, was aber schon bald ganz natürlich zum eigenen Selbst gehört. Musik ist ein Seelenspiegel: Sie gibt unsere Emotionen, Stimmungen und innersten Gefühle wider. Sie kann uns dabei helfen, uns selbst besser zu verstehen, uns und unsere Identität auszudrücken. Sie kann uns trösten, inspirieren, begeistern oder beruhigen. Das macht sie zu einer transformativen Kraft, die uns dabei helfen kann, eine tiefere Verbindung zu unserem inneren Wesen herzustellen.

Im privaten Bereich geht es dabei nicht vornehmlich um die Freude der Zuhörer, die man mit eigenen Klängen mehr oder weniger beglücken kann. Entscheidend ist es vielmehr in erster Linie, „die prickelnde Wärme eines inspirierenden Lagerfeuers für sich selbst zu spüren. Musik ist **ein sättigendes Stockbrot für die Seele**" – es beeinflusst unsere Befindlichkeit, vermag uns zu → entspannen, zu mehr → Engagement anzuregen und in allen möglichen Lebenslagen zu unterstützen.

Was Musikmachen allerdings nicht sein sollte, ist ein liebloses bildungsbürgerliches Pflichtprogramm. Klaviere kann man, um auf das Eingangsbeispiel

---

[443] Siehe hierzu auch *Tobias Hürter*, Im Fluss der Zeit, bild der wissenschaft 4/2023, 80 (83 f.).

zurückzukommen, nur schwer in der Mülltonne entsorgen. Umso wichtiger ist es, dem beschriebenen Lust-Frust-Lust-Empfinden sobald, aber auch: nur solange musizierend nachzugehen, wie sich alle Beteiligten davon mitreißen lassen. Insoweit sollte man es mit *Stephen Kings* Meerjungfrau Elsa halten: „Sie hat allen etwas vorgesungen, … **aber nur, wenn sie den Kopf von anderen Gedanken klärten**, damit sie wirklich etwas hören konnten".[444]

Für wen Musik*machen* nichts ist, für den stehen heute im Übrigen zahllose **Möglichkeiten des Musik*hörens*** zur Verfügung. Anders als *Johann Sebastian Bach*-Fan *Johann Wolfgang von Goethe* benötigen wir seit *Thomas Alva Edisons* Erfindung des Phonographen vor fast 150 Jahren keinen menschlichen Musikus mehr, der uns in die Welt der Töne entführt. Auch mit Tonbandgeräten, Plattenspielern und Kassettenrekordern wie vor 50 Jahren müssen Sie sich heute remote nicht mehr begnügen. Stattdessen können Sie Musik aus zahllosen Apps mit Bluetooth-Lautsprechern koppeln und vieles mehr. Auf Spotify & Co können Sie sich Playlists aller Art zusammenstellen – von mittelalterlichen Lautenklängen über 70er-Jahre Kuschelrock bis hin zu Hip-Hop und Rap.[445]

Wer die „Zukunft des Musizierens jenseits der Violine" live erleben möchte, dem seien nicht nur entsprechende Konzerte empfohlen. Es gibt auch entsprechende Messen wie die Frankfurter **Prolight + Sound**, die die alljährlich im Frühjahr stattfindende Musikmesse abgelöst hat. Im März 2023 konnte man dort nicht nur im Musikerlebnispark Mischpulte wie Mikrofone selbst ausprobieren. Zusätzlich war in den Frankfurter Messehallen ein genereller Trend hin zur IP-basierten Vernetzung von Komponenten der Licht-, Ton- und Bühnentechnik zu beobachten. Diese ließen sich zunehmend ortsunabhängig und geräteübergreifend steuern und überwachen – das Internet of Things oder IoT ist in der Veranstaltungsindustrie im wahrsten Sinne des Wortes keine Zukunftsmusik mehr.[446]

Leitsatz

„Musik ist ein Seelenspiegel!"
    Musizieren ist wertvoll als Erfahrung des eigenen Selbst. Reines Pflichtprogramm sollte sie allerdings nicht sein – auch nicht für Kinder. Nutzen Sie außerdem die zahllosen Möglichkeiten des Musikhörens.

---

[444] So *Stephen King*, Fairy Tale, Heyne Verlag, 2. Aufl. München 2022.

[445] Mehr zu den Top-Musikgenres heute und in früheren Jahrzehnten finden Sie unter https://soundsuit. fm/de/top-musikgenres-entdecken-sie-was-im-jahr-2023-beliebt-ist/# – abgerufen am 01.07.2023.

[446] Siehe dazu eingehender https://pls.messefrankfurt.com/frankfurt/de/presse/pressemeldungen/prolight-sound/schlussbericht-2023.html – abgerufen am 01.07.2023.

Mutig sein

Er hieß *Stanislaw Jewgrafowitch Petrow*, und er war ein sowjetischer Oberstleutnant. 2017 starb er ohne Belobigung in Frjasino bei Moskau, wo er seine letzten Lebensjahrzehnte verbracht hatte. Und doch verdanken wir ihm möglicherweise alle unser Leben. *Petrow* hatte sich einem nuklearen Gegenschlag widersetzt – in einer Situation, in der offenbar ein Atomangriff der USA drohte. Es war der 26. September 1983, an dem ein Satellit des sowjetischen Frühwarnsystems den Angriff mit US-Interkontinentalraketen meldete. Im März hatte US-Präsident *Ronald Reagan* das Raketenabwehrprogramm SDI (für Strategic Defense Initiative) zur Abschirmung gegen das von ihm so genannte Reich des Bösen angekündigt. Erst kurz vor dem Alarm hatte die UdSSR am 1. September den Korean Airlines-Flug 007 abgeschossen. Die Lage war äußerst angespannt, für den Fall eines nuklearen Angriffs war ein mit allen Mittel geführter sofortiger nuklearer Gegenschlag angeordnet worden.

Da meldete der Computer kurz nach Mitternacht einen Atomraketenstart im 28 Flugminuten entfernten US-Bundesstaat Montana. *Petrow* glaubte an einen Fehlalarm, als plötzlich der Abschuss von vier weiteren Raketen verkündet wurde. Auch jetzt setzte er aber die militärisch gebotene hierarchische Kettenreaktion noch nicht in Gang. Nach endlosen 17 Minuten zeigte sich dann anhand der Bodenradare, dass tatsächlich keine Raketen, sondern Luftspiegelungen ausschlaggebend gewesen waren. Die Gefahr eines Dritten Weltkriegs war gebannt, weil *Petrow* seiner → Furcht vor einer Befehlsverweigerung nicht nachgegeben hatte.

Mutig sein bedeutet genau das: **sich seinen Befürchtungen entgegenzustellen – auf die Gefahr hin, dass sie nur allzu begründet sind.** Mut ist nicht die Abwesenheit von Angst, sondern die Erkenntnis, dass es etwas Wichtigeres gibt als Furcht, um es mit Beatnik *Ambrose H. Redmoon* alias *James Neil Hollingworth* zu formulieren.[447]

Im Alltag ist das vor allem mit einem Verlassen der eigenen **Komfortzone** verbunden. Wir wollen uns nicht blamieren, weder mit dem Äußern unserer Gefühle noch durch unser → **Handeln.** Dass wir uns anderen gegenüber nicht nackt und schutzlos ausliefern möchten, ist ein Urinstinkt, der heute in

---

[447] Im Original: „Courage is not the absence of fear, but rather the judgement that something else is more important than fear" – https://www.myzitate.de/ambrose-redmoon/ – abgerufen am 01.07.2023.

den unterschiedlichsten Konstellationen einsetzt. Das kann ein unübersichtlicher Weg ebenso sein wie eine risikobehaftete Operation. Aber auch ein Bühnenauftritt oder ein Vortrag vor Fachkollegen verlangen uns Selbstüberwindung ab, erst recht eine ins Blaue hinein ausgesprochene Liebeserklärung.

Auch der **Lebensmut** als solcher benötigt in → traurigen Zeiten zuweilen einen kleinen Anstoß. Wenn Sie gläubig sind oder sich auch nur über eine jahrtausendealte Verbindung zu anderen Menschen jüdischen oder christlichen Glaubens trösten lassen möchten, finden Sie dazu einen starken Satz im alttestamentarischen *Deuteronomium*. Dort heißt es in *Deut 30, 19*: „Ich aber lege vor dich Leben und Tod, Segen und Fluch. Wähle also das Leben, damit du lebst, du und deine Nachkommen". Die Gottlosen unter uns möge stattdessen ein etwas derber Kabarettistenspruch zum → Lachen bringen: „Was sagt Jesus, wenn er einen Keks auf der Straße findet?" „Leb, Kuchen!".

Schließlich kann es Mut verlangen, **etwas bleiben zu lassen**. Gar nicht so selten geraten wir in Situationen, in denen hierarchische Zwänge und/oder Gruppendruck herrschen. „Dann hab ich glatt vergessen, über einen Witz zu lachen,/Den Herr Senator Kühn für unbeschreiblich komisch hält", besingt *Reinhard Mey* in *Vaters Nachtlied* schon 1980 diese Situation.[448] Ernster war die Lage zum Auftakt der Fußball-Weltmeisterschaft im November 2022 in Katar, als die iranische Nationalmannschaft vor aller Fernsehaugen das Mitsingen der Nationalhymne verweigerte. Der iranische Staatssender unterbrach nach dieser Protestaktion gegen das eigene Regime die Übertragung, die Konsequenzen für die Spieler waren nicht absehbar.[449] Umso armseliger verhielten sich die europäischen Nationalmannschaften, indem sie auf das Tragen von One Love-Binden gegenüber ihren repressiven, homophoben Gastgebern verzichteten: Das Risiko einer Gelben Karte oder anderer, vergleichsweise harmloser Sanktionen war ihnen zu hoch.[450]

Mitlaufen ist immer erst einmal leichter – das wissen wir nicht erst seit dem Dritten Reich. Allerdings sind damit auch **existenzielle psychosoziale Gefahren** verbunden: Wer keine eigenen → Leitwerte und → Ziele entwickelt, wer stets → Rücksicht auf fremdbestimmte Verhältnisse nimmt, der macht sich nicht nur zu Everybodys Darling, sondern auch zu Everybodys

---

[448] Das Musikvideo finden Sie unter https://www.youtube.com/watch?v=xRIoYOFSldc – abgerufen am 01.07.2023.

[449] Siehe hierzu die Berichterstattung in https://www.tagesschau.de/sport/iran-nationalhymne-wm-katar-101.html#:~:text=Irans%20Nationalelf%20hat%20sich%20geweigert,%C3%9Cbertragung%20%2D%20den%20Spielern%20drohen%20Konsequenzen – abgerufen am 01.07.2023.

[450] Vertiefend dazu https://www.spiegel.de/sport/fussball/wm-2022-manuel-neuer-spielt-ohne-one-love-binde-a-b37f9d41-181d-4398-bd8c-b3d999f75684 – abgerufen am 01.07.2023.

Depp. Er oder sie stärken die soziale Gruppe, stützen die gesamte Organisation und erfahren entsprechende Geborgenheit.

Dieser Schutzmechanismus greift allerdings nur solange und soweit, wie Sie die individuelle Komponente wirklich (wie im Abschnitt → Gründe skizziert:) verdrängen können. Denn entsprechender Schutz und entsprechende Anerkennung zielen ja nur auf Sie in Ihrer Funktion als Helfer, als → Rollenträger. Sie umfassen gerade *nicht* Ihre gesamte Person in ihrem So-Sein. Das führt zu Selbstentfremdung, in der Folge zu → Einsamkeit, und beide lassen sich nicht beliebig lange und beliebig stark durch äußere Einigkeit kompensieren.

Wie gefährlich dann die späte Wandlung vom Saulus zum Paulus ist, zeigt sich nicht nur anhand der Ausstiegserfahrungen deutscher Neonazis.[451] Ein einprägsames Theaterstück zum Thema hat bereits Ende der 50er-Jahre *Jean Anouilh* mit *Becket oder Die Ehre Gottes* geschrieben.[452] Darin geht es um die Ernennung des Königsgünstlings *Thomas Becket* zum Erzbischof von Canterbury. Der Plan *Heinrichs II*, über seinen Freund Macht über die Kirche Englands zu erlangen, scheitert: *Becket* macht zunehmend Ernst mit dem Glauben, was ihn schließlich das Leben kostet. Wessen persönliche Ecken und Kanten hervorbrechen, wer gar aussteigt, wird zur unduldbaren Bedrohung. **Das kollektive Selbst – seien es Unternehmen, Vereine, Parteien oder eben Kirchen – kann sich radikale Abkehr nicht wirklich leisten.** Wer dabeibleibt, der sollte seine eigene Persönlichkeit abspalten oder besser gleich unterdrücken. Die Verdrängung entgegenstehender → Gründe ist angesagt. Das wiederum ist mit großer seelischer Anstrengung verbunden und torpediert die psychische Gesundheit.

Selbst wenn Sie also weder an metaphysisches Seelenheil noch an → Gerechtigkeitserwägungen im Zuge der Goldenen Regel glauben: Ein feiges sich Totstellen gegenüber der abweichenden Übermacht mag unseren Überlebensinstinkten entsprechen. Eine → gesunde persönliche Entwicklung erlaubt es allerdings nicht. Zu den **Vorteilen des Mut Zeigens** zählt umgekehrt das angenehme Gefühl, authentisch, im Einklang mit dem eigenen Ich reifen zu können. Und nur wer als ganze Person gesehen werden kann, vermag echte persönliche Wertschätzung zu erfahren.

Aus diesem Grund fühlt sich oft auch das **Scheitern eines mutigen Vorhabens** ganz anders an, als man ursprünglich dachte: Es beraubt uns einer

---

[451] Siehe hierzu *Rosemarie Bölts, Wie gut sind Aussteigerprogramme?,* https://www.deutschlandfunkkultur. de/exitstrategien-fuer-nazis-wie-gut-sind-aussteigerprogramme-100.html – abgerufen am 01.07.2023.
[452] Der Text zum Schauspiel Becket oder die Ehre Gottes ist erschienen bei dtv, München 1968.

Illusion über uns und die Welt, bereichert unser Selbst aber um eine entsprechende Erfahrung. Vor Ort sieht immer alles ganz anders aus! – dieses → Weltanschauungs-Bonmot des 2014 verstorbenen Auslandskorrespondenten *Peter Scholl-Latour* gilt nicht nur im wörtlichen Sinne. Auch im übertragenen Sinne lässt es die schlimmsten Szenarien auf einmal in neuem Licht erscheinen.

Die meisten von uns wissen das im Grunde auch, sie machen es sich nur nicht immer bewusst: Wie oft haben Sie selbst schon Be→ schämung erwartet, sich dann aber nach versuchter Tat vor allem erleichtert gefühlt? Und diejenigen, die sich über ihr Scheitern zu freuen scheinen: Tun sie das wirklich oder → bewerten vielleicht nur Sie selbst das so? Wenn andere tatsächlich schadenfroh sind: Wieso eigentlich? Vielleicht ist man ja nur erleichtert darüber, dass es Ihnen jetzt auch nicht besser geht als allen anderen und die allgemeine Ordnung nicht gefährdet ist? Keines dieser Motive klingt sonderlich überzeugend. Denken Sie an das Thema → Ärger verarbeiten: Sie müssen nicht jeden zu allen Themen als kompetent einstufen … und angesichts seiner oder ihrer Schadenfreude erst recht nicht.

Unter dem Strich gilt: **Mut ist eine Geisteshaltung.** Als solche können Sie sie auch im Alltag trainieren. Anstatt gleich einen Vortrag vor vielen Menschen zu halten, beginnen Sie mit einem kleinen Publikumsbeitrag in einer Diskussionsrunde, die Ihnen nicht allzu viel bedeutet. Unnötige → Bewertungen oder gar → Mindfucks vermeiden Sie, sobald sie Ihnen auffallen. → Vergangene Ereignissen und Situationen nehmen Sie wie dort beschrieben hin. Gleichzeitig machen Sie sich klar, dass diese Ihr heutiges Ich nicht mehr widerspiegeln. Sie zeugen allenfalls von Ihrem Weg dorthin.

Was damit allerdings nicht zu vereinbaren ist, ist Gedankenlosigkeit. → **Mindfuckartig übermotiviertes → Handeln und „Mutproben" sind nichts anderes als Akte des Leichtsinns.** Un→ achtsames und → verantwortungsloses Benehmen sind unerwachsen. Mit Acht- und Sorglosigkeit bringt man sich und andere nur → sinnlos in Schwierigkeiten.

Was sie sich stattdessen zurechtlegen sollten, ist ein konkreter Plan. Konzentrieren Sie sich auf Ihr → Ziel. **Wie schön wäre es, wenn Sie es erreichten? Auch Vorbilder** können helfen: Wen bewundern Sie wofür? Was haben Sie mit ihm oder ihr gemeinsam?

Leitsatz

„Mut ist die Erkenntnis, dass es etwas Wichtigeres gibt als Furcht!"
    Mut ist eine Geisteshaltung. Mutigsein bedeutet dagegen nicht unüberlegtes Handeln.

Nachbarschaft pflegen

Schwerpunkt: privat

Dass der Frömmste nicht in Frieden leben kann, wenn es dem bösen Nachbarn nicht gefällt, ist ein Klassiker der deutschen Kulturgeschichte. Das wusste schon *Friedrich Schillers Wilhelm Tell.*[453] Aber auch dort wird die Sentenz nur aufs Neue gespiegelt – es handelte sich schon zu des Dichters Zeit um eine altbekannte Weisheit. **Nachbarschaften sind Zweckgemeinschaften.** Für sie gilt die ebenfalls klassische Regel des *Faust*schen Mephistopheles: „Das erste steht uns frey, beym zweyten sind wir Knechte". „Die Hölle selbst hat ihre Rechte?".[454]

Will heißen: Sobald Sie erst einmal in Ihr neues Heim eingezogen sind, ist Ihr eigener Handlungsspielraum ziemlich begrenzt. Konservativen Schätzungen zufolge lagen Ende 2022 **rund 11,5 unserer 40 Mio. Haushalte** mit Nachbarn im Clinch – das ist mehr als jeder vierte Hausstand. Nachbarschaftsstreitigkeiten sind mit anderen Worten ein Massenphänomen. Da ist es wirklich ein → Glücksfall, wenn der Großteil Ihrer Umgebung aus eigentlich doch netten Menschen besteht, die zu Ihnen und Ihren eigenen Lebensvorstellungen passen. Ausreichend Platz und dicke Mauern helfen. Oberste Stockwerke schützen vor Lärm … solange Sie nicht in einer Einflugschneise leben, der Aufzug intakt ist und alle Beteiligten mobil sind.

Auch wenn Sie mit Ihren Nachbarn nicht → freund*schaft*lich verbunden sind: **Freundlich sein** können Sie trotzdem. Ein gewisses Maß an → Kommunikation bedeutet keinen allzu großen Aufwand. Das Wissen um Gemeinsamkeiten, gelegentliches Taschentragen, ein Hof- oder Straßenfest legen die Latte für eventuelle Rücksichtslosigkeiten einfach höher. Und auch wegen der dauerblinkenden Weihnachtskette oder der dröhnenden Stereoanlage klopft es sich dann leichter an die Tür, als wenn Sie so gar nicht wissen, wer sich dahinter verbirgt. Vielleicht lassen sich ja, ohne das Wort laut auszusprechen, sogar handfeste → Zielvorschläge machen, mit und nach denen alle Beteiligten leben können.

---

[453] – dort bezogen auf die politische Großwetterlage: – „Es kann der Frömmste nicht im Frieden bleiben, wenn es dem bösen Nachbar nicht gefällt", Wilhelm Tell, Vierter Aufzug, Dritte Scene [192], zitiert nach https://de.wikisource.org/wiki/Wilhelm_Tell/Vierter_Aufzug – abgerufen am 01.07.2023.

[454] *Johann Wolfgang von Goethe*: Faust – Der Tragödie erster Teil. Tübingen: Cotta. 1808, Seite 90 [1412 f.], zitiert nach https://de.wikisource.org/wiki/Seite:Faust_I_(Goethe)_090.jpg – abgerufen am 01.07.2023.

Was aber tun Sie, wenn alles nichts hilft? Wenn Ihre städtischen Nachbarn wirklich ständig auf dem Balkon grillen? Oder wenn Sie – wie in einem authentischen Fall – der Ruhe wegen aufs Land ziehen, sich dort aber nachts herumballernde Jäger und tags röhrende Motorradfreaks die Klinke in die Hand geben?

Zunächst einmal müssen Sie sich auch in einem solchen Fall um **Objektivität und Pragmatismus** bemühen. *Der Hund des Nachbarn bellt immer viel lauter,*[455] titelte einst *Gerd W. Heyse.* Wirklich? Und wenn ja: Vielleicht macht das → Haustier ja aus seinem Halter einen freundlicheren Menschen und schreckt zudem im Bellradius ungebetene Gäste ab? Jetzt ist gerade wieder die Tür zugeknallt. Und die Kinder über Ihnen fahren laut streitend eine Runde Bobbycar. Wieso können wir auch nicht wie in einer anständigen US-Vorstadt mit einigen Metern Abstand voneinander im jeweils eigenen Haus wohnen?

Haben Sie das einmal durchexerziert, wissen Sie, dass das nicht nur → finanzielle Gründe hat. Mit der allfälligen Kreditaufnahme ist es nicht getan Dort, wo alle in Einfamilienhäusern leben, ist auch der Weg zum nächsten Supermarkt besonders weit. Wer nicht gut zu Fuß oder auf dem Fahrrad ist, benötigt ein eigenes Auto. Auch Restaurants und Theater, geschweige denn Krankenhäuser gibt es nur dort, wo Menschen sich in Ballungsräumen zusammenfinden. Den Preis für solche Einrichtungen zahlen Sie nicht nur mit höheren Mieten. Sie begleichen ihn auch damit, dass Sie einander weniger gut aus dem Weg gehen können.

Wenn Sie Störungen gar nicht anders aus der → Welt schaffen können, können Sie auch das Nachbarrecht bemühen. Immobilieneigentümern hilft als erste Anlaufstelle Haus & Grund,[456] Mietern beispielsweise der Mieterschutzbund.[457] Wenn es gleich Anwältin oder Anwalt sein sollen, können Sie sich auch direkt an die örtlichen Rechtsanwaltskammern wenden. Sie finden Sie über die Bundesrechtsanwaltskammer BRAK.[458] Eine **harte juristische Grenze** für Rasenmäher & Co markiert beispielsweise das Einhalten von Ruhe- → Zeiten zwischen 22 Uhr und 6 Uhr und an Sonn- und Feiertagen. Wie oft gegrillt werden darf, ergibt sich normalerweise aus den Mietverträgen der Betreffenden bzw. der Hausordnung.

Mit Ihren Erkenntnissen müssen Sie auch nicht gleich vor das Amtsgericht ziehen: Bemühen Sie als **Anlaufstelle** das Ordnungsamt, gegebenenfalls (aber nicht über den Notruf) Ihre Polizeidienststelle. Erkundigen Sie sich bei Ihrer

---

[455] Eulenspiegel-Verlag, Berlin 1988.
[456] https://www.hausundgrund.de/ – abgerufen am 01.07.2023.
[457] https://www.mieterschutzbund.de/ – abgerufen am 01.07.2023.
[458] https://www.brak.de/service/verbraucherinformationen/anwaltssuche/#c8079 – abgerufen am 01.07.2023.

Gemeinde zudem nach der örtlichen Schieds- und Schlichtungsstelle. Die Mehrzahl aller Nachbarschaftskonflikte wird dort aus dem Weg geräumt, bevor es zu einem aufwändigen Prozess kommt. Aber selbst wenn Ihre Rechtsschutzversicherung Ihnen eine → finanzielle Deckungszusage zum Klagen gibt: Überlegen Sie sich gut, ob Ihnen Ihre bisherige Wohnstatt den Ärger wert ist. Selbst dann, wenn Sie das Appartement, das Haus, das Land gekauft haben: Sie können das alles auch vermieten. Sie können sich in der Nähe etwas anderes suchen. Steuerlich ist das ohnehin nicht das Schlechteste.

Vorsichtig sein sollten sie im Übrigen bei dem mittlerweile beim **Empfang privater Online-Bestellungen für Nachbarn**.

Der hier angesprochene so genannte B2C-E-Commerce ist ein riesiger Markt. 2021 hat er fast 87 Mrd. € umgesetzt, noch einmal rund 19 % mehr als im Vorjahr.[459] Kleidung, Schuhe, Elektronikartikel – vieles davon kommt mit der Post. Es landet allerdings nicht immer genau dort, wo es hingehört. Der Empfänger ist unterwegs, und das Paket liegt entweder unbeaufsichtigt vor der Haustür. Falls es jetzt gestohlen oder beschädigt wird, ist das das Problem des Empfängers – nicht mehr das des Zustellers. Es sei denn, der Paketbote klingelt bei Ihnen mit der Bitte, die Sendung für den Nachbarn anzunehmen. Ob Sie hier nicht besser → Nein sagen, müssen Sie sich gut überlegen. Der Grund: Auch wenn Sie noch so uneigennützig sind – juristisch gesehen, übernehmen Sie jetzt erst einmal alle Risiken aus dem Geschäft. Im Rahmen der so genannten Geschäftsführung ohne Auftrag oder kurz: GoA nach §§ 677 ff. BGB[460] haften Sie selbst für eine versehentliche Beschädigung. Wenn der Nachbar die Ware nicht abholt, haben Sie zudem den Aufwand damit, ihn daran zu erinnern. Rechtstechnisch gesprochen sind Sie es, der ihn nach § 286 BGB[461] in Verzug zu setzen muss.

Noch ärgerlicher wird es, wenn Unbekannte das Paket **in böser Absicht** bestellt haben: Online-Betrüger gibt es nicht nur auf Verkäuferseite! Als vermeintliche Käufer bestellen sie teure Ware an eine Briefkastenadresse in Ihrer Nähe. Dort hinein *wirft der arglose Zusteller dann die Benachrichtigungskarte*, der zufolge *Sie* die Ware gerade entgegengenommen haben – denn eine reale Haustür für seine Sendung gibt es ja nicht. Anschließend leeren die Betrüger den Briefkasten halten Ihnen als Nachbarn den Abholschein unter die Nase. Wenn Sie Ihnen jetzt das Paket in die Hand drücken, verschwinden Bestellung und Abholer auf Nimmerwiedersehen.

---

[459] Nach Angaben des Marktforschungsinstituts Statista, https://de.statista.com/themen/247/e-commerce/#topicOverview – abgerufen am 01.07.2023.

[460] Nachzulesen unter https://www.gesetze-im-internet.de/bgb/__677.html – abgerufen am 01.07.2023.

[461] Den Gesetzeswortlaut finden Sie unter https://www.gesetze-im-internet.de/bgb/__286.html – abgerufen am 01.07.2023.

Für den beim Verkäufer entstandenen Schaden haften Sie mit: Sie haben ja den Empfang quittiert. Theoretisch können Sie sich das Geld zwar wiederholen. In der Praxis gilt jedoch der alte Spruch: Die Nürnberger hängen keinen, sie hätten ihn denn zuvor.[462] Um betrügerische Besteller zur Kasse bitten zu können, müssen Sie ihrer nicht nur habhaft werden. Es gilt auch mindestens einen Prozess durchzustehen. Und dann müssen die Missetäter auch noch zahlungsfähig sein, sonst bleiben Sie selbst auf der Rückforderung sitzen.

> **Leitsatz**
>
> „Nachbarschaften sind Zweckgemeinschaften!"
> Seien Sie im Umgang mit nachbarschaftlichen Zweckgemeinschaften möglichst pragmatisch. Beim Annehmen fremder Bestellungen ist aus Haftungsgründen Vorsicht geboten.

Nein sagen

Schwerpunkt: privat + beruflich

Der Typ ist ein ganzer Kerl, jedes Fitness-Studio würde ihn mit Kusshand als Werbebotschafter verpflichten. Wie er da auf seinem Stein sitzt, mit angewinkelten Beinen, die rechte Hand locker übers Knie gelegt, den Kopf auf die Linke gestützt, den Blick nach unten gerichtet, scheint er trotzdem nicht so ganz da zu sein. Statt Kontakt mit dem Betrachter aufzunehmen, schaut er auf den Boden. Er ist *Der Denker (Le penseur)*, als Originalbronze von 1880/1881 ausgestellt in jenem Pariser Museum, das seinem Schöpfer *Auguste Rodin* gewidmet ist. In vergrößerter Fassung – häufig als Gipsabguss – ziert er heute Orte quer über den Globus.

Worüber er sich Gedanken macht, bleibt der → Phantasie der Betrachter überlassen. Sollte der Denker ein Philosoph gewesen sein, hat er ja vielleicht sogar den antiken Kollegen *Pythagoras* aus dem 6. Jahrhundert vor Christus gekannt. Den meisten von uns ist allenfalls der durch seinen Satz $a^2 + b^2 = c^2$

---

[462] Siehe hierzu https://www.helpster.de/die-nuernberger-haengen-keinen-sie-haetten-ihn-denn-erklaerung_195306 – abgerufen am 01.07.2023.

über das rechtwinklige Dreieck geläufig.[463] Aber er hat auch andere kluge Aussagen getroffen. Eine davon ist: Die kürzesten Wörter, nämlich Ja und Nein, erfordern das meiste Nachdenken.

Bei der Frage nach Ja oder Nein geht es um → Grenzen ziehen. Ein Nein ist die angemessene Reaktion auf Ansinnen, denen wir eigentlich nicht nachkommen möchten. Gleichwohl: Wie oft haben Sie in dieser Situation statt „Nein" schon „Meinetwegen" gesagt? Und sich hinterher über sich selbst geärgert? Das wird Ihnen bestimmt nie wieder passieren … bis zum nächsten Mal. Vor sich selbst rechtfertigt man dieses Verhalten gerne damit, dass man einfach ein netter Mensch ist. Ist man aber nicht, man hat nämlich seine eigene innere Stimme missachtet und ist entsprechend **unhöflich zu sich selbst** gewesen.

Ein weiteres zentrales Motiv ist der **Glaube an die eigene Unentbehrlichkeit bzw. die große Bedeutung des Teams.** Allerdings leuchtet auch das nicht unbedingt ein: → Engagiertes → Handeln in allen Ehren. Aber: Wenn es ohne Sie, die Sie eigentlich lieber Abstand nehmen möchten, nicht geht, auf welche Strukturen lassen Sie sich da ein? Offenkundig sind die Umstände, in die sie sich hier hineinbegeben, prekär. Wollen Sie wirklich darauf einzahlen?

Hören Sie auf Ihre → Intuition: Sind Sie gerade dabei, Ihre guten Ressourcen – Ihre → Zeit, Ihre → Gesundheit, Ihre → Finanzmittel Zuständen zu opfern, denen Sie vielleicht sogar selbst kritisch gegenüberstehen? Werfen Sie nach der der schon geschilderten Theorie der versunkenen Kosten gute Kraft schlechten Organisationsstrukturen hinterher? Insoweit sollten Sie auch darauf achten, ob diejenigen, die das Ansinnen geäußert haben, Sie womöglich nur mit einem guten → Storytelling ködern: Mancher besonders eloquent vorgebrachte **Notfall entpuppt sich bei näherem Hinsehen als routinierter Rückgriff** auf die, die es halt mit sich machen lassen.

Als Opfer eignet sich dabei vor allem das „schwache Geschlecht". Nach aller Erfahrung sind **Frauen** besonders aufgeschlossen gegen über Beziehungs- → Botschaften – damit steigt gleichzeitig die Gefahr, dass sie sich um des lieben Friedens willen um den Finger wickeln lassen.

Geschlechtergerechtigkeit ist als solche keine Selbstverständlichkeit.[464] Der politisch aufgeladene, international- und verfassungsrechtlich bedeutsame Begriff des Gender Mainstreaming hat nicht zuletzt deshalb eine solche

---

[463] Danach ist die Summe der Flächeninhalte der Quadrate über den vom rechten Winkel abgehenden Katheten a und b gleich dem Flächeninhalt des Quadrats über der Langseite oder Hypotenuse c.

[464] Siehe hierzu näher https://www.bmfsfj.de/bmfsfj/themen/gleichstellung/gleichstellung-und-teilhabe/strategie-gender-mainstreaming – abgerufen am 01.07.2023.

Erfolgsgeschichte erfahren, weil Frauen stärker als andere Geschlechter um Fürsorgeleistungen gebeten werden – wenn sie nicht aufpassen, stecken sie schnell in der **Kümmerfalle**.[465] Tatsächlich gilt diese Kümmerfalle als mitursächlich dafür, dass Frauen weniger verdienen[466] und deutlich häufiger als Männer von psychischen Erkrankungen betroffen sind.[467] Das ist auch und gerade dann der Fall, wenn sie Mütter pubertierender Kinder sind. Eben noch Heldin, ist man in diesem Stadium unversehens „nur noch peinlich", „sus" (für suspekt) oder „voll cringe", wie *Flavia Friedrich* in ihrem Buch *Mid Mom Crisis* so treffend ausführt.[468]

Entsprechend wichtig ist es dann, sich gegenläufige Alltagsstrategien zuzulegen.[469] Wer gerne liest, auf denen warten zur Bewusstseinsschärfung zahlreiche Magazine und Blogs, analog wie online. Beispielsweise gibt es im Netz die heute zur Funke Mediengruppe zählende Publikation *Edition F*, die die Lücke zwischen intellektuell wenig herausfordernden Frauenmagazinen und eher männlich orientierten Wirtschaftsmagazinen schließen will.[470]

In der Praxis sollten Sie, wenn Ihr Bauchgefühl sich gegen ein Ja sträubt, nicht nur über Ihre eigenen → Leitwerte und → Ziele nachdenken. Fragen Sie sich – und Ihr Gegenüber – auch ruhig einmal nach **personellen Alternativen**. So können in Kliniken, Kanzleien und Redaktionen beispielsweise Auftragsspitzen auch durch Arbeitnehmerüberlassung abgedeckt werden. Meistens fällt entsprechende Mehrarbeit nämlich nicht vom Himmel. Und zuhause oder im Verein gibt es bestimmt noch andere Menschen, die den Haushalt machen und Protokolle schreiben können. Wenn nicht, lässt sich auch damit leben. Zuhause kann man Dinge entweder liegen oder eingesackt im Keller verschwinden lassen. Im Verein lassen sich Vorstandsposten zusammenfassen. Wenn gar nichts mehr geht, schauen Sie in die beim Amtsgericht hinterlegte Satzung und lösen Sie ihn auf.

---

[465] Erhellend hierzu ist das gleichnamige Buch von *Susanne Garsoffky/Britta Sembach*, Die Kümmerfalle. Kinder, Ehe, Pflege, Rente. Wie die Politik Frauen seit Jahrzehnten verrät. Deutsche Verlags-Anstalt, München 2022.

[466] Siehe hierzu beispielsweise die Statistik der FAZ Nr. 57 v. 08.03.2023, 29. Besonders groß sind die Gehaltslücken zwischen gleich qualifizierten Menschen danach im Gesundheitsbereich. Zudem wachsen sie mit dem Bildungsgrad – hier wirken sich Fehlzeiten stärker aus.

[467] FAZ Nr. 277 vom 28.11.2022, 22.

[468] *Flavia Friedrich*, Mid Mom Crisis, mvg Verlag, München 2022.

[469] Siehe weiterführend hierzu *Rebekka Reinhard*, 20 Überlebensstrategien für Frauen zwischen Wollen, Sollen und Müssen, Ludwig Verlag Berlin 2022. Eine Leseprobe dazu finden Sie unter https://www.google.de/books/edition/Die_Zentrale_der_Zust%C3%A4ndigkeiten/RGxLEAAAQBAJ?hl=de&gbp v=1&printsec=frontcover – abgerufen am 01.07.2023.

[470] Abrufbar unter https://editionf.com/ – abgerufen am 01.07.2023.

Sie selbst dürfen → sich Abnabeln, wenn Sie nicht alle folgenden Punkte guten Gewissens mit Ja beantworten können: Ist (1) dieses Ansinnen (2) von jener Seite (3) jetzt (4) in dieser Form (5) okay für Sie? Auch wenn es (6) Alternativen gibt? **Wollen Sie das so jetzt tun?** Betonen Sie zu dieser Frage bitte jedes einzelne Wort.

Weil das dann eine schlichte Abwägungsentscheidung ist, müssen Sie sich auch nicht weiter entschuldigen – schon gar nicht mit einer **Floskel** wie „Tut mir leid, …", einem schräggelegten Kopf und einem gesenkten Blick. Damit untergraben Sie nur die Ernsthaftigkeit Ihrer Aussage und Ihre eigene → Autorität. Wenn es denn sein muss, erwidern Sie auf das Ansinnen mit „Danke, dass Sie an mich gedacht haben. Aber: Nein danke. Das passt für mich gerade nicht".

Leitsatz

„Die kürzesten Wörter erfordern das meiste Nachdenken!"
Das gilt besonders für ein klares Nein – zu dem Sie immer greifen dürfen, wenn ein Ansinnen für Sie so nicht in Ordnung ist.

Offenbleiben

Schwerpunkt: privat + beruflich

In dieser Szene ist einfach alles in Bewegung: Am rechten Bildrand hat sich vor grüne Laubbäume ein offenes Rohr geschoben, aus dem sich eine Wasserkaskade ergießt. Vögel baden im Nass, Fabeltiere trinken daraus. Linkerhand dreht sich in kräftigem Rot ein Mühlrad, das zwei hohe weiße Gebäude verdeckt. Im Hintergrund ragen blaue Monolithen in die Höhe, die mit einiger Phantasie auch Hochhausfassaden sein könnten. Der Erste Weltkrieg steht kurz bevor, als der Expressionist *Franz Marc Die verzauberte Mühle* malt. Damit bringt er die Dynamik von Natur und Kultur auf meisterhafte Weise zum Leuchten.

Drei Jahre später stirbt ausgerechnet *Marc* auf den Schlachtfeldern von Verdun, aber sein Bild, heute Bestandteil des Chicago Art Institutes in den USA, hat an Faszination nichts verloren. Es zeigt in Motiven, Farben und Formen den ewigen Fluss des Daseins. Nichts ist so beständig wie der Wandel, und auch dem, der in dieselben Flüsse hinabsteigt, strömt stets neues Wasser zu, um es mit *Heraklits* Flusslehre zu sagen. **Panta rhei – alles fließt.**[471]

Vor diesem Hintergrund gibt es Therapeuten und Anthroposophen, spirituell und esoterisch gebildete Menschen, die **unser Leben nach Jahrsiebten** einteilen. Danach häutet sich der Mensch etwa alle sieben Jahre, und nicht bewältigte Lebensthemen fallen einem im nächsten Lebensjahrsiebt wieder vor die Füße.[472] Neben dem Körper – dessen Zellen sich in Wirklichkeit noch wesentlich schneller erneuern – soll das nach der Sieben-Jahre-Regel auch für unsere Persönlichkeit gelten.[473] Ob mehr oder weniger Jahre: Wir alle müssen immer wieder Vieles hinter uns lassen, und unsere Ichwerdung ist niemals abgeschlossen.

Wer wir sind, was wir denken, fühlen, was unser Bewusstsein bestimmt, ändert sich im Lauf der → Zeit. Wir stecken in einem sich wandelnden Körper. Die Menschen und Dinge, die uns etwas bedeuten, wandeln sich mit. Unsere Umwelt, die verfügbaren Möglichkeiten und Grenzen sind immer andere. Frühere Erfahrungen werden von heutigen überlagert, und an die Stelle ehemaliger Vorlieben treten neue Interessen.

Das alles ist → Grund genug, nicht zu sehr an unseren einmal gefassten → Vergangenheitserfahrungen und Weltanschauungen festzuhalten. Diese Einsicht ist **umso wichtiger für Menschen, die von Berufs wegen anderen gegenüber Festigkeit zeigen und Stärke ausstrahlen müssen.** Im akademischen Bereich sind das besonders Ärzte, Psychotherapeuten und Pharmazeutinnen, Anwälte und Richterinnen, Lehrerinnen und Theologen – eben die Angehörigen der klassischen Examensfakultäten. Für den kirchlichen Bereich ist beispielsweise gesagt worden, dass „Geistliche oft die Einstellung haben, dass sie von anderen nichts zu lernen haben. Manche sehen eine Weiterbildung auch als persönlichen Angriff".[474] Nach meiner Erfahrung als Coach ist das bei **Juristen und Ärztinnen** nicht anders.

Fachliche Weiterbildung wird dort zwar gut akzeptiert. Sebald es aber beispielsweise um → Kommunikationsfragen und ein besseres → Botschaften Entschlüsseln im Team geht, wird es schwierig: Die Betreffenden scheinen

---

[471] Siehe hierzu auch instruktiv die Reflexionen von *Bernhard A. Grimm*, Das Wesen der Wirklichkeit in der Einheit der Gegensätze, abrufbar unter https://www.apr-ammersee.de/wp-content/uploads/2016/10/Panta-Rhei.pdf und abgerufen am 01.07.2023.

[472] Siehe hierzu beispielsweise https://www.faz.net/aktuell/gesellschaft/7-jahres-zyklus-alle-7-jahre-veraendert-sich-der-mensch-14956744.html – abgerufen am 01.07.2023.

[473] So auch https://www.focus.de/gesundheit/ratgeber/verdauung/alle-paar-jahre-erneuert-sich-der-koerper-der-sieben-jahres-mythos-sie-sind-viel-juenger-als-sie-glauben_id_5238290.html – abgerufen am 01.07.2023.

[474] So der Jesuit *David McCallum* in Kirche und Welt Nr. 49 vom 11.07.2023, 2.

alles irgendwie besser zu wissen. Auf Fachfremde und/oder Menschen, die sie insgeheim für nicht satisfaktionsfähig halten, hören viele von ihnen schon gar nicht. Dabei ist der → **Tatsachenkern, auf dem unsere Überzeugungen beruhen, oft ungeahnt klein.** „Ich weiß, dass ich nichts weiß", ist eine weise Redensart seit der Antike[475] ... die allerdings erschreckend oft in Vergessenheit gerät.

Nehmen wir fremdes Wissen nicht gehörig ernst, pressen wir stattdessen alles Neue lieber in schon vorgespurte Bahnen, begehen wir → **intuitiv womöglich folgenschwere Fehler**: Wir leisten uns den schon zum Thema → Intuition beschriebenen Confirmation Bias, eine Sachverhaltsquetsche mit Blick auf das, was unser bisheriges Bild bestätigt. Dabei bauen wir auf Fundamente, die womöglich längst der Hausschwamm befallen hat. Selbst der Umstand, dass wir für eine Erkenntnis teuer bezahlt haben, ist keine Rechtfertigung dafür, an ihr festzuhalten. Das Beharren auf Einsichten, nur weil sie uns schon so viel gekostet haben, ist ein weiterer kapitaler Denkfehler, bekannt als Sunk Cost Fallacy oder Theorie der versunkenen Kosten. **Eine neue Fehlerkultur tut not, auch und gerade im Bereich so einflussreicher Entscheider-Berufe wie der Ärzteschaft oder der Juristinnen und Juristen, Politikerinnen und Politiker.**[476]

Der Umstand, dass alles um uns herum im Fluss ist, hat eine weitere gravierende Folge: Es ist schon denklogisch unmöglich, dass wir unsere eigene Identität tatsächlich „vervollkommnen". Entsprechende Stufen-Typologien wie etwa die im → Kommunikationsbereich erwähnte Lehre von *Clare W. Graves* [477] sind bloße Modelle. In einer stets sich wandelnden → ungewissen Welt ist mehr als eine Annäherung nicht zu erreichen. Sobald Sie an einem bestimmten Punkt sind, hat sich Ihre Umgebung schon weitergedreht. Jede **Annäherung an ein gedeihliches Leben** müssen Sie sich entsprechend als nach oben laufende Spirale vorstellen, nicht als eine Gerade, die irgendwann einen Zielpunkt erreicht.

Dass auch **hermeneutische Verfahren** zur Interpretation beispielsweise von Texten entsprechend funktionieren, ist kein Zufall: Sie nähern sich einer nicht feststehenden Materie an, die allein dadurch in ein anderes Licht getaucht wird. Technisch gesprochen, verändert sich der Gegenstandsbereich mit. Deswegen können Sie immer nur vergleichsweise genauer zielen, niemals

---

[475] Siehe hierzu eingehender https://www.waldorf-ideen-pool.de/Schule/faecher/geschichte/Antike/griechenland/Philosophie/sokrates-ich-weiss-dass-ich-nicht-weiss – abgerufen am 01.07.2023.

[476] Siehe zur letztgenannten Personengruppe das Plädoyer von Helene Bubrowski in FAS Nr. 15 vom 16. April 2023, 4.

[477] Siehe zum Selbsttesten z. B. https://www.landsiedel-seminare.de/php/graves-value-system.html – abgerufen am 01.07.2023.

ganz genau. → Mentalität und → Leitwerte besitzen eine denknotwendige Restunschärfe. Das „Ich wandelt sich", um es mit dem französischen Soziologen *Jean-Claude Kaufmann* zu sagen, „unablässig".[478] Pech für → Glücksritter *Faust*, möchte man anmerken: Ein statisches Weltinnerstes würde er weder mit Gott noch dem Teufel finden.

Kaufmann beschreibt das offene und sich wandelnde Selbst anhand des **Alltagskonflikts** einer Frau, die mit ihrer Bügelwäsche ringt. Soll Sie sie gleich oder später erledigen? Ihr ordnungsliebendes, pflichtbewusstes und regelgeleitetes Spiegelbild wird das Wegschaffen der Arbeit sogar befriedigend finden. Dem steht aber das verführerische Vergnügen von Faulheit und Wohlbefinden auf dem Sofa gegenüber – mit offenem Ausgang.[479]

Wer sich zum Thema Offenbleiben einige poetischere Zeilen wünscht, für den hat *Bertold Brecht* im Sommer 1984 *Am Waldsee* geschrieben: Schwerelos im Wasser treiben,/nie mehr zeichnen, nie mehr schreiben,/nie mehr lieben, nie mehr hassen,/nie mehr nehmen, nie mehr lassen./Ha! Das könnte euch so passen!.

Leitsatz

„Alles fließt!".
  Persönlichkeit und Umwelt sind in stetem Fluss. Schon deshalb kann „nobody perfect" sein. Und was die Welt im Innersten zusammenhält, das ist erst recht nicht zu fassen.

Partnerschaftlich sein

Schwerpunkt: privat + beruflich

Anwaltskanzleien sind ein Inbegriff von Seriosität. Seit rund 40 Jahren verfolge ich ihr Werden und Wirken – zuweilen auch ihr Vergehen.[480] Als ich jetzt das Beratungsmandat Weber, Weber & Schmitt WWS annehme, halte ich mich

---

[478] https://www.fr.de/kultur/gesellschaft/identitaetskaempfe-die-schoene-faehigkeit-sich-offen-zu-halten-91773382.html – abgerufen am 01.07.2023.

[479] Beispiel aus *Jean-Claude Kaufmann*, Wenn Ich ein anderer ist, UVK Verlag, Konstanz 2010.

[480] Vertiefte Einsichten dazu enthalten meine vier aktuellen Strategiebücher: *Martin Schulz/Anette Schunder-Hartung* (Hrsg.), Recht 2030, Deutscher Fachverlag, Frankfurt 2019; *Anette Schunder-Hartung*, Erfolgsfaktor Kanzleiidentität, Verlag Springer Gabler, Wiesbaden 2020, *Anette Schunder-Hartung/ Martin Kistermann/Dirk Rabis*, Strategien für Dienstleister – Erfolgreich mit SAM in wirtschaftlich und rechtlich schwierigen Zeiten, dorts., 2021, sowie *Anette Schunder-Hartung* (Hrsg.), Innovative Rechtsberatung, Verlag Schäffer Poeschel, Stuttgart 2023.

mit → Erfolgsversprechen intuitiv zurück. Ich kenne die Sozietät aus der Ferne, die fünf Partnerinnen und Partner haben ein paar tolle Mandate geschultert und entsprechende → Qualitäts-Auszeichnungen erhalten. Jetzt aber erzählt mir Gründer Wolfgang Weber, dass „die Chemie nicht mehr stimmt". Er spiele mit dem Gedanken zu gehen, Alternativen hat der Mittsechziger trotz seines Alters genug. Aber vorher will er nichts unversucht lassen, um „sein Baby" zu retten, wirtschaftliche Probleme habe man nicht. Ich spreche, wie ich es in solchen Fällen immer tue, zunächst einmal einzeln mit sämtlichen Protagonisten. Dabei fällt auf, dass die fünf weniger *mit*einander als *über*einander reden.

Die Altersstruktur der Partner zerfällt in zwei Teile, und entlang dieser Gruppen haben sich Inselüberzeugungen gebildet: Die drei jüngeren Partner, darunter Tochter Agnes Weber und Sozius Thorben Schmitt, fühlen sich mit den beiden älteren Gründungspartnern nicht mehr wohl. Nachdem ich allen Beteiligten wiederholt Vertraulichkeit zugesichert habe, beklagen sich alle drei → Jungen heftig über veraltete Managementansichten der beiden „Silberrücken". Die wiederum sehen in den Kollegen im Grunde Grünschnäbel, die sehr gute Anwälte sind, auf Partnerschaftsebene aber noch viel zu lernen hätten. „Die strotzen vor Selbstvertrauen", sagt mir einer der Älteren im Vertrauen, „müssen sich aber noch einige Sporen verdienen".

In der Folge schildern mir beide Seiten beredt Beispiele für unprofessionelles Arbeiten einerseits, → respektloses Verhalten andererseits. Auf der gemeinsamen Krisensitzung folgt die Überraschung: Im Gruppengespräch fassen die Partner einander mit Samthandschuhen an. „Im Grunde jammern wir doch auf hohem Niveau", lassen sich die Älteren vernehmen, „alles gut soweit", bestätigen die drei Jüngeren.

Als wir dann an die konkrete Fortentwicklung des gemeinsamen Strategieplans gehen, droht die Stimmung jedoch zu kippen. Jetzt manifestieren sich Vorbehalte und Ambivalenz: Wieso sollte ausgerechnet man selbst sich für die nicht einkommensrelevante Kanzleientwicklung engagieren? Die Älteren finden, sie hätten ihre Schuldigkeit schon getan. Zwei der Jüngeren argumentieren, sie seien noch nicht einmal Namenspartner. Alle drei Jüngeren verweisen darauf, dass sie eine niedrigere Ausschüttungsquote als die Älteren haben, mit anderen Worten, dass sie zu dritt nur so viel verdienten wie die beiden Älteren. Die wiederum verweisen auf altehrwürdige Mandate, was erneut Augenrollen hervorruft. Ich selbst sorge mit einiger Anstrengung dafür, dass die → Kommunikation fair bleibt und kein unsachlicher Streit aufkommt.

Schließlich freuen sich alle darüber, dass sie einmal so → offen miteinander geredet haben. Das lassen wir jetzt erst einmal sacken. Allerdings vergehen dann mehrere Partnersitzungen, ohne dass ich eingeladen werde. Meine Mahnung, die erzielten Erkenntnisse zeitnah umzusetzen und nachzuhalten, verhallt: Gerade ist zu viel anderes zu tun. Einige Monate später kommt es dann zum großen Knall: Agnes Weber und Thorben Schmitt kündigen den Gesellschaftsvertrag, um zu zweit eine eigene Anwaltsboutique zu gründen. Mit ihnen geht ein Großteil des nicht anwaltlichen Teams. Die Partnerschaft zerbricht.

Für eine Strategieberaterin ist dergleichen **trauriger Alltag**: Die betreute Gruppe arbeitet nicht in der schon zum → Mindfuck-Komplex beschriebenen Weise praxisAFFIN. Subjektiv hinzu kommen Akzeptanzprobleme, fehlendes Vertrauen und mangelnde Hingabe – neudeutsch: mangelndes Committment. Diese Gemengelage bringt auch funktionierende Partnerschaften zum Scheitern.[481] Dabei brachte das erforderliche Mindset schon der Killer und Antiheld *Dexter* Morgan in der gleichnamigen Erfolgsserie[482] auf den Punkt: „Wenn eine Partnerschaft funktionieren soll, muss man den anderen nicht nur in sein Leben einlassen, sondern ihn so akzeptieren, wie er ist" – jedenfalls im Grundsatz.

In → Liebesdingen oder wenn wir → Freundschaften mit anderen eingehen, liegen die Dinge auch nicht anders. Zwar sind die Handelnden hier auch als Personen und nicht nur als → Rollenträger miteinander verbunden. Allerdings sind private Partnerschaftsbeziehungen ihrerseits zerbrechliche Gebilde. **Partnerschaft verlangt konstantes eigenes → Engagement und überdies den → Mut zur Entscheidung. Das gilt nicht nur, wenn man sie eingeht, es gilt auch im weiteren Fortbestand.**

Beziehungen als *Quelle des* → *Glücks* werden dann, um es mit dem schon erwähnten *Alfred Adler* zu formulieren, zur Quelle des Unglücks.[483] Umso erschreckender ist es, wie häufig sich in der Praxis Nachlässigkeiten einschleichen. Muss es **beispielsweise** wirklich sein, dass Mitarbeiterinnen Arbeitsaufträge immer auf den letzten Drücker bekommen, nur damit man sich selbst die → Zeit vorher nicht einteilen muss? Ist es wirklich nötig, einen bunten Blumenstrauß als „Blumengemüse" herabzuwürdigen, wenn er doch die Beschenkte als Geste erfreut? Muss man zu einer Einladung unbedingt die obligatorische Flasche Wein mitbringen anstatt einer durchdachten persönlicheren Kleinigkeit?

Dabei bestehen unter Freunden oder Kolleginnen natürlich unterschiedliche Vorstellungen davon, wie ihre Partnerschaft beschaffen sein soll. Die allseitigen Ideen weichen ebenso voneinander ab wie → Mentalität, → Leitwerte, → Ziele und → Kommunikationsverhalten der Beteiligten. Dabei erweitern

---

[481] Siehe hierzu auch https://www.brigitte.de/guido/schlafzimmer/studie%2D%2Ddas-ist-fuer-frauen-ab-50-die-wichtigste-zutat-einer-beziehung-13474500.html. Danach sind Ehrlichkeit und Vertrauen jedenfalls für Frauen ab 50 die wichtigsten Eigenschaften.

[482] Der offizielle Trailer zur Serie ist abrufbar unter https://www.youtube.com/watch?v=YQeUmSD1c3g – abgerufen am 01.07.2023.

[483] Zitiert nach *Christiane Schönemann*, Alfred Adler – Du bist genug, happy•soul Nr. 2/2022, 88.

Unterschiede ja auch durchaus das Spektrum. Wichtig ist aber, dass ein sachlicher und → furchtloser Austausch darüber stattfinden kann, **wer von wem was → erwartet.** Im Privatleben beginnt das mit grundlegenden Absprachen über Themen wie → Finanzgebaren, → Zeiteinteilung oder Treue, womit es allerdings nicht getan ist. Bei allem, worüber sie sichmiteinander auseinandersetzeen, sollten Sie zudem eine gemeinsame → Streitkultur einfordern und weiterentwickeln. Ganz wichtig: Wer etwas → offen sagt, was dem anderen nicht passt, darf keine Angst davor haben müssen, dass ihm das beim nächsten Mal auf die Füße fällt. Anderenfalls kommt kein vernünftiges Gespräch mehr in Gang.

Hier droht eine gefährliche **Negativspirale:** Wer fürchten muss, dass ihm ein offenes, in bester Absicht ausgesprochenes falsches Wort irgendwann schadet, hält sich lieber bedeckt. Die Kollegin könnte das Problem besser lösen als Sie? Das kann schon sein. Aber die Gefahr, dass Ihnen das als Gegenargument in der nächsten Gehaltsrunde um die Ohren fliegt, ist Ihnen einfach zu groß! Sie schweigen und fügen sich in einen Scheinfrieden. Fragt der Coach bei nächster Gelegenheit nach der Harmonie in der Abteilung oder Partnerschaft, bekommen alle Beteiligten einen wehmütigen Gesichtsausdruck. „Das ist *so wichtig,* und eigentlich streiten wir uns ja auch gar nicht. Na ja, eigentlich müssten wir mal drüber reden – aber das nervt". Solcherlei Sätze markieren für einen aufmerksamen Coach nur eines „Alarmstufe gelb".

Es passiert nämlich Folgendes: Da man ja nicht mehr um gemeinsame Ideen ringt, entfernt man sich voneinander. Der Frieden, der daraus resultiert, ist eher eine Art Friedhofsruhe. Und irgendwann packt ein Teil der Betroffenen mental oder tatsächlich die Koffer. Womöglich verstehen die anderen dann gar nicht warum – gerade im Geschäftsleben sind die Motive, aus denen heraus jemand das Unternehmen wechselt, wegen derer Patienten, Mandanten, Kunden sich abwenden, schlicht vorgeschoben. Wer will findet Wege, wer nicht will, Gründe, das haben Sie schon im → Gründe-Abschnitt gelernt. Und wenn es ganz dumm läuft, merkt das auch noch ein findiger Multiplikator. Als Redakteurin beispielsweise lernen Sie rasch, „Spielchen zu erkennen". Wer weiß, vielleicht birgt Ihr Personalverlust ja eine interessante Geschichte? Dann fehlt Ihnen zu guter Letzt nicht nur Manpower. Sie riskieren zu allem Überfluss eine schlechte Presse.

Aber auch dort, wo es nur einer **inneren Kündigung** partnerschaftlichen Zusammenwirkens kommt, geht der Weg weiter abwärts: Wer doch noch Energie investiert, dem fehlen nicht nur der oder die Mitstreiter. Er bekommt für den Fall, dass er jetzt etwas allein entscheidet, auch noch Ärger. Schließlich haben die anderen das Ganze ja nicht mitgetragen.[484]

---

[484] Instruktiv hierzu sind die Ausführungen von *Patrick Lencioni,* Die 5 Dysfunktionen eines Teams, Wiley-VCH, Weinheim 2014.

Um hier zu retten, was zu retten ist, müssen sich alle Betroffenen konsequent sachlich → streiten. Je nachdem, um wieviel es dabei geht, sollten Sie sich interessenfreie professionelle Unterstützung hinzuholen. Dabei überschreitet beispielsweise eine **berufliche Strategieberatung** oft die Grenzen der bloßen **Mediation**. Sie leistet mehr als die damit angesprochene fachkundige, allparteiliche Begleitung. Streng streng genommen sind Mediatoren vor allem für das Verfahren verantwortlich, nach dessen Abschluss die Parteien von sich aus zu einer Lösung gelangen. Tatsächlich schließen sich aber häufig eigene Schlichtungsvorschläge an.

Ich selbst bin **beispielsweise** schon im wahrsten Sinne des Wortes zwischen zwei Streitparteien hin- und hergelaufen. Beide Gruppen waren in einem jeweils eigenen Konferenzraum untergebracht, den ich abwechselnd aufsuchte. Dabei überbrachte ich wechselseitige Botschaften, zu denen ich mir jeweiliges Feedback anhörte. Im Anschluss konfrontierte ich dann beide Seiten in einem dritten Zimmer mit meiner Interpretation dazu. Die Ergebnisse trieben wir daraufhin zunächst zu möglichen, später gemeinsam zu tatsächlichen → Zielen voran. Dabei galt es auch darauf zu achten, dass die Chemie der Beteiligten untereinander wieder ins Lot kam. Wenn es am Schluss noch einen Bad Guy gibt, der nur schwer akzeptable Botschaften überbringt und damit den ersten → Ärger auf sich zieht, dann am besten doch mich: Ich und nur ich kann mich nach vollbrachter Tat wieder zurückziehen.

Im privaten Bereich verlaufen entsprechende Auseinandersetzungen leider oft unstrukturierter. Aber auch hier gibt es eine unumstößliche Regel: Wer sich mit Ihnen streitet, dem leihen Sie Ihr Ohr nur solange, wie sich seine Äußerungen **oberhalb der Gürtellinie bewegen**. Ansonsten schütten Sie das Kind mit dem Bade aus, denn Sie beschädigen mindestens zwei von drei Elementen: Sich selbst und/oder den Partner sowie Ihne gemeinsame Beziehung.

Auch wenn es menschlich durchaus verständlich ist, dass Sie aus einem Streit gerne als Sieger hervorgehen – der Preis für entsprechende Rundumschläge und/oder Beleidigungen ist einfach zu hoch. Nicht nur (strafbare) körperliche Übergriffe, auch Verbalattacken müssen tabu bleiben. In entsprechenden Situationen sollten Sie **als potenzieller Täter** erst einmal tief durchatmen, bevor Sie irgendetwas sagen. Das ist schwierig, aber erlernbar. **Als potenzielles Opfer** verlassen Sie möglichst rasch den Schauplatz getreu der schon zitierten Regel: Es flieht nicht jeder, der den Rücken wendet.

Zu guter Letzt: Nehmen Sie gerade in einem so wichtigen und fragilen Bereich wie dem der Partnerschaft so viel es geht → lachenden Mundes. Eine wirklich sehenswertes Format ist in diesem Zusammenhang die Serie um den privaten Paartherapeuten Klaus Kranitz: *Kranitz – Bei Trennung Geld zurück.*[485]

---

[485] Siehe https://www.ardmediathek.de/sendung/kranitz-bei-trennung-geld-zurueck/staffel-1/Y3JpZDovL 25kci5kZS80NzI3/1 – abgerufen am 01.07.2023.

Auf den ersten Blick geht es in dem ARD-Format ähnlich zu wie bei *Richterin Barbara Salesch*. In der pseudo-dokumentarischen Gerichtsshow von Sat.1 leitet die gleichnamige Richterin fiktive Gerichtsverhandlungen in Strafsachen.[486] Bei näherem Hinsehen entpuppt sich *Kranitz* aber als Impro-Comedy, die es faustdick hinter den Ohren hat. Der von *Jan Georg Schütte* gespielte Selfmade-Man Klaus Kranitz ist eine halbseidene Figur, die dank eines Semesters Psychologiestudium nicht nur mit Immobilen makelt, sondern auch Paare wieder zusammenbringt.

Dabei ist sein bester Freund Manni, gespielt von *Tatortreiniger Bjarne Mädel*, ein Kleinganove, und die Klienten-Rollen übernehmen so bekannte Darsteller wie Heinrich Bölls *Katharina Blum*[487]-Protagonistin *Angela Winkler*, wie *Polizeiruf 110*[488]-Kommissar *Charlie Hübner*, *Tatort*[489]-Kommissarin *Anna Schudt* und *Anwalt Abel*[490]-Darsteller *Günther Maria Halmer*. Der *Honesty Prank*[491] – ein Lausbubenstück zum Thema Aufrichtigkeit – kommt dabei ebenso zur Sprache wie die *Pflegestufe Ehe* – das pralle Leben eben. Als an einem Punkt Kumpel Manni von seinem Besessenheitswahn geheilt werden soll, insistiert Kranitz: „Ich bin Paartherapeut". „Ich bin auch zu zweit",[492] antwortet Manni. Das ist denkbar bezeichnend für partnerschaftliche Naivität.

Was Sie selbst entsprechend tun sollten, ist, immer aufmerksam zu bleiben. Wenn Sie das nicht tun, wenn Sie sich nicht selbst immer wieder im Sinne der Partnerschaft entscheiden, entscheidet eine Partnerschaft sich beruflich und/oder privat irgendwann gegen Sie.

Leitsatz

„Partnerschaft heißt nicht Partner schafft!"
    Partnerschaft ist Beziehungsarbeit. Wer sie nicht in angemessener Art und in ausreichendem Umfang leistet, riskiert ihr Scheitern, privat wie beruflich.

---

[486] Ein Beispiel dafür finden Sie unter https://www.sat1gold.de/tv/richterin-barbara-salesch/ganze-folgen?utm_source=google_cpc&utm_medium=paid_search&utm_campaign=dsa_streaming_s1g&utm_term=dynamic_search_ad&gclid=CjwKCAiAwc-dBhA7EiwAxPRyIIpbkYFzhAu7VL0WtdGShLa1dggsPLDNWnjwsloKrXQ5gjIGM75ynBoCCjsQAvD_BwE – abgerufen am 01.07.2023.

[487] Den Trailer zu der *Volker Schlöndorff*-Verfilmung über Die verlorene Ehre der Katharina Blum von 1974 finden Sie unter https://www.youtube.com/watch?v=P5zBH-PFjag – abgerufen am 01.07.2023.

[488] https://www.daserste.de/unterhaltung/krimi/polizeiruf-110/index.html – abgerufen am 01.07.2023.

[489] https://www.daserste.de/unterhaltung/krimi/tatort/index.html – abgerufen am 01.07.2023.

[490] https://www.fernsehserien.de/anwalt-abel – abgerufen am 01.07.2023.

[491] In Staffel 1, Folgen 2 und 5.

[492] In Staffel 2, Folge 4.

Phantasie wagen

„We're not supposed to have dreams" – Träume zu haben, steht uns nicht zu, heißt es im Netflix-Blockbuster *1899*.[493] Wirklich nicht? Schon *Shakespeares* Prospero war sich ja vor 400 Jahren in *Der Sturm* sicher, wir seien aus dem Stoff, aus dem die Träume sind. Springen wir von dort aus wieder nach vorne und gehen wir, um es mit dem Philosophen *Peter Sloterdijk* zu sagen, in ein „Schlüsseldatum des 20. Jahrhunderts", 1979. Dieses Jahr markiert ebenso wie 2022[494] mit *Frank Bösch* eine → *Zeitenwende*.[495] Inmitten großer politischer Träume, zwischen iranischer Revolution und vietnamesischer Boat People, sowjetischer Besatzung in Afghanistan und NATO-Doppelbeschluss begann sich seinerzeit die multipolare Weltordnung heutiger Prägung zu formen.

Gleichzeitig erschien in Deutschland ein Jugendroman, der wie kaum ein anderer die Abgrenzung von Phantasie und wirklicher Welt zum Gegenstand hatte: *Michael Ende* erzählte *Die unendliche Geschichte*. Darin geht es um das zunehmend bedrohte Land Phantásien. Der Menschenjunge Bastian Balthasar Bux erfährt von der Gefahr aus einem geheimnisvollen Buch, in dem er sich mehr und mehr verliert … übrigens lange vor dem Eroberungsfeldzug der elektronischen Medien. Auch wenn ihn der fantásische Jäger Atréju letztlich davor bewahrt, bei seinen Wanderungen im Paralleluniversum verloren zu gehen, sind Bastians Streifzüge riskant: Der Junge muss lernen, dass „Tu was du willst" für ihn kein Freibrief ist.

Die Bedeutung des Satzes auf dem gleichnamigen Amulett ähnelt vielmehr dem bei den → Leitwerten zum Thema **New Work** Gesagten: Es geht um das wahrhaftige, das sinnvolle Wünschen. Das ist ähnlich wie in *Paul Maars* seit 1973 erschienenen Buchreihe um das Sams,[496] ein Rüsselnasenwesen mit einem Gesicht voller blauer Sommersprossen. Dort kostet jeder Wunsch

---

[493] 1899, Staffel 1, Folge 3.

[494] Zeitenwende ist das Wort des Jahres 2022, s. dazu https://www.tagesschau.de/inland/gesellschaft/zeitenwende-wort-des-jahres-101.html – abgerufen am 15.12.2022.

[495] *Frank Bösch*, Zeitenwende 1979 – Als die Welt von heute begann, C.H. Beck Verlag, München, 6. Aufl. 2019.

[496] Den Anfang von *Paul Maars* Buchreihe macht Eine Woche voller Samstage, Oetinger Stuttgart 1973. Eine Hörprobe finden Sie unter https://www.amazon.de/Eine-Woche-voller-Samstage-Paul/dp/3789119520 – abgerufen am 01.07.2023.

einen Wunschpunkt und reduziert das jetzt noch Machbare. In der *Unendlichen Geschichte* zahlt Bastian jeden erfüllten Wunsch mit einer Erinnerung. Maßgeblich ist eine Balance, an der er um ein Haar scheitert.

Phantasie braucht Raum, sie ist etwas originär Menschliches. Sie hat Reisen im Kopf ermöglicht, lange bevor virtuelle Welten → zukunftsfähig waren, und sie ist nicht auf Fabelwesen angewiesen. „Ich glaube, alle Welten sind magisch. Wir gewöhnen uns einfach nur daran", heißt es dazu in *Stephen Kings* Märchenroman *Fairy Tale*.[497]

Das gilt auch und erst recht für die während der Covid19-Pandemie von uns Deutschen so vermissten **Reisen**. *Florian Beckerhoffs* hinreißender Roman *Karl Konrads heimliches Afrika*[498] verlegt den auch vorher schon so weit entfernten Kontinent kurzerhand hinter den Wald des eigenen Dorfes. Das haben bis auf Fleischereifachverkäuferin Elke alle jungen Frauen verlassen, und eines Tages schreibt sein eigener Bruder aus Afrika eine begeisterte Postkarte. Als inmitten des heißen Sommers zwei dunkelhäutige Menschen und ein armseliger Wanderzirkus auftauchen, gründet Konrad mit Zebras, Straußen und dem Flusspferd Esmeralda sein eigenes Land, das er immer dann besuchen kann, wenn er sich nicht um seine pflegebedürftige Mutter kümmern muss. Was schließlich auch Elke anzieht.

Ein ernsthafteres Beispiel für fantastische Reisen sind die schon vor rund 50 Jahren erschienenen Erzählungen über *Die unsichtbaren Städte – Le città invisibili – von Italo Calvino*.[499] Ähnlich wie am Ende des Abschnitts → Gatekeeping bei *Kalil Ghibran* handelt es sich auch hier um historisierte philosophische Abhandlungen: Im Gewand einer historischen Reiserzählung berichtet Marco Polo seinem Herrscher Kublai Khan von fiktiven Städten. Da gibt es beispielsweise eine, die man ganz genau zu kennen meint, obwohl man noch nie dort war. Sobald man sie zum ersten Mal gesehen hat, sieht sie natürlich doch anders aus und es schiebt sich ein neues Bild über das bisherige. Die zuvor imaginierte Stadt existiert jedoch weiter … nur nicht mehr unter ihrem ursprünglichen Namen.

In einer anderen Stadt gelandet, beneidet man alle die, die immer dort leben dürfen. Wäre man nicht selbst ein glücklicherer Mensch in dieser Lage? Tatsächlich verschlägt einen irgendwann genau dorthin das Schicksal. Aber was passiert? Der Zauber über den Straßen macht praktischen Erwägungen Platz: Wie komme ich am schnellsten von A nach B? Auf welchen Wegen finde ich den meisten Schatten? Der ganze Rest der Stadt wird unsichtbar.

---

[497] *Stephen King*, Fairy Tale, Heyne Verlag, 2. Aufl. München 2022
[498] *Florian Beckerhoff*, Karl Konrads heimliches Afrika, List – Ullstein Verlag, Berlin 2012.
[499] *Italo Calvino*, Die unsichtbaren Städte, Fischer Verlag Frankfurt 2013.

Womöglich beherbergen deshalb so viele Menschen immer wieder gerne einen Gast: Sein Blickwinkel, ihre Perspektive lassen uns unsere → Heimat mit ganz neuen Augen sehen.

Aber nicht nur → jede Musik, jede → Poesie, **jede Kunst** ist in Form gebrachter fantastischer Ausdruck. Da ist die darstellende Kunst in Theater, Film und Tanz. Die bildende Kunst bereichert uns mit Bildhauerei, Malerei und Grafik, aber auch mit Gebrauchs- oder angewandter Kunst. → Musik wird komponiert und interpretiert. Wer selbst künstlerisch oder kunsthandwerklich tätig werden möchte, dem stehen entsprechend viele Wege offen. Zudem können Sie Ihrer **Phantasie beim Spielen, Basteln und/oder bei** → **entspannenden Gedankenreisen** freien Lauf lassen.

Beispielsweise sind gut gearbeitete Brettspiele ungebrochen populär. Im Spielkartenbereich gibt es zahllose Variationen vom klassischen deutschen oder französischen Blatt über Ablegespiele wie Baum-Quartette oder Uno bis hin zu aufwändig gestalteten Tarotkarten-Sets.[500] Fortgeschrittene können auch ganz auf Materialien verzichten und beispielsweise einmal einen Buchstabentag einlegen. An diesem Tag konzentrieren Sie sich auf lauter Sachen mit demselben Anfangsbuchstaben. An einem W-Tag können das ein Waldspaziergang, ein Wackelpudding und ein Winterlied sein. An einem K-Tag ändern Sie den Klingelton Ihres Handys, gehen in eine Kunstausstellung und singen endlich einmal Karaoke.

Alternativ können Sie Ihre Phantasie auch in → **Rollenspiele**n ausleben, beispielsweise in Theatergruppen. An Gegenständen wiederum **sammeln** viele Menschen (nicht nur) hierzulande Münzen und Briefmarken, Bücher und Comics, Spielwaren und Modelle aus aller Herren Länder.[501] Damit ist auf der einen Seite die Möglichkeit verbunden, die eigenen Gedanken in die Ferne schweifen zu lassen. Auf der anderen Seite manifestiert sich gerade im Fall von Büchern, Bild- oder Tonträgern, die Sammelnde noch ungelesen, unbesehen oder ungehört in ihre Regale stellen, die Vorstellung einer schönen Zeit, die man am Rande des Alltags noch vor sich hat. Allerdings sollten Sie sich Ihre äußeren Räume ebenso wie die inneren nicht derart vollstellen, dass Sie sich darin nicht mehr frei bewegen können. Hier ist Maßhalten angesagt.

Generell bedeutet die Balance zu wahren, dass man das wirkliche Leben auch beim Träumen nicht aus den Augen verliert. **Professionellen** → **Storytellern und anderen Träumehändlern** müssen Sie mit entsprechender Vorsicht begegnen.

Außerdem erfordert die heraufziehende **Metaverse-**→ **Zukunft** besondere Vorsicht im Umgang mit Realitätsfluchten. Computerspiele aller Art sind

---

[500] Siehe zum Ganzen auch https://die-besten-familienspiele-gesellschaftsspiele.de/die-besten-brett-spiele-2022/ – abgerufen am 01.07.2023.
[501] Ausführlich FAZ Nr. 109 vom 11.07.2023, 25.

zunehmend besser animiert, können aber gerade deswegen aber auch sehr einnehmend sein. Zudem liegen → Welten zwischen einem kreativen PC-Spiel wie *Minecraft* und den sonst so oft anzutreffenden Ballerspielen. Auch bei *Minecraft* geht man z. B. auf Abenteuer, muss dabei aber in geschickter Weise Blöcke platzieren. So entstehen Siedlungsstrukturen, die viel mehr mit realen Welten zu tun haben, als wenn man stundenlang auf Tötungsmission geht.

Wenn wir uns zu sehr **in virtuellen Umgebungen** verlieren, droht uns jedoch ein Effekt, den der israelische Historiker und Philosoph *Yuval Noah Harari*[502] in seinen *21 Lektionen für das 21. Jahrhundert* so beschreibt: „Leider gewährt die Geschichte keinen Rabatt. Wenn über die Zukunft … in unserer Abwesenheit entschieden wird, weil wir zu sehr damit beschäftigt sind, unsere Kinder zu ernähren und mit Kleidung zu versorgen, werden wir und sie dennoch nicht von den Folgen verschont. Das ist ausgesprochen unfair; aber wer will behaupten, die Geschichte sei fair?“.

Soweit darf es nicht kommen – eine Kultur von Panem et Circenses, Brot und Spielen nach dem Vorbild der römischen Antike, macht unsere moderne Demokratie kaputt. Die ist nämlich angewiesen auf Bürgerinnen und Bürger, die sich aus ihren gesellschaftlichen → Engagements nicht zu weit herausziehen. Am besten geht man dabei auch im Großen nach Phantásien und zurück.

Leitsatz

„Gehen Sie nach Phantásien – und zurück!“
  Phantasie ist als originär menschliche Eigenschaft auch dort wertvoll, wo sie in keinen weitergehenden Zweck erfüllt. Sie darf allerdings von den individuellen und gesellschaftspolitischen Realitäten nicht zu sehr ablenken.

Poesie entdecken

Schwerpunkt: privat + beruflich

Ein Abschied, vom Tag und vom Sommer: „Der Abend wechselt langsam die Gewänder,/die ihm ein Rand von alten Bäumen hält;/du schaust: und von dir scheiden sich die Länder,/ein himmelfahrendes und eins, das fällt“.[503] „Herr:

---

[502] Erschienen im Verlag C.H. Beck, München, 19. Aufl. 2022.
[503] *Rainer Maria Rilke*, Abend, zitiert nach *Angelica Fleer/Richard Schönherz*, Rilke Projekt, das ist die Sehnsucht, Sonderausgabe Live-Tour, Frankfurt 2022.

Es ist Zeit. Der Sommer war sehr groß./Leg deinen Schatten auf die Sonnenuhren,/und auf den Fluren lass die Winde los./Befiehl den letzten Früchten voll zu sein,/gib Ihnen noch zwei südlichere Tage,/dränge sie zur Vollendung hin und jage/die letzte Süße in den schweren Wein./Wer jetzt kein Haus hat, baut sich keines mehr/wer jetzt allein ist, wird es lange bleiben,/wird wachen, lesen, lange Briefe schreiben/und wird auf den Alleen hin und her/unruhig wandern, wenn die Blätter treiben".[504]

Szenenwechsel, jetzt könnte der Herbst gekommen sein: „So, wie der Wind übers Dach wischt –/" *heißt es in Dirk von Petersdorffs Die Garagen im Hof, –/* sprenkelt die Pfützen, hell,/plustert die Amsel, schnell –/der Himmel, mein Herz, er ist klar –/leer wie die Stelle, wo eben die Amsel noch war".[505] Schließlich ist es Winter geworden, und es herrschen ungemütliche *wetterverhältnisse*: „es schneit, dann fällt der regen nieder,/dann schneit es, regnet es und schneit,/dann regnet es die ganze Zeit,/es regnet und dann schneit es wieder"[506]

Rainer Maria Rilke, der große Dichter der vorletzten Jahrhundertwende, wird bis heute immer wieder zitiert. Ihm verdanken wir einige der größten romantischen Gedichte überhaupt, und seit über zwanzig Jahren sorgt die Vertonung seiner Zeilen im bundesweiten *Schönherz & Fleer-Rilke Projekt* live für volle Häuser. In der aktuellen Saison haben sich prominente deutsche Schauspieler wie *Nina Hoger* und *Dietmar Bär* mit ihnen auseinandergesetzt, Fortsetzung folgt. Trotzdem konnte Rilke nur träumen, ihm sei eine häusliche Idylle zuzeigen, vor deren Türen er spät hinter violetten Zweigen säße.[507] Sein Leben als Dichter war ruhelos. Zunächst wurde er (wie *Friedrich Schiller*) in eine Militärschule gesteckt, später war er einmal einige Monate lang als Sekretär bei dem schon zitierten[508] Bildhauer *Auguste Rodin* angestellt. *Rilke* wurde hierhin und dorthin eingeladen und hatte zeitweise Mühe, einen bezahlbaren Wohnort zu finden.

Auch *Dirk von Petersdorff*, der die modernen Zeilen mit der Überschrift *Die Garagen im Hof* geschrieben hat, lebt nicht nur von der Schriftstellerei. Er ist Hochschullehrer an der Universität in Jena und seit rund 20 Jahren Mitglied der Mainzer Akademie der Wissenschaften und der Literatur. Dass hier ein

---

[504] *Rainer Maria* Rilke, Herbsttag, zitiert nach *Angelica Fleer/Richard Schönherz*, Rilke Projekt, das ist die Sehnsucht, Sonderausgabe Live-Tour, Frankfurt 2022.

[505] Zitiert nach https://arbrealettres.wordpress.com/2018/12/27/les-garages-dans-la-cour-dirk-von-petersdorff/ – abgerufen am 01.07.2023.

[506] *Ror Wolf*, wetterverhältnisse, zitiert nach https://www.lyrikline.org/de/gedichte/wetterverhaeltnisse-8251 – abgerufen am 01.07.2023.

[507] Wie in *Rainer Maria* Rilke, Mir ist: ein Häuschen wär mir eigen, zitiert nach *Angelica Fleer/Richard Schönherz*, Rilke Projekt, das ist die Sehnsucht, Sonderausgabe Live-Tour, Frankfurt 2022.

[508] Zum Nein-Sagen.

professioneller Wortmaler am Werk ist, merkt man gleichzeitig der Kürze und Treffsicherheit des Bildes an, das er mit wenigen Worten skizziert. Bereits die Überschrift stimmt ein auf eine Szene, die wir alle kennen – und der wir doch im Alltag noch mehr Beachtung schenken könnten:

In irgendeinem Hinterhof steht eine Reihe von Garagen, und es ist nicht einmal schönes Wetter. Kürzlich hat es zu regnen aufgehört, ein kleiner dunkler Vogel, an den wir als Kulturfolger in unseren Siedlungen ebenfalls bis zur Unsichtbarkeit gewöhnt sind, stellt die Federn auf, um sich zu wärmen. Und schon ist er wieder verschwunden. Der Protagonist blickt zum Himmel, der alles Erlebte wie ein heller, aber ausgeschalteter Bildschirm wieder verschließt. Nicht ohne uns wissen zu lassen, dass er sich dabei nicht einsam fühlt, denn er berichtet einem anderen Menschen davon, mit dem er sich von Herzen verbunden fühlt.

Poesie, das Erschaffen von Texten, ließ sich nach Aristotelischer Poetik ursprünglich in die drei Gattungen Drama, Epos und Lyrik unterteilen. Damit war sie das, was wir heute allgemein als **Literatur** bezeichnen, im engeren Sinne: ein schöngeistiges oder belletristisches Schrifttum. Im modernen Sprachgebrauch meint **Poesie** dagegen **Texte in Versform**[509] – was nicht mit gereimten Texten zu verwechseln ist. Die aus Japan stammenden **Haikus** beispielsweise kennen weder Endreime noch Überschriften, und mit dem Lesen des Textes sollten sie nicht schließen. Ein schönes Beispiel[510] für alle Literaturliebhaber stammt von dem langjährigen Leipziger Pfarrer *Heinz Schneemann*, der auch den Blog *Haikulupe* betreibt:[511] „die welt neu ordnen/ beim sortieren der bücher/in meinem regal". Auch die Hallensische Autorin *Christa Beau* benötigt nur wenige literarische Pinselstriche für ihr Werk: „SMS –/mit dem Finger die Lüge/wegdrücken".

Alle zitierten Beispiele haben Gemeinsamkeiten: Sie verzichten auf große Gefühle zu Gunsten leiser, aber aussagekräftiger Skizzen. Dagegen gleichen die auch in der modernen Popkultur verbreiteten **Herz-Schmerz-Reime mit breitem Pinselstrich** auf Leinwand aufgetragenen Primärfarben: Knallige Farbe drauf, Bild fertig. In der Liedpoesie wimmelt es seit *Walther von der Vogelweides* mittelalterlichen Minnegesängen nur so von dramatischen Emotionen, und manches Mal behindern dabei sakrosankte Gefühle den kritischen Blick.

Was das konkret heißt, hat schon lange vor der Youtube-Ära der große deutsche Barde *Reinhard Mey* in *Daddy Blue*[512] geschildert. In dem 1978

---

[509] https://praxistipps.focus.de/poesie-bedeutung-und-definition_107987 – abgerufen am 01.07.2023.
[510] Gefunden in https://www.haiku-heute.de/archiv/haiku-gute-beispiele/ – abgerufen am 01.07.2023.
[511] Zu finden unter https://haikulupe.wordpress.com/ – abgerufen am 01.07.2023.
[512] https://www.youtube.com/watch?reload=9&v=qa18avPg6zs – abgerufen am 01.07.2023.

erschienenen Song geht es um den fiktiven Sänger Detlef Kläglich, der Texte von der Art Lyrik zum Besten gibt, „die man/Auch als Vollidiot noch mühelos erfassen kann./Dafür hieß es in der Werbung:/„Aus dem Text lässt sich manch' Denkanstoß erfahren" (…)/Die Musik lag zwischen Schuhplattler und Rock'n Roll/Was zum Mitklatschen natürlich, aber anspruchsvoll! (…)/Daddy hüpfte durch die Show, denn wenn man Dünnes singt/Tut man gut dran, wenn man ab und zu die Hüften schwingt/Und dann sang er auch noch *Yesterday*, um seine Vielseitigkeit zu beweisen".

Wie man es besser machen kann, zeigt beispielsweise *Hans Magnus Enzensberger* in seinem Poem auf einen alltäglichen **Cent-Artikel**, nämlich *Die Seife*: „Wie stolz sie war, wie üppig sie anfangs/geduftet hat! Durch wie viele Hände/sie gegangen ist, wie entsagungsvoll/sie gedient hat, und immer von neuem/war da der Dreck. Unbefleckt/ist sie geblieben. Klaglos/hat sie sich selber verzehrt./So ist sie immer kleiner und kleiner/geworfen, unmerklich, dünn,/beinahe durchsichtig, bis sie eines Morgens/vollkommen verschwunden war". Um ein *streichholz* geht es bei *Jan Wagner*: „i/eines klappert noch/in der Schachtel, gehütet/wie ein erster zahn./i/dann angerissen/in dichtestem dunkel: ah!/hier bin ich, war ich".

Andererseits lassen sich auch **große Gefühle sehr diskret** ausdrücken, etwa in gesungenen Briefen. Ein gutes **Beispiel** dafür ist der Song *Famous Blue Raincoat des* 2016 verstorbenen großen Kanadiers *Leonhard Cohen*. Darin schreibt der Ich-Erzähler einem ehemaligen Freund: „And what can I tell you my brother, my killer/What can I possibly say?/I guess that I miss you, I guess I forgive you/I'm glad you stood in my way/ If you ever come by here, for Jane or for me/Well, your enemy is sleeping, and his woman is free".[513] Das beschreibt eine Situation, in der der Freund dem Mann offensichtlich die Frau ausgespannt hat – die dann aber zurückkehrte. Der Mann beschließt, dem Freund zu verzeihen.

Ebenfalls in **Briefform** gehalten ist die vielfach gecoverte Ballade *Anchorage* der US-Amerikanerin *Michelle Shocked*.[514] Mit Leichtigkeit besingt sie darin gleichzeitig zwei Staaten, eine Stadt und eine komplizierte Frauenfreundschaft. Die Angeschriebene hat etwas hinter sich gelassen, woran die Erzählende sich bis heute abarbeitet. In der Antwort auf die neuerliche Kontaktaufnahme, die

---

[513] Auf Deutsch: „Was soll ich dir erzählen, mein Bruder, mein Mörder – was kann ich dir vielleicht berichten? Ich glaube, ich vermisse dich, ich glaube, ich verzeihe dir, ich bin froh, dass du mir im Weg gestanden hast. Und wenn du hier jemals vorbeikommst, wegen Jane oder wegen mir … Also, dein Feind schläft, und seine Frau ist frei" – im Original abrufbar unter https://www.youtube.com/watch?v=ohk3DP5fMCg, abgerufen am 01.07.2023.

[514] Das heute nur noch schwer zugängliche Original von 1988 stammt von der CD *Short Sharp Shocked* des heute in Großbritannien und den USA ansässigen Independant-Labels Mercury.

für die Erzählerin dem Gang über eine brennende Brücke gleicht, formuliert die Angeschriebene: „Hey Girl, I think the last time I saw you/Was on me and Leroy's wedding day/What was the name of that love song you played?/I forgot how it goes/I don't recall how it goes".[515]

Dass sich von entsprechenden Wortschöpfungen allein leben lässt, ist allerdings seit jeher die **Ausnahme**. Schon für den berühmten Klassik-Dichter *Friedrich Schiller* und später *Heinrich Heine* war das Schreiben entsprechender Verse ein zermürbender wirtschaftlicher Balanceakt. Es hatte eben nicht jeder einen Gönner wie *Johann Wolfgang* – später: *von* – *Goethe*, der in der besonderen Gunst des Weimarer Hofes stand. Bis zu seinem Eintreffen dort 1771 war der inzwischen promovierte Dr. jur. als Rechtsanwalt in seiner Geburtsstadt Frankfurt am Main niedergelassen, bevor er nach dem Zusammentreffen mit dem Weimarer Regenten *Carl August* ab 1755 im Wesentlichen sein weiteres, langes Leben in der Thüringischen Residenzstadt verbrachte.[516]

Hier und heute gibt es für die schreibende Zunft neben Tantiemen zwar auch Ausschüttungen der Verwertungsgesellschaft Wort (VG Wort).[517] Die sind normalerweise aber nicht mehr ein nettes Zubrot. Daneben gilt es in der Praxis jedoch, Unterricht zu geben, Tourneen zu veranstalten, Vorträge zu halten oder auch, sich mit Text und Gitarre als Straßenbarde zu versuchen. Schon in den 80er-Jahren riet als eine der wichtigsten deutschen Lyrikerinnen *Ulla Hahn* all jenen, die Dichter werden wollten: „Geht einer ordentlichen Arbeit nach, von der es sich leben lässt, und schreibt in Eurer Freizeit".[518] Der schon zitierte *Jan Wagner* betreibt nach eigenem Bekunden „eine Art Dreifelderwirtschaft: ich übersetze, schreibe Lyrik und trage sie vor, schreibe Essays und halte Vorträge über Lyrik. Es hat also immerhin alles mit Gedichten zu tun".[519]

Zu guter Letzt ist aus der Sicht der langjährigen Redakteurin anzumerken, dass auch das Redigieren von Texten keine Gewähr für eine erfüllende Tätigkeit ist. Selbst in der für Rechtskundige beruflich spannendsten, weil führenden juristischen Zeitschriftengruppe hat sich die **Vorstellung, gute Texte hauptberuflich zu genießen, als in etwa so realistisch erwiesen wie**

---

[515] Frei übersetzt: „Hey, Mädel, ich glaub`, das letzte Mal, dass ich dich gesehen hab`, war an Leroys und meinem Hochzeitstag. Wie hieß noch gleich das Liebeslied, dass du gespielt hast? Ich hab` vergessen, wie es ging. Ich erinnere mich nicht mehr daran, wie es ging".

[516] Genaueres lesen Sie bei *Rüdiger Safranski*, Goethe – Kunstwerk des Lebens: Biografie, Carl Hanser Verlag, 11. Aufl. München 2013.

[517] Näheres dazu finden Sie bei https://www.springer.com/de/autoren-herausgeber/deutsche-publikationen/buchautoren/vg-wort – abgerufen am 01.07.2023.

[518] https://bersarin.wordpress.com/2017/06/03/deutscher-dichter-dichte-mir-oder-wovon-lyriker-leben/ – abgerufen am 01.07.2023.

[519] https://www.tagesspiegel.de/berlin/alle-kleinigkeiten-konnen-zum-gedicht-werden-3729274.html – abgerufen am 01.07.2023.

die Idee, als Bäckereiverkäuferin all die leckeren Auslagen zu verkosten. Nur das wenigste dessen, was auf dem Schreibtisch landet, kann man sich, um es umgangssprachlich zu formulieren, auch inhaltlich zu Gemüte führen. Was man stattdessen in der stets zu knappen Zeit wirklich lernt, ist Texte fachlich zu beurteilen, ohne sie wirklich gelesen zu haben. „Nach einem halben Jahr findest du alle Fehler auf der Speisekarte", hat mir damals eine erfahrene Kollegin eröffnet, „und wenn du nicht aufpasst, hast du zum Schluss keine Ahnung mehr, was drinsteht".

Verschärfend kommt bei **Lektorinnen wie Redakteuren** der Umstand hinzu, dass der Marktwert ihrer Leistungen seit dem Beginn der digitalen Transformation immer weiter zurückgeht. Die Zahl der frei verfügbaren Publikationen wächst immer weiter, entsprechend sinkt die Neigung, dafür etwas zu bezahlen. Durch Sprachbots wie die im → Zukunftsabschnitt näher beschriebene **KI-Anwendung ChatGPT** oder auch Google Bard wird sich die Lage vermutlich verschlimmern. Um das am Sportreporter-Dasein zu illustrieren: Dort lässt sich ChatGPT schon jetzt auf einem Datensatz von Spielzusammenfassungen trainieren und dazu verwenden, neue Zusammenfassungen in Echtzeit zu generieren.[520]

Auch nette **Haikus per KI** zu verfassen, ist kein Problem mehr. „Feder auf Papier,/Worte fließen wie der Wind,/Dichter schenkt uns Kunst" – diese Zeilen gab schon die kostenfreie Dreierversion der KI auf die Aufforderung, „Schreibe mir eine kurzes Haiku über den Beruf des Dichters" binnen Sekunden zum Besten. Als ich es gerne noch poetischer wollte, präsentierte mir die Sprachsoftware sofort „Worte wie Blüten,/Zart und doch voller Leben,/Dichten ist wie Fliegen". Vor diesem Hintergrund sollten Sie einer Neigung zur Poesie am besten nachgehen wie einem gelungenen Landschaftsfoto auf Ihrem Handy: Erfreuen Sie sich daran, aber spielen Sie deswegen nicht gleich mit dem Gedanken, Fotograf in zu werden.

Leitsatz

„Der (1) Dichter (2) schenkt uns (3) Kunst!"
    Gute poetische Werke sind nicht auf Herz-Schmerz-Reime angewiesen. Genießen Sie die Versformen, ohne beim Schreiben hauptberuflich davon leben zu wollen – denn das ist jetzt schon schwierig und wird dank Künstlicher Intelligenz noch schwieriger werden.

---

[520] https://www.infront.sport/de/blog/sports-technolog/chatgpt-sportorganisationen-nutzen-macht-der-ki – abgerufen am 01.07.2023

Qualität einschätzen

„Die verdanken den Auftrag nur mir!" Alina sitzt frustriert vor mir auf ihrer Stuhlkante. „Und jetzt hat das ganze Team eine Prämie bekommen, von meinem Extrabeitrag war keine Rede mehr. Wenn es schiefgegangen wäre, hätte ich meinen Kopf aber alleine hinhalten müssen". Was ist passiert? Alinas Unternehmen hat sich um ein großes Projekt beworben. Während der obligatorischen Powerpoint-Präsentation hatten die Auftraggeber aber ziemlich rasch angefangen, auf ihre Smartphones zu schielen. Daraufhin war Alina dazwischen gegrätscht und hatte den Firmenansatz mit eigenen Worten erklärt. Der Zuschlag kam, der Auftraggeber bestand ausdrücklich auf ihrer Mitwirkung. Intern jedoch hagelte es Kritik: Einfach dazwischen zu gehen, sei sei unprofessionell gewesen und ein Egotrip.

Nicht nur über Geschmack, auch über Qualität lässt sich → streiten. Allerdings gibt es für letztere eine größere Anzahl von Maßstäben. Produkte müssen – auch als Dienstleistungsprodukte – einwandfrei beschaffen sein, dazu möglichst intuitiv nutzbar und nachhaltig konstruiert. Gerade im Dienstleistungssektor werden Effizienz und Effektivität erwartet, kombiniert mit einer Vorgehensweise nach bestimmten Regeln. Formal betrachtet, ist Qualität die **Gesamtheit der charakterlichen Beschaffenheit** einer Sache. Für ein entsprechendes Qualitätsmanagement gibt es in beiden Fällen eine zentrale Instanz. Dabei handelt es sich um das Deutsche Institut für Normung in Berlin oder **DIN**, das auch europäische Normen oder EN übernimmt. So ist nach DIN EN ISO 9000:2015-11 Qualität „der Grad, in dem ein Satz inhärenter Merkmale eines Objekts Anforderungen erfüllt". Mit Hilfe der DIN ISO 9001 lässt sich ein entsprechendes Qualitätsmanagement objektiv zertifizieren.

Wer außerhalb dessen die Qualität einer Sache oder Vorgehensweise beurteilen will, benötigt vor allem eines: **Vergleichsmöglichkeiten**. Wenn Sie sich nicht aus eigener Erfahrung heraus auskennen, bieten Ihnen **anerkannte Institutionen und Labels** Hilfestellungen. Dazu zählen neben TÜV- und GS-Plaketten (für „Geprüfte Sicherheit") auch diverse Fair Trade- und Biosiegel, letztere vor allem im Lebensmittel- und Kosmetikbereich. Im Onlinehandel erkennt man zudem besonders geprüfte Unternehmen durch das sogenannte Trusted-Shops-Gütesiegel. Leistungsmerkmale und Funktionen, Prozesse, Ergebnisse und Verhaltensweisen misst und bewertet man in diesem Bereich anhand ausgewählter Kriterien.

Eine in Deutschland sehr renommierte Institution ist die **Stiftung Warentest.** Diese gemeinnützige Organisation prüft jährlich eine vierstellige Zahl von Produkten von Digitalkameras über Sofortrenten bis hin zu Krankenversicherungen für → Haustiere. Finanziert wird der Prüfaufwand überwiegend durch den Verkauf der anzeigenfreien Zeitschriften test und Finanztest, zudem gibt es ein Online- und ein Buchangebot. Dabei werden Rangordnungen aufgestellt, so genannte Rankings. Mit Blick auf die → zukunftsträchtigen Produkte und Leistungen im Bereich der künstlichen Intelligenz (KI, englischsprachig: artificial intelligence oder AI) gibt es seit Februar 2023 zudem einen ersten eigenen AIQ. Diese Abkürzung steht für AI Quality & Testing Hub, hinter der Einrichtung stehen die Hessische Landesregierung und das Technikexperten-Netzwerk VDE.[521]

Auch im **Wirtschafts- und Fachmedienbereich** sind „Brief und Siegel" keine Unbekannten: Hier vergeben unterschiedlichste Zeitschriften und Handbücher Gütesiegel als Orientierungshilfen in nur schwer zu beurteilenden Fragen. Beispielsweise veröffentlicht die *WirtschaftsWoche* regelmäßig Listen mit den Top-Kanzleien, -Anwältinnen und -anwälten für Arbeitsrecht, Baurecht, Erbrecht, Versicherungsrecht und viele andere (hier:) juristische Bereiche. Der *Focus* publiziert unter anderem Ärztelisten der renommiertesten Mediziner in Deutschland. Magazine wie *brand eins, Capital* oder *Stern* versorgen Sie ebenfalls mit entsprechenden → Bewertungen.

Wie aber kommen deren Ergebnisse zu Stande? Seriöse Anbieter legen die **Kriterien für ihre Auswahl** offen; im Umfeld der Tabellen finden Sie entsprechende ergänzende Texte. Beispielsweise können Sie dort lesen, dass im Vorfeld ein bestimmtes Marktforschungsinstitut mit Branchenumfragen betraut worden ist. Die Ergebnisse werden dann idealerweise durch ein Expertengremium geprüft, um auszuschließen, dass sich die Genannten einfach nur aus einem Unternehmensnetzwerk heraus gegenseitig empfohlen haben.

Damit entsprechende Angaben nicht verfälscht werden, sind mit anderen Worten eine möglichst breite Streuung und die Offenlegung der Erstellungskriterien unabdingbar. Besonders bei **Internet-Bewertungen** sucht man danach allerdings oft vergebens. Hier sind irreführende oder sogar gefälschte Bewertungen weit verbreitet. 2022 hat die Europäische Union eingegriffen und eine Richtlinie zum Schutz der Verbraucher vor irreführenden Bewertungen erlassen.[522] Aber auch sie hilft nur begrenzt.[523] Generell gilt der Grundsatz: „Trau, schau, wem" – und in welcher Hinsicht.

---

[521] Siehe hierzu https://www.heise.de/news/KI-auf-dem-Pruefstand-Bundesweit-erster-KI-Test-Hub-in-Frankfurt-eroeffnet-7493922.html – abgerufen am 13.02.2023.

[522] Siehe im Einzelnen https://ec.europa.eu/commission/presscorner/detail/de/ip_22_394 – abgerufen am 01.07.2023.

[523] Bestätigend hierzu *David Lindenfeld,* Fünf Sterne für alle(s), FAZ Nr. 236 vom 11.10.2022, 20.

Beispielsweise hat ein Anbieter fünf Sterne bei **Amazon** bekommen, aber warum? Das steht nicht unbedingt dabei. Steht die Höchstnote wirklich für eine ausgezeichnete Qualität? Oder haben sich die Betreffenden vor allem über die problemlose Rücknahme der Ware gefreut? Wie steht es um die im Rahmen der → Tatsachenkerne näher beschriebenen Wahrnehmungsverzerrungen durch Bias and Noise? Hat jemand die vielen Sternchen deshalb vergeben, weil er sich damit in einer Reihe mit anderen Bewertenden wusste? Viele – zumal private – Feedbackgeber machen sich vor der Punktevergabe keine allzu großen Gedanken; außerdem fehlt hier anders als bei einer echten Jury das Korrektiv der Gruppe, die miteinander in unvoreingenommenem Austausch steht.

In einem anderen Fall wirbt ein **Coach** mit seiner großen Erfahrung. Aber über seine berufliche Herkunft und über das Datum seiner Referenzen verliert er kein Wort. Hat er überhaupt eine ordentliche Ausbildung? Das muss nicht sein, denn die Berufsbezeichnung Coach ist als solche nicht gesetzlich geschützt. Sind die Arbeitsstellen und Zitate, mit denen geworben wird, nicht vielleicht veraltet? Wer vor zehn Jahren etwas vom Thema verstand, dessen Wissensstand zur digitalen Transformation ist aus heutiger Sicht völlig überholt. Entsprechend groß sind die Qualitätsunterschiede in der Beratung.

Zum **unteren Ende einer Zulässigkeit** der Bewertung eines Unternehmens in einem Portal hat sich schon mehrfach der Bundesgerichtshof (BGH) geäußert.[524] Beispielsweise hat er[525] mit Blick auf ein Hotelbewertungsportal entschieden, dass der Portalbetreiber dem Einwand des beschriebenen Hotels, einer Bewertung liege doch gar kein Gästekontakt zugrunde, nicht einfach so stehen lassen darf. Das Bewertungsportal hätte dem erst einmal nachgehen müssen. Nur, wenn sich die Person des den Verriss Schreibenden für den Bewerteten ohne Weiteres ergibt, darf man in solchen Fällen den Ball wieder zurückspielen: Dann lässt sich tatsächlich eine Begründung für die Behauptung auftreiben, dass der Schlechtschreiber – hier: – ja gar nicht dagewesen ist.

Allerdings sind **auch im professionellen Bereich Auszeichnungen keine automatische Gewähr** dafür, dass Sie eine Leistung in Ihrem Sinne bekommen. So lobt ein Magazin eine Anwaltssozietät für ihre versicherungsrechtliche Spezialisierung. Aber wird Sie diese Kanzlei als Verbraucher überhaupt betreuen? Oder ist sie gerade deshalb so renommiert, weil sie nur für große Versicherungskonzerne arbeitet? Die gleiche Frage stellt sich bei Juristen

---

[524] Beispielsweise in seinen Entscheidungen *BGH*, Urt. vom 14.01.2020 – VI ZR 495/18, Urt. vom 09.08.2022 – VI ZR 1244/20, und Urt. vom 13.12.2022 – VI ZR 54/21.

[525] In *BGH*, Urt. vom 09.08.2022 – VI ZR 1244/20 – frei abrufbar unter http://juris.bundesgerichtshof. de/cgi-bin/rechtsprechung/document.py?Gericht=bgh&Art=en&nr=131089&pos=0&anz=1 – abgerufen am 01.07.2023.

beispielsweise auch im Arbeits- oder Baurecht. Beraten die preisgekrönten Kollegen im Streit um Arbeitsplätze vor allem Unternehmen? Vielleicht außerdem lediglich Baukonzerne im Streit gegen private Bauherrn? Dann kommen Sie dort als Privatperson „nicht einmal durch die Drehtür".

Vorsicht ist auch in solchen Fällen geboten, in denen ein Unternehmen für ein bestimmtes Produkt oder eine bestimmte Dienstleistung ausgezeichnet worden ist, Sie nach dem ausgezeichneten Angebot doch aber gar nicht suchen. Dass jemand gutes Brot backt, sagt nicht unbedingt etwas über die Qualität seiner Kuchentheke aus! Im Gegenteil – vielleicht ist das Eine seine Spezialität, das Andere nur unverzichtbares Beiwerk, ohne das es halt in einer Bäckerei nicht geht. Denken Sie bitte in solchen Fällen an den schon zum Thema → Intuition angesprochenen **Halo-Effekt**. Danach färbt der Glanz eines Qualitätsprodukt zwar wie eine Art Heiligenschein ab, das aber nicht immer zu Recht.

Wer sich allerdings gänzlich **mit fremden Federn** schmückt, der bekommt es mit der Rechtsordnung zu tun. Produktpiraterie – das sogenannte Counterfeiting –, Produktfälschung oder Markenpiraterie verletzen Marken-, Urheber- oder Patentrechte und streifen damit ein großes juristisches Feld. Tatsächlich schätzt der Aktionskreis gegen Produkt- und Markenpiraterie allein das weltweite Handelsvolumen für Fälschungen auf über eine halbe Billion Dollar. Schon die renommierte Handelsplattform Amazon hat 2020 nach eigenen Schätzungen zwei Millionen gefälschte Artikel aus dem Verkehr gezogen.[526]

Strafrechtlich kann man wegen Betrugs nach § 263 StGB[527] und/oder Urkundenfälschung nach § 267 StGB belangt werden. Im Fall falscher → Tatsachenbehauptungen ist zudem nicht nur mit Abmahnungen, der Löschung von Inhalten und dem Ersatz etwaiger Schäden zu rechnen. Ehrverletzende Aussagen über Geschäftspartner und Konkurrenz werden zudem als üble Nachrede nach § 186 StGB geahndet. Wer wider besseres Wissen unwahre, ehrverletzende Dinge in die Welt setzt, macht sich nach § 187 StGB strafbar wegen Verleumdung.

Auch der **Missbrauch von Berufsbezeichnungen**, Amtsbezeichnungen, Titeln und Abzeichen ist illegal gemäß §§ 132, 132a StGB. Dabei geht es in der Praxis oft um die Verwechselbarkeit mit besonders geschützten Amts- oder Dienstnamen, akademischen Graden, Titeln oder öffentlichen Würden. Besonders in den helfenden Berufen der (Zahn- bzw. Tier-)Ärzte, der

---

[526] Angaben nach https://web.de/magazine/ratgeber/finanzen-verbraucher/gefaelschte-artikel-amazon-ebay-erkennen-plagiate-35817136 – abgerufen am 01.07.2023.

[527] https://www.gesetze-im-internet.de/stgb/__263.html – abgerufen am 01.07.2023. Die nachfolgenden Paragraphen finden Sie auf derselben Seite jeweils durch Links- oder Rechtsklicks.

psychologischen (Kinder- und Jugend-)Psychotherapeuten und Apotheker kennt der Staat hier kein Pardon. Das gleiche gilt für Rechts- und Patentanwälte, Wirtschaftsprüfer, vereidigte Buchprüfer, Steuerberater und -bevollmächtigte, aber auch für öffentlich bestellte Sachverständige. Bis hin zu Amtskleidung und -abzeichen ist äußerste Vorsicht geboten. Damit sind Integritäts- und Qualitätsversprechen verbunden, die die öffentliche Hand mit aller Macht schützt.

Praktisch wichtige **Sonderprobleme** können Sie sich schließlich im Schnäppchen- und Vorkasse-Bereich einhandeln. Ihre Kreditkarte und Zahlungsdienste wie PayPal oder Klarna vermindern das Risiko, dass Sie vergebens zahlen. Generell ist aber gerade bei den schon zum → nachbarschaftlichen Paketannahmedienst erwähnten Onlinegeschäften Vorsicht gebeten. Sie wissen nicht, was sich hinter der virtuellen Wand verbirgt – deshalb seien Sie wachsam!

Was Sie in jedem Fall tun können, ist, deren Homepage- und weitere Auftritte auf deren **Professionalität** hin zu prüfen. Finden Sie das Impressum? Liegt der Sitz des Anbietenden in einem Land innerhalb der EU, oder haben Sie womöglich auf eine völlig andere Rechtsordnung gefasst sein? Von Anbietern, deren Texte voller Rechtschreib- und Grammatikfehler sind, lassen Sie ohnehin besser die Finger. Bei Mailangeboten achten Sie bitte entsprechend sorgfältig auf die @-Adresse, nicht nur auf den geschriebenen Text. Häufig arbeiten unseriöse Geschäftsleute nämlich zwar mit gut aufgemachten Volltexten.

Bei näherem Hinsehen schreibt Ihnen der Absender dann aber nicht unter einem Unternehmensnamen. Stattdessen steht da ein @xyz.it oder @abc.ru. Auch sonst sollten Sie keine Geschäfte mit Anbietern machen, deren (angeblicher) Sitz Ihnen nichts sagt. Zwar gibt es mit dem Bonner BfJ, dem Bundesamt für Justiz, eine zentrale Anlauf- und Vermittlungsstelle im ausländischen Rechtshilfeverkehr. Aber auch das ist nur eine erste Anlaufstelle, die Ihnen Geld oder Gut nicht zurückbringt.[528]

Unerwünschte **Anrufer** können Sie sodann blockieren. Tatsächlich ist es sogar rechtswidrig, zu Werbezwecken anzurufen, ohne dass der Angerufene zuvor eingewilligt hat. Die Betreffenden riskieren ein Bußgeld der Bundesnetzagentur.[529] Bei t-online bekommen Sie eine Spam-Liste mit

---

[528] Siehe hierzu im Einzelnen https://www.bundesjustizamt.de/DE/Themen/InternationaleZusammenarbeit/Zivilsachen/Rechtshilfe/Rechtshilfe_node.html – abgerufen am 01.07.2023.

[529] Siehe eingehend https://www.bundesnetzagentur.de/DE/Vportal/TK/Aerger/Faelle/UEW/artikel.html#:~:text=bel%C3%A4stigende%20Werbeanrufe%20wehren.-,Anrufe%20mit%20unterdr%C3%BCckter%20oder%20gef%C3%A4lschter%20Rufnummer,Rufnummer%20(%20d.h.%20anonym)%20anrufen. – abgerufen am 01.07.2023.

Telefonnummern, vor denen Sie sich besonders in Acht nehmen sollten.[530] Auch unter einer Notrufnummer ruft Sie selbst kein Notdienst an. Wer seine Nummer ganz unterdrückt, dessen Anruf sollten Sie gar nicht erst entgegennehmen: Werbende Unternehmen müssen bei Werbeanrufen eine Rufnummer anzeigen.

Für den **persönlichen Kontakt** gilt: Lassen Sie → intuitive Zweifel nicht links legen. Lesen Sie noch an der Haustür den Ausweis desjenigen, der sich als Dienstleister ausgibt und/oder Ihnen ein angeblich hochwertiges Angebot macht. Bitten Sie um einen Moment Geduld, in dem sie das Dokument mit dem Handy abfotografieren. Lassen Sie sich die Kontaktdaten der Stelle geben, auf die sich der Betreffende beruft. Entsprechende Telefonnummern überprüfen Sie. Dann rufen Sie dort zur Sicherheit noch einmal an.

Dafür, dass man Fremden nicht traut, muss sich niemand → schämen, im Gegenteil: Es zeugt von → Achtsamkeit. Wie viele andere Qualitätskontrollen auch ist dieses Vorgehen unter dem Strich zwar mit Umständen verbunden, aber es lohnt sich.

Leitsatz

„Trau schau wem – und inwiefern!"
    Für Qualitätsversprechen gibt es Normen und Auszeichnungen. Sie müssen ihre Werthaltigkeit aber Ihrerseits konsequent prüfen.

Respekt zeigen

Schwerpunkt: privat + beruflich

Es muss Mitte der 90er-Jahre gewesen sein, als ich mit meinem ersten Mann *Sven* in unserem Lieblingsbuchladen im kalifornischen Berkeley einen freundlichen älteren Herren kennenlernte. Er war zur Vorstellung seines neuen Buches gekommen – ein schreibender Naturwissenschaftler, nicht ungewöhnlich im Großraum San Francisco. Nach der Lesung saßen wir Zuhörenden mit ihm im kleinen Kreis zusammen, und er erzählte uns von dem schwierigen Spagat zwischen Chemie und Literatur, vom Tod seiner Tochter, die sich

---

[530] Siehe hierzu https://www.t-online.de/digital/handy/id_100049776/spam-anrufe-aktuelle-liste-diese-telefonnummern-sollten-sie-blockieren.html – abgerufen am 01.07.2023.

umgebracht hatte, und von weiteren Herausforderungen des Lebens. Ich erwarb ein signiertes Buch von ihm und trug es nach Hause in unsere Wohngemeinschaft.

Dort fiel die Signatur meinem Mitbewohner *Tom* in die Hände. „Oh my God", rief dieser aus, „you really met *Carl Djerassi*" – „Du hast tatsächlich Carl Djerassi getroffen!". Auf meine verdutzte Nachfrage, was daran so besonders sei, meine er, dieser Mann habe niemals den Nobelpreis gewonnen. Ja, und? *Djerassi* hatte es nicht weiter erwähnt, aber im Nachhinein verdiente er meinen allerhöchsten Respekt: Er gilt als der Erfinder der ersten Antibabypille. Ebenso wie *Stanislaw Petrow*, über den Sie Näheres zum Thema → Mut gelesen haben, hat *Djerassi* das Leben von Millionen Menschen in eine bessere Richtung gelenkt … ohne es an die große Glocke zu hängen.

Szenenwechsel. „Frauen haben auch ihr Gutes!".[531] Vater und Sohn sitzen am Küchentisch und führen ein ernstes Gespräch unter Männern. Der Vater deklamiert, der Sohn rollt innerlich mit den Augen. So wirklich für voll genommen wird er nicht, er ist in jeder Hinsicht ein *Pappa ante Portas*.[532] Dass *Loriot* seinen Filmsohn im gleichnamigen Streifen unter anderem zum respektvollen Umgang mit Frauen auffordert, hat 1991 schon etwas Tragikomisches: Respekt auf Grund bloßer → Rollenzuschreibungen ist im letzten halben Jahrhundert aus der Mode gekommen.

Zur **Veranschaulichung** dessen lassen Sie uns einen weiteren Szenenwechsel vollziehen, hin zu einem erneuten Elterngespräch – diesmal in der eigenen heimischen Küche. Die Mutter fragt einen ihrer Söhne nach einem bestimmten Lehrer. „Kannste vergessen. Den respektiert keiner". „Wieso das denn?" „Der respektiert uns auch nicht". In das verblüffte Schweigen der Erziehungsberechtigten hinein assistiert der andere Sohn: Warum mich das überrasche? Respekt gegen Respekt – das sei doch eine Frage der Gleichbehandlung! Ende der Debatte für den Nachwuchs.

Die Mutter denkt zurück an ihre eigene Schulzeit. Da war diese Kunstlehrerin, die zwecks eigener → Familienplanung ständig im Unterricht fehlte. Dann gab es jenen boshaften Mathelehrer, der die stilleren Schüler so gerne bloßstellte. Dann der Geschichtslehrer, der die Schüler immer nur Kapitelabschnitte lesen ließ, anstatt ihnen irgendwelche Zusammenhänge zu erklären. Das war ärgerlich für uns, aber auf die Idee, uns deshalb respektlos zu verhalten, sind wir nur selten gekommen. Und wenn, dann in dem Bewusstsein, im Unrecht zu sein.

---

[531] Siehe https://www.youtube.com/watch?v=JiRmbjWbTmE – abgerufen am 01.07.2023.
[532] Siehe https://www.youtube.com/watch?v=JiRmbjWbTmE – abgerufen am 01.07.2023.

Als wir Babyboomer erwachsen wurden, war noch viel von **besonderen Gewaltverhältnissen** die Rede. Dieser Begriff sollte eine spezielle Beziehung zwischen Bürgern und Staatsvertretern kennzeichnen, in der die Grundrechte unserer Verfassung teilweise außer Kraft gesetzt waren. Dabei dachte man an Polizisten und Gefängnisaufseher, aber eben auch an die → Autoritätspersonen in der Schule und später bei der Bundeswehr.[533] Aber auch außerhalb dessen mochte man sich über Vorgesetzte, Eltern und weitere Erwachsene noch so sehr → ärgern – im Regelfall spielte man ebenso wie sie seine → Rolle. Den alten Heeresspruch, „Es ist kein Mensch, es ist kein Tier – es ist ein Panzergrenadier" habe ich von Wehrpflichtigen damals mehr als einmal gehört.

Angesagt waren „Murren und Spuren", oder, wie es mein einziger wirklich guter Mathelehrer formulierte: „Was sich bewegt, wird gegrüßt, was stillsteht, wird angestrichen". Sehr eindrucksvoll in Szene gesetzt hat diese Verhältnisse später *Element of Crime*-Poet *Sven Regener* in *Neue Vahr Süd*.[534] Seitdem ist Preußens Erbe erkennbar weiter zurückgefahren worden. Respekt ist zum **schillernden Begriff** geworden. Gleichzeitig ist seine direkte Verbindung zu den ersten zwei Artikeln des Grundgesetzes, zu Menschenwürde und allgemeinem Persönlichkeitsrecht, präsenter denn je.

Passend dazu kam aus den USA schon in den 60er-Jahren ein sehr populärer Song: *Respect*, 1967 von *Aretha Franklin* stimmgewaltig gecovert, hat sich zu einem Meilenstein der amerikanischen Popkultur entwickelt. Beispielsweise hat *Franklin* ihn auf einer Geburtstagsparty des seinerzeitigen 90er-Jahre Präsidenten *Bill Clinton* gesungen. In den 2010er-Jahren wurde das Stück dann gegen seinen Nach-Nachfolger *Donald Trump* in Stellung gebracht. „You're runnin' out of foolin'", heißt es darin, „And I ain't lyin'": Du hörst auf, mich für dumm zu verkaufen, und ich lüge dich nicht an.[535] Darin zeichnet sich die heutige westliche Interpretation von Respekt schon ab: Respekt ist **ein zentrales persönliches Einstufungsmerkmal, das weniger vom Status als von der moralisch einwandfreien Haltung des Gegenübers abhängt.**

Tatsächlich wird Respektabilität heute in einem Atemzug mit **Vertrauenswürdigkeit** genannt. Beide gemeinsam zählen zu den zentralen Bewertungskriterien bei der Einschätzung neuer Kontakte.[536] Fragt man die Bundeszentrale für politische Bildung, geht es um die Achtung oder

---

[533] Instruktiv dazu: https://www.bpb.de/kurz-knapp/lexika/recht-a-z/324042/sonderrechtsverhaeltnis/#:~:text=S.,%2C%20Polizei%2C%20Schule%20oder%20Gef%C3%A4ngnisse – abgerufen am 01.07.2023.

[534] *Sven Regener*, Neue Vahr Süd, Goldmann Verlag München 2006.

[535] Ein wunderbares Live-Songvideo zu Aretha Franklins Respect-Version finden Sie unter https://www.youtube.com/watch?v=EcGjZHvD5q4 – abgerufen am 01.07.2023.

[536] Siehe bestätigend jetzt https://www.businessinsider.de/wissenschaft/menschen-bewerten-euch-an-von-zwei-fragen-r12/ – abgerufen am 01.07.2023.

Wertschätzung gegenüber einer Person, Meinung oder Lebensweise – ohne notwendigerweise die entsprechende Ansicht oder Lebensauffassung zu übernehmen. Respekt ist von einem autoritären Imperativ zur Handlungsmaxime des friedlichen und erfolgreichen Zusammenlebens geworden. Es ist geradezu ein → Qualitätsmerkmal unserer modernen, → offenen westlichen Gesellschaft.[537]

Allerdings ist Respekt ebenso wie die mit ihm verwandte tätige → Rücksichtnahme „ein **Tanz**, der immer neu beginnt".[538] Respekt ist wie → Scham eine Abgrenzungstugend und beinhaltet regelmäßig eine vor dem Gegenüber empfundene Scheu. Diese zum übermäßigen Ausbau der eigenen Position auszunutzen, ist allerdings verführerisch – im Beruflichen wie im Privaten. Deshalb sollten Sie aufhorchen, wenn Dritte die Forderung nach Respekt wie eine Monstranz vor sich hertragen. Womöglich wird hier nicht Anerkennung, sondern Unterwerfung verlangt – der Sie in Austauschverhältnissen auf Augenhöhe nicht nachgeben müssen.

Bezeichnend dafür ist ein **Beispiel aus dem Berufsleben**, das ich selbst vor einiger Zeit als Moderatorin für ein Medienhaus in Hamburg erlebt habe. Einer unserer Podiumsteilnehmenden trug einen adligen Namen. Nun sind Standesvorrechte seit dem Inkrafttreten der Weimarer Reichsverfassung 1919 abgeschafft. Adelstitel dürfen seit Ende des Kaiserreichs als Teil des bürgerlichen Nachnamens weitergeführt werden, mehr aber nicht. Das hielt den Grafen – nennen wir ihn: – Ypsilon aber nicht davon ab, mich noch vor Beginn der Veranstaltung beiseite zu nehmen: Er sei ein Graf, belehrte er mich Ypsilon. Diese Anrede ginge dem allgemeinen *Herrn* vor, er bitte doch darum, sich bei der Anrede daran zu halten. Als ich das hörte, war ich versucht zu kontern, dass er mich dann auch gerne mit meinem Doktortitel ansprechen dürfe – den besaß er selbst nämlich nicht. Jedoch hielt ich mit schulterzuckender Höflichkeit den Mund: Ich fand, es war den → Ärger und das Risiko entgehender Folgeaufträge nicht wert.

In und außerhalb des Berufslebens sind weitere Respektlosigkeiten trauriger Alltag. Schulische Mobbingattacken sorgen ebenso für Schlagzeilen wie gewalttätige → Übergriffe gegenüber Menschen jüdischen Glaubens. Was erstere betrifft, sind in Deutschland 6 % aller 15-jährigen Schülerinnen und Schüler sehr häufigem Mobbing ausgesetzt. 23 % werden mindestens mehrmals im Monat durch Mitschülerinnen und Mitschüler entsprechend abfällig behandelt.[539] Das ist fast ein Viertel aller **Schulkinder**. Was letztereangeht, betrug die

---

[537] https://www.bpb.de/kurz-knapp/lexika/politiklexikon/225603/respekt/ – abgerufen am 01.07.2023.

[538] *Thorsten Schilling*, https://www.fluter.de/sites/default/files/2_editorial.pdf – abgerufen am 01.07.2023.

[539] Dazu https://de.statista.com/themen/132/mobbing/#:~:text=Mobbing%20im%20Schulkontext&text= Nach%20dieser%20sind%2014%20Prozent,Schule%20nicht%20sicher%2D%20oder%20 wohlf%C3%BChlen – abgerufen am 01.07.2023.

Zahl der Übergriffe auf die jüdische Glaubensgemeinschaft allein im ersten Lockdown-Jahr 59 – das war mehr als ein respektloser Angriff pro Woche.

Im häuslichen Bereich dominiert zum Thema Respektlosigkeit die Dunkelziffer – daher zwei authentische, wie immer namensveränderte Beispiele. Das in beiden Fällen ausländische → Liebes→ Partner eine ungute Rolle spielen, ist tatsächlich Zufall. Wir alle kennen andere, unter tief Deutschen angesiedelte Fälle.

Im ersten **Fall** ging es um die deutsche Ehefrau eines hier lebenden Deutsch-Ägypters aus Köln, nennen wir sie Maja. Majas Mann Anwar brachte eines Tages von einem Verwandtenbesuch in der Heimat eine Zweitfrau mit. Die hatte er nach muslimischem Recht geheiratet, nicht anerkannt durch deutsche Behörden. Gleichwohl, erklärte er Maja, sei allein die Neue zur Zeugung seines männlichen Nachwuchses geeignet. Das Ganze sei nicht gegen Maja gerichtet … die in der Folge das eheliche Schlafzimmer räumte und sich in das neue Arrangement fügte. Erst als Maja schwer → krank wurde, gestand sie sich und der Umwelt ein, wie sehr Anwars Vorgehen sie vor den Kopf gestoßen hatte.

Im zweiten Fall wiederum löste ein Deutsch-Bangladeshi aus Frankfurt die Verlobung mit seiner aus Bangladesh stammenden Freundin auf. Die junge Akademikerin hatte sich ihm vor der Eheschließung hingegeben, das machte sie in seinen Augen zur Schlampe. Ohne einen entsprechend gesicherten Aufenthaltsstatus allerdings konnte die Frau auf Dauer auch in Deutschland nicht bleiben: Sie arbeitete auf befristeten Stellen an der Universität, und da galt: Ohne unbefristete Anstellung kein Aufenthaltstitel, ohne Titel keine unbefristete Stelle. Eine echte Catch-22-Situation, in der auch unser juristischer Beistand erfolglos blieb. Also begab sich unsere Freundin zwecks zu arrangierender Ehe zurück ins Heimatland. Dort, in Dhaka, waren und sind die Chancen für gebildete berufstätige Mütter deutlich geringer als hier.

Ein Klassiker des respektlosen Verhaltens im hiesigen Beziehungsalltag sind daneben **heimliche Seitensprünge**. In der Regel gibt es eine stillschweigende Übereinkunft, nach der man keine weitreichenden Alleingänge mit Dritten unternimmt. Die Folge sind Lügen und andere Ausweichmanöver. Wer eine Außenbeziehung pflegt, beraubt sein Gegenüber in aller Regel der Grundannahmen darüber, wie die eigene → Partnerschaft aussieht.

Allerdings lehnt unsere freiheitliche Gesellschaft **staatliche Eingriffe in unsere Moralvorstellungen** dort, wo sich zwei gleich erwachsene Menschen friedlich gegenüberstehen, prinzipiell ab. Wer den anderen nicht gerade → finanziell schädigt, für den sind weder Staats- noch Familienrechtsanwalt zuständig. Wenn Sie selbst von respektlosem Verhalten betroffen sind, müssen Sie sich in vielen Fällen aus eigenem Antrieb heraus gegen entsprechende Geringschätzigkeiten wehren.

Wenn Sie sich nicht sicher sind, ob Respektsverstöße vorliegen, können Sie sich folgende Fragen stellen: Beschützt jemand mit seiner Handlungsweise überwiegend sein eigenes Territorium, beispielsweise sein Bedürfnis nach Ruhe? Oder greift er – wie Anwar – maßgeblich in das Persönlichkeitsrecht eines anderen ein? Wenn ja: In welchem Maße sind Sie, in welchem Maße Dritte betroffen? Wenn Dritte betroffen sind: Können, dürfen, müssen Sie helfend und schützend eingreifen? Wie weit kann, darf oder muss Ihr eigenes Verhalten im Rahmen Ihrer persönlichen → Leitwerte gehen? Spielen Sie Ihre Lösungen durch, treten Sie selbst mit innerer → Autorität auf und suchen Sie außerdem nach Verbündeten.

Anders sieht es dort aus, wo **„Respekt" auf Leben und Tod** eingefordert wird. Das ist nicht nur in jugendlichen Gangs der Fall, und es ist nicht einmal eine Spezialität von kriminellen Subkulturen oder des deutschen Faschismus.[540] In *Benito Mussolinis* faschistischem Italien beispielsweise genügte es, sich als Frau den Moralvorstellungen von Vätern und Brüdern zu widersetzen. Wer eigene Vorstellungen vom Leben hatte, anstatt deren Ansagen „zu respektieren", konnte von der männlichen Verwandtschaft dauerhaft in eine psychiatrische Anwalt eingewiesen werden. Der *Duce* selbst hat sich auf diese Weise seiner ersten Ehefrau und des – von ihm nicht anerkannten – gemeinsamen Sohnes entledigt. Keiner von beiden hat das überlebt.

2022 wiederum hat der Fall *Mahsa Amini* für internationale Empörung gesorgt: Die → junge Frau war im Iran wegen eines verrutschten Kopftuchs verhaftet worden und starb kurz darauf an ihren Misshandlungen durch iranische Sittenwächter.

Hier und heute sind es **die aus Tätersicht gerne als „Ehrenmorde" bezeichneten Femizide,** die immer wieder Aufsehen erregen. Nach aktuellen Zahlen der Vereinten Nationen werden weltweit Stunde für Stunde fünf Mädchen oder Frauen von ihrem Partner oder Familienmitglied umgebracht.[541] Die Internationale Gesellschaft für Menschenrechte IGfM zitiert eine einschlägige Studie des Bundeskriminalamts: Danach wurden von 1996 bis 2005 78 Fälle mit 109 Opfern und 122 Tätern von ehrbezogenen Tötungsdelikten erfasst – doppelt so viele wie bisher angenommen.[542] Für das Rhein-Main-Gebiet konstatierte die renommierte FAZ erst im April 2023, dass der „Tod bei der letzten Aussprache" offenbar zunehme.[543]

---

[540] Vgl. hierzu in Romanform den Thriller von *Sarah Pearse*, Das Sanatorium, Goldmann Verlag, München 2023.

[541] Hierzu FAZ Nr. 57 vom 08.03.2023, 7.

[542] https://www.igfm.de/ehrenmorde-in-deutschland/ – abgerufen am 01.07.2023.

[543] Siehe in diesem Sinne FAZ Nr. 91 vom 19. April 2023, 29.

Ein **Leitmotiv** ist die Unterwerfung der weiblichen Sexualität. Aus Respekt vor familiären Traditionen sollen Frauen auf das Ausleben dieses fundamentalen Rechts verzichten. Wer das nicht akzeptiert, wird mit Gewalt zur Ordnung gebracht. Ein typisches Beispiel dafür ereignete sich gar nicht weit von *Shakespeares Romeo und Julia*: Im von Verona nur gut 100 km Luftlinie entfernten Bologna trafen sich heimlich die Verlobten *Saman* und *Saqib*, zwei junge Leute aus Pakistan. *Saman Abbas* war allerdings einem älteren Cousin in der Heimat versprochen. Deswegen sollen die Eltern, der Onkel und zwei Cousins sie umgebracht haben. Die Beteiligten flohen, wurden weitgehend gefasst, bezichtigten sich gegenseitig. Der Vater des Opfers bekannte aber in einem Telefonat nach Pakistan, er habe sie umgebracht. Und zwar „um (sic:) meiner Würde und meiner Ehre willen".[544]

Dass allerdings auch Männer ihres Lebens nicht sicher sind, zeigt ein 2017 begangenes Verbrechen an einem 19-jährigen Albaner am Erbacher See nahe Ulm. Als das spätere Opfer drei Jahre alt war, hatte ein Onkel in der alten Heimat einen Mord begangen. Sobald der junge Mann volljährig war, übte man (auch) an ihm **Blutrache**.[545] Selbst Kinder sind sich ihres Lebens nicht sicher, wie sich im Mai 2023 anlässlich eines Strafprozesses gegen den Vaters eines Geschwisterpaars in Hanau gezeigt hat. Er habe die Trennung von seiner Frau als „Majestätsbeleidigung" empfunden und sich über die Kinder gerächt, führte die Staatsanwaltschaft aus.[546]

Nach hiesigem modernem Werteverständnis ist das nicht nur vollkommen indiskutabel. Wer im Namen der Ehre tötet, dem droht allein deswegen die „ultimative" Strafverschärfung nach § 211 statt § 212 StGB.[547] Er begeht nicht nur den Grundtatbestand des so genannten Totschlags, sondern ist ein Mörder aus niedrigen Beweggründen.[548]

Im heutigen Deutschland ist die **Ausübung körperlicher ehelicher bzw. →
familiärer Gewalt** zunehmend tabu. Das ist ein ziemlicher Fortschritt: Aus dem Bürgerlichen Gesetzbuch mit seinen §§ 1626 und 1631 BGB hat man noch bis zur Jahrtausendwende das so genannte elterliche Züchtigungsrecht

---

[544] Siehe dazu die Berichterstattung anlässlich des Prozessbeginns in FAZ Nr. 35 vom 10.02.2023, 8.

[545] Siehe hierzu den Bericht unter https://www.sueddeutsche.de/panorama/ulm-mord-blutrache-albaner-19-jaehriger-1.4394568 – abgerufen am 01.07.2023.

[546] FAZ Nr. 118 vom 23.05.2023, R2.

[547] Die Vorschriften zu Mord und Totschlag finden Sie im Netz ab https://www.gesetze-im-internet.de/stgb/__211.html – abgerufen am 01.07.2023.

[548] Siehe hierzu schon 2014 *Luís Greco*, Ehrenmorde im deutschen Strafrecht, ZIS – Zeitschrift für Internationale Strafrechtsdogmatik – www.zis-online.com – Seiten 309 ff., https://www.zis-online.com/dat/artikel/2014_7-8_833.pdf – abgerufen am 01.07.2023.

hergeleitet. Auch die Vergewaltigung in der Ehe ist nach viel Hin und Her erst seit gut 25 Jahren strafbar.

Betrachtet man die EU insgesamt, müssen dagegen noch in 14 – und damit in der Mehrheit – der 27 Mitgliedstaaten Opfer einer **Vergewaltigung** nachweisen, dass sie mit Gewalt bedroht worden sind oder Gewalt gegen sie angewandt wurde. Ob auf europäischer Ebene das Sexualstrafrecht überhaupt dahingehend vereinheitlicht werden kann, dass jeder nicht einvernehmliche Geschlechtsverkehr eine Vergewaltigung ist, ist höchst umstritten.[549] Der in Deutschland einschlägige § 177 StGB[550] ist seit der Sexualstrafrechtsreform von 2016 weiter gefasst. Danach ist Vergewaltigung jegliches Eindringen in den Körper oder der Versuch des Eindringens in den Körper einer Person ohne deren Einverständnis. Dabei kommt es für die Strafbarkeit einer sexuellen Handlung nicht mehr darauf an, ob körperliche Gewalt angewendet wurde oder ob eine betroffenen Person sich gewehrt hat.

Aber auch bloße **Beleidigungen**, üble Nachrede und Verleumdungen müssen nicht hingenommen werden. Dafür gibt es in den §§ 185 ff. StGB eigene Straftatbestände.[551] Egal, ob Unwahrheiten weiterverbreitet werden, deren Wahrheitsgehalt nicht überprüft worden ist oder ihr Gegenüber ganz bewusst in der Gegend herumlügt: Solche Respektlosigkeiten müssen sie jedenfalls im öffentlichen Raum – im Betrieb oder auf der Straße – nicht hinnehmen. Dabei spielt es auch keine Rolle, ob das Ganze womöglich ohne Worte geschieht, etwa durch Gesten oder Bilder. Sie können Strafanzeige stellen, außerdem kann zivilrechtlich Unterlassen begehrt werden.

Allerdings gibt es auch für diese besondere Form der Rufschädigung Untergrenzen, die im Einzelfall geprüft werden müssen. Zudem ist die Äußerung von diffamierenden Aussagen in bestimmten Zusammenhängen privilegiert und deshalb vor Strafe geschützt. Dies kann beispielsweise für Aussagen gelten, die in Gerichtsverfahren oder parlamentarischen Debatten gemacht werden. Auch im Sexualbereich gibt es Grenzen: Wer seinen Ehepartner sexuell hintergeht und ihn entsprechend anlügt, bekommt es heute nicht mehr ohne weiteres mit dem Staat zu tun. Das gilt auch für den Fall des Scheiterns der Ehe: Das Schuldprinzip ist seit rund 45 Jahren abgeschafft. Steht der gegenseitige Respekt auf der Skala ihrer → Leitwerte nicht an oberster Stelle, müssen die Beteiligten selbst damit leben.

---

[549] FAZ Nr. 148 vom 29.06.2023, 6.

[550] https://www.gesetze-im-internet.de/stgb/__177.html – abgerufen am 01.07.2023.

[551] Die Vorschriften sind nachzulesen ab https://www.gesetze-im-internet.de/stgb/__185.html – abgerufen am 01.07.2023.

Leitsatz

„Respekt ist ein Tanz!"
    Und zwar einer, in den alle Beteiligten einstimmen müssen. Er darf nicht einseitig aufgeführt werden, um die eigene Überlegenheit zu festigen. Mit Gewalt eingeforderter Respekt ist ein Fall für das Strafrecht, das allerdings nur in Grenzen hilft.

Rollen tragen

Schwerpunkt: privat + beruflich

Es ist über 500 Jahre her, dass niemand Geringeres als *Martin Luther* auf dem Wormser Reichstag bekannte: „Hier stehe ich. Ich kann nicht anders. Amen".[552] Seitdem ist wahrhaftig zu sein und zu bleiben zu einem Ideal moderner westlicher Gesellschaften geworden. Authentizität gilt als Kernelement vertrauenswürdige Persönlichkeiten. Wo wir uns entsprechend entfalten können, sind wir gut aufgehoben. Oder?

Nehmen wir einmal an, Sie stehen wegen eines Straßenverkehrsdelikts vor dem Richter. Es ist halb elf Uhr morgens, und während er überlegt, wie er Sie dafür bestrafen sollte, kaut er genüsslich an seinem Pausenbrot. Jetzt hat er halt Hunger, und eine Frühstückspause machen möchte er nicht. Oder Sie liegen im Krankenhaus. Nachdem Sie die Nachtschwester zum zweiten Mal bemüht haben, fährt sie Sie an, dass Sie ihr allmählich die Schicht versauen. Ihr Friseur wiederum läuft mit Schnittlauchhaaren herum, denn eigentlich findet er Fönfrisuren wie Ihre doch lächerlich.

Diese **Aufzählung** lässt sich beliebig lang fortsetzen, und sie gilt selbstverständlich auch dort, wo Sie auf Kolleginnen, Väter, Töchter, Hundebesitzer oder Verkäuferinnen treffen. Von all denen erwarten Sie zu Recht, dass sie sich professionell verhalten. Alle Genannten müssen sich einem Erwartungskonstrukt unterwerfen, sprich: die Rolle der hilfreichen Nachtschwester, der netten Kollegin oder des umsichtigen Hundeführers übernehmen, unabhängig davon, ob ihnen gerade danach ist oder nicht. Wir alle müssen unterschiedliche Rollen annehmen, um die allseitige soziale

---

[552] Hier zitiert nach https://www.mdr.de/reformation500/martin-luther-hier-stehe-ich-refjahr-100.html – abgerufen am 01.07.2023.

Navigation nicht komplett lahmzulegen. Je mehr Rollenerwartungen wir verletzen würden, umso schwieriger würde die **Orientierung in einer komplexen Umwelt**.[553]

Authentisch zu sein, sein eigenes Selbst zu leben einerseits und Rollenerwartungen zu erfüllen andererseits: Beides steht in einem steten **Spannungsverhältnis** zueinander. Beide Seiten sind immer wieder neu miteinander auszubalancieren. Je nach → Leitwerten schulden Sie beispielsweise sonntagsnachmittags Ihrem Körper mehr Ruhe oder der → Familie ein aktiv gestaltetes Zusammensein. Was ist wichtiger: Ihre Muße oder ihr familiäres Engagement? Sie könnten einen neuen Job annehmen, Ihr → Partner verlangt seit einer ganzen Weile nach mehr gemeinsamer → Zeit. Allerdings schätzen Sie auch die beruflichen Herausforderungen, die mit Ihrer heutigen Stelle verbunden sind. Wie entscheiden Sie sich?

Mit sich selbst können Sie leicht in so genannte *intra*psychische Rollenkonflikte geraten.[554]

Im Coaching beobachte ich dergleichen oft bei Strafverteidigerinnen oder Menschen auf der zweiten Leitungsebene, die auf fremde Anweisung handeln. Dass sie an der Seite ihrer Auftraggeber tätig sind, heißt ja nicht, dass nicht plötzlich erhebliche → Mentalitätsunterschiede an den Tag Kommen können. Da bemerkt ein Anwalt mitten im Hauptverfahren, dass der Mandant ihn trotz strikter Vertraulichkeit angelogen hat. Ein Geschäftsführer bekommt vom Vorstand mitten in der Verhandlung einen Zettel hingeschoben, nach dem er die Gegenseite „endlich grillen" soll. Anwalt wie Geschäftsführer sind grundehrliche Menschen, wissen aber auch, dass sie parteiisch sein müssen. Wie verhalten sie sich jetzt?

Im beruflichen Kontext kann es in solchen Situationen sehr hilfreich sein, die persönliche Befindlichkeit auszublenden: Nach außen hin sind beide Genannten Rollenträger, haben einen Arbeits- oder Dienstleistungsauftrag unterschrieben, zuweilen gibt es auch – wie im Fall des Anwalts – berufsständische Vorschriften wie die Bundesrechtsanwaltsordnung (BRAO)[555] und die Berufsordnung für Rechtsanwälte (BORA),[556] die ihm besondere Loyalitätspflichten auferlegen. Daraus folgt für den Rechtsanwalt (nach § 43

---

[553] Klarer als jeder andere hat diese Ebenen-Trennung der Bielefelder Soziologe *Niklas Luhmann* herausgearbeitet. Siehe hierzu als Einstieg beispielsweise *Stefan Kühl*, Rollen und Personen, Konsequenzen einer Unterscheidung, https://www.researchgate.net/publication/337276286_Rollen_und_Personen – abgerufen am 01.07.2023.

[554] Siehe zum Ganzen auch *Silja Kotte*, Konflikte in der Beratung: Individuelle, interpersonale und organisationale Perspektiven, veröffentlicht als SpringerLink https://link.springer.com/article/10.1007/s11613-021-00734-3 am 24.10.2021 – abgerufen am 01.07.2023.

[555] Einsehbar unter https://dejure.org/gesetze/BRAO – abgerufen am 01.07.2023.

[556] Nachzulesen unter https://www.brak.de/fileadmin/02_fuer_anwaelte/berufsrecht/bora_stand_01.01.18.pdf – abgerufen am 01.07.2023.

BRAO in Verbindung mit § 671 Abs. II BGB) beispielsweise, dass er seinem Mandanten ausreichend Zeit zur Beauftragung eines anderen Kollegen lassen muss, bevor er selbst ein Mandat niederlegt. Aber auch anderweitig bestehen gesetzliche bzw. arbeitsvertragliche Fürsorgepflichten.

Im Privatleben ist die Sache schon etwas komplizierter. Da lauern unreglementierte Herausforderungen wie: Den inneren Schweinehund überwinden und doch noch den Sportler geben oder nicht? Die Umwelt durch ein selbst auferlegtes Tempolimit auf der Autobahn schonen oder lieber früher zuhause sein? Dabei kennen vor allem berufstätige Eltern den inneren Kampf zur Genüge: Als gewissenhafte *Working Mom*[557] schulden Sie dem Betrieb, eine gestellte Aufgabe jetzt noch rasch zu erledigen. Und dann stehen Sie vor dem Kindergeburtstag nachts in der Küche und zertrümmern gekaufte Kekse, damit es so aussieht, als hätten Sie die als Vorzeigemutter selbst gebacken.

Wirklich kritisch wird es mit der Rollenvermischung in Deutschland an **Weihnachten** (→ Xmas): Endlich ein Wiedersehen mit der Verwandtschaft und zeigen, dass man ein guter Sohn ist. Endlich ein paar Tage Ruhe und Besinnlichkeit schaffen und das Couch Potato-Dasein genießen. Endlich das teure Kleid anziehen um zu zeigen, dass man immer noch eine schöne Frau ist – die Liste der auseinanderfallenden Rollenerwartungen ließe sich beliebig verlängern. Bei so vielen Rollenerwartungen sind Frustration und → Streit geradezu vorprogrammiert. Wenigstens ist Weihnachten ist nur an drei Tagen im Jahr. Echte Gefahr lauert in der Summe der übrigen 362 Tage, wenn man nicht aufpasst.

Am **Arbeitsplatz** ist, um darauf mit Comedian *Jan Georg Schütte* zurückzukommen, sodann „nich' immer 'n Chef 'ne Mama".[558] Lob, Ermutigung und persönliche Fürsorge sind nicht unbedingt zu erwarten. Nicht jeder Vorgesetzte versteht sich als so genannter charismatischer Lenker – auch wenn Überzeugungskraft und gute → Kommunikation noch so wünschenswert wären. Um es in der rund hundert Jahre alten Diktion des Soziologen *Max Weber* zu formulieren: Es geht auch patriarchalisch, autokratisch oder bürokratisch. Das heißt, die Vorgesetztenrolle wird nach Gutsherrnart, alternativ: im Befehlston oder mittels festgelegter Regeln und Pflichten ausgeübt.[559]

---

[557] So der deutsche Titel eines 2002 bei rororo erschienenen Romans von *Allison Pearson*. Eine Leseprobe finden Sie unter https://www.google.de/books/edition/Working_Mum/AxdsAgAAQBAJ?hl=de&gbpv=1&printsec=frontcover – abgerufen am 01.07.2023.

[558] In Folge 2/2 der Serie https://www.ardmediathek.de/sendung/kranitz-bei-trennung-geld-zurueck/staffel-1/Y3JpZDovL25kci5kZS80NzI3/1 – abgerufen am 01.07.2023.

[559] Siehe dazu grundlegend *Max Weber*, Wirtschaft und Gesellschaft – Grundriss der verstehenden Soziologie, Tübingen 1922, zitiert nach https://link.springer.com/chapter/10.1007/978-3-531-90400-9_129#:~:text=Max%20Weber%2C%20Wirtschaft%20und%20Gesellschaft,verstehenden%20Soziologie%2C%20T%C3%BCbingen%201922%20%7C%20SpringerLink – abgerufen am 01.07.2023.

Aber auch in charismatisch geführten modernen Unternehmen gibt es Stolperfallen. Hier behauptet man gerne von sich, man sei „eine große → Familie". Unterstrichen wird dieser Umstand mit launigen Betriebsausflügen und Feiern. „Aber du – dieses Dokument sollte der Peter wirklich bis morgen früh auf dem Tisch haben", sagt die Abteilungsleiterin dann kurz vor Dienstschluss am nächsten Tag. Eine laut gedachte Idee unter → Freunden? Im Regelfall meint dieser Satz alles andere als das. Wer die → Botschaft richtig entschlüsselt, erkennt die Arbeitsanweisung.

Bei näherem Hinsehen wird hier schlicht **in Duzform gemenschelt** in einem Fall, in dem eine beruflich-distanzierte Ansprache angebracht wäre: „Könnten Sie heute bitte Ihren Feierabend verschieben? Dr. Paul benötigt Ihre Einschätzung gerade dringend. Die Überstunden vergütet Ihnen das Unternehmen natürlich, aber gleichzeitig sind wir dankbar für Ihren Einsatz". Das wäre sachlich angemessen, klingt in vielen Ohren allerdings altbacken. Stattdessen droht hinter den fröhlichen Kulissen heutigen Zuschnitts aber etwas viel Bedenklicheres: Oft ist es nichts weniger als ein Ausnutzen des Menschen über das arbeitsvertraglich Gebotene hinaus. Wir sind doch als Duzfreunde alle quasifamiliär miteinander verbunden – wer wird da denn ständig auf die Uhr schauen? Und den Uli, den Thomas, die Birte und die Anja kann man sowieso schwerer enttäuschen als den Herrn Müller, den Herrn Schmitt, die Frau Meier und die Frau Schulze.

Das gleiche Prinzip machen sich bei Einkäufen hippe **Kleiderläden** zunutze: „Du, das steht dir aber ganz suuuper", flötet der Verkäufer. Dass er nicht mit Ihnen befreundet ist, sondern Ihnen im Gegenteil etwas verkaufen soll, was Sie bis jetzt noch nicht endgültig überzeugt, tritt für einen Moment in den Hintergrund. Zumal nach dem Sektchen, das man Ihnen gleich zu Beginn des Shoppingevents angeboten hat. Wer würde da nicht gerne einen Kaufabschluss zum Feiern nachschieben?

Was tun Sie angesichts dessen? **Erziehen können Sie niemanden – allerdings sollten Sie → achtsam sein**: Wie fühlt sich das Ansinnen an? Ihrem Arbeitgeber beispielsweise schulden Sie selbstverständlich, **am Arbeitsplatz** dasjenige zu tun, wozu Sie engagiert sind, und zwar so gut Sie können … aber auch mit all ihren Schwächen und nicht bis zur Selbstaufgabe. Das gilt umso mehr in Lebensphasen und Branchen, in denen nach dem Esel-und-Karotte-Prinzip gearbeitet wird: Nach dem Praktikum könnte eine Festanstellung folgen? Nach dem befristeten ein unbefristeter Vertrag? Den dann ausgerechnet Sie bekommen, weil sie sich bisher auch so haben ausnutzen lassen? Das klingt nach einem heiklen Versprechen, auf das sie sich nicht ohne weiteres verlassen können.

Im privaten Bereich bleibt der *Faust*'sche Ausruf beim Osterspaziergang erst recht ein frommer Wunsch: „Hier bin ich Mensch, hier darf ich's sein". Stattdessen treten wir durch die Haustür und sind Vater, Mutter, Kind, Freundin oder Freund. Entsprechend sollen wir uns beispielsweise „als Frau" um die Familie kümmern. Prinzipiell ist das eine gute Maßnahme – aber was hat das mit der Erledigung delegierbarer Aufgaben zu tun? Warum muss eine Mutter kochen und Plätzchen backen, wenn man so gute wie preiswerte Gerichte auch kaufen kann? Und was hat die Hausfrauenrolle mit ständigen Taxidiensten für den Nachwuchs zu tun? So eng, wie die Abwägung von Verpflichtungen und eigener Regenerationszeit ist, empfiehlt sich hier ein viel genaueres Hinschauen. **Laufen Sie Gefahr, in die Kümmerfalle zu geraten, müssen Sie → Nein sagen üben.**

Das gilt gleichermaßen für **den Ernährer:** Eine → Familie als Alleinverdiener zu → finanzieren, heißt nicht, dass Sie Ihren Angehörigen Schmuckstücke, Latte Macchiato-Automaten oder gar Fernreisen ermöglichen müssen. Der **Warenkorb für den Verbraucherpreisindex** des Statistischen Bundesamts befasst sich an erster Stelle mit dem auskömmlichen Dach über dem Kopf. Da geht es um Wohnung, Wasser, Gas und Brennstoffe als solche. Auch für Nahrungsmittel, alkoholfreie Getränke und ein gewisses Maß an Mobilität und Kultur sollten Sie sorgen können. Der SUV, der Zweitwagen, der Flatscreen und die neueste Spielekonsole sind *Luxus*gegenstände, nicht mehr und nicht weniger.

Die Geliebte, sodann, ist auch nur ein Mensch. Ungeachtet entsprechender Rollenklischees schuldet sie Ihnen ebenso wenig Kleidergröße 38, wie **der Kumpel** Ihnen beim Kistentragen helfen muss. Im Gegenteil: Wenn es sich ergibt, ist es fein. Überzogene Rollenerwartungen sind jedoch Beziehungskiller in jeder Form von → Partnerschaft, seien es private → Freundschaften oder berufliches Miteinander. Sie werden der Person, die sie betreffen, nicht gerecht. Die Betreffenden werden sich wehren und → Neinsagen lernen müssen, schon aus Gründen des Selbstschutzes.

Je nach → Leitwerten und Befindlichkeit kann diese **Abwehr** auch im Verborgenen geschehen, beispielsweise mittels der schon zum → Freiheitsthema benannten passiv-aggressiven Taktiken. Da greifen die Betreffenden dann zu strafendem Schweigen, stellen sich dumm und/oder lassen Dampf bei Dritten ab. Eine andere Methode ist das schlichte Auflaufen lassen – übrigens auch im therapeutischen Bereich: „Ja, natürlich habe ich meine Medikamente genommen. Sie helfen gar nicht!". Der vollständige erste Satz würde in diesem Fall lauten: „... genommen und ins Klo gespült". Manchmal schädigt man sich eben lieber sich selbst, als sich fremden Rollenerwartungen zu unterwerfen. Die Zahl der Menschen, die sich in ohnehin schwierigen, stressigen Situationen

„erst recht" mit Nikotin vergiften, mit Schokolade vollstopfen, zu spät kommen und nicht ans Telefon gehen, wenn der Partner anruft, ist unüberschaubar.

Um hier **Abhilfe** zu schaffen, müssen entsprechende negative Gefühle erst einmal wieder an die Oberfläche geholt werden. Dabei geht es klassischerweise um Wut, oft auch um → Scham. Aber das ist erfahrungsgemäß nicht alles. Auch dort, wo die Angesprochen offen widerspenstig reagieren, liegt meist noch **eine andere Gefühlsschicht** darunter. Gemeint ist die Anmutung großer Hilflosigkeit angesichts gefühlter Rollenerwartungen, die gar zu schwer zu tragen sind. Der berühmte Seufzer *Ödön von Horváths,* „Eigentlich bin ich ganz anders, aber ich komme so selten dazu!",[560] drückt das hervorragend aus.

Kommen Sie also zu sich – auf persönlicher wie auf sozialer Ebene. Konzentrieren Sie sich darauf, was wirklich Sache ist – also auf → Tatsachenkerne. Hinterfragen Sie, auf welche Bedürfnisse, Interessen und → Ziele es im konkreten Fall am ehesten ankommt. Wenn nötig, leisten qualifizierte, interessenfrei arbeitende Coaches Ihnen dabei professionelle Hilfe.

Leitsatz

„Eigentlich bin ich ganz anders, aber ich komme so selten dazu!"
  Machen Sie sich klar, bis zu welchem Punkt Sie die Ihnen angesonnenen Rollen tragen können, sollen – aber auch müssen.

Rücksicht nehmen

Schwerpunkt: privat + beruflich

Eine Frau starrt nachdenklich auf einen Fleck an der Wand. Während sie sich zwischen dem Putzen und Wäschewaschen die nächste Tasse Kaffee aufbrüht, denkt sie über ihr Leben und ihre gescheiterte → Liebesbeziehung nach. Die ganze Zeit über hat sie ihr Bestes versucht, um ihrem Mann zu gefallen – während er sie immer nur nach Kräften zum Weinen brachte. Und doch hat sie ihn auf Knien vom Weggehen abbringen wollen. Vergebens. Der Mann selbst reißt gerade die Etiketten von seinem alten Koffer – darin wird der Inhalt

---

[560] Nach *Ödön von Horváth:* „Ich bin nämlich eigentlich ganz anders, aber ich komme nur so selten dazu", Sprüche eines Aufrechten, zul. Marix Verlag Wiesbaden 2018.

seines ganzen Lebens verschwinden. Auch er ist in Gedanken versunken: Alle lieben sie ihn, und trotzdem versuchen sie alle, ihn zu ändern. Das ist es wohl, was passiert, wenn aus einem Mädchen eine Frau wird. Wo sind jetzt die Freunde, wo die Kinder, in die man entlang des Wegs so viel Kraft gesteckt hat? Am Ende steht die Resignation. Alles Bemühen hat nichts gebracht, resümiert die wunderschöne Ballade von *Mike & The Mechanics, Another Cup of Coffee.*

Rücksichtnahme ist eine wichtige Sozialtugend, sie ist die tätige Umsetzung des → Respektierens fremder Gefühle, Interessen und Umstände. Wer Rücksicht nimmt, verzichtet darauf, Spielräume auszunutzen, dort weiter vorwärtszugehen, weiter zu streiten, zu insistieren, wo man sich wie das eingangs besungene Paar nichts mehr zu sagen hat. Gleichzeitig bedeutet Rücksicht nehmen stets auch Kompromisse zu schließen. Sie schlafen gerne bei 19 Grad Celsius, Ihr Partner aber lieber bei 25 Grad? Sie lieben Knoblauch, Ihre Bürokolleginnen mögen jedoch keine Geruchsfahne? Heavy Metal-Dröhnung ist cool, aber leider sind Sie gerade nicht allein im Wald unterwegs, sondern sitzen in einer überfüllten S-Bahn? Das Parkhaus ist höllisch eng, aber der freie Mutter-Kind-Parkplatz ist nicht für Sie als Einzelperson gedacht?

Die **Liste** lässt sich beliebig lange fortsetzen. Gleichzeitig ist allen Fällen gemeinsam, dass es keine klaren Regelungen für ein Richtig oder Falsch gibt. Wenn die Betroffenen einander nahestehen, lassen sich Lösungen bis zu einem gewissen Punkt er→ streiten, das ist aber nicht immer und überall der Fall. Die Einnahme vordefinierter → Rollen kann schützen, sich aber auch als Belastung erweisen. Was Ihnen allerdings nicht gelingen wird, ist, es allen – einschließlich Ihnen selbst – recht zu machen. Allen Menschen recht getan ist eine Kunst die niemand kann, formulierte das schon *Johann Wolfgang Goethe.*

Mehr noch – **Everybodys Darling is everybody's fool:** Wer jedermanns Liebling sein will, endet als jedermanns Depp. Eine Belohnung durch übermäßige Ausrichtung auf andere ist nicht zu erwarten. Alle Beteiligten haben unterschiedliche → Wahrnehmungen und → Leitwerte. Sie leben, denken und → handeln im besten Fall komplementär zueinander. Ihre → Ziele sind nicht dieselben. Deshalb führt ein Übermaß an Rücksichtnahme zu einer Art ungeschützten eigenen Spielfeldhälfte: Wenn alle sich in der gegnerischen Hälfte tummeln, ist das eigene Tor ungeschützt. Die Gefahr, dass Sie dann nicht einmal unentschieden spielen, steigt enorm.

Deshalb gilt es **Grenzen** zu setzen und→ Nein zu sagen, wenn jemand hier Untunliches von Ihnen verlangt. Wann und wo diese Grenze erreicht ist, müssen Sie anhand Ihrer eigenen → Leitwerte jeweils selbst und aufs Neue festlegen. Diese Entscheidung können Sie sich auch nicht abnehmen lassen: Als mündige Frau und vernünftiger Mann definieren Sie selbst aus eigenem

Wissen und Antrieb die Grenzen. Das gilt in kleineren ebenso wie in größeren Fragen – etwa dafür, wen Sie wann durch Spenden unterstützen und wofür Sie Ihre → Freizeit opfern möchten. Wenn Sie jemand dafür kritisiert, **prüfen Sie seine Motive.**

Fragen Sie sich: Nehmen die Menschen, über deren Rücksichtslosigkeit Sie sich gerade ärgern, womöglich nur den Schutz Ihrer Privatsphäre in Anspruch? Dann sollten Sie vor allem Ihre → Erwartungen nach unten anpassen, denn im Wortsinn ist niemand mehr „für den anderen da" als für sich selbst. Oder haben Sie es mit Störenfrieden zu tun, die ihre → Lust mit optisch störenden Lichterketten, akustischen Vibes, störendem Zigarettenrauch auf Ihre Kosten ausleben? Wenn Sie es mit → übergriffigen Zeitgenossen zu tun haben, dür-fen Sie nach dem von meinem ersten Mann *Sven* so genannten „alten Boxermotto" verfahren: „Lieber seine Mama heult als meine": Dann können und sollten Sie sich höflich, aber nachdrücklich wehren. Rücksichtnahme ist nämlich keine Einbahnstraße. **Den Verzicht auf Spielräume können Sie selbst nicht weniger erwarten als andere.**

Leitsatz

„Rücksichtnahme ist der Verzicht auf Spielräume!"
Als wichtige Sozialtugend ist er allen Beteiligten anzusinnen.

Scham aushalten

Schwerpunkt: privat + beruflich

„Ein Freund schenkte mir ein Ölgemälde,/das so scheußlich war,/dass ich es spontan gestiftet habe zum Weihnachtsbazar./Doch als sich drei Tage später wieder ein Besuch ergab,/rief er: Sieh doch nur, was ich dir beim Bazar erstei-gert hab!/Ein Gemälde, fast so wie deins,/das ist doch fein, nicht?/Häng' sie doch mal nebeneinander!/*Ist mir das peinlich!*" Wirklich dumm gelaufen, was man von *Reinhard Meys* Protagonisten im gleichnamigen Song[561] so alles hört: Da beschwert er sich über eine langweilige Fete ausgerechnet beim Gastgeber, lässt sich als Nebenbuhler im Kleiderschrank erwischen, hält sich mit einer

---

[561] Ist mir das peinlich, 1977, https://www.youtube.com/watch?v=iC6npFAQrk8 – abgerufen am 01.07.2023.

Höflichkeitslüge noch mehr ungenießbares Essen auf. Und schließlich kommt auch noch heraus, wie uncharmant er sich über eine gemeinsame Freundin geäußert hat. Immerhin, er ist selbst schuld – da muss man durch, jeder → Leitwert hat seinen Preis.

Belastender ist die Situation für Betroffene dann, wenn sie ohne eigenen Vorsatz in eine beschämende Situation geraten. Unvorsätzlich, das heißt: Sie haben noch nicht einmal sehenden Auges in Kauf genommen, dass die Dinge derart schieflaufen könnten. Vielleicht leiden Sie an einer für Sie peinlichen → Krankheit wie einer Zwangsstörung? Das ist immerhin bei 2–3 % aller Erwachsenen der Fall. Womöglich sind Sie generell ungeschickt in Worten und/oder Taten und neigen dazu, in entsprechende Fettnäpfchen zu treten? Oder aber Sie sind von Natur aus kräftig, während der Rest Ihrer Lieben rank und schlank gebaut ist?

Wir alle empfinden das unangenehme Gefühl von **Bloßstellung und Verlegenheit** zuweilen im Alltag. Die Zahl der Varianten in vermeintlich harmloseren Fällen ist groß: Sie haben übersehen, dass die freundliche Einladung einem Geburtstag geschuldet war, Ihnen fällt der Name Ihres Gesprächspartners nicht ein, oder Sie stehen hilflos neben Ihrem kaputten Auto. Zuweilen schämen Sie sich auch **fremd:** Ihr Kind äfft beim → Familientreffen spontan die Oma nach, → Freunde ergehen sich in fremdenfeindlichen Parolen. Ihr Vorgesetzter hält eine Rede, im Rahmen derer er ständig falsch zitiert, und Ihr Kollege schaut beim Geschäftsessen mal wieder zu tief ins Glas.

Vor diesem Hintergrund zeigt sich: Scham ist ein **Abgrenzungsregulativ**, insofern verwandt mit → Respekt. Gerade werden Sie oder wird ein Dritter den verinnerlichten Ansprüchen nicht gerecht. Genau deswegen dürfen Sie aber nicht gleich die → Bewertungskeule herausholen: Scham ist im → Tatsachenkern zunächst einmal ein Indikator dafür, dass Sie Ihren eigenen Ansprüchen an sich nicht genügen. Das kann, muss aber nichts Schlechtes sein. Wer etwa im Zuge des Klimawandels wegen der mittlerweile so bezeichneten Flugscham am Boden bleibt, erweist seiner Umwelt im Allgemeinen und den lärmgeplagten Anliegergemeinden der Flughäfen im Besonderen durchaus einen Dienst.[562]

Als Sozialkompetenz hat Scham ihren Ursprung im Bewusstsein der eigenen Persönlichkeit. Babys beispielsweise können sich noch nicht schämen. Dass das **Beherrschen der eigenen Scham** – ebenso wie der Umgang mit →

---

[562] Siehe hierzu https://www.myclimate.org/de/informieren/faq/faq-detail/was-versteht-man-unter-flugscham/ – abgerufen am 01.07.2023.

Schuld und → Furcht – ein zentrales gesellschaftliches Anliegen ist,[563] ist die Kehrseite. Immerhin belastet sich derjenige, der sich einer Missetat offenbar schämt, auch selbst. Das unterscheidet ihn vom uneinsichtigen → schuldigen Täter, der sich weiter von der Gesellschaft entfernt. Ohnehin wirkt die eigene Verlegenheit auf andere oft weniger schlimm als auf die Betroffenen; Sie bewirkt eine Art **Beißhemmung.**

Selbstblockierend ist Scham erst dann, wenn sie im täglichen Erleben überhandnimmt. Wer zu sehr damit beschäftigt ist, sich zu schämen, nimmt seine Umwelt nicht mehr angemessen wahr. Im Zuge dessen behindert er sich nicht nur sich selbst. Er hemmt auch die soziale Interaktion mit anderen. Das setzt einen Teufelskreis in Gang, weil das Schamgefühl dadurch noch weiter verstärkt wird. Was tut man, damit es nicht so weit kommt?

Wenn Sie sich einer Sache schämen, hilft es Ihnen womöglich schon, sich die geschilderte Kombination aus **Grenzschutz und Außenwahrnehmung** bewusst zu machen. Atmen Sie tief durch, beruhigen Sie sich, und anschließend üben Sie sich in → Achtsamkeit und im richtigen Dechiffrieren von → Botschaften: Vielleicht war für Ihre Umgebung ja noch alles im grünen Bereich? Vielleicht hat der vermeintlich peinliche Fehler, den Sie gerade begangen haben, den Umstehenden sogar ein paar harmlose lustige Minuten beschert? Womöglich ist das Unternehmen, dem Sie gerade eine nicht tragfähige Lösung vorgeschlagen haben, nach dem Try-and-Error-Prinzip gerade dadurch ein Stück vorangekommen, dass wieder ein Irrweg ausgeschlossen worden ist?

Wenn das nicht hilft, versuchen Sie Ihre → Furcht zu relativieren: Schamangst allein bringt Sie nicht weiter. Zum Thema → Ärger verarbeiten haben Sie gelernt, dass Sie Reaktionen Dritter nicht durchweg ernstnehmen dürfen. **Was andere uns zutrauen, ist meist bezeichnender für sie als für uns** – das wusste schon im 19. Jahrhundert *Marie von Ebner-Eschenbach.*[564] Wenn Sie das nicht tröstet, hilft meist der Worst Case-Check: **Was kann Ihnen im schlimmsten Fall passieren?** Wird das beschämende Ereignis alle besseren Erfahrungen und Eindrücke, die Ihre Umwelt mit Ihnen verbindet, zerstören? Wird der Anlass Ihrer Scham Sie vernichten? Ist das wirklich auch noch im Dreijahresrückblick der Fall?

Nicht selten spielen in Ihren Überlegungen auch → Mindfucks eine Rolle: Vielleicht katastrophieren Sie ja gerade nur? Stattdessen fordern Sie jetzt besser einmal mehr → Respekt ein, auch im Sinne von **Selbstrespekt.** Außerdem

---

[563] *Alain Ehrenberg,* Psychische Gesundheit und das Dilemma der Autonomie, in: *Karsten Münch/Dietrich Munz/Anne Springer,* Die Fähigkeit, allein zu sein, 2. Aufl. Psychosozial-Verlag Gießen 2011. Es handelt sich um einen Beitrag zur Jahrestagung der DGPT 2008.
[564] https://gutezitate.com/zitat/157528 – abgerufen am 01.07.2023.

trennen Sie bitte ebenso wie beim → Streiten mit anderen Menschen auch in der Selbstbetrachtung Person und Problem: **Nicht Sie sind peinlich, allenfalls Ihr Lapsus war es.**

Richtig unangenehm wird es allerdings dann, wenn **Dritte** uns aktiv beschämen. Da ist der beim → Respektthema schon erwähnte Mathelehrer, der es liebt, die Stillen aufs Korn zu nehmen: „Herr Schmitt, Sie haben keine Ahnung." Da ist die Dame, die zu Unrecht, aber lauthals durch die Straßenbahn ruft: „Sie haben da gerade etwas gestohlen, ich habe es genau gesehen!". Da ist der Mensch, der Sie mit Blicken auszieht, sodass Sie knallrot werden und sich schlimmer vorkommen als die nackte Gesellschafterin in *Edouart Manets* Gemälde *Frühstück im Freien*. Was immer die Anlässe sind, die Ihnen schon beim sich Ausmalen Kopfschmerzen bereiten: Schreiben Sie sie doch in einer → entspannten Auszeit insgeheim auf. Und Ihre möglichst → schlagfertige Erwiderung gleich dazu.

Auch Ironie ist als Stilmittel nicht zu verachten: „Genügt es, wenn ich mich in Luft auflöse?", fragt *Loriot* in *Pappa ante Portas* seine Gattin. Wenn nicht, können Sie immer noch würdevoll-ignorant ihren Weg gehen wie sein *Ödipussi* Paul Winkelmann mit Dipl.-Psych. Margarethe Tietze. Vielleicht suchen Sie sich zum Üben einen Sparringspartner oder eine -partnerin. Womöglich lernen Sie dabei auch, mit Blicken gegenzuhalten? In der Kampfkunst spielt das eine nicht zu unterschätzende Rolle.[565] A propos *Loriot*, diesmal zum Thema *Pneumatische Plastologie*[566] und dem Vergrößern von Körperteilen. „Abschalten, schaltet doch eure dämliche Kamera ab", fordert der Moderator. In unserer digitaler werdenden Umgebung geschieht das Gegenteil – das optische Erleben wird immer wichtiger. Entsprechend problematisch ist der schambesetzte Umgang mit erkennbaren körperlichen Makeln. Äußerliche → Schönheit scheint in unserer bildgewaltigen Umgebung allgegenwärtig zu sein und erzeugt einen entsprechenden Anpassungsdruck. Da ist **Body Shaming** als aussehensbedingte Abwertung nicht weit.

Was tun, wenn man sich auf Grund seines Aussehens nicht nur subjektiv schämt, sondern wenn man wirklich „gedisst", disrespected bzw. verächtlich gemacht wird? Auf Hänseleien defensiv zu reagieren, ändert nichts an der Rollenverteilung. Sie bleiben Opfer. Deswegen sollten Sie verletzende Aussagen, die Sie nicht länger hinnehmen wollen, → kommunikativ ganz direkt angehen.

---

[565] Siehe hierzu beispielsweise https://wingtsunwelt.com/content/Wenn-Blicke-t%C3%B6ten-k%C3%B6nnten-%E2%80%93-der-Blickkontakt-im-Ritualkampf – abgerufen am 01.07.2023.

[566] Siehe dazu https://www.youtube.com/watch?v=GelInbc4tlg – abgerufen am 01.07.2023.

Letztlich ist es ohnehin müßig, lieber in einem anderen Körper wohnen zu wollen: **Ihr Körper ist Ihr Zuhause**, er trägt Sie durch die → Zeit, schützt Sie vor Außeneinflüssen, lässt Sie die Außenwelt auf eine ganz einzigartige, unnachahmliche Weise erleben. Er schenkt Ihnen Erfahrungen, die Sie als Gespenst nicht machen können, und das alleine verdient → Respekt! Den sollten Sie ihm selbst erweisen – und, ebenso wichtig: Den sollten Sie auch von allen anderen Menschen einfordern. Erst wenn es ans Sterben geht, dürfen Sie sich → dankbar und friedlich von Ihrer Hülle verabschieden.

Vorsichtig sollten Sie bis dahin mit **Allerwelts-Ratschlägen** sein, die Ihnen zu mehr Sport oder zur allerneusten Diät raten, sollte es – wie so oft – auch bei Ihnen um den schon zum → Gesundheitsthema eingeführten BMI gehen. Abnehmen aus eigener Kraft ist schwer, sich eine Scheibe vom → Weltbild der Body-Positivity-Bewegung abzuschneiden, bringt oft mehr als ein → lustfeindlicher Schlankheitstrip mit anschließenden Jo-Jo-Effekten. Wenn Sie schon → Change Management betreiben, überlegen Sie bitte, an welcher Stelle Sie wirklich das Messer ansetzen sollten. Manchem hat, so hart es klingt, in dieser Situation eher eine → Freundschafts-Diät geholfen als eine Kalorien-Diät. Dabei verschlankt man sich nicht körperlich, sondern in sozialer Beziehung. Man reduziert seinen Freundeskreis um diejenigen, die insoweit andauernd nerven.

Adding insult to injury, das Aufladen einer Beeinträchtigung mit einer selbstverletzenden → Bewertung, ist umgekehrt nie eine Lösung.

Leitsatz

„Was andere uns zutrauen, ist meist bezeichnender für sie als für uns!".
    Zeigen Sie Selbstrespekt. Ansonsten akzeptieren Sie ein gewisses Maß an Scham als Sozialtugend. Menschen, die Sie darüber hinaus beschämen, kündigen Sie die Freundschaft.

Schwerpunkt: privat

Samantha Harvey verliert über Nacht die Fähigkeit zu schlafen. Die Schriftstellerin gerät in Panik und versucht sich mit allen Mitteln zu → entspannen: Sie stellt ihre Ernährung um, leistet sich Akupunktur-Anwendungen und schreibt Dankestagebücher. Schließlich reicht ihr Selbsthilfe-Repertoire von Schlafapparaturen bis hin zu Sanskrit-Gesängen – nichts scheint zu helfen. Erst nachdem sie es sich angewöhnt hat, auch in der kalten Jahreszeit im Freien schwimmen zu gehen, bessert sich ihr Befinden. Schließlich hilft ihr der gleiche Ratschlag, der sich auch bei unabänderlichen → Lebensentscheidungen und der → Vergangenheitsbewältigung bewährt: Sie akzeptiert ihren Zustand. Zu guter Letzt stellt sich nach dem *Jahr ohne Schlaf*[567] ihre Nachtruhe wieder ein.

Ein anderes Problem, aber nicht minder prekäres Problem hatte vor fast zweihundert Jahren *Die Nachtwandlerin*. Die Titelheldin der *Vincenzo Bellini*-Oper *La sonnambula* schlafwandelt in das Bett eines soeben angekommenen Fremden. Dabei gelangt Amina an den Grafen Rodolfo, der als Sohn des früheren Gutsherrn inkognito unterwegs ist. Keinem der beiden glaubt die Dorfgemeinschaft das Versehen – bis die junge Frau erneut im Schlaf unterwegs ist. Vergleichsweise besser haben es da im Opernkosmos sechzig Jahre später *Hänsel und Gretel* in der gleichnamigen Oper von *Engelbert Humperdinck*: Abends, als sie schlafen gehen, stehen 14 Englein um sie herum und decken sie sanft zu auf dem Weg zu Himmelsparadeisen. Entsprechend schön ist die musikalische Untermalung.[568]

Schlafstörungen sind ein verbreitetes Phänomen, nicht nur bei Erwachsenen. Ihre Erscheinungsformen sind mannigfaltig und umfassen unter anderem nächtliches Aufwachen, Schnarchen und rastlose Beine beim so genannten Restless-Legs-Syndrom – einem schwer erträglichen, aber weit verbreiteten Bewegungsdrang in denen Beinen, der beim Einschlafen stört. Nach dem DAK-Gesundheitsreport „**Deutschland schläft schlecht** – ein unterschätztes Problem" ist allein zwischen 2010 und 2017 die Zahl der Schlafstörungen bei Berufstätigen im Alter zwischen 35 und 65 Jahren um 66 % angestiegen. Seinerzeit fühlten sich rund 80 % der Arbeitnehmer betroffen.[569]

Schätzungen zufolge leiden etwa 6 % von uns sogar an echter **Insomnie** in dem Sinne, dass sie ohne erkennbare medizinische Ursache über einen Zeitraum von ein bis drei Monaten mindestens dreimal pro Woche unbefriedigend schlafen – mit entsprechend negativen Folgen für Leistungsleistungsfähigkeit und Wohlbefinden am nächsten Tag.[570] So häufig, wie diese Gesundheitsbeeinträchtigung ist, hat sie es 2020 sogar in einen Dresdner Film aus der berühmten *Tatort*-Reihe geschafft: In *Parasomnia* neigt

---

[567] Das Jahr ohne Schlaf, Hanser Verlag, Berlin 2022.

[568] https://www.youtube.com/watch?v=53UVvyB3FBg – abgerufen am 01.07.2023.

[569] https://www.dak.de/dak/bundesthemen/muedes-deutschland-schlafstoerungen-steigen-deutlich-an-2108960.html#/ – abgerufen am 01.07.2023.

[570] Siehe hierzu eingehender *Manfred Müller*, Schlafstörungen aus psychiatrischer Sicht, psychopraxis. neuropraxis 25, 2022, 16.

die 14-jährige Talia nach einer familiären Katastrophe zu Schlafwandeln und heftigem Aufschrecken aus dem Schlaf.[571] Inwieweit hier eine psychische Komorbidität in Form paranoid-schizophrener optischer Wahnvorstellungen vorliegt (oder ob es wirklich Gespenster gibt), bleibt allerdings offen.

Sollten Sie selbst von Schlafstörungen betroffen sein, müssen Sie zunächst medizinisch abklären lassen, ob eine Er→ krankung nach dem dort schon erwähnten ICD 11-Katalog vorliegt. Schwere, andauernde Schlafstörungen können praktisch bei allen **psychischen Leiden** auftreten, außerdem bei Persönlichkeitsstörungen, etwa vom Borderline-Typ. Zudem ist an eine Suchtstoffabhängigkeit zu denken.[572] In leichteren Fällen helfen bei Schlafstörungen **Lifestyle-Änderungen** wie Gewichtsabnahme, Rauchfrei werden oder das Weglassen von → Genussgiften wie Alkohol. Gerade das → Genussgift **Alkohol** ist zwar eine beliebte Einschlafhilfe, sorgt aber für Durchschlafstörungen. Man schläft unruhiger und wacht häufiger auf. Zudem wird der Harndrang verstärkt, schließlich trocknet auch der Körper aus und sorgt dann wieder für ein entsprechendes Durstgefühl. In den letzten vier bis sechs Stunden vor dem Zubettgehen sollte man daher auf ihn verzichten.[573]

Auch eine zu helle, zu warme Umgebung ist einem guten Schlaf nicht förderlich. Stattdessen sollte es im Schlafzimmer dunkel, ruhig und kühl zugehen, mit einer Raumtemperatur von ca. 16 bis 18 Grad Celsius. Auch gegen Hausmittel wie ein heißes Bad mit Hopfen oder Melisse ist nichts einzuwenden. Das Gleiche gilt für ein heißes Glas Milch mit Honig. Beide Stoffe sorgen nämlich dafür, dass die Aminosäure Tryptophan ins Gehirn gelangt. Diese wird dann in das Hormon Serotonin umgewandelt, das den Körper entspannt.[574] Eine sinnvolle Ergänzung sind Lagerungshilfen wie beispielsweise Nackenrollen. Wer vor lauter Anspannung mit den Zähnen knirscht, kann sich vom Zahnarzt eine Unterkieferschiene anpassen lassen.

Ansonsten achten Sie auf eine → gesunde Ernährung mit eher leichten abendlichen Mahlzeiten und machen Sie ab dem Nachmittag einen Bogen um koffeinhaltige Getränke. Seien Sie körperlich aktiv, allerdings nicht unmittelbar vor dem Schlafengehen. Geben Sie Smartphone und

---

[571] Die Folge ist bis Juli 2024 abrufbar unter https://www.daserste.de/unterhaltung/krimi/tatort/sendung/parasomnia-110.html – abgerufen am 01.07.2023.

[572] Siehe instruktiv *Klaus Lieb/Bernd Heßlinger/Nadine Dreimüller/Gitta Jacob*, 50 Fälle Psychiatrie und Psychotherapie – Typische Fallgeschichten aus der Praxis, Urban & Fischer, 6. Aufl. München 2020 (Fälle 15 und 37).

[573] https://www.kenn-dein-limit.de/alkoholkonsum/ – abgerufen am 01.07.2023.

[574] https://utopia.de/ratgeber/heisse-milch-mit-honig-wirkung-und-wie-du-das-hausmittel-zubereitest/#:~:text=So%20gesund%20ist%20Hei%C3%9Fe%20Milch%20mit%20Honig&text=Schlafst%C3%B6rungen%3A%20Sowohl%20Honig%20als%20auch,entspannend%20auf%20den%20K%C3%B6rper%20wirkt. – abgerufen am 01.07.2023.

elektronische Unterhaltungsgeräte in Ihrem Schlafzimmer möglichst wenig Raum. Auch sollten Schlafzimmer weder als Arbeits- noch als Esszimmer missbraucht werden. Schaffen sie sich eine → entspannende, reizarme Umgebung, in die sie sich zu einigermaßen festen Zeiten zurückziehen. Ein zerzauster Geist ist ein unruhiges Kissen[575] das wusste schon *Charlotte Brontë*, die älteste der drei berühmten Schwestern aus Yorkshire.

Und: Schauen Sie nachts **nicht auf die Uhr**. Sie informiert sie allenfalls über Ihre Schlafmenge, nicht über die Qualität ihrer nächtlichen Ruhepause. Es mag paradox klingen, aber zu viel Schlafen tut Ihnen womöglich auch nicht gut. Vielleicht brauchen Sie ja weniger Schlaf als andere – so, wie es mit „Nachtigallen und Eulen" auch unterschiedliche Schlafrhythmen gibt. Aufschluss kann Ihnen dazu auch ein **Schlaftagebuch** geben, in dem Sie *nach* dem Aufstehen Schlafdauer und Schlafverhalten protokollieren.

Wenn Sie können, versuchen Sie zudem, **nicht auf dem Rücken** zu schlafen: Gerade Rückenschläfer kämpfen damit, dass die Muskulatur ihrer oberen Atemwege erschlafft, sodass sich der Atemweg verengt. Die Folge ist eine unzureichende Sauerstoffversorgung, deren Folgen von bloßem Schnarchen bis hin zur Schlafapnoe reichen. Letztere ist gekennzeichnet durch eine flache Atmung und Atemaussetzer, die länger als zehn Sekunden andauern. Jetzt schlägt das Atemzentrum im Gehirn Alarm und löst einen Weckreiz aus. Auch wenn Sie es nicht merken, wachen Sie kurz auf, Ihr Herz schlägt schneller und der Blutdruck steigt. Wiederholen sich solche Arousals oder Erregungszustände, gelangen Sie womöglich nicht in den erholsamen Tiefschlaf. Hier ist der HNO-Arzt Ihres Vertrauens gefragt, der dem Verdacht durch Überweisung in ein Schlaflabor auf den Grund geht.

Im Zuge dessen sind eventuell **Apparate** zur nächtlichen Atmungsunterstützung und in schweren Fällen **Operationen** angesagt.[576] Bewährt hat sich zudem die **kognitive Verhaltenstherapie**, eventuell kombiniert mit der kurzzeitigen ärztlichen **Verordnung eines Schlafmittels**.[577] Sind Antidepressiva im Spiel, sollten schlafanstoßende Antidepressiva wie beispielsweise Mirtazapin bevorzugt werden.[578] Allerdings können speziell im

---

[575] Zitiert nach https://www.schreiben.net/artikel/schlaflos-sprueche-23061/ – abgerufen am 01.07.2023.

[576] https://www.gesundheitsinformation.de/obstruktive-schlafapnoe.html#:~:text=Eine%20Schlafapnoe%20entsteht%2C%20wenn%20die,nicht%20ausreichend%20mit%20Sauerstoff%20versorgt. – abgerufen am 01.07.2023.

[577] https://www.apotheken-umschau.de/krankheiten-symptome/symptome/schlafstoerungen-ursachen-therapien-und-selbsthilfe-737643.html – abgerufen am 01.07.2023.

[578] Siehe hierzu https://www.psychiatrie.de/psychopharmaka/antidepressiva.html – abgerufen am 01.07.2023.

Fall von Schnarchen und/oder Schlafapnoen sedierende Mittel die Symptomatik verschlimmern. Hier ist abzuwägen, was das kleinere Übel ist.

Nicht zu empfehlen ist der routinemäßige Rückgriff auf **Benzodiazepine und Z-Substanzen**.[579] Benzodiazepine wie Tavor und Valium sowie ihre pharmakologischen Verwandten Zopiclon, Zaleplon und Zolpidem wirken in Notfällen wunderbar. Genau wegen ihrer hohen Effektivität sollten sie aber auch Ausnahmemedikamente sein: Sie machen innerhalb weniger Wochen abhängig. Allein in Deutschland wird die Zahl der Betroffenen auf 1,2 bis 1,5 Mio. Menschen geschätzt. Selbst bei einmaliger Verwendung bergen beide Stoffklassen im Übrigen eine erhebliche Gefahr: Sie riskieren Nachwirkungen am Folgetag – bei Benzos etwas länger, bei Z-Substanzen etwas weniger lang. In der Praxis leiden dann Ihre Konzentration und ihr Reaktionsvermögen im Straßenverkehr und beim Bedienen von Maschinen aller Art. Außerdem erhöht die muskelentspannende Wirkung Ihr Sturzrisiko. Treppenstürze können mit Genickbrüchen enden! Benzodiazepine stehen zudem im Verdacht, das Risiko für Demenzerkrankungen zu erhöhen.

Als Alternative kommen **pflanzliche Schlafmittel** wie etwa Baldrian, Passionsblume, Melisse oder Hopfen in Betracht, letztere allerdings nicht in Bierflaschen gelöst. Außerdem gibt es melantoninhaltige Mittel. Sie sind als Tabletten, Kapseln, Saft, Spray oder auch als Tee und Bäder erhältlich und meist besser verträglich als verschreibungspflichtige Substanzen. Allerdings ist deren Wirksamkeit umstritten, und ganz nebenwirkungsfrei sind sie auch nicht.[580]

Vor allem aber hilft die bereits eingangs erwähnte **Akzeptanz**: Lassen Sie störende Gedanken wie eine kreischende Affenhorde vorüberziehen. Jetzt ist nicht die → Zeit für → Bewertungen. Im Übrigen, zum Thema Affenhorde: Ein kurzes nächtliches Aufwachen alle zwei bis drei Stunden ist für unsere tierischen Vorfahren kein Problem. Vielmehr handelt es sich um einen überlebenswichtigen Prüfmechanismus. Ist die Umgebung noch so, wie ich sie verlassen haben. Wenn nicht, drohen womöglich Gefahren. Was übrigens mit der Grund ist, warum man im stillen dunklen Haus erschrickt, wenn man vor dem Fernseher eingeschlafen ist. → Entspannend wirkt die Vorstellung eines Hasen im kuscheligen Bau, der sich kurz versichert, dass kein Fuchs in der Nähe ist. Ist alles ruhig, kann er getrost wieder einschlafen.

---

[579] Hierzu eingehend https://www.aok.de/pk/magazin/wohlbefinden/schlaf/welche-schlafmittel-gibt-es/ – abgerufen am 01.07.2023.

[580] Siehe zu den möglichen Nebenwirkungen melatoninhaltiger Medikamente https://www.stiftung-gesundheitswissen.de/wissen/rezeptfreie-schlafmittel/hintergrund#:~:text=Von%20den%20meisten%20pflanzlichen%20Schlafmitteln,F%C3%A4llen%20%C3%9Cbelkeit%20und%20Bauchkr%C3%A4mpfe%20vor – abgerufen am 01.07.2023.

Leitsatz

„Ein zerzauster Geist ist ein unruhiges Kissen!"
   Schlafstörungen sind ein verbreitetes Phänomen. Je nach Ausprägung helfen
schlichte Akzeptanz, Hausmittel und/oder der Gang zum Arzt bzw. zur
Therapeutin.

Schlagfertig sein

Schwerpunkt: privat + beruflich

Lady Astor soll in den 20er-Jahren den britischen Premier *Winston Churchill* mit den Worten angegriffen haben: „Winston, wenn ich Ihre Frau wäre, würde ich Ihnen Gift in den Kaffee mischen". „Nancy, wenn ich Ihr Mann wäre", erwiderte der Angesprochene, „würde ich diesen Kaffee trinken".[581]

Diese Situation kennen wir alle: Manchmal ist es mit sachlichen → Kommentaren nicht getan – andere → ärgern uns mit Bemerkungen, die entweder gar nicht, so nicht oder jetzt nicht angebracht sind. Die langatmig-sachliche Bitte, solche Ausführungen doch wennmöglich zu unterlassen, verfängt nur in seltenen Fällen. Gleichzeitig handelt es sich aber beim Gegenüber um eine Person, die Sie nicht ignorieren können oder möchten. In dieser Situation bieten sich verbale Retourkutschen an. Überlegen Sie sich im Vorfeld, ob es **typische Konstellationen** gibt, auf die Sie entsprechend reagieren möchten.

Ein häufiges Phänomen ist **beispielsweise** das Herumnörgeln am Aussehen des anderen. Vorzugsweise in → Liebesbeziehungen, aber auch in anderen → familiären oder sonstigen Nähebeziehungen werden Kleidungsstil, Frisuren oder Tatoos gerne → übergriffig kommentiert. „Muss das sein, dass du so herumläufst?". Eine charmante Replik hierauf ist: „Stell' dir mal vor, ich wäre ein Model/ein Haus/ein Auto (entsprechende Statussymbole sind beliebig austauschbar). Mit einer noch besseren Ausstattung könntest DU dir mich doch gar nicht mehr leisten!".

Auch unnötige → Bewertungen eigener Handlungen oder Aussagen durch andere sind eine verbreitete Unsitte. **„Sagt wer?"**, können Sie darauf erwidern. *„Tim Mälzer/Albert Einstein/*einer der Wirtschaftsweisen". „Das sage ich". „Ja, dann muss ich deine neue Expertenkarriere wohl übersehen haben".

---

[581] https://www.britishpathe.com/gallery/winston-churchill-quotes/2 – abgerufen am 01.07.2023.

Sie wollen einen ausschweifenden Monolog beenden, der sich schon längst vom Thema entfernt hat? Ein Klassiker aus dem Erwiderungsrepertoire ist, „In China ist ein Sack Reis umgefallen!". Sie finden eine Forderung blödsinnig? „Ich kann mir auch ein Klavier ans Knie nageln!" Sie finden eine Anschluldigung absurd? „Nachts ist es kälter als draußen!" Sie ärgern sich über tierische Schimpfwörter? „Willkommen im Zoo!", können Sie darauf erwidern, oder: „Ah, ein Zirkusdirektor!". Zahllose weitere Konter für jede Situation finden Sie im Internet.[582] Auch die Flucht vor penetranten Langeweilern müssen Sie nicht wortlos ergreifen: „Mein Wildschwein brennt an!".

Abzuraten ist hingegen von Provokationen und Sticheleien, die regelmäßig über das abwehrende Ziel hinausschießen. Schlagfertig sein ist, um eine Wendung von Ex-Eintracht Frankfurt-Trainer *Oliver Glasner*[583] zu gebrauchen, ein *Spiel mit Stolpergefahr*. Auch sarkastische Bemerkungen oder Gesten schütten das Kind mit dem Bade aus. Dasselbe gilt erst recht für Beleidigungen, und zwar selbst dann, wenn Sie dabei die üblichen Schimpfwörter vermeiden. **Schlagfertige Bemerkungen kommen schnell, sind kurz und sollen eine Schieflage wieder geraderücken, nicht mehr und nicht weniger.**

Entsprechend achten Sie schließlich auf Ihre Körpersprache. Sie sollte Bestimmtheit zeigen, ohne aggressiv zu wirken. Ein zentraler Bestandteil ist neben dem **Blickkontakt** Ihre **aufrechte Haltung:** Halten Sie sich ruhig, aber gerade. Auch das können Sie üben: Stellen Sie sich beispielsweise vor, dass Sie vom Scheitel aus eine Silberschnur mit Höherem verbindet. Straffen Sie Ihre Schultern, drücken Sie die Brust heraus, auch die Pobacken können Sie ruhig einmal mehr zusammenkneifen. Allerdings sollten Sie dabei das Becken nicht zu weit nach vorne schieben. Wenn Sie Ihre Bauchmuskeln zu sehr anspannen, verhindern Sie nämlich die tiefe Zwerchfellatmung, die ausreichend Sauerstoff in die Lunge pumpt. Zwischendurch atmen Sie immer mal tief durch.

Sollten Sie anschließend sogar zu einem etwas längeren Text ausholen können, empfehlen sich einige Zeilen des Satirikers *Robert Gernhardt*. Dessen (eigentlich auf einen bekannten Literaturkritiker abzielendes) Gedicht *Dorlamm meint* geht so: „Dichter Dorlamm lässt nur äußerst selten/Andre Meinungen als seine gelten./Meinung, sagt er, kommt nun mal von mein,/Deine Meinung kann nicht meine sein./Meine Meinung – ja, das lässt sich

---

[582] Beispiele aus dem beruflichen Zusammenhang findet man unter https://karrierebibel.de/schlagfertige-antworten/#:~:text=Wie%20also%20reagieren%2C%20kontern%2C%20schlagfertig,blo%C3%9F%20nicht%20einsch%C3%BCchtern%20oder%20kr%C3%A4nken. Viele private Kontersprüche liefert https://www.flowfinder.de/kontersprueche/ – jeweils abgerufen am 01.07.2023.

[583] Mit Blick auf das Lokalderby gegen den SV Darmstadt im DFB-Pokal am 07.02.2023.

hören!/Deine Deinung könnte da nur stören./Und ihr andern schweigt! Du meine Güte!/ Eure Eurung steckt euch an die Hüte!/Lasst uns schweigen, Freunde! Senkt das Banner!/Dorlamm irrt./Doch formulieren kann er". Dieser Stoßseufzer bewährt sich auch bei mir selbst immer wieder.

Leitsatz

„Wie man in den Wald ruft, schallt es zurück!"
Unangemessene Äußerungen lassen sich gut mit Schlagfertigkeit parieren.

Schönheit pflegen

Schwerpunkt: privat

„*Sneewittchen* war so schön wie der klare Tag und schöner als die Königin selbst. Als diese einmal ihren Spiegel fragte: ‚Spieglein, Spieglein an der Wand, wer ist die Schönste im ganzen Land?', so antwortete er: ‚Frau Königin, ihr seid die schönste hier, aber Sneewittchen über den Bergen bei den sieben Zwergen ist tausendmal schöner als ihr'. Da erschrak die Königin und ward gelb und grün vor Neid" – mit bekanntem Ausgang.[584]

Szenenwechsel weg von den *Brüdern Grimm* hin zu einem anderen großen Märchenerzähler, *Hans Christian Andersen*. Es ist Sommer, und mitten im Sonnenschein entdeckt eine Ente, dass sie eines ihrer Eier noch nicht ausgebrütet hat. Endlich schlüpft das Junge: „Es war sehr groß und hässlich!". „Aber pfui", befinden die anderen Enten, „wie das eine Entlein aussieht, das wollen wir nicht dulden". *Das hässliche Entlein* wird zum Außenseiter. Bis sich herausstellt, dass es in eine ganz andere Kategorie gehört: „So jung und so prächtig – die Ente ist ein Schwan".[585] Und zwar einer ohne falschen Stolz: eine wahre Schönheit.

Schönheit ist **eine zentrale ästhetische Eigenschaft**, die sich auf unterschiedlichste Objekte beziehen kann, aber eben auch auf Menschen. Sie hat beschreibbare Züge, aber auch Geschmacksgründe. Von *Platon* bis hin zu *Kant und Hegel* haben sich zu allen Zeiten Philosophen ebenso mit ihr

---

[584] Aus: *Brüder Grimm,* Snewittchen, KMH 53, zitiert nach https://de.wikisource.org/wiki/Sneewittchen_ (1857) – abgerufen am 01.07.2023.

[585] Erzählt nach https://www.spatzenkino.de/pdf/maerchen/spezi/maerchen-das-haessliche-junge-Entlein.pdf – abgerufen am 01.07.2023.

beschäftigt wie Künstlerinnen und Künstler. In den exakten Wissenschaften wird der Goldene Schnitt zitiert, der nicht nur auf menschliche Schönheit zielt. Er steht für ein identisches Längenverhältnis zwischen zwei Teilstrecken einerseits und der längeren Strecke zur Gesamtstrecke andererseits.

Leonardo da Vinci war es, dessen Zeichnung des vitruvianischen Menschen als bekannteste Darstellung des Goldenen Schnitts gilt. Bei Frauen zählt beispielsweise ein Mund als ideal, der 1,618-mal so breit ist wie die Nase. Die Distanz der Pupille zum Mund sollte 36 % der Entfernung ihres Haaransatzes vom Kinn ausmachen.[586] Dass *da Vinci* selbst wahrscheinlich homosexuell war, deutet allerdings daraufhin, dass er eher optisch und ästhetisch als lustvoll an der perfekten Frau interessiert war.

Neben der Idee der äußeren gibt es sodann die der inneren Schönheit. Da können Sie als Märchenkönigin Mörder anheuern, Kleidungsstücke und Äpfel vergiften oder falsche Entlein mobben, so viele Sie wollen: Irgendwann taucht doch eine Konkurrentin auf, die Ihnen nicht zuletzt mit Liebreiz den Rang abläuft. Und das Entlein transt sich in aller Bescheidenheit zum Schwan. Die gute Nachricht ist, dass man auch innere Schönheit äußerlich erkennen kann – an einem angenehmen Lächeln ebenso wie an anderen gern gesehenen Eigenschaften. Das Produkt ist noch dazu einigermaßen alterslos, weshalb auch Menschen mit Falten auf andere anziehend und begehrenswert wirken.

Allerdings wäre es zu schön gewesen, um wahr zu sein, hätte nicht auch der Pharmakonzern *Schönheit, die von innen kommt,* nicht schon vor vielen Jahren als Werbeslogan entdeckt, um ihn zu kommerzialisieren. In der Sache ging es dabei um Nahrungsergänzungsmittel – die entsprechenden Merz-Spezial Dragees gibt es seit 1964. Nicht nur in Social Media-Kanälen, auch unter Filmschaffenden gibt es bis heute das Phänomen des **Aging Out**: Hollywood hat ein statistisch belegte Besetzungsscheu, sobald es um Frauen über 40 geht. Aber auch die deutsche Film- und Fernsehbranche steht insoweit in der Kritik.[587]

Vor diesem Hintergrund verwundert es nicht, dass hierzulande allein 2018 15 Mrd. € für **Kosmetik- und Pflegeprodukte** ausgegeben wurden. Damit nicht genug: Hinzu kamen jeweils meist vierstellige Kosten für über zehn Millionen Schönheitsoperationen wie Brustvergrößerungen, Penisverlängerungen und Fettabsaugungen.[588] Krankenkassen geben Tipps zum Schutz vor Aussehens bedingter Abwertung in Form des bei der → Scham schon

[586] https://www.mybody.de/ist-schoenheit-berechenbar-mabelle.html – abgerufen am 01.07.2023.

[587] Siehe zum Ganzen FAZ Nr. 118 v. 23. Mai 2023, 9.

[588] Ausführlicher dazu https://www.zeit.de/kultur/2019-12/schoenheitsmarkt-konsum-ideale-hirnforschung-schoenheitschirugie/seite-2 – abgerufen am 01.07.2023.

erwähnten → Body Shamings.[589] Während der Covid-Pandemie ist die Zahl der Schönheits-OPs weiter gestiegen. Einen besonderen Boom gab es 2021 bei **Gesichts-Operationen**: Fast 1/7 mehr ästhetisch-plastische Behandlungen verzeichnete die Vereinigung der Deutschen Ästhetisch-Plastischen Chirurgen für 2021. **Gleichzeitig** werden die Empfänger von Hyaluron- und Botox-Spritzen offenbar immer jünger; die neueste Mode lautet *Hyaluron to Go*. Die Schönheitsindustrie profitiert offenkundig von der zunehmenden optischen Selbstbespiegelung in Social Media und Videokonferenzen.

Dabei ahnen wir im Grunde alle, dass wir nicht von Natur aus perfekt aussehen können. Natur und Perfektion sind Widersprüche in sich. Professionelle Models und Filmstars werden oft stundenlang von **Maskenbildern und Stylistinnen** bearbeitet, bevor sie vor die Kameras treten. Auf der virtuellen Plattform Tiktok gibt es einen Filter, der Gesichter auf Knopfdruck perfektioniert – und damit den Anspruch ans Aussehen seiner meist jungen Nutzerinnen und Nutzer in weitere Höhe schraubt. *Horror mit Glamour* nannte das 2023 die Frankfurter Rundschau.[590]

Abgesehen davon, sind **viele Schönheitsmerkmale zeit- und kulturgebunden**. Insoweit liegt sie auch im Auge des kollektiven Betrachters: Bekanntermaßen waren im Lauf der Zeit ganz unterschiedliche **Modevorlieben** in Haar, Kleidung und Schmuck zu beobachten. Da bewunderte man früher die zart weiße, später die sonnengebräunte Haut einer Dame. Einst verehrte man die vollschlanke *Rubens*-, dann wieder die knochendünne *Twiggy*-Figur. Adonis-Körper, mancherorts vergöttert, gelten in linken Kreisen als toxisch.[591] „I don't like these drugs that keep you thin" – ich mag diese Schlankmacher-Drogen nicht, hat der kanadische Frauenschwarm *Leonard Cohen* das entsprechende Schlankheits-Wettrennen um jeden Preis auf den Punkt gebracht.[592]

Der Generation Z wiederum attestiert man eine Obsession junger Frauen mit vollen Augenbrauen, noch volleren Lippen und markanten Wangen.[593] Wer eine der üblichen Frauenzeitschriften aufschlägt, möchte noch groß, sehr schlank und langhaarig hinzufügen. Der perfekte Mann wiederum muss

---

[589] Beispielhaft https://www.tk.de/techniker/magazin/life-balance/wohlbefinden/body-shaming-2074152?tkcm=aaus – abgerufen am 01.07.2023.

[590] FR7 Magazin vom 25./26.3.2023, 8.

[591] Siehe hierzu https://www.esquire.de/body-neutrality-muskeln-maenner-adoniskoerper-2022 – abgerufen am 01.07.2023.

[592] In seinem Song First We Take Manhatten, https://www.youtube.com/watch?v=JTTC_fD598A – abgerufen am 01.07.2023.

[593] *Kari Molvar*, Was ist Schönheit heute?, https://gestalten.com/blogs/journal-deutsch/was-ist-schonheit-heute – abgerufen am 01.07.2023.

mindestens ebenso groß sein wie die Frau und breite Schultern haben, die in einen flachen Bauch und einen knackigen Po übergehen.[594]

Nicht im engeren Sinne schön, aber attraktiv erscheinen vielen Frauen zudem „ganze Kerle" und einigen Männern „kurvige Frauen"– allerdings nur, wenn sie in ihrem Körper zuhause und nicht nachlässig gekleidet sind. Ein gutes Beispiel für das weibliche Geschlecht ist insoweit die Sängerin *Lizzo* mit ihrer *Stressed & Sexy Support Group* in *About Damn Time*. Zunächst trottet sie im grauen Jogginganzug durch den Videoclip. Der weicht dann aber einem fulminanten Tanz-Workout[595] – der die ganze, jetzt aufwändig gekleidete Person erstrahlen lässt.

So zeitlos wie *Michelangelos* marmorne Florentiner *David*-Skulptur aus dem Spätmittelalter sind unter dem Strich nur wenige Darstellungen. Und selbst dessen Proportionen erscheinen in der Draufsicht mangelhaft: Sie sind auf den Blick von unten nach oben hin ausgerichtet. Soweit Sie selbst dem gängigen Schönheitsideal nicht genügen, lassen Sie sich deshalb nicht beirren: Die Welt ist historisch und geografisch voller Menschen, die irgendwer wunderschön fand.

Forschen Sie doch einfach einmal nach: Wann und wo schätzt(e) man besonders solche Typen wie Sie, und wie „äußerte" sich das? Als schmale Frau mit kleinem Busen können Sie sich beispielsweise mit kinnlangem Haarschnitt und Hängekleidern in Schale werfen, ganz wie in den Zwanzigern. Als füllige Frau kleidet sie womöglich der Plus Size Ethno Look besonders gut, wenn es nicht immer das große Schwarze sein soll. Sind Sie andererseits ein großer, schlanker Mann, empfehlen sich Jackets mit schmalem Revers und zwei bis drei Knöpfen vorne, dazu Hosen mit Saumaufschlag usw.

Das Thema **Ausstrahlung vergrößert die Bandbreite** Ihrer Möglichkeiten zusätzlich. Betrachten Sie doch beispielsweise einmal die unglaubliche Anmut der indischen **Hijras,** die den herkömmlichen Vorstellungen von → Ying und Yang ganz bestimmt nicht entsprechen. Vielleicht können Sie sich den einen oder anderen Bewegungsablauf abschauen.

Zu guter Letzt gerät auch unser vordergründiges Bild „→ jung ist schön" ins Wanken. Wer – wie Fotografen und Kameraleute – nur zweidimensionale Bilder von Schönheit liefern kann, wird sich zwar gerne an diesem Maßstab orientieren. Immerhin ist Jugend ein wichtiger Anhaltspunkt für Vitalität, und diese Eigenschaft gilt es um der größten Präsentationsdynamik willen möglichst gut zu transportieren. Im Live-Bereich haben wir alle aber viele

---

[594] https://www.schoenheitsgebot.de/schoene-maenner.php – abgerufen am 01.07.2023.

[595] Abrufbar unter https://www.youtube.com/watch?v=37vry7OrLdQ – abgerufen am 01.07.2023.

zusätzliche Mittel und Wege, um optisch anzukommen. Wie eingangs schon zur inneren Schönheit angesprochen, können wir unseren **Charme** spielen lassen. Ein gewinnendes Wesen zieht andere an. Auch **Freundlichkeit, Selbstbewusstsein, Zuversicht und Humor** zahlen auf unser Schönheitsempfinden ein. Schließlich kennen wir alle Menschen, deren Ausstrahlungskraft ihr eindeutig unspektakuläres Äußeres regelrecht überdeckt.

Das ist umso wichtiger für die **Frauen** unter uns. Schon 1972, – inmitten der Flower Power-Bewegung, in der sich beide Geschlechter unisono mit langen Haaren und bunten Stoffen schmückten, konstatierte die US-amerikanische Schriftstellerin *Susan Sontag The double standard of aging*, einen doppelten Alterungsstandard. Frauen und Männer messe man **mit zweierlei Maß**: Nur für den männlichen Körper gebe es ein Jugend- und ein Reifungsideal. Für Frauen komme es hingegen stets auf ein glattes Gesicht und einen mädchenhaften Körper an.[596] 2014 schrieb die Journalistin *Bascha Mika* in *Mutprobe* von einem höllischen weiblichen Spiel mit dem Älterwerden.[597] Auch heute sind graue männliche Schläfen noch ebenso ein Bild männlicher Weisheit, wie graues weibliches Haar geradewegs in die Unsichtbarkeit zu führen scheint. Männer altern stärker über ihren Status, wohingegen Frauen noch immer gerne ihr erotisches Kapital ins Spiel bringen – das rächt sich.

Allerdings haben es **auch jüngere Vertreterinnen** des in gewissen Kreisen noch immer so bezeichneten *schönen Geschlechts* nicht leicht: What you get is what you pay for – dieses amerikanische Sprichwort haben Sie schon beim → „Botschaften entschlüsseln" gelesen. Nun herrscht dank sozialmedialer Omnipräsenz ein immer weiter steigender Druck zur makellosen Selbstpräsentation. Gerade, wer diesem Druck noch standhalten kann, erliegt leicht einer Versuchung besonderer Art: Man verbringt viel → Zeit mit Stylingmaßnahmen, die sich nicht wirklich als nachhaltig erweisen. Und zahlt damit auf die Interessen solcher Mitmenschen ein, denen es um entsprechende äußere Werte geht. Wenn man dann mit den inneren → Leitwerten, der eigenen → Mentalität und der individuellen → Weltanschauung nicht ausreichend gesehen wird, ist das ärgerlich, aber nicht sehr überraschend.

Im Übrigen **altern Menschen unterschiedlich schnell.** Ebenso wie eine propere Figur ist dabei auch eine glatte Haut ein **Produkt aus genetischer Veranlagung und Lebensweise.** Ernährung, Bewegung, → Schlaf und → Genussmittelkonsum machen sich schon in den 30ern bemerkbar, in denen

---

[596] Zitiert nach FAZ Nr. 73 v. 27.03.2023, 9.

[597] *Bascha Mika*, Mutprobe – Frauen und das höllische Spiel mit dem Älterwerden, Verlag C. Bertelsmann, Gütersloh 2014.

sich unsere Mimik in unser Gesicht gräbt. Der schon zum Thema →
Engagement erwähnte *Albert Schweitzer*, den man beim besten Willen nicht
menschenfeindlich nennen konnte, hat es einmal so formuliert: „Mit zwanzig
Jahren hat jeder das Gesicht, das Gott ihm gegeben hat, mit vierzig das
Gesicht, das ihm das Leben gegeben hat, und mit sechzig das Gesicht, das er
verdient".[598]

In diesem Sinne achten Sie zumal als Frau besser auf mehr als auf Make-Up,
wenn Sie schön sein und bleiben wollen. Die gesündere Alternative zum prall
aufgespritzten Schmollmund ist *Simply smile* – einfach lächeln. Auch sonst
sollten Sie **im Alltag** beherzigen, was Sie theoretisch doch ohnehin wissen:
Ernähren Sie sich vernünftig, bewegen Sie sich ausreichend und halten Sie
sich gerade. Beispielsweise gönnen Sie sich im Einklang mit den Leitlinien der
Weltgesundheitsorganisation WHO mindestens zweieinhalb bis fünf
Wochenstunden lang moderate Ausdauerbelastung.[599] Das tun Sie künftig
nicht nur um Ihrer → Gesundheit willen … sondern auch, weil es Ihnen gut
zu Gesicht stehen wird. Dass eine gute Körperhaltung zu Ihrem guten
Standing beiträgt, haben Sie bereits unter → Schlagfertigkeit gelesen. Gerade
Bewegung und Haltung fördern die Durchblutung, lassen Sie frischer wirken
und vieles mehr.

Unvergesslich ist schließlich eine Folge der mittlerweile 30 Jahre alten
Anwaltsserie *Liebling Kreuzberg*.[600] Darin begehrt ein Mandant die Scheidung
von seiner Gattin wegen einer neuen Partnerin. Die Ehefrau sieht aus wie ein
Model, und Robert Liebling ist sehr gespannt, wie man noch schöner sein
kann. Als er die Neue endlich kennen lernt, ist er verblüfft: Sie ist viel
unscheinbarer. Das macht dem Mandanten aber nichts aus, sie ist nämlich
auch **weniger anstrengend**. Gutes Aussehen ist halt auch nicht alles.

Leitsatz

„Schönheit liegt im Auge des Betrachters – auch des kollektiven!"
Sie ist eine ästhetische Eigenschaft, die im Medienzeitalter höher gehandelt
wird denn je. Sie ist allerdings auch eine Frage der Ausstrahlung und des
Geschmacks. Auch, wenn es einige Standardkriterien gibt: Über Zeit und Raum
ändern sich Schönheitsideale nicht unerheblich.

---

[598] https://beruhmte-zitate.de/zitate/1957929-albert-schweitzer-mit-zwanzig-jahren-hat-jeder-das-ge-sicht-das-gott/ – abgerufen am 01.07.2023.

[599] Im Einzelnen können Sie das nachlesen in https://www.bayerisches-aerzteblatt.de/fileadmin/aerzte-blatt/ausgaben/2021/03/einzelpdf/BAB_3_2021_91_93.pdf – abgerufen am 01.07.2023.

[600] https://www.deutschlandfunk.de/vor-30-jahren-anwaltsserie-liebling-kreuzberg-startet-in-100.html – abgerufen am 01.07.2023.

Schuld tragen

„Am Nachmittag hob der Richter die Haftbefehle auf, er sagte, es sei kein Nachweis zu führen, die Beschuldigten hätten geschwiegen (…) Die Verteidigung war richtig gewesen (…) Wir wussten, dass wir [als Strafverteidiger] unsere Unschuld verloren hatten und dass das keine Rolle spielte (…). Wir waren erwachsen geworden, und als wir [aus dem Zug] ausstiegen, wussten wir, dass die Dinge nie wieder einfach sein würden". Was ist passiert? Eine 17-Jährige ist auf einem *Volksfest* – so der Titel der gleichnamigen Erzählung *Ferdinand von Schirachs* in seinem Band *Schuld* – [601] vergewaltigt und verletzt worden. Der genaue Hergang ist unklar, das Opfer hat Erinnerungslücken. Die mutmaßlichen Täter kommen frei, zurück zu ihren Frauen, ihren Kindern, ihrem Leben. Der Vater des Opfers sieht den Anwälten mit rot geweinten Augen nach.

Die **Anwälte** in diesem Beispiel sind Menschen, die als → Rollenträger an der Seite der Beschuldigten stehen mussten. Sie haben sich auftragsgemäß engagiert im Kampf um die Rechte ihrer Mandanten – Organe der Rechtspflege, die sie ebenfalls sind, hin oder her. Wer hat Schuld an dem ungerechten Ergebnis? Nur die Vergewaltiger? Oder auch die Rechtsordnung mit ihrer Unschuldsvermutung bis zum Beweis des Gegenteils? Die Anwälte, die die möglichen Täter verteidigt haben? Das Opfer, das die Verbrecher nicht identifizieren konnte und an einem heißen Sommertag nur leicht bekleidet war?

Schuld gehört zu den heikelsten Aspekten des menschlichen Daseins, und sie ist jeher verknüpft mit Fragen der **Sexualmoral**. Diese Erkenntnis zieht sich seit biblischen Zeiten durch unser Kulturerleben. So interpretierte schon der römische Bischof und Kirchenlehrer *Augustinus* die Geschichte von der Vertreibung Adams und Evas aus dem Paradies nicht nur als historischen Ausrutscher, sondern als den Sündenfall schlechthin. Seit jenen Zeiten sei der Mensch nicht mehr in der Lage, gänzlich gut zu sein. Seine verlorene (sic:) Unschuld vererbe sich über die Generationen hinweg durch den Geschlechtsakt. Das Ergebnis sind Nachkommen, die von vornherein mit der Sünde geschlagen sein sollen.[602]

---

[601] *Ferdinand von Schirach*, Schuld, btb Verlag München 2017.

[602] Anschaulich dazu *Konstantin Sacher*, chrismon-Ausgabe des Gemeinschaftswerks der Evangelischen Publizistik, Frankfurt, Juni 2023, Seiten 20 f.

Allerdings fordert schon *Jesus* (nach *Joh* 8, 7 und 9) die Schriftgelehrten und Pharisäer im Angesicht einer Ehebrecherin auf: „Wer von euch ohne Sünde ist, werfe als Erster einen Stein auf sie". Daraufhin lassen die Angesprochenen von ihrem Vorhaben ab: „Als sie seine Antwort gehört hatten, ging einer nach dem anderen fort, zuerst die Ältesten", sprich: weisesten Menschen. Das heißt nicht, dass sie einverstanden waren mit dem Ehebruch. Sie entschlossen sich aber, etwas, dass sie als fremde Schuld ansahen, nicht mit mosaischer Strenge zu ahnden. Die eine hatte sich schuldig gemacht, die anderen hatten ertragen, dass es so war. Auch Jesus selbst war keineswegs einverstanden mit dem Ehebruch, er hielt ihn für sündhaft. Er stellte jedoch klar, dass **Schuld nicht gleich Ahndung** bedeutet: „Auch ich verurteile dich nicht. Geh und sündige von jetzt an nicht mehr".

Wer einen heimlichen Ehebruch begeht, macht dem Gegenüber in der → Partnerschaft etwas vor. Das ist – wie dort schon gesagt: – → respektlos gegenüber dem anderen. Dieser Umstand stellt die Beziehung auf tönerne Füße, was allerdings das Rechtssystem nicht als Unrecht markiert. Wie man damit umgeht, ist hier und heute ein moralisches und soziales Thema, aber kein juristisches. Entsprechend wird man in Deutschland auch seit fast einem halben Jahrhundert nicht mehr schuldig geschieden. Maßgeblich ist nur, ob eine Ehe kaputt ist, nicht mehr warum. Es gilt das Zerrüttungsprinzip.

In einem umfassenderen Sinne ist Schuld ohnehin die **dunkle Kehrseite der** → **Freiheit**. Dass man überhaupt – moralisch oder gar juristisch – an etwas schuldig werden kann, setzt äußere und innere Entscheidungsfreiheit darüber voraus, was man tut oder lässt. Dort, wo eine solche Freiheit besteht, herrscht → Handlungsverantwortung im Rahmen von Sollenssätzen. Solche Normen wiederum sind Leitplanken, um das Zusammenprallen unterschiedlicher Interessen vorhersehbar zu gestalten. Prallt man dagegen, stellen **strafrechtliche Vorschriften** eine harte, rote Linie dar: Sie zeichnen sich dadurch aus, dass schuldfähige Menschen aus Gründen der → Gerechtigkeit grundsätzlich zur → Verantwortung gezogen werden, egal ob sie die Normen akzeptieren oder nicht.

Auch wer eine Straftat begeht, aber im juristischen Sinne schuldunfähig ist, kommt nicht etwa davon. Abgesehen davon, dass die von Laien gerne bemühte schwierige Kindheit eines Täters kein Entschuldigungsgrund ist, landen psychisch kranke Täter in der sogenannten forensischen Psychiatrie. Nach § 20 des Strafgesetzbuches oder StGB trifft das auf Menschen zu, die bei Begehung der Tat wegen einer krankhaften seelischen Störung, einer tiefgreifenden

Bewusstseinsstörung, einer Intelligenzminderung oder einer anderen schweren seelischen Störung unfähig sind, das Unrecht der Tat einzusehen oder nach dieser Einsicht zu handeln.[603]

Die berühmte Unschuldsvermutung gibt es nur im tatsächlichen Bereich – also mit Blick auf die Frage – ob der Täter die Tat wirklich vorsätzlich oder fahrlässig begangen hat. Im eingangs geschilderten Fall war die Tat schlicht mit den üblichen Mitteln nicht nachzuweisen. Sachverständige, Augenzeugen, Urkunden (wie z. B. ein schriftliches Geständnis), Zeugen – nichts davon ergab eine tragfähige Grundlage. Auch hatten sich die Beschuldigten zur Tat nicht eingelassen. Dass in einem solchen Fall nicht verurteilt werden kann, ergibt sich aus dem Rechtstaatsprinzip der Artikel 20 Abs. III GG, Artikel 28 Abs. I GG in Verbindung mit Artikel 6 der Europäischen Menschenrechtskonvention (EMRK). **Juristisch schuldig** ist danach nur der, dem man es konkret und mit an Sicherheit grenzender Wahrscheinlichkeit nachweisen kann. Was ansonsten bleibt, ist allenfalls Schuld im moralischen Sinne: ein Versagen am Sollens-Zustand. Schuld und Sollen sind gewissermaßen Geschwister.

Strafverteidigerinnen und **Strafverteidigern,** die ihre Mandanten aus solchen und anderen Vorwürfen „raushauen", ist genau deshalb auch kein Vorwurf zu machen. Sie sind, um es mit Martin Vale alias *Richard Gere* aus dem 90er-Jahre Justizklassiker *Zwielicht* zu formulieren, **Spieler, nicht Schiedsrichter.**[604] Auch sie riskieren bei Fouls die gelbe Karte – beispielsweise dürfen Strafverteidiger bei der Ausübung ihres Berufes nicht bewusst die tatsächliche Unwahrheit verbreiten, was sich aus der schon zum → Rollentragen zitierten BRAO (in § 43 a Abs. III S. 2) ergibt.

Was Ihnen aber durchaus zusteht, ist, im „Kampf um das Recht" auch starke, eindringliche Ausdrücke und sinnfällige Schlagworte zu benutzen. Urteilsschelte dürfen Sie ebenso üben wie personenbezogen argumentieren, auch wenn das nicht immer schön ist. Abgesegnet hat das das Bundesverfassungsgericht höchstselbst.[605] Zu ihren Gunsten ist, um im Fußballbild zu bleiben, ein **1:2-Rückstand gleich zu Beginn der Hauptverhandlung** ins Feld zu führen. Wird nämlich in einem deutschen Strafprozess das Hauptverfahren eröffnet, hat (1) die Staatsanwaltschaft schon

---

[603] Siehe hierzu https://www.gesetze-im-internet.de/stgb/__20.html#:~:text=Ohne%20Schuld%20handelt%2C%20wer%20bei,nach%20dieser%20Einsicht%20zu%20handeln abgerufen am 01.06.2023.

[604] Eine ausführliche Rezension von *Christoph Hartung* zu Primal Fear, wie der Film im Original heißt, finden Sie unter https://christophhartung.de/index.php?page=zwielicht – abgerufen am 01.07.2023.

[605] In BVerfG, BRAK-Mitt. 1988, 54.

(2) das Gericht davon überzeugt, dass der Angeschuldigte jedenfalls hinreichend verdächtig ist. Ansonsten wäre das Verfahren bereits eingestellt worden.[606] Entsprechend enden auch nur sehr wenige Strafverfahren mit einem Freispruch. Zuweilen kommt es dabei zu krassen Fehlurteilen zu Lasten des Angeklagten wie im Fall *Manfred Genditzki*: Der Tegernseer Hausmeister verbrachte 13 ½ Jahre seines Lebens unschuldig im Gefängnis, bevor er im Juli 2023 vom Vorwurf des Mordes freigesprochen wurde[607]

Im Übrigen gilt das Dictum aus dem Spielfilm *Der Richter – Recht oder Ehre*, in dem durch *Robert Downey Jr.* und *Billy Bob Thornton* ein Jurist den anderen belehrt: „Jeder will den [liebreizenden] Anwalt aus ‚*Wer die Nachtigall stört*'. Bis eine tote Nutte im Pool liegt".[608] Wie nett Strafverteidigerinnen und Strafverteidiger sein sollen, ist mit anderen Worten immer auch eine Frage der eigenen Interessenlage.

Auch außerhalb des Strafrechts ist umgekehrt nicht jeder schuldig, der Schuldgefühle hegt. Schuld ist ein objektiver Zustand, das gilt auch für das Tragen von Schuld. Schuld zu spüren, ist dagegen eine subjektive Empfindung: Wer sich schuldig fühlt, auf dem lasten negative Gedankengänge, die sich emotional bemerkbar machen. Entsprechende Gefühlsreaktionen reichen von leichter Bedrückung bis hin zu schwer erträglichen → Schamgefühlen.

Sobald Sie moralische Schuld empfinden, sollten Sie genau hinsehen: Es kann, muss aber nicht sein, dass Sie sich schuldig gemacht haben. Womöglich haben Sie Fakten geschaffen, die bestehende Strukturen beschädigt haben. Aber bedeutet das wirklich, dass Sie sich Vorwürfe machen müssen? Wenn nicht alles wieder so gut wird wie vorher, wird es womöglich anders gut als zuvor? Um welche Art von Verstößen handelt es sich überhaupt: Sind Sie von allgemeingültigen Normen abgewichen oder nur von Ihren eigenen → Leitwerten? Sind Sie wirklich selbst davon überzeugt, dass Sie etwas falsch gemacht haben, oder übernehmen Sie nur soziale Vorstellungen, die eine nicht für Menschen wie Sie gedachte Ordnung schützen? Im moralischen Bereich herrscht heutzutage ein ziemlicher Sollens-Wildwuchs. Dass eine undogmatische Auseinandersetzung darüber häufig verweigert wird, macht es nicht besser, sollte Sie aber erst recht zum einem kritischen Hinterfragen animieren.

---

[606] Maßgeblich dafür sind §§ 199 ff. der Strafprozessordnung oder stopp, nachzulesen ab https://dejure.org/gesetze/StPO/199.html – abgerufen am 01.07.2023.

[607] Siehe hierzu FAZ Nr. 156 vom 08.07.2023, 7.

[608] Der Trailer zum Film ist abrufbar unter https://www.youtube.com/watch?v=dWe00jsSFNE – abgerufen am 01.07.2023.

Ein klassisches Beispiel dafür ist die **Entscheidung von Frauen für oder gegen Kinder**. Berufstätige Frauen sehen sich bis heute mit dem latenten Vorwurf konfrontiert, entweder Rabenmütter oder – in der Diktion eines Exkollegen: – „uteruslose Wesen" zu sein. Eine männliche Entsprechung dafür gibt es nicht. Hausfrauen wiederum müssen sich gegen den Verdacht der sozialen Nutzlosigkeit wehren. Das alles sind **frauenfeindliche → Mindfucks.** Wer sie ins Feld führt, dessen Ansichten sind allenfalls eine → schlagfertige Replik, aber keinen weiterführenden → Ärger oder gar Schuldgefühle wert. In gesamtgesellschaftlicher Hinsicht stellen sich jedoch gegebenenfalls andere Fragen.

An prominenter Stelle ist dazu die Auseinandersetzung um eine so genannte **Kollektivschuld mit Blick auf die Verbrechen des Dritten Reichs** zu nennen. Während des Zweiten Weltkriegs spielte dieser Gedanke besonders in der angelsächsischen öffentlichen Meinung eine Rolle – was angesichts der Meldungen über Deportationen, Konzentrationslager und die deutsche Kriegsführung im Osten auch nicht weiter verwunderlich ist. Auch wenn sich die Alliierten diesen Vorwurf nicht zueigen gemacht haben:[609] Hier ist einmal mehr genau zu unterscheiden. Selbst wenn man als Kollektiv nicht schuldig ist, kann es doch sein, dass man zu Recht zur Verantwortung gezogen wird. Wenn es darum geht, einen fairen Ausgleich zu schaffen, kann es durchaus angemessen sein, sich den Sachnächsten vorzunehmen. Das sind dann Sie, das sind wir alle als Deutsche.

Unsere Rechtsordnung kennt die **Zuweisung von Verantwortung ohne eigene Schuld** ohnehin in den unterschiedlichsten Bereichen.

Beispiele dafür sind ausdrücklich erlaubte Gefahren, die zur Schädigung Dritter führen können. Selbst wenn Sie nichts falsch gemacht haben, müssen Sie dafür im Wege der **Gefährdungshaftung** einstehen. So haften Sie beispielsweise auch als bloßer Halter eines Kraftfahrzeugs nach § 7 des Straßenverkehrsgesetzes mit, wenn es zu einem Unfall kommt. Als so genannter Zustandsstörer wiederum können Sie neben dem Verursacher zur Verantwortung gezogen werden. So müssen Sie als Grundstückseigentümer beispielsweise für Altlasten im Boden mit einstehen, die lange vor Ihrer Zeit entstanden sind. Wenn Sie Glück haben, werden Sie dafür vom eigentlichen Schuldigen entschädigt – praktisch sicher ist das allerdings nicht.

Besonders heikel kann schließlich kann die **zivilrechtliche Frage der Beweislast** werden. Dort, wo der Staat nicht direkt beteiligt ist, ermittelt er nämlich auch nicht für Sie. Was Ihnen nützen soll, müssen Sie im Regelfall

---

[609] Siehe hierzu https://www.bpb.de/themen/antisemitismus/dossier-antisemitismus/504213/kollektiv-schuld/ – abgerufen am 01.07.2023.

auch selbst behaupten und beweisen können.[610] Was nach der so genannten *Rosenberg*schen Formel so einleuchtend wie harmlos klingt, hat besonders im Versicherungsrecht zu einer **David gegen Goliath-Situation** geführt. Versicherungsbedingungen werden seit rund 30 Jahren in weiten Teilen nicht mehr aufsichtsbehördlich genehmigt, sie sind schlicht Allgemeine Geschäftsbedingungen im Sinne der §§ 305 ff. des Bürgerlichen Gesetzbuchs.[611]

Kommt es **im Versicherungsrecht** zum gerichtlichen Streit – etwa, weil der Kläger berufsunfähig geworden ist, die Versicherung aber den Versicherungsfall bestreitet – geht es immer wieder um viel Geld. Hier ist ein entsprechend teures Gerichtsverfahren zu finanzieren, neben dem hohen Streitwert fallen hier besonders die erforderlichen Sachverständigengutachten ins Gewicht. Neben medizinischen Gutachten ist oft auch die Einholung eines Gutachtens zu Ihrer beruflichen Tätigkeit und zum Umfang der Auswirkungen eines Krankheitsbildes auf diese Tätigkeit nötig. Wenn Sie jetzt keine Rechtsschutzversicherung haben und nicht arbeitsfähig sind, stehen Sie finanziell im Nu mit dem Rücken zur Wand.[612]

Medial einprägsam stellt diese von der Rosenheimer Rechtsanwältin *Johanna Mathäser* beschriebene Situation die Geschichte der Bonner Fachanwältin *Beatrix Hüller* dar. In dem erstmals 2020 ausgestrahlten (und in der ARD-Mediathek abrufbaren) Fernsehfilm geht es um die Schadensreguliererin einer großen Versicherung, die die Seiten wechselt. *Verunsichert – Alles Gute für die Zukunft*, nach diesem Motto zieht sie in einem Fall zu Felde, in dem die Gegenseite teures Personal mit einer Zermürbungsstrategie kombiniert.[613]

Hier ist einmal mehr **an den Gesetzgeber zu appellieren:** Schon am Anfang des Gerichtsverfahrens muss zwischen den Parteien Waffengleichheit bei Finanzierung von Sachverständigengutachten herrschen. Das ist auch und gerade für Menschen wichtig, die keinen Anspruch auf Prozesskostenhilfe haben. Die Suche nach Gerechtigkeit darf für die Davids der Versicherungswelt nicht zur Farce werden.

---

[610] Ausnahmen ergeben sich namentlich aus §§ 280 Abs. I Satz 2, 477, 630h, 2336 Abs. III BGB, § 22 AGG.

[611] Siehe zu diesen gesetzlichen Vorschriften https://www.gesetze-im-internet.de/bgb/__305.html – abgerufen am 01.07.2023.

[612] Siehe zum Ganzen *Johanna Mathäser*, Versicherungsrecht, in *Anette Schunder-Hartung*, Innnovative Rechtsberatung, Schäffer-Poeschel, Stuttgart 2023.

[613] Der Trailer zum Film, in dessen Schlusssequenz *Beatrix Hüller* offenbar selbst kurz als Vorsitzende Richterin zu sehen ist, ist abrufbar unter https://www.ardmediathek.de/video/filme/verunsichert-al-les-gute-fuer-die-zukunft/one/Y3JpZDovL3dkci5kZS9CZWl0cmFnLTczOGJmMzQzLThkMDUtND JlMC1hOTY3LTQxMTVmY2RkZDhiNw – abgerufen am 01.07.2023.

> **Leitsatz**
>
> „Schuld und Sollen sind Geschwister!".
>   Schuld ist ein Versagen am Sollens-Zustand. Hinterfragen Sie diesen Zustand
> sorgfältig. Manchmal, aber nicht immer tut das die Rechtsordnung für Sie.

Selbstmanagement lernen

Schwerpunkt: privat + beruflich

Kennen Sie noch das *Grimm*sche Märchen vom *Rumpelstilzchen?*[614] Nach einem recht cholerischen Naturgeist benannt, geht es in dieser Geschichte um eine schöne Müllerstochter. Um sich ein Ansehen zu geben, behauptet ihr Vater, dass sie **Stroh zu Gold spinnen** könne. Vom König auf die Probe gestellt, gelingt ihr diese unmögliche Aufgabe zunächst durch einen heimlichen Bund mit Rumpelstilzchen – wofür sie sich aber mit Halsband und Ring vollkommen verausgabt. Schließlich gibt sie in ihrer Not noch ihren Erstgeborenen ab, den ihr das Rumpelstilzchen nur im Tausch gegen seinen rechten Namen zurückgeben wird. Hilfe vom königlichen Gatten ist nicht zu erwarten, und Rippenbiest oder Hammelswade oder Schnürbein heißt das Männlein auch nicht. Zu guter Letzt bewältigt die junge Frau die Herausforderung mit Hilfe eines entsandten Boten. Er nennt den Geist beim Namen, und der Knoten platzt. Das ist ein klassisches Beispiel gelungenen Selbstmanagements unter widrigsten Umständen.

Ähnlich wie Riviera-Baby Vincent Freeman im → Krankheits-Impuls ist auch die Müllerstochter **unter Druck über sich selbst hinausgewachsen.** Systematisch an sich zu arbeiten, um das ins Auge gefasste → Ziel zu erreichen, ist dabei bis heute der Königsweg. In der Praxis heißt das – wie schon mehrfach gesehen – zu lernen, was für Sie jeweils vorrangig ist. Was ist wichtiger: Rumpelstilzchens Hilfe oder der Schmuck? Darf man das eigene Überleben sichern um den Preis des Versprechens, nachfolgendes Leben zu gefährden? Die Müllerstochter hat gewählt, und gleichzeitig hat sie gekämpft.

Etwas bescheidener können Sie beispielsweise die Frage danach, worauf es Ihnen wirklich ankommt, mit der **ABC-Methode** priorisieren. Vergleichbar der zum → Zeitmanagement näher beschriebenen *Eisenhower*-Matrix

---

[614] Kinder- und Hausmärchen KHM 55 der *Brüder Grimm*.

zeichnen Sie hier in ein Quadrat vier einander überschneidende Kreise. Die markieren Sie von oben nach unten und dann von links nach rechts mit A, B, C und Z. In die Schnittmenge zwischen A und B schreiben Sie „wichtig", in die zwischen A und C „dringend". B und Z grenzen Sie durch „nicht dringend", C und Z durch „unwichtig" voneinander ab. Die A-Aufgaben sollten mindestens 60 % Ihrer Kraft und Aufmerksamkeit wert sein, danach vergeben Sie Ihre Ressourcen in alphabetisch absteigender Reihenfolge.[615]

Bewährt hat sich zudem die Einteilung Ihrer Alltagserledigungen in ein viergeteiltes Quadrat. Nach der sogenannten **Eisenhower-Matrix** verorten Sie alle To Does je nach Bedeutung und Eilbedürftigkeit in zwei Achsen. Im oberen linken Block steht, was besonders wichtig und besonders dringend ist, unten rechts platzieren Sie die Dinge, die eher unwichtig sind und Zeit haben. Nur Wichtiges ordnen Sie unten links ein, nur Dringendes oben rechts. Diese Systematisierung verschafft Ihnen Klarheit über Ihre Prioritäten.[616] In der Praxis hat es sich dabei bewährt, mit einer Magnetwand zu arbeiten. Pro Anliegen verwenden Sie einen Magneten, was erledigt ist, kommt weg.

Um zu wissen, was Ihnen wie viel bedeutet, müssen Sie vorab allerdings erst einmal wissen, wer Sie hier und heute wirklich sind. Das meint nicht, dass Sie ein → liebenswerter, aber natürlich auch → zielstrebiger Mensch sind, der das gute Leben schätzt, dabei aber auch auf seine → Gesundheit achtet. Das sind so genannte **Barnum-Aussagen**, mit denen sich in dieser Allgemeinheit jeder identifizieren kann.

Wie Sie vorgehen, ist vielmehr eine Frage Ihrer → Mentalität und Ihrer → Leitwerte. Es hängt zudem davon ab, ob Sie eher auf Individualität oder Gruppenzusammenhalt Wert legen, ob Sie eher pragmatisch oder idealistisch unterwegs sind – all das ist nicht dasselbe. Solange Sie hier nicht wirklich Klarheit über Ihre eigene innere Ausrichtung besitzen, fehlt Ihnen für wirksames Selbstmanagement das Fundament. Das müssen Sie sich durch Prioritätensetzen erarbeiten.

Leitsatz

„Selbstmanagement heißt Prioritätensetzen!"
Die Außenwelt kann helfen, mehr aber auch nicht.

---

[615] Vgl. zum Ganzen auch https://www.fuer-gruender.de/blog/abc-methode/ – abgerufen am 01.07.2023. Dort wird eine 60 – 25 – 15 – 0 – Priorisierung vorgeschlagen.
[616] Anschaulich beschrieben wird die auf *Dwight D. Eisenhower* zurückgeführte Matrix z. B. bei https://motivatione.de/eisenhower-matrix-der-albtraum-jedes-prokastineurs/ – abgerufen am 01.07.2023.

Selbstständigkeit pflegen

Das T-Shirt ist der Renner auf dem Volksfest: „Pfeif auf den Prinzen, ich nehm' das Pferd!". Wie gut dieser Ratschlag ist, hat uns der Liedermacher *Konstantin Wecker* schon in den 70er-Jahren vor Augen geführt: „Man verdirbt sie mit Prinzen, und statt ins Leben zu sinken, wollen sie fliegen und ertrinken".[617] Ein kollektiver weiblicher Traum ist das Finden von Rittern und Rettern allerdings nach wie vor … ganz so, als lebten wir in *Woody Allens The Purple Rose of Cairo*. In dieser 1985 entstandenen, schon zum → Liebesthema zitierten Filmkomödie ist der Leinwandheld völlig schockiert, dass das Leben auch noch nach dem Kameraschnitt weitergeht. Das fehlende „… und aus!" macht ihn ratlos.

Auch im wirklichen Leben gibt es mitunter ein böses Erwachen. Menschen, die doch eigentlich für uns sorgen sollten, verlassen uns. Fürsorgliche Menschen erfüllen unsere Erwartungen nicht, weil sich ihr → Engagement nicht nur oder nicht einmal hauptsächlich auf uns bezieht. Auch die Arbeitswelt ist nicht mehr das, was sie einmal war: Sie driftet auseinander, sowohl befristete Beschäftigungsverhältnisse als auch andere atypische Beschäftigungsformen sind häufiger geworden.[618]

Selbst die nacheheliche Versorgung lässt aus Sicht derer, die sich in den „sicheren Ehehafen" gerettet haben, zu wünschen übrig: Wenn **Ehen** scheitern, kommt der nachehelichen Eigen→ verantwortung heute eine deutlich größere Rolle zu als früher. Resultieren aus neuen Beziehungen weitere Kinder, geht deren finanzielle Absicherung vor. Sollte der Unterhaltspflichtige durch die Zahlung des vollen Ehegatten- und Kindesunterhalts unter seinen Selbstbehalt rutschen, muss sich der Expartner mit dem Betrag begnügen, der übrig bleibt.[619] Wohl der und dem, der dann keine abgebrochene Erwerbsbiografie und seine eigenen → Finanzen im Griff hat.

Aber selbst in stabilen Beziehungen lohnt sich die Absicherung: Sie wollen eine → Partnerschaft auf Augenhöhe führen? Dann bleiben Sie ebenso selbstständig wie Ihr Gegenüber. Wer das nicht tut, wer sich lieber von anderen

---

[617] *Konstantin Wecker*, Was tat man den Mädchen, 1977, abrufbar bei Youtube unter https://www.youtube.com/watch?v=g1QZya3TpAc – abgerufen am 01.07.2023.

[618] https://www.spiegel.de/karriere/mythen-der-arbeit-das-normalarbeitsverhaeltnis-verschwindet-stimmt-s-a-767232.html – abgerufen am 01.07.2023.

[619] *BGH*, FamRZ 2012,281.

behüten und beschützen lässt, der zahlt in einer anderen Währung. Sie lautet Abhängigkeit. Solange und soweit diese Abhängigkeit auf Gegenseitigkeit beruht, ist das nichts grundsätzlich Schlechtes. Heikel wird es aber dann, wenn einer der beiden Partner stärker vom Wohlwollen des anderen abhängt als umgekehrt. Dann verschiebt sich das Gleichgewicht in Richtung von **Schutz gegen Gehorsam,** und zwar nicht nur in → Liebesdingen.

Im Guten kennen wir diese Konstellation **in der Arbeitswelt** überall dort, wo es abhängige Beschäftigte gibt: Arbeitgeber haben Zahlungs- und Fürsorgepflichten. Wer für sie arbeitet, muss umgekehrt seine persönliche Leistungsfähigkeit einsetzen und sich dabei dem Direktionsrecht der Vorgesetzten unterwerfen. Das ist völlig normal und entspricht den → Leitwerten der meisten Menschen. Es funktioniert aber auch deshalb, weil es im Arbeitsrecht eine große Vielzahl von individual- und kollektivrechtlichen Regelungen und Institutionen gibt, die entsprechendem Missbrauch einen Riegel vorschieben.

In anderen Bereichen ist das in diesem Maße nicht der Fall. Beispielsweise durften Frauen noch lange nach Inkrafttreten des Grundgesetzes 1949 nur mit Erlaubnis ihres Gatten arbeiten gehen. Aus Beamtenverhältnissen flogen sie anfangs ohnehin heraus: Eine Beamtin, die heiratete, hatte ja jetzt einen privaten Versorger und war daher vom Staat zu entlassen.[620]

Männer hatten **bis vor rund 50 Jahren** die Hoheit über Konten ihrer Gattinnen und durften bis 1977 von sich aus deren Arbeitsverhältnisse kündigen.[621] Flüchtete sich eine Frau aus einer lieblosen Ehe in eine Außenbeziehung, drohte ihr die schuldige Scheidung mitsamt dem Verlust des Sorgerechts für die Kinder und ihrer Unterhaltsansprüche. Umgekehrt war die eheliche Vergewaltigung bis weit in die 90er-Jahre hinein nicht strafbar.

Am untersten Ende des Spektrums kennen wir bis heute ist das seit Jahrzehnten umstrittene Mordmerkmal der Heimtücke nach §§ 212, 211 Abs. 2 Gr. 2 Var. 1 des Strafgesetzbuchs StGB618: Wer einen Menschen tötet, wird erst einmal nur wegen Totschlags mit mindestens fünf Jahren Freiheitsentzug bestraft. Ein mit lebens- (im deutschen Vollzugsalltag knapp 20 Jahre) langer Freiheitsstrafe zu belegender Mörder ist nur derjenige, der „aus Mordlust, zur Befriedigung des Geschlechtstriebs, aus Habgier oder

---

[620] Siehe hierzu https://www.lto.de/recht/feuilleton/f/zoelibat-verheiratet-lehrerin-beamtenrecht-entlassung-geschlecht-diskriminierung-patriarchat/ – abgerufen am 01.07.2023.

[621] Instruktiv hierzu ist ein Artikel des Focus: https://www.focus.de/wissen/mensch/geschichte/meilensteine-der-frauenemanzipation-in-deutschland-frauentag-2012_id_2045108.html – abgerufen am 01.07.2023. Die LGBTQ-Szene, die der Staat überhaupt erst in jüngster Zeit besser zu schützen beginnt, weiß ebenso sehr ein Lied von der Diskriminierung durch die bundesdeutsche Gesetzgebung zu singen. Wenn ich mich im Text auf Beispiele von Frauendiskriminierung beschränkt habe, so deshalb, weil sich in der Gesamtschau gerade hier der „schützende Hafen der Ehe" häufig als Falle entpuppt hat.

sonst aus niedrigen Beweggründen, (…) grausam oder mit gemeingefährlichen Mitteln oder um eine andere Straftat zu ermöglichen oder zu verdecken" handelt – oder eben heimtückisch. Das Paradebeispiel dafür ist, dass „er" „sie" im offenen Streit erwürgt, während „sie" „ihn" heimlich vergiftet. Dann hat der einen Totschlag begangen, die Frau jedoch einen Mord.

Das alles legt Zeugnis ab davon, dass eine faire Interpretation von Gleichberechtigung auch unter der Herrschaft unserer Verfassung nicht selbstverständlich ist. Entsprechend sollten Sie als erwachsener Mensch wach sein und bleiben. Auf den Schutz von Vater Staat können Sie sich genauso wenig blind verlassen wie auf den durch Ihre Lieben.

Leitsatz

„Der Preis des Schutzes ist Gehorsam!".

   Schutz durch andere gibt es nie umsonst. Machen Sie sich bewusst, worin Ihre Gegenleistung besteht und bis zu welchem Punkt Sie sie bezahlen wollen.

Sich abnabeln lernen

Schwerpunkt: privat

Da stand er nun, der frisch pensionierte Senatsvorsitzende. Eben hatte er im Kreis der Weggefährten noch über einen spannenden Fall für die große Zeitschrift diskutiert, für die sie gemeinsam gearbeitet hatten. Da hob plötzlich einer seiner Richterkollegen das Bierglas: „Und weißt du auch, was das ist?". Er zeigte auf den Krug. „Das ist jetzt nicht mehr dein Bier!" Plötzlich herrschte Schweigen in der Runde, alle schauten auf den Angesprochenen. Erst als der launig dagegenhielt: „Na, denn Prost!", löste sich die Stimmung in erleichtertem → Lachen.

Scheidewege, an denen wir uns von Menschen, Orten oder auch Dingen lösen müssen, die uns ans Herz gewachsen sind, gibt es immer wieder. Am deutlichsten, am dramatischsten tritt eine solche Kehrtwende in unser Leben ein, wenn jemand stirbt, der uns etwas bedeutet. Dem mit bloßem Alltagscoaching zu begegnen, ist eine enorme Herausforderung – ergänzende psychothe rapeutische Hilfe ist nicht selten anzuraten. Dass der **Tod** nur der Grenzstein des Lebens ist, versteht sich dabei als erster Hinweis. Um wen man → trauert, der darf weitergeliebt werden, solange wir selbst leben und lieben können. Selbst wenn das im Alltag leichter gesagt als getan ist.

Zwei extreme **Trennungskonstellationen unter Lebenden** haben die beiden österreichischen Schriftsteller *Marlen Haushofer* und *Thomas Glavinic* durchexerziert. In *Haushofers* vor 60 Jahren erschienenem Roman *Die Wand*[622] geht es auf den ersten Blick etwas ähnlich zu wie in der in Kap. 1 skizzierten Seifenblasenszene: Eines Morgens sieht sich die hier 40-jährige Ich-Erzählerin einer durchsichtigen Wand gegenüber, die aber undurchdringlich ist. Jenseits der Wand scheinen alle Lebewesen tödlich erstarrt zu sein scheinen. Nach und nach lernt sie, sich zu arrangieren, auch mit ihrer Sorge um das eine oder andere Tier, das ihr zuläuft, und ist während des dritten Winters in der Lage, ihre Erzählung zu Papier zu bringen. Gleich ob Emanzipationsgeschichte, Zivilisationskritik oder verbildlichte Darstellung einer schweren Depression – es handelt sich um ein großes Stück Literatur. Das gilt auch für *Glavinics* 2006 erschienenen Roman *Die Arbeit der Nacht,*[623] in der der 35-jährige Jonas eines Morgens in einer völlig ausgestorbenen Welt. Einige Monate lang zieht er zunächst wie ein Kind im Spielzeugladen durch das leere Wien, wird zum Kameramann, kämpft gegen seine Nachtseite als Schläfer, fühlt sich von einem Wolfsvieh verfolgt. Die Sache endet nicht gut.

Auch im wirklichen Leben gibt es Fälle, in denen wir unschöne Beziehungsabbrüche erleiden. Gemeint ist die Trennung von anderen Menschen, die wir vielleicht noch → lieben, die uns aber nicht guttun. Der zugehörige Modebegriff verweist auf **toxische Beziehungen**, aus denen wir uns abnabeln müssen. Entsprechend dysfunktionale, zerstörerische Konstellationen gibt es sowohl im beruflichen als auch im privaten Bereich. Dort begegnen sie uns im → Freundeskreis ebenso wie in der → Familie. Oft haben sie mit → Übergriffigkeit, teilweise auch mit übler Nachrede, in extremen Fällen mit Gewaltausübung zu tun. Selbst wenn Sie körperlich unversehrt bleiben, kommen Sie darin mit Ihrer → Mentalität, Ihren Wertvorstellungen und → Zielen auf Dauer zu kurz.

Dabei muss Ihr Gegenüber durchaus nicht psychisch erkrankt sein. **Narzissmus** beispielsweise ist eine beliebte Laiendiagnose, die aber nicht auf jeden **Egoisten** zutrifft. Auch von solchen Menschen, die einfach nur ständig ihre eigenen Bedürfnisse an die Spitze stellen, muss man sich lösen können. Was Narzissmus im eigentlichen Sinne betrifft, so gehen dabei Eitelkeit und übertriebenes Geltungsbedürfnis nicht nur mit ständigem Bestätigungsbedürfnis, sondern auch mit einer ausgeprägten tatsächlichen *Blindheit* gegenüber fremden Interessen einher. Narzissten sind nicht nur selbstverliebt, sondern auch unempathisch und ausbeuterisch, um es vereinfacht zu sagen. Weiblicher Narzissmus

---

[622] *Marlen Haushofer*, Die Wand, Ullstein Verlag, Berlin 2014.
[623] *Thomas Glavinic*, Die Arbeit der Nacht, Carl Hanser Verlag, München 2006.

äußert sich zuweilen allerdings anders als männlicher.[624] Gerade narzisstisch gestörte Frauen scheinen oft tatsächlich zuzuhören. Sie ignorieren dann aber das Ihnen Vermittelte ständig, weil es im Grunde nur an ihnen vorbeirauscht.

Größte Vorsicht geboten ist dann, wenn man es mit der so bezeichneten **dunklen Triade** zu tun bekommt. Dieser Ausdruck bezeichnet eine Kombination aus Narzissmus, Psychopathie und Machiavellismus. Anders als Narzissten können beispielsweise Psychopathen durchaus in den Hintergrund zu treten und in andere Rollen schlüpfen. Diese äußere Anpassung ist aber innerlich mit einem völligen Mangel an Mitgefühl und der Unfähigkeit verbunden, sich in andere hineinzuversetzen.[625] Für Machiavellisten wiederum heiligt der Zweck alle Mittel – frei nach ihrem politischen Namensgeber *Niccolò Machiavelli* sind sie skrupellos und manipulativ. Sie versuchen, andere Menschen zum Trittbrett zu machen. Wenn Sie mit der dunklen Triade konfrontiert werden, gibt es nur im Normalfall nur eines: Leave ist – verlassen Sie im Sinne des → Change Management umgehend das Feld. Das Leben ist auch ohne sie schwierig genug.

Denn auch nicht toxische Standardlagen verlangen uns Einiges an → Tapferkeit ab. Ein Klassiker ist **die kindliche Ablösung – besonders – von mütterlicher Seite,** die für viele Frauen ein geradezu existenzielles Problem darstellt. Das so genannte **Empty Nest-Syndrom**, der Übergang von der aktiven zur passiven Mutterschaft, hinterlässt eine nur schwer zu füllende emotionale Leere.[626] Allerdings bedeutet das nicht, dass man den Nachwuchs zurückhalten darf. Unsere Kinder sind nicht dazu da, unsere Erwartungen zu erfüllen, sie dürfen nicht zu elterlichen Projekts werden. Dazu sei einmal mehr auf das schon zum → Gatekeeping zitierte *Gibran*-Gedicht *On Children* – Über Kinder – hingewiesen.

Seine Mahnung, dass unsere Kinder allenfalls *zu uns,* aber *nicht uns* gehören, kann nicht oft genug wiederholt werden. Auch wenn sie durch uns in die Welt gelangen: Sie sind die Söhne und Töchter der Sehnsucht des Lebens nach sich selbst. Und alles, was wir ihnen mitgeben können, ist unsere Liebe – Gedanken entwickeln sie selbst. Ihren Körpern können wir ein Zuhause geben, aber nicht Ihren Seelen. Denn ihre Seelen gedeihen im Haus der → Zukunft, das uns nicht offensteht. Nicht einmal in unseren Träumen. Wenn das so ist, wenn selbst das Wertvollste sich nicht festhalten lässt, ist es nicht allzu überzeugend, an anderen Menschen und Dingen zu „kleben".

---

[624] *Bärbel Wardetzki,* Weiblicher Narzissmus, Der Hunger nach Anerkennung, zuletzt erschienen im Kösel-Verlag, München 2021.

[625] Siehe zur Unterscheidung https://blog.sozialdynamik.at/psychopath-oder-narzisst#:~:text=Ein%20 Narzisst%20w%C3%BCrde%20so%20gut,wenn%20es%20ihnen%20zweckdienlich%20ist – abgerufen am 01.07.2023.

[626] Siehe hierzu statt vieler https://www.sinnsucher.de/blog/empty-nest-syndrom-so-schaffst-du-das-los-lassen – abgerufen am 01.07.2023.

Die gute Nachricht ist, dass Sie dann auch **fremde Schuld, fremdes Leid, fremde Lasten nur bis zu einem bestimmten Punkt mittragen** müssen. → Verantwortung übernehmen, solidarisch sein – das alles geht völlig in Ordnung. Nur, weil Ihre Lieben beispielsweise eine schwierige Jugend hatten, müssen Sie sich von Ihnen aber nicht alles Mögliche bieten lassen. Und gerade wenn es nicht mehr Ihr Bier ist, kommen Sie vielleicht wieder eher auf den Geschmack, mit den Betreffenden wieder mal eines zu trinken.

Leitsatz

„Das ist nicht dein Bier!"
  Nicht alles, was vor Ihnen abgestellt wird, müssen Sie schlucken. Ziehen Sie entsprechende Grenzen.

Sinn finden

Schwerpunkt: privat + beruflich

Eigentlich ist Arthur Dent ein ganz normaler Engländer. Trotzdem schickt ihn *Douglas Adams* seit 1979 *Per Anhalter durch die Galaxis.* Dort gibt es den Supercomputer Deep Thought, und der hat nach siebeneinhalb Millionen Jahren die Antwort auf die letzte Frage nach dem Leben, dem Universum und allem ermittelt. Sie lautet 42[627] – auf den ersten Blick ebenso schlicht wie sinnlos. Aber ist es tatsächlich richtig, dass unsere Existenz keinen Sinn ergibt?

An der Sinnfrage arbeiten sich die **fünf großen → Weltreligionen** Judentum, Christentum, Islam, Hinduismus und Buddhismus ebenso ab wie die Verleger von Sprichwörtern auf Abrisskalendern. Die Antworten waren und sind so vielfältig wie Raum und → Zeit und reichen von der antiken Philosophie der **Eudaimonía** oder → Glück-Seligkeit (jedenfalls für freie Männer) bis hin zum **existenzialistischen Absurditätsglauben** eines *Albert Camus.* Hedonisten betonen die zentrale Bedeutung von → Lust und von Schmerzvermeidung, Moralisten gilt ethisch verantwortliches → Handeln als

---

[627] Im Original: „Forty-two is the Answer to the Ultimate Question of Life, the Universe and Everything. This Answer was first calculated by the supercomputer Deep Thought after seven and a half million years of thought. This shocking answer resulted in the construction of an even larger supercomputer, named Earth, which was tasked with determining what the question was in the first place" – zitiert nach https://hitchhikers.fandom.com/wiki/42 – abgerufen am 01.07.2023.

unverzichtbarer Bestandteil. Die Reinkarnationslehre betrachtet dieses Leben bereits als Vorbereitung auf das nächste, und manch ein Naturphilosoph schließt → Freundschaft mit dem Gedanken, am Ende seines Erdenlebens wieder von Staub zu Staub oder von Asche zu Asche zu werden.

So schwierig die Antwort auf die richtige Einordnung in einen großen Kontext auch sein mag: Auch hier lohnt es sich, genau hinzusehen. Dass sich der Sinn unserer Existenz im Ganzen nicht widerspruchs- und bruchfrei erfassen lässt, heißt nämlich nicht, dass Sie im Dunkeln weitergehen müssen. Die Frage, wozu Ihr Da-Sein gut ist, lässt sich auch **eine Stufe niedriger** beantworten. Dazu müssen Sie sich unter anderem klarmachen, welche → Mentalität Sie ausmacht und welche → Leitwerte Sie prägen. Wo sehen Sie Ihren Platz? Wo gehören Sie und gerade Sie, wo gehört Ihr soziales Umfeld in nah und fern warum und inwieweit hin? Sobald Sie das erkannt haben, können Sie entsprechende → Ziele entwickeln. Nach dem schon erwähnten Arzt und Therapeuten *Alfred Adler* entdecken Sie genau hier, in der **Spannung zwischen dem Ziel und der Wirklichkeit**, den Sinn Ihres Lebens.

Dabei muss Ihr persönlicher Lebenssinn **beispielsweise** nicht darin bestehen, eine leibliche → Familie zu gründen und zu unterhalten. Auf der Welt gibt es zahllose kleine und große Menschen, die biologisch weit enger mit Ihnen verwandt sind, als es äußerlich den Anschein haben mag. Vielleicht liegt Ihre Erfüllung hier und jetzt stattdessen darin, Menschen zusammenzuführen, die sich für fremden Nachwuchs engagieren wollen? Auch berufliche Karrieren, gleich ob als Grundlagenforscherin oder Influencer, sind nicht unbedingt so sinnstiftend, wie es auf den ersten Blick scheint. Dafür sind Sie zu außengeleitet. Ob etwas, das gut aussieht, sich auch so anfühlt, ob Sie mit vielen Anderen auch sich selbst überzeugen … Das alles steht dahin.

„Du hast den Verstand, aber hast du auch das richtige Gespür? Versteh mich nicht falsch, ja, ich denke. du bist in Ordnung. Aber das hält mich nicht warm mitten in der Nacht. Das beeindruckt mich nicht sehr" singt *Shania Twain* in *That Don't Impress Me Much* denn auch schon gegen Ende des letzten Jahrhunderts: „So you got the brain but have you got the touch/Don't get me wrong, yeah I think you're alright/But that won't keep me warm in the middle of the night/That don't impress me much" … was selbst für *Brad Pitt* und Raketenexpertinnen gelten soll.[628] Und erst recht für Sie und ihre erfüllende → Freiheits- und → Freizeitgestaltung. Schon gar nicht müssen Sie so weit gehen wie Sternenflotten-Admiral Jean-Luc *Picard*, der über seinen Arbeitgeber einmal sagte, er sei die einzige → Familie, die er je gebraucht

---

[628] https://www.youtube.com/watch?v=jQZTK6xJ1Bw – abgerufen am 01.07.2023.

habe.[629] Selbst der legendäre Kapitän des *Raumsschiffs Enterprise*-Kapitän hat am Ende seiner Laufbahn festgestellt, dass das so nicht stimmte.

Stattdessen empfiehlt sich eine Mischung aus hedonistischer Genuss-orientierung und gemeinnützigem Streben … nicht nur um anderer Erdbewohner willen. Sie ist durchaus auch eigennützig, denn: Worauf könnten wir uns noch freuen, wenn wir alle ohne Rücksicht auf Verluste jeden Tag im **Carpe Diem-Modus** Blumen pflücken würden, als wäre es unser letzter? Nicht einmal **Das Wahre Schöne Gute**, um die Inschrift der Frankfurter Alten Oper zu zitieren, ist bei genauerem Hinsehen jeweils dasselbe. Zudem kann sich der von Ihnen so erkannte Sinn kann durchaus ändern. **Während Sie durchs Leben schreiten, verändern sich Ihre Interessen, Ihre Bedürfnisse und Ihr Blick.** Vor diesem Hintergrund müssen Sie die oben beschriebene *Adler*sche Spannung immer wieder neu mit Leben füllen.

Damit ist die Antwort von Deep Thought vielleicht gar nicht so falsch: Sie ist grotesk und damit eine passende Erwiderung auf den Umstand, dass wir heutigen Menschen für eine Universalantwort womöglich (noch) nicht geschaffen sind. Das heißt aber nicht, dass wir auf individueller und sozialer Ebene keinen Sinn definieren können.

Leitsatz

„42 is the Answer!"
    Auf universeller Ebene kann die Frage nach dem Sinn nicht befriedigend beantwortet werden. Dennoch können wir unserem eigenen Leben einen Sinn geben. Er liegt im Hinschreiten auf unsere zentralen individuellen und kollektiven Ziele.

Storytelling erkennen

Schwerpunkt: privat + beruflich

Mareikes Ehe war einfach die Hölle: Der Exgatte rücksichtslos, ewig abwesend, und zum Schluss hat er sie auch noch wegen einer Jüngeren verlassen. Mareikes Vater wiederum hatte die schwerste Kindheit von allen, ausgebombt und mit drei jüngeren Geschwistern, die die ganze Aufmerksamkeit der

---

[629] Vgl. hierzu https://www.filmdienst.de/film/details/594140/star-trek-picard, abgerufen am 01.07.2023.

Großmutter genossen, während er selbst auf den Schwarzmarkt geschickt wurde, um Essbares zu ergattern. Und wenn Mareikes Cousine Cora damals hätte studieren dürfen, wenn man ihrem Freund Daniel nicht den Autounfall in die Schuhe geschoben hätte … dann wäre so manche Unterhaltung in trauter Runde wohl anders verlaufen. So unterschiedlich entsprechende Geschichten auch sind, sie haben eines gemeinsam: Der Erzählende und die Seinen sind offenbar das Opfer schreienden Unrechts geworden. Das Publikum fühlt sich verpflichtet, sein Leid durch Zuhören zu mildern.

Doch Vorsicht: **Wer einen Sachverhalt häufiger als drei-, viermal Mal schildert, wird schnell zum Geschichtenerzähler in eigener Sache.** Die eigenen Erinnerungen werden mit der → Zeit nicht nur blasser, es treten auch Verzerrungseffekte ein. Die Betreffenden werden gewissermaßen zu Bänkelsängern ihrer eigenen Erzählung. → Tatsachenerinnerungen werden von Mal für Mal weiter überschrieben, und man betrügt sich zunehmend selbst. Hat man erst einmal begonnen, in der eigenen → fantastischen Geschichte zu leben, ist der Aufprall in der Realität umso härter: Man selbst hat keine verlässliche Erinnerung an das Geschehene. Die Außenwelt passt sich ja der Selbstdarstellung objektiv nicht an, und irgendwann reagiert selbst das geduldigste Auditorium verstimmt.

Anders sieht die Sache aus, wenn den Zuhörenden von vornherein klar ist, dass es sich um eine **Anekdote** handelt. Das ist eine kurze Erzählung, die personenbezogene Ereignisse auf → humorvolle Art und Weise darstellt. Gute Anekdoten sind eine besondere Form der Unterhaltung. Statt den Focus auf Tatsachenbehauptungen zu legen, sollen sie eher für Erheiterung sorgen.

Ich selbst habe **beispielsweise** am Tag vor Himmelfahrt 2023 beinahe eine Moderation in Düsseldorf verpasst, weil eine Mitarbeitende der Frankfurter Bahnauskunft am Frankfurter Flughafen mehreren Leuten erklärt hatte, hinter dem ursprünglich gebuchten, aber überfüllten Zug komme gleich der nächste ICE. Der kam auch, und tatsächlich waren auf der Anzeigetafel Köln (wo ein anderer Mitreisender hinwollte) sowie Düsseldorf angeschrieben. Umso verblüffter waren wir, als nach der Abfahrt vom Flughafenbahnhof „nächster Halt: Mainz Hautbahnhof" angesagt wurde. Man hatte uns statt auf die *Schnellstrecke* auf die *alte Rheinstrecke* geschickt, mit wunderbarem Blick auf die Loreley („Ich weiß nicht, was soll es bedeuten …!"). Und bei doppelter Fahrzeit. Als ich kurz vor Veranstaltungsende eintraf, hatte ich immerhin die Lacher auf meiner Seite.

Eine weitere, eher harmlose Variante ist **der verdeckte Appell**. Dann geht es weniger um die Sache an sich, als das im Rahmen der → Kommunikation ein mitfühlendes Schulterklopfen erbeten wird: „Ich Ärmste, bitte spendet mir Mitleid." Oder: „Ich bin so wütend, bitte zollt diesem Umstand Tribut." Denkbar ist auch eine Beziehungskundgabe: „Einst war ich umgeben von bösen Menschen, die habe ich unter Mühen hinter mir gelassen. Jetzt sitze ich zum Glück hier mit euch". Wenn das kein Kompliment ist, das man sich auch mehrmals anhören kann!

Sobald Sie es hingegen mit ernsthaften Sachbehauptungen zu tun haben, ist guter Rat erst einmal teuer. Wenn es „zum Schwur" kommt, wie unterscheide ich dann die Wahrheit von einer gut eingeübten Geschichte? Orientierungshilfe bieten insoweit die **Standards der Aussagepsychologie im Rechtsbereich**.[630]

Dass **beispielsweise** der Berichtende als Person glaubwürdig ist, belegt noch nicht die Glaubhaftigkeit seiner Aussage. Umgekehrt spricht es gegen die Richtigkeit in der Sache, wenn sie in einem Ton vorgetragen wird, der jeden Dialog unterbindet. In solchen Fällen sind Rückfragen, die das Geschilderte weiter erhellen könnten, offenbar nicht erwünscht – aber aus Sachgründen womöglich umso mehr geboten. Soweit Sie nachhaken können und wollen, richten Sie Ihr Augenmerk am besten darauf, mit welcher Wahrscheinlichkeit das Geschilderte wirklich objektiv wahrgenommen und abgespeichert werden konnte.

Fragen Sie sich: In welchem Maße war Ihr Gegenüber im Moment des Geschehens bei der Sache? Inwieweit war und ist er in der Lage, das Geschehen vorurteilsfrei zu erfassen? Hat er, um ein Bild aus dem Strafrecht zu zitieren, wirklich die Pistole gesehen oder nur einen Knall gehört? Gibt es andere Versionen, die ebenso überzeugend sind? Was ergeben die weiteren Umstände? Stand oder steht der oder die Betroffene unter Druck, andere in seinem oder ihrem Sinn zu beeinflussen?

Für den **Wahrheitsgehalt einer Schilderung** sprechen Kriterien wie Stimmigkeit, Detailreichtum und Anschaulichkeit. Aber auch Selbstkorrekturen und der Verzicht auf Klischees und Stereotypen sind ein gutes Zeichen. Aufhorchen sollten Sie hingegen immer dann, wenn mit Mitteln der Übertreibung, Entrüstung oder Vorwegverteidigung gearbeitet wird. Wenn jemand „bloß nicht denken soll, dass …", steht sprichwörtlich der unsichtbare Elefant im Raum.

Ein weiterer Klassiker ist der so genannte **Freud'sche Versprecher**. Das ist im Anschluss an *Sigmund Freud* eine sprachliche Fehlleistung, der die eigentlichen Gedanken und Absichten unwillkürlich enthüllt. So soll beispielsweise der ehemalige bayerische Ministerpräsident *Edmund Stoiber* einmal berichtet haben, dass er allmorgendlich eine Blume „hinrichte". In einem anderen Fall sprach jemand, der zur Sonografie – also zum Ultraschall – musste, stattdessen von „Pornografie".[631] Ein Mandant, mit dem ich Veröffentlichungsstrategien

---

[630] Siehe dazu ausführlich https://www.jura.uni-frankfurt.de/55029767/Glaubhaftigkeitsbeurteilung.pdf – abgerufen am 01.07.2023.

[631] Beispiele aus https://www.ardalpha.de/wissen/psychologie/versprecher-sprechen-freud-100.html – abgerufen am 01.07.2023.

in Wirtschaftsmedien besprochen hatte, machte die (gute) Börsen-Zeitung unversehens zur „Bösen-Zeitung". Ich selbst schließlich habe im Gedankenaustausch mit einem Kollegen unlängst versehentlich von „Bad –„ statt „Best Practices" berichtet.

Vergleichsweise schwieriger ist das Erkennen von professionellen Hochstaplern. Solche Blender setzten sich und ihr Können sehr geschickt, aber auf fremde Kosten in Szene. In vielen Fällen haben die Täter noch nicht einmal ein schlechtes Gewissen: Die Zuhörenden hätten ja besser nachforschen und gleich die richtigen Fragen stellen können. Wieso waren Sie denn auch so naiv![632] Ein Paradebeispiel dafür ist Der *Tinder-Schwindler*, über den ein fast zweistündiger Dokumentarfilm gedreht wurde.[633] Der Jetsetter und angebliche Diamantenmogul finanzierte seinen aufwändigen Lebensstil nach dem Schneeball-System: Mit dem nach aufwändigem Beziehungsaufbau von den betreffenden Frauen erlangten Geld fütterte *Simon Leviev* alias *Shimon Hayut* sein jeweils nächstes Opfer an. In diesem Fall ging es um Romance Scamming, eine moderne Form des Heiratsschwindels.

Ob **Angst und/oder Gier** als Grundbedürfnisse bedient werden, ist allerdings variabel. So war der berühmte *Frank Abagnale Jr.,* dessen Leben *Steven Spielbergs* in *Catch me if you can*[634] verfilmt hat, vor allem ein Scheckbetrüger und Dokumentenfälscher. Weitere anschauliche Beispiele aus Literatur und Musik liefern sodann *Thomas Manns* Felix Krull,[635] *Gottfried August Bürgers* aberwitzige Geschichten vom Freiherrn von Münchhausen[636] und *Reinhard Meys* 50er-Jahre-Figur Dieter Malinek.[637] Von dem angeblichen Journalisten, der einem pickligen jungen Mann mit falschen Versprechen die Freundin ausspannt, meint der Ich-Erzähler dieser Ballade selbst im Nachhinein, „das war ein klasse Typ, der wusste immer gleich, was Sache ist".

Hier wie im richtigen Leben mangelt es nicht an entsprechend schillernden Figuren. Die Bandbreite reicht von (Online-)Heiratsschwindlern aller Art über den historischen Eiffelturm-Verkäufer *Victor Lustig* bis hin zum noch immer nicht vollständig aufgearbeiteten Skandal um den Finanzdienstleister **Wirecard**, seinem langjährigen Vorstandsvorsitzenden *Markus Braun* und

---

[632] Erhellend dazu https://www.deutschlandfunknova.de/beitrag/betrueger-hochstapler-manipulatoren-die-psychologie-von-luegnern#:~:text=Bei%20Hochstaplern%20oder%20Betr%C3%BCgern%20 w%C3%A4re,diese%20betrogen%20und%20belogen%20werden – abgerufen am 01.07.2023.

[633] Abrufbar unter https://www.netflix.com/de/title/81254340 – abgerufen am 01.07.2023.

[634] Siehe hierzu auch den Trailer unter https://www.youtube.com/watch?v=06tCXmcmtoM – abgerufen am 01.07.2023.

[635] *Thomas Mann,* Bekenntnisse des Hochstaplers Felix Krull, beispielsweise in der Fassung der Großen kommentierten Frankfurter Ausgabe rororo Frankfurt a.M. 2014.

[636] Die Abenteuer des Freiherrn von Münchhausen, Anaconda Verlag, Köln 2010.

[637] Der Song ist abrufbar https://www.youtube.com/watch?v=KrVd8sz6z3o – abgerufen am 01.07.2023.

weiteren Protagonisten. Bei Wirecard geht es um 1,9 Mrd. verschwundene Euro, die womöglich nie existiert haben. Im Raum stehen Bilanzfälschung, Marktmanipulation, Untreue und gewerbsmäßiger Bandenbetrug, und *Braun* verkauft sich in dem seit Dezember 2022 laufenden Strafprozess als Opfer.[638] Ob er sich wirklich als solches betrachtet, ist aus der Ferne nicht feststellbar.

Auch die Einstellung von *Stephan Schäfer* und *Jonas Köller*, deren Unternehmen **S+K** zehn Jahre zuvor für einen bundesweiten Immobilienskandal gesorgt hatte, erscheint eher schillernd. Jedenfalls *Köller* ging gegen seine strafrechtliche Verurteilung in Revision und setzte sich in der Zwischenzeit mit Maßanzügen, teuren Autos und Partyurlaub auf Ibiza in Szene.[639] „Baulöwe" *Jürgen Schneider* wiederum, der Anfang der 90er-Jahre mit frisierten Rechnungen und Lügen über die Kreditwürdigkeit seiner Immobilien vor allem in Leipzig Schäden in Milliardenhöhe angerichtet hatte, zeichnete sogar verantwortlich für das Unwort des Jahres 1994. Der damalige Vorstandssprecher der Deutschen Bank, *Hilmar Kopper,* hatte nämlich im Zuge ausstehender Handwerkerrechnungen „von ganz deutlich unter 50 Mio. Mark" von *Peanuts* gesprochen.[640]

Diese auf mehreren Seiten **verschobene Realitätswahrnehmung** erinnert an die vorgebliche Zarentochter *Anna Anderson*, die es als *Anastasia* bis vor den Bundesgerichtshof gebracht hat. Dort hat *Anderson* hat eine Grundsatzentscheidung zur Frage veranlasst, wie weit die Überzeugungsbildung eines Richters im Zivilprozess zu gehen habe. Das Gericht brachte es auf die **Formel:** „Der Richter darf und muss sich … in tatsächlich zweifelhaften Fällen mit einem für das praktische Leben brauchbaren Grad an Gewissheit begnügen, der den Zweifeln Schweigen gebietet, ohne sie völlig auszuschließen."[641]

Die genannten Fälle verweisen auf eine weitere Schwierigkeit im Umgang mit Hochstaplern: Zuweilen sind die besten Blender gerade die, die irgendwann selbst begonnen haben, an ihre Geschichten zu glauben. Dass sie mit großem manipulativem Geschick andere → erfolgreich mit sich ins Un- → Glück reißen, interessiert das Strafrecht allerdings nicht unbedingt. **Betrüger** im technischen Sinne sind sie beispielsweise erst dann, wenn sie in

---

[638] Siehe zur Berichterstattung über den Prozessbeginn https://www.tagesschau.de/wirtschaft/wirecard-markus-braun-prozessbeginn-101.html – abgerufen am 01.07.2023.

[639] So *Marcus Jung* in FAZ Nr. 42 vom 18.02.2023, 22.

[640] Siehe dazu eingehender https://www.deutschlandfunk.de/vor-20-jahren-der-niedergang-des-bauloewen-juergen-schneider-100.html – abgerufen am 01.07.2023.

[641] Der Fall ist nachzulesen unter https://dejure.org/dienste/vernetzung/rechtsprechung?Gericht=BGH&Datum=17.02.1970&Aktenzeichen=III%20ZR%20139/67 – abgerufen am 01.07.2023. Eine redigierte Version findet sich in *BGHZ* 53, 245 = NJW 1970, 946.

bestimmter, in § 263 StGB[642] näher beschriebener Weise das Verschieben von *Vermögen* bewirken. Ansonsten sind unter anderem die Anmaßung bestimmter Ämter und verschiedene falsche → Qualitätsversprechen strafbar, sofern man die Betroffenen dingfest machen kann.

Entlarven können Sie entsprechende Menschen und → Strukturen unter dem Strich vor allem dadurch, dass Sie wieder und wieder nachhaken. **Gehen Sie ins Detail**, stellen Sie konkrete Fragen. Lassen Sie sich von Ausflüchten und undurchschaubaren Konstrukten nicht ablenken, geschweige denn blenden. Sonst geht es Ihnen wie den Aktionären von Wirecard: Nach bisheriger Rechtsprechung haben diese gegenüber dem insolventen Zahlungsabwickler auch zweitinstanzlich keinen Anspruch auf Schadenersatz für ihre Kursverluste. Die Bundesanstalt für Finanzdienstleistungsaufsicht oder BaFin ist nicht in der Haftung.[643] Generell sind Sie zudem umso weniger anfällig für diesen Menschentypus, je besser Sie Ihre eigene → Mentalität, Ihre → Leitwerte und → Ziele kennen. Wer nach dem schnellen Glück giert, ist hingegen gefährdet.

Leitsatz

„Ab dem dritten Mal erzählt man eine Geschichte!"
Soweit es dabei tatsächlich vor allem um Sachbehauptungen geht, sollten Sie genau hinhören. Standards der Aussagepsychologie im Rechtsbereich helfen. Professionelle Hochstapler sind schwer zu enttarnen, vor allem sollte man sich nicht von seiner eigenen Gier leiten lassen. Am anderen Ende des Spektrums gilt das auch für die eigenen Ängste.

Streiten lernen

Schwerpunkt: privat + beruflich

Tango bringt die Menschen rund um die Welt ins Schwärmen. Finnischer Tango hat hierzulande[644] ebenso sein Publikum wie der klassische lateinamerikanische Tanz. Engelforscher bloggen über Tango im Kloster,[645] in

---

[642] https://www.gesetze-im-internet.de/stgb/__263.html#:~:text=(1)%20Wer%20in%20der%20 Absicht,mit%20Freiheitsstrafe%20bis%20zu%20f%C3%BCnf – abgerufen am 01.07.2023.

[643] Siehe dazu https://www.zeit.de/wirtschaft/unternehmen/2022-11/wirecard-zahlungsabwickler-land-gericht-muenchen-aktionaere-schadenersatz?utm_referrer=https%3A%2F%2Fwww.google.de%2F – abgerufen am 01.07.2023 – und FAZ Nr. 36 v. 11.07.2023, 25.

[644] Zum Beispiel in der Düsseldorf-Duisburger Rheinoper, https://rp-online.de/nrw/finnischer-tan-go-in-der-rheinoper_aid-13153867 – abgerufen am 01.07.2023.

[645] https://www.engelforscher.com/index.php/tango/tango-im-kloster – abgerufen am 01.07.2023.

Berlin-Kreuzberg gibt es eine Tanzschule namens *Tangotanzen macht schön.*[646] Und doch meint das berühmte angelsächsische Sprichwort **It takes two to tango** etwas ganz anderes. Dass es zum Tangotanzen immer zweier Leute bedarf, heißt nämlich, dass an einer schwierigen Situation nie nur einer, sondern immer beide ihren Anteil haben. Entsprechende Konflikte muss man dann irgendwie austanzen – im Film zum Beispiel im Tango Milonga, wie ihn in *Jon Bokenkamps Blacklist* Protagonist Raymond „Red" Reddington anpreist.[647]

Natürlich tanzt im richtigen Leben nicht jeder gern. Mancher bevorzugt Kampfsport- oder Selbstverteidigungsarten. Eine bekannte Technik der waffenlosen Selbstverteidigung ist die „nachgebende Kunst" des Jiu Jitsu. Anstatt Kraft gegen Kraft zu setzen, lenkt man nach dem Grundsatz **Siegen durch Umleiten** so viel Offensivkraft wie möglich zurück. All dem gemeinsam ist das ständige Austarieren von Stellungen. Das gilt auch für jede Art von Streit, und hier wie dort müssen Sie erst einmal lernen, wie das geht.

Dabei sind sowohl Streitvorlieben als auch Streittechniken ganz unterschiedlich. Genau wie in der allgemeinen → Kommunikation gibt es auch beim Streiten verschiedene Typen. Wie man sich streitet, ist mit anderen Worten **nicht nur situations-, sondern auch mentalitätsabhängig.** Wer das nicht beherzigt und wie ein Bär gegen Bären kämpft, der kann glatt gegen Mäuse verlieren. Da knurrt der eine wie ein Hund, die andere faucht wie eine Katze, und beides ist glatte Kräfteverschwendung, wenn es aufs Geratewohl geschieht. Stattdessen müssen Sie wissen, wer Sie sind, Sie müssen erkennen können, wer Ihr Gegenüber ist, und dann müssen Sie unterschiedliche Techniken beherrschen.

Dazu gehören die klassische sachliche Auseinandersetzung ebenso wie die Techniken der schon erwähnten → Schlagfertigkeit sowie die **paradoxe Intervention.** Über deren Einsatz im Streitfall berichtet schon das Neue Testament: Dort hält Jesus die andere Wange hin statt zurückzuschlagen, und entsprechende Empfehlungen gibt die Bibel zuhauf.[648] Um es mit der Bergpredigt des *Matthäus* zu formulieren: „Ihr habt gehört, dass den Alten gesagt ist: ‚Aug' um Auge, Zahn um Zahn'. Ich aber sage euch: Leistet dem, der euch etwas Böses antut, keinen Widerstand, sondern wenn dich einer auf die rechte Wange schlägt, dann halt ihm auch die andere hin" (Mt 5,38 f.). Außerhalb des Christentums wird niemand Geringerem als *Mohandas*

---

[646] https://tangotanzenmachtschoen.de/ – abgerufen am 01.07.2023.

[647] In Staffel 2, Folge 11 – Ruslan Denisov.

[648] Siehe weiterführend dazu die Zitatensammlung unter https://bible.knowing-jesus.com/Deutsch/topics/Die-Andere-Wange-Hinhalten – abgerufen am 01.07.2023.

Karamchand „Mahatma" Gandhi der Ausspruch zugeschrieben: „Auge um Auge, und die ganze Welt wird blind sein".[649]

Umgekehrt können Sie beispielsweise einen Menschen, der gerade in einem Wutanfall einen Teller an die Wand geworfen hat, die zugehörige Tasse, anschließend die Untertasse reichen – Hauptsache, Sie tun das unerwartet Paradoxe, um Ihr Gegenüber aus dem Konzept zu bringen.

Dabei können Sie das Mittel der paradoxen Intervention auch verbal mit **Humor** kombinieren. Für genervte → Familienangehörige empfiehlt sich beispielsweise der Satz: „Schrei lauter, ich hör dich so schlecht!". Als Meister des paradoxen Fachs erweist sich auch *Maurice Sendaks* Pop in *Frederik Vahles* Kinder-Seefahrerlied *Higgelti, Piggelti, Pop und Puh*:[650] „Und einmal da führte Pop das Steuer,/Da kam ein furchtbares Seeungeheuer./Und Pop rief: ‚Komm' ich küsse dich'./Da tauchte es weg, Denn das mochte es nicht". Ein schönes **Alltagsbeispiel** liefert schließlich die Reaktion des Expartners von Popstar *Shakira*, des früheren Fußballweltmeisters *Gerard Piqué*. In einem neuen Song hatte *Shakira* indirekt ihre Nachfolgerin attackiert: *Piqué* habe einen Ferrari gegen einen Twingo getauscht und eine Rolex gegen eine Casio-Uhr. Daraufhin fuhr *Piqué* bei nächster Gelegenheit im Twingo und mit einer Casio am Handgelenk vor und ließ sich beim Verschenken weiterer Casios mit den Worten live streamen, das diese Uhren ein Leben lang hielten.[651]

Was aber tun Sie, wenn Ihnen nach Manövern gleich welcher Art nicht zumute ist?

Die erste und wichtigste Empfehlung ist, dass Sie sich die **Situation klarmachen**, in der Sie sich gerade befinden. Wir alle navigieren in einer Welt voller Beziehungen – und die ist immer auch eine → Welt voller lückenhafter Informationen und Interessenkonflikte. Menschen auf Augenhöhe können trotzdem einen unterschiedlichen Wissensstand haben, und sie haben voneinander Verschiedenes vor. Sie besitzen eine andersartige → Mentalität und vertreten voneinander abweichende → Leitwerte. Ihre → Ziele und Träume sind nicht dieselben.

Die gute Nachricht ist: Das ist eigentlich recht praktisch so, denn anders würden wir keine **Erweiterung unseres eigenen Horizonts** erfahren. Unsere Alltagsgesellschaft lebt vom komplementären Austausch von Waren, Ideen und Fertigkeiten. Wäre beispielsweise nicht dem einen Geld wichtiger, dem

---

[649] Zitiert nach http://www.poeteus.de/zitat/Auge-um-Auge-und-die-ganze-Welt-wird-blind-sein/102 – abgerufen am 01.07.2023.

[650] https://www.songtextemania.com/higgelti,_piggelti,_pop_und_pu_songtext_fredrik_vahle.html – abgerufen am 01.07.2023.

[651] FAZ Nr. 23 vom 27.1.2023, 7.

anderen jedoch Ware oder Arbeitskraft, würde unsere gesamte Volkswirtschaft zusammenbrechen. Würden wir voneinander nicht lernen wollen, wären sämtliche ernsthaften Gespräche sinnlos. Und würden wir privat vollständig parallel laufen, statt einander zu ergänzen und überraschen zu können, wie langweilig würde das denn?

Der Preis dafür besteht in immer wieder auftretenden Konflikten, die Sie entweder unter dem Teppich halten können. Dann haben Sie sie aller Erfahrung nach aber bald wieder vor der Nase. Oder Sie beseitigen sie durch Anwendung des → Change Management, indem Sie entweder den Konfliktherd zu bereinigen versuchen oder aber die Beziehung zu dem Konfliktpartner auflösen. Im letzteren Fall schütten Sie jedoch womöglich das Kind mit dem Bade aus: Sie beseitigen eigentlich erhaltenswerte Zustände gleich mit. Wenn Sie das nicht riskieren möchten, müssen Sie lernen, sich konstruktiv zu streiten. Machen Sie sich Beteiligte und Umstände klar, und achten Sie auf das Einhalten bestimmter Mindeststandards. Wie das im Einzelnen geht, lesen Sie im folgenden Abschnitt zum Thema → Streitfragen lösen.

Leitsatz

„It takes two to Tango!"
Um Konflikte in befriedigender Weise bereinigen zu können, müssen Sie streiten lernen.

Streitfragen lösen

Schwerpunkt: privat + beruflich

Im vorangehenden Abschnitt haben Sie gelesen, dass es sich lohnt, gut streiten zu lernen.

Ein sehr verbreiteter Methodenstandard dafür, Streitfragen professionell zu lösen, ist das von *Roger Fisher* gemeinsam mit *William Ury* vor über 40 Jahren entwickelte **Harvard-Konzept**: *Getting to Yes – nach allen Regeln der Kunst.*[652] Die Entwicklung dieser Methodik ist aus einem Verhandlungsprojekt der

---

[652] So auch der deutschsprachige Name des im Original Getting to Yes betitelten Buches von 1981: *Roger Fisher/William Ury/Bruce M. Patton* (Hrsg.): Das Harvard-Konzept – Der Klassiker der Verhandlungstechnik, Campus-Verlag, Frankfurt am Main/New York 24. Aufl. 2013.

gleichnamigen US-Ostküstenuniversität hervorgegangen. Die fünf wichtigsten Punkte, an denen sie anknüpft, sind (in dieser Reihenfolge): **Sachfragen, Interessen, Möglichkeiten, Maßstäbe und rote Linien.** Dabei steht der erste Stichpunkt für die Trennung dessen, worum es geht, von der Person, die etwas sagt. Danach ist beispielsweise Ihr Schwager nicht blöd, sondern seine Haltung zu einem bestimmten Thema unangemessen. Das sollten Sie auch konsequent richtigstellen, ganz gleich um wen es sich handelt.

Wirklich in sich hat es Thema 2: **Interessen** weichen voneinander ab, aber darüber kann man sich normalerweise unterhalten. Was in der Praxis jedoch häufig passiert, ist, dass zwei Kontrahenten verschiedene **Positionen** einnehmen. Der Unterschied ist entscheidend: Eine Position ist entweder so oder anders, man will das oder nicht, fordert 20 € oder möchte 10 € zahlen, trifft sich einmal die Woche oder zweimal. *Aus diesen So-nein-anders-Situationen müssen Sie unbedingt entkommen,* wenn Sie sich sinnvoll streiten wollen! Sonst gibt es immer mindestens einen Verlierer, und das rächt sich. Stattdessen fragen Sie künftig: Warum müssen es 20 € sein? Wieso sollte man sich zweimal treffen statt einmal?

Was interessengeleiteter von positionsgeleiteter Auseinandersetzung abgrenzt, lässt sich nach dem bei aHa so genannten **Limoncello-Prinzip** beschreiben. Danach muss man eine Limone nicht unbedingt so teilen, dass man sie mit dem Messer in zwei Hälften schneidet. Es kann sich nämlich zeigen, dass der eine Beteiligte das Fruchtfleisch für Saft haben möchte, die andere aber zur Herstellung des Likörs die Schale. Das findet man aber erst heraus, indem man das Interesse, das hinter der Aufforderung zum Halbieren steht, hinterfragt. Das Ergebnis ist ein allseitig sinnvolleres Teilen.[653]

Deshalb fragen Sie sich: Wofür stehen eine Forderung? Wie können Sie Ihrem Gegenüber so entgegenkommen, dass beide auf Ihre Kosten kommen? Wenn Sie einer Bitte nicht jetzt entsprechen können, dann vielleicht bei nächster Gelegenheit? Falls Sie nicht mit der geforderten Summe punkten können, dann womöglich mit etwas anderem? Mit entsprechenden Fragen gelangen Sie wieder zurück in den eingangs skizzierten komplementären Bereich, in dem man sich sinnvoll ergänzen kann, anstatt einander gefühlt oder tatsächlich etwas wegzunehmen.

Unmittelbar damit verbunden ist das Aufzeigen von Alternativen: Niemand lässt sich gerne das von *Gerhard Schröder* bemühte **Basta-Prinzip** vorsetzen. „Es ist notwendig und wir werden es machen. Basta!", hatte der Ex-Bundeskanzler im Herbst 2000 vor einem Kongress der

---

[653] https://aha-kanzleientwicklung.de/videos/ – abgerufen am 01.07.2023.

Gewerkschaft Öffentliche Dienste, Transport und Verkehr (ÖTV) gesagt und es damit sogar zur Kapitelüberschrift eines Buchtitels über normative Relationalität gebracht.[654]

Stattdessen: Welche anderen Optionen können Sie Ihrem Gegenüber anbieten, wie den Spielraum weiter ausweiten? Welche weiteren **Win-Win-Situationen** haben Sie vielleicht noch nicht bedacht? Und wo ist, um zum fünften Element vorzuspringen, umgekehrt Ihre eigene Grenze? Wo **die rote Linie,** jenseits derer Sie sich über das Ergebnis Ihrer Bemühungen nur noch ärgern würden? An welchem Punkt würden sich Sie, aber auch andere Beteiligte sich über den Tisch gezogen fühlen?

Mein Kollege *Martin Brück von Oertzen* hat in einer unserer Kanzleireihen-Veranstaltungen zum Thema Verhandeln in virtuellen Zeiten[655] zu Recht darauf hingewiesen, dass Sie **keine nur kurzfristig haltbaren Lösungen** anstreben sollten. Sie haben nichts davon, wenn Ihr Gegenüber – Ihr Vorgesetzter, Ihre Kundin, Ihr Freund, Ihre Vereinskameradin – nur aus Erschöpfung nicht → Nein sagt. Wer einem Kompromiss nur aus diesem oder anderen sachfremden Gründen zustimmt, wird ihn bald revidieren wollen. Und/oder er wird Schwierigkeiten bei der Umsetzung des Vereinbarten machen. In jedem Fall torpedieren Sie die → allseitige Partnerschaft.

Die so genannte „Best Alternative To Negotiated Agreement", die beste Alternative zu einer Vereinbarung oder **BATNA** sollten Sie, kurz gesagt, jederzeit kennen. Notfalls müssen Sie diese Karte ziehen können.

Schließlich das Thema **Verhandlungsmaßstäbe:** → Zielführend streiten können Sie sich entweder fair oder gar nicht. Dabei geht es keineswegs nur um Schimpftiraden, Unterbrechungen usw. Auch ohne viele Worte zu suchen, beherrschen es Vertreterinnen und Vertreter aller Geschlechter zuweilen in erstaunlichem Maße, andere aus dem Konzept zu bringen. Sie sind eine Frau? Dann kann man Ihnen zuweilen schon durch Kopfschütteln, hochgezogene Augenbrauen und/oder leises Seufzen vermitteln, Sie seien beschränkt und/oder zickig. Als Mann wiederum signalisiert Ihnen ein gekonntes Zurückweichen, dass Sie ein grober Klotz sind – und womöglich auch irgendetwas zum Naserümpfen an sich haben. Auch passiv-aggressive Varianten wie demonstratives Schweigen, erkennbar desinteressiertes Zustimmen und gestisches „Fliegenverscheuchen" sind häufige Varianten. Falls Sie zu einem sachlichen Ergebnis kommen möchten, verbitten Sie sich solche Gesten freundlich, aber bestimmt.

---

[654] *Gesine Drews-Sylla/Elisabeth Dütschke/Halyna Leontiy/Elena Polledri* (Hrsg.), Konstruierte Normalitäten – normale Abweichungen, Springer Verlag, Wiesbaden 2010.

[655] Im Rahmen zweier unserer aHa-Luncheons in Düsseldorf und Frankfurt a. M. im Mai 2023. Die zugehörigen Unterlagen sind über die Autorin erhältlich.

In beruflichen Zusammenhängen geht es manchmal, aber keineswegs immer subtiler zu. Eine vergleichsweise häufige Variante ist das **Druckausüben mittels vorgeblich knapper Ressourcen**: „Hinter Ihnen warten noch zehn andere Interessentinnen!", oder auch: „Bis morgen brauchen wir eine Antwort!". Wenn jemand ernsthaft an einer Zusammenarbeit *mit Ihnen* interessiert ist, geht das so nicht.

Andere Geschäftspartner versuchen sich in **indirektem Nachverhandeln**. So hat sich bei mir beispielsweise einmal eine Kollegin für den mühsam ausgehandelten Kompromiss mit den Worten bedankt, das Ergebnis werde sie jetzt intern mit Ihrem → Partner besprechen. Was sich dabei dann endgültig als Lösung ergebe, teile man mir dann im Einzelnen mit. In einem solchen Fall haben Sie, wenn Sie sich nicht über den Tisch ziehen lassen wollen, nur die BATNA-Option.

Im Mediationsbereich – also dem Vermitteln zwischen zwei Parteien – wiederum sollten Sie sich nicht auf die Variante einlassen, dass zum einen mit dem Geschäftsführer allein, zum anderen mit dem Geschäftsführer und dem Team verhandelt wird. Entsprechende Ansinnen begegnen mir in der Praxis immer wieder. Verhandeln auf Augenhöhe setzt **Waffengleichheit** voraus. In diesem Fall heißt das bei Konflikten zwischen Geschäftsführer und Belegschaft: Ersterem steht das Team *unter Ausschluss* des Vorgesetzten gegenüber, selbst wenn dieser die Zeche bezahlt.

Erschreckend weit verbreitet ist darüber hinaus die Variante des **internen Ausbootens** anderer, beispielsweise im Konkurrenzkampf um Kunden. Zwei tatsächlich so geschehene Fälle handeln von einem jungen Deutsch-Chinesen und einer jungen Deutsch-Finnin, nennen wir sie Aang und Astrid. Beide konkurrierten in unterschiedlichen Frankfurter Unternehmen mit ihren Kolleginnen und Kollegen um den beruflichen Aufstieg. Dazu galt es, Geschäftspartner auch intern an sich selbst zu binden. Aang machte dabei den Fehler, sich auf die Feier des ersten gemeinsamen Abschlusses in einer Hotelbar einzulassen. Das Problem: Aang vertrug als einziger der Anwesenden kaum Alkohol, die anderen wussten das. Aus der anschließenden Verbrüderungsorgie mit dem Kunden schloss ihn das genauso aus wie Astrid viele Kilometer weiter nördlich.

Astrid und ihre Kollegen verhandelten nämlich zwar völlig alkoholfrei. Sie erzielten eine Vereinbarung im südschwedischen Ostseebad Åhus miteinander. Anschließend luden ihre männlichen Kollegen die neuen Geschäftsfreunde aber in die Hotelsauna ein. Da habe sie nicht mitgehen wollen, bekannte Astrid später, das sei ihr angesichts ihrer → Rolle als Beraterin dann doch zu intim gewesen. Am Folgetag hatte man aber schon die Karten für die nächsten Monate verteilt – alle anderen waren sich in netter Runde so viel nähergekommen, dass Astrid wie Aang außen vor blieb.

Weniger subtil, aber mindestens ebenso frustrierend ist die Methode, mit der der Abteilungsleiter eines internationalen deutschen Instituts den Wirkungskreis seiner Kollegen beschnitt: Er ordnete auch für interne Besprechungen eine fremde Konferenzsprache an. Selbst dann, wenn kein ausländischer Gast dabei war, mussten in der Teamkonferenz fortan alle Anregungen und Bedenken auf Englisch vorgebracht werden. Pech für die bis dahin sehr engagierte Assistentin – sie hatte hervorragende Ideen, war nun aber ausgebremst worden (und wechselte später die Stelle). Ähnliches Verhalten ist mir aus dem Bankenbereich bekannt. Dort sprechen zwar die Verhandler im Regelfall ein gutes Englisch. Man hört aber immer wieder von Gesprächsrunden mit chinesischen Partnern, die untereinander mitins Mandarin wechseln, damit die europäische Seite nicht mehr alles mitbekommt. Mancher verhandlungssicher Englischkundige wird an diesem Punkt zu ungläubigen Zuhörern degradiert.

Tatsächlich sind **unfairen Methoden nach oben kaum Grenzen gesetzt.** Da werden Verhandlungspartner mit dem Gesicht in die Sonne gesetzt. Sie werden in Sesseln platziert, aus denen sie kaum noch herauskommen, oder auf wacklige Stühle, während der oder die andere im bequemen Bürosessel thront. Man „vergisst", Ihnen ein Getränk anzubieten, während man selbst das Wasserglas vor sich stehen hat. Man wählt die Uhrzeit einer Besprechung so, dass andere wegen eines Folgetermins unter Druck geraten. All das beeinträchtigt deren Konzentrationsfähigkeit.

Ein besonders **ärgerliches Beispiel** habe ich selbst in jungen Jahren in einer Großkanzlei erlebt. Dort sollte ich als Pressesprecherin an einem Telefontermin teilnehmen, zu dem mich der betreffende Praxisgruppenleiter aber nicht dabeihaben wollte. Also durfte ich erst kurz vor Beginn des Journalistenanrufs in sein Zimmer kommen. Als ich eingetreten war, hatte der Anwalt seine beiden Besucherstühle einen halben Meter hoch mit Akten zugestapelt. Ich könne mich ja auf den Fenstersockel setzen. Das Problem war allerdings, dass ich nur ein dünnes Sommerkleid trug und die stark heruntergekühlte Klimaanlage just aus der Fensterbank hinausblies. Dumm, wie ich war, habe ich daraufhin eine Blasenentzündung riskiert, anstatt darauf zu bestehen, dass das Telefonat erst nach Freiräumen eines Stuhls beginnt. Dageblieben bin ich, und krank wurde ich anschließend auch.

Darauf, dass die Gegenseite von sich aus Einsicht zeigt, sollten Sie in entsprechenden Fällen nicht hoffen. Falls Sie keine Änderungen herbeiführen können, falls alles Reden, eigenes → Handeln und/oder heruntergeschraubte → Erwartungshaltungen nicht helfen, verlassen Sie im BATNA-Sinne erst einmal den Schauplatz. Das können Sie auch aus einer unterlegenen Position heraus tun. Wenn es gar nicht anders geht, verabschieden Sie sich vorübergehend Richtung Toilette.

Umgekehrt lohnt, wie Sie schon zum Thema → Ärger verarbeiten gelernt haben, nicht alles den Streit. Denken Sie an das zum → Change Management Gesagte: Love it, change it *or leave it*. **Choose your battles wisely** – wählen Sie Ihre Kämpfe weise, lautet nicht umsonst ein englisches Sprichwort. → Sich abzunabeln hilft, sei es von unfairen Verhandlungspartnern, Arbeitgebern, Bekannten oder → Freuden.

Im umgekehrten Fall – **der Auseinandersetzung mit psychisch angeschlagenen, geschwächten Menschen** – wird gerne das sogenannte **CALM-Modell** nach *Marshall B. Rosenberg* angewandt.[656] Die vier Buchstaben dieses Akronyms stehen für Contact, Appoint, Look Ahead und Make a decision: Zeigen Sie freundlich zugewandtes, kontaktbejahendes Verhalten und legen Sie den Finger auf den Punkt der Emotionen Ihres Gesprächspartners. Eröffnen Sie neue Perspektiven.

Soweit Sie mit Aggressionen konfrontiert sind, bedenken Sie **die dahinter liegenden Affekte**. Wer Ärger zeigt, ist womöglich im Innersten be→ schämt und wehrt sich so, wie er oder sie es in einer vorwärts drängenden Umgebung es nun einmal gelernt hat. Im vorwärtsschauenden Teil betonen Sie, dass Sie gerne helfen möchten. Schließlich bieten Sie in der Entscheidungsphase etwas an, das die oder der andere akzeptieren kann. Wenn sich Ihr Gegenüber öffnet, missbrauchen Sie das nicht zu seinen Lasten und bringen das auch klar zum Ausdruck. Das ähnelt dem beim → Partnerschaftlich sein allgemein Beschriebenen.

Bewährt hat sich außerdem das für Suchtpatienten entwickelte Konzept des **Motivational Interviewing**. Dabei nehmen Sie bewusst eine Art naiven Standpunkt ein und gehen in eine Haltung des Spiegelns, im Coaching **Pacing** genannt. Wer beispielsweise vom Ärger mit einem Vorgesetzten berichtet, dem gegenüber sagen Sie nicht, das sei „bestimmt nicht so gemeint". → Zielführender ist die Erwiderung, „Die Meinung Ihres Chefs macht Sie ungehalten", gefolgt von „Haben Sie irgendeine Erklärung für dessen von Ihnen so beschriebene Verärgerung?".[657] Auf diese Weise tasten Sie sich behutsam an das Geschilderte Heran, ohne Abwehrreaktionen auszulösen.

Wenn Ihr Anliegen wichtig ist, Sie es aber selbst nicht in den Griff bekommen, können Sie im Übrigen auch **professionelle Vermittler** hinzuziehen. Holen Sie sich Unterstützung von – beispielsweise durch die Industrie- und Handelskammern (IHK) – zertifizierten Coaches, Mediatoren und anderen

---

[656] Siehe hierzu *Klaus Lieb/Bernd Heßlinger/Nadine Dreimüller/Gitta Jacob*, 50 Fälle Psychiatrie und Psychotherapie – Typische Fallgeschichten aus der Praxis, Urban & Fischer, 6. Aufl. München 2020 (Fall 20).

[657] Beispiel nach *Klaus Lieb/Bernd Heßlinger/Nadine Dreimüller/Gitta Jacob*, 50 Fälle Psychiatrie und Psychotherapie – Typische Fallgeschichten aus der Praxis, Urban & Fischer, 6. Aufl. München 2020 (Fall 2).

Verhandlungsprofis. Die Betreffenden sind nämlich unparteiisch, frei von einseitigen Interessen und bringen Erfahrung dazu mit, wie man Streit nachhaltig schlichtet.

Dabei achten Sie zum einen darauf, dass die Hinzugezogenen **sowohl das eigene Handwerk als auch Ihre besondere Lage** wirklich verstehen. Zum anderen müssen entsprechende Profis **von außen** kommen und entsprechend unabhängig sein. Gleichzeitig sollten sie sämtlichen Streitparteien **auf Augenhöhe** begegnen können. Die inhaltlich beste Schlichtung ist nichts wert, wenn auch nur einer der Beteiligten die Vermittelnden nicht vollkommen ernst nimmt – und sei es aus bloßen Vorurteilen oder Statuserwägungen heraus. In der Praxis ist das eine immer wieder zu beobachtende Hürde.

Leitsatz

„Get to Yes!"

Zu einer konstruktiven Lösung gelangen Sie im Streitfall über die Fokussierung auf Sachfragen, Interessen, alternative Möglichkeiten, faire Maßstäbe und rote Linien. Persönliche Angriffe sind dagegen so wenig hilfreich wie ein Verharren in Schwarz-Weiß-Positionen. Konzentrieren Sie sich immer auf das, was dahintersteckt und streben Sie entsprechende Win-Win-Situationen an.

Stress managen

Schwerpunkt: privat + beruflich

Sie befinden sich im **Vorstellungsgespräch** für eine neue Stelle. Jetzt sollen Sie den Managerinnen des betreffenden Unternehmens erklären, warum Sie für die Stelle die Idealbesetzung sind. Das Arbeitgebergremium ist – das wissen Sie – speziell darin geschult, nonverbales Verhalten zu beobachten. Außerdem haben Sie in eine Stimmfrequenzanalyse via Tonband und eine Videoaufzeichnung Ihrer Unterhaltung eingewilligt. Und unter fünf Minuten reden sollen Sie nicht. Als Sie diesen Part absolviert haben, geht es weiter: Man stellt Ihnen eine ebenso lange Rechenaufgabe. Dabei sollen Sie in 13er-Schritten immer weiter subtrahieren und nach jedem Fehler noch einmal von vorne anfangen.

Das Ergebnis: Sie geraten unter Druck. Ihr Blutdruck und Ihr Herzschlag steigen. Ihr Hormonspiegel verändert sich, es wird Cortisol ausgeschüttet, das zu einem auch subjektiven Stressempfinden führt. Als Mann zeigen Sie gerne eine stärkere Stressreaktion bei Leistungstests, als Frau reagieren Sie womöglich besonders gestresst auf soziale Ablehnung. Wie sehr, ist aber von Fall zu Fall verschieden. Das zu erfassen, ist Aufgabe eines weit verbreiteten Verfahrens der experimentellen Psychologie: Im so genannten **Trierer Social Stress Test oder TSST** werden Sie just dem eben geschilderten Szenario unterworfen.[658]

Dabei ist Stress ist nicht unbedingt etwas Negatives. Er ist als solcher schlicht **ein Zustand erhöhter Aktivität**, abgeleitet vom Lateinischen „stringere" für anspannen oder straffen. Der Körper wird in Reaktionsbereitschaft versetzt – Stressreize führen zur oben beschriebenen Hormonausschüttung. Sobald nun eine Situation unseren Erwartungen und Fähigkeiten entspricht, sofern wir Mittel und Wege zu ihrer Bewältigung haben, kann dieser Schub als sehr anregend erlebt werden. Einen Schritt weitergedacht, sind Anregungen sogar der Inbegriff einer interessanten Tagesgestaltung.

Im Coaching bringt die Frage nach typ- und ressourcengerechten Herausforderungen immer wieder positive Reaktionen hervor. Bildlich gesprochen, wirkt guter – oder **Eustress** auf uns wie ein voller Teller, der unseren Hunger stillt. Oder, falls Ihnen diese Metapher lieber ist: Er lässt uns strahlen wie einen Fahrraddynamo, der durch zunehmend schnelle Fahrt heller leuchtet. Das gilt allerdings nur bis zu einem bestimmten Kipp-Punkt, an dem wir uns überfordert fühlen.

Stresserleben ist mit anderen Worten eine **Bewertungsfrage**.

Zum Problem wird Stress deshalb nur und erst dann, wenn wir ihn als negativen so genannten **Distress** wahrnehmen. Tatsächlich ist das allerdings häufig der Fall. Da gibt es mental belastenden Stress ebenso wie zwischenmenschlichen Sozialstress. Klassische Beispiele dafür sind einerseits Prüfungsstress, andererseits Lärmstress. Arbeitsstress, → Freizeitstress und Beziehungsstress in → Partnerschaften kommen hinzu. All diese Komponenten sind Teil unseres modernen Alltags. Dabei können uns Reizüberflutung, Zeit- und Leistungsdruck ebenso schädigen wie → Streit und Schicksalsschläge.

Blutdruck, Muskelspannung, Herzschlag und Atmung raten in diesem Fall zu Flucht, Totstellen oder Angriff. **Fight or flight!**. Übersetzt formuliert: „Jetzt geht es ums Überleben – kämpf oder flieh!". Im Alltagserleben: „Bitte schlafe nicht ein, auch wenn es schon Abend ist. Und wenn du irgendwie kannst, verbessere deine Schlagkraft mit der Zufuhr hochkaloriger Speisen, die sich schnell in Zuckerenergie umwandeln lassen". Entsprechend folgerichtig ist es, dass sich Schlafstörungen ebenso einstellen wie der Heißhunger auf ungesunde Dickmacher. Auch für differenzierte Denkvorgänge ist unter entsprechendem Druck weniger Raum. Entsprechend erhöht ist auch die

---

[658] Siehe hierzu ausführlich *Ulrike Ehlert* (Hrsg.), Verhaltensmedizin, 2. Aufl., Springer Verlag Heidelberg 2016.

Gefahr, einem der schon beschriebenen → Mindfucks zum Opfer zu fallen, etwa dem Katastrophisieren.

Um dem zu entgehen, sollten Sie unbedingt **einen Schritt zurücktreten** um allein, mit Vertrauten und/oder fachlicher Hilfe Ihre tatsächliche Situation besser zu klären. Stereotype Aussagen wie: „Das ist mir alles zu viel" sollten Sie dabei so gut wie möglich zu präzisieren lernen. Das heißt: „XY passt nicht für mich, denn … Und Z tut mir nicht (mehr) gut, weil …". Welche Begründung im Einzelnen zu Ihnen passt, ergibt sich einmal mehr aus Ihrer → Mentalität, Ihren → Leitwerten und → Zielen.

In jedem Fall müssen Sie zusätzlich darauf achten, das rechte Maß zu finden. **Auch Unterforderung tut nicht gut, ebenso wenig wie Überforderung.** Über Unterforderung haben wir schon beim Thema → Langeweile gesprochen, und wer kleine Kinder hat oder pflegebedürftige Angehörige betreut, weiß davon von Fehlanforderungen ihrer oder seiner Kompetenzen ein Lied zu singen. Ungeachtet aller zurückströmender → Liebe droht hier ein gefährlicher Ich-Verlust: Von früh bis spät ist man ständig auf den Beinen. Genau deswegen fehlt aber ein angemessener Spielraum zur Verwirklichung eigener Bedürfnisse, → Phantasien und Träume. Eigene Lebensvorstellungen, Talente und Wünsche gehen verloren.

Entsprechende Fehlanforderungen kosten die Betroffenen mit anderen Worten viel Lebens- → Glück. Mit der Zeit können ein unbefriedigendes Tagewerk und zu wenig Anerkennung zu enormen Belastungen werden. Gerade der berüchtigte Rentenschock existiert nicht nur in Form → finanzieller Einbußen. Auch psychosozial kann das Ausscheiden aus der Arbeitswelt zur großen Herausforderung werden.

Im Akutfall gibt es nur eines: Entfernen Sie sich von der Stressquelle, und zwar soweit wie möglich. Das können Sie körperlich tun und/oder im Geiste, etwa durch entsprechende → Entspannungsübungen. Denn die meisten von uns wollen weder ernsthaft ihre Stelle kündigen oder auswandern, noch den → familiären Nachwuchs zur Adoption freigeben. Aber das muss auch nicht sein. Sie müssen „das Kind nicht mit dem Bade ausschütten".

Mittelfristig genügt es in vielen Fällen, mittels → Change Management einzelne Stellschrauben zu ändern. Kernbereiche, an denen Sie ansetzen sollten, sind neben Ihrem beruflichen → Engagement sowie → Familie und → Freunden Ihre körperliche Verfassung bzw. → Gesundheit, Ihre → Finanzen und schließlich die → Freizeitgestaltung. Welche sozialen Beziehungen tun Ihnen besser als andere? Welche Lebensmittel vertragen Sie besonders gut, welche weniger? Welcher Essrhythmus kommt Ihnen entgegen? Bewegen Sie sich ausreichend? Schlafen Sie genug – aber auch nicht zuviel – und das in einer erholsamen Umgebung?

Andererseits dürfen Sie es mit der Selbstoptimierung nicht übertreiben. Wie schon zum Thema → Mindfucks gesagt, ist der viel gescholtene innere Schweinehund zuweilen eher ein **innerer Hütehund** – und damit besser als ein Ruf: Nicht selten schützt er uns → intuitiv vor Selbstüberlastung. Bewahren Sie sich innere Freiräume. In einem vollgestellten Haus lässt es sich selbst dann nicht gut leben, wenn alle Komponenten glanzvoll optimiert sind.

Im Zuge dessen organisieren Sie auch Ihr → Zeitmanagement so, dass nicht Ihr gesamter Tag verplant ist. Lassen Sie im täglichen Leben stets → **Zeitpuffer** im Kalender – auch und gerade dann, wenn Sie unter Volldampf stehen. Erwerben und bewahren Sie sich einen klaren Blick für Ihre Prioritäten. Und dann stellen Sie sicher, dass es dabei auch bleibt. Wenn es sein muss, er→ streiten Sie sich das. Zwar sind tatsächlich viele Umstände die Folgen unabänderbarer → Lebensentscheidungen. Aber dass Sie mit diesen Entscheidungen leben müssen, heißt noch lange nicht, dass alle Folgen in Stein gemeißelt sind. Denken Sie an das zum → Change Management Gesagte. Es gibt immer Alternativen.

Das gilt namentlich auch für die Sache mit dem ausgegebenen Geld, sprich: für das Sonderproblem → **Finanzstress**. Hier müssen Sie zunächst die Stress-Quellen sorgfältig eruieren. Mangelt es Ihnen an Einnahmen, sind Ihre Ausgaben zu hoch, oder liegt die Herausforderung in einer Kombination dieser beiden Faktoren? Um Ihre Geldabflüsse realistisch bewerten zu können, müssen Sie sowohl feste als auch flexible Kosten im Auge behalten. Wie hoch ist bei den Fixposten Ihre Miete, welche sonstigen regelmäßigen Zahlungen leisten Sie? Sehen Sie in Ihren Kontoauszügen der letzten zwölf Monate nach.

Im Übrigen können Sie bei Finanzstress das dort auch schon erwähnte Haushaltsbuch führen – gerne digital. Auf diese Weise behalten Sie den Überblick – jedenfalls dann, wenn Sie auch Ausgaben für unvorhergesehene Zwischenfälle einpreisen. Notfalls müssen Sie Ihre Prioritätensetzung verschärfen: Was brauchen Sie wirklich, und welche Anschaffungen und Vorgaben sind einfach nur nette Zugaben? Welche Alternativen haben Sie beispielsweise zu aufwändigen Flugreisen? „Helmut hat gesagt, wir sollen sparen, sparen/Dabei wollt ich so gern nach Portugal fahren/Sind wir halt brav und bleiben diesen Sommer hier" – das ist die erste Strophe von *St. Tropez am Baggersee* der *Rodgau Monotones,* und es ist – „aufgepasst, ihr Mädchen und Buben" – durchaus liebevoll gemeint.[659]

---

[659] Der Song ist abrufbar unter https://www.youtube.com/watch?v=bhcXWxMxajQ – abgerufen am 01.07.2023.

Wie beim → Streiten hüten Sie sich nämlich auch jetzt vor **Positions-festlegungen.** Leisten Sie sich keine Stellungskriege dazu, dass Sie etwas brauchen. Stattdessen hinterfragen Sie die dahinterstehenden Interessen. Auch dass Sie sich im Alltag beispielsweise → gesund und fit halten wollen, heißt noch lange nicht, dass Sie dazu in ein teures Fitness-Studio gehen müssen. Und Mobilsein können Sie nicht nur mit dem eigenen Auto. Es gibt Carsharing-Optionen, es gibt Taxis, es gibt motorisierte Zweiräder, es gibt Kombinationen aus allem.

Waren wiederum müssen nicht unbedingt gekauft, sie können bei Liquiditätsengpässen auch **auf Zeit** angeschafft werden: Man kann sie mieten oder – auf eigene Instandhaltungskosten – leasen.[660] Auf eBay, Amazon, auf vielen anderen Plattformen und schließlich auch auf Flohmärkten können Sie Dinge gebraucht erwerben. Sie können einander im Zuge der Nachbarschaftshilfe unterstützen. Denken Sie in unterschiedliche Richtungen. Und wenn es denn wirklich wieder in den Fernurlaub gehen muss, sollten Sie – ebenso wie für Notfälle – rechtzeitig eine eigene Urlaubskasse anlegen. Wie gefüllt sie ist, entscheidet darüber, wie lange es wohin geht.

Wer schon verschuldet ist, sollte Erspartes zur Umschuldung nutzen.[661] Im Notfall wenden Sie sich an eine Schuldnerberatungsstelle. Adressen finden Sie unter anderem im Schuldnerberatungsatlas des Statistischen Bundesamts.[662] Dort werden auch kostenlose Online-Erstanalysen angeboten.[663] Wenn gar nichts mehr geht, können Sie selbst in die Privatinsolvenz gehen. Die so genannte Verbraucherinsolvenz ermöglicht es Ihnen, nach drei Jahren schuldenfrei neu anfangen. Bis dahin führen Sie den pfändbaren Anteil an einen Treuhänder ab, der das Geld so gut wie möglich an Ihre Gläubiger verteilt. Das gilt allerdings nicht für Unterhalts- und Steuerschulden: Wie so oft lässt der Staat mit sich selbst nicht spaßen – diese Schulden gehen vor.[664]

---

[660] Anders als die Miete nach §§ 535 BGB ist die Gebrauchsüberlassung durch **Leasing** im Bürgerlichen Gesetzbuch nicht ausdrücklich geregelt. Bei der Ausgestaltung herrscht Vertragsfreiheit im Rahmen der Regelungen für Allgemeine Geschäftsbedingungen oder AGB (die sich ihrerseits aus §§ 305 ff. BGB ergeben, nachzulesen ab https://www.gesetze-im-internet.de/bgb/__305.html – abgerufen am 01.07.2023).

[661] Siehe hierzu ausführlich beispielsweise https://www.bunte.de/health/psyche-stressbewaeltigung/stress/finanzielle-belastung-5-tipps-die-helfen-den-finanz-stress-zu-bewaeltigen.html   –   abgerufen   am 01.07.2023.

[662] Online unter https://schuldnerberatungsatlas.destatis.de/ – abgerufen am 01.07.2023.

[663] Beispielsweise unter https://www.schuldenanalyse-kostenlos.de/schuldencheck/?utm_source=google&utm_medium=cpc_search&utm_term=schuldnerberatung&utm_content=a-54880417652&utm_campaign=c-997418558&kwd=schuldnerberatung&gclid=Cj0KCQiAkMGcBhCSARIsAIW6d0AAq9Q3W8pa6et-x028Kwy_uL9PuHm9SG-_YxvUybaeAcL_Rtx4ADEQaAtUKEALw_wcB – abgerufen am 01.07.2023.

[664] Näheres von *Britta Beate Schön* unter https://www.finanztip.de/verbraucherinsolvenz/- abgerufen am 01.07.2023.

Ergänzend ist zum Thema Stressmanagement anzumerken, dass zwar einige Zeitgenossen widerstandsfähiger sind als andere. Allerdings lässt sich bis zu einem bestimmten Punkt auch **Stressresilienz** trainieren. Dabei handelt es sich nicht um eine Vermeidungshaltung. Vielmehr ist das Standhalten gegenüber entsprechenden Belastungen gefragt.

Damit Sie entsprechend widerständiger werden, üben Sie das schon mehrfach Gesagte: Treten Sie einen Schritt zurück. Machen Sie sich klar, wer Sie sind: Welche → Mentalität, welche → Leitwerte und → Ziele sind Ihnen zueigen? Dann überlegen Sie sich, worin die Stressoren bestehen: Handelt es sich um Menschen und/oder Sachen? Wie sind die beschaffen? Was können Sie tun, und wer oder was – einschließlich Ihrer selbst – könnte Ihnen dabei im Wege stehen? Was glauben Sie, wie Sie auf ein entsprechendes Hindernis reagieren können? Was kann schlimmstenfalls passieren? Und wie wahrscheinlich ist es, dass das passiert?

Unter dem Strich: Welche Optionen haben Sie im Sinne eines guten → Change Managements: Alles laufenlassen? Etwas ändern? Wenn ja, dann ab wann und inwiefern? Oder ganz den Abgang machen? Kommen Sie **vom Reagieren ins Agieren**, ins → Handeln. Und haben Sie kein schlechtes Gewissen dabei. Selbst wenn Sie tatsächlich aussteigen wollen: Im Grunde können Sie das doch fast immer und überall tun. Es flieht nicht jeder, der den Rücken wendet.

Leitsatz

„Es flieht nicht jeder, der den Rücken wendet!"
    Praktizieren Sie ein ausgewogenes Stressmanagement, erobern und erhalten Sie sich Freiräume.

Strukturen akzeptieren

Schwerpunkt: privat + beruflich

Es war einmal eine junge Hochadlige, der stellte man einen älteren Prinzen vor. Bei Hofe war man von dem Paar angetan, und so heirateten die beiden nach wenigen Monaten sehr prunkvoll. Sie zogen in ein herrschaftliches Schloss. Über die Jahre gebar die Prinzessin ihrem Volke zwei Söhne. Und alle lebten → glücklich, bis ... ja, bis sich herausstellte, dass der Prinz inmitten der märchenhaften Kulisse auch nur ein Mensch war. Ein Mensch, der zwar der Familie zuliebe auf eine andere Frau verzichtet hatte. Vergessen aber konnte er die andere trotzdem nicht. Die „Prinzessin der Herzen", wie seine Gemahlin beim Volke hieß, tobte: Nun hatte sie mit ihrer vornehmen Geburt Reichtum, Status und Titel errungen, dazu mit ihrem gekonnt bescheidenen Augenaufschlag enorme Popularität erlangt. Das Herz des Erbprinzen, mit dem sie die Ehe eingegangen war, war ihr aber letztlich nicht zugefallen: „There were three of us in this marriage!" Unfassbar! Und das wegen dieses (O-Ton:) „Rottweilers" von einer Nebenbuhlerin!

Der Rest ist, wie man so schön sagt, Geschichte: Die im Großbritannien der 90er-Jahre von ihrer *Vorgängerin Prinzessin Diana* geschmähte *Camilla* ist längst zweite Ehefrau und anerkannte Stütze des heutigen britischen Königs *Charles III.* Auch sie selbst ist gekrönt worden. *Prinzessin Diana,* die junge Hochadlige, ist seit vielen Jahren tot, weil sie auch andere „facts of life" nicht akzeptieren wollte: Wer sich in schnelle Autos setzt, der sollte sich anschnallen. Hätte *Lady Di* das 1997 getan, wäre sie nach einer späteren polizeilichen Untersuchung vermutlich mit einem gebrochenen Arm davongekommen. Selbst der Umstand, dass sie zu einem stark alkoholisierten, unter Einfluss eines Medikamentencocktails stehendem Fahrer ins Auto stieg und sich nicht gegen die im Stadtverkehr irrsinnige Beschleunigung auf 160 km/h verwahrte, hätte sie nicht das Leben kosten müssen. Tatsächlich aber erlitt sie mitsamt ihrem Begleiter in einem tristen Straßentunnel unter dem Pariser Place de l'Alma einen tödlichen Unfall.[665]

Frei nach dem → Mindfuck-Motto: **Ich kenne meine Grenzen, ich überschreite sie ja häufig genug,** hatte *Di* zeitlebens Strukturen verändern wollen, die wesentlich stärker waren als sie. Das gleiche versuchte viele Jahre später dann auch ihr mittlerweile erwachsener Sohn *Harry.* In seiner Anfang 2023 erschienenen Autobiografie *Spare,* auf Deutsch: *Reserve,*[666] wütete der Ersatzerbe wie ein – so die Süddeutsche Zeitung: – „nachtragendes Riesenbaby"[667] gegen die königliche Familie.

Auch uns Bürgerlichen passiert dergleichen dann und wann. Da arbeiten rebellische Geister in konservativen **Familienunternehmen** und wundern sich, dass ihre so gut ausgetüftelten Organigramme nicht auf Gegenliebe

---

[665] So https://www.promipool.de/royals/pathologe-ueber-lady-dis-tod-waere-sie-angeschnallt-gewesen-waere-sie-auf-williams-und-harrys-hochzeiten-gegangen – abgerufen am 01.07.2023. Erhellend ist zudem die detaillierte Rekonstruktion von *Peter-Philipp Schmitt,* Ein Unfall, der hätte vermieden werden können, FAZ Nr. 202 vom 23.08.2022, 7.

[666] Erschienen bei Penguin, München 2023.

[667] So die Überschrift in https://www.sueddeutsche.de/panorama/prinz-harry-memoiren-buch-spare-reserve-reaktionen-presse-1.5728202?reduced=true – abgerufen am 09.01.2022.

stoßen. Aber viele Oberhäupter hören nun einmal nicht gerne auf Vorschläge von unten, und die Zügel aus der Hand geben möchten sie schon gar nicht. Darin sind sie autoritären Staatenlenkern nicht unähnlich. Ein schreckliches Beispiel dafür scheint der russische Präsident *Wladimir Putin* zu sein: Wer weiß, ob sich der Diktator ohne die Covid-Isolation tatsächlich zum Ukraine-Krieg verstiegen hätte. *Putin* saß längere Zeit hinweg ziemlich allein in seiner Datscha nahe Moskau Auswärtige Besuche fielen aus, entsprechend hat man ihn nicht mehr im Mindesten beeinflussen und mäßigen können.[668] Nach Ansicht der renommierten Sicherheitsexpertin *Fiona Hill*, die in Russlandfragen unter anderem mehrere US-Präsidenten beraten hat, hatte der Diktator „keinen wirklichen Kontakt mehr mit Leuten, die ihn von seinen Ideen hätten abbringen können. Und er redete sich ein, sein Vermächtnis werde die Wiederauferstehung des alten Russlands sein".[669]

Zurückgekehrt in unser deutsches Arbeitsleben: Manch einer bevorzugt angesichts des familienbetrieblichen Muffs den Einstieg in **hippe, denglichselige Agenturen**. Dort trifft man auf erfreulich flache Hierarchien. Dabei wird allerdings gerne übersehen, dass entsprechend weniger Aufstiegschancen bestehen. Je weniger Stufen, desto höher die Anforderungen – und desto länger häufig die → Zeit, bis man weiter oben ankommt.

Im Privaten ziehen Mann und Frau zu den tatkräftigen Schwiegereltern und leiden anschließend unter deren zahlreichen Ratschlägen, durch die sie sich verfolgt fühlen. Andere sie ziehen weit weg und beneiden dann die Einheimischen um die gute großelterliche Versorgung der erkrankten Kinder. Wieder andere kommen gar nicht zur Gründung einer Familie, weil ihre → Partnerinnen und Partner schon anderweitig gebunden sind. Und aus diesen Strukturen in den allermeisten Fällen in Wahrheit auch nicht ausbrechen wollen. Zum Thema → Leitwerte haben Sie schon gelesen, dass manch einem anderes wichtiger ist als die Liebe, möge sie noch so groß und so aufrichtig sein. Wenn Sie da versuchen, mit dem Kopf durch die Wand zu gehen, holen Sie sich als *Dritte im Bund: Die Geliebte*[670] meistens nur eines: eine blutige Nase. – Kopf durch die Wand heißt Druckverband, um im Bilde zu bleiben.

[668] In diesem Sinne der Chef der Münchener Sicherheitskonferenz, *Christoph Heusgen*, in: Führung und Verantwortung: Angela Merkels Außenpolitik und Deutschlands künftige Rolle in der Welt, Siedler Verlag München 2023.

[669] *Dagmar Seeland/Marc Goergen*, Sicherheitsexpertin Fiona Hill: Putin will im Amt sterben. Egal auf welche Weise, in: Der Stern vom 13.06.2023, auf Seite 32.

[670] Siehe zur Realität des Geliebtendaseins Elisabeth Flitner/Renate Valtin (Hrsg.), Dritte im Bund: Die Geliebte, https://publishup.uni-potsdam.de/opus4-ubp/frontdoor/deliver/index/docId/4548/file/Flitner_Valtin_Dritte_im_Bunde.pdf – abgerufen am 01.07.2023.

Unter dem Strich hat es schon seinen Grund, dass *Friedrich Schillers* Ballade *Das Lied von der Glocke* noch immer so gerne zitiert wird: „Drum prüfe, wer sich ewig bindet,/Ob sich das Herz zum Herzen findet./Der Wahn ist kurz, die Reu' ist lang".[671] Machen Sie sich rechtzeitig klar, in welche beruflichen und privaten Strukturen Sie sich begeben. Überdenken Sie außerdem, ob und wie Sie damit voraussichtlich werden leben können. Denn als Einzelperson sind Sie nur selten in der Lage, die Strukturen zu ändern. In vielen Fällen verkürzen sich Ihre Optionen für ein → Change Management damit auf „Love it or leave it".

Leitsatz

„Kopf durch die Wand heißt Druckverband!".

Tun Sie sich das nicht an. Strukturen verändern können Sie als Einzelperson nur sehr begrenzt; überlegen Sie am besten vorher, ob Sie sie werden akzeptieren können. Ansonsten müssen Sie sich aus dem betreffenden Umfeld entfernen.

Tapfer sein

Schwerpunkt: privat

Der einbeinige Long John Silver aus *Robert Louis Stevensons Schatzinsel*[672] zählt zu den berühmtesten Piratengestalten der Literaturgeschichte. Tatsächlich hatte Silver ein reales Vorbild, den viktorianischen Poeten *William Ernest Henley.* Der wiederum hat 1875 mit *Invictus,* auf Deutsch: *Unbezwungen,* ein wortgewaltiges Gedicht geschaffen: „Aus dieser Nacht, die mich umhüllt,/von Pol zu Pol schwarz wie das Grab,/dank ich welch immer Gottes Bild/die unbezwung'ne Seel mir gab./Wenn grausam war des Lebens Fahrt,/habt ihr nie zucken, schrein mich sehn!/Des Schicksals Knüppel schlug mich hart – mein blut'ger Kopf blieb aufrecht stehn!/Ob zornerfüllt, ob tränenvoll, ob Jenseitsschrecken schon begann:/das Grauen meines Alters soll mich furchtlos

---

[671] https://www.friedrich-schiller-archiv.de/zitate-schiller/drum-pruefe-wer-sich-ewig-bindet/ – abgerufen am 01.07.2023.
[672] *Robert Louis Stevenson*, Die Schatzinsel, u. a. erschienen bei Diogenes, Zürich 1997.

finden, jetzt und dann. Was kümmert's, dass der Himmel fern/und dass von Straf' mein Buch erzähl',/ich bin der Meister meines Los',/ich bin der Captain meiner Seel'!"[673]

Aufrecht stehen mit blutigem Kopf: Das ist geradezu ein Sinnbild für Tapferkeit. Wer es sanfter mag, für den gibt es Trostreime, wie sie schon Kinder in zahlreichen Varianten beherrschen. Ein bekanntes Beispiel ist „Heile, heile Segen,/morgen gibt es Regen,/übermorgen Schnee,/tut's Kindle nicht mehr weh".[674] Vermutlich gehen diese Worte auf einen noch viel älteren Wundsegen zurück. Derartige Segen wurden in altheidnischer Zeit über verwundete Körperteile gesprochen. In beiden Fällen geht es um das **Erdulden** von Schmerzen.

In einem weiteren Sinne steht Tapferkeit als platonische Kardinaltugend für die auf Einsicht gegründete **Beharrlichkeit der Seele** bei der Überwindung von Gefahr und der → Furcht vor künftigen Übeln.[675] Das zielt weniger auf Leidensfähigkeit denn auf entschiedene **Widerständigkeit** angesichts brenzliger Situationen ab. So angestaubt das Ganze auf den ersten Blick klingen mag: Damit ist Tapferkeit eine lohnende (Über-) Lebensstrategie, nicht nur für die Gemeinschaft als Ganze, sondern auch für den Einzelnen selbst.

Wer tapfer ist, ist deswegen noch lange nicht frei von → Furcht oder Angst. Er oder sie haben lediglich Wege gefunden, ihre → **Furcht einzuhegen**, schwere → **Krankheiten** und andere biografische Katastrophen zu ertragen. Ihr Schmerz mag immer noch existenzbestimmend sein, aber er überwältigt sie nicht mehr. Wie kann das gelingen? Sinnvoll ist ein gutes → **Stressmanagement**. → **Mindfucks** hingegen müssen Sie unbedingt vermeiden.

Viele Menschen finden zudem ihr Heil im **Glauben**. So heißt es beispielsweise in der Bibel bei 5. *Mose* 31:6: „Seid tapfer und stark, fürchtet euch nicht und lasset euch nicht vor ihnen grauen; denn der Herr, dein Gott, geht selbst mit dir; er wird die Hände nicht von dir abtun, noch dich verlassen!". Aber auch im deutschen **Märchenschatz** findet sich manches Vorbild für Tapferkeit, denken Sie nur an die zum Thema → Selbstmanagement erwähnte, vielfach verratene und verkaufte Müllerstochter aus dem *Rumpelstilzchen*.

---

[673] Im Original: „Out of the night that covers me,/Black as the Pit from pole to pole,/I thank whatever gods may be/For my unconquerable soul./In the fell clutch of circumstance/I have not winced nor cried aloud./Under the bludgeonings of chance/My head is bloody, but unbowed./Beyond this place of wrath and tears/Looms but the Horror of the shade,/And yet the menace of the years/Finds and shall find, me unafraid./It matters not how strait the gate,/How charged with punishments the scroll,/I am the master of my fate,/I am the captain of my soul".

[674] https://www.volksliederarchiv.de/alte-kinderreime/heile-heile-segen/ – abgerufen am 01.07.2023.

[675] https://www.spektrum.de/lexikon/philosophie/tapferkeit/2000 – abgerufen am 01.07.2023.

Kein geeignetes Beispiel ist hingegen Das *Grimm*sche *tapfere Schnei-
derlein.*[676] Das war ein → phantasiebegabter → Storyteller, ein Hochstapler.
Tapfer sein, wie macht man das? [677] – von diesem schönen niederländischen
Kinderbuch hätte es sich einmal eine Scheibe abschneiden können.
Patentrezepte finden Sie allerdings auch dort nicht. Wen oder was man sich
insoweit zum Vorbild nehmen kann, hängt zu sehr von der eigenen →
Mentalität ab, von eigenen → Leitwerten und → Zielen.

Wie es auch nicht geht, zeigt in elegantester Weise *Der Handstand auf der
Loreley* von *Erich Kästner.* Darin beschreibt er im heraufziehenden Dritten
Reich 1932 einen Turner: „Er stand, als ob er auf dem Barren stünde./Mit ho-
hem Kreuz. Und lustbetonten Zügen./Man fragte nicht: Was hatte er für
Gründe?/Er war ein Held. Das dürfte wohl genügen./Er stand, verkehrt, im
Abendsonnenscheine./Da trübte Wehmut seinen Turnerblick./Er dachte an die
Loreley von *Heine./*Und stürzte ab. Und brach sich das Genick./Er starb als
Held. Man muss ihn nicht beweinen./Sein Handstand war vom Schicksal über-
strahlt. Ein Augenblick mit zwei gehobnen Beinen/ist nicht zu teuer mit dem
Tod bezahlt!/P.S. Eins wäre allerdings noch nachzutragen:/Der Turner hinter-
ließ uns Frau und Kind./Hinwiederum, man soll sie nicht beklagen./Weil im
Bezirk der Helden und der Sagen/die Überlebenden nicht wichtig sind".

Leitsatz

„Heile, heile Segen!"
 Nichts bleibt so schlimm, wie es ist. Vertrauen Sie auf segensreiche Wendungen,
aber vermeiden Sie demonstratives Heldentum.

Tatsachenkerne herausschälen

Schwerpunkt: privat + beruflich

Was haben Füchse, Hunde und besonders Pudel außer ihrem Tierdasein
gemeinsam? Sie stehen für etwas, das anders sein kann, als es auf den ersten
Blick scheint.

So gibt es zu Füchsen und Hunden im Englischen einen berühmten Satz,
nach dem der wendige braune Fuchs über einen faulen Hund springt: „**The**

---

[676] KHM 20 in den Hausmärchen der *Brüder Grimm.*
[677] *Annelies Tock*, Tapfer sein, wie macht man das?, Anrich Verlag, Weinheim 1997.

quick brown fox jumps over a lazy dog". Was sagt uns das? Das Kopfkino setzt ein: ein hübsches Bild. Handelt es sich um eine Jagdszene? Ist die Sentenz deshalb so bekannt, weil der Schlaue über den Faulen hinwegspringt? Keineswegs – die Wahrheit liegt ganz woanders, und sie ist viel simpler. Es handelt sich schlicht um den kürzesten bekannten Satz, in dem alle 26 Buchstaben unseres Alphabets vorkommen. Deswegen benutzt man ihn gerne zum Testen von Schriftarten. Wer als Redakteurin, als Lektor, im Fotosatz oder anderswo beruflich mit Sprachmustern zu tun hat, kennt die Sentenz.

Eine weitere Szene, diesmal im Rahmen eines Osterspaziergangs. Der bekanntesten Figur der deutschen Literaturgeschichte läuft ein Pudel zu. Als dessen Kern entpuppt sich später Mephisto. Dieser komplexe Gegenspieler des schon mehrfach zitierten *Goethe*schen *Faust* ist, landläufig gesprochen, der Teufel. In Faustens Wirklichkeit ist er jedoch „der Geist der stets verneint!/Und das mit Recht; denn alles was entsteht/Ist werth Daß es zu Grunde geht". Damit ist er „Ein Theil von jener Kraft,/Die stets das Böse will/und stets das Gute schafft".[678] In diesem Fall ist „des Pudels Kern" also überkomplex – gleichwohl hat sich der unumstößliche erste Eindruck einmal wieder nicht bestätigt. Was wir als Tatsache angesehen haben, war eine individuelle → Bewertung.

Tatsächlich ist das **Verwechseln der eigenen Wahrnehmung mit dem Tatsachenkern eines Geschehens oder Zustands** seit jeher ein philosophisches Thema. Eines der bekanntesten antiken Gleichnisse, *Platons* **Höhlengleichnis,** beschreibt genau diesen Umstand.[679] Danach halten in der Höhle gefangene Menschen, die wegen ihrer Blickrichtung nur Schatten beobachten können, diese Schatten für die Realität. Könnten sie den Kopf wenden, würden sie erkennen, dass menschliche Gebilde diese Schatten verursachen. Stattdessen entwickeln sie eine Wissenschaft der Schatten. Würde einer von ihnen zum Ausgang gebracht, und käme, von der Sonne geblendet, zurück, würden die anderen denken, er habe sich die Augen verdorben. Ebenfalls zum Ausgang gehen würden sie nicht.

Auch wenn wir auf organisatorischer Ebene das Höhlenleben längst hinter uns gelassen haben, ist *Platons* Gleichnis auf psychosozialer Ebene noch immer aktuell. Es spiegelt sich in so prominenten Filmkunstwerken wie *Stanley Kubricks 2001*[680] oder dem im → Phantasieabschnitt zitierten *1899*, und auch im Alltagsleben ist es ebenso verbreitet wie unheilvoll:

---

[678] Faust I, Zeilen 1336 bis 1340, zitiert nach https://de.wikisource.org/wiki/Seite:Faust_I_(Goethe)_086. jpg – abgerufen am 01.07.2023.

[679] *Platon*, Das Höhlengleichnis, Sämtliche Mythen und Gleichnisse ist u. a. erschienen im Insel Verlag, Frankfurt a. M., 2009.

[680] Den Trailer von 1968 finden Sie unter https://www.youtube.com/watch?v=oR_e9y-bka0 – abgerufen am 1.12.2001.

„Er liebt mich nicht!" „Sie macht das nur, um mich zu ärgern!" „Der Typ sägt permanent an meinem Stuhl!" – Das können wahre Aussagen, aber auch → Mindfucks sein. In allen drei Fällen handelt es sich um **alltagstypische Aussagen**, die wir immer wieder zu hören bekommen. Um sich abzureagieren, sind sie vielleicht sogar wirklich geeignet. Allerdings beschädigen entsprechende Behauptungen uns und andere, wenn man sie für bare Münze nimmt.

Vielleicht lebt der geliebte Mann nämlich nur nach anderen → Leitwerten, die ihm letztlich doch wichtiger sind. Oder er liebt Sie in einer Weise, die Sie nicht verstehen. Auch die Urheberin des Ärgers im zweiten Beispiel geht vielleicht einfach nur ihren eigenen Weg, ohne nach links oder rechts zu sehen. Schließlich verfolgt auch der vermeintliche Stuhlsäger womöglich nur seine **eigene Agenda**. Da können Sie wie in der hochkarätig besetzten schwarzen Komödie *Don't look up* mit einer Weltuntergangsbotschaft an Politik und Medien herantreten – und erste will lieber Ruhe bewahren, letztere versuchen um der Quote willen, Sie als Sexsymbol oder Hysterikerin zu vermarkten.[681]

Im Alltag neigen viele Menschen dazu, → Botschaften ihrer Zeitgenossen auf sich selbst zu beziehen. Objektiv zeugen die die **Lebensäußerungen Dritter** aber dann aber oft von etwas ganz anderem. Die Folge: Wir werden zum überflüssigen Opfer unserer eigenen Interpretationsmuster. Aufschlussreich sind insoweit die zahlreichen auch im Netz verfügbaren Vexierbilder. Suchen Sie doch einmal nach „vexierbild frau": Was sehen Sie zuerst, die alte Hexe oder das junge Mädchen?

Eine komplexere Übung ist der vom Schweizer Psychiater *Hermann Rorschach* entwickelte **Rorschach-Test** zur psychiatrischen Diagnostik. Tatsache ist: Da hat jemand Tinte aufs Papier gekleckst. Welches Bild Sie hineinprojizieren, ist eine Frage der Bedeutung, die Sie herauslesen. Denken Sie an *Marie von Ebner-Eschenbachs* Zitat zum Thema → Lachen lernen: Was andere uns zutrauen, ist meist bezeichnender für sie als für uns. Ob der Klecks ein Raumschiff, einen Brunnen oder ein Katzengesicht darstellt, hängt von der Persönlichkeit des Betrachtenden ab. Der Klecks ist im Kern ein Klecks. Punkt.

Dass Sie solcher Art differenzieren, ist umso wichtiger angesichts eines weiteren Problems. In der Praxis schlagen wir uns nicht nur mit Fehlinterpretationen herum. Eine Stufe weiter vorne kann es auch zu **Wahrnehmungsverzerrungen** kommen. Um hier nur zwei zentrale Faktoren mit ihren aktuellen Begriffen aufzuzeigen: Wir alle leiden unter dem von *Kahneman u. a.* beschriebenen *Bias and Noise*.[682] Die mit **Bias** angesprochene

---

[681] Näheres zum Film finden Sie unter https://www.netflix.com/de/title/81252357 – abgerufen am 01.07.2023.

[682] Höchst aufschlussreich hierzu ist das von *Daniel Kahneman/Olivier Sibony/Cass R. Sunstein* verfasste Buch Noise, Was unsere Entscheidungen verzerrt – und wie wir sie verbessern können, Siedler, München, 2021, mit Leseprobe unter https://www.penguinrandomhouse.de/leseprobe/Noise/leseprobe_9783827501233. pdf – abgerufen am 01.07.2023. Die im Folgenden geschilderten Beispiele bezeichnet man im Fachjargon in der genannten Reihenfolge als Occasion-, Level- und Pattern-Noise.

tendenziöse Wahrnehmung haben wir schon beim Thema → Intuition besprochen. Besonders heikel ist insoweit der Confirmation bias: Wir neigen zum bevorzugten Aufnehmen solcher Informationen, die in unser → Weltbild passen.

Noises oder Verrauschungen ereignen sich durch äußeren Einfluss – beispielsweise, weil die andauernde Hitze uns ganz dösig macht. Oder aber wir urteilen nach einem ganz eigenen Anspruchslevel: Was für die einen normale Härte ist, empfinden die anderen als völlig indiskutabel. Schließlich werden in manchen Kulturen pünktliche Menschen als ebenso unhöflich empfunden wie in anderen Kulturen unpünktliche Zeitgenossen. Nach deutschem Verständnis ist **ständige Unpünktlichkeit** eine Provokation, zwingt sie den Wartenden doch den Willen des anderen zur hierzulande so wichtigen → Zeitgestaltung auf. Da wird das, was der Zuspätkommende als lässliche Sünde empfindet, für sein Gegenüber zum ärgerlichen Zeitdiebstahl. Diese Liste ließe sich beliebig lang fortsetzen.

Halten Sie inne und machen Sie sich klar, worum es wirklich geht. Sapere aude – wagen Sie zu wissen, was Tatsache ist und was nicht.

Leitsatz

„Das also ist des Pudels Kern!"
   Forschen Sie frei nach Goethes Faust immer nach dem tatsächlichen Hintergrund. Halten Sie die Fakten und Ihre Einschätzung der Lage auseinander.

Toleranz üben

Schwerpunkt: privat + beruflich

„Ich bin Kommunist, was sind Sie so?" – „Ich bin Anarchist." – „Cool, dann können wir Freunde sein. Bis zur Revolution. Danach wird's natürlich schwierig"[683]. *Marc-Uwe Klings Känguru-Chroniken* bringen das Problem mit der Toleranz auf den Punkt: Jenseits einer bestimmten Schwelle fällt es uns schwer, Abweichungen zu dulden.

Im Wortsinn bedeutet Toleranz allerdings genau das: Toleranz zeigt sich im **Ertragen des Andersseins**. Tatsächlich deckt sich unsere Umgebung

---

[683] Zitiert nach https://www.kino.de/artikel/die-kaenguru-chroniken-zitate%2D%2Dx5mx7hvpr8 – abgerufen am 01.07.2023

normalerweise nicht mit unseren Vorstellungen: Andere Menschen haben eine andere → Mentalität, sie leben für andere → Leitwerte und verfolgen verschiedenste → Ziele, die den unseren nicht entsprechen. Sie denken nicht wie wir und sprechen eine andere Sprache, einzeln und/oder als Gruppe und/oder Sozialverband. Das macht das Zusammensein mit ihnen aber noch nicht zu einem notwendigen Übel, im Gegenteil: Je geringer die Schnittmenge, desto größer ist erst einmal das Spektrum, dass Ihnen geboten wird. In der Vielfalt liegt mit anderen Worten die kollektive Stärke.

Tatsächlich gibt es zum Thema Toleranz sogar eine Definition der UNESCO, der Organisation der Vereinten Nationen für Erziehung (education), Wissenschaft (science) und Kultur. Sie versteht Toleranz als Mischung aus → „Respekt, Akzeptanz und Anerkennung der Kulturen unserer Welt, unserer Ausdrucksformen und Gestaltungsweisen unseres Menschseins in all ihrem Reichtum und ihrer Vielfalt." „Nimm für den Mantel eines anderen nicht am eigenen Körper Maß", um aus einem der Ostasienromane des englischen Schriftsteller *Anthony Burgess* zu zitieren.[684] Toleranz bedeutet **Harmonie über Unterschiede hinweg.**[685]

Dass Sie **nicht alles entsprechend hinnehmen** müssen, steht dem nicht entgegen. Wer Sie Ihrerseits unangemessen behandelt, wer Ihnen → respektlos begegnet, dem dürfen Sie mit → Schlagfertigkeit und – wenn es sich lohnt – mit → Streit entgegentreten.

Dabei ist es nicht allerdings nicht unerheblich, wo Sie sich gerade befinden. So ist das **kulturelle Verständnis** davon, wer wem wieviel Zurückhaltung schuldet, in Europa ganz anders als im Nahen und Fernen Osten. Auch US-Amerikaner sind schon lange keine ausgewanderten Europäer mehr – selbst wenn es sich um White Anglo-Saxon Protestants handelt, Menschen weißer Hautfarbe mit britisch-irischen Vorfahren. Beispielsweise herrscht in den USA noch immer eine verhältnismäßig rigide Sexual-(Doppel-) Moral. Entsprechend unschicklich war es sogar inmitten der Flowerpower-Hochburg Berkeley, die Deo-Werbung auf der Rückseite eines deutschen Nachrichtenmagazins offen herumliegen zu lassen. Die Abbildung zeigte einen eingeölten nackten männlichen Rücken, mehr nicht. Eine Handfeuerwaffe wäre akzeptabler gewesen.

Ein durchaus heikles, weil religiös überhöhtes Thema ist hierzulande die Frage des **Verschleierungs- und Kopftuchverbots** für Musliminnen. Für die einen ist es unverzichtbar, dass respektable Frauen sich verhüllen. Die anderen fühlen sich vor den Kopf gestoßen und im eigenen Land vorgeführt: Ihnen gilt

---

[684] *Anthony Burgess*, Jetzt ein Tiger, Elsinor Verlag Bonn 1956/2019 S. 46.

[685] Siehe zur UNESCO-Erklärung der Prinzipien von Toleranz https://uni.de/redaktion/unesco-erklaerung-von-prinzipien-der-toleranz – abgerufen am 01.07.2023.

die Verschleierung als reaktionärer Rückfall in Zeiten, die wir hierzulande mit viel Mühe überwunden haben. Je nachdem, ob die Betreffenden die dahinter liegende → Botschaft eher als Ich-Aussage oder Beziehungsstatement der Trägerin interpretieren, sorgt die Verschleierungsfrage für heftige Kontroversen.

Deutschlands prominenteste Feministin *Alice Schwarzer* hat dazu übrigens in ihrer Zeitschrift *Emma* frühzeitig Stellung bezogen und vor „falscher Toleranz" im Umgang mit dem politisierten Islam gewarnt.[686] Auch das oberste deutsche Gericht, das Bundesverfassungsgericht, hat sich schon vor rund 20 Jahren mit einem ersten von mehreren Kopftuch-Urteilen[687] zu Wort gemeldet. In Baden-Württemberg wollte eine angehende Lehrerin islamischen Glaubens während des Unterrichts eine entsprechende Kopfbedeckung tragen. Daraufhin entschied das Gericht, *auf gesetzlicher Grundlage* dürfe die Einstellung in den Schuldienst verweigert werden. Hier gehe es nämlich nicht nur um Glaubensfreiheit. Auch die „objektive Wirkung kultureller Desintegration" spielt eine Rolle, wie das Stuttgarter Oberschulamt im Vorfeld betont hatte.

Das zeigt gleichzeitig, dass der Gesetzgeber *nicht erst* bei den zum Thema → Respekt geschilderten Grenzen des Strafrechts eingreift. → **Übergriffe auf unsere freiheitliche demokratische Grundordnung** nimmt der Staat nicht hin. Es braucht keine AfD, um das zu wissen.

Leitsatz

„In der Vielfalt liegt die Stärke!"
    Je geringer die Schnittmenge, desto größer das Spektrum. In diesem Sinne zahlt sich Toleranz aus – allerdings nur in den Grenzen unserer freiheitlichen demokratischen Grundordnung.

Trauern können

Schwerpunkt: privat

„Du fühlst dich sicher, als würdest du in einen Abgrund starren. Aber erst wenn du trauerst, wirst du ihn überqueren können." „Was ist so toll daran, ihn zu überqueren? Was liegt auf der anderen Seite? Frieden? Seelenruhe?"

---

[686] Siehe hierzu ausführlich https://www.emma.de/mehr-zu-dem-thema/35910/Kopftuch – abgerufen am 01.07.2023.
[687] Das *BVerfG*-Urteil ist nachzulesen unter https://www.bundesverfassungsgericht.de/SharedDocs/Entscheidungen/DE/2003/09/rs20030924_2bvr143602.html – abgerufen am 01.07.2023.

„Vielleicht".[688] Trauer ist ein **Verlustgefühl**, das uns ebenso natürlich wie bedrohlich erscheint. Wir werden eines Menschen, eines Tiers, eines Orts, einer Situation beraubt, die zur Fülle unseres Lebens beigetragen haben.

Darauf reagieren wir individuell so verschieden, wie es unserer → Mentalität und unseren → Wertvorstellungen nun einmal entspricht. Einige Gemeinsamkeiten gibt es gleichwohl. Trauer, schreibt der britische Bestsellerautor *S. K. Tremayne*,[689] „ist das **Spurenfossil** von → Liebe (…), wie das Fossil von einem Farn, einer Blume oder auch einem Händeabdruck. Das Kurzlebige ist vergangen, was bleibt, ist härter, kühler, beständiger".

Trauer und das unsichere Warten darauf, dass sie eines Tages wieder erträglicher wird, sind gerade auch wegen der **Unabschätzbarkeit** ihrer Dauer für → zeitorientierte Menschen besonders schwer zu akzeptieren. Der Trauerprozess erzeugt ein „Inzwischen", das, wie es in einem Roman *Christian Buders*[690] heißt, „keine Form und keine Ausdehnung" hat: „Es konnte nur einen Moment dauern oder eine Ewigkeit. Das Unangenehme daran war, dass es nicht einfach verging. Er musste es durchqueren wie eine Moorlandschaft, in der jeder Schritt unsicher war".

Immerhin hat die amerikanisch-schweizerische Sterbeforscherin *Elisabeth Kübler-Ross* schon Ende der 60er-Jahre dem Trauern **fünf erkennbare Phasen** zugeordnet.[691] Am Beginn stehen (1) **Schock und Verleugnung**: Das kann doch nicht wahr sein! Vielleicht stimmt es auch nicht? Dann folgt (2) **die Wut**: Das Geschehene ist ungeheuerlich. Irgendwer muss doch daran schuld sein, dass es so kam! Dieses Gefühl verleiht Trauernden Schubkraft, wenngleich es in der Sache oft trügerisch ist. Da werden Krankenhäuser verklagt, nur weil ein Angehöriger in ihnen verstorben ist. Da erleidet die Verwandtschaft des → Partners nach der Trennung wüste Beschimpfungen. Da werden Zeugnisse zerrissen, auf denen Noten stehen, die für die begehrte Versetzung nicht reichen.

Anschließend kommt es, so seltsam das auf den ersten Blick klingen mag, zu (3) **Verhandlungsgedanken**: Gibt es irgendeinen Weg, das Ganze wieder gut zu machen? Einen umso schöneren Grabstein vielleicht? Oder der beruhigende (wenngleich objektiv unsinnige) Gedanke, dass jetzt irgendeine Statistik erfüllt ist? Erst danach setzt das ein, was wir umgangssprachlich (4) **Depression** nennen: Die Luft ist raus – ich kann das Ganze nicht mehr rückgängig machen. Ein äußerst unangenehmer, schwieriger Zustand, in dem wir uns

---

[688] Dialog aus Blacklist, Staffel 5, Folge 9 – Untergang (Ruin) – abgerufen am 01.07.2023.

[689] In seinem Psychothriller Schwarzes Wasser, Knaur Verlag, München 2022.

[690] *Christian Buder*, Das Gedächtnis der Insel, Karl Blessing Verlag, München 2017.

[691] Instruktiv hierzu: *Doreen Oelmann*, Das Fünf-Phasen-Modell zum Sterbeprozess nach Kübler-Ross, GRIN-Verlag München und Ravensburg, 2008.

müde und machtlos fühlen. Um einen Verlust schließlich **(5) akzeptieren** zu können, sind all diese Phasen aber irgendwie zu durchlaufen.

Gestatten Sie sich und anderen Betroffenen bitte unbedingt, entsprechend „mies drauf" zu sein! Sie müssen nicht jederzeit → glücklich sein. → Respektieren Sie Trauer als ebenso menschliches Befinden wie Müdigkeit (→ Schlaf) oder → Furcht. Kurzzeitig können Sie Ablenkung suchen und finden. Metaphorisch gesagt handelt es sich dabei aber um eine **Krücke**. Ablenkung hilft, vermag aber den eigentlichen Trauerprozess nicht zu ersetzen.

Sinnvoll ist immer das Gespräch mit anderen Leuten, die uns in unserer Trauer verstehen. Sie können Sie gewissermaßen **als Bergführer durch ihren Abgrund hindurch begleiten**, auch wenn Sie den Weg selbst gehen müssen. → Familienmitglieder, → Freundinnen, Leidensgenossen, professionelle Seelsorgerinnen und Trauerbegleiter – an all diese Menschen sollten Sie mit der Frage denken, wer Ihnen jetzt zur Seite stehen kann.

Quer durch Zeit und Raum gibt es zudem eine Vielzahl von **Ritualen**, von Handlungen und Bräuchen, die Trost spenden können. Sie sind gewissermaßen die überdachte Bank, auf der wir uns auf unserer Wanderung dann und wann ausruhen können. Es gibt Kirchen. Es gibt Gräber, Friedwälder, Blumen, Feiern, Gedenktage, in und mit denen Verstorbener gedacht werden kann. Tote werden gewaschen, in ihren Lieblingskleidern aufgebahrt, es wird Totenwache gehalten, es gibt Trauerreden und vieles mehr. Wenn Ihnen danach ist, halten Sie dergleichen in Fotos und Filmen fest, um sich an der Erinnerung daran zu wärmen.

Auch **Musik** kann die Trauerarbeit unterstützen. Ein berühmtes klassisches Trauerstück ist beispielsweise *Franz Schuberts Ave Maria*.[692] In der Popkultur erfreut sich zudem *Elton Johns Candle in the wind*[693] großer Popularität, das ursprünglich für *Marilyn Monroe* geschrieben worden ist. Wem das eine zu weit entfernt, das andere zu abgedroschen erscheint, für den hat *Partybiker Frank Schwung* in *Das hier ist für uns* einen wunderbaren Trauertext von *Bernd Havixbeck* besungen.

Darin heißt es: „Leben und Tod/liegen nah beieinander./Liebe und Schmerz/gehen Hand in Hand./Gestern haben wir noch gelacht,/geredet und nachgedacht./Was haben wir im Leben/nicht alles erlebt./ Leider wissen wir nie,/wieviel Zeit uns bleibt./Es ist immer zu früh,/man ist niemals

---

[692] In der Version von *Luciano Pavarotti*: https://www.youtube.com/watch?v=XpYGgtrMTYs – abgerufen am 01.07.2023.

[693] Das ursprünglich für *Marilyn Monroe* geschriebene Stück hat der Musiker anlässlich der Beerdigung von Lady *Diana, Princess of Wales*, neu vertont: https://www.youtube.com/watch?v=1o9rLDCfO6o – abgerufen am 01.07.2023.

bereit./Und jetzt geh'n wir unsern Weg, ein letztes Mal./Dies hier ist für alle die gegangen sind./Eure Namen flüstert immer noch der Wind./(…) Das hier ist für uns".[694]

Bei *Unheilig* wiederum verspricht *Der Graf* in *So wie du warst*:[695] „So wie du warst, bleibst du hier./So wie du warst, bist du immer bei mir./So wie du warst, erzählt die Zeit./So wie du warst,/bleibt so viel von dir hier. /Lass los, mein Freund, und sorge dich nicht,/Ich werde da sein, für die, die du liebst./ Jeder kurze Moment und Augenblick –/Ich halte ihn in Ehren, ganz egal, wo du bist". Beide Songs haben den besonderen Charme, dass Sie nicht nur Wehmut vermitteln, sondern gleichzeitig große Kraft.

Was aber tun Sie, wenn Sie einen weniger fassbaren Verlust erlitten haben, einen, bei dem kein breiter Konsens dafür besteht, dass Sie ein Mitleiden oder auch nur Solidarität erfahren sollten?

Auch, **wer eine gescheiterte Beziehung verlässt**, trauert. Im Alltag hören er oder sie dann aber nicht selten, sie hätten es ja so gewollt. Menschen, deren Lebensträume platzen, erfahren erstaunlich oft eher soziale Kälte als Trost, zuweilen Häme. Wieso haben Sie sich auch eingebildet, diesen Abschluss zu schaffen? Was haben Sie sich dabei gedacht, sich in einen verheirateten Mann zu verlieben? Und wieso trauern Sie so sehr um Ihre tote Katze, während Sie selbst doch noch nicht einmal Vegetarier sind? Tatsächlich verdient Ihr Verlust auch in diesem Fall → Respekt. Fordern Sie ihn ein. Dass Sie Ihren eigenen Gefühlen vertrauen, ist auch in diesen Fällen kein Zeichen von Selbstmitleid. Es zeugt im wahrsten Sinne des Wortes von Ihrem Selbstvertrauen – und das ist jetzt so wichtig wie kaum jemals zuvor.

Wer hingegen meint, dass er die Sachlage besser beurteilen kann als Sie, dessen Ratschläge weisen Sie freundlich, aber deutlich zurück. Möglicherweise sehen Dritte eine Sache tatsächlich objektiver als Sie selbst. Hier geht es aber ausnahmsweise wirklich ganz persönlich um Sie. Nicht um ein Objekt, sondern ein *Subjekt*. Und dem zu erklären, welche Art von Trauer es empfinden soll, ist nicht nur → sinnlos. Es ist → übergriffig.

Im Übrigen hat auch ihr **eigener innerer Kritiker** nicht unbedingt Recht. Oft stellt er zu hohe Anforderungen an Ihre Belastbarkeit. Hüten Sie sich vor → Mindfucks, konzentrieren Sie sich → achtsam auf Ihre Umgebung, anstatt sich mit übermäßigen → Bewertungen herumzuschlagen. Jetzt ist nicht die Zeit für fremdes oder auch nur eigenes Erwartungsmanagement. Wann diese Zeit wiederkommt, entscheiden ausschließlich Sie.

---

[694] Das offizielle Video ist abrufbar unter https://www.youtube.com/watch?v=QcowuWfh0H0 – abgerufen am 01.07.2023.

[695] https://www.youtube.com/watch?v=xkyc3zrTDcU – abgerufen am 01.07.2023.

Der **Appell zum inneren bei-sich-Bleiben** gilt übrigens nicht nur für den Fall, dass zu wenig getrauert wird. Umgekehrt gibt es auch den Fall der pathologischen Trauer. Der wiederum ist gar nicht so selten: Schätzungen schreiben ein solcherart unzuträgliches Trauern immerhin sieben von hundert Betroffenen zu.[696] Die Empfehlung, dass Sie intensiv an das zu Betrauernde denken und den Schmerz bewusst suchen sollten, stammt zwar von *Siegmund Freud* höchstpersönlich. Seine entsprechenden Ausführungen in *Trauer und Melancholie* stammen aber aus der Zeit gegen Ende des Ersten Weltkriegs. Heute sind sie schlicht überholt.

Unter dem Strich gehen Sie Ihren **eigenen Weg durch die Schlucht …** und dann wieder nach oben. Nicht nur um *weiterzuleben*, sondern um weiter zu *leben*. In der deutschen Dramedy-Miniserie *Das letzte Wort* beschreibt die von Comedian *Anke Engelke* gespielte Trauerrednerin ein gutes Schluss-Gleichgewicht[697] so: „Sie haben das Glück, … zwei Söhne gehabt zu haben. Von dem einen können Sie sich heute verabschieden. Und den anderen behalten Sie im Herzen, für immer". Selbst der Tod ist nämlich nur der Grenzstein des Lebens, nicht der → Liebe.

Leitsatz

„Trauern heißt, einen Abgrund zu überqueren!"

Dieser Prozess verläuft in Schüben von Verleugnung über Wut und Verhandlungsversuche mit dem Schicksal, die einer depressiven Verstimmung vorausgehen. Erst danach lässt sich akzeptieren, was geschehen ist. Wohlmeinende Mitmenschen mögen Sie begleiten, den Weg gehen müssen Sie selbst.

Übergriffe abwehren

Schwerpunkt: privat + beruflich

Anja hat eine Großmutter, die das Mädchen nicht so besonders mag. Als ihr kleiner Bruder und sie als Grundschulkinder die Sommerferien einmal nicht mit den Eltern verbringen können, nehmen die Großeltern nur den Bruder

---

[696] https://www.welt.de/gesundheit/psychologie/article148571273/Wenn-dich-die-Trauer-um-den-Verstand-bringt.html – abgerufen am 01.07.2023.

[697] In Folge 5; den Trailer zur Amazon-Miniserie finden Sie unter https://www.youtube.com/watch?v=2o6ed_KbvXU – abgerufen am 01.07.2023.

zu sich; Anja landet im Kinderheim. Das hält die Großmutter aber nicht davon ab, ihr später bei Besuchen immer einen ordentlichen Scheitel zu ziehen, während sie ihrem Bruder nie ins Gesicht greifen würde. Später taucht dieselbe Großmutter unangekündigt in der Wohnung von Anjas Eltern auf. Sind diese unterwegs, setzt sie dafür den ihr überlassenen Ersatzschlüssel ein. Dann begibt sie sich im dritten Stock des Mehrparteienhauses an deren Klavier und erfreut die Nachbarschaft mit Geklimper unter ausgiebigem Einsatz des die Töne miteinander verschleifenden Dämpferpedals.

Anja wird erwachsen und lernt ihren Freund Arjan kennen. Der hat zwar keine Großeltern mehr, dafür aber eine tüchtige Mutter. Sobald Arjan an der Uni ist, rearrangiert sie in Arjans Zimmer die Möbel. Sein Ablagesystem ist schlicht unpraktisch, deshalb schüttelt sie nur den Kopf darüber, wie sehr Arjan deswegen tobt. Noch später hat Anja dann selbst Kinder. Die hüten an einem Tag die Mutter, am anderen die Schwiegermutter. Und wissen Sie, was die beiden bei dieser Gelegenheit tun? Sie durchforsten ohne Rücksprache die Wohnung nach Anjas Medikamentenschrank. Und beschweren sich anschließend, dass sie die gesuchten Aspirintabletten nicht fanden, während doch andere Wirkstoffe dort nichts zu suchen hätten.

Mit dem Helfen ist das so eine Sache: Man greift unversehens in die Privatsphäre anderer Leute ein, ohne dass man darum gebeten wurde. Hier verläuft ein schmaler Grat zwischen Unterstützung einerseits und unangemessenem Verhalten einerseits. Der Spruch, wonach man einem geschenkten Gaul nicht ins Maul schaut, offenbart nur die halbe Wahrheit. **Ein geschenkter Gaul darf vielleicht ein schlechtes Gebiss haben, im Zaum halten muss ihn der Schenkende gleichwohl**. In diesem Sinne war jedes einzelne von Anja berichtete Ereignis schlicht übergriffig.

Bei näherer Betrachtung wirklich bereichert wäre man als Beschenkter allenfalls dann, wenn die emotionalen Kosten nicht allerseits hinter dem organisatorischen Nutzen des Handelns zurückbleiben würden. Ansonsten machen die Betroffenen unter dem Strich ein schlechtes Geschäft. Das muss man in jedem Lebensalter klar und deutlich ablehnen. Da gilt es zum ersten, Distanz einzufordern – ganz so, wie man es in der New Yorker Metro lernt: „**Mind the Gap. Then close the doors please**". Will heißen: Bitte beachten Sie den Abstand, der Sie von anderen trennt, und schließen Sie dann die Türen. Und wenn das – siehe oben – nicht hilft, halten Sie sie fern. Tauschen Sie die Schlüssel zu Wohnung und Zimmer aus, und kümmern Sie sich um eine andere Kinderbetreuung.

Dabei sind **niedrigschwellige Grenzverletzungen** oft schwer zu erkennen. Sensibilisieren Sie sich:

In aller **Öffentlichkeit** kritisiert Ihr Freund Sie als prüde, wenn Sie sich von einer fast Fremden nicht ungefragt an den Babybauch fassen lassen wollen. Oder Ihre Freundin bezeichnet Sie als Langweilerin, weil Sie partout nur ein Wasser bestellen wollen statt einen Cocktail. Vielleicht ist es ja auch nur gut gemeint, wenn Ihnen die Mutter in der Theaterpause sagt, dass Sie in diesem Kleid „wie eine Tonne" wirken? Oder wenn Ihr Kumpel Sie schulterklopfend mit den Worten begrüßt, beim letzten Mal hätten Sie noch mehr Haare auf dem Kopf gehabt? Egal ob körperlich, sprachlich oder nonverbal: Wer sich über das von Ihnen erwünschte Maß an sozialer Distanz hinwegsetzt, den dürfen Sie in angemessener Weise zurückweisen.

Alltägliche Anlässe zum Nachdenken bietet allerdings auch das **traute Heim**. Sie reichen von ungebetenen Anrufen des Schulfreundes mit der Bitte um Trost zu nachtschlafender Zeit über den unaufgeforderten Gang des Schwagers zum Kühlschrank bis hin zum wieder einmal halb zugestellten eigenen Parkplatz, weil die Nachbarin es für ein ordentliches Einparken zu eilig hatte. Und, klischeehaft aber wahr: Auch innerhalb der → Familie geht es rund in Sachen Übergriffigkeit.

Beispielsweise findet ein Mann seine alte Lieblingsjacke nicht mehr – die Frau hat „das löchrige braune Ding" zu den Altkleidern gegeben. Er selbst wiederum nimmt spätestens um 19:59 Uhr der besseren Hälfte die Fernbedienung aus der Hand und schaltet um – schließlich ist die Tagesschau wichtiger als eine über den Bildschirm flimmernde Serie. Der Sohn des Paares wiederum entzieht seinen Eltern am nächsten Morgen zwischen viertel vor sieben und halb acht das Badezimmer, weil man eine wirklich coole Gelfrisur nur hinter verschlossener Türe hinbekommt. Und die Tochter trägt ungefragt die Bluse der Mutter, weil retro wieder mal hip ist und die eh genug Kleider im Schrank hängen hat.

Eine besonders knifflige Variante ist schließlich die übergriffige Hilfsbereitschaft im Rahmen des elterlichen → Gatekeeping: „Ich mach das lieber selbst!". Oder einfach nur: „Giiiib das mal her!". Das gilt auch im Verhältnis zu Menschen, die nicht im Vollbesitz ihrer körperlichen oder geistigen Kräfte sind. Alles, womit sich die Betreffenden erkennbar nicht mehr wohlfühlen, und sei es das Scheitelziehen, hat zu unterbleiben.

Der gemeinsame Nenner, um den es hier geht, lautet → Respekt. Sobald es andere an Respekt Ihnen gegenüber fehlen lassen, halten Sie durch → Sachlichkeit, aber auch durch → Schlagfertigkeit und/oder andere schon geschilderte (→ Streit-) Techniken dagegen. Dabei hilft wie so oft eine gute Vorbereitung: Über welche Art von Übergriffen ärgern Sie sich typischerweise? Notieren Sie sich doch einmal alles, was Ihnen zum einen dazu einfällt, und was sich zum anderen dagegen machen lässt.

Beleidigungen, Verleumdungen, Nötigungen, gar sexuelle Übergriffe schließlich sind ein absolutes No-Go. Sobald Sie oder ein Dritter von entsprechenden **Straftatbestände**n betroffen sind, schalten Sie Polizei oder Staatsanwaltschaft ein. Im Übrigen dürfen Sie sich auch körperlich wehren. Ihre körperliche Unversehrtheit dürfen Sie nach Kräften verteidigen! Entsprechende **Selbstverteidigung**s-Techniken wie Judo, Karate oder Krav Maga, eventuell auch Boxen könnten Sie doch einfach einmal ausprobieren.

Das gilt umso mehr, als Sie im Akutfall nicht lange über geeignete oder angemessene Mittel nachdenken müssen. Das Verhältnismäßigkeitsprinzip greift in Notwehrsituationen nach § 32 StGB nicht. Einen gegenwärtigen rechtswidrigen Angriff dürfen Sie mit allen nötigen Mitteln abwenden. Das gilt auch bei der **Nothilfe für Dritte**. Allerdings sollte Ihre Reaktion keinen unnötig großen Schaden anrichten. Mit dem Tritt zwischen die Beine eines Menschen, der Ihnen anzüglich hinterherpfeift oder dem absichtlichen Erschießen eines Garageneinbrechers kommen Sie in Deutschland nicht durch.

Zu guter Letzt: Je mehr → Autorität Sie ausstrahlen, desto geringer ist im Allgemeinen die Gefahr, zum Opfer von Übergriffen zu werden. Deswegen behalten Sie bitte auch diese Form der Eigenfürsorge im Auge.

Leitsatz

„Mind the Gap. Then close the doors please!"
  Achten Sie auf übergriffiges Verhalten und schotten Sie sich dagegen ab. Gegebenenfalls leisten Sie Dritten Nothilfe.

Umwege gehen

Schwerpunkt: privat + beruflich

Cristoforo Colombo war ein italienischer Seefahrer in kastilischen Diensten. 1492 suchte er nach einem Seeweg nach Asien, als er eine Insel der Bahamas erreichte. Das war die (Wieder-) Entdeckung Amerikas durch die Europäer. *Francis Drake* wiederum war der erste Engländer, dem eine Weltumseglung glückte. Auch das war aber nicht geplant: Wahrscheinlich hatte der Freibeuter knapp 100 Jahre später die Nordwestpassage im Atlantik gesucht, möglicherweise sogar nach dem sagenhaften Südkontinent Terra Australis incognita gefahndet. Keines von beiden hat er zwischen 1577 und 1580 gefunden. Dennoch kehrte er mit (geraubten) Schätzen reich beladen zurück. Nachdem ihn *Elisabeth I.* zum Ritter hatte schlagen lassen, wählte *Sir Drake* den Wappenspruch *Sic parvis magna*: Vom Kleinen zum Großen.

Falls Sie lieber ein modernes **Alltagsbeispiel** lesen möchten: eine biografische Skizze, Anfang der 1980er-Jahre. Ella ist Praktikantin einer großen Tageszeitung. Die junge Frau möchte gerne Redakteurin werden. Zwar weiß sie genau, dass sie selbst nie verheiratet sein und Kinder haben wird. Trotzdem stürzt sie sich mit Feuereifer in Reportagen über Stillgruppen & Co., wie sie im Regionalteil gerne gelesen werden. Ihr Ausbilder warnt sie: Es sei besser, sich nicht nur auf den Journalismus zu konzentrieren; sie solle sich eine solide fachliche Grundlage schaffen. Jura beispielsweise – da lerne man, worauf es im Lande ankomme.

Mitte der 80er-Jahre: Ella tummelt sich in einer Gruppe junger Jurastudentinnen, die alle von dem Gedanken beseelt sind, einmal etwas Besonderes zu machen. Nur eine ihrer Mitstudentinnen, Clara, ist eher eine ruhige Kommilitonin. Claras Vater ist Richter – es passt also, dass auch sie in der Vorlesung sitzt. Trotzdem vollzieht ausgerechnet Clara einen radikalen Wechsel hin zu Geschichte und Literaturwissenschaft, denn eigentlich träumt sie von etwas anderem: Clara wird Schriftstellerin. Viele Jahre später hört Ella, dass Clara jetzt über hundert Millionen Bücher verkauft hat.

Mitte der Nullerjahre. Mittlerweile ist Ella, die zwischenzeitlich Hochschullehrerin werden wollte, Rechtsanwältin. Bis auf weiteres arbeitet sie aber als Redakteurin. Die doch so überzeugte Singlefrau Ella war nämlich schon letzten Examen verheiratet, Mutter und danach mit dem zweiten Kind schwanger. Eines Tages hört sie, dass das Unternehmen, das ihr vor Jahren einen Preis für ihre Doktorarbeit verliehen hat, eine Pressesprecherin sucht. Diese Stelle ist besser dotiert, und dafür hängt Ella das Redakteursdasein an den Nagel. Aber auch die PR-Zeit entpuppt sich im Nachhinein als Zwischenstation: Die Kinder werden älter, Ella hat einen Lehrauftrag und kehrt zeitweise an die Universität zurück. Aber ihre frühere Alma Mater ist nicht mehr die alte.

Als sie sich nach dem Abitur ihrer Kinder überlegt, ob sie sich nach all diesen Umwegen nun endlich als Rechtsanwältin niederlassen soll, fällt der Groschen: Alle diesen Etappen lassen sich zu einem Ganzen zusammenfügen. In all den vergangenen Jahren hat sie aus ganz verschiedenen Perspektiven heraus gelernt, „Spielchen hinter den Spielchen" zu erkennen, zu analysieren und zu beschreiben. Jetzt besteht ihre Stärke in ihrer besonderen Schnittstellenkompetenz. In der Folge gründet Ella ein Beratungsbüro – und macht vom Fleck weg einen sechsstelligen Umsatz. Ella hat sich – wie Clara viele Jahre vor ihr – Einiges angesehen, das ihren Horizont zum Besten erweitert hat. **„Umwege erhöhen die Ortskenntnis"**, dieser Spruch eines Bekannten fällt ihr seitdem öfters mal ein.

Tatsächlich waren entsprechende **Patchwork-Biografien** in Deutschland über lange Zeit hinweg weniger gerne gesehen als Patchwork-Jeans und Patchwork-Decken. Allerdings ändert sich das gerade – und zwar in beschleunigtem Maße im Zuge der digitalen Transformation. Auch qualifizierte **Dienstleistungsberufe** befinden sich in einer Welt der großen Datenpools und Algorithmen auf direktem Weg in eine neue → Zukunftsausrichtung. Der Grund dafür ist nicht schwer zu verstehen: Menschliche Dienstleister strukturieren eine Vielzahl von Informationen und wenden darauf dann bestimmte Regeln an. Nichts anderes passiert in der Kombination von Big Data und Algorithmen.

Im **Privatleben** hat es der Onlinehandel vorgemacht: Wer sich Pakete ins Haus schicken und dabei Kleidung auch noch kostenlos umtauschen darf, hat wenig Anreize, noch in ein Kaufhaus herkömmlicher Machart zu gehen. Selbst in gut gestalteten Einkaufsmeilen strukturstarker Gebiete nimmt der Leerstand bedrohliche Ausmaße an. Und die Schraube dreht sich weiter: Selbst im beliebten Baumarkt kann man die erworbenen Produkte nicht nur selbst aus den Regalen nehmen. Man kann sie vielerorts auch eigenhändig an automatischen Kassen einscannen. Das bedeutet, dass noch eine Verkäuferin noch weniger Arbeit hat als zuvor. Wohl dem, der in dieser Lage beruflich flexibel ist.

Im bundesdeutschen Alltag ist die Idee, dass eine Vielfalt gesammelter Eindrücke uns weiterbringt, im Übrigen schon lange verbreitet. Denn was tun die Deutschen am liebsten, sobald Urlaub haben? Sie **verreisen**. „Der Reiseweltmeister meldet sich zurück" titelte 2022 eine entsprechende Studie.[698] Und selbst diejenigen, die zuhause bleiben, kennen einen wohlklingenden Begriff, der sich andernorts nur als mühsame Wortkonstruktion hören lässt. Im Englischen heißt er experience of life, im Französischen expérience de la vie, im Italienischen esperienza di vita. Auch die Spanier haben kein eigenes Wort für die experiencia de vida – gemeint ist unsere gute alte **Lebenserfahrung**.

Leitsatz

„Umwege erhöhen die Ortskenntnis!"
  Schätzen Sie sie entsprechend wert. In einer Welt zunehmend komplexer Chancen und Risiken werden sie wichtiger werden denn je, schon heute verschaffen Sie Ihnen ein Plus an Lebenserfahrung.

---

[698] https://www.touristik-aktuell.de/nachrichten/destinationen/news/datum/2022/02/15/studie-der-reiseweltmeister-meldet-sich-zurueck/ – abgerufen am 01.07.2023.

Ungewissheiten trotzen

Schwerpunkt: privat + beruflich

Ein beliebiger Montag im Oktober 2022, Sie schlagen das erste Buch – die Topseiten – einer seriösen Tageszeitung auf. Gleich oben links meldet das Blatt: „Viele Tote nach Anschlag in Somalia". Unten in der Mitte werden „Mehr als 150 Tote nach Massenpanik in Seoul" beklagt. In Israel könnte Ex-Premier *Benjamin Netanjahu* wieder an die Macht kommen (was sich dann tatsächlich bewahrheitet). In San Francisco sucht man noch immer nach dem Attentäter, der den Ehemann der Sprecherin des US-Repräsentantenhauses, *Nancy Pelosi,* verletzt hat. Der neue Zulu-König in Südafrika wiederum hat viele Widersacher. In Indien ist eine Brücke eingestürzt. Und das, während Russland unvermindert Krieg gegen die Ukraine führt und die Gaspreise bedrohlich weiter steigen könnten (was sie dann doch nicht tun). Wo soll das noch hinführen?

Im europäischen Ausland ist es nicht besser, und es ist auch nicht neu. *Shakespeares Sister* haben das schon vor dreißig Jahren in ihrer großartigen Ballade *Hello (Turn your radio on)* besungen. Nachrichten, bis uns der Kopf schwirrt – und bis wir nicht mehr wissen wo oben und unten ist: „And if I taste the honey – is it really sweet?/And do I eat it with my hands or with my feet?".[699]

Früher war alles besser, wir leben in einer unkalkulierbaren Welt. Tatsächlich? Hätten Sie **vor hundert Jahren** gelebt, hätten Sie einen Krieg und einen staatlichen Umbruch von Kaiserreich zu Republik hinter sich gehabt. In dessen Folge hätten Sie neben allem anderen mit einer Hyperinflation kämpfen müssen, wie wir schon im → Heimat-Kapitel lesen konnten. Hätten Sie in Frankfurt das billigste Straßenbahnticket am 1. August 2023 noch für 8000 Mark erwerben können, hätten Sie dafür am 20. September schon vier Millionen Mark bezahlen müssen. Hätten Sie zu Kriegsbeginn 100.000 Mark für Ihre Altersversorgung angespart, hätten Sie sich dafür neun Jahre später noch nicht einmal ein Brötchen kaufen können.[700]

Hier und heute leben wir insoweit mit einstelligen Inflationsraten in sehr viel stabileren Zeiten.

---

[699] „... Und wenn ich den Honig schmecke – ist er wirklich süß? Und esse ich ihn mit meinen Händen oder mit meinen Füßen? – Der Clip zum Song ist abrufbar unter https://www.youtube.com/watch?v=Irb-FydtLF-Y – abgerufen am 01.07.2023.

[700] Angaben aus FAZ Nr. 1 vom 02.01.2023, 31.

Selbst die **80er-Jahre**, die manch westdeutscher Geist heute nach den wilden 70ern so idyllisch findet, hatten es in sich. So habe ich unlängst einem politisch sonst sehr bewanderten Nachgeborenen erklären müssen, was es mit dem Fulda Gap auf sich hatte. Was heute zum mitteldeutschen Biosphärenreservat Rhön gehört, war seinerzeit nur sehr vordergründig ein stiller Ort. Geostrategisch gesehen, war der so genannte „NATO-Park" eine der brisantesten Örtlichkeiten des Kalten Kriegs. Die Lücke zwischen der hessischen Wetterau, der Rhön und dem hessisch-bayerischen Spessart galt als maximal gefährdeter Angriffskorridor im Angesicht des Warschauer Pakts.

Gleichzeitig ist die → Furcht vor Inflation und wirtschaftlichem Wandel, sich ausweitenden Kriegen und Pandemien, nuklearen und Klimagefahren heute allgegenwärtig. Wir sind eine Exportnation, und die Welt ist enger zusammengerückt. Was bedeutet das für uns und unsere → Zukunft?

Seit einiger Zeit macht hierzu der Begriff der **VUCA-Welt** die Runde. Die betreffenden Buchstaben stehen im Original für **Volatility, Uncertainty, Complexity und Ambiguity.** Übersetzt bedeutet das Volatilität oder mangelnde Standfestigkeit, ein Schwankungsmaß, auch für eine Art Verletzlichkeit, gefolgt von Ungewissheit als einem Zustand mangelnder Klarheit. Komplexität wiederum meint Vielschichtigkeit, eine Vielzahl von Einflüssen, die es unmöglich machen, einfach von A auf B zu schließen. Ambiguität schließlich weist wie die mit ihr verwandte Ambivalenz darauf hin, dass man alles so oder so sehen kann. Sie steht für Mehrdeutigkeit und Doppelsinn. Unter dem Strich ergibt sich damit in einer VUCA-Welt aus einer Ursache A nur noch sehr bedingt die Folge B.

Damit umzugehen, ist → Stressmanagement im Großen: **Unsicherheit bedeutet Kontrollverlust**, und der ist für die meisten von uns zum → Fürchten: Er beraubt uns des Gerüstes unseres inneren Hauses. Dabei ist Ungewissheit doch eigentlich **die Zwillingsschwester der → Freiheit**, die wir alle so sehr schätzen – vielleicht sollten wir uns diesen Widerspruch als allererstes einmal klarmachen. Wenn Sie an Freiheit denken, was gefällt Ihnen daran? Doch erst einmal das nicht Vorherbestimmte.

Auch als Handwerkersohn können Sie im heutigen Deutschland **beispielsweise** Hochschullehrer werden (und umgekehrt, wenn Sie lieber manuell arbeiten). Es ist noch immer unangemessen viel schwieriger, als wenn Sie aus einem Akademikerhaushalt stammen, aber es geht. Falls Sie in einer binationalen oder auch nur bikonfessionellen Beziehung leben, werden Sie anders als früher nicht mehr geächtet. Wenn Sie studieren, dürfen Sie auch als Frau eine Abschlussprüfung machen. Sind Sie Mutter unehelicher Kinder, macht Sie das nicht zum Paria, um den ehrbare Menschen einen Bogen machen. Kinder allein großzuziehen ist mühsam, und es ist → finanziell heikel. Machbar ist es gleichwohl. Und falls Sie sich lieber in der amerikanischen Wildnis als in Bad Wildungen herumtreiben, können Sie auf einen Direktflug nach Anchorage sparen, anstatt ein Leben lang voller Sehnsucht *Jack London* lesen zu müssen.

Außerdem müssen Sie viel weniger um Ihre Gesundheit fürchten als früher. Unsere Bedrohung durch Gewalt und Grippeepidemien war noch vor gut hundert Jahren völlig normal. Die Spanische Grippe beispielsweise, die 1918 binnen weniger Monate die Erde umrundete, kostete bis 1920 mehr Menschen das Leben als der gesamte Erste Weltkrieg.[701] Die Covid-Pandemie ist damit trotz aller menschlicher Tragödien nicht zu vergleichen. Heute können Sie das Risiko durch Impfung minimieren, und wahrscheinlich sind sie auch weniger ausgezehrt als damals.

Gleichwohl wird zunehmend beklagt, dass wir uns machtlos, ausgeliefert fühlen im Angesicht aller uns umgebenden Herausforderungen. Wir → fürchten uns allenthalben, und die Statistiken zu generalisierten Angststörungen sind ihrerseits höchst beunruhigend.[702] Unabdingbar ist es angesichts dessen, **abschichten zu lernen.**

Bitte fragen Sie sich: Betrifft Sie wirklich alles, was Sie so lesen, von dem Sie hören, das Sie sehen? Um auf die oben zitierten Zeitungsbeiträge zurückzukommen: Von Somalia wissen beispielsweise viele Leute noch nicht einmal genau, wo es liegt. Nach Südkorea oder Indien werden die meisten von uns im Leben nicht kommen. In den USA wiederum ist nicht die einflussreiche Demokratin selbst einem Anschlag zum Opfer gefallen, auch wenn das Ganze menschlich natürlich schlimm ist. Außenpolitisch gesehen handelt es sich aber um eine **Mark Twain-Katastrophe.** Denken Sie an das zum Thema → Dankbarkeit Gesagte – diese Katastrophe hat in unserem Leben gar nicht stattgefunden. Das ist, als wäre, um einen bekannten Spruch zu zitieren, „in China ein Sack Reis umgefallen".

Medien lieben Drama, denn mit **Clickbaits** – reißerischen Titelködern – und entsprechenden Texten machen sie Auflage. Visuelle Medien favorisieren zudem reißerische Bilder, die machen mehr Eindruck als Alltagsaufnahmen. Darüber sollten Sie aber nicht vergessen, zuweilen schlicht aus Ihren eigenen Fenstern zu schauen. Früher gab es auch fensterlose Wohnungen. Heute aber nicht mehr.

Zugestanden: Für den **Ukrainekrieg** und die **Entwicklung der Energiepreise** gilt etwas anderes. Zwar ist im Fall des russischen Angriffskriegs das auslösende Ereignis Tausende von Kilometern weit entfernt. Es hat aber politisch-ökonomische Folgen für uns, von psychosozialen Auswirkungen

---

[701] https://www.ardalpha.de/wissen/gesundheit/krankheiten/spanische-grippe-influenza-virus-pandemie-106.html – abgerufen am 01.07.2023.

[702] Siehe hierzu ergänzend https://de.statista.com/statistik/daten/studie/182616/umfrage/haeufigkeit-von-angststoerungen/ – abgerufen am 01.07.2023.

einmal ganz abgesehen. Bei Manuskriptschluss war ein Drittel der Ukraine vermint.[703] Das hat nicht nur unmittelbare Konsequenzen für Leib und Leben der Menschen, die dort auf lange Sicht nicht mehr sicher sind – auch nach einem etwaigen Ende der Kampfhandlungen nicht. Es wird überdies zu gravierenden Einbußen für die Nahrungsmittelerzeugung sorgen. Vor dem Krieg galt die Ukraine als exportstarke „Kornkammer Europas", die kalkhaltigen und humusreichen Schwarzerde-Böden zählen zu den besten Ackerböden der Welt.[704]

Generell zeigt der Weltfriedens-Index – der Global Peace Index –, dass die Zahl der Todesopfer in Konflikten 2023 den höchsten Stand in diesem Jahrhundert erreicht hat und die Friedlichkeit in der Welt abnimmt. Wobei übrigens die Anzahl von Todesopfern durch Konflikte *in Äthiopien* noch höher ist als in der Ukraine und den vorherigen globalen Höchststand während des Kriegs in Syrien übertrifft.[705] Das hat innenpolitische Auswirkungen in Form von Geflüchteten (die man im Falle der Ukraine weniger schlecht behandelt als ihre Leidensgenossen aus dem Nahen Osten). Und es kostet viel Geld.

Allerdings sollten Sie sich immer auch fragen: Werden Sie angesichts entsprechender Entwicklungen wirklich existenziell gefährdet sein? Für die Mehrheit von uns gilt das erst dann, wenn *Putin* die Atomsprengköpfe auspackt. Bis dahin droht uns in erster Linie ein Absinken unseres Wohlstands. Auch das ist nicht schön. In meiner eigenen Generation spukt vielen Menschen noch der Spruch im Kopf herum, „dass es unseren Kindern einmal besser gehen soll". Insoweit gibt es aber mehr als materiellen Wohlstand – manch einer hat auch noch andere → Leitwerte und → Ziele.

Des Weiteren: **Wie machtlos sind Sie vor diesem Hintergrund?** Werden Sie wirklich nichts tun können, oder vermag das Ganze nur Ihren bisherigen Vorstellungen nicht zu genügen? Im letzteren Falle ist → Change Management geboten, kein → Mindfucking. Womöglich müssen Sie Ihre Finanzen umschichten, womöglich müssen Sie den Verhältnissen, über die Sie sich ärgern, auch auf politischer Ebene entgegentreten. Das mag lästig und anstrengend sein, unmöglich ist es aber nicht. Wir befinden uns in einem Land, in dem alle Staatsgewalt vom Volke ausgeht, das rechts- und sozialstaatlich verfasst ist – anders als die meisten anderen Orte auf der Welt. Nutzen Sie das nach Kräften.

---

[703] Eingehend FAZ Nr. 156 vom 08.07 2023, 3.

[704] Siehe dazu https://www.swr.de/wissen/1000-antworten/warum-waechst-in-der-ukraine-so-viel-getreide-100.html – abgerufen am 01.07.2023.

[705] https://www.prnewswire.com/news-releases/der-weltfriedens-index-global-peace-index-zeigt-dass-die-zahl-der-todesopfer-in-konflikten-den-hoechsten-stand-in-diesem-jahrhundert-erreicht-hat-und-die-friedlichkeit-in-der-welt-abnimmt-301861036.html – abgerufen am 01.07.2023.

Im Übrigen: **Bedeutet Unkalkulierbarkeit im konkreten Fall wirklich, dass Sie völlig im Dunken tappen?** Denn eigentlich leben wir ja in einem Umfeld, das uns mehr Informationen zugänglich macht denn je. Zu allen Schwankungsgrößen gibt es gleichzeitig Erfahrungswerte, im Kleinen wie im Großen. Nehmen Sie möglichst unvoreingenommen wahr, welches Bild sich daraus formen lässt und wie sich das für Sie anfühlt. So schärfen Sie Ihre → Intuition. „Auf das Ungewisse schließe vom Gewissen", das hat schon vor rund zweieinhalbtausend Jahren der altgriechische Gesetzeslehrer *Solon* geraten.[706]

Was Sie auch nicht vergessen dürfen, ist die sorgfältige Differenzierung von → Tatsachenkernen und → Bewertungen. Die seriöse Tagespresse – Blätter wie die FAZ oder die Süddeutsche Zeitung – gibt sich (noch?) Mühe, das ihrerseits für ihre Leserinnen und Leser zu tun. Viele von uns „ernähren" sich aber mittlerweile von **Nachrichten, die „Hauptsache kostenlos" sind.** Nun haben Sie schon zum Thema → Botschaften entschlüsseln gelesen, dass es so etwas wie ein Gratisessen nicht gibt. Das wiederum bedeutet, dass ein anderer die Zeche für die Erstellung zahlen muss. Im Zweifel sind das die Werbekunden. Für die muss der Anbieter dann aber ein wahres Feuerwerk an Dramen bereithalten. Und dieses Erfordernis steht dem Anliegen einer möglichst bewertungsfreien Berichterstattung diametral entgegen.

Wenn Sie sich des Gesehenen, des Gehörten, des Gelesenen nicht sicher sind, können Sie schließlich auch **Dritte** mit einbeziehen. Wen in Ihrem Bekanntenkreis halten Sie für gleichermaßen sachverständig wie wohlmeinend? Sprechen Sie ihr, sprechen Sie ihm gegenüber an, was Sie verunsichert. Wenn die Sie dann nicht in Ihren Ansichten bestärken, ist das umso besser! Dass zeigt Ihnen, dass das Spektrum der Möglichkeiten breiter ist, als Sie bisher dachten. Genau aus diesem Grund sollten Sie sich im Übrigen auch um Informationskanäle kümmern, die nicht zu sehr Ihrer eigenen → Weltanschauung entsprechen – nur das bringt Sie vorwärts. Bequem ist das nicht, aber manchmal führt der Weg aus der Verunsicherung eben „Per aspera ad astra". „Über raue Pfade gelangt man zu den Sternen", die dann umso klarer funkeln.

Leitsatz

„Auf das Ungewisse schließe vom Gewissen!"
   Wir leben in einer „VUCA"-Welt voller Unsicherheiten. Angesichts dessen sind wir aber nicht hilflos. Schichten Sie die betreffenden Informationen ab, orientieren Sie sich an verlässlichen Quellen.

---

[706] Zitiert nach https://www.aphorismen.de/zitat/147771 – abgerufen am 01.07.2023.

Verantwortung übernehmen

Schwerpunkt: privat + beruflich

„Ihr Hund hat sich da gerade niedergelassen. Machen Sie doch bitte seinen Haufen weg!" „Wieso, es ist doch nicht meine Schuld, wenn der hier mal muss". „Er kann den Haufen ja wohl schlecht selbst entsorgen." „Dafür zahle ich doch schließlich Hundesteuer!" In diesem Fall leuchtet es sofort ein: Der Mensch am anderen Ende der Leine hätte die Verantwortung für die Hinterlassenschaften seines Vierbeiners übernehmen müssen. Mit menschlicher → Schuld hat das ebenso wenig zu tun wie damit, dass es für die Hundekotentsorgung womöglich noch andere, städtische Stellen wie die Straßenreinigung gibt.

Eine andere Szene, einige Straßen weiter. Dort steht eine städtische Schule mit marodem Klassenraum. Die Elternschaft berät darüber, ob man ihn den Kindern zuliebe am Wochenende selbst anstreichen soll. Die Klassenkasse ist für die Farbe ausreichend gefüllt, die Schulleitung wäre einverstanden. Da erhebt sich ein Vater: „Ich denke gar nicht dran, hier für das Politikversagen der Stadt an meinem freien Wochenende zu büßen". Überraschtes Gemurmel: So haben das einige andere Teilnehmende noch gar nicht gesehen. Am Ende des Abends haben sich drei, vier Freiwillige gefunden; der Wortführer von eben ist nicht darunter.

Verantwortung ist ein reaktiver Zustand. Sie bezeichnet **ein Einstehen, das Reagieren auf eine Situation in Worten und → Handlungen**. Ursächlich dafür kann ein Misstand sein, muss es aber nicht. Wir alle kennen den Begriff der Erziehungsverantwortung. Hier wie auch im Erwerbsleben geht es darum, dafür Sorge zu tragen, dass die Dinge einen guten Verlauf nehmen. Ärztinnen übernehmen medizinische Verantwortung, Busfahrer Verantwortung für den sicheren Transport von A nach B. Allerdings ist niemand per se verantwortungsvoll; man unterscheidet verschiedene Daseinsebenen und Lebensbereiche.

Dabei ist wie so oft nach der **individuellen, einer sozialen und einer organisatorischen** Ebene zu trennen. Wie verantwortlich verhält sich jemand in eigenen Belangen? Legt er oder sie dort dieselben Sorgfaltsmaßstäbe an wie in der sozialen Gruppe – in der → Familie, im → Freundes- und Kollegenkreis oder im Sportverein? Soweit es um die große Gesamtorganisation geht: Wie sehr kümmern die Betreffenden sich um die Interessen von Menschen, mit denen sie nicht direkt verbunden sind? Engagieren Sie sich für ihr

Gemeinwesen, für geflüchtete Menschen, für nachfolgende Generationen? Im Regelfall sind Menschen nicht in jedem Lebensbereich gleichermaßen verantwortungsvoll.

Wer Verantwortung für eine soziale Gruppe übernimmt, weil er **beispielsweise** als Nachhilfelehrer unterrichtet, muss deshalb noch lange kein pflichtbewusster Vater sein. Vielleicht fehlt ihm anschließend gerade wegen des hohen täglichen Drucks die Kraft, auch noch den eigenen Nachwuchs zu erziehen. Viele Ärzte wiederum leben selbst nicht allzu → gesund. Sie rauchen und trinken, obwohl sie wissen, was sie ihren Körpern antun. Anwältinnen verzichten auf letztwillige Verfügungen. Die besten Vereinskameraden entwickeln nach außen hin einen Fremdenhass, der einen schaudern lässt. Liebevolle Eltern fahren ihren Nachwuchs mit dem SUV vor das Schultor und nehmen dabei anderen Kindern die Sicht, von der Abgasbelastung einmal ganz abgesehen. Nachbarn laden den einen zum Essen ein und drohen dem anderen mit der Gartenschere. Dergleichen Beispiele gibt es viele.

Entsprechend sollten Sie sich **vor Fehlschlüssen hüten**. Im Geschäftsleben entpuppte sich schon mancher Business Development Manager, der vor allem seinen eigenen Business Case pflegte, als teures Vergnügen. Die Annahme, dass ein hilfsbereiter Kollege auch ein verlässlicher → Familienvater sein wird, ist ebenso wenig zwingend wie die, dass eine engagierte Frauenrechtlerin ihre Haushaltshilfe nicht ausnutzt. Dazu müssen die Betreffenden weder falsch noch verlogen sein. Auch wenn eine ganzheitliche Herangehensweise natürlich besser wäre: Sie haben schlicht nicht auf jeder Ebene das gleiche Verantwortungsgefühl.

Soweit Sie selbst nach verantwortungsvollen → Partnern suchen, achten Sie daher nicht nur auf deren allgemeine → Leitwerte und → Ziele. Sehen Sie auch möglichst gut hin, ob sich deren Verantwortungsbereitschaft auf Ihre gemeinsamen Lebensbereiche bezieht.

Leitsatz

„Verantwortung tragen heißt Einstehen!"
   Bei ein und derselben Person kann das Verantwortungsgefühl je nach Lebensbereich unterschiedlich ausgeprägt sein. Die individuelle ist von der sozialen Ebene zu trennen. Beide sind von organisatorischen Gesamtbild zu unterscheiden.

Vergangenheit bewältigen

Schwerpunkt: privat

Das gigantische Bild ist aufgebaut wie ein Tryptichon, die dreiteilige Tafel eines Reliefs. Die Strukturen sind kubistisch, die Farbpalette ist monochrom. Das Mittelfeld zeigt aber nicht den gekreuzigten Jesus, als Sinnbild des Leides fungiert ein sterbendes Pferd. Eine Deckenleuchte gemahnt an das Auge der Vorsehung. Links davon schreit eine Mutter mit ihrem toten Kind, rechts symbolisieren Flammen einen großen Brand. Es sind genau sieben, nicht zufällig eine Kennziffer der Apokalypse. Auf einem weiteren Gemälde steht ein Mensch unter einem roten Himmel vor einem Geländer, die Hände gegen den Kopf gepresst, Mund und Augen angstvoll aufgerissen.

Picassos Werk *La Guernica* und *Edvard Munchs* Variationen zu *Der Schrei* zählen zu den berühmtesten Traumabildern der neueren Kunstgeschichte. Letzeres verarbeitet einen individuellen Schrecken, während ersteres den Zustand rund um ein kollektives Katastrophenerlebnis bannt: Bei *Picasso* geht es um den Luftangriff auf das heutige Gernika während des spanischen Bürgerkriegs unter dem deutschen Luftwaffenoffizier *Wolfram von Richthofen*. Am 26. April 1937 (übrigens dem gleichen Datum, an dem sich 1986 dann der Reaktorunfall von Tschernobyl ereignete) legte dessen Fliegerlegion Condor die baskische Stadt in Schutt und Asche.

Derlei albtraumhaft un→ gerechte Ereignisse prägen auch uns Nachgeborene; wir alle sind nicht zuletzt ein **Produkt der Vergangenheit**. Selbst dann, wenn wir persönlich den Krieg gar nicht mehr selbst erlitten haben: In den Nachrichten, in der Kunst, in In- und Ausland lebt er fort. Das gilt selbst im trauten Kreis von → Heimat und → Familie. Da wurden die Eltern und Großeltern aus dem Osten vertrieben und später in Baracken verschmäht – wenn nicht von der Hamburger Sturmflut hinweggerissen. Das große Schweigen und die mühevolle Verdrängung bekamen immer mehr Risse.[707] Väter und Großväter kamen teilweise erst spät und dann physisch und psychisch gebrochen aus russischer Kriegsgefangenschaft heim.[708] Die

---

[707] Mit Blick auf die Hamburger Sturmflut sehr lesenswert ist dazu der Jugendroman von *Kirsten Boje*, Ringel, Rangel, Rosen, erschienen im Oetinger Verlag, Stuttgart, und ausgezeichnet mit dem Gustav-Heinemann-Friedenspreis 2011. Einen Hörbuchauszug, der auch auf das Dritte Reich Bezug nimmt, finden Sie unter https://www.buecher.de/shop/heinemann-preis/ringel-rangel-rosen/boie-kirsten/pro-ducts_products/detail/prod_id/33402415/ – abgerufen am 01.07.2023.

[708] Siehe hierzu beispielsweise die literarische Spurensuche von *Sabine Huttel*, Das russische Rätsel, Tredition Hamburg, dars. 2021. Eine Leseprobe ist abrufbar unter https://shop.tredition.com/booktitle/Das_russische_R%3ftsel/W-589-011-233 – abgerufen am 01.07.2023.

Mutter wurde als Kind von Tieffliegern verfolgt, der Onkel zum Krüppel geschossen bei dem Versuch, seinen besten Freund vom Schlachtfeld zu retten – der Beispiele sind Legion.

Entsprechendes Wissen hat schon die alten Germanen mit ihrem Göttervater Odin oder Wotan geprägt: Der hatte mit **Hugin und Munin** zwei Raben bei sich. Deren Namen standen einerseits für den Gedanken, andererseits für Gedenken und Erinnerung.

Tatsächlich begegnet uns die Vergangenheit vom ersten Tag an als **vielschichtiges Phänomen**: Wir kommen auf die Welt und haben womöglich ein Geburtstrauma hinter uns. In den allermeisten Fällen haben wir zudem ein bestimmtes Geschlecht, erste Anlagen für Charakter und Persönlichkeit, innerliche und äußerliche Merkmale und Dispositionen. Der Umstand, dass in unserer Familie alle Menschen groß oder klein gewachsen sind und wir die strahlendblauen Augen unserer Mutter, den treuherzig haselnussbraunen Blick unseres Vaters nicht geerbt haben, wird unser Leben von Beginn an beeinflussen.

Über die vererbten Gene hinaus drücken uns **epigenetische Informationen** ihren Stempel auf. Bestimmte einschneidende Erfahrungen sammeln sich in den Zellen an. Anschließend sind sie in der Lage, die Genentfaltung der Nachkommenschaft zu beeinflussen – bis hinein in die Enkelgeneration.[709] Ob dann ein Erbfaktor ruht oder arbeitet, ist gewissermaßen eine Frage der chemischen Verpackung, die durch Stressfaktoren und anderes beschädigt werden kann. Entsprechend negativ können sich traumatische Schwangerschaftserfahrungen auf werdende Kinder auswirken.[710] Bei Babys, deren Mütter als Kinder emotional vernachlässigt worden waren, wurden entsprechende neuronale Effekte bereits nachgewiesen,[711] vermutlich reichen sie weiter.

Und schließlich sind da unsere **sozialen Biografien**. Bei näherem Hinschauen gibt es auch hier wieder unterschiedliche Verzweigungen. Da ist zum einen die große Bühne, in die wir Erdenbürger des 20. und 21. Jahrhunderts alle hineingeboren werden, auch ohne einander persönlich jemals zu begegnen. Nicht immer wird darauf so schön gespielt wie bei den

---

[709] Siehe hierzu beispielsweise https://www.mpg.de/11396064/epigenetik-vererbung#:~:text=Forscher%20des%20Max%2DPlanck%2DInstituts,der%20Genexpression%20der%20Nachkommen%20beitragen – abgerufen am 01.07.2023.

[710] Eingängig erklärt das https://www.spektrum.de/magazin/epigenetik-wie-erfahrungen-vererbt-werden/1519037 – abgerufen am 01.07.2023. Weiterführende Lektüre bietet *Bernhard Kegel*, Epigenetik: Wie unsere Erfahrungen vererbt werden, DuMont Buchverlag Köln 2018.

[711] Siehe hierzu https://www.mdr.de/wissen/vernachlaessigung-hinterlaesst-spuren-im-gehirn-von-babys-100.html – abgerufen am 01.07.2023.

beiden *Kluftinger*-Autoren *Volker Klüpfel* und *Michael Kobr* in ihrem hinrei-
ßenden Roman *In der ersten Reihe sieht man Meer*.[712] Der handelt von einem
80er-Jahre Ausflug an die Adria – am Strand ein Duftgemisch aus Tiroler
Nussöl und Kläranlage, warme Limo statt Cappuccino, man selbst ist noch
einmal fünfzehn Jahre alt und dazu verdammt, die Italienpremiere seiner
Jugend erneut zu erleben. „We didn't have no internet/But man I never will
forget/The way the moonlight shined upon her hair", haben das Kid Rock in
All Summer Long später besungen[713]

Dass wir heute **Kinder des Internetzeitalters** mit all seinen Vor- und
Nachteilen sind, wirkt sich auf uns aus, gleich wo wir leben. Das Internet hat
uns alle näher zusammengebracht, Informationen sind heute viel leichter zu
beschaffen und auszutauschen als früher – ganz im Sinne des mündigen
Bürgers. Auch das Strukturieren und Verwalten von Informationen ist seit
den 90er-Jahren immer leichter geworden. Bargeldlose Zahlungsvorgänge
beschützen uns vor den Räubern nicht nur im tiefen Walde. Allerdings kann
alles, was gebraucht werden kann, auch missbraucht werden, Stichwort:
Datenschutz und Cybercrime einerseits, → krank machendes Suchtpotenzial
andererseits. Gerade die Internetkriminalität erweist sich als ein äußerst dyna-
misches Phänomen, das auch hierzulande riesige volkswirtschaftliche Schäden
anrichtet[714] – auch dort, wo es nur in zweiter Linie um Geld geht, vorrangig
aber um Identitätsdiebstahl.[715]

Unterdessen schickt sich die **digitale Transformation** an, nach dem pro-
duzierenden Gewerbe auch die Dienstleistungsberufe umzukrempeln. Selbst
dort, wo man sich bislang vor dem Schutz von Big Data und Algorithmen
einigermaßen sicher wähnte – beispielsweise in der Juristerei – erweist sich der
Glaube an einen Sonderstatus heute als Hybris. Zu ähnlich ist das Sammeln,
Strukturieren und Verwerten von Daten dem, was automatisierte Systeme
ebenfalls zunehmend lernen. Auf lange Sicht birgt auch diese Entwicklung
nicht nur *Chancen* im Sinne eines kreativeren, erfüllenderen Tätigseins. Denn
was passiert politisch-ökonomisch, wenn sich Arbeitende immer weiter ins
Privatleben zurückziehen, während Standardaufgaben maschinell erledigt

---

[712] *Volker Klüpfel/Michael Kobr*, In der ersten Reihe sieht man Meer, Droemer Verlag, München 2016.

[713] https://www.youtube.com/watch?v=uwIGZLjugKA – abgerufen am 01.07.2023.

[714] Dazu eingehender die Ausführungen des Bundeskriminalamts (BKA) unter https://www.bka.de/DE/
UnsereAufgaben/Deliktsbereiche/Cybercrime/cybercrime_node.html – abgerufen am 01.07.2023.

[715] Einen bedrückenden Fall behandelt die Netflix-Serie Clickbait aus dem Jahr 2021. Der Trailer zur
Serie ist abrufbar unter https://www.youtube.com/watch?v=c6-Ljdg-gJ4 – abgerufen am 01.07.2023

werden? Es sind zunehmend die Inhaber Künstlichen Intelligenz oder KI, die Wertschöpfung betreiben und entsprechende Abgaben leisten. Das wiederum steigert ihren politischen Einfluss. Selbst wenn dann insgesamt genug Geld da ist – jetzt sind sie es, die unser Land finanziell auf ihren Schultern tragen. In der Folge *riskieren wir* das **Wiedererstarken von Oligarchien.** Warum die Politik dieses existenzielle demokratische Risiko nicht stärker thematisiert, ist nicht zu verstehen. Mich selbst hat es dazu bewegt, nach zwanzig Jahren und als Ortsvereinsvorsitzende einer politischen Partei Amt und Mitgliedschaft niederzulegen.

Als wäre diese Entwicklung allein nicht beunruhigend genug, gilt es bis heute die Folgen des Dritten Reiches zu bewältigen. „Deutscher ist, wer weiß, was Auschwitz war", heißt es dazu bei der schon im → Heimatkontext zitierten *Anne Rabe.*[716] Es folgten eine lange Besatzungszeit und (neuerliche) Teilstaaterei, die unsere → Weltanschauung (dort mehr) bis heute mitprägen.

Geht man von dieser gesamtorganisatorischen auf die darunterlegende soziale Ebene, so wachsen wir auch noch weit über dreißig Jahre nach der deutschen Wiedervereinigung „im Osten" oder „im Westen" auf. Wir haben einen Migrationshintergrund oder nicht, werden in städtisch oder ländlich geprägte Gebiete hineingeboren, in einfachere oder bessere Verhältnisse, religiös oder weltlich geprägt. Wir entscheiden uns für diesen Beruf und lassen dabei jene Vorliebe links liegen. Diese **sozialen Verhältnisse** bestimmen mit über unseren → Freundeskreis und die → Partnerschaften, die Gruppen und Vereine, in die wir uns einpassen. Im Arbeitsleben gesellen wir uns bestimmten Arbeitgebern, Berufsgruppen und Branchen zu, die es anderswo gar nicht gibt, und tun das geradlinig oder auf → Umwegen.

Es ist also nicht erst Ihr eigener Geburtstag, schon gar nicht das Ende Ihrer Kindheit, mit dem Ihre Geschichte ihren Anfang nimmt. „Wir alle sind von außen oft verbunden,/wir sind von innen meist getrennt,/doch teilen wir den Strom, die Stunden,/den Ecce-Zug, den Wahn, die Wunden/des, das sich das Jahrhundert nennt" – so schreib es *Gottfried Benn* in seinem Widmungsgedicht an den zehn Jahre jüngeren *Ernst Jünger.*[717]

„… Den Wahn, die Wunden" … Wir alle tragen einen **unsichtbaren Rucksack** mit uns herum. Selbst dann, wenn wir seinen Inhalt nicht sehen, stärkt er uns manchmal den Rücken und in anderen Situationen drückt er uns ins Kreuz. „Yanns Gedächtnis schien kein Vergessen zu kennen", heißt es

---

[716] *Anne Rabe*, Die Möglichkeit des Glücks, Verlag Klett-Cotta, Stuttgart 2023.
[717] Siehe https://www.faz.net/aktuell/feuilleton/buecher/frankfurter-anthologie/frankfurter-anthologie-gottfried-benn-an-ernst-juenger-18922259-p2.html – abgerufen am 01.07.2023.

über den Protagonisten des Romans *Das Gedächtnis der Insel*.[718] „Es gab nur unterschiedliche Beleuchtungsgrade in den tiefen Gängen seines Archivs. Und seine Erinnerung an die Insel hatte er in einen düsteren Gang geschoben, mit flackernden Glühbirnen, in der Hoffnung, dass sie eines Tages ganz ausfielen. Aber leben hieß auch, nicht vergessen können". Bei ganz schlechtem Verlauf können Wunden geradezu Monster erschaffen.[719]

Unglücklicherweise kommt **im Alltag** ohnehin bei weitem nicht alles, dem wir begegnen, unserer → Mentalität, unseren → Leitwerten, → Zielen und Träumen entgegen. Im Laufe unseres Lebens füllt sich der Rucksack immer weiter mit Kieseln. Manche davon sind bunte Steine wie *Beim Blättern in den Bildern meiner Kindheit* von *Reinhard Mey*, auf die sich voller → Dankbarkeit zurückblicken lässt: „Wie manches, dem wir kaum Beachtung schenken/Uns dennoch für ein ganzes Leben prägt/Und seinen bunten Stein, als ein Andenken/Ins Mosaik unserer Seele trägt". Andere sind einfach nur unförmige Wacker, Erinnerungsbrocken an jene Momente, in denen wir lieber mal zu einer anderen Zeit an einem anderen Ort gewesen wären, lieber mal anders reagiert, uns lieber mal anders entschieden hätten.

„Das Vergangene ist nicht tot; es ist nicht einmal vergangen", lautet nicht umsonst ein viel zitierter Satz des US-amerikanischen Schriftsteller und Nobelpreisträgers *William Faulkner*.[720] „Wir haben mit der Vergangenheit abgeschlossen, aber die Vergangenheit nicht mit uns", resümiert fast ein halbes Jahrhundert später der Filmklassiker Magnolia zu den Klängen von Singer Songwriterin *Aimee Mann*.[721]

Das heißt aber nicht, um es mit *Kureishi*[722] zu formulieren, dass wir die Vergangenheit wie einen Teufel auf unserem Rücken reiten lassen müssten.

Was also sollten wir tun, damit uns unsere Geschichte auf unserem weiteren Lebensweg nicht das Kreuz kaputtmacht? Die Antwort ist so einfach wie unschön: Eigene → Lebensentscheidungen und andere Umstände, die wir heute nicht mehr ändern können, müssen wir so hinnehmen. Wir müssen die Vergangenheit akzeptieren. Zwar können wir sie nicht mehr rückgängig machen. Aber immerhin hat sie uns zu dem gemacht, was wir heute sind. Von

---

[718] *Christian Buder*, Das Gedächtnis der Insel, Karl Blessing Verlag, München 2017.

[719] So die Formulierung aus dem *Martin Scorsese*-Psychothriller Shutter Island mit *Leonardo di Caprio* und *Ben Kingsley*. Näheres zum Film finden Sie unter https://www.moviepilot.de/movies/shutter-island-2 – abgerufen am 01.07.2023.

[720] *William Faulkner*, Requiem für eine Nonne, 1951.Das Buch ist erschienen im Diogenes Verlag, Zürich 1991.

[721] Der deutschsprachige Trailer ist abrufbar unter https://www.youtube.com/watch?v=OSNo-wyWD24Q – abgerufen am 01.07.2023.

[722] *Hanif Kureishi*, In: Das sag' ich dir, S. Fischer Verlag, Frankfurt 2008.

dort aus können wir dann weiter voran in die → Zukunft schreiten. Zwei Fußball-Bundesliegertrainer haben das nach großen sportlichen Niederlagen zum Ausdruck gebracht: „So ist die Leben", meinte Trainer *Pál Dárdai* nach dem Wiederabstieg seiner Berliner Hertha BSC im Mai 2023. Und: „Lebbe geht weiter!" – dieser Ausspruch des damaligen Eintracht Frankfurt-Trainers *Dragoslav Stepanovic* auf die am letzten Spieltag 1992 verspielte Deutsche Meisterschaft[723] ist unter Ballfreunden Legende.

Jedes → Change Management, das uns bleibt, bezieht sich auf eine Art zweiter Ebene: auf das Einnehmen einer bestimmten Haltung dazu. Dabei können Sie dem, was (zu) Ihnen nicht passt, durchaus den Rücken zuwenden. Sie können sich auch auf vielerlei Weise ablenken, entweder virtuell und/oder live, womöglich auf ausgedehnten Reisen. Allerdings droht Ihnen dann der Effekt, dass Ihre Gedanken und Empfindungen Sie immer wieder einholen. Denn **Weggehen** kann man nur äußerlich, die eigene Geschichte streift man dadurch nicht ab. Das wussten schon die Knechte des Bergbauern beim *Watzmann*: „Weggehn? Weggehn nutzt nix … Wann dei Zeit kummt, na, dann holt er di".[724]

Um sich die Einstellung zu Ihrer individuellen Vergangenheit zu verdeutlichen, fragen Sie sich: Würde jeder andere Mensch genauso unter dem fraglichen Umstand leiden? Wenn nicht, warum nicht? Könnten Sie sich davon eine Scheibe abschneiden? Oder möchten Sie das im Grunde gar nicht? Wenn nicht, warum nicht? Haben Sie womöglich etwas davon, am Unabänderlichen zu leiden? Wenn ja, was könnte das sein? Und: Ist dieser Sekundärgewinn Ihr Leiden wert? Es mag hart klingen, aber Sie müssen sich unbedingt klarmachen, ob und wieweit es sich für Sie auszahlen könnte, Ihre Vergangenheit *nicht* zu bewältigen. Macht Sie das womöglich zu einem besseren, zu einem edleren, zu einem bedeutsameren Menschen? Ihren ganz eigenen Rucksack irgendwann auszupacken und seinen Inhalt anzusehen, mag unbequem sein. Nur das bewahrt Sie aber vor Rückenschmerzen und Haltungsschäden.

Eine beliebte Methode der Vergangenheitsbewältigung ist schließlich das → **Storytelling**. Im dortigen Abschnitt haben Sie gelesen, wie leicht es ist, sich und anderem ab einem gewissen Punkt selbst eine Geschichte zu erzählen. Sollten Sie um der Wahrheitsfindung willen zuhören, ist Vorsicht geboten. Im Sinne des richtigen → Botschaften Entschlüsselns achten Sie besser

---

[723] Siehe hierzu https://www.combi-medien.de/lebbe-geht-weiter-ein-zitat-und-seine-geschichte – abgerufen am 01.07.2023.

[724] Der Watzmann ruft – Gespräch der Knechte, https://www.youtube.com/watch?v=96jCbPviqd8 – abgerufen am 01.07.2023.

auf die anderen Ebenen der → Kommunikation wie die der Ich- oder der Beziehungsaussage und/oder auf den mitschwingenden Appell.

Im Übrigen ist **der nostalgisch-verklärte Blick** nicht selten. Das betrifft nicht nur Rechtsradikale mit Blick auf das **Dritte Reich**. Auch die Ostalgie derer, die sich dorthin zurückwünschen, wo viele **DDR**-Bürger:innen nie waren, ist höchst bedenklich. Der Anspruch, besser als das eigene Volk zu wissen, was ihm gut tut, war und ist elitär, diesen Anspruch mit Todesstrafe, Folter und Chancenentzug für Nonkonformisten durchzusetzen, ist zynisch. Nicht umsonst war im Zuge der Revolution 1989 nicht umsonst der Ausspruch allgegenwärtig, man wolle „mündig werden".[725] Dass es Schutz immer nur gegen Gehorsam gibt, haben Sie schon zum Thema → Selbstständigkeit gesehen. Deswegen kann und darf es übermäßigen Schutz durch „starke Männer", so → heimelig er sich auf den ersten Blick anhört, in einem freiheitlich verfassten Staat nicht geben.

Entsprechende „Denkzettel", wie sie unzufriedene Wählerinnen und Wähler im Sommer 2023 beispielsweise mit der Wahl eines **AfD**-Landrats im thüringischen Kreis Sonneberg verteilt haben,[726] sind deshalb nur eines: Sie sind **eines mündigen deutschen Staatsbürgers nicht würdig.** Die Rechtsaußenpartei mag durchaus den Finger auf die eine oder andere politische Wunde legen. Gangbare Ziele offeriert sie aber im Rahmen unserer freiheitlich-demokratischen Grundordnung nicht. Im Gegenteil: Mit Polemik aller Art verschlechtert sie das politisch ohnehin angespannte Klima nur weiter. Sie zu unterstützen, ist in etwa so klug, wie nach einer Dürreperiode brennende Streichhölzer ins Unterholz zu werfen: Es demonstriert zwar eindrucksvoll, dass der Klimawandel voranschreitet. Das geschieht aber um den Preis, die Landschaft in Schutt und Asche zu legen. Um Ihrer eigenen inneren und äußeren Erholungslandschaft willen sollten Sie um eine solche **Brandstiftung** einen großen Bogen machen.

Wendet man sich der Ebene des Einzelnen zu, sieht es kaum besser aus. Da ist der Spruch von *Loriots* Opa Hoppenstedt nicht ohne Grund ein Klassiker: „Früher war mehr Lametta".[727] Ein englisches Sprichwort ergänzt passend dazu: „A regression a day keeps the doctor away" – **der begrenzte tägliche Rückfall** ins Kindlich(-Albern)e ist durchaus gesund. In *Boris Hillens* 70er-Jahre-Roman *AGFA Leverkusen*, in dem ein junger indischer Provinzfotograf sich mit einem alten Motorrad nach Deutschland aufmacht,

---

[725] Beispielsweise zitiert in FAZ Nr. 146 v. 27.06.2023, 6.

[726] Siehe hierzu untrer der Überschrift Kein braunes Wunder näher https://taz.de/AfD-gewinnt-Landratswahl-in-Sonneberg/!5942890/ – abgerufen am 01.07.2023.

[727] https://www.youtube.com/watch?v=F7ijGAng4jI – abgerufen am 01.07.2023.

um die Technik der Farbfotografie zu erlernen, heißt es: „Stattdessen fragte sie, ob er nicht etwas zu alt furs Rugbyspielen sei. Er antwortete, dass er nun einmal kein anderes Alter zur Verfügugung habe".[728]

Bei *Reinhard Mey* wiederum hilft Rebensaft: *„Komm, gieß mein Glas noch einmal ein"*, bittet er sein Gegenüber in der gleichnamigen Ballade. „Mit jenem bill'gen roten Wein./In dem ist jene Zeit noch wach./Heut trink ich meinen Freunden nach".[729] Bei mir selbst sind es die Losbuden auf Rummelplätzen, die mich bis heute anziehen, obwohl ich andererseits noch nie Lotto gespielt habe – was meine polnische Freundin gerne lachend (und wissentlich zu Unrecht) mit „Du hattest wohl schwere Kindheit" kommentiert. Andere Erwachsene kaufen *Pokémon-Karten* zu Preisen, die kaum ein Kind aufbringen könnte. Und zur Fastnacht verkleidet man sich neuerdings wieder als Hippie.

Was Sie sich allerdings **nicht** leisten sollten, ist die Hingabe an eine →Zukunfts→furcht oder gar allgemeine Lebensangst. „Manchmal habe ich Angst, dass wir unseren Wohlstand verlieren und wir nichts mehr haben, weil Leute von woanders uns alles wegnehmen", heißt es bei Flix' Glückskind.[730] „Und weil es schwierig ist, mit diesem Gefühl der Hilflosigkeit umzugehen (ich habe es leider nicht gelernt), wünsche ich mir jemand Starkes, der sich darum kümmert und die Dinge regelt, sodass ich abends wieder sanft und zufrieden einschlafen kann, wie damals bei Mama". Das ist als Seufzer verständlich – als Alltagsstrategie akzeptabel ist es in unserer auf → Engagement beruhenden Demokratie – wie schon gesehen – nicht.

Gerne dürfen Sie um verlorene Menschen und Orte → trauern. Menschen verlassen Sie. Der Platz, an dem Sie und Ihre Freunde einst Zuflucht vor der Welt fanden, ist heute eine Kneipe so wie hundert andere auch. Den Garten, in dem Sie einst miteinander gelegen und von der Zukunft geträumt haben, haben sie für eine Schnellstraße zerstört. Und doch, um noch einmal *Reinhard Mey* zu zitieren: „So töricht, wie die Zeiger der Uhren/Anzuhalten und zurückzudreh'n,/So töricht ist es auch, auf den Spuren/Lang vergang'ner Tage zu geh'n". [731] Warum das so ist? „Ich denk, es ist nicht gut, zurückzukehren/ An all die Plätze, wo wir glücklich war'n./Die Bilder, die wir dort vorfänden,/ wären/Doch nicht die, die wir uns davon bewahr'n./Erinnerungen sind vor allen Dingen/In uns und nicht an irgendeinem Ort./Und so schön, wie sie für uns waren, klingen/sie eben nur noch in uns'ren Erinnerungen fort".

Besser kann man es nicht sagen.

---

[728] *Boris Hillen*, AGFA Leverkusen, S. Fischer Verlag, Frankfurt am Main 2015.

[729] https://www.youtube.com/watch?v=m5gkZqxP2uo – abgerufen am 01.07.2023.

[730] Zitiert aus FAZ vom 26.06.2023.

[731] *Reinhard Mey*, Erinnerungen, https://www.youtube.com/watch?v=5FrB7V818bw – abgerufen am 01.07.2023.

> **Leitsatz**
>
> „Die Vergangenheit ist unser Rucksack!"
>   Sie ist geprägt durch genetische, epigenetische und soziale Faktoren individu-
> eller und kollektiver Art. Den so gefüllten Rucksack sollten Sie nicht ungeprüft
> mit sich herumschleppen – auch dann nicht, wenn Sie von alten Zeiten ins
> Schwärmen geraten.

Weltanschauungen hinterfragen

Schwerpunkt: privat

Der kleine Bruder des großen Bildungsreformers *Wilhelm von Humboldt*, *Alexander,* war ein begeisterter Forschungsreisender. Seine mehrjährigen Touren führten ihn unter anderem nach Lateinamerika und Zentralasien. Zahlreiche Universitäten verliehen ihm die Ehrendoktorwürde, sein Konterfei prangt auf Sondermarken und Medaillen. Eine der Schautafeln im heutigen Klimahaus Bremerhaven 8° Ost zitiert ihn mit dem Satz: „Die gefährlichste aller Weltanschauungen ist die Weltanschauung derer, die die Welt nie angeschaut haben". Nun war *von Humboldt* uns 200 Jahre voraus – aber seine Einsichten sind heute so aktuell wie nur je.

Ein beredtes Beispiel dafür sind die **rassistisch motivierten Übergriffe** in der sächsischen Stadt Hoyerswerda zwischen dem 17. und 23. September 1991. Während beispielsweise in Frankfurt am Main mehr Menschen *mit* Migrationshintergrund leben als *ohne,*[732] das aber seit Jahrzehnten friedlich und weltoffen tun, kam es in dem bis dahin weitgehend abgeschotteten Ackerbürgerstädtchen zu beispiellos ausländerfeindlichen Ausschreitungen. Unter anderem wurde ein Asylbewerberheim angriffen, Sachsens damaliger Innenminister *Rudolf Krause (CDU)* schlug vor, es einzuzäunen. Erst nach Tagen evakuierten die Behörden schließlich das Gebäude. Angezettelt hatten diese Unruhen jugendliche Skinheads, unterstützt wurden sie von hunderten „braver" Anwohner.[733]

---

[732] So die FAZ Nr. 3 vom 04.01.2023, 4.

[733] Dazu https://www.bpb.de/kurz-knapp/hintergrund-aktuell/340381/vor-30-jahren-rechtsextreme-ausschreitungen-in-hoyerswerda/ – abgerufen 01.07.2023.

„Warum hassen Sie uns? SOS!" – die Bedrohten verstanden die gerade ihrer globalpolitischen Abschottung entkommenen Wutbürger nicht.[734] Der Aufschrei in der internationalen Presse war groß. Ein Jahr später ereigneten sich dann ähnliche Szenen im ostdeutschen Rostock-Lichtenhagen.[735] In beiden Fällen war der Appell der Betroffenen ebenso rührend wie vergebens: Die DDR-Immigranten aus Vietnam, Angola und Mosambik waren zur gefühlten Bedrohung im Kampf um Arbeitsplätze geworden.

Aber **auch in den westdeutschen Bundesländern** waren Eingewanderte Ihres Lebens nicht sicher: Lange vor den rassistischen Anschlägen von Hanau am 19. Februar 2020 starben am 23. November 1992 starben *Bahide Arslan*, ihre Nichte *Ayşe* und ihre Enkelin *Yeliz* bei Brandanschlägen in Mölln. Rechtsextreme Heranwachsende hatten das Haus der Familie angezündet.[736] Rund ein halbes Jahr später ereignete sich dann am 29. Mai 2023 ein ähnlicher Brandanschlag in Solingen, diesmal mit fünf türkischstämmigen Ermordeten. Die jungen Opfer *Gürsün İnce, Hatic, Hülja und Saime Genç* sowie *Gülüstan Öztürk* hatten keine Chance zu entkommen. 14 weitere Familienmitglieder erlitten zum Teil lebensgefährliche Verletzungen.[737]

Gleichzeitig bestimmten **Verbalinjurien** wie „Überfremdung" und „Asylantenschwemme" die Debatte. Geflüchtete als „Schmarotzer" zu bezeichnen, die auf Kosten des deutschen Staates lebten, genoss Anfang der 90er-Jahre eine hohe Popularität.[738] Zwar war schon damals und ist bis heute bekannt, dass wir angesichts unserer Alterspyramide auf einen immensen gesellschaftlichen Leistungsknick zulaufen – die Kosten für die Sozialversicherungssysteme würden entsprechend steigen, die Zahl der Einzahlenden sinken. Das ließe sich nur durch Zuwanderung kompensieren – und das ganz abgesehen von der Ebene der Einzelschicksale, auf der Menschen ihre Heimat verlassen hatten, weil sie um Leib, Leben und Menschenwürde für sich und ihre Familie bangten. Und die man aus *Abschreckungsgründen* dann hier über weite Strecken in Deutschland nicht arbeiten ließ, obwohl sie gerne ihren Beitrag leisten wollten.

---

[734] Siehe näher https://www.sueddeutsche.de/politik/ausschreitungen-in-hoyerswerda-vom-fremden-hass-zur-offenen-gewalt-1.1144621 – abgerufen am 01.07.2023.

[735] Hierzu eingehender https://www.ndr.de/geschichte/schauplaetze/Rostock-Lichtenhagen-1992-Chronologie-der-Krawalle,lichtenhagen161.html – abgerufen am 01.07.2023.

[736] Siehe hierzu die Rede von Kulturstaatsministerin *Claudia Roth* anlässlich der Gedenkveranstaltung zum 30. Jahrestag, nachgehalten unter https://www.bundesregierung.de/breg-de/suche/30-jahre-moelln-2146236 – abgerufen am 01.07.2023.

[737] Siehe aus der Rückschau FAZ Nr. 121 vom 26. Mai 2023, 3.

[738] So https://www.bpb.de/kurz-knapp/hintergrund-aktuell/161980/29-mai-1993-brandanschlag-in-solingen/ – abgerufen am 01.07.2023.

Sobald es um **Interessenkonflikte** geht, zählen **Einsichten** aber offenkundig nur noch bedingt. Umso beunruhigender ist es, dass sich die Räume dessen, was gesagt werden darf, nach Einschätzung eines prominenten Verfassungsschützers wieder weiten.[739] Das damit einhergehende Phänomen hat der französische Mediziner und Sozialpsychologe *Gustave le Bon* bereits Ende des 19. Jahrhunderts beschrieben: Hier wirkte nicht zuletzt die *Psychologie der Massen.*[740] In seiner bis heute einflussreichen Schrift geht *le Bon* davon aus, dass menschliche Handlungen in Extremsituationen und außeralltäglichen Notsituationen in starkem Maße von **unbewussten Impulsen** beherrscht werden.

Themen wie Konformität und Entfremdung, Gruppenbildung, Gehorsam und Führung spielen danach eine zentrale Rolle nicht nur bei öffentlichen Ansammlungen. Sie beeinflussen auch fest umrissene Einheiten. Das können gleichartige Gruppen sein, etwa Sekten oder Bevölkerungsklassen, aber auch ungleichartige Personenmehrheiten wie Gerichtssenate, die von einem Vorsitzenden Richter angeführt werden. Eine hohe Beeinflussbarkeit und undifferenziertes Denken herrschen dort im Guten wie im Bösen.

Dass **auch weit gereiste Menschen** nicht vor entsprechenden kognitiven Verzerrungen geschützt sind und welches kollektive Unheil damit angerichtet werden kann, hat sich in Deutschland im Übrigen nicht erst unter *Adolf Hitler*, sondern auch mit *Heinrich Kramer* gezeigt. Dieser Name sagt Ihnen nichts? *Kramer*, später: *Henricus Institoris*, hatte eine Lateinschule und ein Grundstudium der Philosophie absolviert und reiste vor allem in der zweiten Hälfte des 15. Jahrhunderts zwischen dem Elsass und Mähren herum.

Nachdem er einem Prozess gegen Mitbürger jüdischen Glaubens beigewohnt hatte, begann er seine Tätigkeit als Verfolger angeblicher **Hexensekten**. Dabei ging er ungeachtet immer wieder aufflammender Proteste mit erschütternder Konsequenz zu Werke. Ende 1486 verfasste *Kramer* den *Hexenhammer*. Durch die aufkommende Buchdruckerkunst fand dieses Werk, der *Malleus maleficarum*, weite Verbreitung. Dieser Umstand kostete zahllose Menschen nach entsetzlichen Qualen das Leben – Frauen, Männer und auch so genannte Hexenkinder.[741]

---

[739] So der Leiter des brandenburgischen Verfassungsschutzes, *Jörg Müller*, nach FAZ Nr. 123 v. 30.05.2023, 7.

[740] Eine Nachkriegsausgabe von *Le Bons* Psychologie der Massen ist unter anderem erschienen im Alfred Kröner Verlag, Stuttgart 1957.

[741] Siehe zum Thema *Hexen und Hexenprozesse in Deutschland* instruktiv das bei dtv. München, 2000 erschienene Sachbuch von *Wolfgang Behringer* (Hrsg.). Wer in belletristischer Form mehr über die Mechanismen der Hexenverfolgung erfahren will, für den sei *Der Hexenschöffe* von *Petra Schier* empfohlen, erscheinen bei Rowohlt Taschenbuch, Reinsbeck bei Hamburg, 2014. Das Buch beruht auf den realen Aufzeichnungen des Rheinbacher Schöffen *Hermann Löhr*.

Mit der Aufklärung, nach der *Faust*schen Walpurgisnacht, von der *Grimm*schen Knusperhexe aus *Hänsel und Gretel* bis hin zu *Otfried Preußlers Die kleine Hexe* haben wir hierzulande Hexen ins Reich des wohligen Gruselns verbannt. Im Harz sind entsprechende Devotionalien und Umzüge eine nicht zu unterschätzende Einnahmequelle. Mit *Bibi Blocksberg* tyrannisieren heute allenfalls noch Kinder ihre erschöpften Eltern. Allerdings hilft auch hier ein Blick über den Zaun, um die fortdauernde Ernsthaftigkeit des Hexenthemas zu begreifen.

So ist um die die Jahrtausendwende zum 21. Jahrhundert **in vielen afrikanischen Ländern** wie dem Kongo oder Nigeria ein regelrechter Kinderhexenwahn ausgebrochen, der noch immer anhält. Heute leben allein in der kongolesischen Hauptstadt Kinshasa zehntausende Kinder als Ausgestoßene, weil Priester oder Schamane sie zu Hexen erklärt haben.[742] 2012 kam es ausnahmsweise auch einmal in Deutschland zum Schwur, als ein Zahnarzt einer Fußleidenden eine „Störfeldsanierung im Kieferbereich" empfahl. Die Maßnahme der magischen Medizin blieb – oh, Wunder – erfolglos, die entsprechende Schadensersatzklage aber auch. Das Oberlandesgericht (OLG) München nahm den Fall zum Anlass zur Präzisierung der Anforderungen an den Nachweis der ärztlichen Aufklärung vor einem Heileingriff.[743]

Was aber tun Sie hier und heute **im Alltag**, sobald Sie auf Menschen mit einer derart unaufgeklärten und/oder in- → toleranten Weltanschauung treffen?

→ Change Management bedeutet in diesem Fall: Entweder lassen Sie das frei nach unserem Motto „Love it" alles so stehen, obwohl es falsch ist. Oder Sie leisten **Aufklärungsarbeit**. Abstiegsängste und Elitenkritik, wie sie derzeit vor allem am rechten Rand anzutreffen sind, können durchaus nachvollziehbar sein. Konstruktives demokratisches Handeln besteht dann aber nicht darin, dass man – wie in Thüringen geschehen – den Landrat einer Partei wählt, die der Verfassungsschutz als Verdachtsfall einstuft.[744] Hier sind alle Beteiligen gefragt, engagierte Bürgerinnen und Bürger wie auch andere Parteien, das Gespräch zu suchen und zu finden: Woher kommen diese Ängste? Was befeuert die Kritik? Wie stellt sich jeder Einzelne vor, dass es

---

[742] https://www.welt.de/vermischtes/article140350653/Hexenkinder-Die-dunkle-Seite-der-Walpurgisnacht.html – abgerufen am 01.07.2023.

[743] *OLG München*, Urt. v. 14.11.2012 – 3 U 2106/11. Die redaktionellen Leitsätze zu der Entscheidung sind kostenfrei abrufbar bei https://research.wolterskluwer-online.de/document/8ef8d852-0c09-4d6d-b558-458bcf8be932 – abgerufen am 01.07.2023.

[744] Siehe https://verfassungsschutz.thueringen.de/rechtsextremismus/rechtsextremismus-thueringen/verdachtsfall-afd – abgerufen am 01.07.2023.

besser gehen könnte? Sodann: Warum würde es sich trotz allem lohnen, demokratische Parteien zu stärken? Was haben die Beteiligten davon?

Ein immer wieder wichtiger Hinweis ist in diesem Fall, dass Kompromisse, so viel undurchschaubarer sie politisches Handeln auch erscheinen lassen, kein Verrat an Wählerinnen und Wählern sind. Im Gegenteil: Sie spiegeln den **Versuch, inmitten auseinanderlaufender Wähleraufträge doch noch eine Lösung zu finden.** Unser neudeutsch **Checks and Balances** genanntes System strebt in weitem Sinne ein Machtgleichgewicht an. Das heißt nichts anderes, als dass kein Durchmarsch zu Gunsten irgendwelcher Interessen erwünscht ist, ganz gleich, wie sehr sie irgendwer für die einzig wahren hält. Wer das nicht ertragen will, gefährdet unsere freiheitlich-demokratische Ordnung – was diese nicht dulden kann.

Dass hier Gefahr droht, hat schon 2016 in beeindruckender Weise *Carolin Emcke* zum Ausdruck gebracht, die seinerzeitige Trägerin des Friedenspreises des deutschen Buchhandels. In ihrer Paulskirchen-Rede beklagte sie unter anderem die „Verstümmelung der Zivilität des Umgangs miteinander" und mahnte, es gebe Grenzen der Toleranz und Empathie. Wo Menschen erniedrigt, bedroht, ihrer Rechte beraubt würden, seien die Demokratie und die gesamte Zivilgesellschaft gefragt. Zu Recht wünscht sich *Emcke* „etwas lachenden Mut".[745]

Demagogen sollte man entsprechend nicht widerspruchslos die öffentliche Bühne überlassen. Wer einer sachlichen Kritik nicht zugänglich ist sondern andere durch leidenschaftliche Reden politisch aufwiegelt, muss gestoppt werden. Das gilt erst recht dann, wenn die Betreffenden Fakten erfinden, verdrehen und/oder falsch darstellen. *Ansichten* können irrig sein, gleichwohl hat jeder das Recht auf seine eigene wertende Auffassung. Über Meinungen können Sie sich mit anderen _Worten → streiten. Allerdings hat niemand das Recht auf seine eigenen *Fakten*: **Alternative facts**, wie sie *Donald Trumps* Beraterin *Kellyanne Conway* 2017 während einer Pressekonferenz bezeichnet hat, sind nichts als falsche Behauptungen. Dagegen sollten Sie sich wehren, nachdrücklich und, wo immer es geht, → schlagfertig.

Ein beeindruckendes Beispiel dafür, scheinbar letzte Gegensätze gegen großen Widerstand miteinander zu versöhnen, kommt einmal mehr aus dem Bereich der Weltreligionen. Hier hat der Theologe *Hans Küng* mit dem **Projekt Weltethos** versucht, die Gemeinsamkeiten der unterschiedlichen Weltreligionen zu beschreiben. Aus deren Grundforderungen hat er ein allseits   akzeptables   Regelwerk   abgeleitet   und   dabei   der   unter   →

---

[745] Siehe dazu https://www.fr.de/kultur/literatur/anschreiben-gegen-hass-11068281.html. Die gesamte Rede ist abrufbar unter file:///C:/Users/Anette/Downloads/Friedenspreis_2016_Reden.pdf – jeweils abgerufen am 01.07.2023.

Gerechtigkeitsaspekten schon zitierten Regula Aurea oder Goldenen Regel einen zentralen Stellenwert eingeräumt.[746] Einer breiten Öffentlichkeit bekannt wurde der Tübinger Theologieprofessor allerdings vor allem wegen des Umgangs seiner eigenen römisch-katholischen Kirche mit ihm. Im Zuge seiner Kritik am Dogma der päpstlichen Unfehlbarkeit versuchte die Kirche, ihn mundtot zu machen: Ende 1979 entzog die Deutsche Bischofskonferenz *Küng* die kirchliche Lehrerlaubnis.

Wie weit religiöse Vereinigungsversuche gehen sollten, wird bis heute kontrovers diskutiert. Als beispielsweise 2022 die Kirchenzeitung des katholischen Bistums Mainz von einer überkonfessionellen Berliner Gebetsstätte für Juden, Christen und Muslime berichtet hatte, häuften sich unter den Leserinnen und Lesern die kritischen Stimmen. Das interreligiöse Gebetshaus „House of One" wurde als Illusion bezeichnet; eine religiöse Vermischung sei Gott „ein Gräuel".[747]

Überhaupt ist es noch immer heftig umstritten, wie unsere Welt konfiguriert ist und was daraus folgt. **Was wird beispielsweise in → Zukunft passieren, wenn Wissenschaftler aus aller Welt die Geheimnisse der Schöpfung mit einem Supercomputer – einem Quantencomputer – erforschen?** Dieser heute noch hypothetischen Frage widmet sich der 2021 erschienene Krimi *Die Gottesmaschine* des österreichischen Wissenschaftsjournalisten *Reinhard Kleindl*.[748] *Kleindl* stellt klar, dass es zwar einerseits ein Begreifen der Gesetzmäßigkeiten geben muss: „Wenn wir glauben, dass die Welt um uns herum wirklich ist und wir gemeinsam in ihr leben, brauchen wir ein Verständnis der Gesetze, nach denen Sie sich verhält".

Andererseits sind nicht einmal die **naturwissenschaftlichen Daseins-Regeln** vollständig und endgültig bekannt, außerdem lassen sie sich nicht bruchlos miteinander verbinden. Was wir überhaupt zu wissen meinen, ist naturgemäß vorläufig: Spätestens seit *Carl Popper* gilt auch experimentell bestätigtes Wissen nur so lange als wahr, bis es falsifiziert ist.[749] Zudem lässt sich zwar mithilfe der Quantenphysik die Chemie darstellen und mit deren Unterstützung wiederum die Biologie. Andererseits können wir 80 % der Materie im Universum mit Physik nicht erklären, von den Widersprüchen zwischen Quantenphysik und *Einsteinscher* Relativitätstheorie ganz zu schweigen.

---

[746] Siehe hierzu *Hans Küng*, Weltethos, Pieper Verlag München, 13. Aufl. 1996

[747] Siehe die Leserbriefe in der Kirchenzeitung Glaube und Leben Nr. 49 vom 11.07.2023, 3.

[748] *Reinhard Kleindl*, Die Gottesmaschine, Bastei Lübbe Köln 2021.

[749] Siehe hierzu das Youtube-Tutorial des Philosophen *Gert Scobel*, abrufbar unter https://www.youtube.com/watch?v=x0-yRHJmOkM – abgerufen am 01.07.2023.

Auf **gesellschaftswissenschaftlichem Feld** wiederum wandelt sich mit jeder Erkenntnis, die über unser Zusammenleben postuliert wird, der Gegenstandsbereich: Die Gesellschaft verändert sich gewissermaßen schon durch das zurückgeworfene Licht der Erkenntnis.

Vorsicht gegenüber „letzten Weltwahrheiten" ist daher in jeder Beziehung angebracht. Stattdessen hinterfragen Sie lieber **Ihre eigene Haltung**: Sind Sie wirklich frei von Vorurteilen aller Art? Wissen Sie, was auf dem Zettel auf Ihrem Rücken steht? Im Coaching kennt man zum Thema Selbst- und Fremdwahrnehmung nicht umsonst das so genannte **Johari-Fenster**, benannt nach den US-amerikanischen Sozialpsychologen *Joseph Luft* und *Harry Ingham*.[750] Es bezeichnet ein Planquadrat aus vier Feldern und kombiniert jeweils das, was anderen (un-)bekannt ist mit dem Ihnen (Un-)bekannten. Was nur mir bekannt ist, ist danach „Mein Geheimnis", was mir und anderen geläufig ist, ist „Öffentlich". Was keine der beiden Parteien weiß, ist „Unentdeckt".

Das *vierte* Feld besteht schließlich aus dem, was andere über Sie wissen, sie selbst aber nicht – dem sogenannten **Blinden Fleck**. Wenn Sie sich darunter nichts vorstellen können, lesen Sie doch einmal laut das kamerunische Sprichwort: „**Es regnet auf alle Dächer**". Wenn es Ihnen wie den meisten von uns ergeht, haben Sie entsprechend unserer deutschen Lebenserfahrung die Betonung auf das zweite und fünfte Wort gelegt. Tatsächlich meint der Spruch aber, dass das in Zentralafrika so segensspendende Nass nicht nur auf eine Bedachung fällt. Entscheidend ist deshalb das vierte Wort.

Ansonsten überlegen Sie bitte Folgendes: Sind die abweichenden Weltanschauungen anderer Leute wirklich Ihre Aufmerksamkeit wert? Sind sie mit dem, was sie hier und jetzt bekunden, im Sinne eines guten → Ärger-Managements satisfaktionsfähig? Können Sie konstruktiv mit ihnen → streiten?

Nur wenn das der Fall ist, versuchen Sie **das hinter einer radikalen Position stehende Interesse** herauszuarbeiten. Steht beispielsweise hinter einer ausländerfeindlichen Haltung die Angst um die eigene wirtschaftliche Stellung? Wenn ja, wie ließe sich dieser Status auch anders sichern als durch das Herumhacken auf sozial Schwächeren? Ist der Wunsch nach Zugehörigkeit zu einer beeindruckenden Horde von Schnürstiefelträgern entscheidend? Welche Gruppenalternativen gibt es in diesem Fall? Vielleicht führen auch einfach nur mangelnde Bildung und fehlende Reisen zu Wissenslücken? Manchmal haben die Betreffenden, um auf das unter → Mut nachzulesende

---

[750] Siehe instruktiv https://karrierebibel.de/johari-fenster/ – abgerufen am 01.07.2023.

Scholl-Latour-Wort zurückzukommen, tatsächlich noch nicht erkennen dürfen, dass vor Ort immer alles ganz anders aussieht.

Im Großen sind dann die Schulen gefragt – was seinerseits ein sehr weites Feld ist. Im Kleinen und/oder im Anschluss können Sie es mit Vergleichen wenigstens versuchen. So ist beispielsweise jeder Mensch Fremder – fast überall. Wenn das nicht fruchtet, hilft eine gewisse **Nüchternheit**. Denn das wusste schon das *Kling*sche *Känguru*: „Die Fahne in der Hand geht oft einher mit der Fahne aus dem Mund".[751]

Sollte es dabei zu gewaltsamen → Übergriffen kommen, bemühen Sie konsequent die Rechtsordnung. Nicht nur Nötigung[752] und Körperverletzung[753] sind Fälle für den Staatsanwalt. Auch die Störung des öffentlichen Friedens durch Androhung von Straftaten wird nach § 126 des Strafgesetzbuchs verfolgt. Gleichermaßen strafbar sind Beleidigungen, üble Nachrede, Verleumdungen,[754] falsche Verdächtigungen,[755] Volksverhetzung[756] oder etwa die Verwendung verfassungswidriger Kennzeichen.[757] Entdecken Sie entsprechende Hass- → Botschaften im Netz, sollten Sie sie speichern und zur Anzeige bringen. Flankierend schützt Sie seit Oktober 2017 das Netzwerkdurchsetzungsgesetz[758] durch ein verbessertes Beschwerdemanagement.

Im Übrigen: Ein gelegentlicher Perspektivwechsel lohnt sich nicht nur für andere, und er fruchtet nicht nur in der Sache. Auch mit Blick auf die Art und Weise, *wie Sie* an *Ihre* Weltanschauungen herangehen, sollten Sie Ihrer → Phantasie keine Grenzen setzen. Genauso wie beim → Streiten mit anderen Menschen können Sie auch **Ihren eigenen Gedankenwegen** einmal paradox und/oder humorvoll begegnen.

Sie haben beispielsweise immer St. Petersburgs Васильевский остров oder Wassiljewski-Insel geliebt, sind heute aber im wahrsten Sinne des Wortes ent-täuscht darüber, dass deren berühmtester Sohn *Wladimir Putin* ein skrupelloser Kriegsherr geworden ist? Dann werfen Sie doch am besten gleich die Porzellanglocke auf den Boden, die Ihnen als schönste Erinnerung an die

---

[751] Zitiert nach https://www.kino.de/artikel/die-kaenguru-chroniken-zitate%2D%2Dx5mx7hvpr8 – abgerufen am 01.07.2023.

[752] Gemäß § 240 StGB.

[753] Nach §§ 223 ff. Strafgesetzbuch (StGB), nachzulesen unter https://www.gesetze-im-internet.de/stgb/__233.html – abgerufen am 01.07.2023.

[754] Nach §§ 185 ff. StGB.

[755] Geregelt in § 164 StGB.

[756] Gemäß § 130 StGB.

[757] Siehe § 86a StGB.

[758] Siehe hierzu die Ausführungen des Bundesjustizministeriums unter https://www.bmj.de/DE/Themen/FokusThemen/NetzDG/NetzDG_node.html – abgerufen am 01.07.2023.

Insel geblieben ist. Ihnen ist schier zum Heulen zumute, wenn Sie an das Artensterben denken? Dann besuchen Sie doch auch einmal die Wolfsheulnacht in einem Wildpark. Seien Sie **kreativ** und brechen Sie aus dem gewohnten Modus aus, das bringt Sie womöglich auf neue Ideen. Dass man Probleme hingegen nie mit derselben Denkweise lösen kann, durch die sie entstanden sind, wusste schließlich schon *Albert Einstein.*[759]

Ein schönes **Praxisbeispiel zum Thema Weltanschauung** zeigt Ihnen zum Abschluss der 2017 erschienene Film *WEIT. Die Geschichte von einem Weg um die Welt.*[760] Darin fahren zwei junge Leute zunächst allein, später mit Nachwuchs nicht nur dreieinhalb Jahre lang einmal rund um den Globus. Sie teilen auch auf ebenso liebevolle wie nachdenkliche Weise mit, wie sie sich dabei fühlen. Anstatt Sehenswürdigkeit um Sehenswürdigkeit zu schildern, konzentrieren sie sich eher darauf, wie bunt das Leben ist. Die beiden erzählen, sie hätten „Fantasie gegen Erfahrung getauscht" – ganz im Sinne von *Italo Calvinos* im → Phantasie-Abschnitt geschilderten Reisenden. Anspruchsvoll sind sie nicht. Stattdessen betonen sie einen weiteren Wert: Vertrauen. Ohne eigenes Auto, ohne großes Budget begeben sich die beiden ins Unbekannte, und sie werden belohnt. Als sie gefragt werden, ob sie einfach → Glück gehabt hätten, lautet die Antwort: „Ich würde sagen, wir hatten einfach kein Pech. Das ist ein großer Unterschied".

Wie groß, zeigt die Geschichte ihres ebenso → mutigen Vorgängers, des jungen Amerikaners *Christopher McCandless.* Der hatte sich von Washington D.C. aus auf der Suche nach einem einfachen Leben bis nach Alaska durchgeschlagen, wo er im Binnenland in einem ausrangierten Bus lebte. Dort kam er allerdings im August 1992 infolge einer Pflanzenvergiftung ums Leben. Der Schauspieler und Regisseur *Sean Penn* nahm sich dieser Geschichte Jahre rund 15 Jahre später in dem Film *Into the wild* an, der in den USA sehr bekannt ist.[761]

Im Soundtrack hat sich Pearl Jam-Sänger *Eddie Vedder* verewigt. Sein letzter Song „*Guaranteed*" schließt mit den Worten: „Leave it to me as I find a way to be./Consider me a satellite forever orbiting./I know all the rules/but the rules did not know me./Guaranteed." „Überlasse es mir, eine angemessene Daseinsform zu finden … Ich kenne alle Regeln, aber die Regeln kannten

---

[759] https://www.unser-zukunftsrevier.de/dialoge/wie-stellen-wir-uns-eine-innovationsfreundliche-zu-kunft-im-rheinischen-revier-vor/probleme#:~:text=weiterlesen-,%22Probleme%20kann%20man%20niemals%20mit%20derselben%20Denkweise%20l%C3%B6sen%2C%20durch%20die,sind.%22%20(Albert%20Einstein) – abgerufen am 01.07.2023.

[760] Der Film lässt sich streamen unter https://stream.weitumdiewelt.de/ – abgerufen am 01.07.2023.

[761] Den deutschen Youtube-Trailer finden Sie unter https://www.youtube.com/watch?v=x6si4ibZS6s – abgerufen am 01.07.2023.

mich nicht. Garantiert." Hier schwingt viel eigenverantwortliche →
Freiheitsliebe kombiniert mit einem Aufruf zur → Toleranz mit. Die *von
Humboldt*s hätte sich darüber sicher gefreut.

Leitsatz

„Weltanschauung kommt von Welt anschauen!"
    Betrachten Sie Ihre Umwelt mit wachem Verstand, offenen Sinnen und mög-
lichst nicht inmitten der Parolen einer Masse. Hinterfragen Sie vorschnelle
Schlüsse und wehren Sie sich gegebenenfalls juristisch, soweit mit den
Betroffenen nicht zu reden ist. Seien Sie nicht nur im Außen vorsichtig. Zeigen
Sie auch im Umgang mit Ihren eigenen Anschauungen Bedacht.

Xmas (Weihnachten) überstehen

Schwerpunkt: privat

Happy Xmas (War Is Over) – es ist ein optimistisches Statement, das *John
Lennon und Yoko Ono* am 1.Dezember 1971 *Julian, Kyoto* und dem Rest der
Welt präsentieren:[762] „So this is Christmas (war is over)/For weak and for
strong (if you want it)/For the rich and the poor ones (war is over)/The road
is so long (now)".

Da ist Tante Milla, eine reizende ältere Dame, wahrscheinlich schon tot.
Nie gehört? Zu ihrer Zeit um den Zweiten Weltkrieg herum ist die Kölnerin
eine bekannte literarische Größe. Ihre gesamte Verwandtschaft weiß um ihre
Vorliebe zum Schmücken des Weihnachtsbaums. Beim Ehepaar Lenz zele-
briert man hingebungsvoll das Fest, auch in der unmittelbaren Nachkriegszeit,
als die ganze Stadt in Schutt und Asche liegt. Um Maria Lichtmess 1947
herum kommt es jedoch zur Katastrophe: Als der Baum abgebaut wird, fängt
Tante Milla an zu schreien. Sie isst nicht mehr, trinkt nicht mehr, schläft nicht
mehr: Tante Milla schreit. Nachdem sich mehrere Experten achselzuckend
wieder verabschiedet haben, ersinnt Onkel Franz, dieser herzensgute Mensch,
eine außergewöhnliche Lösung: Die Feier wird fortgesetzt.

---

[762] Das Youtube-Video dazu gibt es unter https://www.youtube.com/watch?v=8FD59ZMuazM – abgerufen am 01.07.2023.

Für die übrige Familie, die jetzt tagtäglich erscheinen muss, wird das zur Belastungsprobe. Schließlich zeigen sich Verfallserscheinungen: Der bis dahin bürgerlich-strukturkonservative Sohn wird Kommunist, sein widerspenstiger Bruder hängt die Boxhandschuhe an den Nagel und geht ins Kloster. Die Tochter wandert mit ihrer Familie in ein Land aus, in dem das Geheimnis der Spekulatiusherstellung unbekannt und der Anbau von Tannenbäumen verboten ist. Ihre Stellen nehmen nach und nach Schauspieler und Plastikpuppen ein. Aber Hauptsache, der Tante geht es gut – *Nicht nur zur Weihnachtszeit!*[763] Nie hat jemand eindrücklicher als *Heinrich Böll* davon erzählt, wohin solche permanenten Heilsversprechen führen können.

Und kein Fest ist anfälliger für diese Art von **Spuk** als Weihnachten.

Einen beeindruckenden Versuch der Umdeutung des Weihnachtsrummels hat der Kabarettist *Sven Kemmler*[764] unternommen: „Indem ich beim Shopping zu Gunsten der Verkäufer Geld hergebe, handelt es sich ja um einen Verzicht, auf mein Geld nämlich, was aber für uns beide durch marktwirtschaftliche Alchemie zum Überflusse führt". Zwei Weihnachtsfeiertage findet er dabei jedoch „deutlich zu wenig, um sich von den sittlichen Traumata der (mittlerweile ja dreimonatigen) Vorweihnachtszeit angemessen erholen zu können". Diese Verwerfungen scheinen sich an Weihnachten tatsächlich zu nie gekannter Größe zusammenzuballen: **Nie kracht es in deutschen Ehen und Familien in kurzer Zeit so heftig** wie an den drei heiligen Tagen – davon wissen auf Familienrecht spezialisierte Rechtsanwälte seit Langem ein Lied zu singen.

Nicht nur in → Partnerschaften steigt plötzlich der **Erwartungsdruck** dort, wo vernachlässigte Beziehungen aller Art bisher nur still vor sich hin dümpelten, während durch → Freizeit- und anderen → Stress für Abwechslung gesorgt war. Singles führt man ein heiles → Familienleben vor. Dort, wo tatsächlich Familien zusammenkommen, sind statt des Christkinds aber eher Johnny Walker und andere → gesundheitsschädliche Alkoholika zu Gast. „Und jetzt wird's gemütlich!", beschließt bei *Loriot* die Familie von Opa Hoppenstedt.[765] Stattdessen explodiert die Stimmung inmitten der Verpackungsberge wie Hoppenstedts Atomkraftwerk.

Um dem zu entkommen, sollten Sie sich frühzeitig wappnen. Falls Sie mit **sozialem Erwartungsdruck** rechnen, klären Sie am besten schon im hellen Sommerlicht, wann Sie sich mit wem wie wirklich treffen müssen, sollten,

---

[763] 1951, erschienen u. a. bei dtv, München.

[764] In der Weihnachtsgeschichten-Sammlung Echte Kerzen wären schon schöner, Reclam Verlag, Dietzingen 2021.

[765] Weihnachten bei Hoppenstedts ist abrufbar unter https://www.facebook.com/muenstertube/videos/loriot-weihnachten-bei-hoppenstedts/1326922174136493/ – abgerufen am 01.07.2023.

wollen, können … oder auch nicht. Das Gleiche gilt für die Geschenkfrage: Wer wirklich eines erwartet, der sollte Ihnen bis zum Quartalsbeginn wenigstens einen Hinweis geben. Machen Sie sich im Sinne eines guten → Zeitmanagements eine entsprechende Notiz im Kalender! Danach legen Sie ein vernünftiges Budget fest und teilen es sich entsprechend ein.

Dabei kann es auch schon ein Geschenk sein, dass Sie sich in den Weihnachtstagen überhaupt treffen. Anspruch darauf hat niemand in der → Familie, auch Ihre Eltern nicht – siehe das dort nachzulesende Zitat von *Khalil Gibran*. Sprechen Sie, notfalls: → streiten Sie miteinander darüber, solange das Ganze noch keinen sentimentalen Touch hat. Der verhindert nämlich, dass Sie auch einmal an sich denken und → Nein sagen können. Wenn dann die Festtage näher rücken: Überfrachten Sie die Zeit um Weihnachten nicht mit Terminen. Das gilt sowohl beruflich als auch privat. An Betriebs-, Schul- und Vereinsfeiern kommen Sie oft nicht vorbei. Aber müssen private Treffen dann wirklich auch noch sein?

Weihnachten selbst ist dann übrigens **weder ein Koch-, noch ein Kartenschreibfestival!** Manches Restaurant hat die saisonalen Cateringaufträge, die den heimischen Herd ersetzen, bitter nötig. Und was die schönen handgeschriebenen Grüße betrifft: Die haben tatsächlich Stil – mehr als jede Rundmail und alle Emojis. Aber haben Sie schon mal über Neujahrskarten nachgedacht, die Sie stattdessen in aller Ruhe zwischen den Jahren schreiben können?

Genauso lässt sich manche Weihnahchtsfeier auch als Neujahrsfest im Januar geben – für unser eigenes Unternehmen habe ich die durchaus aufwändigen Planungen entsprechend umgestellt.

A propos Stil: Zwar laufen wir anders als früher sonn- und feiertags oft lässiger herum als unter der Woche. Aber einen Festtag kann man auch dadurch wertschätzen, dass man **nicht im Jogginganzug** erscheint. Es sei denn, man lebt alleine und gehört zur Verweigernden-Kategorie. Auch das ist legitim. „Weihnachten ist der wahre Karneval", kommentiert die Kabarettistin *Katinka Buddenkotte* das Groß(familien)ereignis,[766] „aber bitte: auch das bleibt ein Geheimnis".

Leitsatz

„Weihnachten ist der wahre Karneval!"
    Wehren Sie sich gegen familiären und anderen Erwartungsdruck – nicht nur, aber besonders zur Weihnachtszeit.

---

[766] Ebenfalls in der Weihnachtsgeschichten-Sammlung Echte Kerzen wären schon schöner, Reclam Verlag, Dietzingen 2021.

Yin und Yang austarieren

N ist Lehrgehilfe in der mittelalterlichen Klosterschule Mariabronn, als G dort von seinem Vater als Schüler abgeliefert wird. Der ernsthafte, scharfsinnige N und der ausnehmend hübsche, kluge G werden enge Freunde. Die beiden ergänzen sich gut: N sieht in G seinen Gegenpol – Frauen werden für den jungen G zum Lebensthema. Seine Mutter hat er nie kennengelernt, das treibt ihn um. Schließlich lässt N seinen Freund in die Welt hinausziehen. Während er sich selbst in seiner Männerwelt in Askese übt, durchwandert G Landschaften und Liebschaften. Von einer Marienstatue inspiriert, wird er zum Holzschnitzer. Seine Geliebte verliert er an die Pest, und irgendwann kehrt er gealtert und krank nach Maulbonn zurück. Dort gesteht N dem sterbenden Freund seine Liebe und Bewunderung, und G freut sich über die Wiedervereinigung mit seiner Mutter. Den in einer strengen Männergesellschaft zurückbleibenden N ermahnt er, dass man „ohne Mutter nicht sterben" kann. Männliche und weibliche Anteile müssen miteinander in Einklang gebracht werden – das ist die Quintessenz von *Hermann Hesses* 1930 erschienenem *Narziß und Goldmund*.[767]

Hesses Buch erinnert an den zum Thema Leitwerte vorgestellten *Carl Gustav Jung*, den *Hesse* gut kannte: Hier werden mit **Animus und Anima** zwei grundlegende Archetypen der analytischen Psychologie abgehandelt. Es geht um Möglichkeiten menschlichen Empfindens und Ausdrucks, von Vorstellungs- und Willenskraft, die über individuelle Erfahrungen weit hinausreichen. Sie sind im kollektiven Unbewussten angelegt.[768] Aus der chinesischen – daoistischen – Philosophie hat sich passend dazu das Begriffspaar von Yin und Yang etabliert.

Im Taijitu steht das **weiße**, harte, vorwärtsstrebende männliche Yang auf der einen Seite. Das **schwarze** Yin steht dem mit Weichheit, Kühle, Ruhe und Passivität als weibliches Prinzip gegenüber. Die Grenze zwischen beiden markiert indes keine Gerade, sondern eine **Kurve**, und auf jeder der beiden Seiten wird die Grundfarbe durch einen gegenteilig gefärbten Punkt

---

[767] Siehe hierzu die Suhrkamp-Ausgabe, Frankfurt 2011, mit Leseprobe unter https://www.google.de/books/edition/Narzi%C3%9F_und_Goldmund/fMo7CgAAQBAJ?hl=de&gbpv=1 – abgerufen am 01.07.2023.

[768] Siehe hierzu https://www.getabstract.com/de/zusammenfassung/die-archetypen-und-das-kollektive-unbewusste/21063 – abgerufen am 01.07.2023.

durchbrochen. Tatsächlich handelt es sich damit um aufeinander bezogene Kräfte, die sich gegenseitig ergänzen. Wir alle, gleich ob mit XX- oder XY-Geschlechtschromosomen geboren, haben männliche, weibliche und diverse Anteile in uns. Erst in der Vereinigung rundet sich das Bild zu einem gemeinsamen Eins und einem vollkommenen Wir.

Es ist ein Verdienst der **LGBTQ-Bewegung,** insoweit alte Wahrnehmungs- und Verständnismuster aufgebrochen zu haben. Dazu, die *Rosafarbene Arztpraxis für Barbie* ins Puppenmuseum[769] zu verbannen, hat sie nicht weniger beigetragen als die gerne zitierten, verdienstvollen, oft aber sehr selbstgerechten **68er** vor ihr.

Neben weiblichen und männlichen Menschen haben die LGBTQs besonders im Westen weitere geschlechtliche Identitäten bekannt gemacht, beispielsweise trans*, nicht-binär, inter* und queer. In Indien wiederum gibt es schon lange die Gruppe der schon zum → Schönheitsthema erwähnten Hijras, die seit langem mit traditionellen Geschlechtermustern gebrochen haben. Oft leben Sie in eigenen Gemeinschaften und putzen sich wunder→ schön heraus. *Alok Vaid-Menon* ist beispielsweise eine sehr beeindruckende **nicht binäre Person** aus den USA, die unter anderem auf der Frankfurter Buchmesse 2022 gesprochen hat.[770] Von *Vaid-Menon* stammt die Feststellung: „Joy lives beyond shame" – Freude lebt jenseits → schambesetzter Rollenklischees.

Umso beunruhigender ist die noch immer weite Verbreitung von Vorstellungen davon, dass und inwiefern der ideale Mann männlich, die ideale Frau weiblich geprägt sein muss. Danach sind Jungen zupackend, Mädchen empathisch. Gerade in der Arbeitswelt wird beklagt, dass sich daran bis heute nichts grundlegend geändert hat. Nach Angaben des Deutschen Gewerkschaftsbunds DGB belegen zahlreiche Studien, wie diese Bilder auf allen Ebenen gesellschaftlichen → Handelns auch heute noch immer wieder neu rekonstruiert werden. So → bewerteten Erwachsene schon bei Babys und Kleinkindern das gleiche Verhalten je nach Geschlecht verschieden: **„Willensstark ist der schreiende Junge, eine süße Prinzessin das schreiende Mädchen".**[771]

---

[769] So die Überschrift in FAZ Nr. 118 v. 23.05.2023, 9. Eine gleichermaßen kluge wie unterhaltsame Darstellung der US-kalifornischen Frühhippie-Szene bietet *T. C. Boyles* 2003 erschienener Roman Drop City, dtv, München 2018.

[770] Ein Video dazu ist abrufbar unter https://www.youtube.com/watch?v=DSPnU82vsVU – abgerufen am 01.07.2023.

[771] https://www.gew.de/aktuelles/detailseite/typisch-maennlich-typisch-weiblich – abgerufen am 01.07.2023.

Auf männlicher Seite wird insoweit gerne auf den höheren **Testosteronwert** verwiesen, der physisch gesehen tatsächlich für einen stärkeren Muskelaufbau, dichtere und längere Knochen, weniger Körperfett und für Bartwuchs sorgt. Auch Frauen produzieren in Eierstöcken und Nebennierenrinden dieses Geschlechtshormon, allerdings in sehr viel geringerem Maße. Tatsächlich finden sich im Tierreich bei den Alphatieren auch fast immer die höchsten Testosteronspiegel. Allerdings haben Verhaltensforscher beim Menschen im Ultimatumsspiel[772] und anderen Experimenten beobachtet, dass vor allem der den Alphamenschen herauskehrt, der *glaubt*, viel Testosteron zu besitzen. So ist beispielsweise der frühere US-Präsident *Donald Trump* einmal in einer Talkshow für sein hohes Testosteronlevel gelobt worden – in Wirklichkeit war es aber vollkommen durchschnittlich. Offenbar scheint es sich beim Verweis auf das männliche Sexualhormon beim Menschen eher um eine sich selbst erfüllende Prophezeiung zu handeln.[773]

Umso schlimmer ist es, dass beruflich erfolgreiche Frauen immer noch Kopfschütteln ernten. Gerade in westdeutschen Köpfen scheinen noch immer biosoziale Vorurteile aller Art herumzugeistern. Das führt zu einer bis heute zu beobachtenden inneren Ambivalenz und Zerrissenheit auf Seiten der Betroffenen. Erwachsene Frauen haben häufig eine ganze **Ereigniskette** an einschlägigen Erfahrungen hinter sich. Ich selbst bin da keine Ausnahme. So warf mir mit 16 ein Freund der → Familie vor, mit meinem unweiblichen Ehrgeiz würde ich eines Tages noch einen redlichen Familienvater um die Existenz bringen. Gut 20 Jahre später wurde ich während meiner Arbeit in einem konservativen Familienbetrieb gleich von mehreren Vorgesetzten verständnislos auf meine Leistungen angesprochen. „Was sind Sie denn so ehrgeizig – Sie haben doch zwei gesunde Kinder", hieß es in einem Fall, „Sie sind wohl im falschen Geschlechte geboren" in einem anderen: → Übergriffe vom Feinsten.

Schon deutsche Stillratgeber orientieren sich anders als beispielsweise französische nicht daran, wie man sich (auch) eine → schön geformte Brust erhalten kann. Betont wird vor allem die → Gesundheit der Muttermilch für den Nachwuchs. Deutschland erweist sich mangels KiTa-Pflicht und flächendeckenden Ganztagsschulen auch im Weiteren als **konservatives Land**. In anderen Industrieländern ist eine weitestgehende Nachwuchsförderung in der Gruppe selbstverständlich, bei uns aber immer noch nicht.

---

[772] Siehe hierzu https://karrierebibel.de/ultimatumspiel/ – abgerufen am 01.07.2023.
[773] Siehe instruktiv *Christina Berndt*, Männlichkeit im Blut, Süddeutsche Zeitung Nr. 238 v. 15./16.10.2023, 33.

Offenbar hinterlassen hier Kaiserreich und Nazizeit bis heute ihre Spuren. Das *Hitler*-Wort von 1935 zur Erziehung der männlichen Jugend „flink wie die Windhunde, zäh wie Leder und hart wie Kruppstahl" hat sich in den Köpfen von Millionen Menschen festgesetzt und ist vielfach auch noch nach Kriegsende zitiert worden. Dass Frauen keinen Platz in der Weltgeschichte haben, hat der Diktator gleichzeitig immer wieder betont.[774] Beides scheint fortzuwirken in Vorbehalten und Zweifeln unserer Großeltern und Eltern an der Unordnung, die ohne die Ausrichtung auf eine traditionelle Frauenrolle droht. Dass das besonders in den alten Bundesländern so ist, ist kein Zufall – war es doch für die Bonner Republik ein wichtiges Abgrenzungsmerkmal zur DDR, dass frau nicht arbeiten gehen „muss".

Entsprechende Vorstellungen erodieren – ebenso wie Mentalitätsunterschiede in West- und Ostdeutschland insgesamt – **nur langsam.** Herrschafts- und Unterdrückungsmechanismen und ihre Ideologien sind – wenngleich abgeschwächt – in Deutschland fast 80 Jahre nach Kriegsende noch immer immanent. Geändert hat sich offenbar lediglich der Zeitpunkt, zu dem diese Mechanismen greifen. Anders als früher herrscht in *Schule, Ausbildung und Studium* weitgehend Gleichberechtigung, jedenfalls in der Theorie. Mittlerweile beklagen sich nicht selten junge Männer in ihren Zwanzigern, dass sich ihre Geschlechtsgenossinnen schier alles herausnehmen dürften – und dabei manchmal in einem Maße über die Strenge schlügen, wie man es Ihnen, den Jungs, nie durchgehen ließe.

Allerdings ist hier Vorsicht geboten: **Sich alles erlauben zu können ist die beste Voraussetzung dafür, nicht ernst genommen zu werden.** Entsprechende Freiheiten sind trügerisch, weil sie die weibliche → Autorität untergraben – und die nächste Bewährungsprobe in den Augen Dritter, der nächste → Streit um Ressourcen kommt bestimmt. Einiges deutet darauf hin, dass Männer insoweit noch immer einen erhöhten gesellschaftlichen Status besitzen. Beispielsweise reagieren sie nach wie vor anders anders als Frauen reagieren, wenn man Witze über sie macht. Insoweit hat eine Studie der Universität Würzburg unlängst ergeben, dass Männer männerverachtende Witze als längst nicht so bedrohlich empfinden, wie es Frauen bei frauenverachtenden Witzen tun. Das gilt besonders dann, wenn der Erzähler ein Mann ist[775]

Vor allem aber gibt es heute noch immer einen **Kipppunkt.** Schon *in ihren* Dreißigern laufen junge Frauen deutlich stärker als junge Männer in Gefahr, je nach Lebensform kritisiert, wenn nicht diffamiert zu werden. Wie bereits im Abschnitt zum → Schuld tragen beschrieben, zwingt die Kinderfrage

---

[774] Siehe hierzu auch https://www.zukunft-braucht-erinnerung.de/die-deutsche-frau-und-ihre-rolle-im-nationalsozialismus/ – abgerufen am 01.07.2023.
[775] So FAZ Nr. 158 vom 11.07.2023, Seite 7.

Frauen stärker als Männer zu Entscheidungen. Weder als „uterusloses Wesen" noch als „Desperate Housewife" noch als „Rabenmutter" finden sie ein sprachliches Äquivalent. Noch kritischer ist die Analyse von *Susanne Kaiser*. In Ihrem im Sommer 2023 erschienenen Buch *Backlash*[776] knüpft sie an einen gleichnamigen Titel der großen amerikanischen Journalistin und Pulitzerpreisträgerin *Susan Faludi*[777] an. Die hatte schon 1991 darauf hingewiesen, welche Rückschläge feministische Erfolge in der US-Politik, Gesellschaft und Kultur erlitten hatten. *Kaiser* konstatiert nun, dass wir eine Gegenbewegung erleben, bei der mit dem Fortschritt auch männliche Gewaltbereitschaft wächst. Im Gegensatz zu anderen Straftaten nimmt die häusliche Gewalt seit Jahren zu[778] – ein sehr beunruhigender Befund.

„Man makes a gun, man goes to war/Man can kill and man can drink/And man can take a whore/Kill all the blacks, kill all the reds/And if there's war between the sexes/Then there'll be no people left", beschreibt 1982 der kongeniale Liedermacher *Joe Jackson* in *Real Men* die auch heute noch existierenden Unterschiede.[779] Ein entsprechendes Hinterfragen von Ideologien mit dem Ziel einer vernünftigen Gesellschaft mündiger Menschen aller Geschlechter, wie es sich dereinst die Kritische Theorie der Frankfurter Schule auf die Fahnen geschrieben hat, ist noch immer vonnöten.

Bereits in der zweiten Hälfte der unruhigen 70er-Jahre hat das *Konstantin Wecker* bewerkstelligt: „*Was tat man den Mädchen*", fragte er im gleichnamigen Lied, „Die wie Schirme und Nelken/Liegengelassen/In Vorzimmern welken?/Man verdirbt sie mit Prinzen,/Und statt ins Leben zu sinken/Wollen sie fliegen/Und ertrinken./Man nährt sie fleißig mit Romanen/Und moralischem Brei./Sogar ihr Ahnen/Flieht am Leben vorbei./Und irgendwann dann,/Wenn sie sich nicht mehr spüren,/Verlieren sie sich,/Sind verwundet und frieren".[780]

„Wozu bekomme ich als Frau denn Kinder, wenn ich sie nicht selbst großziehen kann?" – diese Frage hört man im Westen bis heute. Dass die Woche nicht 40, sondern 168 Stunden hat (die der Nachwuchs auch immer wieder ausschöpft), wird dabei gerne verschwiegen. Auch die Gegenfrage, welches Vorbild man den Kindern mit einer selbstverleugnenden Konzentration auf andere Menschen gibt, wenn sie denn wirklich der Grund für einen Abbruch der eigenen Erwerbsbiografie waren, bleibt unbeantwortet.

---

[776] *Susanne Kaiser*, Backlash, Die neue Gewalt gegen Frauen, Tropen Verlag, Stuttgart 2023.

[777] *Susan Faludi*, Backlash. Die Männer schlagen zurück. Rowohlt Verlag, seinerz. Reinbek b. Hamburg, 1995.

[778] FAZ Nr. 158 vom 11.07.2023, Seite 7.

[779] https://www.youtube.com/watch?v=xTjEb-MzdxU – abgerufen am 01.07.2023.

[780] In einer aufschlussreichen Liveversion abzurufen unter https://www.youtube.com/watch?v=A20Uxk2Dk7w – abgerufen am 01.07.2023.

Wie sehr Geschlechtszugehörigkeit und → Familienplanung das **Einkom-men über das Erwerbsleben** beeinflussen, hat eine aktuelle Statista-Studie[781] gezeigt. Danach verdienen *Frauen* auch ohne Kinder im Durchschnitt 12 % weniger. Mit einem Kind sind es schon rund 45 % Minderverdienst, mit zwei Kindern 63,5 %. Bei drei und mehr Kindern steigt die Quote auf über 75 %. *Männer* verdienen in dieser Konstellation mit anderen Worten mehr als das Vierfache.[782] Im Alltag bedeutet das nicht nur → finanzielle Abhängigkeit von fremden Erwerbsquellen. Auch und gerade beim Gedanken an die Rente besteht Grund zur Sorge. In erschreckend vielen Fällen – Schätzungen zufolge bei bis zu einem Drittel der Betroffenen – ist sie schon jetzt nicht auskömmlich. Sind die Babyboomer erst einmal verrentet, steigt die Gefahr der Altersarmut drastisch an.

Gerade die bei Frauen so beliebten **Teilzeitstellen** sind es, von denen vor diesem Hintergrund dringend abzuraten ist.

Aber auch **unter alltagspraktischen Aspekten** droht Teilzeitarbeitenden das Abseits. Sie bewirkt nämlich regelmäßig eine übermäßige Mehrarbeit in → Partnerschaft und Kindererziehung. Hier droht Teilzeitkräften ein Abgleiten in die schon zu den Themen → Neinsagen und → Rollentragen beschriebene Kümmerfalle. Denn schließlich haben sie ja mehr disponible Zeit – die dann gerne doppelt und dreifach neu belegt wird.

Überdies ist kann **Teilzeitarbeit in Sachen beruflicher Weiterentwicklung** zur Falle werden. Da mögen sich Arbeitgeber (auch unter dem Druck des TzBfG[783] noch so kulant zeigen – oft es ist die Nachfrageseite, die nicht so recht mitspielt. Gerade in qualifizierten Dienstleistungsberufen erwarten Kunden, Mandantinnen und Patienten **nicht nur eine inhaltlich gute Leistung**. Sie wünschen sich auch gerade von ihrer vertrauten Ansprech-partnerin **Erreichbarkeit**. Die ihrerseits nicht nur im Entgegennehmen von Anrufen besteht – das ist heute kein Problem mehr. Ebenso sehr erwünscht ist das *zeitnahen Abarbeiten* der dabei erteilten Aufträge.

Falls sie jetzt nicht im öffentlichen Dienst oder einem Großunternehmen arbeiten, geraten Sie dadurch gerade dann, wenn Sie *nicht zu ersetzen* sein wollen, in eine Zwangslage. Je unersetzbarer nämlich jemand ist, desto mehr kommt es denen, die die Arbeitsleistung anfordern, auf die Abrufbarkeit des Betreffenden selbst an. Mit Stellvertretern, die mit der Lage nicht so vertraut sind, begnügt man sich allenfalls kurzfristig. Was sollten Sie vor diesem Hintergrund tun, wenn Sie sich in der Entfaltung Ihrer geschlechtseigenen, aber auch gegenläufigen Anteile im Alltag behindert sehen? **Als Frau arbeiten**

---

[781] Zitiert nach FAZ Nr. 177 vom 22.5.23.

[782] Die konkreten Einkommenszahlen im Mann-Frau-Vergleich lauten: 1,5 gegenüber 1,32 *ohne* Kind, 1,37 gegenüber 0,76 bei *einem*, 1,59 zu 0,58 bei *zwei* und 1,49 zu 0,36 Mio. € *bei drei oder mehr* Kindern.

[783] Das hier angesprochene Gesetz über Teilzeitarbeit und befristete Arbeitsverträge finden Sie unter https://www.gesetze-im-internet.de/tzbfg/ – abgerufen am 01.07.2023.

Sie auch mit Kindern möglichst bald (wieder) ganztags und nehmen andere konsequent mit in die Pflicht. Aber auch sonst gilt: Selbstverständlich haben andere Menschen immer und überall abweichende Wahrnehmungen und Interessen. Aber gerade deswegen sind Sie die- und derjenige, die sich im Konzert der Stimmen Geltung verschaffen muss. **Sie und niemand anders** sind aufgerufen, Ihre → Mentalität, Ihre → Leitwerte und Lebens(abschnitts)→ziele für sich herauszufinden und einzubringen. Das ist unabdingbarer Bestandteil Ihres Erwachsenenseins.

Deshalb: Denken Sie an die Überschrift unseres Eingangskapitels und **seien Sie sie selbst** – mit all Ihren Träumen, → Phantasien und → Schönheitsvorstellungen. Diesen Job kann und will Ihnen niemand abnehmen, und das zu Recht. Durch → achtsames Hinsehen und mit geeigneten Sparringspartnern müssen Sie Ihre eigenen Ideale entwickeln. Suchen Sie sich Verbündete, → streiten sie sich mit denjenigen, die Ihre friedliche Entfaltung beschneiden wollen, und verwahren Sie sich gegen → Übergriffe.

Trotz einer eher konservativen deutschen Grundhaltung hat sich in den letzten Jahren immerhin etwas getan. Kinder haben Ansprüche auf Betreuungsplätze, Männer nehmen – wenngleich zu kurzen – Erziehungsurlaub. Seien Sie so → mutig, das Organisatorisch Mögliche auszuschöpfen. Auch dann bleibt zwar noch immer viel zu tun in Sachen Gender-Gap. Dazu gilt aber das zum Thema → Erwartungshaltung Gesagte: Gerade dadurch, dass nichts ohne Riss, nichts bruchlos ist, wird es heller … und heiler.

Leitsatz

„Gemeinsam eins, vollkommen wir!"
   Weibliche, männliche und diverse Persönlichkeitsanteile auszutarieren, ist neben einer gesellschaftlichen auch Ihre eigene Aufgabe. Zwar leben wir in einer tendenziell konservativen Gesellschaft, aber das muss Sie nicht abschrecken. Schöpfen Sie aus, was möglich ist – Joy lives beyond shame.

Zeit managen

Schwerpunkt: privat + beruflich

„Every passing minute I feel **an internal Zeitfluch**" – in jeder Minute fühlt er sich aufs Übelste gehetzt, doziert der junge deutsche Kunde an der US-Supermarktkasse. Er habe festgestellt, schauspielert Insta-Comedian *Jordan Prince* gereizt, dass der Kassierer nicht durch seine Artikel hetze, als ob sein Leben davon abhänge. Woher wisse er das? Ja, er sei aus Deutschland. Wie sein (!) Tag sei? Sein Gegenüber sei so chatty, so geschwätzig! Seinen Einkaufsbeutel habe er im Übrigen selbst dabei, und jetzt radle er wieder von dannen.[784]

Szenenwechsel: Eine Youtube-Bloggerin beschreibt ihren Ausflug von Anchorage nach Ketchikan innerhalb des US-Bundesstaats Alaska. Auf Deutsch übersetzt, hält der Flieger an jeder Milchkanne – vergleichbar den hiesigen Bummelzügen. Innerhalb Alaskas unterwegs, brauchen sie und ihr Mann dafür tatsächlich halb so lang, wie der ganze Interkontinentalflug nach Frankfurt, Germany, gedauert hätte. Was aber niemanden stört, im Gegenteil: Gut gelaunt berichtet sie von einem **Milk race** – einem Milch(kannen)*rennen*.[785]

Während auf Deutschlands Autobahnen auch ein halbes Jahrhundert nach seiner Erfindung noch der ADAC-Slogan **Freie Fahrt für freie Bürger** gilt und eben dieser ADAC demnächst bald mehr Mitglieder als die katholische Kirche haben könnte,[786] akzeptiert man in den USA mit 55 mph weitgehend Tempo 90. Damit nicht genug: Bei Profispielen des Nationalsports **Baseball** schauen die Menschen vor Ort stundenlang Matches mit reichlich undurchsichtigen Regeln zu. Zwischendurch steht man halt einfach mal auf, um ein Schwätzchen zu halten oder sich einen riesigen Becher Popcorn zu holen – ein in deutschen Fußballstadien nahezu undenkbares Verhalten. Hier herrscht 90 Minuten lang auch im Publikum Hochspannung. Nun ist die US-amerikanische Gesellschaft mindestens ebenso leistungsorientiert wie die deutsche, aber mit einem offenbar anderen Zeiterleben.

„Du kannst der Zeit niemals entkommen", wird *Alice hinter den Spiegeln* denn auch bei *Lewis Carroll* belehrt,[787] nur wenige Jahre, nachdem sie aus dem Wunderland zurückgekommen ist. Dagegen entdeckt José Arcadio Buendía in *Hundert Jahre Einsamkeit,* dass es in einem bestimmten Zimmer immer März und immer Montag sein kann – *Gabriel García Márquez* sei Dank.[788] Die Zeit „fließt, schlägt Wellen, und manchmal steht sie still" heißt es in einer Analogie zum Wasser bei *Christian Buder.*[789]

---

[784] Nachzusehen unter https://www.instagram.com/reel/Cri5fKJgC2x/?igshid=MDJmNzVkMjY – abgerufen am 01.07.2023.

[785] Der Reisebericht ist abrufbar unter https://www.youtube.com/watch?v=cwHjPvMhJAM – abgerufen am 01.07.2023.

[786] FAZ Nr. 102 vom 3.5.2023, 22.

[787] Beispielsweise in der von *John Tenniel* illustrierten Ausgabe des Insel Verlags, 23. Aufl. Frankfurt 1974.

[788] 1967, heute beispielsweise erhältlich in der Taschenbuch-Neuübersetzung des Fischer Verlags, Frankfurt a. M. 2019.

[789] In: Das Gedächtnis der Insel, Karl Blessing Verlag, München 2017.

Vor diesem Hintergrund ist **Zeit als solche** zwar eine grundlegende physikalische Größe. Entsprechend takten wir sie mittels überall präsenter Uhren ein. **Zeiterleben** ist aber von Mensch zu Mensch, von Kultur zu Kultur unterschiedlich – selbst in vergleichbar leistungsorientierten Gesellschaften. Zudem haben Menschen ihr zeitlebens *auch* → Phantasie entgegengebracht.

Die Zeit als solche können wir nicht beherrschen, jedoch ist zeitbezogenes → Selbstmanagement ein Klassiker der Kulturgeschichte. Von der Bibel bis zu den *Brüdern Grimm*: Dass wir zur richtigen Stunde das Richtige zu tun, hat schon immer eine zentrale Rolle gespielt.

So heißt es **beispielsweise** bereits im *Buch Kohelet* des *Alten Testaments*, „Ein jegliches hat seine Zeit, und alles Vorhaben unter dem Himmel hat seine Stunde".[790] Und was den deutschen Märchenschatz betrifft, so denke man nur an das berühmte *Dornröschen*:[791] Erst, als 100 Jahre um sind, werden die Dornen, die das Mädchen umgibt, zu Blumen. Vorher sind alle tapferen Versuche, an die junge Frau heranzukommen, vergebens. Auch *Hänsel und Gretel*,[792] von vielen als „das" deutsche Märchen schlechthin betrachtet, ist letzlich eine Zeiterzählung: In der Coming of Age-Geschichte werden Junge wie Mädchen aus dem Haus ihrer Kindheit vertrieben. Sie können erst dann zu ihrer Familie zurückkehren, als sie die süßen, aber lebensgefährlichen Versuchungen der Adoleszenz überstanden haben.

Schon im alten Griechenland gab es für die Zeit denn auch nicht einen, sondern **zwei verschiedene Götter**: Während Chronos für die nach ihm benannte chronologisch voranschreitende Zeit stand, war Kairos der Gott der subjektiv erlebten Zeit, für die richtigen und falschen Momente und für die → Langeweile einerseits, sich überstürzende Ereignisse andererseits. Die Covid-bedingten Lockdowns zwischen 2020 und 2022 illustrieren den Unterschied anschaulich: Dass in dieser Zeit wenig passierte, ließ vielen von uns die Zeit lang werden, während sich die entsprechenden Episoden in der Rückschau zusammenzogen.

Gibt es überhaupt keine äußeren Erlebnisse zum Abgleich mit inneren Empfindungen mehr, verliert man das Zeitgefühl gänzlich. Möglicherweise erzeugt das Gehirn sein Zeitempfinden nämlich aus Körpersignalen. Findet eine **raum-zeitliche Angleichung** statt, surfen wir aufs Angenehmste auf der Welle der → Entspannung – beispielsweise beim Hören eines Musikstücks. Am anderen Ende des Spektrums ist bei an Depressionen oder bipolaren

---

[790] Bei Pred 3, 1, hier zitiert nach der Lutherbibel 2017.
[791] *Brüder Grimm*, KMH 50.
[792] *Brüder Grimm*, KMH 15.

Störungen er→ krankten Menschen typischerweise eine gestörte Umwelt-synchronisierung wahrzunehmen.[793]

Jenseits dessen scheint Zeithaben ebenso wie → Achtsamkeit, → Gesundheit und → Liebe zum **modernen Mythos** geworden zu sein. Zwar verfügen wir über eine nie gekannte Zahl an technischen Hilfsmitteln zur Erledigung von Alltagsanforderungen. Da unsere Anspruchshaltung aber im Verhältnis dazu noch stärker angestiegen ist, scheinen unsere Ressourcen immer knapper zu werden. Angesichts dessen können Sie es entweder wie *Michael Endes Momo*[794] halten. Gemeinsam mit ihren Freunden kauft das Mädchen den so genannten grauen Herren den Schneid ab. Diese Agenten der Zeitsparkasse sind nämlich in Wirklichkeit Zeitdiebe, die die gesparte Zeit der Menschen auf(b)rauchen.

Und/oder Sie machen sich **Priorisierungsmethoden** zunutze, die Ihnen Freiraum für andere, Ihren → Leitwerten entsprechende Dinge verschaffen. Am besten gehen Sie nach Ex-US-Präsident *Dwight D. Eisenhower* praxisAF-FIN in die ALPEN. Hinter der **Eisenhower-Komponente** verbirgt sich die schon zum → Selbstmanagement beschriebene Einteilung in das, was wichtig *und* dringend ist einerseits, das was *nur* wichtig *oder nur* dringend ist, anderer-seits. Alles Weitere mag nett und schön sein – elementar ist es nicht.

Die von *Lothar J. Seiwert* entwickelte **ALPEN-Methode** ist wiederum eine gute Ergänzung für Ihre aktuelle Tagesplanung. Die fünf vorgenannten Buchstaben bezeichnen das (1) Aktivitäten und Aufgaben notieren, (2) die Länge des Vorhabens einschätzen, (3) Puffer einplanen, (4) Entscheidungen treffen und schließlich (5) Nachkontrollieren. Dabei denken Sie an das schon zum Thema → Mindfucks erläuterte **praxisAFFINe Arbeiten**. AFFIN steht für (1) Analysieren, (2) Festlegen, (3) Formulieren, (4) Implementieren und (5) Nachhalten von Vorhaben. Entsprechende Arbeitsstrukturen stützen Sie im Alltag wie ein Gerüst. Sie verschaffen Ihnen Raum zum Balancieren. Dass es zudem womöglich auch mehr Mut zur Unordnung bedarf, steht dem nicht entgegen.[795]

Leitsatz

„Gehen Sie nach Eisenhower praxisAFFIN in die ALPEN!"
   Priorisierung schafft Freiräume. Gleichzeitig hat Zeiterleben eine nichtline-are, subjektive Komponente.

---

[793] Siehe hierzu *Tobias Hürter*, Im Fluss der Zeit, Bild der Wissenschaft 4/2023, 80. *Eine physikalische Reise zu den Urspüngen der Zeit* unternimmt der Teilchenphysiker *Guido Tonelli* in Chronos, erschienen bei C.H. Beck, München 2023.

[794] In dem gleichnamigen 1973 bei Thienemann, Stuttgart, erschienenen Roman.

[795] So das Fazit von *Corinna Budras/Pascal Fischer,* Wer hat an der Uhr gedreht? – Warum uns die Zeit abhanden kommt und wie wir sie zurückgewinnen, C.H. Beck Verlag, München 2017.

Ziele fassen

Brückenkalender erfreuen sich großer Beliebtheit. Menschen, die niemals in Südfrankreich oder New York gewesen sind, hängen sich einen Monat lang den Aquädukt Pont du Gard oder die Brooklyn Bridge ins Zimmer. Zeitgenossen, die Washington D.C. und Washington State nicht unterscheiden können, wissen mit größter Selbstverständlichkeit, wo die Golden Gate Bridge steht. Die Tower Bridge ist bekannter als ihr namensgebender Tower of London, und als im russischen Angriffskrieg gegen die Ukraine die Kertsch-Brücke an der Krim beschädigt wurde, fand *Die Zeit* den Brand „an Symbolkraft kaum zu überbieten".[796] Brücken überspannen Land- und Wasserwege. Werden sie fotografiert, dann am liebsten mit Blick auf Start und Ziel. Eine solche Zielfokussierung spricht uns an: Wir alle fühlen uns wohl bei dem Gedanken, Schwierigkeiten auf dem Weg zu einem festgelegten Endpunkt zu überbrücken.

Im Coaching entspricht dem die schon zum → Freiheitsthema angesprochene Kultur einer **„Hin zu"-Motivation** – im Gegensatz zu einer „Weg von"-Ausrichtung. Letztere sollten Sie bei *Charles Lutwidge Dodgson* alias *Lewis Carroll* lassen. In seinem Kinderbuch *Alice im Wunderland*[797] belehrt die Grinsekatze die Märchenheldin, dass es einerlei ist, welchen Weg sie einschlägt, weil ihr gleichgültig ist, wohin sie kommt. Hauptsache irgendwohin. Wenn Sie nicht auch die wunderlichsten Dinge erleben möchten, sollten Sie sich mehr vornehmen, als einfach nur dieses Unternehmen oder jene Beziehung hinter sich zu lassen. Sonst sind Sie zum Schluss nur weniger unzufrieden. Ein positives Gelingen ist damit nicht verbunden.

Wie ein entsprechendes → Change Management auch in der Praxis gelingt, ist Gegenstand unterschiedlichster Konzepte.

Geht es beispielsweise um die Umorientierung weg von → Mindfucks und hin zu positiveren Gedanken, haben sich **Tagesprotokolle negativer Gedanken** bewährt.[798] Was hat diese Gedanken ausgelöst? Wie haben Sie sich

---

[796] Siehe https://www.zeit.de/politik/ausland/2022-10/krim-bruecke-explosion-putin-ukraine – abgerufen am 01.07.2023.

[797] *Lewis Carroll,* Alice im Wunderland, Insel Verlag Frankfurt 1973.

[798] Siehe hierzu *Michael Linden/Martin Hautzinger* (Hrsg.), Verhaltenstherapiemanual, 6. Aufl. Springer Heidelberg u. a. 2008.

dabei gefühlt? Was kam Ihnen automatisch in den Sinn, und was wäre eine realistischere Sicht der Dinge? Schließlich: Wie benennen Sie das neue Gefühl, das sich jetzt einstellen kann?

Eine bewährte Methode zur Vorklärung ist das so genannte **Mindmapping.** Bei diesem begrifflich in den 1960er-Jahren von dem britischen Psychologen *Tony Buzan* geprägten Begriff geht es um die bildliche Darstellung Ihrer Ideen als Diagramm.[799] Auf diese Weise können Sie die entscheidenden Punkte nicht nur übersichtlich gestalten – Sie machen auch Zusammenhänge sichtbar. Am einfachsten ist es, wenn Sie verschiedene Kreise von einer Denkblase weg zeichnen; von diesen Kreisen gehen als Unterpunkte noch kleinere Kreise ab. Dabei verwenden Sie bei Bedarf unterschiedliche Farben.

Kombinieren können Sie diese Vorgehensweise mit einer Darstellung besonderer Stärken und Schwächen, Chancen und Risiken Ihres Konzepts, wie sie auch sogenannten **SWOT-Analysen** (für: Strengths, Weaknesses, Opportunities und Threats) zu Grunde liegen. Derartige Untersuchungen spielen nicht nur im Bereich der Unternehmensstrategie eine Rolle. Ein Planquadrat, in dem Sie Ihre eigenen Stärken und Schwächen mit den Chancen und Risiken abgleichen, die Sie im Umfeld erwarten, können Sie sich ebenso gut für den privaten Bereich machen. Sie müssen lediglich das, was Sie vorhaben, möglichst präzise beschreiben, um einen Analysebezug zu haben.

Eine weitere bekannte professionelle Vorgehensweise ist sodann das **Management by Objectives and Key Rresults oder OKR**. Dabei müssen Sie zum einen qualitativ festlegen, was Sie erreichen möchten. Zum anderen benötigen Sie Messgrößen. Damit unterfüttern Sie beispielsweise das Sachziel (= oder Objective), dass Sie „mit Ihrem Social-Media-Auftritt besser wahrgenommen" werden wollen. Entsprechende Schlüsselergebnisse (Key Results) ermöglichen es Ihnen, Ihre Fortschritte in „x Beiträgen, y Klicks die Woche, dabei z Likes" zu messen.

Besser merken lässt sich nach meiner Erfahrung als Coach allerdings folgender Zweiklang: Bei der Zielfindung sollten Sie zum einen **praxisAFFIN** vorgehen. Diese schon mehrfach erwähnte, bei *aHa Strategische Geschäftsentwicklung* entworfene Abkürzung[800] steht als Eselsbrücke für fünf

---

[799] Eingängig dazu https://gedankenwelt.de/mindmaps-zur-foerderung-der-emotionalen-intelligenz/ – abgerufen am 01.07.2023.

[800] Siehe hierzu auch *Martin Schulz/Anette Schunder-Hartung* (Hrsg.), Recht 2030, Deutscher Fachverlag, Frankfurt 2019; *Anette Schunder-Hartung*, Erfolgsfaktor Kanzleiidentität, Verlag Springer Gabler, Wiesbaden 2020, *Anette Schunder-Hartung/Martin Kistermann/Dirk Rabis*, Strategien für Dienstleister – Erfolgreich mit SAM in wirtschaftlich und rechtlich schwierigen Zeiten, dortselbst, 2021, sowie *Anette Schunder-Hartung* (Hrsg.), Innovative Rechtsberatung, Verlag Schäffer Poeschel, Stuttgart 2023.

Begriffe. Danach müssen Sie Ihre Vorhaben zunächst analysieren, festlegen und formulieren. Um sich mit einem „A-F-F- und-Ende"-Vorgehen in der Praxis nicht zum gleichnamigen Tier zu machen, müssen Sie es außerdem zum einen implementieren, also tatsächlich auch in ihren Alltag integrieren oder einfügen. Unabdingbar ist zum anderen ein Nachprüfen dessen, was Sie erreicht haben. „40-Minuten-Weltmeister" zu sein, um es mit dem deutschen Handball-Nationaltorhüter *Andreas Wolff* zu sagen, nützt Ihnen in einem 60-minütigem Spiel gar nichts.

Das Ziel selbst muss **SMART** formuliert werden.[801] Dabei ermitteln Sie zu „S" spezifisch, ob Ihr Ziel so präzise wie möglich formuliert ist. „M" steht sodann für die Frage der Messbarkeit: Welche Maßeinheiten können Sie hierzu nutzen? „A" bedeutet attraktiv und fordert eine positiv-hinwendungs-volle Darstellung ein. Das heißt beispielsweise, dass Sie sich in einer bestimm-ten Situation nicht dreimal die Woche „weniger aufregen", sondern dass Sie künftig „mehr Ruhe" bewahren wollen. „R" wie realisierbar grenzt echte Ziele gegen solche Wünsche ab, bei denen Unkalkulierbares eine maßgegbliche Rolle spielt. Realisierbar im erforderlichen Sinne ist nur das, was Sie es ohne großes Zutun Dritter erreichen können. „T" schließlich meint terminiert: Welche Fristen und Termine wählen Sie für die Realisierung? Dabei dürfen Sie auch in Etappen, so genannten Meilensteinen oder Milestones vorgehen.

Mit **Rückschlägen** müssen Sie rechnen. Beispielsweise können Sie selbst zwar planen, einer bestimmten belastenden Situation in diesem Monat *ein-mal* täglich und im nächsten *Monat zweimal täglich* (wie?) zu umschiffen. Sie können aber nicht verhindern, dass es deshalb zu Schwierigkeiten mit Dritten kommt. Entsprechenden → Ärger müssen Sie dann konstruktiv verarbeiten. Auch Sie selbst sollten sich fragen: Mit welchen Nachteilen müssen Sie rech-nen, wenn das alles klappt? Welche Vorteile hätte es umgekehrt, wenn alles beim Alten bliebe?

Wenn Sie beispielsweise bis zum Quartalsende wirklich zehn Kilogramm leichter werden wollen, seien Sie ehrlich zu sich selbst: Der tägliche Powerriegel zwischendurch wird ausfallen müssen, zudem können Sie sich nach des Tages Last nicht mehr mit Süßem belohnen. Wollen Sie wirklich auf beides verzich-ten? Oder Sie möchten bis zum Quartalsende Ihren Umsatz erhöhen. Dann kommen Sie aber deutlich später nach Hause als bisher – okay für Sie?

Eine Leistungssteigerung kostet Sie generell → Freizeit und Kraft zu Lasten anderer Vorhaben und Beziehungen. Häufig wirkt es sich auch negativ auf Ihre → Gesundheit aus. Eine → Partnerschaft einzugehen wiederum ist nicht ohne den Verlust an äußerer → Selbstbestimmung und innerer → Freiheit

---

[801] Hierzu statt vieler: https://karrierebibel.de/smart-methode/ – abgerufen am 01.07.2023.

möglich – und sei es die Freiheit, ungehindert von einem ganz anderen Leben zu träumen. Viele andere schöne Vorhaben sind riskant, nicht nur in → finanzieller Hinsicht. Wenn Sie das abschreckt, schrauben Sie Ihre Erwartungen lieber rechtzeitig herunter. Sonst betreiben Sie Selbstsabotage, ohne dass Sie merken wieso.

Hinzu kommt, dass Sie voraussichtlich keine der SMART-Fragen – schon gar nicht die S-Frage – im ersten Anlauf klären können; stattdessen ist eine **spiralförmige, hermeneutische Herangehensweise** angesagt. Worum geht es Ihnen? → Gesundheitsverbesserung? Okay. Wie wollen Sie das machen? Mehr Obst essen. Welches Obst? Vor allem Äpfel. Wieviele Äpfel, wie oft? – Außerdem wollen Sie aufhören zu rauchen. Als unter anderem im → Freiheitskapitel erwähnte „Weg von"-Motivation ist das schon falsch. Warum? Weil Sie dieses Element nicht attraktiv formuliert haben. Auf diesem Wege denken Sie doch nur ans Rauchen, das sie vermeiden wollen. Das Rauchen ist etwas Konkretes, das Aufhören aber abstrakt. Abstraktes kann unser Gehirn bildlich nicht gut verarbeiten.

Stattdessen gönnen Sie lieber (attraktiverweise) sich, Ihrer Lunge, Ihrer Wohnung und Ihren Nächsten bis zum (Termin) die aus eigener Kraft (realisierbare) Rauchfreiheit. Das tun Sie (messbar,) indem Sie bis zum (Meilenstein) zunächst auf Stufe x, dann auf Stufe y gelangen. Hierzu legen Sie sich (spezifisch) keine Vorräte mehr an. Dies wiederum bewerkstelligen Sie, indem Sie (spiralförmiges Engerziehen) nur noch maximal eine Packung pro Einkauf erstehen. Der entsprechende Einkauf darf zudem (weiteres Anziehen der Spirale) nach dem Tag z (Meilenstein) nicht mehr in einem Laden erfolgen, der näher als (Messgröße) m km entfernt von Wohn- oder Arbeitsstätte liegt.

Wenn Sie Ihr Ziel erreicht haben: Schätzen Sie es wert. Negieren Sie nicht die Mühen, die es Sie gekostet hat. Gönnen Sie sich eine Belohnung. Wie die Belohnung aussieht, ist wiederum höchst individuell. Sie hängt von Ihrer → Mentalität, Ihren → Leitwerten ab. Aber egal, wie die aussehen: Mit dieser Krönung vor Augen haben Sie noch einen Grund mehr, wirklich dranzubleiben.

Leitsatz

„Zielen Sie SMART!".

Wenn Sie sich Ziele setzen, achten Sie Stück für Stück darauf, dass Ihre Vorhaben spezifisch formuliert sind, dass Sie Messgrößen und Termine hinzufügen. Zudem können Sie sich nur Dinge vornehmen, die Sie im Wesentlichen aus eigener Kraft erreichen können. Die wiederum formulieren Sie positiv, nicht „weg von" sondern „hin zu". Und Achtung: Machen Sie sich von vornherein die Nachteile Ihres Handlungserfolgs klar. Nur wenn Sie sie wirklich in Kauf nehmen wollen, blockieren Sie sich nicht selbst.

Zukunft wagen

Schwerpunkt: privat + beruflich

„Der Weltraum, unendliche Weiten. Wir schreiben das Jahr 2200 (…) Viele Lichtjahre von der Erde entfernt, dringt die Enterprise in Galaxien vor, die nie ein Mensch zuvor gesehen hat". Millionen von Menschen sind mit genau dieser Zukunftsvision aufgewachsen, mit *Gene Roddenberrys Star Treck* oder zu Deutsch *Raumschiff Enterprise*. Dabei waren die über ein halbes Jahrhundert alten Episoden rund um den charismatischen Captain James T. Kirk und seinem Ersten Offizier Mr. Spock nur der Anfang. Der V-Fingergruß des Halbvulkaniers mit dem gesprochenen „Live long and prosper!", mit dem man einander ein langes, gedeihliches Leben wünscht, ist bis heute ein fester Bestandteil der Popkultur.

Jeder echte Trekkie kennt außerdem Captain Jean-Luc Picard, Kirks Nachfolger der *Next Generation* auf der USS Enterprise. Wenn der ernsthafte, umsichtige Mann nach Dienstschluss in seiner Außenkabine mit Sternenblick saß und ganz analog in einem Buch las, ahnte man irgendwie, dass alles gut bleibt. Ja, die Zukunft würde Schlachten ungeahnten Ausmaßes bringen. Aber auch ungeahnte medizinische Möglichkeiten bergen, die Picards Bord-Chefärztin Dr. Beverly Crusher stets auszuschöpfen verstand. Insgesamt 13 Filme und Prequels runden bis heute das Seriengeschehen ab.[802]

Tatsächlich befinden wir uns jetzt, in den 20er-Jahren des 21. Jahrhunderts, zwar noch nicht einmal auf dem Mars. In der alltäglichen Praxis gilt es unter anderem, die deutsche Verwaltung zu digitalisieren – und dabei die Möglichkeit der sozialen Teilhabe auch für die Älteren, die Ärmeren, die Ungeschickteren oder einfach auch nur Unwilligeren unter uns sicherzustellen. *Johannes Eichenhofer* und *Oliver Rottmann* weisen insoweit[803] zu Recht darauf hin, dass es bis zum Juli nicht gelungen ist, das viel diskutierte Gesetz zur Verbesserung des Onlinezugangs zu Verwaltungsleistungen (**Onlinezugangsgesetz** oder OZG)[804] vollständig umzusetzen. Nur ein Bruchteil der avisierten 575 Verwaltungsleistungen steht entsprechend digital zur Verfügung, unter

---

[802] Näheres hierzu finden Sie unter https://www.kino.de/film/star-trek-1979/news/star-trek-in-dieser-reihenfolge-schaut-ihr-die-filme-richtig/ – abgerufen am 01.11.2023.

[803] In ihrem Artikel *Digitale Verwaltung erfordert auch soziale Teilhabe* in der FAZ Nr. 157 vom 10.07.2023, Seite 18.

[804] Siehe hierzu https://www.bmi.bund.de/DE/themen/moderne-verwaltung/verwaltungsmodernisierung/onlinezugangsgesetz/onlinezugangsgesetz-node.html – abgerufen am 01.07.2023.

anderem wegen fehlender Schnittstellen zwischen den Datenbanken. Der Umstand, dass sozialer und wirtschaftlicher Erfolg in der digitalisierten Gesellschaft zunehmend auch technische Möglichkeiten voraussetzt, lässt die bisherige Entwicklung in einem kritischen Licht erscheinen.

Aber auch der bei Manuskriptschluss im Juli 2023 unmittelbar bevorstehende Gesetz über digitale Dienste, der **Digital Services Act**[805] birgt Risikan. *Hendrik Wieduwilt* merkt zu dem Regelwerk[806] an, dass es zwar Desinformation bekämpfen und die Kommunikation im Internet neu regeln solle. Es lasse aber dabei Vieles im Unklaren. Tatsächlich ist unter anderem der Begriff der Desinformation nur aus unverbindlichen Mitteilungen der EU-Kommission bekannt. Mit Blick auf den Grundgesetz-Artikel 5 Abs. I ist das nicht unproblematisch. Danach hat „jeder (…) das Recht, seine Meinung in Wort, Schrift und Bild frei zu äußern und zu verbreiten und sich aus allgemein zugänglichen Quellen ungehindert zu unterrichten. Die Pressefreiheit und die Freiheit der Berichterstattung durch Rundfunk und Film werden gewährleistet. Eine Zensur findet nicht statt".

Währenddessen stehen wir auch hierzulande **an der Schwelle zu völlig neuen technischen Entwicklungen – Stichwort: Quantencomputer**. Diese computerbasierten Geräte funktionieren nach den Grundsätzen der Quantenphysik. Statt binärer Null-Eins-Schaltkreise bedienen sie sich quantenmechanischer Phänomene. Erste Quantennetzwerke, die auf der Möglichkeit einer Verschränkung von Atomen und Photonen beruhen, wurden bereits realisiert. Entsprechende Versuche zur Überlagerung und Kopplung sind vielversprechend.

Bisherige Schaltkreise funktionieren zum Vergleich binär, das heißt, sie können nur einen Zustand zur gleichen Zeit speichern. Hier gilt „entweder Null oder Eins". Quantenbits oder kurz: Qubits sind jedoch auf diese beiden Alternativen nicht beschränkt und können deshalb viel mehr Informationen parallel verarbeiten. Je nach Aufgabenstellung führt das zu einer exponentiellen Steigerung der Rechenleistung. Gerade die Suche in großen Datenbanken und das Bewältigen komplexer Optimierungsprobleme werden dadurch ungeahnt schnell vorangetrieben.[807]

---

[805] Rechtstechnisch gesehen, hat das Europäische Parlament im November 2022 einem umfassenden Regulierungspaket für Online-Plattformen zu gestimmt. Es umfasst zwei Verordnungen: das Gesetz über digitale Dienste (Digital Services Act) und das Gesetz über digitale Märkte (Digital Markets Act). Worum geht dabei im Einzelnen geht, lesen Sie unter https://www.bundesregierung.de/breg-de/suche/eu-regeln-online-plattformen-1829232 – abgerufen am 01.07.2023.

[806] In FAZ Nr. 151 vom 03.07.2023 auf Seite 18.

[807] Siehe eingehend *Ralf Butscher*, Abenteuer Quanteninternet, bild der wissenschaft 4/2023, 14 ff. Grob gesagt, tragen Photonen Informationen über den Zustand eines Atoms per Glasfaser nach außen, nachdem sie mit ihm verschränkt worden sind.

Gleichzeitig beginnt in der Zeit des dezentralen, von Bitcoins und Non-Fungible Tokens NFTs begleiteten Web 3.0[808] das **Metaverse**, unsere Zukunft mitzugestalten. Zwar hat der 2003 verstorbene US-Medienexperte *Neil Postman* schon 1988 davor gewarnt, dass wir uns im Zeitalter der Unterhaltungselektronik „zu Tode amüsieren".[809] Damals lebten wir alle aber im bloßen Fernsehzeitalter – das Internet war noch gar nicht erfunden.

Jetzt dreht sich die virtuelle Schraube deutlich weiter: Als Universum zweiter Ordnung ist das Metaverse eine virtuelle Welt, die vielfältigste reale Auswirkungen auf unseren Alltag hat. Schon heute findet sie ihre Anwendung in deutschen Architekturbüros und Krankenhäusern ebenso wie auf heimischen Spielkonsolen. In einer digitalen interaktiven Umgebung treten deren Benutzerinnen und Benutzer als Stellvertreter auf, als so genannte **Avatare**. Plattformen, auf denen sich das abspielt, wie beispielsweise Roblox, Fortnite oder The Sandbox, haben einen milliardenschweren Marktwert. Getragen werden sie von altbekannten Projektpartnern wie Gucci, Nike oder auch der Telekom.

Schon werden nicht nur Metaverse-Aktien gehandelt. Man kann beispielsweise auch *innerhalb* eines virtuellen Raums wie *Decentraland* ein Parallelwelt-Grundstück kaufen. Teure virtuelle Yachten lassen sich ebenso erwerben wie physisch nicht vorhandene Bauwerke und real nicht existierende Nike-Turnschuhe. Erste deutsche Anwaltskanzleien haben sich ebenfalls bereits im Metaverse niedergelassen.

Allen Interessenten zugänglich ist zudem **ChatGPT**[810] – GPT steht für Generative Pretrained Transformer. Nach kostenfreier Anmeldung können Sie dieses Deep Learning-System auch auf Deutsch befragen. Beispielsweise erkundigen Sie sich, welche Ideen es für eine gelungene Neujahrsansprache hat. In Sekundenschnelle spuckt es daraufhin die Punkte aus, auf die Sie achten sollten. Was Sie näher interessiert, lässt sich durch Nachfragen weiter präzisieren. Insgesamt reicht das Fragenspektrum von „Erkläre mir in einfachen Worten, wie ein Quantencomputer funktioniert" über „Hast du kreative Ideen für den Geburtstag einer Zehnjährigen?" bis hin zu „Wie starte ich eine http-Anfrage in Javascript?". Auch eine Reiseplanung können Sie sich von dem Programm ausarbeiten lassen. Mittlerweile lässt sich das Programm sogar anrufen.[811]

---

[808] Siehe hierzu eingängig *Katja Scherer*, Kommt jetzt die große Freiheit?, WirtschaftsWoche Nr. 47 v. 18.11.2022, 70.

[809] *Neil Postman*, Wir amüsieren uns zu Tode: Urteilsbildung im Zeitalter der Unterhaltungsindustrie Taschenbuch, S. Fischer Verlag Frankfurt 1988.

[810] https://chat.openai.com/chat. Instruktiv hierzu ist ein Beitrag von *Maximilian, Volland*, Large-Language-Modelle und mögliche Anwendungsbereiche im Recht, LRZ 2023, Rn. 1 – jeweils abgerufen am 01.07.2023. abgerufen am 01.07.2023.

[811] https://www.inside-digital.de/news/chat-gpt-gibt-es-jetzt-auch-per-anruf – abgerufen am 01.07.2023.

Zwar befinden sich die Antworten nicht durchweg auf dem neusten Stand und müssen inhaltlich überprüft werden. Neben vielem anderem machen Beispiele über frei zusammenphantasierte Antworten die Runde. So wurde beispielsweise im Juni 2023 in den USA ein Fall bekannt, in dem ein Anwalt zur Untermauerung von Fluggastrechten Fälle mit Aktenzeichen bei Gericht einreichte, die es gar nicht gab. Der Klägeranwalt beteuerte unter Eid, er habe das Gericht nicht täuschen wollen, sondern sich auf die Künstliche Intelligenz verlassen.[812] In einem weiteren Fall[813] setzte mit der National Eating Disorders Association (NEDA) die größte gemeinnützige Organisation für Esstörungen in den USA einen Chatbot zur Beratung bei Essstörungen ein. Der aber riet unter anderem zur Gewichtsreduktion – so weit, so unpassend.

Allerdings hat mit der am 14. März 2023 gestarteten vierten Fassung die Zahl der Fehler schon deutlich abgenommen. Zudem ist ChatGPT ein Sprachprogramm mit emergenten, also unerwartet neu auftretenden Fähigkeiten, was für einen weiteren Aufwärtstrend spricht. Zwar fehlen in der bisherigen Version im Basismodus konkrete Quellenangaben – klar ist aber, dass das Programm von Wikipedia-Artikeln ebenso gespeist wird wie den gemeinfreien Büchern des Gutenberg-Projekts, der weltweit größten kostenlosen Volltext-Literatursammlung deutscher Sprache. Auch andere wissenschaftliche Plattformen kommen in dem probabilistisch aufgebauten Modell zur Sprache.

Aus juristischer Sicht ist dazu die Datenschutz-Grundverordnung – kurz: **DSGVO** – zu beachten, die vom Anbieter unter anderem eine Risikofolgenabschätzung verlangt. Im Einzelnen ist politisch wie rechtlich noch vieles umstritten, wenngleich sich auch erste Festlegungen abzeichnen. So kommt die Anwendung nicht als Mitautorin wissenschaftlicher Werke in Betracht.[814] Außerdem begehen Sie mit dem Textextrahieren aus ChatGPT allein noch keine Urheberrechtsverletzung. Dafür fehlt es in beiden Fällen an einem menschlichen Schöpfungsakt.

Gleichwohl: Statt zahlloser, auf der ersten Seite oft gesponsorter Trefferanzeigen auf Ihre Fragen erhalten Sie eine gut lesbare, einheitliche Antwort. Die davon direkt betroffene Suchmaschine Google hat nachgezogen – und zwar mit dem neuen Google Bard.[815] Mittlerweile hat Google sogar eine weitere Künstliche Intelligenz vorgestellt. Das große Sprachmodell

---

[812] https://www.tagesschau.de/wissen/technologie/ki-rechtsanwalt-100.html – abgerufen am 09.06.2023.

[813] Ebenfalls geschildert in https://www.tagesschau.de/wissen/technologie/ki-rechtsanwalt-100.html – abgerufen am 09.06.2023.

[814] FAZ Nr. 69 v. 22.03.2023.

[815] Siehe hierzu https://bard.google.com/ – abgerufen am 01.07.2023.

PaL.M (für Pathways Language Model) 2[816] versteht sich als „Attacke gegen ChatGPT",[817] bereichert in Wirklichkeit aber nur das Spektrum. Unter dem Strich handelt es sich in allen Fällen um **disruptive Innovationen.** Das meint, dass alte Strukturen dadurch zerstört werden – wie etwa der Pferdekutschenmarkt durch das Aufkommen der Automobile. Bereits bestehende Vorgehensweisen und Prozesse, ja ganze Geschäftsmodelle und Märkte werden durch neue Entwicklungen völlig anders aufstellt.

Dass der **Produktionsprozess für Texte aller Art mit einem solchen Assistenzsystem künftig drastisch verkürzt** werden wird, ist jetzt schon abzusehen. Das gilt journalistische und juristische Texte ebenso wie für Arztbriefe, Liebesromane oder **Ratgebertexte aller Art.** Betroffen sind Codierer, Computerprogrammierer, Softwareingenieure, aber vor allem auch Datenanalysten aller Art. Grafikdesigner sind ebenso Adressaten wie Steuerberater und Buchhalter. Medienjobs sind mit ihrer Content-Erstellung genauso im Fokus wie Lehrberufe. „ChatGPT kann bereits problemlos Kurse unterrichten", wird dazu die New York Post zitiert.[818] Auch wenn es sich bei entsprechenden Bots nur um „simulierte Intelligenz" handelt,[819] auch wenn die genannten Tätigkeiten nicht völlig ersetzt werden, sind doch tiefe Einschnitte mit Blick auf die Art und Weise zu erwarten, wie dort künftig gearbeitet wird.

Dabei funktioniert das mittlerweile auch an die Microsoft-Suchmaschine Bing angebundene ChatGPT ebenso wie das ihm nachfolgende Google Bard nach dem Motto: Je unorgineller, desto besser. Die Ergebnisse des Programms beruhen nämlich auf der Wahrscheinlichkeit, mit der bestimmte Wörter auf andere folgen. Wir Menschen haben dem vor diesem Hintergrund vor allem eines entgegenzusetzen: **Originalität.** Gleichzeitig müssen wir bessere Fähigkeiten erwerben, um glaubhaft formulierten **maschinell produzierten Unsinn** zu erkennen. Wortabfolgen, die statistisch wahrscheinlich sind, sind deswegen inhaltlich noch lange nicht richtig – geschweige denn, → zielführend. Sie werden aber im Zuge der Entwicklung entsprechender Sprach-KI das Internet in bisher undenkbarer Form überschwemmen.

Deshalb werden wir entweder selbst und/oder durch ausgebildete Experten – Redakteurinnen und andere Berufsträger – deutlich besser lernen

---

[816] Siehe   https://blog.google/intl/de-de/unternehmen/technologie/google-io-23-palm-2-sprachmodell-fur-die-nachste-generation/ sowie als Abstract zum Technikreport https://ai.google/static/documents/palm2techreport.pdf – jeweils abgerufen am 11.07.2023.

[817] So die Formulierung der FAZ Nr. 109 vom 11. Mai 2023, 21.

[818] https://www.businessinsider.de/tech/chat-gpt-diese-zehn-berufe-koennten-in-zukunft-von-der-kuenstlichen-intelligenz-uebernommen-werden-d/ – abgerufen am 01.07.2023.

[819] Siehe hierzu FAZ Nr. 51 vom 01.07.2023, N2

müssen, wie man Online-Aussagen auf ihre → Qualität hin überprüft. Erste Anhaltspunkte dazu liefern uns Glaubhaftigkeits-Erwägungen aus dem Strafrecht, etwa aus der Feder des renommierten Frankfurter Hochschullehrers *Matthias Jahn.*[820]

Aber auch in anderen Bereichen wird bald professioneller werden, was heute noch in den Kinderschuhen steckt: In nicht einmal zehn Jahren werden marktreife **6G-Netze** in der Lage sein, die physische und biologische Welt in nie gekannter Weise einer cyber-physischen Realität zuzuführen. In der US-amerikanischen Serie *Locke & Key*[821] gibt es unter anderem einen Überall-Schlüssel, der in jedes Türschloss passt und seine Benutzer auf der anderen Seite an jeden beliebigen Ort bringt, wenn er die Tür dazu kennt. In Form von **Extended-Reality-Sehhilfen** könnte das bald nicht mehr Fantasy bleiben, sondern Teil unseres Alltags werden.

Für *2062* prophezeit dann *Toby Walsh*, australischer Professor für künstliche Intelligenz an der University of New South Wales und eine Art „Rockstar" des Genres, die Ebenbürtigkeit des künstlichen Bewusstseins.[822] Folgt man *Walshs* schon vor ChatGPT angestellten Erwägungen, werden wir, unsere Kinder und Kindeskinder noch in diesem Jahrhundert in eine völlig neue Form des Zusammenseins überwechseln. Das voneinander Lernen heutiger Prägung wird durch **in den Körper implantierte Schnittstellen** einem direkten Mitnutzenkönnen von Fähigkeiten und Ressourcen weichen.

Ein kooperatives, kollaboratives gemeinschaftliches **Co-Learning** wird uns ungeahnte Möglichkeiten der Weiterentwicklung eröffnen. Kochen, Klavierspielen, Fahrradfahren, Chinesisch lernen: Entsprechende Fähigkeiten und Fertigkeiten muss dann nicht mehr jeder Einzelne für sich erwerben. Sie können per Implantat vermittelt werden. *Walsh* und andere sehen uns damit an der Schwelle zum **Homo Digitalis. Einer Maschinenherrschaft entkommt der Mensch insgesamt nur durch Meisterschaft**: Die Regeln gilt es zu beherrschen wie ein Profi – um sie dann gekonnt brechen zu können wie ein *Picasso.*[823]

---

[820] Etwa in seiner bereits 2001 erschienen Abhandlung zu den Grundlagen der Beweiswürdigung und Glaubhaftigkeitsbeurteilung im Strafverfahren, abrufbar unter https://www.jura.uni-frankfurt. de/55029767/Glaubhaftigkeitsbeurteilung.pdf – abgerufen am 01.07.2023.

[821] Der Original-Trailer ist abrufbar unter https://www.youtube.com/watch?v=_EonRi0yQOE – abgerufen am 01.07.2023.

[822] *Toby Walsh*, 2062: Das Jahr, in dem die künstliche Intelligenz uns ebenbürtig sein wird, Riva Verlag München 2019.

[823] Auch zum Thema Perspektivverschiebung gibt es übrigens eine sehenswerte Bilderreihe des schon zum Thema → Familienleben erwähnten Darmstädter Comic-Zeichners *Flix*. Sie finden die *Seitenwechsel*-Bilder in Spiegel-Online unter https://www.spiegel.de/lebenundlernen/uni/seitenwechsel-comic-ganz-schoen-schraeg-flix-a-475949.html – abgerufen am 01.07.2023.

Alternativ können Sie sich mit Hilfe einer PlayStation in das Jahr 2038 versetzen. Zu diesem Zeitpunkt ist beispielsweise in *Detroit: Become Human*[824] die **Produktion von Androiden** ein Massenmarkt geworden. Kara, Markus und Connor sind drei von ihnen, und mit Ihrer Hilfe navigieren die drei durch eine ambivalente Welt. Je nachdem, wie Sie sich für die Charaktere entscheiden, eröffnen oder verschließen Sie die unterschiedlichsten Handlungspfade auf dem Weg in deren weitere Zukunft. Dabei unterstützt Sie im Hauptmenü Chloe, ein weiterer Android. Chloe geht mit Ihnen ins Gespräch, philosophiert mit Ihnen, ist dabei aber auch von Ihren Spielentscheidungen abhängig.

Alle geschilderten Szenarien können in Zukunft eintreten, müssen das aber nicht. Erste humanoide Roboter mit einer eigenen Internetseite gibt es allerdings jetzt schon. So hat ein Wissenschaftlerteam im schwedischen Lund den kulleräugigen Epi entwickelt, der mit seinen motorischen und sozialen Fähigkeiten die Interaktion mit Menschen übt. Epi kann auch sprechen und damit andere für sich einnehmen.[825]

Wie sich diese und andere Szenarien weiter entwickeln, ist natürlich nicht vorhersehbar. Eines aber ist sicher – zurückdrehen lässt sich die Uhr des technischen Fortschritts nicht.

Letztlich ist das wie bei *Friedrich Dürrenmatts* Stück *Die Physiker.* Entsprechende Entwicklungen – und seien sie so gefährlich wie die dort thematisierte Atombombe – lassen sich **nicht rückgängig** machen. Um dadurch nicht irre zu werden, sollten wir alle Verantwortung übernehmen und sie einhegen. Mit → Ungewissheiten aller Art gilt es mit anderen Worten konstruktiv umzugehen. So charmant das *Forrest Gump* im gleichnamigen Film[826] 1994 für das Leben auch formuliert hat Die Zukunft ist eben doch mehr als eine Schachtel Pralinen, bei der man nie weiß, was man kriegt.[827]

Eine Klimakatastrophe zeichnet sich ab – die Sommer werden immer trockener und die Waldbrandgefahr steigt entsprechend. Eine gestörte atmosphärische Zirkulation heizt daneben auch auf der Nordhalbkugel die Meere auf. Nicht nur in Alaska, Ostatlantik und im Mittelmeer, auch in Nord- und Ostsee sind Freibadtemperaturen von stellenweise über 20 Grad Celsius zu beobachten – mit unabsehbaren Folgen für Florsa und Fauna. Die Gletscher schmelzen, Arktis und Antarktis droht die sommerliche Eisfreiheit. In Osteuropa wütet seit Februar 2022 der Angriffskrieg Russlands gegen die Ukraine. Selbst

---

[824] Siehe https://store.epicgames.com/de/p/detroit-become-human – abgerufen am 01.07.2023.

[825] Epis Homepage ist abrufbar unter http://www.epi-robot.org/ – abgerufen am 01.07.2023.

[826] Siehe dazu https://www.filmstarts.de/kritiken/10568.html – abgerufen am 01.07.2023.

[827] Hierzu https://www.dailymotion.com/video/x412wsp – abgerufen am 01.07.2023.

dort, wo kein Krieg herrscht, wird von Staats wegen vertrieben, gefoltert und getötet. Wie wir alle wissen sollten, geschieht das auch in großen Staaten wie China dem Iran, aus denen vergleichsweise wenige Geflüchtete zu uns gelangen.

Weder Energieversorgung noch → Krankenbetreuung und Renten sind so sicher, wie sie (angeblich) einmal waren. Zum Thema → Ungewissheiten haben Sie das schon gelesen. So bedrohlich es scheint, es bedeutet erst recht nicht, dass wir uns aufs Pralinenpicken beschränken und uns ansonsten mit Forrest Gump auf einer Parkbank zurücklehnen dürfen.

Stattdessen müssen wir zum einen auf **Sicherheitsstandards** achten. Das gilt nicht nur im **technischen** Bereich, in dem **Angriffe auf Kritische Infrastrukturen** (KRITIS) schon jetzt ein erhebliches Problem darstellen. Schätzungen zufolge kommen im Cybercrime-Bereich täglich 300.000 bis 400.000 neue Viren hinzu. Rein virtuelle Bedrohungen sind aber nicht alles, das hat der Anschlag auf die Deutsche Bahn am 8. Oktober 2022 gezeigt.[828] An diesem Tag hatten Saboteure stundenlang den Eisenbahnverkehr in vier nordwestdeutschen Bundesländern lahmgelegt – mit der Folge bundesweiter Verspätungen. Alles, was sie dafür tun mussten, war, ein Lichtleiterkabel und dessen Back-Up-Kabel zu durchtrennen.

Was **beispielsweise** passiert, wenn sensible Industrie 4.0-Geräte plötzlich verrücktspielen oder ein Energieversorger ausfällt mit der Folge, dass kein sauberes Wasser mehr verteilt werden kann, mag man sich gar nicht ausmalen. Weil neue Energietechnologien immer stärker mit der Informationstechnik vernetzt sind, werden die wechselseitigen Abhängigkeiten immer stärker zunehmen. Schon heute aktuelle Beispiele dafür sind Intelligente Stromnetze, die sogenannten Smart-Grids.[829] Wie katastrophal sich ein großräumiger Stromausfall vor diesem Hintergrund auswirken kann, hat schon vor rund zehn Jahren sehr anschaulich *Marc Elsbergs* Roman *Blackout* beschrieben.[830]

Sicherungsbedarf gibt es vor diesem Hintergrund sowohl in rechtlicher als auch in ethischer Hinsicht. Schon 1942 hat der russisch-amerikanische Biochemiker und Autor *Isaak Asimov* seine berühmten **Robotergesetze**, die *Three Laws of Robotics* formuliert. Danach darf ein künstliches Wesen kein menschliches Wesen vorsätzlich verletzen oder durch entsprechende Untätigkeit zulassen, dass einem menschlichen Wesen Schaden zugefügt wird. Nach Maßgabe dessen muss er menschlichen Befehlen gehorchen. Solange sein Selbstschutz mit diesen beiden Regeln nicht kollidiert, muss er

---

[828] Siehe https://www.zeit.de/news/2022-10/08/bahn-sabotage-angriff-auf-kritische-infrastruktur – abgerufen am 01.07.2023.

[829] Näheres unter https://www.bbk.bund.de/DE/Themen/Kritische-Infrastrukturen/KRITIS-Gefahrenlagen/kritis-gefahrenlagen_node.html – abgerufen am 01.07.2023.

[830] *Marc Elsberg*, Blackout – Morgen ist es zu spät, Blanvalet Verlag, München 2013. Siehe zur Verfilmung mit Moritz Bleibtreu u.a. https://www.joyn.de/serien/blackout/1-1-dunkelheit, und als aktuellen Sachbeitrag *Hartmut Netz*, Die Furcht vor der Dunkelflaute, bild der wissenschaft 4/2023, 28.

schließlich seine Existenz beschützen.[831] Fast 80 Jahre später, im November 2021, haben die 193 UNESCO-Mitgliedstaaten dann den ersten global gültigen Völkerrechtstext zur ethischen Entwicklung und Nutzung Künstlicher Intelligenz verabschiedet.[832] Am 14. Juni 2023 hat das EU-Parlament sodann nach monatelangen Verhandlungen den AI Act beschlossen.[833]

Etwa zur gleichen Zeit wie der UNESCO-Text wurden u. a. im Rahmen des vom Bundesministerium für Wirtschaft und Klimaschutz (BMWK) geförderten **ForeSight**-Projekts ethische Leitlinien für KI formuliert.[834] *Barton* und *Pöppelbuß*[835] haben im Folgejahr weitere sechs leicht zu merkende Ethik-Prinzipien für künstliche Intelligenzen aufgestellt. Dabei handelt es sich um Wohltätigkeit, Transparenz, Nicht-Boshaftigkeit, Autonomie, Gerechtigkeit und Datenschutz. Auf Grundlage dessen sind Handlungsanweisungen im Umgang mit KI-Anwendungen zu entwerfen.

Zum anderen ist es unsere **gesellschaftliche Pflicht wachzubleiben,** mitzugestalten und dort, wo die Dinge aus dem Ruder laufen, gegenzusteuern. *Politische Verantwortung und Bürgerloyalität*, von *Ulrich K. Preuß* vor 40 Jahren aus einer ganz anderen Welterfahrung heraus beschrieben,[836] sind heute aktueller denn je. Wir dürfen mit anderen Worten nicht aufgeben in dem Bemühen darum, Gefährdungen entgegenzuwirken und Risiken zu minimieren.

Wunderschön formuliert hat diese Aufforderung schon vor fast einem halben Jahrhundert einmal mehr *Reinhard Mey* in seiner *Ode an den guten alten Balthasar"*.[837] „Es wär' so leicht, zu resignier'n/Statt nachzuseh'n, statt zu probier'n,/ob da nicht doch noch Wege sind,/Wie man ein Stück Welt besser macht,/Um von den Schwätzern ausgelacht/Zu werden, als ein Narr der spinnt./Ob ich's nochmal probier'? Na klar!/Mein guter alter Balthasar".

---

[831] Im Original: First Law: A robot may not injure a human being, or, through inaction, allow a human being to come to harm. Second Law: A robot must obey orders given it by human beings, except where such orders would conflict with the First Law. Third Law: A robot must protect its own existence as long as such protection does not conflict with the First or Second Law. Zitiert nach https://www.theguardian.com/notesandqueries/query/0,5753,-21259,00.html – abgerufen am 01.07.2023.

[832] Näheres lesen Sie unter https://www.unesco.de/wissen/wissenschaft/ethik-und-philosophie/studie-umsetzung-ki-ethik-empfehlung – abgerufen am 01.07.2023.

[833] Vgl. hierzu auch https://artificialintelligenceact.eu/ – abgerufen am 15.06.2023. Näheres hören Sie unter https://www.spiegel.de/netzwelt/netzpolitik/ai-act-eu-parlament-will-ki-gesetz-nachschaerfen-a-32d50845-f19a-4fcf-b3ee-b1c45f068465 – abgerufen am 15.06.2023.

[834] Nachzulesen in https://www.bmwk.de/Redaktion/DE/Schlaglichter-der-Wirtschaftspolitik/2021/09/11-ethische-leitlinien-fur-kunstliche-intelligenz.html – abgerufen am 01.07.2023.

[835] In *Marie-Christin Barton/Jens Pöppelbuß*, Prinzipien für die ethische Nutzung künstlicher Intelligenz – Principles for the Ethical Use of Artificial Intelligence, https://doi.org/10.1365/s40702-022-00850-3 – abgerufen am 01.07.2023.

[836] *Ulrich K. Preuß*, Politische Verantwortung und Bürgerloyalität. Von den Grenzen der Verfassung und des Gehorsams in der Demokratie, S. Fischer Verlag, Frankfurt 1984.

[837] *Reinhard Mey*, Mein guter alter Balthasar, 1975, https://www.youtube.com/watch?v=UWpccdlQ_Gs – abgerufen am 01.07.2023.

Die Zukunft ist **unser aller Lebensraum,** den wir aus unserer →
Vergangenheit und Gegenwart heraus entwickeln. In diesem Sinne können
wir es dann mit *Albert Einstein* halten: „Mehr als die Vergangenheit interessiert mich die Zukunft, denn in ihr gedenke ich zu leben".

Leitsatz

„Mehr als die Vergangenheit interessiert mich die Zukunft, denn in ihr gedenke
ich zu leben!"
    Denken und handeln Sie entsprechend – in Gedanken und Taten, im Kleinen
und Großen. Resignieren ist selbst dann, wenn man ausgelacht wird wie Meys
Balthasar, keine Option.

Zusammenleben humorvoll nehmen

Schwerpunkt: privat + beruflich

Was machen 15 Trottel vor dem Kino? Sie warten noch auf drei Nachzügler,
denn ihr Film ist erst ab 18.

Nicht nur → Familie will gelebt sein: So schön das Zusammenleben mit
anderen sein mag – unsere unterschiedlichen Horizonte machen es auch
immer wieder anstrengend. Wir alle haben einen ganz eigenen Wissensstand,
individuelle Bedürfnisse und Träume. Unsere → Mentalität, unsere →
Leitwerte und → Lebensziele unterscheiden sich. Auch wenn uns noch so
bewusst ist, dass wir uns einander in vielen Fällen ergänzen und entsprechend
bereichern: Selbst bei einem denkbar konstruktiven Umgang miteinander,
selbst beim Beherzigen aller Ratschläge ist das private und berufliche
Zusammenleben zuweilen ein mühsames Geschäft.

Was hilft, ist **Gelassenheit, gepaart mit Humor**. Die Älteren unter uns
erinnern sich vielleicht noch an die berühmte Rama-Familie. Mit ihr ist uns
seit den 70er-Jahren des letzten Jahrhunderts das heile Familienleben varian-
tenreich aufs Frühstücksbrot geschmiert worden. Wenn Sie einmal herzhaft
über die deutsche Klischeefamilie → lachen wollen, schauen Sie sich diese
oder andere Werbeclips an[838] – vorzugsweise in der Zeit rund um → Xmas
oder Weihnachten.

---

[838] Siehe beispielsweise den alten Clip unter https://www.youtube.com/watch?v=_4dUNLOsEZ4 und
eine modernere Variante unter https://www.youtube.com/watch?v=6v9AEHyIQUs – abgerufen am
01.07.2023.

Wer →**Partnerschafts-Satire** liebt, wird wiederum bis heute fündig bei *Loriot alias Vicco von Bülow*. Ein guter Einstieg ist sein *Frühstücksei*,[839] gleichzeitig eine Lektion zum Thema → Botschaften dechiffrieren. Weitere Vorführungen reichen von *Mutters Klavier*, für das sich Herrn Panislowskis Familie per Video nach Massachusetts bedanken soll,[840] bis hin zum violetten Sofa aus *Ödipussi:* „Violett ist nicht ungefährlich." – „Warum?" – „Frauen bringen sich in violetten Sitzgruppen um … alleinstehende Frauen." – „In Turin hat sich ein Fußballer auf seinem Sofa erschossen. Aber das war gelb".[841]

Als **Mutter** habe ich mich selbst in familiären Krisensituationen gerne am Bonmot eines Bekannten festgehalten: „Meine Enkelkinder werden mich rächen".

Bis heute erfrischend sind auch die 80er-Jahre-→ **Familiensketche** von *Diether Krebs und Beatrice Richter*. In einem davon spricht die Hausfrau ihren Mann beim morgendlichen Abschied auf „*Die glücklichen Nachbarn*"[842] an. Da gibt der Mann der Frau zum Abschied immer einen Kuss! Warum der eigene Mann das nicht auch mache? Ganz einfach: „Ich kenn die Frau doch gar nich".[843] In den Nuller Jahren sorgten dann *das Sechserpack und Die Dreisten Drei* für den *heißen Seitensprung* und mehr, und seit über 40 Jahren lassen zudem die *Rodgau Monotones* das Hessenherz höherschlagen.

Zur Melodie von *Frank Sinatras New York, New York* singt die Band ein deftiges Motivationslied für alle parat, die **nicht mehr → jung und → gesund** sind. In *Bad Orb, Bad Orb* heißt es: „Arthrose im Knie?/Des krieg'n mer schon hi'./Dort, wo der Jogginganzug tobt:/Bad Orb, Bad Orb./Wenn dich der Rücken plagt,/Gelenkschmerz an dir nagt,/Dann gibt's nur eins:/Bad Orb, Bad Orb!".[844] Zu weiteren verdienstvollen Künstlerinnen und Künstlern in der Darstellung des alltäglichen Zusammenlebens zählen ohne Anspruch auf Vollständigkeit *Olli Dittrich, Bastian Pastewka, Otto Waalkes, Kaya Yaner, Anke Engelke, Helga Feddersen und Carolin Kebekus*.

Sie lesen lieber? Dann greifen Sie doch einmal zu **Cartoons und/oder Karikaturen**. Da gibt es unter anderem die *Witze für Deutschland*, mit denen

---

[839] Als Youtube-Clip nachzuvollziehen unter https://www.youtube.com/watch?v=YcwAuS3MVmM – abgerufen am 01.07.2023.

[840] Eindrucksvoll gezeigt in https://m.facebook.com/erinnerungenaneinschoenesdeutschland/videos/224983169762422/ – abgerufen am 01.07.2023.

[841] Zitiert nach https://www.magicofword.com/filmzitat/loriot-%C3%B6dipussi-164 – abgerufen am 01.07.2023.

[842] Der Youtube-Clip findet sich im Netz unter https://www.youtube.com/watch?v=-jLSXMi-TEY – abgerufen am 01.07.2023.

[843] https://www.youtube.com/watch?v=6v9AEHyIQUs – abgerufen am 01.07.2023.

[844] Unter anderem abzurufen unter https://lyricstranslate.com – abgerufen am 01.07.2023.

Greser & Lenz seit vielen Jahren nicht nur die Leser der FAZ begeistern.[845] Beispielsweise den → Xmas- oder Weihnachtscartoon mit Maria und Joseph im Stall: „Wo ist denn das Problem in diesem Jahr", fragt Joseph Maria. „Wir hatten doch noch nie zu Weihnachten Oma und Opa dabei". Oder nehmen Sie *Marie Marcks*[846] zur Hand, wenn mal wieder ein Kollege den die Bürowelten rettenden Atlas spielt. In einem ihrer Cartoons steht dem armen, gebeugten Zeitgenossen mit dem Globus auf den Schultern eine blonde, aber nicht blöde Dame mit der Sprechblase gegenüber: „Roll doch das Ding, Blödmann!". Den Soundtrack dazu liefert ein Song von *Tim Bendzko*. Im Refrain heißt es: „Muss nur noch kurz die Welt retten, Danach flieg ich zu dir. Noch 148 Mails checken. Wer weiß was mir dann noch passiert, denn es passiert sooo viel".[847]

In *Felix Görmanns* – kurz: *Flix'* – *Glückskind*-Comics wiederum spiegelt sich der Nachwuchs. Da liest dann Papa Phil in der Zeitung vom Krieg, während Tochter Josi ihm als größte Sorge anvertraut, „dass es eines Tages keine Schokokekse mehr gibt". „Dann wünsche dir von Herzen, dass das deine größte Sorge bleibt". „Waaas hast du gesagt?", empört sich Josi, „der Mann hat null Problembewusstsein!". Als Alternativprogramm für allzu präsente Familienmitglieder wiederum bietet sich der Songtext aus *Element of Crimes'* *Mittelpunkt der Welt* an: „Ich bin der Wischmop für die Tränen,/und der alte Hund,/der für dich beißt und bellt./Wo deine Füße stehen,/ist der Mittelpunkt der Welt".[848]

Wer es lieber **schwarzhumorig** mag, dem seien die Cartoons der *Far Side Collection* des US-amerikanischen Zeichners *Gary Larson* empfohlen.[849] Seine Zeichnungen sind legendär – nicht nur dort, wo ein Ranger das Schild mit der Aufforderung, die Bären nicht zu füttern, einschlägt. Nebenan reagiert eines der Tatzen-Tiere mit der Anbringung eines weiteren Schildes. Es verlangt, dann auch die Ranger nicht zu bezahlen. Oder die Höhlenszene: Darin hält eine Bärenmutter zwei Menschenschädel auf ihren Pfoten, und die Jungen schauen erwartungsvoll zu ihr auf. Offenkundig betteln sie darum, eine Gute-Nacht-Geschichte noch ein allerletztes Mal zu hören. Die

---

[845] Stellvertretend die Ausgabe für 2015 mit dem gebackenen Quotenmann, nachzusehen unter https://www.faz.net/aktuell/feuilleton/cartoons/greser-lenz-witze-fuer-deutschland-2015-15142146.html – abgerufen am 01.07.2023.

[846] *Marie Marcks*, Die große Marie Marcks, Zweibändige Werkausgabe, Verlag Antje Kunstmann, München 2022.

[847] „Nur noch kurz die Welt retten" ist abrufbar unter https://www.youtube.com/watch?v=4BAKb2p450Q – abgerufen am 01.07.2023.

[848] https://www.youtube.com/watch?v=7KyTq6_27yo – abgerufen am 01.07.2023.

[849] Beispielsweise *Gary Larson*, Far Side Collection, Unter Bären, Goldmann Verlag, 5. Aufl. München 1991. Siehe dazu auch https://www.thefarside.com/ – abgerufen am 01.07.2023.

Bärenmutter gibt nach und lässt die beiden Schädel Kasperle spielen: „Hey, Bob. Glaubst du, da sind irgendwelche Bären in dieser alten Höhle?" „Ich weiß nich', Jim. Lass uns nachsehn."

Sehr lesenswert sind zudem die Ableitungen zu *Edward A. Murphys Law* oder Gesetz. Alles, was schiefgehen kann, wird nach **Murphy** auch schiefgehen. Für die heimischen Bodenbeläge heißt das, dass die Wahrscheinlichkeit für ein Butterbrot, mit der beschmierten Seite unten zu landen, direkt proportional zu den Kosten des Teppichs steigt. Und bevor Sie jetzt mit der frisch gekauften Butter an der Kassenschlange verzweifeln: Egal, welche Schlange Sie wählen werden – die andere wird sich immer schneller bewegen. Wenn dann aber das Licht am Ende des Tunnels der Scheinwerfer eines entgegenkommenden Zuges ist … müssen Sie kurzfristig wegspringen lernen.

Leitsatz

„Meine Enkelkinder werden mich rächen!"
Zusammenleben ist ebenso schön wie herausforderungsvoll – Humor hilft.

3

Ihre Soforthilfe für Motivationskrisen

„Where focus goes, energy flows!": Das LONDON-Prinzip

Schwerpunkt: privat + beruflich

Wir alle arbeiten gerade an irgendwelchen Lebensthemen.
Jeder unserer Lebensabschnitte birgt alterstypische, aber auch ganz eigene biografische Härten. Je nach → Mentalität, → Leitwerten, → Zielen und Erfahrungen umschiffen wir die eine oder andere Klippe recht elegant – nur um dann irgendwann fast zwangsläufig an einem ähnlich hohen Felsen hängenzubleiben. Womöglich meint das alte Sprichwort, nachdem keiner seinem **Schicksal** entgeht, genau das: Irgendwann wird jede Disposition, jedes So-Sein zu einer Herausforderung, an der man hier und jetzt, im Angesicht dieses Menschen und jener Situation nicht mehr vorbeikommt. Das gilt auch und gerade dann, wenn man sich die Umstände gar nicht bewusst macht, die das eigene Leben prägen: „Solange du dir das Unbewusste nicht bewusst machst, wird es dein Leben bestimmen. Und du wirst es Schicksal nennen", formulierte es der im vorigen Kapitel schon mehrfach erwähnte Schweizer Psychoanalytiker *Carl Gustav Jung*.

Aber auch in ruhigeren Zeiten, in denen es uns eigentlich gerade ganz gut geht, erwischt uns der eine oder andere Durchhänger. Mit **Motivationskrisen** müssen Sie auch als psychisch gesunder Mensch dann und wann rechnen. Wir sind *alle nur Menschen*. Da wäre es nichts als ein → Mindfuck, schwache Momente mit übermotiviertem Hurrageschrei zu übertönen.

Es gibt diese Momente, in denen wir alle uns fragen, wofür wie uns so abmühen: *Per Cosa?*, Wofür das alles?, fragt sich die die italienische Liedermacherin

© Der/die Autor(en), exklusiv lizenziert an Springer Fachmedien Wiesbaden GmbH, ein Teil von Springer Nature 2023
A. Schunder-Hartung, *Alltagscoaching 360°*, https://doi.org/10.1007/978-3-658-42472-5_3

Milva in ihrem gleichnamigen Lied.[1] Vielleicht ist es an der Zeit, nach Hause zurückzukehren, unter einen Apfelbaum, mit gebackenen und gezuckerten Äpfeln: „Forse è giunto il momento/Di tornare a casa./Sotto un albero di mele, cotte al forno, inzuccherate". Um es mit *Draußen feiern die Leute* von *Sven Pfitzenmaier*[2] zu sagen: „Es gibt keinen Ort, an dem es nicht dämmert. Dunkel wird es überall". Da gilt es dann, sich nicht selbst im Weg zu stehen. A regression a day keeps the doctor away – ein kurzfristiger innerer Rückfall zu dem, was wir als Kinder schon so tröstlich fanden, schadet da nichts.

Das Beste und Wichtigste, dss Sie in solchen Phasen für sich tun können, ist, **sich erst einmal von allen Selbstvorwürfen freizumachen und sich anschließend zu refokussieren.** Lassen Sie sich ruhig einmal gehen, und danach rappeln Sie sich wieder auf.

Haltung bewahren ist dabei ein wichtiger Schritt, das wusste schon *Wilhelm Buschs Hans Huckebein der Unglücksrabe*[3]: „Gar manches ist vorherbestimmt./Das Schicksal führt ihn in Bedrängnis./Doch wie er sich dabei benimmt,/Ist seine Schuld und nicht Verhängnis". Haltung bewahren können Sie aber auch im Sitzen. Anschließend heißt es mit *Dexter* Morgan[4]: „Dann ist die Dunkelheit in Ihnen jetzt fort?". „Ist noch da, Aber ich trete ihr jeden Tag in den Arsch". Vornehmer gesagt: Als Erwachsene sind wir für unsere Denkhaltung und unser → Handeln, für Geist und Körper, für unser Auskommen und unsere Beziehungen verantwortlich. **An diesem „Be yourself" führt mittelfristig kein Weg vorbei.** Dass *alles fließt* und nichts bleibt, wie es ist, kommt Ihnen dann entgegen: Es bleibt nicht dunkel!

„Don't cry about spoiled milk" – über Dinge, die nun einmal passiert sind, müssen Sie sich jetzt nicht mehr → ärgern. „Hätte, hätte, Fahrradkette", heißt das im Umgangsdeutsch. Egal, ob Sie eine hässliche Auseinandersetzung mit verursacht haben, durch Un- → Achtsamkeit verunfallt sind oder Ihre → Finanzen nicht mehr stimmen: Es ist *nicht immer genau jetzt* die Zeit, das alles anzugehen. Zuerst müssen Sie selbst wieder **zu Kräften kommen**, danach bringen Sie alles andere wieder in Ordnung. Adding insult to injury, das Hinzufügen einer (Selbst-) Beleidigung zu einer entsprechenden Verletzung, ist in diesem Stadium vollkommen unangebracht. Selbst wenn Sie sich noch so sehr mitverantwortlich fühlen an Ihrem Zustand – objektiv gilt: Aufräumen

---

[1] https://www.youtube.com/watch?v=XSAgzqlIMps – abgerufen am 01.07.2023.

[2] Kein & Aber Verlag, Zürich und Berlin 2022, Seite 30.

[3] *Wilhelm Busch*, Hans Huckebein der Unglücksrabe, Saxonia Verlag, Dresden 2018.

[4] Der Trailer zur maßgeblichen Staffel 6 ist abrufbar unter https://www.moviepilot.de/serie/dexter/staffel/6/trailer – abgerufen am 01.06.2023.

können Sie später! *„Domani è un altro giorno*, si vedrà", heißt das bei *Ornella Vanoni*[5] – morgen ist ein anderer Tag, dann sehen wir weiter.

Nehmen Sie sich bitte auch insoweit in Acht vor einer Art sekundärem Krankheitsgewinn: **Ein Stück weit lohnt es sich** nämlich für Sie, **sich und anderen Vorwürfe zu machen.** Das Hadern mit sich selbst und mit anderen hat den Vorteil, dass Sie sich nicht ganz so ohnmächtig fühlen müssen. Aber der Preis dafür ist in Ihrer jetzigen Situation zu hoch: Sie überfordern damit sich und andere.

Stattdessen lenken Sie Ihren Fokus möglichst weg von dem, was Sie stört. Konzentrieren Sie sich auf alles, was Sie stärkt. „Where focus goes, energy flows", lautet ein zentraler Merkspruch im Coaching: **Dorthin, wo Sie Ihre Aufmerksamkeit richten, fließt auch Ihre Energie.** Deshalb sollten Sie so präzise wie irgend möglich an Ihre Vorlieben und Ressourcen denken. Mein Ratschlag dazu ist eine Eselsbrücke: **Gehen Sie nach LONDON!** Damit meine ich nicht die britische Hauptstadt (die Sie natürlich auch besuchen können). Stattdessen steht dieses Kunstwort Buchstabe für Buchstabe für eine hilfreiche Maßnahme:

Beispiel

- **L** heißt „Leidenschaften im Auge behalten!",
- **O** bedeutet „Optimistisch sein!",
- **N** steht für „Neugier bewahren!",
- **D** meint „Dankbarkeit empfinden!",
- **O** erinnert ans „Objektiv sein!", und
- **N** mahnt, „Niemals den Humor verlieren"!

Fragen Sie sich bitte: Was lässt Ihr Herz höherschlagen, was haben Sie schon immer gerne getan? Wo sehen Sie sich, wenn Sie aus diesem Tunnel wieder heraus sind? Die schlimmstmögliche Wendung der Dinge haben Sie sich vermutlich schon ausgemalt, aber gilt das auch für die bestmögliche? Welche neuen Türen könnten künftig aufgehen? Was wartet dahinter auf Sie? Wie wird sich Ihre Welt in drei, in fünf, in zehn Jahren entwickelt haben?

Wer und was hat welchen Einfluss darauf? Was ist bisher in Ihrem Leben alles gut gegangen? Welchen Erfahrungsschatz verdanken Sie Ihrer Geschichte? Welche Verarbeitungswege haben sich bis hierher bewährt? Worüber können

---

[5] https://www.youtube.com/watch?v=K1U2M-ZLsMo – abgerufen am 01.07.2023.

Sie heute lachen, und sei es mit *Monty Pythons Leben des Brian*[6] in einem Anfall von Galgenhumor? „Always look on the bright side of death", erschallt es da zu guter Letzt in schwärzestem britischen Humor.[7] „For life is quite absurd/And death's the final word/You must always face the curtain with a bow" – Denn das Leben ist ziemlich absurd. Und der Tod ist das letzte Wort. Du musst immer mit einer Verbeugung vor dem Vorhang stehen.

Lachen befreit, es entfernt Sie ein hilfreiches Stück weit vom Ernst des Lebens.

Sofern Sie gerade auf dem Schlauch stehen: **Ideen finden Sie nicht nur im Gespräch. Auch in Filmen, in der Literatur, in der Musik, in Bildern und vielen weiteren Werken** stehen Ihnen die unterschiedlichsten Anregungen zur Verfügung. Dabei sollten Sie sich immer auch an ungewohnten Plätzen umschauen. Ich selbst habe auf einem dieser Streifzüge beispielsweise einmal ein frühes evangelisches Kirchenlied entdeckt. Der Lutheraner *Paul Gerhardt* hatte das Trostlied *Befiehl du deine Wege* nach dem Dreißigjährigen Krieg geschrieben. Und doch hörte es sich an, als wäre er damit durch einen Zeittunnel direkt ins Hier und Jetzt gekommen: „Auf, auf, gib deinem Schmerze/und Sorgen Gute Nacht!/Lass fahren, was das Herze/betrübt und traurig macht;/bist du doch nicht Regente,/der alles führen soll:/Gott sitzt im Regimente/und führet alles wohl".

Jahrhunderte später hat dann der Theologe *Dietrich Bonhoeffer* im Dezember 1944 seine *guten Mächte* beschworen: „Von guten Mächten treu und still umgeben,/Behütet und getröstet wunderbar,/So will ich diese Tage mit euch leben/Und mit euch gehen in ein neues Jahr". Zu diesem Zeitpunkt saß der NS-Widerstandskämpfer schon über anderthalb Jahre lang in nationalsozialistischer Haft, wenige Monate später wurde er hingerichtet. Trotzdem bemühte er sich um Trost für seine Gemeinde. **Diese Stärke müssen Sie selbst nicht besitzen, aber Sie können sich daran aufrichten.**

Am anderen Ende des Modernitätsspektrums finden Sie beispielsweise die Aussage des Raumfahrers Warf in *Star Treck*, der Kultserie um das *Raumschiff Enterprise*: „Ich bin Warf (…). Fluch der Duras-Familie. Schlächter von Gauron. Ich habe Kamillentee zubereitet. Trinken Sie ihn mit Zucker?".[8] In der zeitlichen Mitte, in unserem 21. Jahrhundert, gibt es zahlreiche

---

[6] Siehe hierzu https://www.werstreamt.es/film/details/37611/das-leben-des-brian/ – abgerufen am 01.07.2023.

[7] Den Trailer zum Film finden Sie unter https://www.youtube.com/watch?v=OVUwHv43HqM – abgerufen am 01.07.2023.

[8] Aus: Star Treck – Picard, Staffel 3, Folge 3.

Instagram-Reels oder Youtube-Clips, über die sich herzhaft → lachen lässt. Internet-Comedians wie *Jerma985* veranstalten Live-Streams auf der Plattform Twitch und stehen dabei in engem Austausch mit ihrem Publikum.[9] Da verlässt dann in *Die Sims 4* beispielsweise der Weihnachtsmann nach einem Besuch *Jermas* virtuelles Zuhause. Dabei tritt er prompt in eine Hundepfütze und schimpft. Das alles ist gut animiert und humoristisch kommentiert in Echtzeit zu verfolgen.

Wenn Ihnen das noch immer zu normal ist, hilft Ihnen womöglich die Hinwendung zum **Grotesken**. Schnell auswändig gelernt und rasch aufgesagt ist beispielsweise *Loriots Melusine*: „Krawehl! Krawehl! Taubtrüber Ginst am Musenhain! Trübtauber Hain am Musenginst! Krawehl!".[10] → Humor ist immer ein guter Rat. Wer Comics bevorzugt: In *Flix*' schon erwähntem *Glückskind*-Format rezitiert Josie ein wunderbares Gedicht: „Irgendwann werden wir groß./Irgendwann werden wir alt./Irgendwann hamwa viel Moos./ Irgendwann werden wir kalt./Das ist schade./Doch bis dahin: Schokolade".

Als eher **haptisch** orientierter Mensch, wenn Sie gerne Dinge anfassen, es zudem lieben, Ihren Geruchs- und/oder Geschmackssinn einzusetzen, stehen Ihnen unzählige weitere Alltagsvarianten zur Verfügung. Auch wenn Ihnen nicht nach Kochen und Backen ist: Gehen Sie doch einfach einmal in Ihre Küche und schauen Sie sich Ihre **Gewürzsammlung** an. Allein um das unscheinbare Speisesalz ranken sich jahrtausendealte Mythen.[11] Salzstraßen durchziehen den Kontinent. Tatsächlich entstammt sogar unser moderner Begriff *Salär* der Zahlung von Lohn oder Sold in Form dieses weißen Goldes.

Vielen Küchenkräutern wird ihrerseits seit Jahrhunderten eine medizinische, in bestimmten Kreisen gar magische Wirkung zugeschrieben. Sie müssen sie nicht zwangsläufig zum Kochen verwenden. Stattdessen können Sie sie räuchern, oder Sie füllen Ihre ganz eigene Mischung in Jutesäckchen. Dort passt nicht nur Lavendel hinein, sondern beispielsweise auch Kamille. Generell sind neben Zuchtkräutern auch **Wildkräuter** wie Brennessel und Schafgabe interessante Helferinnen gegen allerlei Beschwerden. Brennessel kann beispielsweise Arthrose, Arthritis, Prostatabeschwerden und Blasenprobleme lindern, Schafgarbe wird gegen Magen-, Darm- und Menstruationsbeschwerden eingesetzt.

---

[9] Siehe hierzu https://www.twitch.tv/jerma985?lang=de – abgerufen am 01.07.2023.

[10] Aus Pappa ante portas, siehe hierzu https://www.youtube.com/watch?v=ghbj6iNPfCU – abgerufen am 01.07.2023.

[11] Siehe anschaulich https://www.die-salzwerkstatt.de/themen/geschichte/salz-im-volksglauben/ – abgerufen am 01.07.2023.

Passend dazu beschwört ein altes englisches **Volkslied** aus dem 16. oder 17. Jahrhundert die Mixtur aus Petersilie, Salbei, Rosmarin und Thymian. In *Scarborough Fair*, 1966 weltweit bekannt geworden durch die Vertonung von *Simon & Garfunkel*,[12] stehen sie für unterschiedliche Anrufungen. So lindert Petersilie beispielsweise die Bitterkeit, Salbei verleiht seelische Kraft und Weitsicht. Rosmarin wiederum steht seit jeher für Hinwendung und Thymian für Tapferkeit. Schon römische Soldaten sollen darin vor dem Kampf gebadet haben; heute werden Thymianöl-Badezusätze in Drogerien feilgeboten. Oregano ist ebenfalls nicht nur ein Pizza-, sondern auch ein bewährtes → Gesundheits-Kraut, das man einst in Hospitälern verwendet hat. Es enthält antibakteriell wirksame Stoffe. Auch Fenchel ist gesundheitsfördernd, während Minze ein Wohlstandsbringer sein soll. Basilikum schließlich wirkt anziehend – schon vom Geruch her. Das sind nur einige Beispiele von tausenden existierenden Heilpflanzen, -kräutern und -gewürzen. Diese Liste lässt sich noch lange fortsetzen.

Soweit Sie sich in kritischen Phasen insgesamt nicht (mehr) zurückziehen möchten, organisieren Sie sich **belastbare Hilfe:** Sprechen Sie → Familienmitglieder, → Freundinnen und Freunde an, live, telefonisch, via Smartphone, Notebook oder iPad. Über Zoom, Teams & Co geht das auch im Videomodus. Suchen Sie das Gespräch mit Hilfspersonen wie Pfarrerinnen, Priestern oder Telefonseelsorgerinnen. Suchen Sie Coaches und Selbsthilfegruppen auf, wenden Sie sich an sozialpsychiatrische Dienste. Haben Sie oder irgendein wohlmeinender Mensch in Ihrer Umgebung den Eindruck, Ihre psychische Gesundheit sei dauerhaft gefährdet oder beeinträchtigt, gehen Sie bitte noch einen Schritt weiter: In diesem Fall denken Sie an unser noch immer recht solides deutsches Krankenversicherungssystem und wenden Sie sich an eine psychotherapeutisch oder psychiatrisch geschulte Fachkraft. Entsprechende Expertinnen und Experten unterstützen Sie durch analytische und tiefenpsychologische Behandlungen und/oder verhaltenstherapeutisch.

Professionelle Helferinnen und Helfer aller Art betreuen Sie verschwiegen, ohne Eigeninteresse am Ausgang der Situation zu haben, sowie gut geschützt vor projektiven Gegenübertragungen. Anders als → Familienmitglieder, → Freundinnen und Freunde sind Fachleute darauf trainiert, nicht ihre eigenen Gefühle, Erwartungen oder Vorurteile in das Gespräch einfließen zu lassen.

---

[12] Siehe hierzu die englischsprachige Erläuterung unter https://galaxymusicnotes.com/pages/about-scarborough-fair – abgerufen am 01.07.2023.

Psychiaterinnen und Psychiater dürfen Ihnen als Ärzte außerdem Medikamente verschreiben, die Sie als seelische Krücken in der nächsten Zeit unterstützen. Die Fortschritte in diesem Bereich sind bemerkenswert – beispielsweise ist bei therapiefraktären, mit üblichen Mitteln kaum zu heilenden Depressionserkrankungen die Therapie mit Ketamin seit einiger Zeit „Talk Of The Town".[13] Gleichzeitig sollten Sie sich **im therapeutischen Bereich mit Eigendiagnosen zurückhalten.** Gerade zu autistischen Störungen, Angstzuständen, Depressionen, biolaren und Borderline-Störungen gibt es umfangreiche Lektüreangebote – die aber die persönliche Diagnose nicht ersetzen.

So ist nicht jeder, der sich schon absichtlich Schmerzen zugefügt hat, ein Borderliner. Nicht alle Menschen, die schon einmal unter Aufmerksamkeitsstörungen, Konzentrationsdefiziten, womöglich Hyperaktivität zu leiden hatten, sind ADHS-Patienten – auch wenn diese Störung zuweilen noch immer gerne übersehen wird[14] und schätzungsweise jedes zwanzigste bis fünfunzwanzigste Kind und jeder fünfzigste Erwachsene entsprechende Krankheitssymptome entwickelt.[15] Auch ist nicht jeder, dessen Stimmungslage über mindestens einen halben Monat lang gedrückt ist, depressiv. **Sicherheitshalber das halb leere Glas zu sehen, ist eine in Deutschland weit verbreitete Unsitte.** Auch wenn Deutschland ein noch so wohlhabendes Land ist – in der weltweiten Betrachtung liegen wir in Sachen Depressionsrate auf einem bedrückenden Platz 55.

Umso wichtiger ist es zu verstehen, dass beispielsweise ein starker Interessenverlust auf eine psychische Erkrankung hindeuten *kann*, aber nicht *muss*.

Zum einen kann er durchaus eine gesunde schmerzbedingte Entlastungsreaktion darstellen. Zum anderen sind manche von einer echten Depression Betroffenen unfähig, die eigenen Gefühle wahrzunehmen. Zudem müssen weitere Anzeichen vorliegen. Dazu können Antriebsmangel, Konzentrationsstörungen, andererseits auch Angst und starke innere Unruhe zählen – auf den einschlägigen ICD-11-Katalog sind Sie im Laufe des Buches ja schon mehrfach gestoßen. Schließlich gibt es noch den gar nicht so seltenen Fall von Symptomen, die einer körperlichen, einer organischen Ursache

---

[13] Dazu eingehender https://arznei-news.de/ketamin-erfahrung/ – abgerufen am 01.07.2023.
[14] Den besonders drastischen Fall einer kinderpsychiatrischen Odysse schildert *Susanne Kusicke* in FAZ Nr. 132 vom. 10.06.2023, 3.
[15] Ausführlich *Klaus Lieb/Bernd Heßlinger/Nadine Dreimüller/Gitta Jacob*, 50 Fälle Psychiatrie und Psychotherapie – Typische Fallgeschichten aus der Praxis, Urban & Fischer, 6. Aufl. München 2020 (Fall 22).

entsprechen. Beispiele dafür sind das Großhirn berührende zerebrale Erkrankungen wie Hirntumoren, Morbus Alzheimer, Morbus Parkinson, multiple Sklerose oder Epilepsie. Aber auch Infektionskrankheiten wie Grippe oder Stoffwechselstörungen u. v. m. sind denkbar. Allein nach einem Herzinfarkt erfüllt jeder fünfte Patient die Kriterien für eine depressive Episode.[16]

Was jeweils Sache ist, ist fachlich abzuklären. *Du darfst nicht alles glauben, was du denkst,* heißt nicht umsonst das in Deutschland 2022 meistverkaufte Sachbuch.[17] Sie selbst sollten sich nicht unnötig verrückt machen (lassen) – auch dann nicht, wenn Behandlungsbedarf besteht. Ansonsten gilt, um es mit einer alten Medizinerweisheit zu sagen: **Was häufig ist, ist häufig, was selten ist, ist selten**. Stimmungsschwankungen aller Art sind nun einmal (noch) häufiger als psychische Krankheiten – und nicht jeder Persönlichkeitsstil ist eine Persönlichkeitsstörung.

Nur weil man regelmäßig den Bergdoktor anschaut, ist man noch lang kein Mediziner, heißt das im Kluftinger-Krimi *Affenhitze*.[18] Der Schweizer Schriftsteller *Rolf Dobelli* verweist[19] dazu auf einen schönen Merksatz aus dem Amerikanischen: „Wenn du in Wyoming Hufschläge hörst und glaubst, schwarz-weiße Streifen zu sehen, so ist es vermutlich doch ein Pferd". Ihnen allen wünsche ich in diesem *positiven Sinne* Hals- und Beinbruch … Genießen Sie das Leben in all seiner Fülle.

Leitsatz

„Go to LONDON!"

Pflegen Sie Ihre Leidenschaften, bleiben Sie optimistisch und neugierig, bewahren Sie sich Ihre Dankbarkeit und Objektivität. Suchen Sie sich Unterstützung bei wohlmeinenden Menschen. Wenden Sie sich an Familienmitglieder, Freundinnen, professionelle Seelsorger, Coaches und/oder andere zur Selbsthilfe entschlossene Zeitgenossen. Sobald Sie sich psychisch krank fühlen, nehmen Sie Psychotherapeutinnen und Psychiater in Anspruch. Gleichzeitig halten Sie sich zurück mit Eigendiagnosen.

---

[16] Siehe anschaulich *Klaus Lieb/Bernd Heßlinger/Nadine Dreimüller/Gitta Jacob*, 50 Fälle Psychiatrie und Psychotherapie – Typische Fallgeschichten aus der Praxis, Urban & Fischer, 6. Aufl. München 2020 (Fälle 5 und 10).

[17] *Kurt Krömer*, Du darfst nicht alles glauben, was du denkst: Meine Depression, Verlag Kiepenheuer & Witsch, Köln 2022.

[18] *Volker Klüpfel/Michael Kobr*, Affenhitze – Kluftingers neuer Fall, Ullstein Verlag, Berlin 2023.

[19] In *Rolf Dobelli*, Die Kunst des klaren Denkens, Piper Verlag, München 2020.

4

Ihre persönlichen Anmerkungen

„Jeder lebt so wie er will, alles andere ist ihm zu teuer!"

Was treibt Sie zusätzlich zum Gelesenen um?

Ergänzungen zu Kap. 1 und 2

Zum Impuls ...	... mit dem Leitsatz-Motto ...	... merke ich mir zusätzlich:
Intro	„Be yourself – No one else wants the job!"	
Achtsam sein	„Es gibt nur zwei Tage im Jahr, an denen man nichts tun kann. Der eine ist Gestern, der andere Morgen!"	
Ärger verarbeiten	„Seien Sie sauer auf die richtige Art!"	
Autorität ausstrahlen	„Nett ist nix fürs Bett!"	
Bewertungen entschärfen	„Aber zu Und macht Sachen rund!"	
Botschaften entschlüsseln	„Die Ampel ist grün!"	
Change Management praktizieren	„Love it, change it or leave it!"	
Dankbarkeit zeigen	„Mein Leben war voller Katastrophen, die meistens nicht eingetreten sind!"	
Druck aushalten	„Müssen muss ich nur aufs Klo!"	
Eifersucht ertragen	„Eifersucht ist eine Leidenschaft, die mit Eifer sucht, was Leiden schafft!"	
Einsamkeit handhaben	„Einsamkeit ist eine Meisterin der Täuschung!"	
Einwände entkräften	„Tadel verpflichtet!"	
Engagement zeigen	„Man wird kein Auto, nur weil man in die Garage geht!"	

(Fortsetzung)

© Der/die Autor(en), exklusiv lizenziert an Springer Fachmedien Wiesbaden GmbH, ein Teil von Springer Nature 2023
A. Schunder-Hartung, *Alltagscoaching 360°*, https://doi.org/10.1007/978-3-658-42472-5_4

Zum Impuls ...	... mit dem Leitsatz-Motto ...	... merke ich mir zusätzlich:
Entspannung üben	„Ich bin kein Star – Holt mich hier raus!"	
Erfolgreich sein	„Den Respekt intelligenter Menschen zu gewinnen ...!"	
Erwartungshaltungen anpassen	„Erwarte nichts und warte nicht!"	
Familie leben	„Familien sind Arbeitsstellen, die niemals schließen!"	
Finanzen verwalten	„Geld ist nicht alles, aber ohne Geld ist alles nichts!"	
Freiheit kosten	„Freisein heißt, nichts zu verlieren zu haben!"	
Freizeit gestalten	„Die Pflicht ruft. Rufen Sie zurück!"	
Freundschaft wertschätzen	„Wahrer Freund: kennt, hält!"	
Furcht einordnen	„Mut besiegt die Furcht, Angst nährt sie!"	
Gatekeeping (Abschottung) verhindern	„Komm heißt nicht Lass mal!"	
Genussgifte ausmachen	„Genussgifte sind verlockend süß, aber mit bitteren Folgen!"	
Gerechtigkeit herstellen	„Allen Menschen recht getan, ist eine Kunst, die niemand kann!".	
Gesundheit bewahren	„Ohne Gesundheit kann man nie gut seyn!"	
Glücklich sein	„Dann will ich gerne zu Grunde gehen!"	
Gründe durchschauen	„Wer will, findet Wege – wer nicht will, Gründe!"	
Handeln wagen	„Es gibt nichts Gutes, außer man tut es!."	
Haustiere annehmen	„Ein Leben ohne Mops ist möglich, aber sinnlos!"	
Heimat erfahren	„Im Raume lesen wir die Zeit!"	
Intuition schärfen	„Ein Heureka fällt nicht vom Himmel!"	
Jung bleiben	„Ich bleibe immer derselbe Jahrgang!"	
Kommunizieren üben	„Wer nicht kommuniziert, verliert!"	
Krankheiten begegnen	„Wir sind alle nur biologische Wesen!"	
Lachen lernen	„Lachen ist die beste Medizin!"	
Langeweile verstehen	„Langeweile ist Fehlforderung!"	
Lebensentscheidungen akzeptieren	„Wenn das Wörtchen ‚Wenn' nicht wär', wär mein Vater Millionär!"	
Leitwerte erkennen	„You Can't Get What You Want (Till You Know What You Want)!"	
Liebe finden	„Der Schein trügt, die Seele bleibt!"	

(Fortsetzung)

Zum Impuls ...	... mit dem Leitsatz-Motto ...	... merke ich mir zusätzlich:
Liebe leben	„Liebe ist ... ein Beziehungsacker, den man pflegen muss!"	
Lust ausleben	„You only live twice – das gibt es nur auf der Leinwand!"	
Mentalitätsunterschiede sehen	„Nur eine böse Hexe ist eine gute Hexe!"	
Mindfucks vermeiden	„Doch niemand heilt durch Jammern seinen Harm!"	
Musizieren lernen	„Musik ist ein Seelenspiegel!"	
Mutig sein	„Mut ist die Erkenntnis, dass es etwas Wichtigeres gibt als Furcht!"	
Nachbarschaft pflegen	„Nachbarschaften sind Zweckgemeinschaften!"	
Nein sagen	„Die kürzesten Wörter erfordern das meiste Nachdenken!"	
Offen bleiben	„Alles fließt!"	
Partnerschaftlich sein	„Partnerschaft heißt nicht Partner schafft!"	
Phantasie wagen	„Gehen Sie nach Phantásien – und zurück!"	
Poesie entdecken	„Der (1) Dichter (2) schenkt uns (3) Kunst!"	
Qualität einschätzen	„Trau schau wem – und inwiefern!"	
Respekt zeigen	„Respekt ist ein Tanz!"	
Rollen tragen	„Eigentlich bin ich ganz anders, aber ich komme so selten dazu!"	
Rücksicht nehmen	„Rücksichtnahme ist der Verzicht auf Spielräume!"	
Scham aushalten	„Was andere uns zutrauen, ist meist bezeichnender für sie als für uns!"	
Schlaf finden	„Ein zerzauster Geist ist ein unruhiges Kissen!"	
Schlagfertig sein	„Wie man in den Wald ruft, schallt es zurück!"	
Schönheit pflegen	„Schönheit liegt im Auge des Betrachters – auch des kollektiven!"	
Schuld tragen	„Schuld und Sollen sind Geschwister!"	
Selbstmanagement lernen	„Selbstmanagement heißt Prioritätensetzen!"	
Selbstständigkeit pflegen	„Der Preis des Schutzes ist Gehorsam!"	
Sich abnabeln lernen	„Das ist nicht dein Bier!"	
Sinn finden	„42 is the Answer!"	
Storytelling erkennen	„Ab dem dritten Mal erzählt man eine Geschichte!"	

(Fortsetzung)

Zum Impuls …	… mit dem Leitsatz-Motto …	… merke ich mir zusätzlich:
Streiten lernen	„It takes two to Tango!"	
Streitfragen lösen	„Get to Yes!"	
Stress managen	„Es flieht nicht jeder, der den Rücken wendet!"	
Strukturen akzeptieren	„Kopf durch die Wand heißt Druckverband!"	
Tapfer sein	„Heile, heile Segen!"	
Tatsachenkerne herausschälen	„Das also ist des Pudels Kern!"	
Toleranz üben	„In der Vielfalt liegt die Stärke!"	
Trauern können	„Trauern heißt, einen Abgrund zu überqueren!"	
Übergriffigkeit abwehren	„Mind the Gap. Then close the doors please!"	
Umwege gehen	„Umwege erhöhen die Ortskenntnis!"	
Ungewissheiten trotzen	„Auf das Ungewisse schließe vom Gewissen!"	
Verantwortung übernehmen	„Verantwortung tragen heißt Einstehen!"	
Vergangenheit bewältigen	„Die Vergangenheit ist unser Rucksack!"	
Weltanschauungen hinterfragen	„Weltanschauung kommt von Welt anschauen!"	
Xmas (Weihnachten) überstehen	„Weihnachten ist der wahre Karneval!"	
Yin und Yang austarieren	„Gemeinsam eins, vollkommen wir!"	
Zeit managen	„Gehen Sie mit Eisenhower praxisAFFIN in die ALPEN!"	
Ziele fassen	„Zielen Sie SMART!"	
Zukunft wagen	„Mehr als die Vergangenheit interessiert mich die Zukunft, denn in ihr gedenke ich zu leben!"	
Zusammenleben humorvoll nehmen	„Meine Enkelkinder werden mich rächen!"	
Mein *erstes* persönliches Querschnittsthema:		
Mein *zweites* persönliches Querschnittsthema:		
Mein *drittes* persönliches Querschnittsthema:		

Ergänzungen zu Kap. 3

Zur Soforthilfe ...	... mit dem Leitsatz-Memo ...	... merke ich mir zusätzlich:
... „Go to LONDON!" ...	„Where focus goes, energy flows!"	
... mit L,	„Leidenschaften pflegen!"	
... mit O,	„Optimistisch bleiben!"	
...mit N,	„Neugier bewahren!"	
... mit D,	„Dankbarkeit empfinden!"	
...mit O,	„Objektiv sein!"	
... und mit N	„Niemals den Humor verlieren!"	

Weitere Anmerkungen

Am wichtigsten für mich ist:

Ansonsten merke ich mir:

Postskriptum

Bergsteiger weinen nicht,
   wenn sie hinfallen.
(Dr. Hans Peter Harries, Postkarte.
Für Peter, Ilse und Stefan)

Straßlenärm und Musikboxen
Weh'n ein Lied irgendwo her.
Düsengrollen, Lachen, Rufen.
Plötzlich Stille rings umher.
Hätt' ich all das nie vernommen,
Wär für alles taub und hört'
Nur ein Wort, von dir gesprochen,
Sagt' ich doch, ich hab' gehört.
(Reinhard Mey, Herbstgewitter über Dächern.
Für Achim, der mir zuliebe
in der Einflugschneise lebt:
„Dort fliegen unsere
Gewerbesteuereinnahmen!")

Leave it to me as I find a way to be
Consider me a satellite forever orbiting
I know all the rules but the rules did not know me
Guaranteed
(Eddi Vetter, Guaranteed.
Für Nils und Jonas, die mit mir den Bus fanden,
und für Max, Leyla + die Viva la Vitas,
die sich die Geschichte später angehört haben)

381
Wiesbaden GmbH, ein Teil von Springer Nature 2023
A. Schunder-Hartung, *Alltagscoaching 360°*, https://doi.org/10.1007/978-3-658-42472-5

Literatur und Musik aus Wissenschaft und Kunst

Alle Fundstellen außer reinen Serverpfaden

Andersch, Alfred, Sansibar oder der letzte Grund, Diogenes Verlag, Zürich 2006.

Anouilh, Jean, Becket oder die Ehre Gottes, dtv, München 1968.

Asgodom, Sabine, So coache ich, Kösel-Verlag, München 2012.

Aust, Stefan, Der Baader-Meinhof-Komplex, Goldmann Verlag, München 2008.

Barton, Marie-Christin/**Pöppelbuß**, Jens, Prinzipien für die ethische Nutzung künstlicher Intelligenz – Principles for the Ethical Use of Artificial Intelligence, https://doi.org/10.1365/s40702-022-00850-3 – abgerufen am 1.7.2023.

Becker, Jurek, Amanda herzlos, Suhrkamp Verlag, Frankfurt 1994.

Becker, Jurek, Jakob der Lügner, Suhrkamp Verlag, Frankfurt 1982.

Beckerhoff, Florian, Karl Konrads heimliches Afrika, List – Ullstein Verlag, Berlin 2012.

Behringer, Wolfgang (Hrsg.), Hexen und Hexenprozesse, dtv, München, 2000.

BGH (Bundesgerichtshof), Senatsurteil vom 7.12.2011 – XII ZR 151/09, BGHZ (Amtliche Sammlung in Zivilsachen) Band 192, 45 – frei abrufbar unter https://juris.bundesgerichtshof.de/cgi-bin/rechtsprechung/document.py?Gericht=bgh&Art=en&Datum=2011&Seite=7&nr=58807&pos=234&anz=3712 – abgerufen am 1.7.2023.

BGH, Urteil vom 13.12.2022 – VI ZR 54/21 – frei verfügbar unter https://juris.bundesgerichtshof.de/cgi-bin/rechtsprechung/document.py?Gericht=bgh&Art=en&Datum=Aktuell&Sort=12288&nr=132420&pos=6&anz=828 – abgerufen am 1.7.2023.

BGH, Urteil vom 14.1.2020 – VI ZR 495/18 – frei zugänglich unter https://juris.bundesgerichtshof.de/cgi-bin/rechtsprechung/document.py?Gericht=bgh&Art=en&Datum=Aktuell&Sort=12288&nr=103893&pos=9&anz=479, abgerufen am 1.7.2023.

BGH, Urteil vom 16.1.2015 – V ZR 110/14, http://juris.bundesgerichtshof.de/cgi-bin/rechtsprechung/document.py?Gericht=bgh&Art=en&nr=71044&pos=0& anz=1 – abgerufen am 1.7.2023.

BGH, Urteil vom 9.8.2022 – VI ZR 1244/20 – frei abrufbar unter http://juris.bundesgerichtshof.de/cgi-bin/rechtsprechung/document.py?Gericht=bgh&Art=en&nr=131089&pos=0&anz=1 – abgerufen am 1.7.2023.

Bleichhardt, Gaby, **Martin**, Alexandra, Hypochondrie und Krankheitsangst, Hogrefe Verlag, Göttingen ua. 2010.

Boje, Kirsten, Ringel, Rangel, Rosen, erschienen im Oetinger Verlag, Stuttgart 2011.

Böll, Heinrich, Ansichten eines Clowns, Kiepenheuer & Witsch, Köln und Berlin 1963.

Böll, Heinrich, Die verlorene Ehre der Katharina Blum oder: Wie Gewalt entstehen und wohin sie führen kann, dtv, München 1976.

Böll, Heinrich, Du fährst zu oft nach Heidelberg und andere Erzählungen, Lamuv Verlag, Bornheim-Merten 1979.

Böll, Heinrich, Nicht nur zur Weihnachtszeit, dtv, München, 1979.

Böll, Heinrich/**Bravo**, Emile, Der kluge Fischer, Carl Hanser Verlag, München 2014.

Bölts, Rosemarie, Wie gut sind Aussteigerprogramme?, https://www.deutschlandfunkkultur.de/exitstrategien-fuer-nazis-wie-gut-sind-aussteigerprogramme-100.html – abgerufen am 1.7.2023.

Bösch, Frank, Zeitenwende 1979 – Als die Welt von heute begann, C.H. Beck Verlag, 6. Aufl. München 2019.

Boyle, Tom Coraghessan, Drop City, dtv, München 2018.

Brecht, Bertold, Der kaukasische Kreidekreis erhältlich bei Suhrkamp, Frankfurt 2003.

Brecht, Bertold, Mutter Courage und ihre Kinder- Eine Chronik aus dem Dreißigjährigen Krieg, Suhrkamp Verlag, Frankfurt a. M. 2018.

Brückner, Christine, Poenichen-Trilogie, Ullstein Verlag, München 2003.

Bubrowski, Helene, FAS Nr. 15 vom 16. 4. 2023, 4.

Buder, Christian, Das Gedächtnis der Insel, Karl Blessing Verlag, München 2017.

Budras, Corinna/**Fischer**, Pascal, Wer hat an der Uhr gedreht? – Warum uns die Zeit abhanden kommt und wie wir sie zurückgewinnen, C.H. Beck Verlag, München 2017.

Bülow, Marco, Lobbyland – Wie die Wirtschaft unsere Demokratie kauft, Verlag Das Neue Berlin, Berlin 2023.

Bürger, Gottfried August, Die Abenteuer des Freiherrn von Münchhausen, Anaconda Verlag, Köln 2010.

Burgess, Anthony, Jetzt ein Tiger, Elsinor Verlag, Bonn 2019.

Butscher, Ralf, Abenteuer Quanteninternet, bild der wissenschaft 4/2023, 14.

BVerfG (Bundesverfassungsgericht), Urteil des Zweiten Senats vom 24.9.2003 – 2 BvR 1436/02, BVerfGE (Amtliche Sammlung des BVerfG) 108, 282 – Kopftuch I.

BVerfG, BRAK-Mitt. 1988, 54.

Calvino, Italo, Die unsichtbaren Städte, Fischer Verlag, Frankfurt 2013.

Carroll, Lewis, Alice im Wunderland, Insel Verlag, 23. Aufl. Frankfurt 1974.

Crepaldi, Gianluca, Containing, Psychosozial-Verlag, 2. Aufl. Gießen 2022.

Demski, Eva, Scheintod, Droemersche Verlagsanstalt Knaur, München 1986.

Der Spiegel Nr. 11 vom 11.7.2023, 105.

Der Spiegel Nr. 11 vom 11.7.2023, 19.

Der Spiegel, Special Geld 1/2023, 27.

Die Bibel, Altes Testament, Buch der Könige I 3,16–28.

Die Bibel, Altes Testament, Jesajah 35, 3,4.

Die Bibel, Altes Testament, Jesajah 55, 8.

Die Bibel, Altes Testament, Prediger 3, 1.

Dobelli, Rolf, Die Kunst des klaren Denkens, Piper Verlag, München 2020.

Drews-Sylla, Gesine/**Dütschke**, Elisabeth/**Leontiy**, Halyna/**Polledri**, Elena (Hrsg.),
Konstruierte Normalitäten – normale Abweichungen, Springer Verlag, Wiesbaden
2010.

Ebers, Martin, StichwortKommentar Legal Tech, Nomos Verlag Baden-Baden 2023.

Eco, Umberto, Der Name der Rose, dtv, München 1986.

Ehlert, Ulrike, (Hrsg.), Verhaltensmedizin, Springer Verlag, 2. Aufl. Heidelberg 2016.

Ehrenberg, Alain, Psychische Gesundheit und das Dilemma der Autonomie, in:
Münch, Karsten/**Munz**, Dietrich/**Springer**, Anne, Die Fähigkeit, allein zu sein,
Psychosozial-Verlag, 2. Aufl. Gießen 2011.

Eichenhofer, Johannes/**Rottmann**, Oliver, Digitale Verwaltung erfordert auch soziale Teilhabe in der FAZ Nr. 157 vom 10.7.2023, 18.

Elsberg, Marc, Blackout – Morgen ist es zu spät, Blanvalet Verlag, München 2013.

Ende, Michael, Die unendliche Geschichte, Thienemann Verlag, Stuttgart 1979.

Ende, Michael, Momo, Thienemann Verlag, Stuttgart 1973.

Familienbande – Eltern, Großeltern, Geschwister – und wir. Über alte Rollen und neue
Wege, psychologie heute compact Nr. 71, Beltz Verlag, Weinheim (Bergstraße) 2023.

FAS (Frankfurter Allgemeine Sonntagszeitung) Nr. 12 vom 26.3.2023, 16.

FAS Nr. 15 vom 16.4.2023.

FAS Nr. 22 vom 4.6.2023, 1.

Faulkner, William, Requiem für eine Nonne, Diogenes Verlag, Zürich 1991.

FAZ (Frankfurter Allgemeine Zeitung) Nr. 1 vom 2.1.2023, 31.

FAZ Nr. 202 vom 32.8.2022, 7.

FAZ Nr. 230 vom 4.10.2022, 1.

FAZ Nr. 236 vom 11.10.2022, 20.

FAZ Nr. 263 vom 11.11.2022, 8.

FAZ Nr. 265 vom 14.11.2022, B 1.

FAZ Nr. 277 vom 28.11.2022, 22.

FAZ Nr. 3 vom 4.1.2023, 4.

FAZ Nr. 4 vom 5.1.2023, 15.

FAZ Nr. 23 vom 27.1.2023, 7.

FAZ Nr. 35 vom 10.2.2023, 8.

FAZ Nr. 38 vom 14.2.2023, 15.

FAZ Nr. 41 vom 17.2.2023, 29.

FAZ Nr. 42 vom 18.2.2023, 22.

FAZ Nr. 49 vom 27.2.2023, 22.

FAZ Nr. 57 vom 8.3.2023, 29.

FAZ Nr. 57 vom 8.3.2023, 7.

FAZ Nr. 61 vom 13.3.2023, 22.

FAZ Nr. 67 vom 20.3.2023, 27.

FAZ Nr. 69 vom 22.3.2023.

FAZ Nr. 73 vom 27.3.2023, 9.

FAZ Nr. 74 vom 28.3.2023, 15.

FAZ Nr. 88 vom 1.4.2023, 25.

FAZ Nr. 91 vom 19.4.2023, 29.

FAZ Nr. 97 vom 26.4.2023, 8.

FAZ Nr. 97 vom 26.4.2023, N1.

FAZ Nr. 98 vom 27.4.2023, 10.

FAZ Nr. 102 vom 3.5.2023, 22.

FAZ Nr. 109 vom 11.5.2023, 21.

FAZ Nr. 177 vom 22.5.23.

FAZ Nr. 118 vom 23.5.2023, 9.

FAZ Nr. 118 vom 23.5.2023, R2.

FAZ Nr. 119 vom 24.5.2023, 19.

FAZ Nr. 121 vom 26. Mai 2023, 3.

FAZ Nr. 140 vom 20.6.2023, 17.

FAZ Nr. 141 vom 21.6.2023, 16 und 17.

FAZ Nr. 145 vom 26.6.2023.

FAZ Nr. 146 vom 27.6.2023, 6.

FAZ Nr. 147 vom 28.6.2023, N2.

FAZ Nr. 148 vom 29.6.2023, 6.

FAZ Nr. 150 vom 1.7.2023, 9.

FAZ Nr. 150 vom 1.7.2023, N 2.

FAZ Nr. 152 vom 4.7.2023, 19 und 21.

FAZ Nr. 153 vom 5.7.2023, 23.

FAZ Nr. 155 vom 7.7.2023, 8.

FAZ Nr. 155 vom 7.7.2023, 17.

FAZ Nr. 156 vom 8.7.2023, 3.

FAZ Nr. 159 vom 11.7.2023, 25.

FAZ Nr. 159 vom 11.7.2023, 31.

Fischer-Diesjkau, Dietrich/**Moore,** Gerald, Schubert: Wandrers Nachtlied II, Op. 96 No. 3, D. 768–Über allen Gipfeln ist Ruh, https://www.youtube.com/watch?v=ZkcUl-vP5KXE – abgerufen am 1.7.2023.

Fisher, Roger/Ury, William/Patton, Bruce M. (Hrsg.), Das Harvard-Konzept – Der Klassiker der Verhandlungstechnik, Campus-Verlag, 24. Aufl. Frankfurt am Main/New York 2013.

Flitner, Elisabeth/Valtin, Renate (Hrsg.), Dritte im Bund: Die Geliebte, https://publis-hup.uni-potsdam.de/opus4-ubp/frontdoor/deliver/index/docId/4548/file/Flitner_Valtin_Dritte_im_Bunde.pdf – abgerufen am 1.7.2023.

FR (Frankfurter Rundschau) vom 28.8.2022.

FR Nr. 275 vom 25.11.2022, 28.

FR Nr. 272 vom 22.12.2022, 9.

FR Nr. 11 vom 13.1.2023, 36.

FR Nr. 80 vom 4.4.2023, 27.

FR7 Magazin vom 25./26.3.2023, 8 sowie 9.

Friedrich, Flavia, Mid Mom Crisis, mvg Verlag, München 2022.

Frost, Robert, The road not taken, zitiert nach https://www.poetryfoundation.org/poems/44272/the-road-not-taken – abgerufen am 1.7.2023.

Fyrwald, Erik, Die Ernährung der Weltbevölkerung braucht Gentechnologie, FAZ Nr. 155 vom 7.7.2023, 22.

García Márquez, Gabriel, Hundert Jahre Einsamkeit, Fischer Verlag, Frankfurt a. M. 2019.

Garsoffsky, Susanne/**Sembach**, Britta, Die Kümmerfalle. Kineder, Ehe, Pflege, Rente – Wie die Politik Frauen seit Jahrzehnten verrät. Deutsche Verlags-Anstalt, München 2022.

Gaßdorf, Dagmar, Eine Frage des Alters? Was die Generationen trennt und was sie verbindet , Verlag Frankfurter Allgemeine Buch, Frankfurt a. M. 2023.

Gebrüder Grimm, Jacob und Wilhelm, Kinder- und Hausmärchen, zitiert nach den weiterführenden Links in https://de.wikisource.org/wiki/Kinder-_und_Hausm%-C3%A4rchen – abgerufen am 1.7.2023.

Gänsler, Franziska, Ewig Sommer, Kein und Aber Verlag, Zürich 2022.

Gieseking, Bernd, in: Echte Kerzen wären schon schöner, Reclam Verlag, Dietzingen 2021.

Glaube und Leben Nr. 49 vom 11.7.2023, 3.

Glavinic, Thomas, Die Arbeit der Nacht, Carl Hanser Verlag, München 2006.

Goethe, Johann Wolfgang, Faust – Der Tragödie erster Teil. Tübingen: Cotta. 1808, zitiert nach https://www.deutschestextarchiv.de/book/show/goethe_faust01_1808 – abgerufen am 1.7.2023.

Görtemaker, Manfred/Safferling, Christoph, Die Akte Rosenburg – Das Bundesministerium der Justiz und die NS-Zeit, Verlag C.H. Beck, München 2016.

Gray, John, Männer sind anders. Frauen auch, Goldmann Verlag, München 2009.

Greco, Luís, Ehrenmorde im deutschen Strafrecht, ZIS (Zeitschrift für Internationale Strafrechtsdogmatik, www.zis-online.com) 2014, 309.

Grieves, Guy, Eine Büroklammer in Alaska, Ankerherz Verlag, Hollenstedt 2016.

Grimm, Bernhard A., Das Wesen der Wirklichkeit in der Einheit der Gegensätze, https://www.apr-ammersee.de/wp-content/uploads/2016/10/Panta-Rhei.pdf – abgerufen am 1.7.2023.

Handelsblatt vom 12.5.2022, https://www.handelsblatt.com/unternehmen/loehne-und-gehaelter-so-hoch-ist-das-durchschnittseinkommen-in-deutschland/26628226.html – abgerufen am 1.7.2023.

Harari, Yuval Noah, 21 Lektionen für das 21. Jahrhundert, Verlag C.H. Beck, München, 19. Aufl. 2022.

Hartmann, Hans-Peter/**Milch**, Wolfgang E. (Hrsg.), Übertragung und Gegenübertragung – Weiterentwicklungen der psychoanalytischen Selbstpsychologie, Psychosozial-Verlag, Gießen 2001. https://www.psychosozial-verlag.de/6684 – abgerufen am
1.7.2023.

Hartung, Christoph, Zwielicht – Primal Fear, Edward Nortons erste Kinorolle – ein
Hammer, https://christophhartung.de/index.php?page=zwielicht – abgerufen am
1.7.2023.

Harvey, Samantha, Das Jahr ohne Schlaf, Hanser Verlag, Berlin 2022.

Haubl, Rolf, Allein bei sich, außer sich: einsam – Lebenskunst in Zeiten des Massenindividualismus, in: Münch, Karsten/Munz, Dietrich/Springer, Anne (Hrsg.), Die
Fähigkeit, allein zu sein, Zwischen psychoanalytischem Ideal und gesellschaftlicher Realität, Psychosozial-Verlag, 2. Aufl. Gießen 2011.

Haushofer, Marlen, Die Wand, Ullstein Verlag, Berlin 2014.

Havemann, Robert/Äppelmann, Rainer, Berliner Appell 1982, https://www.
havemann-gesellschaft.de/aktuelles/aus-dem-archiv/frieden-schaffen-ohne-
waffen-40-jahre-berliner-appell/ – abgerufen am 1.7.2023.

Heine, Heinrich, Loreley, in der Blau, Aljoscha, illustrierten Fassung, Kindermann
Verlag, Berlin 2006.

Hesse, Hermann, Narziß und Goldmund, Suhrkamp Verlag, Frankfurt 2011.

Hesse, Konrad, Grundzüge des Verfassungsrechts der Bundesrepublik Deutschland,
C. F. Müller, 20. Aufl. Heidelberg 1999.

Heusgen, Christoph, Führung und Verantwortung – Angela Merkels Außenpolitik
und Deutschlands künftige Rolle in der Welt, Siedler Verlag, München 2023.

Heyse, Gerd W., Der Hund des Nachbarn bellt immer viel lauter, Eulenspiegel-
Verlag, Berlin 1988.

Hürter, Tobias, Im Fluss der Zeit, bild der wissenschaft 4/2023, 80.

Huttel, Sabine, Das russische Rätsel, Tredition Hamburg, dars. 2021.

Irving, John, Gottes Werk und Teufels Beitrag, Diogenes Verlag, 32. Aufl. Zürich 1990.

Irving, John, Owen Meany, Diogenes Verlag, Zürich 1990.

Jacobsen, Dietmar, in: https://literaturkritik.de/id/21873 – abgerufen am 1.7.2023.

Kahneman, Daniel, Thinking, Fast and Slow, zitiert nach https://www.spiegel.de/pano-
rama/elitestudenten-scheitern-an-diesem-einfachen-raetsel-kannst-du-es-besser-a-000
00000-0003-0001-0000-000000453279 – abgerufen am 1.7.2023.

Kahneman, Daniel/**Sibony**, Olivier/**Sunstein,** Cass R., Noise, Was unsere Entscheidungen verzerrt – und wie wir sie verbessern können, Siedler Verlag, München, 2021

Kaufmann, Jean-Claude, Wenn Ich ein anderer ist, UVK Verlag, Konstanz 2010.

Kaufmann, Jonas/**Deutsch**, Helmut, https://www.youtube.com/watch?v=XNnO-
aKTK0dE – abgerufen am 1.7.2023.

Kegel, Bernhard, Epigenetik: Wie unsere Erfahrungen vererbt werden, DuMont
Buchverlag, Köln 2018.

Kellerhoff, Sven Felix, https://www.welt.de/geschichte/article187671614/Rosa-Luxe-
mburg-Was-Freiheit-der-Andersdenkenden-wirklich-meint.html auseinandergesetzt –
abgerufen am 1.7.2023.

Kempowski, Walter, Tadellöser & Wolff, btb Verlag, München 1996.

Kerr, Judith, Als Hitler das rosa Kaninchen stahl (Rosa Kaninchen-Trilogie, 1) Taschenbuch), Ravensburger Verlag, Ravensburg 1997.

King, Stephen, Fairy Tale, Heyne Verlag, 2. Aufl. München 2022.

Kleindl, Reinhard, Die Gottesmaschine, Verlag Bastei Lübbe, Köln 2021.

Klüpfel, Volker/**Kobr**, Michael, Affenhitze – Kluftingers neuer Fall, Ullstein Verlag, Berlin 2023.

Klüpfel, Volker/**Kobr**, Michael, In der ersten Reihe sieht man Meer, Droemer Verlag, München 2016.

Kopernikus-Projekt Ariadne, Potsdam-Institut für Klimafolgenforschung (PIK), Telegrafenberg A 31, 14473 Potsdam (Hrsg.), Soziales Nachhaltigkeitsbarometer der Energie- und Verkehrswende 2023. Was die Menschen in Deutschland bewegt – Ergebnisse einer Panelstudie, Potsdam 2023.

Kotte, Silja, Konflikte in der Beratung: Individuelle, interpersonale und organisationale Perspektiven, veröffentlicht als SpringerLink https://link.springer.com/article/10.1007/s11613-021-00734-3 am 24.10.2021 – abgerufen am 1.7.2023.

Krömer, Kurt, Du darfst nicht alles glauben, was du denkst: Meine Depression, Verlag Kiepenheuer & Witsch, Köln 2022.

Krüger, Horst, Das zerbrochene Haus, Verlag Schöffling & Co, Frankfurt a. M. 2023.

Küng, Hans, Weltethos, Pieper Verlag München, 13. Aufl. 1996.

Kureishi, Hanif, Das sag' ich dir, S. Fischer Verlag, Frankfurt 2008.

Kusicke, Susanne, FAZ Nr. 132 vom 10.6.2023, 3.

Larson, Gary, The Far Side Collection, Unter Bären, Goldmann Verlag, 5. Aufl. München 1991.

Le Bon, Gustave, Psychologie der Massen, Alfred Kröner Verlag, Stuttgart 1957.

Lencioni, Patrick, Die 5 Dysfunktionen eines Teams, Wiley-VCH, Weinheim 2014.

Lieb, Klaus/**Heßlinger**, Bernd/**Dreimüller**, Nadine/**Jacob**, Gitta, 50 Fälle Psychiatrie und Psychotherapie – Typische Fallgeschichten aus der Praxis, Urban & Fischer, 6. Aufl. München 2020.

Linden, Michael/Hautzinger, Martin (Hrsg.), Verhaltenstherapiemanual, 6. Aufl. Springer Heidelberg u. a. 2008.

Lotter, Wolf, WirtschaftsWoche (WiWo)-Widerworte, https://nachrichten.wiwo.de/14 3a81bac34908461febcac473657110539443d1643ec5e29033625a888d43a2f78 a76794275645f02582b2818f89853129224500?utm_source=web-frontend&xing_ share=news – abgerufen am 16.6.2023.

Maar, Paulm Eine Woche voller Samstage, Oetinger Verlag, Stuttgart 1973.

Mann, Thomas, Bekenntnisse des Hochstaplers Felix Krull, Große kommentierte Frankfurter Ausgabe, rororo, Frankfurt a.M. 2014.

Mann, Thomas, Buddenbrooks. Verfall einer Familie, Fischer Verlag, Frankfurt 2008.

Marcks, Marie, Die große Marie Marcks, Zweibändige Werkausgabe, Verlag Antje Kunstmann, München 2022.

Mathäser, Johanna, Versicherungsrecht, in Schunder-Hartung, Anette, Innnovative Rechtsberatung, Schäffer-Poeschel, Stuttgart 2023.

McCallum, David, in: Kirche und Welt Nr. 49 vom 11.7.2023, 2.

Mika, Bascha, Mutprobe – Frauen und das höllische Spiel mit dem Älterwerden, Verlag C. Bertelsmann, Gütersloh 2014.

Mitchell, David, Der Wolkenatlas, rororo Verlag Frankfurt 2007.

Moeller, Michael Lukas, Die Wahrheit beginnt zu zweit: Das Paar im Gespräch, Rowohlt Verlag, 33. Aufl. Reinbek bei Hamburg 2014.

Molvar, Kari, Was ist Schönheit heute?, https://gestalten.com/blogs/journal-deutsch/was-ist-schonheit-heute – abgerufen am 1.7.2023.

Mukherjee, Siddhartha, Der König aller Krankheiten: Krebs – eine Biografie, Dumont Buchverlag, Köln 2012.

Müller, Manfred, Schlafstörungen aus psychiatrischer Sicht. psychopraxis. neuropraxis 25, 2022, 16, https://doi.org/10.1007/s00739-021-00767-4 – abgerufen am 1.7.2023.

Münch, Karsten/**Munz**, Dietrich/**Springer**, Anne (Hrsg.), Die Fähigkeit, allein zu sein, Zwischen psychoanalytischem Ideal und gesellschaftlicher Realität, Psychosozial-Verlag, 2. Aufl. Gießen 2011.

Netz, Hartmut, Die Furcht vor der Dunkelflaute, bild der wissenschaft 4/2023, 28.

Neue Justiz, Baden Baden 2023, 205.

Oberlandesgericht (OLG) München, Urt. v. 14.11.2012 – 3 U 2106/11.

Oelmann, Doreen, Das Fünf-Phasen-Modell zum Sterbeprozess nach Kübler-Ross, GRIN-Verlag, München und Ravensburg 2008.

Ohlmeier, Silke, Langeweile – Ein verkanntes Gefühl über unsere Gesellschaft, leykam: Verlag, Graz 2023.

Papst Benedikt XVI, Enzyklika, 2005.

Pearse, Sarah, Das Sanatorium, Goldmann Verlag, München 2023.

Peurifoy, Reneau Z., Angst, Panik und Phobien – Ein Selbsthilfe-Programm, 3. Aufl. Huber Verlag, Bern 2006.

Pfitzenmaier, Sven, Draußen feiern die Leute, Kein & Aber Verlag, Zürich und Berlin 2022.

Pichler, Christine/Küffner, Carla (Hrsg.), Arbeit, Prekariat und Covid-19, Springer Media, Wiesbaden 2022.

Platon, Das Höhlengleichnis, Sämtliche Mythen und Gleichnisse, Insel Verlag, Frankfurt a. M., 2009.

Postman, Neil, Wir amüsieren uns zu Tode – Urteilsbildung im Zeitalter der Unterhaltungsindustrie, S. Fischer Verlag, Frankfurt 1988.

Prégardien, Christoph/**Staier**, Andreas, Aufnahme des WDR Köln 1994, Katalognummer: 05472 77342 2.

Preuß, Ulrich K., Politische Verantwortung und Bürgerloyalität. Von den Grenzen der Verfassung und des Gehorsams in der Demokratie, S. Fischer Verlag, Frankfurt 1984.

Preußler, Otfried, Die kleine Hexe, Thienemann Verlag, Stuttgart 1957.

Puzo, Mario, Der Pate, Rowohlt E-Book, Hamburg 2012.

Rabe, Anne, Die Möglichkeit des Glücks, Verlag Klett-Cotta, Stuttgart 2023.

Rätsel des Unbewussten. Podcast zu Psychoanalyse und Psychotherapie. Hier: Folge 11 – Angst und Angsterkrankungen, abrufbar etwa bei Spotify unter https://open.spotify.com/episode/6i0Oh9Y8lWl23ni5PVGS0p?si=BKeFYmLxQe6QSO9nt-m9Ytw&nd=1 – abgerufen am 01.07.2023.

Regener, Sven, Neue Vahr Süd, Goldmann Verlag, München 2006.

Reinhard, Rebekka, 20 Überlebensstrategien für Frauen zwischen Wollen, Sollen und Müssen, Ludwig Verlag, Berlin 2022.

Richter, Hans Peter, Damals war es Friedrich, dtv Verlag, 71. Auflage München 1979.

Riemann, Fritz, Grundformen der Angst, Ernst Reinhardt Verlag, 39. Aufl. München 2009.

Rietmann, Stephan/**Deing**, Philipp (Hrsg.), Psychologie der Selbststeuerung, Springer Verlag, Wiesbaden 2019.

Rilke, Rainer Maria, Abend, zitiert nach Fleer, Angelica/Schönherz, Richard, Rilke Projekt, das ist die Sehnsucht, Sonderausgabe Live-Tour, Frankfurt 2022.

Rilke, Rainer Maria, Herbsttag, zitiert nach Fleer, Angelica/Schönherz, Richard, Rilke Projekt, das ist die Sehnsucht, Sonderausgabe Live-Tour, Frankfurt 2022.

Rilke, Rainer Maria, Ich lebe mein Leben in wachsenden Ringen, zitiert nach Angelica Fleer/Richard Schönherz, Rilke Projekt, das ist die Sehnsucht, Sonderausgabe Live-Tour, Frankfurt 2022.

Rilke, Rainer Maria, Mir ist: ein Häuschen wär mir eigen, zitiert nach Angelica Fleer/Richard Schönherz, Rilke Projekt, das ist die Sehnsucht, Sonderausgabe Live-Tour, Frankfurt 2022.

Roth, Eugen, Ein Mensch – Heitere Verse, Hanser Verlag, München 2022.

Sacher, Konstantin, chrismon-Ausgabe des Gemeinschaftswerks der Evangelischen Publizistik, Frankfurt, Juni 2023, Seiten 20f.

Safranski, Rüdiger, Goethe – Kunstwerk des Lebens: Biografie, Carl Hanser Verlag, 11. Aufl. München 2013.

Salzberger, Florian, Kein Mensch hat das Recht zu gehorchen: Hannah Arendts Philosophie des Umgangs im Anschluss an die Narrativitätskonzeption ihres Spätwerkes. Verlag Karl Albert, Freiburg und München, 2016.

Scherer, Katja, Kommt jetzt die große Freiheit?, WiWo Nr. 47 vom 18.11.2022, 70.

Schier, Petra, Der Hexenschöffe, Rowohlt Taschenbuch, Reinsbeck bei Hamburg, 2014.

Schilling, Thorsten, https://www.fluter.de/sites/default/files/2_editorial.pdf – abgerufen am 1.7.2023.

Schlögel, Karl, Im Raume lesen wir die Zeit. Über Zivilisationsgeschichte und Geopolitik, Carl Hanser Verlag, München 2003.

Schmid, Wilhelm, Glück – Alles, was Sie darüber wissen müssen, und warum es nicht das Wichtigste im Leben ist, Insel Verlag, Frankfurt und Leipzig 2007.

Schmidt, Eva, Wie wichtig ist Glück, philosophie Magazin Nr. 43 vom Januar 2019, zitiert nach https://www.philomag.de/artikel/wie-wichtig-ist-glueck#:~:text=Aristoteles%20(384%E2%80%93322%20v.&text=Gl%C3%BCckseligkeit%20(Eudaimonie)%20ist%20f%C3%BCr%20Aristoteles,moralische%20Tugend%20nicht%20zu%20erlangen – abgerufen am 1.7.2023.

Schön, Britta Beate, https://www.finanztip.de/verbraucherinsolvenz/ – abgerufen am 1.7.2023.

Schönemann, Christiane, Alfred Adler – Du bist genug, happy•soul Nr. 2/2022, 88.

Schönherz, Richard/**Fleer**, Angelica, Rilke Projekt, das ist die Sehnsucht, Sonderausgabe Live-Tour, Frankfurt 2022.

Schulz, Martin/**Schunder-Hartung**, Anette (Hrsg.), Recht 2030, Deutscher Fachverlag, Frankfurt 2019.

Schunder-Hartung, Anette, Customer Relationship Management (Kundenbetreuung), in: Ebers, Martin, StichwortKommentar Legal Tech, Nomos Verlag Baden-Baden 2023.

Schunder-Hartung, Anette, Erfolgsfaktor Kanzleiidentität, Springer Verlag, Wiesbaden, 2020.

Schunder-Hartung, Anette (Hrsg.), Innovative Rechtsberatung, Verlag Schäffer Poeschel, Stuttgart 2023.

Schunder-Hartung, Anette/**Kistermann**, Martin/**Rabis**, Dirk, Strategien für Dienstleister- Erfolgreich mit SAM in wirtschaftlich und rechtlich schwierigen Zeiten, Springer Verlag, Wiesbaden 2021.

Schwark, Christian, https://www.erf.de/hoeren-sehen/erf-plus/audiothek/wort-zum-tag/jakobus-4-17/73-3917 – abgerufen am 1.7.2023.

Schweizer, Verena/**Wachter-Müller**, Susanne, Neurotraining, Springer Verlag, 5. Aufl. Wiesbaden 2017.

Seeland, Dagmar/**Goergen**, Marc, Sicherheitsexpertin Fiona Hill: „Putin will im Amt sterben. Egal auf welche Weise", in: Der Stern vom 13.6.2023, auf Seite 32.

Shakespeare, William, The Most Excellent and Lamentable Tragedy of Romeo and Juliet, dt.: Romeo und Julia, Reclam Verlag, Stuttgart und Leipzig 1986.

Sheridan le Fanu, Joseph, Grüner Tee, in: Der besessene Baronet und andere Geistergeschichten, Suhrkamp Verlag, Frankfurt 1980.

Simmel, Johannes Mario, Niemand ist eine Insel, Verlag Droemer Knaur, Locarno 1975.

Stevenson, Robert Louis, Die Schatzinsel, Diogenes Verlag, Zürich 1997.

Stöger, Johann, Lebensrad, https://www.coaching-magazin.de/_Resources/Persistent/9/c/8/c/9c8cb70b522737ad1ae602ae52f79bc140fa37a9/coaching-tools-1-leseprobe-lebensrad.pdf – abgerufen am 1.7.2023.

Strittmatter, Erwin, Der Laden, Band I – III, Aufbau Verlag, Berlin 1983, 1987 und 1992.

SZ (Süddeutsche Zeitung) Nr. 238 vom 15./16.10.2023, 33.

TAZ, https://taz.de/!749192/ – abgerufen am 1.7.2023.

Tock, Annelies, Tapfer sein, wie macht man das?, Anrich Verlag, Weinheim 1997.

Tolle, Eckhart, Jetzt! Die Kraft der Gegenwart, Kamphausen Media GmbH, Bielefeld 2010.

Tonelli, Guido, Chronos – Eine physikalische Reise zu den Urspüngen der Zeit, Verlag C.H. Beck, München 2023.

Tremayne, S. K., Schwarzes Wasser, Knaur Verlag, München 2022.

Tutt, Cordula u. a., Klinisch scheintot, WiWo Nr. 8 vom 17.2.2023, 14 ff.

Ustorf, Anne-Ev, Die 18 Schemata, Psychologie Heute compact Nr. 71, 76.

Ustorf, Anne-Ev, Familienmuster erkennen, Psychologie Heute compact Nr. 71, 83.

Volland, Maximilian, Large-Language-Modelle und mögliche Anwendungsbereiche im Recht, LRZ | E-Zeitschrift für Wirtschaftsrecht und Digitalisierung (https://lrz.legal/de/) 2023, Rn. 1 – abgerufen am 1.7.2023.

von Arnim, Achim/**Brentano**, Clemens, Des Knaben Wunderhorn, im Insel Verlag, Frankfurt a.M. 1974.

von Hirschhausen, Eckart, Gespräch mit dem Hessischen Rundfunk, ausgestrahlt von HR-Info am 18.5.2023.

von Horváth, Ödön, Sprüche eines Aufrechten, Marix Verlag Wiesbaden 2018.

von Mügelns, Heinrich, Der meide kranz, abrufbar unter https://digi.ub.uni-heidelberg.de/diglit/cpg14/0009/image,info – abgerufen am 1.7.2023.

von Schirach, Ferdinand, Schuld, btb Verlag, München 2017.

Vonnegut, KurtSchlachthof 5 oder Der Kinderkreuzzug, Rowohlt Taschenbuch Verlag, Reinbek bei Hamburg, 1972.

Wallraff, Günter, Der Aufmacher: Der Mann, der bei Bild Hans Esser war, KiWi Verlag, Köln 1977.

Walsh, Toby, 2062: Das Jahr, in dem die künstliche Intelligenz uns ebenbürtig sein wird, Riva Verlag, München 2019.

Wardetzki, Bärbel, Weiblicher Narzissmus – Der Hunger nach Anerkennung, Kösel-Verlag, München 2021.

Weber, Max, Wirtschaft und Gesellschaft – Grundriss der verstehenden Soziologie, Tübingen 1922, zitiert nach https://link.springer.com/chapter/10.1007/978-3-531-90400-9_129#:~:text=Max%20Weber%2C%20Wirtschaft%20und%20Gesellschaft,verstehenden%20Soziologie%2C%20T%C3%BCbingen%201922%20%7C%20SpringerLink – abgerufen am 1.7.2023.

Wieduwilt, Hendrik, Private Diskurswächter unter staatlichem Druck, FAZ Nr. 151 vom 3.7.2023, 18.

Wilde, Oscar, Das Bildnis des Dorian Grey, Diogenes Verlag, Zürich 1996.

Windsor, Harry, Reserve, Penguin Verlag, München 2023.

Wirth, Renate, Im Herzen frei: Wie Familienaufstellungen helfen, Probleme und Blockaden zu lösen, Akkadeus Verlag, Berlin 2020.

Wolf, Christa, Kein Ort. Nirgends, Aufbau Verlag Berlin und Weimar, 7. Aufl. 1988.

Wolf, Ror, wetterverhältnisse, zitiert nach https://www.lyrikline.org/de/gedichte/wetterverhaeltnisse-8251 – abgerufen am 1.7.2023.

Young, Jeffrey E./**Klosko**, Janet S./**Weishaar**, Marjorie E., Schematherapie – Ein praxisorientiertes Handbuch, Junfermann-Verlag, 2. Aufl. Paderborn 2005.

Zeh, Juli, Unterleuten, Luchterhand Verlag, München 2016.